Jetzt helfe ich mir selbst

Motor
buch
Verlag

Umschlagentwurf und Buchgestaltung: Siegfried Horn.
Titelbild: Wolfgang Schmarbeck

ISBN 3-87943-936-2

Auflage Nr. 104 197

Manuskriptbearbeitung: Redaktion »Jetzt helfe ich mir selbst«.
Änderungen durch Weiterentwicklung an den beschriebenen Fahrzeugmodellen
nach Drucklegung dieser Auflage sind möglich.
Fotos: Axmann 4, Haeberle 5, Keinath 1, Lautenschlager 5, Opel 2, Schmarbeck 136, Thaer 1, Voll 1
Zeichnungen: autopress 2, Bosch 3, Continental 1, Haeberle 1, Lautenschlager 3, Opel 79, Pierburg 12,
Pirelli 1, RUD 1, VW 2, Archiv Verfasser 1
Stromlaufpläne: Opel
Satz und Druck: Staib + Mayer Vereinigte Druckereien, 7000 Stuttgart 1.
Buchbinderische Verarbeitung: Verlagsbuchbinderei Wilhelm Nething, 7315 Weilheim.
Printed in Germany.

Dieter Korp
Wolfgang Schmarbeck

Opel Ascona C

ab September '81
alle Modelle
ohne Diesel

Motorbuch Verlag Stuttgart

Inhaltsverzeichnis

Sie finden in diesem Buch

Seite

Kosten drücken

Ihr Opel Ascona ist ein rundum ausgereiftes Auto. Es kommt mit verhältnismäßig geringen Betriebs- und Wartungskosten aus. Diese positiven Eigenschaften dürfen aber nicht durch Unbedachtheiten bei der Wartung, bei Reparaturen oder ganz allgemein während des Betriebs verlorengehen.
Unser Buch bietet Ihnen eine Fülle an Informationen, die Sie mit dem Ascona und mit der Funktion seiner einzelnen Bauteile vertraut machen. Dazu erhalten Sie Arbeits- und Reparaturbeschreibungen in erheblich erweitertem Umfang. Das hilft Ihnen, eine Menge Geld zu sparen. Denn mit dieser Buchreihe lassen sich mehr als zuvor die ständig steigenden Kosten für den rollenden Untersatz drücken. Schon viele Autofahrer haben deshalb ihren Sinn auf praktische Selbsthilfe gerichtet, teils gezwungenermaßen, teils natürlich auch aus Freude an der Beschäftigung mit ihrem Wagen.
Es gibt aber noch andere Gründe dafür, vertrauter mit seinem Auto zu werden. Die Abstände der ohnehin gestrafften Wartungsliste wurden mittlerweile so gedehnt, daß es wichtig ist, auch zwischendurch einmal nachzuschauen, ob noch alles in Ordnung ist (an der Selbstbedienungstankstelle kümmert sich niemand um beispielsweise Ölstand, Bremsflüssigkeit oder Reifendruck). Ob z. B. die Bremsbeläge verschlissen sind, die normalerweise im 15 000-km-Turnus kontrolliert werden, sollten Sie nicht erst bei einer unglücklich verlaufenden Notbremsung »erfahren«. Überhaupt steht Sicherheit in unserem Buch am obersten Platz, ein Gebot, das in unserer Welt mit ihrem engen Nebeneinander einfach durch partnerschaftliche Rücksicht bestimmt wird.
Der vorliegende Band befaßt sich mit der seit 1981 gefertigten Baureihe des Ascona C und den danach hinzugekommenen Modellen, ausgenommen die Diesel-Variante. Mit erheblich vermehrten Hinweisen und Ratschlägen fügt sich das Buch in unsere völlig überarbeitete Buchreihe »Jetzt helfe ich mir selbst« ein, und wir hoffen, daß auch Sie Gewinn aus dem Gebotenen ziehen.
Der Erfahrungsschatz, der hier gesammelt vor Ihnen liegt, wurde von zahlreichen Leuten zusammengetragen, die sich ihr Wissen in ungezählten Stunden im Umgang mit dem Auto erworben haben. Außerdem unterstützten uns viele hilfsbereite Menschen aus allen Bereichen des Automobilwesens mit Rat* und Tat. Ihnen allen an dieser Stelle: Herzlichen Dank.

Die Verfasser

---

* Sollten Sie übrigens mit Ihrem Ascona noch spezielle Erfahrungen gemacht haben oder einen ergänzenden Tip geben können, wenden Sie sich bitte schriftlich an uns. Die Redaktionsadresse finden Sie im Impressum auf Seite 2.

Handlanger

Wenn Sie an Ihrem Ascona dies oder das selbst machen wollen, dann achten Sie beim Werkzeugkauf auf den Wahlspruch »Qualität statt Quantität«. Anstelle einer Allerweltssammlung vom Jahrmarkt empfehlen wir eine Werkzeugauswahl in tatsächlich robuster Ausführung, bei der nichts gleich verbiegt oder gar zerbricht.

Die Grundausstattung

Mit folgenden Werkzeugen lassen sich die meisten Reparaturen ausführen:

- ☐ Doppel-Gabelschlüssel, 6×7, 8×9, 10×13, 17×19;
- ☐ Gabel-/Ringschlüssel, kurz SW 10, 13 bzw. 17 beidseitig;
- ☐ Ringschlüssel, gekröpft, 10×13 und 17×19;
- ☐ Steckschlüssel 8×10 und 15×17;
- ☐ Satz Innensechskantschlüssel am Ring, SW 2–8;
- ☐ Zündkerzenschlüssel, SW 20,8, ausziehbar;
- ☐ Radschraubenschlüssel, SW 17;
- ☐ Schraubenzieher für Schlitzschrauben, 3, 6 und 8 mm breit;
- ☐ Schraubenzieher für Schlitzschrauben, kurz;
- ☐ Schraubenzieher für Kreuzschlitzschrauben, klein und mittelgroß;
- ☐ Schraubenzieher für Kreuzschlitzschrauben, kurz, mittelgroß;
- ☐ Winkelschraubenzieher für Schlitz- und Kreuzschlitzschrauben;
- ☐ Kombizange;
- ☐ Rohr- oder Universalzange, mindestens 240 mm lang;
- ☐ Seitenschneider;
- ☐ Schlosserhammer, 300 g schwer;
- ☐ Satz Fühlerblattlehren, 0,05–0,8 mm;
- ☐ Flachmeißel;
- ☐ Durchschlag, 3 mm Durchmesser;
- ☐ Elektrik-Prüflampe.

Schraubenmaße und Schlüsselweiten

Werkzeuge und Maschinenteile werden in den meisten Ländern nach dem metrischen Maßsystem gemessen – in Millimeter oder Zentimeter. Eine Schraube kann beispielsweise mit M 8×30 oder M 8×1×30 gekennzeichnet sein. Hierbei bedeuten:
M: Kennzeichen für metrisches Gewinde;
8: Gewinde-Außendurchmesser in mm;
1: Gewindesteigung, die nur bei Fein- und Sondergewinden angegeben wird, nicht aber bei allgemein üblichen Normgewinden;
30: Schraubenlänge in mm.
Jedem Gewindedurchmesser ist eine bestimmte Schraubenkopfabmessung zugeordnet. Bei Sechskantschrauben sieht das folgendermaßen aus:

Gewindeabmessung	M 4	M 5	M 6	M 8	M 10	M 12	M 14	M 16
Schraubenkopf-Flankenabstand in mm	7	8	10	13	17	19	22	24

Bei Schrauben und Muttern mißt man den Abstand der einander gegenüberliegenden Flanken und kennzeichnet den jeweils dafür passenden Schraubenschlüssel mit der entsprechenden

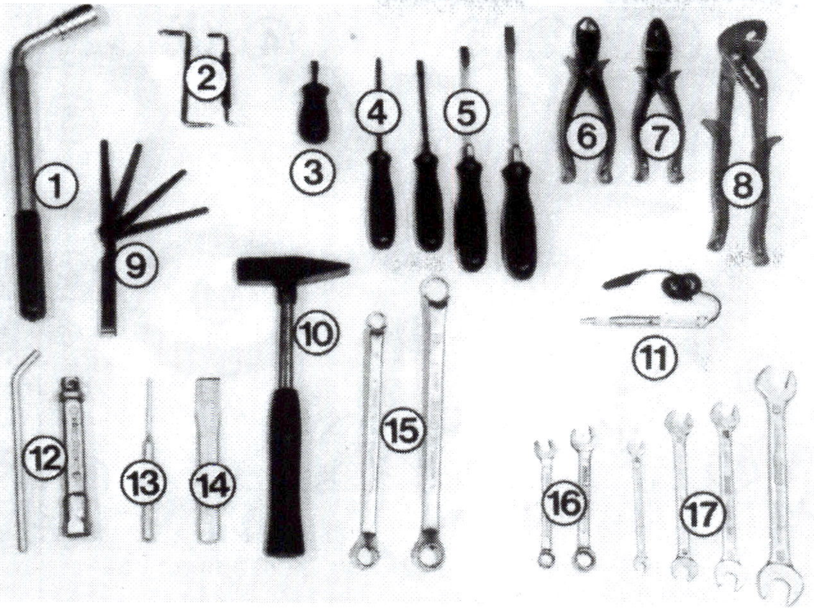

Unsere Werkzeug-Grundausstattung: 1 – ausziehbarer Radschraubenschlüssel; 2 – Winkelschraubenzieher; 3 – kurzer Schlitzschraubenzieher; 4 – Kreuzschlitzschraubenzieher; 5 – Schlitzschraubenzieher; 6 – Seitenschneider; 7 – Kombizange; 8 – Rohrzange; 9 – Fühlerblattlehren; 10 – Hammer; 11 – Elektrik-Prüflampe; 12 – Zündkerzenschlüssel; 13 – Durchschlag; 14 – Flachmeißel; 15 – Ringschlüssel; 16 – Gabel/Ringschlüssel; 17 – Gabelschlüssel.

mm-Angabe. Das ist die Schlüsselweite oder kurz SW. Ein Gabel- oder Maulschlüssel mit der Bezeichnung 10×13 hat also je eine Gabel für 10 mm und 13 mm breite Schrauben.

Weitere Werkzeuge

Bei verschiedenen Arbeiten braucht man aber noch anderes Handwerkszeug:
Steckschlüssel bzw. Nüsse: Mit den dazugehörigen Verlängerungsstücken und Betätigungswerkzeugen, wie Knarre (Rätsche) und Hebel, ermöglichen sie wesentlich schnelleres Arbeiten. Kaufen Sie ausschließlich Sechskantnüsse. Die Zwölfkantausführung rutscht auf einer beschädigten oder verrosteten Schraube leichter durch.
Zum Einstecken der Betätigungswerkzeuge haben die Steckeinsätze ein Vierkantloch mit 1/2" (Zoll) oder 3/8" Kantenlänge. Die 3/8"-Ausführung ist beim Autobasteln handlicher und für Stecknüsse von SW 6 bis SW 22 geeignet. Für größere Schlüsselweiten wird allerdings ein Adapter gebraucht.
Innensechskant- und Innenvielzahnschlüssel gibt es ebenfalls in Steckausführung. Sie sind zum Arbeiten wesentlich günstiger als die herkömmlichen Winkelschlüssel.
Stecknußkasten mit ¼"-Antrieb: Ein handliches Werkzeug für Verschraubungen, die nur mit geringeren Kräften angezogen werden. Manche dieser Kästen haben auch noch Einsätze für Schlitz-, Kreuzschlitz- und Innensechskantschrauben.
Drehmomentschlüssel: Er ist unerläßlich für viele Arbeiten am Motor. Die einfachere Ausführung mit Skala genügt durchaus, teurer ist die Version mit einstellbarem Drehmoment.
Schlagschrauber: Damit lassen sich Schlitz-, Kreuzschlitz- sowie Innensechskantschrauben lösen, wenn alle anderen Werkzeuge versagen.
Gripzange: Sie dient zum Halten oder auch zum Lösen von Verschraubungen. Ihr Vorteil gegenüber herkömmlichen Zangen – sie kann z. B. auf Schrauben festgeklemmt werden.
Spannbandschlüssel: Damit erleichtert man sich das Losschrauben des Ölfilters, wenn man den Ölwechsel öfters selbst macht.

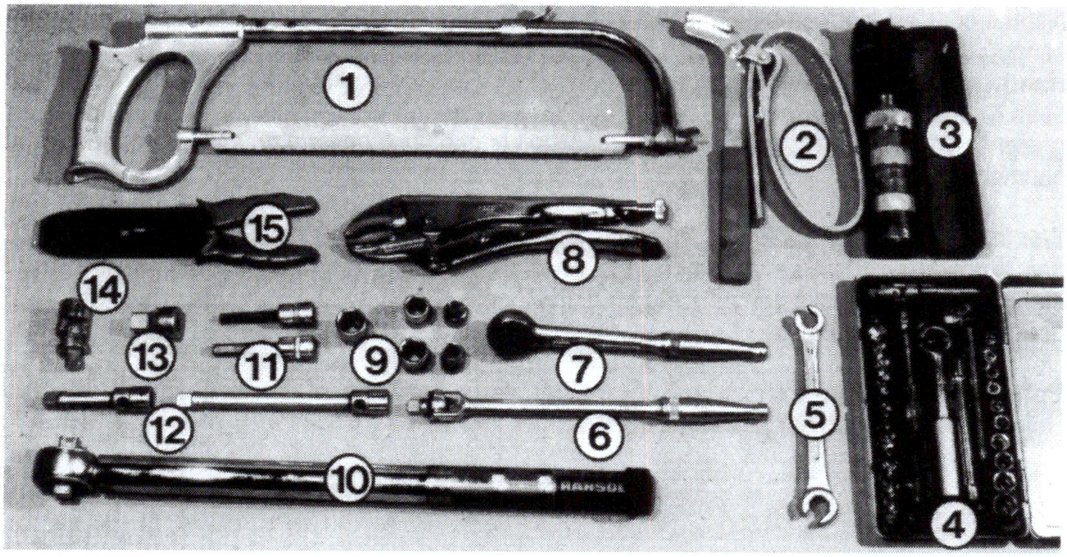

Ergänzendes Werkzeug: 1 – Metallsäge; 2 – Spannbandschlüssel; 3 – Schlagschrauber; 4 – kleiner Stecknußkasten; 5 – Bremsleitungsschlüssel; 6 – Gelenkstück; 7 – Rätsche; 8 – Gripzange; 9 – Stecknüsse; 10 – Drehmomentschlüssel; 11 – Innensechskant-Steckeinsätze; 12 – Verlängerung; 13 – Adapterstück von ⅜" auf ½"; 14 – Gelenk; 15 – Elektrikzange.

Unerläßliche Kleinteile für den Heimwerker: 1 – schraubbare Kabelverbinder (Lüsterklemmen); 2 – Taschenmesser; 3 – Bindedraht; 4 – Profiltiefenmesser; 5 – Pinzette; 6 – Isolierband; 7 – Klebstoff; 8 – Sprengring-Unterlegscheiben; 9 – Blechschrauben; 10 – Zweifach-Kabelstekker; 11 – Isoliertes Kabel; 12 – Taschenlampe; 13 – Sechskantschrauben; 14 – Unterlegscheiben; 15 – Sicherungen (die richtigen Opel-Sicherungen sehen Sie auf Seite 178;

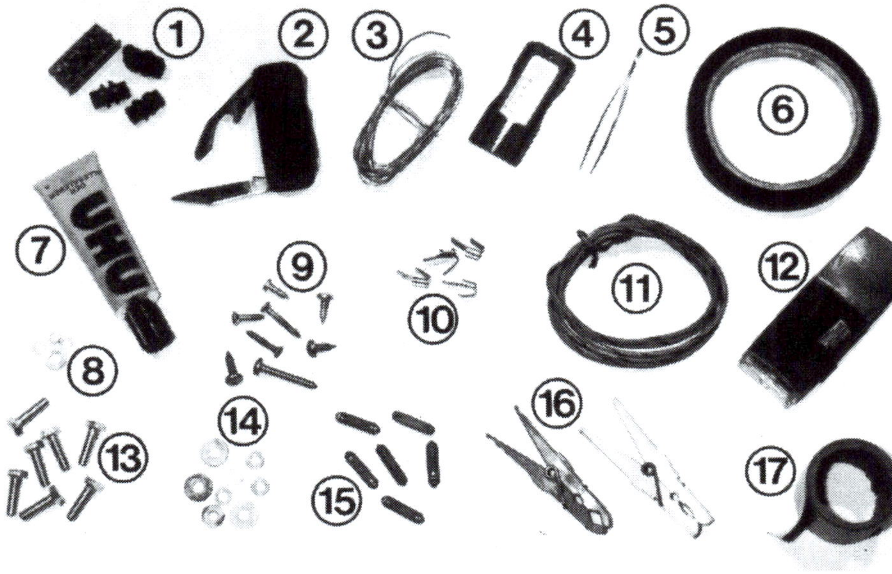

Bremsleitungsschlüssel: Mit ihm lassen sich die SW-11-Muttern der Bremsleitungen lösen, ohne daß die Flanken rund gedreht werden. Er ist z. B. von Hazet unter der Bestell-Nr. 05202 im Zubehörhandel erhältlich.
Spezial-Quetschzange: Damit lassen sich Kabelstecker mit Autoelektrikleitungen verbinden. Die billigen Ausführungen genügen vollauf.
Metall-Bügelsäge: Sie wird zum Aufsägen verrosteter Muttern sowie zu allerlei anderen Arbeiten verwendet.

Sinnvolle Hilfsmittel

16 – Wäscheklammern; 17 – Pannenband für Kühlwasserschläuche.

Stab-Handlampe: Sie gibt helles Licht, hat an der Rückseite einen Blendschutz und kann auch gelegentlich unbeschadet auf den Boden fallen.
Drahtbürste: Sie ist unentbehrlich, wenn verrostete Schraubengewinde oder Fahrwerksteile gesäubert werden sollen.
Waschpinsel: Er leistet gute Dienste bei der Motorwäsche und zur Reinigung ölverschmierter Fahrzeugteile. Er sollte ohne Metallfassung sein.
Kabelverbinder: Bei Anschaffung der oben erwähnten Quetschzange sollte auch gleich ein Sortiment gängiger Verbinder mitgekauft werden: (Doppel-) Flachstecker in verschiedenen Ausführungen und Rundstecker.
Kabelbinder: Sie eignen sich zur Befestigung von Kabeln oder Bowdenzügen am Karosserieinnenblech. Das eine Ende des Kabelbinders wird durch die Öse am anderen Ende gezogen, wo eine Sperrklinke das Herausrutschen verhindert und die einmal gebildete Schlaufe erhalten bleibt. Kabelbinder kosten im Elektronik-Laden nur Pfennige.
Lüsterklemmen: In der Autoelektrik sind sie ein unschöner Notbehelf, aber unterwegs können sie zum Flicken eines gerissenen Betätigungszugs dienen.
Splintensortiment: Sicherungssplinte sollten grundsätzlich nur ein Mal verwendet werden. Unnötige Wege erspart eine Auswahl von Splinten in den gängigen Größen. So kommen Sie auch nicht in Versuchung, alte, geradegebogene Splinte wiederzuverwenden.
Karosserie-Dichtmasse: Sie wird gebraucht, um etwa ein Bohrloch in der Karosserie abzudichten oder ein klapperndes Teil zu beruhigen. Sie eignet sich für allerhand Improvisationslösungen unterwegs.
Handwaschmittel: Ölverschmierte Hände sind mit Seife allein kaum zu säubern. Achten Sie beim Kauf von Handwaschpaste darauf, daß sie hautschonend ist – also ohne Sandzusatz. Gut geeignet sind auch Handwaschgelees, aber Sie können auch unverdünntes Geschirrspülmittel nehmen.

Werkzeug-Aufbewahrung

Wer in seiner Garage genügend Platz hat, der ist gut mit einer Steckwand bedient, an der sich das Werkzeug ordentlich aufreihen läßt. Es gibt aber auch preiswert in Kaufhäusern usw. mehrteilige Werkzeugkästen mit Tragegriff. In einem solchen Kasten kann man das Werkzeug übersichtlich unterbringen.

Prüf- und Meßgeräte

Batteriesäureprüfer: Er gibt Aufschluß über den Ladezustand der Batterie, ist aber im Heimwerkergebrauch nur selten notwendig.

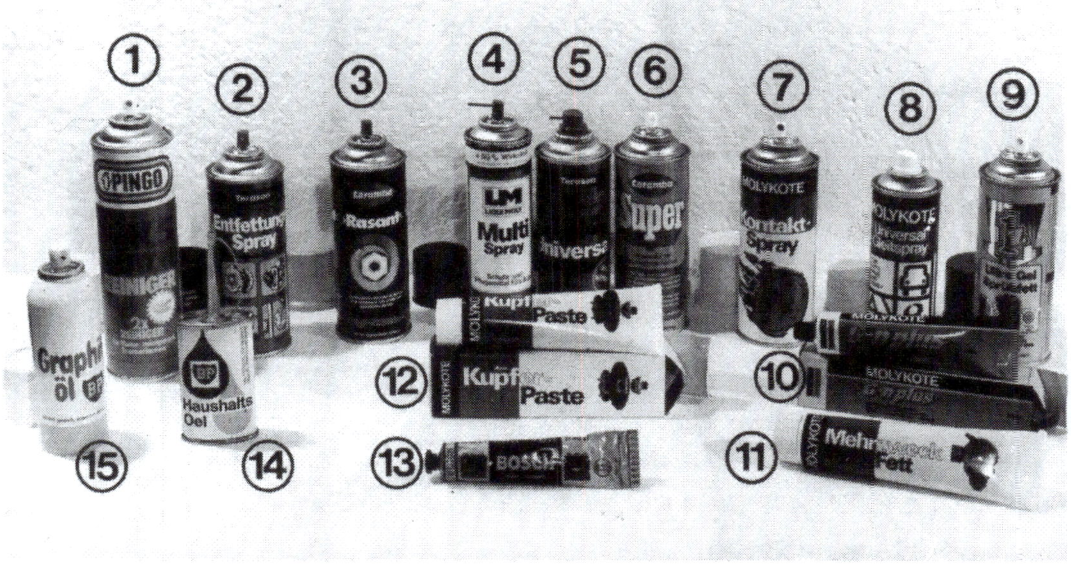

Flüssige und fettige Spezialisten für die Fahrzeugpflege: 1 – Motorreiniger (Kaltreiniger) zum Anlösen fettiger Schmutzkrusten; 2 – Intensiv-Entfernungsspray für wasserempfindliche Teile; 3 – Hochwirksamer Spezial-Rostlöser; 4, 5, 6 – Mehrzwecksprays zum Rostlösen, Schmieren und für weitere Anwendungsmöglichkeiten; 7 – Isolierspray, speziell feuchtigkeitsverdrängend; 8 – Vielseitiger Gleitlack mit trokkener Gleitfläche; 9 – Sprühfett mit weichem Schmierfilm; 10 – Festschmierstoff-Montagepaste; 11 – Mehrzweckfett für Radlager und anderes; 12 – Kupferfett; 13 – Säureschutzfett Bosch Ft 40 v 1; 14 – Haushaltsöl; 15 – Graphitölspray.

Frostschutzprüfer: Er wird zur Prüfung der Frostfestigkeit des Kühlmittels gebraucht, ist aber für den Bastler nicht unbedingt erforderlich.

Kompressionsdruckprüfer: Damit erhalten Sie Auskunft über den Zustand der Ventile, Kolben und Zylinder des Motors. Es gibt einfache, preiswerte Ausführungen mit Skala, während die Werkstattgeräte mit Schreiber und Meßkärtchen für den Privatgebrauch zu teuer sind.

Reifendruckprüfer: Er ist unerläßlich zur Kontrolle des Luftdrucks bei kalten Reifen.

Stroboskoplampe oder **Zündlichtpistole:** Damit wird der Zündzeitpunkt bei laufendem Motor eingestellt. Diese Arbeit ist bei unseren Modellen mit Transistorzündung allerdings nur sehr selten erforderlich. Ein brauchbares Gerät muß eine lichtstarke Xenon-Lampe besitzen, sonst sind die Lichtblitze bei Tag nicht zu erkennen. Aufwendigere Geräte haben einen Impulsgeber, der lediglich an das Zylinder-1-Zündkabel geklammert wird. Bei anderen muß die Steuerleitung zwischen Verteiler und Zündkerzenkabel gesteckt werden.

Einzelgeräte und Kombinationstester: Die nachfolgend genannten Geräte gibt es in unterschiedlichen Kombinationen zusammengefaßt. Achten Sie beim Kauf auf folgende Meßbereiche: 0–20 Volt, 0–10 Ampere, Widerstandsbereiche 0–50 Ohm und 0–50 Kilo-Ohm. Testgeräte mit einer Trockenbatterie als eigene Stromquelle (für Ohmmeter unerläßlich) zeigen genauer und stabiler an als solche, die von der Auto-Bordelektrik gespeist werden. Dafür sind sie aber auch wesentlich teurer. Achten Sie beim Kauf weiterhin auf eine ausführliche Bedienungsanleitung.

Drehzahlmesser: Er wird zur Leerlauf- und Zündeinstellung gebraucht. Häufig sind Drehzahlmesser mit einem Schließwinkeltester kombiniert. Den können wir an unseren Modellen mit unterbrecherloser Transistorzündung allerdings nicht einsetzen.

Voltmeter: Es gibt Auskunft, ob überhaupt Spannung anliegt und dient zur Messung von Batterie- sowie Ladespannung.

Amperemeter: Es dient zum Prüfen eines Stromkreises, wenn der Verdacht besteht, daß ein Stromverbraucher heimlich an der Batterie zehrt.

Ohmmeter: Es wird nicht nur zur reinen Widerstandsmessung gebraucht, sondern kann auch ein unterbrochenes Kabel aufspüren.

Abgastester: Die für Heimwerker angebotenen Ausführungen sind nicht ausreichend meßgenau, und wirklich gute kosten bei weitem zu viel für den Eigengebrauch. Sparen Sie sich das Geld.

Flüssige Hilfen

Rostlöser für festgerostete Verschraubungen gibt es genügend im Angebot. Besonders gut fanden wir den sofort wirkenden Schnellrostlöser »Caramba Rasant«. Herkömmliche Lösemittel brauchen eine gewisse Einwirkungszeit.

Isolierspray unterwandert bei Feuchtigkeit in der Autoelektrik den feinen Wasserfilm und verhindert dadurch, daß Batterie- oder Zündstrom über den leitenden Wasserfilm als Kurzschluß oder Kriechstrom abgeleitet wird.

Kaltreiniger dient zum Säubern des ölverschmierten Motors und sonstiger fettiger Fahrzeugteile. Die Reinigungsflüssigkeit gibt es in Sprühdosen oder – billiger – in Dosen oder Kanistern. Zum Lösen der Schmutzkrusten darf ein Waschpinsel nicht fehlen. Anschließend wird mit

Für manche Arbeiten werden Prüf- und Meßgeräte gebraucht: 1 – Kompressionsdruckprüfer; 2 – Frostschutzprüfer; 3 – Kombitester; 4 – Reifendruckprüfer; 5 – Säureprüfer; 6 – Xenon-Stroboskoplampe.

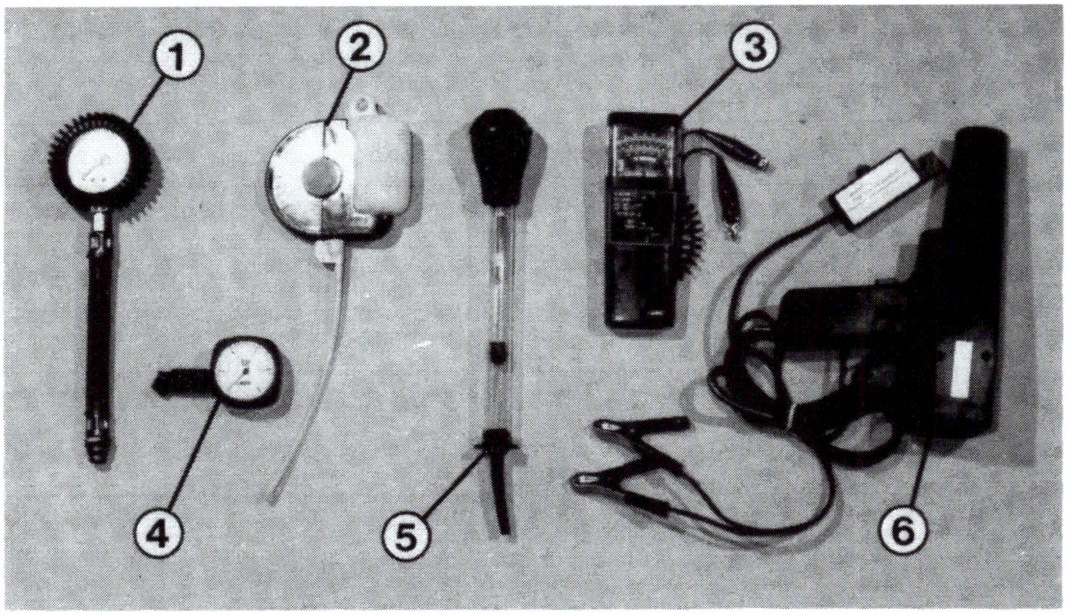

scharfem Wasserstrahl abgespritzt. Aus Gründen des Gewässerschutzes sollte die Säuberungsaktion nur über einem Benzin- oder Ölabscheider stattfinden.
Motorschutzwachs verhindert nach einer Motorwäsche Korrosionserscheinungen. Außerdem wirkt es schmutzabstoßend.
Gummipflegespray verhindert, daß die Türdichtungen ankleben oder im Winter anfrieren.

Spezial-Schmierstoffe

Haushaltsöl ist dünnflüssiges Universalöl, das man überall dort verwenden kann, wo keine besonderen Schmieransprüche gestellt werden. Aber es hält Motorwärme aus. Es ist also zur Schmierung des Motorhaubenschlosses geeignet.
Graphitöl enthält den »Festschmierstoff« Graphit, der die Schmierwirkung des Öles verbessert. Am günstigsten ist eine Sprühdose, die einen feinen, aber langen Strahl versprüht, z. B. die von BP.
Kupferfett, auch Heißschrauben-Compound genannt, verhindert das Festrosten von Verschraubungen, die extrem hohen Temperaturen ausgesetzt sind. Am Auto sind dies Auspuffschrauben und die Zündkerzengewinde. Aber auch andere Schrauben und Muttern bleiben immer gängig, wenn sie mit diesem Schmierstoff behandelt wurden.
Schmierstoff-Suspensionen liegen an der Grenze zwischen Öl und Fett. Sie sind für seltener beanspruchte Gleitflächen, wie die Sitzschienen, vorteilhaft. Nach dem Auftragen bilden sie einen wachsähnlichen Schmierfilm, der erst bei Druckbeanspruchung flüssig wird und auch gegen Rost schützt; z. B. Molykote »Paste U-n« und Teroson »MO-Gleitspray«.
Silikonpaste, z. B. »MS 4 silicone compound« von Dow Corning/Molykote, eignet sich für viele Schmierstellen. Sie schmutzt nicht, ist hitzefest und stößt Feuchtigkeit vollkommen ab. Außerdem eignet sich die Paste zum Abdichten.
Säureschutzfett, auch Polfett genannt, ist ein gegen elektrische Ströme, Säure und Feuchtigkeit isolierender Schmierstoff für die Pflege der Batteriepole. Konkurrenzlos ist das Bosch-Säureschutzfett »Ft 40v1«.

Arbeits-kleidung

Overall: Er sollte ausreichend weite Hosenbeine besitzen, daß man ihn auch über Schuhe und Hose anziehen kann. Wichtig sind zuknöpfbare Ärmelbünde, damit Hemd oder Pullover nicht hervorrutschen können. Außerdem sollte der Verschluß vorn verdeckt sein, damit man mit Knöpfen oder dem Reißverschluß den Autolack nicht zerkratzt.
Latzhose und ein strapazierfähiges Baumwollhemd. Diese Hose sollte ebenfalls so weite Hosenbeine haben, daß man sie über Schuhe und Hose anziehen kann.
Arbeitsmantel: Er ist besonders geeignet für unterwegs, weil man damit am schnellsten »einsatzbereit« ist.
Arbeitshandschuhe schützen vor den sonst so häufigen Hautabschürfungen, z. B. beim Lösen schwergängiger Schrauben oder Muttern. Einfache, billige Textil/Leder-Handschuhe sind sehr gut geeignet für Arbeiten, die keine gelenkigen Finger erfordern.
Arbeitsschuhe lohnen sich für den Hobby-Bastler kaum, wenn er nicht ohnehin ein Paar zu Hause stehen hat. Ziehen Sie zum Autobasteln möglichst altes Schuhwerk an, denn Benzin und Öl können die Schuhsohlen angreifen.

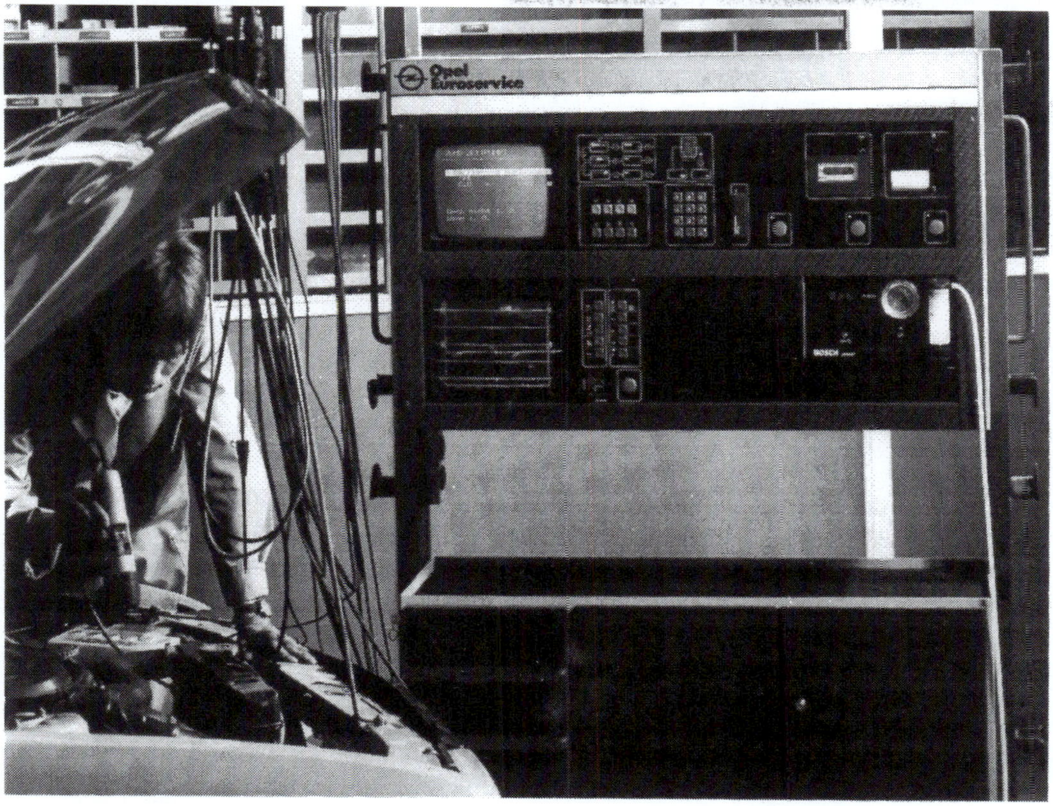

Zu den Arbeiten, die in diesem Buch beschrieben sind, brauchen Sie ein derartiges Diagnose-Gerät nicht. Die auf den vorangegangenen Seiten erwähnten Prüf- und Meßgeräte reichen dafür aus. Aber in Opel-Werkstätten ist dieser Tester eine zeitsparende Hilfe.

Ausrüstung für unterwegs

Sie sind für eventuelle Pannen auf der Strecke gut gewappnet, wenn Sie die auf Seite 8 zusammengestellte Werkzeug-Grundausstattung und die nachstehend genannten Hilfsmittel dabei haben:

- ☐ Abschleppseil oder -stange
- ☐ Arbeitshandschuhe
- ☐ Autoelektrikkabel, 1,5 mm^2
- ☐ Draht
- ☐ Ersatzglühlampen (Seite 225)
- ☐ Feuerlöscher
- ☐ Handreinigungsmittel
- ☐ Keilriemen (Seite 206)
- ☐ Klebeband
- ☐ Klebstoff (Sekundenkleber)
- ☐ Lappen
- ☐ Reservekanister, gefüllt
- ☐ Sicherungen (Seite 179)
- ☐ Starthilfekabel
- ☐ Taschenlampe
- ☐ Taschenmesser
- ☐ Wasserkanister
- ☐ Zündkerzen (Seite 224)

Routinefälle

Eine Schraube, die sich nicht herausdrehen läßt oder sogar abreißt, bringt manchen Selbsthelfer zur Verzweiflung. Manchmal behindert auch nur ungeschickte Arbeitsvorbereitung die Ausführung eines Vorhabens. Hier folgen aus unserer täglichen Praxis eine ganze Reihe von Tips, die Ihnen die Arbeit bestimmt erleichtern.

Muttern, Schrauben und Gewinde

Verrostete Verschraubungen lösen

Bevor der Schraubenschlüssel an einer auf ihrem Gewindebolzen festgerosteten Mutter angesetzt wird, sollten Sie die freiliegenden Gewindegänge säubern. Gewinde mit Drahtbürste von Schmutz und Rost befreien. Anschließend Rostlöser aufsprühen. Bei Schnellrostlöser die Mutter sofort losdrehen, sonst läßt die Lösewirkung nach; ggf. zwischendurch nachsprühen. Herkömmlicher Rostlöser braucht eine gewisse Einwirkungszeit.
Das gleiche gilt für Schrauben, die in ein eingeschnittenes Gewinde oder in der Karosserie festgeschweißte Muttern eingedreht sind. Hier ist dieselbe Vorbehandlung des freiliegenden Schraubengewindes erforderlich. Andernfalls wird der Schraubenkopf abgedreht.

Schlitz- und Kreuzschlitzschrauben lösen

Schon nach relativ kurzer Zeit können Schrauben so fest sitzen, daß sie sich nicht mehr einfach mit einem Schraubenzieher herausdrehen lassen. Bei Kreuzschlitzschrauben kommt erschwerend hinzu, daß sich der Schraubenzieher auch bei starkem Druck auf den Griff aus dem gekreuzten Schlitz herausdreht. Nach wenigen erfolglosen Versuchen ist der Kreuzschlitz »vermurkst«, und Sie stehen vor einer unlösbaren Schraube.
Wenn sich eine Schraube nicht gleich losdrehen läßt, sollten Sie einen passenden, stabilen Schraubenzieher ansetzen und dem Griffende einen kräftigen Hammerschlag versetzen. Das bricht normalerweise die mit ihrem Kopf festkorrodierte Schraube los. Sie läßt sich nun ganz normal herausdrehen.
Hilft das nichts, brauchen Sie einen Schlagschrauber. Bei jedem Hammerschlag auf die Griffoberseite des Schlagschraubers dreht dieser den Schraubenziehereinsatz unter Druck ein klein wenig weiter. Das löst praktisch jede Schraube.

Blechschrauben ausbohren

Ist in einem Schraubenkopf kein Werkzeug mehr anzusetzen, hilft nur noch Ausbohren. Erst wird mit einem entsprechend großen Bohrer der Schraubenkopf entfernt; notfalls mit einem kleineren Durchmesser vorbohren. Das Gewindeteil einer Blechschraube läßt sich jetzt entweder durchstoßen oder mit einer Zange von der Rückseite her abnehmen. Andernfalls mit einem dünnen Bohrer das Gewindeteil ausbohren. Wenn Sie hierfür einen zu großen Bohrerdurchmesser wählen, wird das Loch für die Schraube so vergrößert, daß später nur eine dickere Schraube hält.

Innensechskant- und Innenvielzahnschrauben lösen

Bei beiden Schraubenarten muß das Schraubenloch von jeglichem Schmutz gesäubert sein, ehe Sie das entsprechende Werkzeug ansetzen. Am besten geeignet zum Lösen solcher Schrauben sind Steckeinsätze mit langem Sechskant bzw. Vielzahn. Im Gegensatz zu den gebräuchlichen Winkelschlüsseln (bei denen die Kraft übrigens immer schräg ansetzt) vertragen die Steckeinsätze auch einen Hammerschlag auf der Betätigungsseite mit dem Vierkant. Der Schlag mit dem Hammer auf das Werkzeug – oder im Notfall auch direkt auf den Schraubenkopf – lockert nämlich den Sitz der Schraube ein wenig und erleichert das Lösen.
Läßt es sich nicht umgehen, mit den kleinen Winkelschlüsseln zu arbeiten, empfiehlt sich, wenn höherer Krafteinsatz nötig ist, den abgewinkelten Teil des Schlüssels mit einem größeren Rohrschlüssel oder Rohrstück zu verlängern.

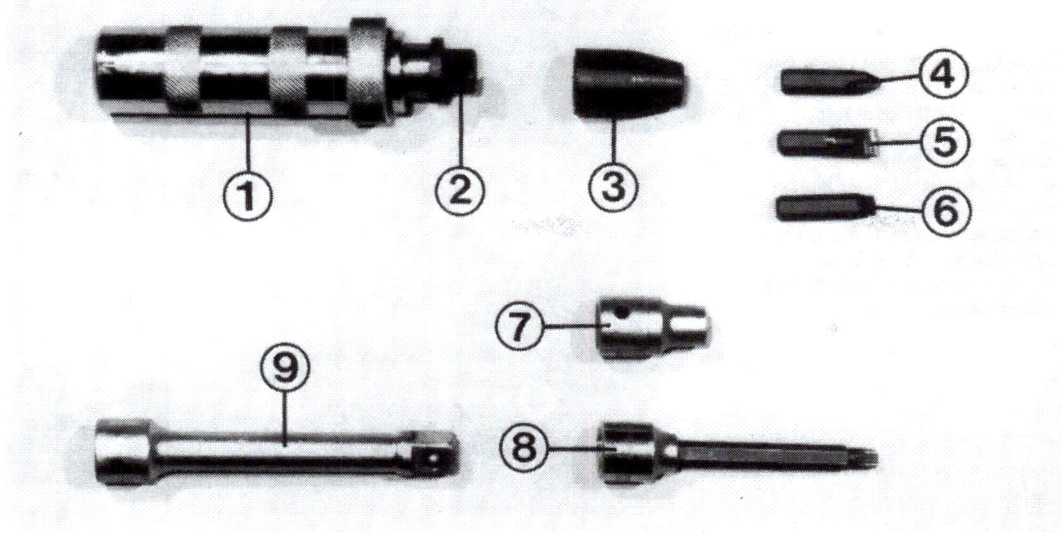

Schlagschrauber (1) mit Halbzoll-Antrieb (2). Mit dem Adapter (3) können aufgesteckt werden: 4 – Kreuzschlitz-, 5 – Schlitz- und 6 – Innensechskant-Steckeinsätze. Direkt aufgesteckt werden: 7 – Stecknüsse; 8 – Innensechskant- bzw. Innenvielzahn-Steckschlüssel; 9 – Verlängerung für Steckschlüssel.

Schrauben an schlecht zugänglichen Stellen eindrehen

Wollen Sie eine Schraube an einer nur schwer zugänglichen Stelle eindrehen, läßt sich mit folgendem Trick vermeiden, daß die Schraube immer wieder vom Werkzeug abfällt: In den Schraubenschlitz etwas Karosseriedichtmasse oder zähen Klebstoff anbringen oder die Schraube mit einem Klebebandstreifen am Werkzeug anheften.

Beschädigte Muttern lösen

Wenn ungeschickte Bastler die Kanten einer Mutter bereits rund gedreht haben oder wenn Rost die Anlageflächen für den Schraubenschlüssel entstellt hat, hilft nur noch Gewalt. Als erste Möglichkeit kommt eine Gripzange in Betracht. Damit läßt sich die Mutter fest greifen und oft auch losdrehen. Hilft das nicht weiter, wird ein scharfer Meißel angesetzt und die Mutter aufgemeißelt. Eine gut zugängliche Mutter kann auch entlang des Gewindes mit einer Metallsäge aufgesägt werden.
Werkstätten benutzen zum Lösen solcher Muttern einen sogenannten Mutternsprenger, eine für den Hausgebrauch allerdings zu teure Anschaffung.

Selbstsichernde Muttern

Damit die Mutter auf dem Gewinde klemmt und sich auch durch Vibrationen nicht lösen kann, besitzt sie eine Einlage aus Kunststoff oder ein enger geschnittenes Gewinde. Derartige Muttern sollten nur ein Mal verwendet werden, sonst ist die sichernde Wirkung dahin.

Selbstsichernde Schrauben

Sie werden beim modernen Automobilbau zunehmend verwendet – mikroverkapselte Schrauben. In den Gewindegängen befindet sich ein Schraubensicherungsmittel und bildet einen schützenden Film. Dieser zerreißt erst beim Festziehen der Schraube, und das Sicherungsmittel wirkt. Solche Schrauben dürfen nur ein Mal verwendet werden, im Text im Buch haben wir nochmals darauf hingewiesen. Sie können aber auch das Schraubengewinde mit einer Drahtbürste säubern und dann ein Sicherungsmittel auftragen.

Stehbolzen lösen und festdrehen

Da ein Stehbolzen (auch Gewindestange genannt) keine Anlagefläche für einen Schraubenschlüssel besitzt, muß diese geschaffen werden. Dazu auf dem freien Gewindeteil des Bolzens zwei Muttern fest gegeneinander festdrehen (kontern). An den so blockierten Muttern den Schraubenschlüssel ansetzen und den Bolzen lösen bzw. anziehen.

Schraubengröße und Drehmoment

Schrauben und Muttern, die keinen speziellen Belastungen ausgesetzt sind, werden mit Standard-Drehmomenten angezogen. Wird die Verschraubung mit aller Kraft »angeknallt«, reißt der Gewindebolzen ab. Für die gebräuchlichsten Schrauben/Muttern-Verbindungen gelten folgende Drehmomente:

Gewindeabmessung	M 6	M 8	M 10	M 12	M 14
Drehmoment in Nm	10	25	49	85	135

Natürlich treffen die angegebenen Drehmomente nicht für Sonderschrauben zu und für Schrauben, die in Leichtmetall eingedreht werden. Die entsprechenden Drehmomente sind bei der jeweiligen Arbeit angegeben.

Ausstattung für den Heimwerker-Ölwechsel: 1 – Trichter zum Umfüllen des Altöls; 2 – Motoröl in ausreichender Menge; 3 – Öleinfüllkanne; 4 – Altölkanister; 5 – Ölkanister mit herausgeschnittener Seitenwand zum Auffangen des Ablaßöls; 6 – Ölfilter; 7 – Spannbandschlüssel zum Lösen des Ölfilters.

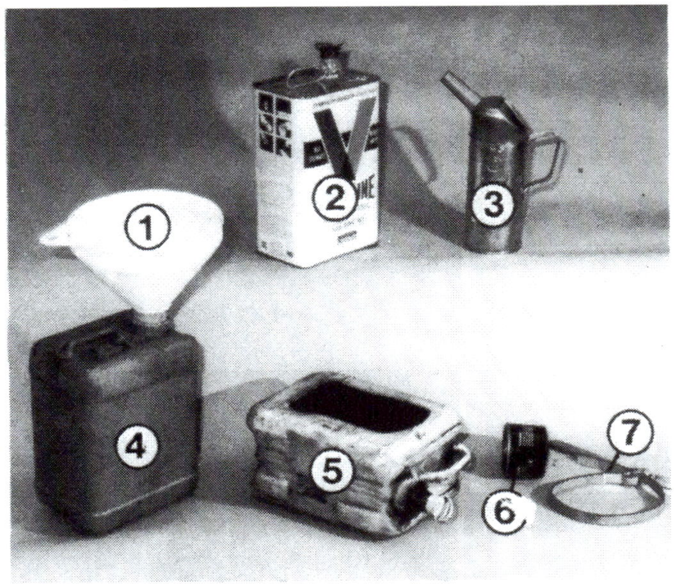

Fingerzeig: *Erfahrungsgemäß werden einfache Verschraubungen nach Gefühl angezogen. Gelegentlich kann es aber nicht schaden, wenn Sie Ihr Schraubgefühl anhand der Tabelle auf der Vorseite mit einem Drehmomentschlüssel kontrollieren.*

Abgerissene Gewindeschrauben ausbohren

Das Gegengewinde, in dem die abgerissene Schraube steckt, sollte möglichst wenig Schaden nehmen. Deshalb den Schraubenrest genau in der Mitte mit einem Körnerschlag versehen. Jetzt kann gebohrt werden: Bis zur Schraubengröße M 8 geht dies gleich mit dem sogenannten Kernlochbohrer. Das ist der Durchmesser eines »rasierten« Gewindes, also ohne Gewindeflanken. Bei den am Auto vorkommenden Verschraubungen gilt die Faustregel: Gewindedurchmesser multipliziert mit 0,8. Ein Beispiel mit Verschraubung M 6: 6 mm × 0,8 = 4,8 mm Kernlochdurchmesser. Ab M-8-Schrauben sollten Sie mit dünnerem Bohrer vorbohren.
Die in den Gewindegängen verbliebenen Metallreste lassen sich bisweilen mit einer Reißnadel »herausoperieren«. Meist muß jedoch nachgeschnitten werden.

Gewinde schneiden

Gewindeschneider unter ständigem Ölen in das vorgebohrte Kernloch (siehe vorangegangenen Abschnitt) hinein- und wieder herausdrehen. Um ein Abreißen des Gewindeschneiders zu vermeiden, muß beim Hineindrehen immer wieder abgesetzt und ein Stück zurückgedreht werden. Sonst werden die Metallspäne zu lang und klemmen.

Ausgerissenes Gewinde

Die in Leichtmetall eingeschnittenen Gewinde im Zylinderkopf und Getriebe reißen besonders leicht aus, da das Material eine wesentlich geringere Festigkeit hat als etwa Grauguß oder Stahl. Zur Reparatur wird in das Metall ein größeres Gewinde eingeschnitten. Wenn keine größere Schraube verwendet werden kann, muß eine Gewindebuchse eingesetzt werden, z. B. ein Heli-Coil-Einsatz. Diese Methode wird auch bei ausgerissenen Zündkerzengewinden angewandt.

Autoelektrik

Kabel durchziehen

Bisweilen ist eine Elektrikleitung in einen Karosserieholm zurückgerutscht oder ein neues Kabel soll in einem Holm verlegt werden. Dann benötigen Sie einen stabilen, geraden Draht, der länger ist als der Holm. Draht durch den Holm schieben, Kabel am Drahtende befestigen und mit dem Draht durch den Holm ziehen.

Die Kabelstecker

Wie an den meisten europäischen Autos finden am Opel Flachstecker (auch AMP-Stecker genannt) Verwendung. Sie sind am Kabelende lediglich aufgequetscht und stellen eine stabile Verbindung zur zugehörigen Steckerzunge dar.

Kabelstecker nachbiegen

Damit wieder fester Sitz gewährleistet ist, werden ausgeleierte Kabelstecker ein wenig nachgebogen. Dabei nicht an den halbrunden Klammern biegen, sondern die kleine Blechzunge an der Rückseite des Steckers mit einem zierlichen Schraubenzieher etwas nach innen drücken.

Kabelstecker anbringen

Der entsprechende Stecker wird auf das blanke Kabelende gesteckt und mit einer Zange festgequetscht. Dazu eignet sich eine Flach- oder Kombizange nur bedingt. Besser ist eine Elektrik-Quetschzange, mit der außerdem Kabel von ihrer Isolierung befreit werden können.

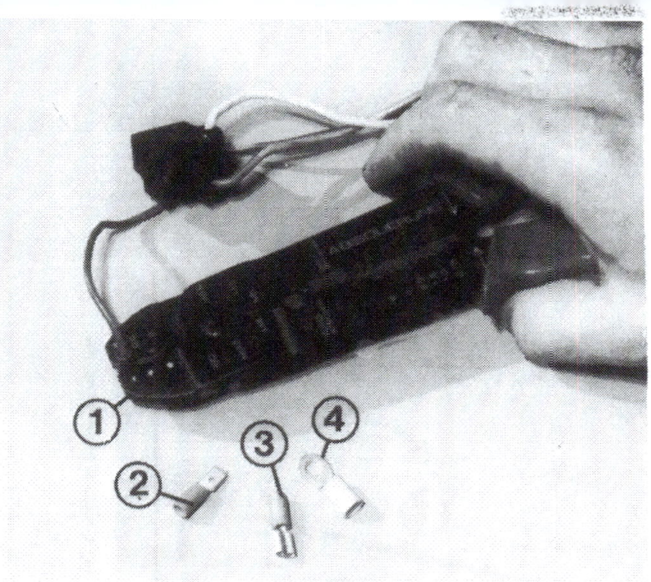

So werden Kabel-Quetschverbindungen mit der Spezialzange (1) angebracht. An Quetschverbindungen stehen zur Auswahl: 2 – Steckerzungen; 3 – Stecker; 4 – Ösen Diese Teile sind für unterschiedliche Kabelstärken erhältlich.

Mehrfachstecker trennen

Oft sind mehrere Flachstecker zu einem Mehrfachstecker zusammengefaßt. Dann kann ein einzelner Stecker nur herausgezogen werden, wenn die Haltezunge des Kabelsteckers mit einem feinen Schraubenzieher zurückgebogen wird. Dazu von der Anschlußseite her (nicht von der Kabelseite aus) den Schraubenzieher zwischen die flache Seite des Steckers und das Kunststoffteil schieben und gleichzeitig den Stecker am Kabel nach hinten herausziehen.

Werkzeug instand halten

Schraubenzieher müssen eine gerade und am Ende der Spitze leicht abgestumpfte Klinge haben. Wurden sie zwischenzeitlich als Meißel mißbraucht oder sind Ecken ausgebrochen, können sie nachgeschliffen werden. Hierbei die Klingenflächen parallel zueinander schleifen. Eine spitz zulaufende Klinge dreht sich aus dem Schraubenschlitz – hohe Verletzungsgefahr. Beim Schleifen den Schraubenzieher immer wieder in Wasser abkühlen. Verfärbt sich die Schraubenzieherspitze plötzlich blau, ist sie ausgeglüht. Das verändert ihr Metallgefüge, und sie ist nicht mehr hart genug.

Hammer: Sein Stiel muß absolut fest im Metall stecken, um Verletzungen durch einen unversehens losfliegenden Hammerkopf zu vermeiden. Bei einem Hammer mit Holzstiel muß ein Sicherungskeil im Stiel sitzen.

Meißel: Durch die Schläge mit dem Metallhammer bildet sich bei fortgeschrittener Benutzung oben am Schaft des Meißels eine »Krone« aus dicken Metallspänen. Die müssen regelmäßig abgeschliffen werden, sonst sind Verletzungen möglich.

Bohrer: Sie werden zwangsläufig mit dem Gebrauch stumpf. Dann drücken sie statt zu schneiden. Dadurch werden sie zu heiß, glühen aus und werden unbrauchbar. Man kann Bohrer nachschleifen, doch das ist Übungssache und erfordert viel Geschick. Richtig geschliffene Bohrer weisen ganz bestimmte Winkel an den Schneiden auf, siehe Zeichnung unten. Einfacher geht es mit einem Bohrschleif-Vorsatz für die Bohrmaschine. Wichtig beim Bohrerschleifen: Während des Schleifens muß er immer wieder in Wasser abgekühlt werden.

Arbeitsvorbereitungen

Säubern Sie zuerst den Arbeitsplatz. Schrauben und Teile von früheren Zerlegearbeiten sollten unbedingt weggeräumt werden, damit Sie nichts Falsches wieder einbauen.
Abgenommene Teile legt man sinnvollerweise in der Ausbaureihenfolge ab. Das erleichtert den Zusammenbau. Kleinteile packt man sicherheitshalber in kleine Schachteln bzw. Gläser, oder man dreht nach dem Ausbau die Schrauben gleich wieder in das zugehörige Gewinde. So werden ganz sicher keine Schrauben verwechselt.

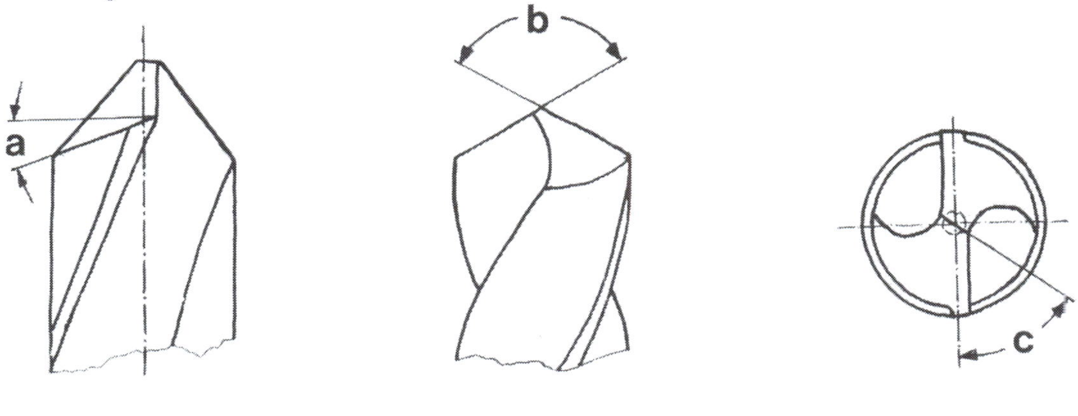

Ein richtig geschliffener Bohrer für Metall muß folgende Winkel aufweisen: Freiwinkel a = 6–9°; Spitzwinkel b = 116–120°; Querschneidenwinkel c = 55°.

Zum Lösen eines Stehbolzens (3) zwei gleich große Muttern (1 und 2) auf dem freien Stehbolzengewinde fest gegeneinander anziehen (kontern).

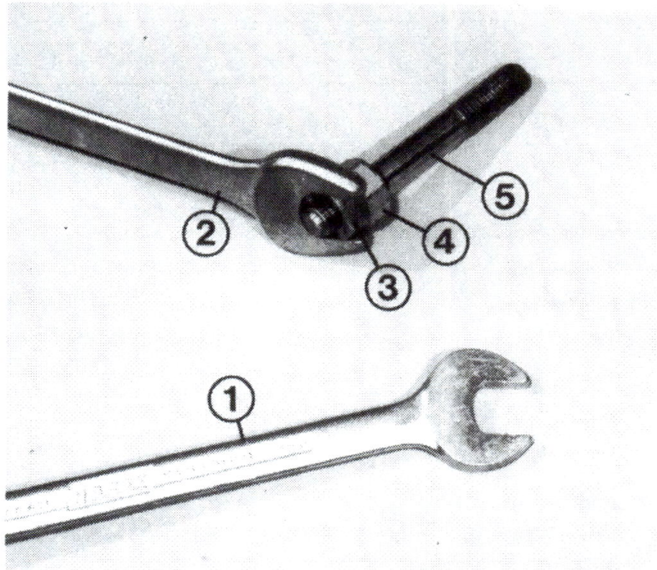

Funktionskontrolle

Nach beendeter Reparatur prüft man zuerst, ob noch irgendwelche Teile herumliegen, die zum Auto gehören. Dann ein prüfender Blick auf die Reparaturstelle: Ist dort alles am rechten Fleck? Dann wird die Funktion geprüft.
Stimmt mit der Reparatur scheinbar etwas nicht oder tritt gar ein neuer Defekt auf? Kontrollieren Sie zuerst die gesamte Umgebung der Reparaturstelle am Fahrzeug. Möglicherweise wurde versehentlich ein Kabel abgerissen oder ein Unterdruckschlauch abgezogen.

Unfallverhütung

Wagen immer absichern, auch wenn Sie nur kurz an der Unterseite arbeiten wollen.
Schutzbrille verwenden, wenn Metall geschliffen oder gemeißelt wird.
Schweißbrille aufsetzen, auch wenn Sie beim Schweißen nur zusehen.
Augen sofort ausspülen, wenn sie mit ätzenden Flüssigkeiten (z. B. Bremsflüssigkeit) benetzt wurden. Zum Spülen eignen sich neben klarem Wasser alle »harmlosen« Flüssigkeiten, wie Sprudel, Limonade, Milch, Bier etc.
Kleine Verletzungen sofort desinfizieren und verpflastern, damit kein Schmutz in die Wunde gerät. Wann war Ihre letzte Wundstarrkrampf-Impfung?
Auspuffgase sind giftig! Beim Laufenlassen des Motors muß für ausreichende Belüftung gesorgt werden. Eine Montagegrube ist besonders gefährlich, weil Auspuffgase schwerer als Luft sind und nach unten sinken.
Benzindämpfe sind leicht entzündlich. Deshalb nicht rauchen und kein offenes Feuer, wenn an der Kraftstoffanlage gearbeitet wird. Auch hier ist die Montagegrube wieder besonders gefährlich. Weiterhin sind Dämpfe von Lösungsmitteln, Kunstharz oder der Säurenebel der Batterie leicht entzündlich!
Batterie abklemmen, wenn an den Bauteilen der Benzinversorgung gearbeitet wird. Funkenbildung an einem Kabel oder einer Steckerverbindung kann eine Explosion auslösen.
Feuerlöscher: Ist er in der Nähe des Arbeitsplatzes griffbereit?

Teilnahmsvoll

Häufig lassen sich Reparaturen nur unter Verwendung neuer Teile durchführen. Besonders ärgerlich ist es, wenn die Arbeit abends oder am Wochenende unterbrochen werden muß, weil irgendein Ersatzteil fehlt.

Welche Teile werden gebraucht?

Zuerst sollten Sie feststellen, was Sie an Ersatzteilen haben müssen. Neben den direkt betroffenen Teilen benötigen Sie womöglich noch Dichtungen, passende Sicherungsringe und spezielle Muttern. Im Ersatzteillager weiß man das gewöhnlich und sucht mit heraus, was in dem Fall nötig ist.
Reparaturen, deren tatsächlicher Umfang sich erst im Lauf der Zerlegung herausstellt, sollten Sie zeitlich so legen, daß Sie im Notfall die benötigten Teile noch im Ersatzteillager erhalten. Nur manche Werkstätten verkaufen auch samstags Teile, und dann nur am Morgen; entsprechend ist der Andrang der Autobastler.
Beachten Sie aber, daß auch im Ersatzteillager der Werkstatt nicht alle Teile vorrätig sind. Weniger gängige Teile müssen erst bestellt werden, was einen oder zwei Tage in Anspruch nehmen kann.

Das richtige Ersatzteil

Opel hat den Ascona schon etliche Jahre im Programm, und es gibt eine ganze Reihe von Varianten davon. Beim Teilekauf müssen Sie deshalb genau den Typ, das Baujahr (Erstzulassung), die Fahrgestellnummer und eventuell auch die Motornummer angeben.
Auch innerhalb einer Produktionsserie können an Bauteilen Detailänderungen eingetreten sein. Falls Sie das ausgebaute Altteil nicht mitgebracht haben, überzeugen Sie sich noch im Ersatzteillager von der Richtigkeit des neuen Teils. Im Zweifelsfall sollte ein Umtausch offengehalten werden.

Original Opel-Teile oder Fremdteile?

Beim Opel-Service kann man sämtliche Teile des Ascona erhalten. Aber Sie sind nicht gezwungen, ausschließlich dort zu kaufen.
Manche Teile werden von denselben Herstellern, die an Opel liefern, in gleicher Qualität über Warenhäuser oder über den Zubehörhandel vertrieben. Ölfilter und Zündkerzen sind z. B. solche Artikel.

Lieferprogramm des Zubehörhandels

Beispielsweise folgende Teile können Sie dort erwerben: Anlasser, Bremsleitungen, Bremsschläuche, Filter, Gelenkwellen, Glühlampen, Hauptbremszylinder, Keilriemen, Kupplung komplett, Lack, Lichtmaschine, Motordichtungen, Radbremszylinder, Reparaturbleche, Scheibenwischer, Scheinwerfer, Stoßdämpfer, Verteiler, Verteilerdeckel, Zündkabel, Zündkerzen, Zündkerzenstecker und vieles mehr.

Vorsicht bei Bremsbelägen und Auspuffanlagen

Für die richtige Bremskraftverteilung auf die Vorder- und Hinterräder ist die Mischung des Bremsbelagmaterials entscheidend. Die Kennummer dieser Mischung ist in der »Allgemeinen Betriebserlaubnis« (ABE) des Ascona festgehalten und darf nicht verändert werden. Falls das Fahrzeug nach einem schweren Unfall begutachtet wird und sich dabei eine nicht freigegebene Belagsorte herausstellt, kann sich dies zu Ihren Ungunsten auswirken.
Auch bei Auspuffanlagen ist Vorsicht geboten. Sie sind in Deutschland nur dann zugelassen, wenn sie eine ABE besitzen. Dann steht auf dem Schalldämpfer beispielsweise »ABE-Nr. KBA 20 150«. Kontrollieren Sie das, denn mit einem Auspuff ohne Betriebserlaubnis gibt es Ärger beim TÜV.

Bei Opel nur Neuteile

Opel offeriert keine aufgearbeiteten Austauschteile. Vielmehr werden Ersatzteile jeweils aus der neuesten Produktion geliefert, einschließlich der eventuell vorgenommenen Verbesserungen. Für Modelle, die schon einige Jahre alt sind, kann man passende Teile über den Opel-Service bestellen lassen.

Der Opel-Teile-Motor

Der Teile-Motor ist ebenfalls neu und wird ohne Anbauteile geliefert. Er besteht aus Zylinderblock mit Kolben, Pleuelstangen, Kurbel- und Nockenwelle einschließlich sämtlicher Lager, Kurbel- und Nockenwellenrad, Dichtungen und Ölpumpe. Die brauchbaren Teile des Altmotors, wie Ölwanne, Vergaser, Zündverteiler usw., werden ebenso übernommen wie der Zylinderkopf.

Austauschteile anderer Hersteller

Der Zubehörhandel bietet eine Reihe von Austauschteilen an, darüber hinaus auch Bosch über seine Autoelektrik-Werkstätten. Bei einem Motorschaden ist es interessant zu wissen, daß sich manche Firmen auf die Motorinstandsetzung spezialisiert haben und teilweise auch Motoren bzw. Teilmotoren im Tausch anbieten. Vertrauenswürdige Unternehmen haben sich im Verband der Motorinstandsetzungsbetriebe e. V., Goldene Pforte 1, 5800 Hagen, zusammengeschlossen. Dort können Sie ein Anschriftenverzeichnis anfordern.

Für die Instrumente im Armaturenbrett gibt es von VDO einen Reparaturdienst. VDO unterhält eigene Werkstätten, Anschriften erhalten Sie von VDO Adolf Schindling AG, Postfach 6140, 6231 Schwalbach.

Gebrauchte Ersatzteile

Beim Kauf gebrauchter Ersatzteile vom Autoverwerter läßt sich manchmal Geld sparen. Zuvor sollten Sie sich allerdings erkundigen, was das gesuchte Teil neu kostet. Sonst zahlen Sie möglicherweise zu viel. Das gebrauchte Teil darf allenfalls halb so teuer wie das Neuteil sein. Ein Verschleißteil darf nicht mehr als ein Viertel des Neupreises kosten. Gebrauchte Verschleißteile lohnen sich nach unseren Erfahrungen ohnehin nur dann, wenn das Fahrzeug bald verkauft werden soll. Falls das entsprechende Ersatzteil bei der Autoverwertung noch im Wagen eingebaut ist, sollten Sie vor dem eigenhändigen Ausbau den Preis klären. Manche Schrotthändler haben eigenartige »Tagespreise«, und es kann eine böse Überraschung geben. Überprüfen Sie, ob das Gebrauchtteil wirklich besser ist als das bisher im Wagen eingebaute. Außerdem müssen Sie kontrollieren, ob es tatsächlich an Ihren eigenen Ascona paßt. Im Laufe der Modellpflege werden nämlich ständig Änderungen vorgenommen, und ältere Teile sind nicht immer gegen neuere austauschbar.

Es kann sich auch lohnen, bei der Opel-Werkstatt nach gebrauchten Teilen zu fragen. Die fallen dort manchmal aus einem ausgeschlachteten Unfallwagen an.

Meisterhaft

Das Verhältnis Werkstatt/Kunde ist bekanntlich manchen Belastungen ausgesetzt. Der Grund: Es ist in aller Regel das Verhältnis des Fachmannes zum Laien. Daraus ergibt sich ein Übergewicht für die Werkstatt und damit ein großer Ermessensspielraum für das, was getan werden muß und noch getan werden könnte. Um abschätzen zu können, wie fair oder übertrieben verfahren wird, braucht man einen guten Einblick.

Die Werkstatt-Wahl

Wer sein Auto in die Werkstatt gibt, muß zwar in aller Regel Geld bezahlen, doch nicht überall gleich viel. Deshalb ist es natürlich auch wichtig, für jede Reparatur die richtige Werkstatt auszuwählen.

Die Marken-Werkstatt

Mit Ihrem Ascona ist natürlich die Vertragswerkstatt am besten vertraut. Dort sind auch die wichtigsten Ersatzteile auf Lager, und es liegen die neuesten Einstelldaten vor. Es sind also alle Voraussetzungen gegeben, um die Reparatur schnell und zur Zufriedenheit des Kunden auszuführen.
Günstig ist es, wenn Sie sich vorher im Bekanntenkreis über die Arbeitsqualität und Preiswürdigkeit der Werkstatt informieren. Auf bestimmten Gebieten, wie Vergasereinstellung oder Blechbearbeitung, sind die Vertragswerkstätten bisweilen nicht so versiert wie die Spezialbetriebe, auf die wir weiter unten noch eingehen.

Fingerzeige: *Auch in der Vertragswerkstatt sollten Sie sich nicht scheuen, nur Teile einer Reparatur in Auftrag zu geben. So können Sie beispielsweise nach dem eigenhändigen Austausch einer Spurstange durchaus die anschließend fälligen Einstellarbeiten in der Markenwerkstatt vornehmen lassen.*
Bei größeren Instandsetzungsarbeiten bleibt die Reparatur oft nur dann unter dem Zeitwert des Wagens, wenn gebrauchte Teile eingebaut werden. In diesem Fall werden Sie in einer guten Werkstatt kaum auf taube Ohren stoßen, wenn Sie eine solche Reparatur anregen.

Freie Werkstätten

Hier empfiehlt es sich ganz besonders, vor einer Auftragserteilung zu erkunden, wie es um die Arbeitsqualität bestellt ist, denn unter den Freien befindet sich vereinzelt ein »schwarzes Schaf«. Generell können aber dort allgemeine Reparaturen oft wesentlich preiswerter als in der Markenwerkstatt ausgeführt werden.
Zu den freien Betrieben zählen z. B. auch Werkstätten, die sich auf TÜV-Schweißungen, Brems-, Auspuff- oder Stoßdämpferreparaturen spezialisiert haben. Meist überfordert sind die freien Werkstätten jedoch beispielsweise bei Problemen an der Elektrik. Da eignen sich Spezialwerkstätten besser.

Autoelektrik

Zahlenmäßig am stärksten vertreten sind hier die Bosch-Dienste, die nicht nur für die allgemeine Autoelektik, wie Zündung, Batterie und Beleuchtung zuständig sind, sondern häufig auch den Vergaser einstellen und betreuen. Im Telefonbuch sind die umliegenden Bosch-Dienste aufgeführt. Ein komplettes Verzeichnis erhalten Sie vom Bosch-Kundendienst, Postfach 50, 7000 Stuttgart 1.

Vergaser

Vergaser-Spezialwerkstätten können oft mit einem nicht einstellbaren Vergaser noch fertig werden, wenn die Vertragswerkstatt schon aufgegeben hat. Solche Werkstätten finden sich gewöhnlich aber nur in größeren Städten, wobei die Mehrzahl Vertretungen der Fa. Pierburg sind, die auch fünf der sieben Vergaser im Ascona geliefert hat. Ein Werkstattverzeichnis erhalten Sie von der Pierburg GmbH & Co. KG, Postfach 838, 4040 Neuss 13.

Reifen

Reifendienste haben eine größere Fabrikatsauswahl als etwa die Vertragswerkstatt. Sie können dort mit sachkundiger Beratung rechnen und eine bessere Reifenauswuchtung erwarten, da der Umgang mit Reifen dort die ausschließliche Beschäftigung ist. Auch manche Tankstellen haben sich auf den Verkauf von Reifen spezialisiert.

Karosserie und Lack

Die Reparatur von Unfallschäden erfordert die Hand eines Spezialisten, wenn anschließend alles sauber aussehen und dauerhaft repariert sein soll. Es lohnt sich deshalb unbedingt, vorher umherzufragen, in welcher Werkstatt besonders gut und preiswert gearbeitet wird.
Hohlraumversiegelungen und Unterbodenschutz gehören ebenfalls zum Arbeitsgebiet einer Karosseriewerkstatt. Dort werden diese Arbeiten gewöhnlich sorgfältiger ausgeführt als in Vertragswerkstätten. Aber auch in diesem Fall empfiehlt sich wieder zuerst die Befragung anderer Autofahrer.

Motor

Die Motorinstandsetzungsbetriebe reparieren nicht nur defekte Motoren, sondern bieten auch schon fertige Teile- oder Austauschmotoren an. Die Preisunterschiede zum Original-Opel-Motor liegen zwischen 15 und 20 %. Auf diese Motoren geben die Instandsetzer natürlich Garantie, die bei Selbsteinbau des Motors allerdings nur unter bestimmten Voraussetzungen gilt. Ob die Überholung wirklich fachgerecht durchgeführt wurde, läßt sich bei einem solchen Motor meist erst nach Ablauf der Garantie feststellen. Wir haben dabei bisher meist gute Erfahrungen gemacht.
Anschriften von Motor-Instandsetzungsfirmen erhalten Sie vom Verband der Motorinstandsetzungsbetriebe eV, Goldene Pforte 1, 5800 Hagen. Manche Firmen sind jedoch auf bestimmte Marken spezialisiert, so daß der nächstgelegene Betrieb vielleicht nicht helfen kann.

Scheiben

In einer Autoglaserei kann man davon ausgehen, daß eine zerbrochene Autoscheibe sofort ersetzt wird, was in vielen anderen Werkstätten mangels Lagerhaltung nicht immer möglich ist. Selbstverständlich sind dort auch Scheibendichtungen aller erdenklichen Fabrikate auf Lager, so daß ein Glasschaden sofort repariert werden kann.

Innenausstattung

In den mittlerweile selten gewordenen Autosattlereien werden Sie – was die Auto-Innenausstattung angeht – meist sehr preiswert bedient. Der Autosattler ist spezialisiert auf die Reparatur oder den Neubezug von Sitzen, Zuschneiden und Einfassen von Bodenteppichen und das Montieren eines Dachhimmels. Solche Betriebe sind auch auf Sonderwünsche eingerichtet, was den Bezugsstoff oder die Teppiche angeht. So können Sie beispielsweise statt der Veloursstoff-Sitzflächen solche aus anderem Stoff einsetzen lassen.

Wie erhält man Adressen?

Die Adressen von Spezialwerkstätten, wie Autoglaserei oder Autosattlerei sind oft schwierig herauszufinden. Wenn Sie im Bekanntenkreis keinen Tip bekommen, empfiehlt sich der Blick ins Branchen-Telefonbuch oder in den Automarkt von Tageszeitungen oder Anzeigenblättern. Dort inserieren solche Betriebe regelmäßig.

Auch Tankstellen können helfen

Tankstellen, die Wagenpflege betreiben, sind selten geworden. Solch einen Betrieb sollten Sie suchen für Unterwagenwäsche, Motorwäsche, Ölwechsel, Getriebeölkontrolle und einfache Einstellarbeiten am Motor.
Regelrechte Reparaturen sollte man nicht an der Tankstelle durchführen lassen. Wenn der Inhaber kein Kfz-Meister ist und mit seinem Betrieb demgemäß auch nicht der Kfz-Handwerksinnung angehört, reicht seine Haftpflicht- und Betriebsversicherung nicht für Reparaturen an Motor, Bremsen, Lenkung, Fahrwerk usw. Auch liegen dort nicht die neuesten Wartungs- und Reparaturhinweise vom Opel-Service vor. Das kann teurer Pfusch werden.

Werkstattkosten

Der Verrechnungssatz für eine Reparaturstunde in der Werkstatt ist nicht etwa mit dem Mechanikerlohn zu verwechseln. Vielmehr setzt sich der Betrag zusammen aus Löhnen und Gehältern, Miete und Pachtkosten, Gebäude- und Geräteabschreibung, Steuern und Versicherung, sonstige Allgemeinkosten und nicht zuletzt auch dem Unternehmergewinn.
Die Festkosten des Werkstattinhabers wirken sich natürlich direkt auf den Reparaturpreis aus.

Ein kleiner Betrieb auf preisgünstigem Grund und Boden weitab der Großstadt kann mit wenigen Mechanikern natürlich preisgünstiger arbeiten als ein Großbetrieb mit aufwendiger Ausstattung und vielen Angestellten.

Berechnung nach Arbeitswerten

In der Opel-Werkstatt wird die Reparatur nicht in Arbeitsstunden, sondern in Arbeitswerten abgerechnet. 1 AW entspricht dabei fünf Minuten Arbeitszeit.
Für sämtliche Wartungs- und Reparaturarbeiten hat die Adam Opel AG den nötigen Zeitaufwand im »Dienstleistungsangebot« festgehalten. An diese Liste ist jede Werkstatt in der Berechnung ihrer Leistungen gebunden. Unterschiedlich ist dagegen der Betrag, der pro Zeiteinheit verlangt wird. Der hängt von den Festkosten des Betriebs ab.

Preisvergleich

Vor umfangreicheren Reparaturen lohnt es sich in jedem Fall, einen Preisvergleich der Zeiteinheiten in verschiedenen Werkstätten vorzunehmen. Dazu hängt in jeder Opel-Werkstatt eine Liste verschiedener Reparaturarbeiten mit den zugehörigen Preisen aus. Diese Preisauszeichnungen bieten eine gute Gelegenheit zum Vergleich. Natürlich hat man damit noch keine Aussage über die Arbeitsqualität in dieser Werkstatt. Die muß man entweder selbst herausfinden oder vorher im Bekanntenkreis erfragen.
Bei einem älteren Fahrzeug kann es übrigens vorkommen, daß zu den werksseitig errechneten Zeiteinheiten noch ein Zuschlag für erschwerte Arbeitsbedingungen (verrostete Schrauben) in Rechnung gestellt wird. Gegen diesen Aufschlag können Sie sich kaum wehren.

Kostenvoranschlag

Die am häufigsten gestellte Frage in der Werkstatt lautet: »Was kostet das?« Drei Arten der Beantwortung sind dann möglich:
☐ Der Reparaturannehmer oder Meister schätzt über den Daumen. Die hierbei genannte Zahl ist völlig unverbindlich und der tatsächliche Rechnungsbetrag kann wesentlich höher ausfallen.
☐ Der genaue Zeitaufwand einer Routinereparatur wird aus der schon genannten Arbeitspositionsliste herausgesucht und im Auftragsformular – von dem Sie eine Kopie erhalten müssen – neben der jeweiligen Reparatur aufgeführt. Diese Methode hat sich in der Praxis eingebürgert und die Preise sind für die Werkstatt verbindlich, sofern sich keine unvorhergesehenen Zusatzarbeiten ergeben.
☐ Ein verbindlicher, schriftlicher Kostenvoranschlag – an den sich die Werkstatt übrigens drei Wochen lang halten muß – lohnt sich bei umfangreichen Reparaturen. Wir denken dabei an einen Unfallschaden oder die Beseitigung von Durchrostungen. Der Meister schaut sich den Wagen dazu genau an und sucht die Preise für die Arbeiten und Ersatzteile heraus. Diesen Zeitaufwand kann sich die Werkstatt bezahlen lassen, sofern dies mit Ihnen vereinbart wurde. Oft wird jedoch der Preis für den Kostenvoranschlag mit dem Preis für die Reparatur verrechnet – vorausgesetzt natürlich, sie wird in derselben Werkstatt durchgeführt.
Ein derartiger Kostenvoranschlag kann bei einem Schadensfall auch als Nachweis gegenüber der Versicherung gelten.

Überschreiten des Kostenvoranschlags

☐ Ein Auftrag mit Preisangaben hat verbindlichen Charakter, aber die Kosten dürfen dennoch in einem geringen Ausmaß überschritten werden. Ist jedoch eine nennenswerte Überschreitung der notierten Preise unumgänglich, muß mit dem Fahrzeugbesitzer vor Weiterführung der Arbeit Rücksprache genommen werden. Allerdings muß er dann kurzfristig erreichbar sein, sonst kann die Werkstatt nach eigenem Gutdünken weiter verfahren. Daher empfiehlt es sich, am Reparaturtag wenigstens telefonisch erreichbar zu sein, um bei der Fahrzeugabholung keine Überraschung zu erleben.
☐ Der schriftlich erstellte und verbindliche Kostenvoranschlag darf dagegen nicht überschritten werden. Hier muß der Wagenbesitzer in jedem Fall gefragt werden, ob er Zusatzarbeiten und damit einem höheren Preis zustimmt.

Umgang mit der Werkstatt

Ärger mit der Werkstatt läßt sich vermeiden, wenn man sich an einige Grundregeln hält. Andererseits ist es gut, auch über seine Rechte Bescheid zu wissen.

Vor der Fahrt zur Werkstatt

☐ Den Termin für eine vorhersehbare Reparatur oder Wartungsarbeit sollten Sie frühzeitig telefonisch oder persönlich vereinbaren. Machen Sie eine genaue Uhrzeit aus, wann das Fahrzeug in der Werkstatt stehen muß. Zur Voranmeldung empfiehlt sich die Zeit zwischen 10

und 15 Uhr. Da ist es ruhiger als frühmorgens oder kurz vor Feierabend, und Sie können spezielle Fragen oder Sonderwünsche besser anbringen.
☐ Legen Sie einen Block und Schreibzeug ins Handschuhfach. Dann können Sie auch unterwegs erkannte Defekte sofort notieren, was sonst oft vergessen wird. Diese Liste dient bei Arbeiten, die Sie nicht selbst ausführen können oder wollen, als Vorlage für den Werkstattauftrag.
Notieren Sie auch gleich, welche Teile Sie in letzter Zeit selbst ausgewechselt haben (Zündkerzen, Luftfilter, Bremsbeläge, evtl. Ölfilter), damit sie in der Werkstatt nicht routinemäßig erneuert werden.
☐ Gönnen Sie dem Wagen eine Ober-, Unter- oder Motorraumwäsche – je nachdem, wo am Auto repariert wird. Der Mechaniker arbeitet auch nicht gern unter einer dicken Dreckkruste und deshalb besteht sonst die Gefahr, daß Ihnen die schon erwähnten »erschwerten Arbeitsbedingungen« aufgebrummt werden.
☐ Räumen Sie vor dem Werkstattaufenthalt den Wagen komplett aus. Die Werkstatt übernimmt keinerlei Haftung für Gegenstände, die aus Handschuhfach und Kofferraum abhanden gekommen sind.

Auftragserteilung

☐ Bei Auftragsabgabe sollten Sie den genauen Kilometerstand wissen und Kundendienst-Scheckheft und Fahrzeugschein parat haben.
☐ Anhand Ihres Notizzettels können Sie einen äußerst detaillierten Reparaturauftrag aufgeben, der kaum Mißverständnisse zuläßt. Lassen Sie genau notieren, was gemacht werden muß und was Sie bereits selbst erledigt haben. Verweigern Sie ausdrücklich die beliebten und teuren Sonderleistungen, wie Benzin- oder Ölzusätze, Sonderschmierung etc. Wenn Sie mißtrauisch der Werkstatt gegenüber sind, lassen Sie unter die Liste der Arbeitspositionen den Satz »keine weiteren Arbeiten durchführen« schreiben.
☐ Lassen Sie die Preise für die Arbeitspositionen im Auftrag vermerken (siehe Vorseite).
☐ Unbedingt die Durchschrift des Auftrags verlangen. Alle Angaben, die das Original enthält, müssen natürlich auch in Ihrer Kopie stehen.
☐ Bei Anlaß zum Mißtrauen können Sie vereinbaren, daß die ausgebauten Altteile nach der Reparatur in den Wagen gelegt werden. So haben Sie eine gewisse Kontrolle über die ausgeführten Arbeiten. Ob die Teile wirklich von Ihrem Wagen stammen, werden Sie allerdings kaum in Erfahrung bringen können.
☐ Reparaturen werden gewöhnlich nur gegen Barzahlung ausgeführt. Wollen Sie eine andere Zahlungsweise, sollten Sie das schon bei Auftragsvergabe vereinbaren.
☐ Lassen Sie den Abholungstermin schriftlich festlegen. Bei größeren Reparaturen kann das wichtig sein, denn die Werkstatt muß Ihnen bei Überschreiten des Termins um 24 Stunden ein gleichwertiges Ersatzfahrzeug stellen oder 80 % der Mietwagenkosten ersetzen.
☐ Hinterlassen Sie unbedingt die Telefonnummer, unter der Sie tagsüber zu erreichen sind (siehe Vorseite).
☐ Wird mit der Reparatur gleich am Morgen begonnen, sollten Sie Ihren Wagen schon abends auf den Werkstatthof stellen. Die Werkstatt kann dann die einzelnen Aufträge sofort zu Arbeitsbeginn unter den Mechanikern verteilen.

Abholung des Wagens

☐ Den reparierten Wagen sollten Sie möglichst während der Geschäftszeit abholen, damit Sie noch vor »Ladenschluß« auf dem Werkstatthof möglichst viele Funktionen Ihres Wagens prüfen (wenn es geht, zusammen mit dem Kundendienstberater) und erforderlichenfalls notwendige Beanstandungen unverzüglich anbringen können. An einem der folgenden Tage kann sich der Werkstattmann auf den Standpunkt stellen, der Grund Ihrer Unzufriedenheit sei erst nach Verlassen der Werkstatt eingetreten.
☐ Prüfen Sie zunächst den reinen Zahlenteil der Reparaturrechnung; vielleicht hat sich dort ein Fehler eingeschlichen.
☐ Lassen Sie sich keine Arbeiten doppelt berechnen. Arbeitspositionen, die im Inspektionsprogramm enthalten sind, dürfen nicht noch einmal getrennt in Rechnung gestellt werden.
☐ Reklamationen sollten Sie so schnell als möglich anbringen und von der Werkstatt bestätigen lassen bzw. als Einschreibebrief verschicken. Länger als vier Wochen nach der Reparatur dürfen Sie sich jedoch keinesfalls Zeit lassen, sonst verfällt die Frist.
☐ Soll die Reparaturausführung oder die Rechnung angefochten werden, empfiehlt es sich, den geforderten Betrag – wenn auch unter Ankündigung eines Einspruchs – trotzdem zu

zahlen. Der Werkstattinhaber wird Ihnen sonst den Wagen kaum aushändigen, sondern sich auf sein vermeintliches Pfandrecht berufen.

☐ Läßt sich ein Streit über Arbeitsausführung oder Rechnungsbetrag nicht gütlich beilegen, können Sie sich an eine der Schiedsstellen des Kfz-Handwerks wenden, deren Adressen Sie von der Kfz-Innung, den Handwerkskammern, den Automobilclubs oder vom TÜV erfahren. Die Schiedsstellen wurden vom Zentralverband des Kfz-Gewerbes ins Leben gerufen, und deshalb zweifelt so mancher an der absoluten Neutralität dieser Institution. Andererseits will aber auch kein Meisterbetrieb bei der Innung schlecht angesehen sein.

☐ Wenn Ihnen der Schiedsspruch nicht gerecht erscheint, können Sie immer noch vor ein Gericht ziehen – es sei denn, Sie haben bereits im Reparaturauftrag unterschrieben, daß Sie sich dem Spruch der Schiedsstelle widerspruchslos beugen. Deshalb unbedingt das Kleingedruckte im Reparaturauftrag lesen.

Werkstattgarantie

Die im »Zentralverband des Kfz-Handwerks« organisierten Werkstätten leisten nach den »Kraftfahrzeug-Reparaturbedingungen 1974« bei nicht einwandfrei ausgeführten Arbeiten am Wagen Ersatz:

☐ 6 Monate Garantie ohne Kilometerbegrenzung gelten für Privatfahrzeuge. Nur bei Firmenwagen ist die Laufleistung auf 10 000 km begrenzt.

☐ Stellt sich ein Reparaturfehler im angegebenen Zeitraum heraus, muß die Werkstatt den Fehler völlig kostenlos beheben – also nicht nur die Kosten eines defekten Teiles etwa (wie bei der seitherigen Neuwagen-Garantie) müssen übernommen werden, sondern auch die Montagekosten in vollem Umfang.

☐ Darüber hinaus müssen dem Autobesitzer für die Dauer der »Nachbesserung« (also die Garantie-Reparatur) kostenlos ein Ersatzfahrzeug zur Verfügung gestellt oder 80 % der Mietwagenkosten ersetzt werden, wenn die ursprüngliche Reparatur von der Werkstatt grob fahrlässig oder die Nachbesserung mangelhaft ausgeführt wurde.

☐ Auch für Folgeschäden muß die Werkstatt heute haften. Ereignet sich durch unsachgemäße Reparatur ein Unfall, haftet die Werkstatt bei Personenschäden bis zu 500 000 DM. Ferner hat die Werkstatt die Abschleppkosten und die Instandsetzung des Fahrzeugs zu übernehmen.

☐ Ist eine Instandsetzung nicht mehr möglich, hat die Werkstatt den Wiederbeschaffungswert des Fahrzeugs zu ersetzen.

☐ Für Schäden und Verlust des Fahrzeugs während des Werkstattaufenthalts muß die Werkstatt ebenfalls geradestehen.

☐ Wird ein Fahrzeug infolge mangelhafter Reparatur innerhalb des Garantie-Zeitraumes mehr als 30 km entfernt vom Reparaturbetrieb betriebsunfähig, muß die Werkstatt benachrichtigt werden und diese entscheidet, ob sie das Fahrzeug abschleppen will oder ob man die Nachbesserung in einer näher gelegenen Fachwerkstatt auf ihre Kosten vornehmen lassen kann.

☐ Natürlich muß der Autobesitzer einen erkannten Reparaturmangel sofort der Werkstatt mitteilen. Er darf nach dem Wortlaut der Bestimmungen z. B. nicht bis zur Rückkehr aus dem Urlaub warten, sondern muß vom Urlaubsort aus schreiben!

Spielraum

Nicht jeder Platz eignet sich dazu, ein Auto zu pflegen und zu warten. Rasenflächen und weicher Untergrund sind keine Reparaturplätze: Arbeitsspuren bleiben bestimmt zurück, heruntergefallene Kleinteile sind kaum auffindbar, und das Fahrzeug läßt sich nicht sicher aufbocken.

Der Pflegeplatz

Am vorteilhaftesten ist natürlich eine Garage, die ausreichend breit und gut beleuchtet ist. Bei günstigem Wetter eignet sich genauso eine ebene Fläche mit festem Boden im Freien. Nötigenfalls sollte man diesen Platz vor der Arbeit sauberkehren, um sich nicht im Schmutz herumwälzen oder heruntergefallene Schrauben unter Blättern suchen zu müssen
Gegen abtropfendes Benzin und Öl schützt eine Plastikfolie, die auf dem Boden mit Steinen beschwert wird. Asphalt kann im Sommer so weich sein, daß Hebe- und Abstützwerkzeuge darin Löcher hinterlassen.
Falls sich ein Wasserablauf in der Nähe befindet, sollten Sie ihn während der Arbeit abdecken, sonst verschwinden garantiert Kleinteile darin.
Falls Ihnen eine Montagegrube zur Verfügung steht, gilt es folgendes zu beachten: Benzin- und andere Dämpfe können sich in einer schlecht belüfteten Grube sammeln. Vorsicht mit offenem Feuer und beim Rauchen! Ebenso sammeln sich die Auspuffgase in der Grube – bei laufendem Motor herrscht also Vergiftungsgefahr.

Fingerzeig: *Nicht selten bleiben nach der Arbeit Ölspuren auf dem Boden zurück. Dagegen hiflt fürs erste ein scharfer Haushaltsreiniger oder Geschirrspülmittel. Besser sind spezielle Ölfleck-Entferner, wie sie z. B. von der Take GmbH, Trumppstraße 2, 8000 München 50 angeboten werden.*

Wagen immer abstützen!

Wagenheber sind – wie ihr Name schon sagt – nur dazu da, das Fahrzeug anzuheben. Das gilt für Bordwagenheber, Scherenwagenheber, hydraulischen Stempelwagenheber und Rangierwagenheber. Sie sind keinesfalls eine ausreichende Abstützung für Arbeiten an der Wagenunterseite. Lassen Sie es auch in der größten Eile nie an der fachgerechten Abstützung des aufgebockten Fahrzeugs fehlen. Sonst kann die eigenhändige Reparatur das Leben kosten.
Zum richtigen Abstützen gehört natürlich auch das Unterlegen der Räder mit Steinen oder Holzkeilen, damit der Wagen beim Anheben nicht wegrollen kann.

Womit abstützen?

Hohlblocksteine haben sich als preisgünstige Abstützmöglichkeit erwiesen. Sie dürfen allerdings nicht feucht oder rissig sein, sonst könnten sie unter Belastung in sich zusammenbre-

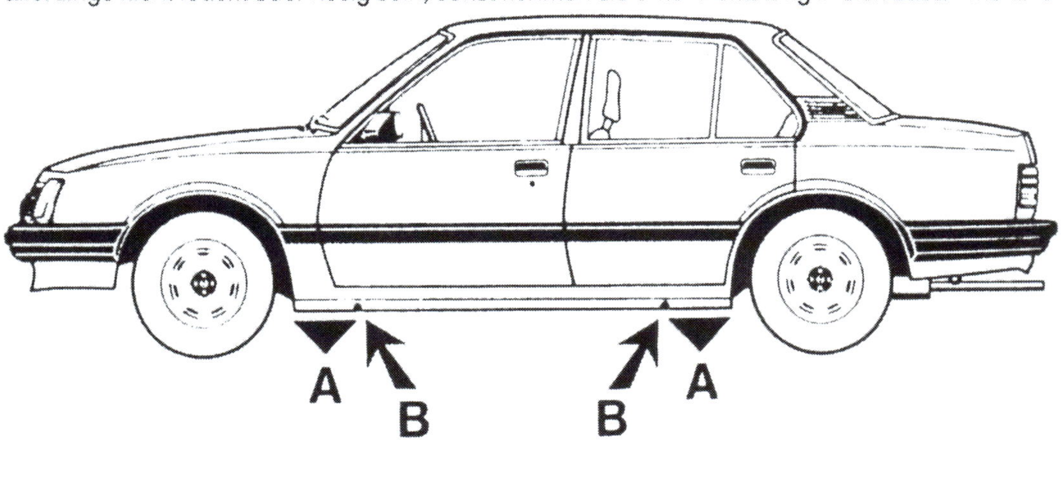

Nur an diesen Punkten dürfen Wagenheber angesetzt werden; A – Aufnahme für Werkstattwagenheber; B – Aufnahme für Bordwagenheber.

Der Unterstellbock wurde hier mit einem lastverteilenden Brett angesetzt, damit keine Dellen ins Blech gedrückt werden.

chen. Zwischen Stein und Karosserie muß ein Brett gelegt werden, damit sich die Last gleichmäßig über den ganzen Stein verteilen kann.
Der Hohlblockstein selbst muß senkrecht auf ebenem und tragfähigem Grund (Beton oder Asphalt) stehen. Ungeeignet ist weicher Boden oder Rasen.
Unterstellblöcke stellen eine ideale Ergänzung zum Rangierwagenheber dar. Bei allen anderen Hebern – aber auch bei seitlich angesetztem Rangierheber – besteht allerdings die Gefahr, daß der auf der gegenüberliegenden Seite angesetzte Dreibeinbock einfach zur Seite weggedrückt wird. Am günstigsten steht der Bock, wenn eines seiner Beine nach außen und zwei zur Wagenmitte hin zeigen. Beachten Sie beim Kauf, daß die Böcke keine zu kleine Standfläche haben sollten.
Kontrollieren Sie beim Ansetzen eines Unterstellbocks, ob das Blech nirgendwo eingedrückt werden kann. Günstig ist ein zusätzlich eingelegtes Kantholz, wie im Bild oben gezeigt.
Auffahrrampen sind die schnellste Aufbockmöglichkeit, da kein Wagenheber gebraucht wird. Auch steht der Wagen dann absolut sicher. Wichtig ist, daß die Rampen einerseits eine genügend hohe seitliche Absicherung und nach vorn einen Überfahrschutz haben, andererseits aber auch von einem Fahrzeug mit Frontspoiler befahren werden können. Als zusätzliche Sicherung des Wagens sollte in der Standfläche eine Mulde für die Räder vorhanden sein. Die billigen Ausführungen genügen diesen Anforderungen oft nicht.

Wagenheber

Es gibt verschiedene Wagenhebertypen mit unterschiedlicher Belastbarkeit und entsprechenden Preisdifferenzen. Ansatzstellen für die Wagenheber siehe Bild links.
Bordwagenheber: Wenn er bei einem alten Fahrzeug angesetzt wird, dessen Türschweller bereits durch Rost geschwächt sind, ist Vorsicht geboten. Er darf immer nur auf festen Untergrund gestellt werden.

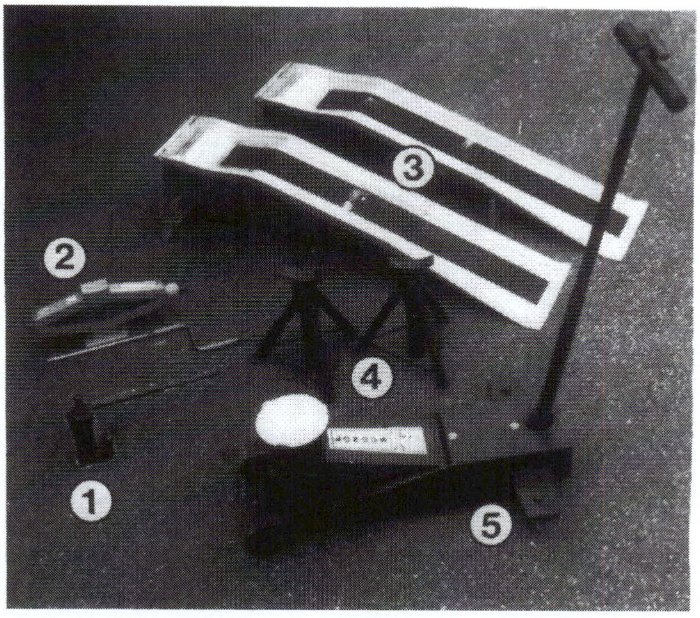

Verschiedene Möglichkeiten zum Aufbocken des Wagens: 1 – hydraulischer Stempelwagenheber; 2 – Scherenwagenheber; 3 – Auffahrrampen; 4 – Unterstellböcke; 5 – kleiner Rangierwagenheber.

Scherenwagenheber: Hiervon ist nur eine stabile Ausführung mit breitem Fuß und möglichst langer Kurbel ratsam.
Mechanischer Teleskopspindel-Wagenheber: Nur noch selten anzutreffende Bauart, jedoch mit hoher Belastbarkeit. Stabil und unfallsicher durch äußerst grobe Verzahnung von Ritzel und Spindel. Die sehr langsamen Hebe- und Senkvorgänge sind konstruktionsbedingt.
Hydraulischer Stempelwagenheber: Es gibt preiswerte Ausführungen. Sein Vorteil ist es, daß der Wagen sehr schnell angehoben werden kann. Vor dem Kauf die Hubhöhe kontrollieren: Bei zu kurzem Hub werden die Räder nicht genügend vom Boden abgehoben. Ein zu großer Heber läßt sich nicht unter dem Wagenboden ansetzen.
Rangierwagenheber: Als noch praktischer erweist sich ein solcher Heber, wenn er ein zusätzliches Pedal zum Hochpumpen hat. Für den Heimwerker gut geeignet ist ein kurzer, kleiner Rangierheber, der sich leicht verstauen läßt. Aber es ist zu beachten, daß sich ein Heber mit zu kleinen Rädern unter Last kaum noch rangieren läßt und daß die Befestigung der Deichsel den Rangiervorgängen standhält.

Fingerzeig: *Ein Hartholzbrett, mindestens 20×20×3 cm, zwischen Kopf des Wagenhebers (ausgenommen: Bordwagenheber) und Wagenboden plaziert, verteilt besser die Last und verhindert mögliche Beschädigungen der Fahrzeugunterseite.*

Die Mietwerkstatt

Ohne einen geeigneten Platz zum Autobasteln werden alle guten Vorsätze blockiert, und zur Winterzeit schraubt ohnehin niemand ohne Not im Freien. Sie können sich dann aber in einer Mietwerkstatt einquartieren. Dort gibt es Hebebühnen, Gruben sowie teilweise auch Spezialwerkzeug, und die Arbeitsräume sind winters beheizt. Mit freien Plätzen in der Mietwerkstatt ist unter der Woche eher zu rechnen als am Wochenende, wenn alle Autobastler zum Werkzeug greifen.
Die Rechnung muß aber auch in der Mietwerkstatt stimmen; Sie müssen Ihre Zeit scharf kalkulieren. Nur wenn die Arbeit flott von der Hand geht und evtl. ein Helfer mitarbeitet, lohnt sich die Eigenarbeit. Wenn Sie eine umfangreiche Reparatur erstmals selbst ausführen, kann das Experiment durch die Summe der angesammelten Stunden teurer werden als der Arbeitspreis in der Fachwerkstatt.
Mietwerkstätten existieren oft ziemlich im Verborgenen, vor allem in kleineren Städten. Bisweilen haben solche Hobby-Werkstätten auch nur ein kurzes Leben. Achten Sie bei der Suche auf entsprechende Anzeigen im Autoteil der Tageszeitung bzw. in Anzeigenblättern oder fragen Sie andere Autobastler bzw. bei Ihrer Stamm-Tankstelle.

In Pflege geben

Niemand kann von seinem Auto fortwährende Einsatzbereitschaft erwarten, wenn nichts dafür getan wird. Damit Ihr Ascona zuverlässig und fahrsicher bleibt, hat Opel ein Inspektionssystem entwickelt, in dem die notwendigen Kontroll- und Wartungsarbeiten aufgegliedert sind.

Der Wartungsplan

Für die Wartung Ihres Opel liegt der Werkstatt eine Liste von Inspektionspunkten vor, die identisch ist mit der Aufstellung auf der Rückseite der Schecks im Kundendienst-Scheckheft. Auf dieser Zusammenstellung basiert der Wartungsplan unseres Buches.
Damit Sie zu unserem **Wartungsplan** während der Arbeit nicht ständig zurückblättern müssen, haben wir ihn **in der hinteren Buchklappe** abgedruckt. So haben Sie ihn ständig vor Augen und können die Arbeiten Punkt für Punkt erledigen.
Ganz zu Anfang finden Sie eine Anzahl von Arbeiten unter der Überschrift »Ständige Kontrollen«. Diese Wartungspunkte lassen sich in kein Kilometerintervall pressen.

Zeit- oder Kilometer-Intervalle?

Auch ein nicht benutztes Fahrzeug altert. Wer seinen Ascona nur relativ wenig fährt, weil er etwa als Zweitwagen dient, sollte nicht das volle 15 000-km-Intervall ausnutzen, sondern diese Pflegearbeiten in jährlichen Abständen ausführen.
Falls der Wagen einmal eine Zeit lang harten Beanspruchungen ausgesetzt wurde, kann es ratsam sein, den nächsten Termin zur Inspektion etwas vorzuverlegen.

Wer soll was machen?

Die meisten Wartungsarbeiten am Ascona können Sie selbst ausführen. Das entsprechende Wissen hierzu liefert unser Handbuch. Wenn dennoch Werkstatt oder Tankstelle den einen oder anderen Wartungspunkt rationeller erledigen können, so haben wir das im Wartungsplan vermerkt. Die »Selbsthelfer-Ampel« weist Ihnen dabei den richtigen Weg:
Grün: Freie Fahrt für den Selbsthelfer. Diese Arbeit können Sie mit den Kenntnissen aus diesem Buch fachgerecht durchführen und Geld sparen.
Gelb: Die Arbeit ist zwar nicht schwierig, doch es fehlen meist die nötigen Einrichtungen. In diesem Fall sind Sie an der Tankstelle am besten aufgehoben.
Rot: Halt, hier lassen Sie am besten die Werkstatt ran. Spezielle Werkzeuge oder Meßgeräte sind erforderlich. Der Aufwand an Eigenarbeit lohnt sich nicht, weil die Werkstatt wesentlich schneller arbeitet oder weitergehende Kenntnisse erforderlich sind.

Einschränkungen innerhalb der Garantiezeit

Solange Ihr Wagen noch kein Jahr alt ist oder wenn wesentliche Bauteile erneuert wurden, sollen die entsprechenden Wartungsarbeiten termingerecht von einem Opel-Service erledigt werden. Wird diesem Verlangen des Werks nicht entsprochen, können auch berechtigte Garantieansprüche abgelehnt werden.

Motorraumbild 16 S

Pfiffikus

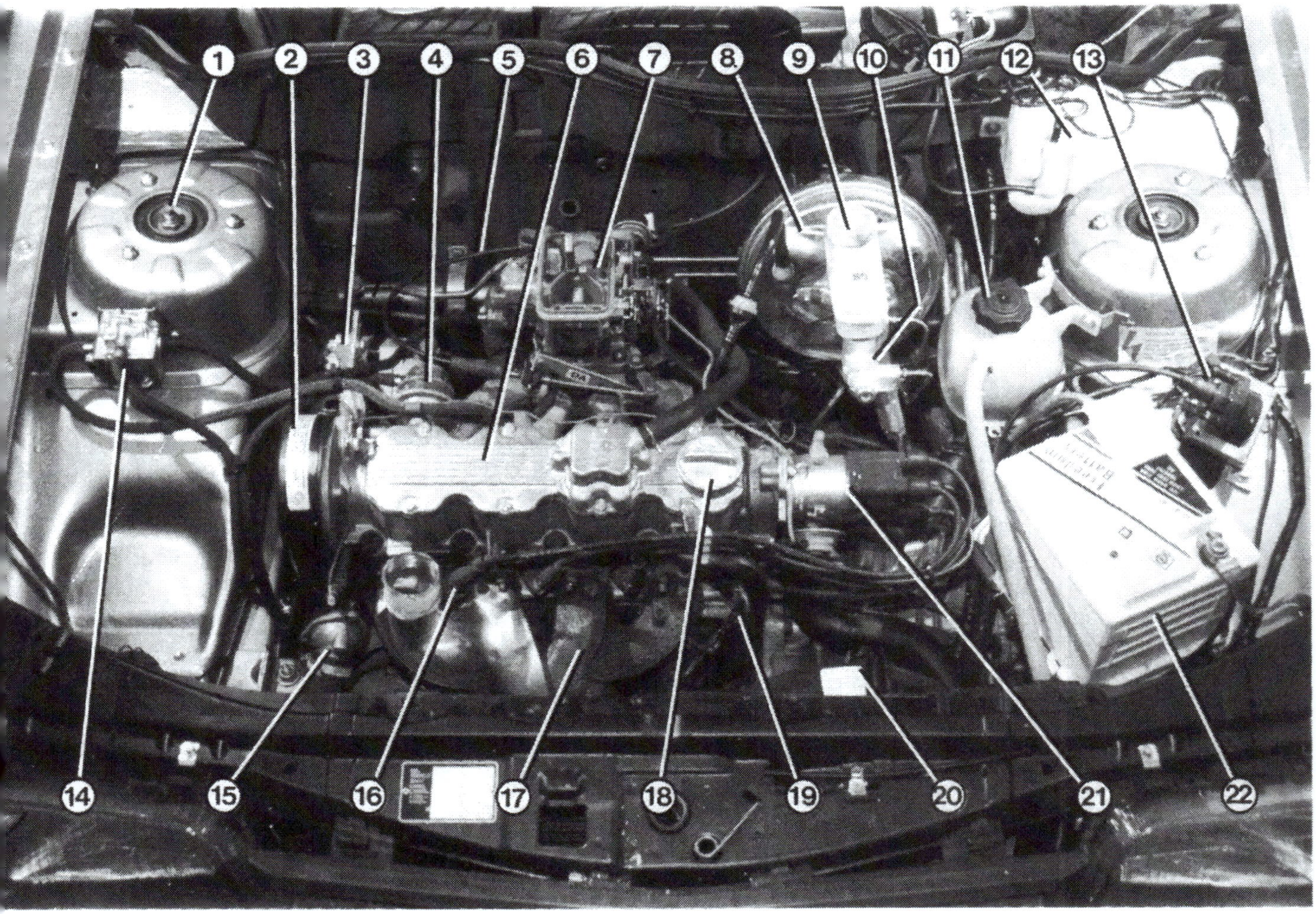

Ähnlich wie in dem hier gezeigten Motorraum mit 16 S-Motor sieht es bei den anderen Ascona-Modellen mit Vergasermotor aus. Es bedeuten: 1 – Federbein; 2 – Zahnriemenabdeckung; 3 – Lichtmaschine; 4 – Kraftstoffpumpe; 5 – Gaszug; 6 – Nockenwellengehäusedeckel; 7 – Vergaser; 8 – Servobremse; 9 – Bremsflüssigkeitsbehälter; 10 – Hauptbremszylinder; 11 – Kühlmittel-Ausgleichsbehälter; 12 – Scheibenwaschwasserbehälter; 13 – Zündspule; 14 – Durchlaufmeßgerät für Bordcomputer; 15 – Thermostat; 16 – Zündkerze 1. Zylinder; 17 – Auspuffkrümmer; 18 – Öleinfüllstutzen; 19 – Ölpeilstab; 20 – Kühlerventilator; 21 – Zündverteiler; 22 – Batterie.

Athlet

In Ergänzung des nebenstehenden Bildes sehen Sie hier den Einspritzmotor des Ascona 18 i mit LE-Jetronic. Bezeichnet sind: 1 – Luftmengenmesser; 2 – Zusatzluftschieber; 3 – Drosselklappenschalter; 4 – Verteilerrohr; 5 – Gasgestänge; 6 – Druckregler; 7 – Unterdruckschlauch; 8 – Einspritzventil für 4. Zylinder; 9 – Scheibenwischermotor; 10 – Luftfiltergehäuse; 11 – Schlauch der Kurbelgehäuseentlüftung; 12 – Nockenwellengehäuse; 13 – Zylinderkopf; 14 – Ölpeilstab; 15 – Zündkabel; 16 – Kupplungsseilzug.

Ölvorkommen

Öl leistet viel: Es vermindert nicht nur die Reibung, sondern kann auch abdichten und kühlen. Im Motor bindet das Schmiermittel zudem noch Verbrennungsrückstände und Abrieb. Diese Aufgaben sollen ebenso beim Kaltstart im Winter wie bei Dauervollgas erfüllt werden.

Motorölstand prüfen

Ständige Kontrolle

Der Ölpeilstab sollte alle 500 km gezogen werden, am besten bei jedem Volltanken. Wichtig ist die Ölstandkontrolle besonders in der Einfahrzeit, bei einem älteren Motor mit erhöhtem Ölverbrauch und allgemein vor Antritt einer größeren Fahrt.
Der Ölstab sitzt vorn im Motorraum in einem Führungsrohr.

■ Wagen auf waagrechtem Untergrund abstellen.

■ Nach dem Abstellen des vorher warmgefahrenen Motors mindestens fünf Minuten warten, damit alles Öl in die Ölwanne abtropfen kann. Besser ist die Kontrolle vor dem ersten Start bei noch kaltem Motor.

■ Peilstab ziehen, mit sauberem, fusselfreien Lappen oder Papiertuch abwischen, bis zum Anschlag wieder hineinschieben, kurz warten und erneut herausziehen.

■ An der Peilstabspitze können Sie nun den Ölstand ablesen.

■ Reicht die Schmiermittelmenge nur noch bis zur unteren Markierung, muß Motoröl nachgefüllt werden.

Fingerzeige: *Wenn Sie über den Ölverbrauch Ihres Ascona genau Buch führen wollen, sollten Sie immer an derselben Stelle messen; am besten vor dem ersten Start. Sie brauchen dann nicht einmal den Peilstab abzuwischen, da über Nacht aller Schmiersaft in die Ölwanne zurückgetropft ist.*
Lassen Sie sich nicht vom verkaufstüchtigen Tankwart verunsichern: Hochwertiges Motoröl wird schon nach kurzer Laufzeit dunkel. Es hält anfallenden Schmutz und Abrieb in der Schwebe. Es ist jedoch kein Zeichen, daß das Öl gewechselt werden müßte.

Öl nachfüllen

Die Ölmenge zwischen oberer und unterer Peilstabmarke beträgt bei den **1,3-Liter-Motoren: 0,75 Liter**, bei den **1,6-, 1,8- und 2-Liter-Motoren: 1 Liter**.
Unter die untere Marke sollte der Ölstand nicht sinken. Ein viertel Liter zu wenig ist für den Motor noch nicht gefährlich (Sicherheitstoleranz). Fehlt aber mehr Öl und wird der Wagen

Motoröl soll nachgefüllt werden, wenn der Ölstand bis zur Minimum-Marke abgesunken ist. Die Füllmenge zwischen Minimum- und Maximum-Markierung auf dem Peilstab beträgt je nach Motor 0,75 oder 1 Liter (siehe Abschnitt »Öl nachfüllen«). Nach der Ölstandsprüfung muß der Peilstab fest in das Peilstabloch am Motor gedrückt werden.

scharf gefahren, kann der Öldruck bedrohlich fallen. Das zeigt die Öldruck-Kontrolleuchte auch sofort an.

Dagegen hat aber auch zu viel Öl im Motor keinen Sinn, die Mehrmenge wird eher verbraucht. Verölte Zündkerzen, ein über die Kurbelgehäuse-Entlüftung verstopfter Luftfiltereinsatz und verklebte Bohrungen im Vergaser sind die Folge, verbunden mit Leistungsabfall.
Bei welchem Ölstand Sie nachfüllen sollten, hängt von Ihrer Fahrweise ab:

☐ Bei gemäßigtem Fahrstil genügt Nachfüllen, wenn das Niveau an der unteren Peilstabmarke angelangt ist.

☐ Für scharfe Fahrweise empfiehlt sich Auffüllen, wenn der Ölstand im unteren Drittel oder Viertel zwischen den beiden Peilstabmarken steht. Die etwas größere Ölmenge kann die Kühlungsaufgaben besser erfüllen.

Fingerzeig: *Öl wird selten in Halbliter-Dosen verkauft, sondern in Liter-Dosen, die sich nicht wieder verschließen lassen. Wenn Sie preisgünstiges Öl in größeren Gebinden gekauft haben, sollten Sie einen kleinen, mineralölbeständigen Kanister abfüllen und in den Kofferraum stellen. Den Rest einer angebrochenen Liter-Dose gießen Sie ebenfalls in einen solchen Behälter als Reserve für unterwegs. So können Sie fein dosiert nachfüllen.*

Darf man Öle mischen?

Die Ölsorten aller Hersteller lassen sich gefahrlos untereinander mischen, auch Einbereichs- mit Mehrbereichsölen (siehe nächste Seite). Diese Mischbarkeit ohne schädliche Folgen ist eine Grundforderung der internationalen Öl-Normen. Zwar werden spezifische Eigenschaften eines bestimmten Öls durch die Vermischung mit anderem Motoröl möglicherweise leicht beeinträchtigt, da jede Ölmarke ihre eigene Additivkombination besitzt, die Schmierwirkung jedoch ist nie gefährdet.
Opel überläßt dem jeweiligen Öl-Hersteller die Verantwortung zur Eignung seiner Ölsorten. Synthetische Öle und speziell legierte Rennöle können bei der Mischung mit herkömmlichem Öl eine untaugliche Kombination ergeben, und ein Motorschaden ist dann möglich.

Ölverbrauch

Ein gewisser Ölverbrauch ist völlig normal, denn Motoröl verbrennt bei seiner Schmiertätigkeit. Gut eingefahrene Motoren kommen mit **0,2 Liter auf 1000 km** aus. Opel bezeichnet **0,5 Liter auf 1000 km** als **normal**, und **1,5 Liter je 1000 km** gilt als **höchstzulässiger Wert**.
Wieviel der Motor verbraucht, hängt von folgenden Umständen ab:

☐ Ölüberfüllung bewirkt höheren Verbrauch, denn die Kurbelgehäuse-Entlüftung bläst das Zuviel wieder zum Motor hinaus.

☐ Dünnflüssiges Öl verbrennt schneller als dickflüssiges. Einbereichsöl wird in heißem Zustand dünn wie Wasser, Mehrbereichsöl bleibt dickflüssiger. Letzteres kann vor allem bei Langstreckenfahrern den Ölverbrauch senken.

☐ Motoröl – vor allem Mehrbereichsöl –, das zu lange im Motor bleibt, hat einen höheren Nachfüllbedarf.

☐ Scharfe Fahrweise treibt außer dem Kraftstoffkonsum auch den Ölverbrauch in die Höhe. Besonders stark wirkt sich aus, wenn der neue Motor sofort voll belastet wurde.

☐ In der Einlaufzeit braucht der Motor etwas mehr Schmiermittel.

☐ Motorundichtigkeiten. Kontrollieren Sie, wie auf Seite 47 beschrieben.

☐ Defekt im Motor; z. B. Ventilschaftabdichtungen defekt, Spiel zwischen Ventilführung und Ventilschaft zu groß, Kolbenringe falsch eingebaut oder schadhaft, beschädigte Zylinderwand durch Kolbenfresser.

Ihr Motor verbraucht kein Öl?

Im winterlichen Kurzstreckenbetrieb kann es vorkommen, daß der Ölstand zwischen den Messungen überhaupt nicht abnimmt oder gar ansteigt. Das ist kein Grund zur Freude, denn dann ist das Motoröl durch Kraftstoff und Kondenswasser verdünnt. Diese in ihrer Schmiereigenschaft wesentlich beeinträchtigte Ölfüllung sollte durch eine regelmäßige, längere Fahrt »aufgekocht« werden, damit die Kondensate verdunsten. Sofort anschließend den Ölstand kontrollieren, da der Pegel durch die verdunsteten Benzin-/Wasser-Anteile erheblich absinkt!
Bei extremem Stadtbetrieb ohne zwischenzeitliche Langstreckenfahrt sollten Sie das Öl vor den üblichen Intervallen wechseln; evtl. schon nach 3000 km oder vier Monaten.
Im Winter rechnet man mit einem Kraftstoffanteil im Öl von 2–5 %, wobei ein Einspritzmotor durch die besser dosierte Kaltstartanreicherung weniger Benzin im Motoröl hat als ein Vergasermotor.

Die richtige Ölsorte

Für die Ascona-Motoren schreibt Opel ein Marken-HD-Öl vor, das nach dem API-System mit SF bezeichnet wird. Neben diesen Bezeichnungen vom **A**merikanischen **P**etroleum **I**nstitut gibt es noch weitere von der Vereinigung europäischer Autohersteller (CCMC), **G**eneral **M**otors und dem US-Militär (MIL).

Die Öl-spezifikation

Motoröl für Ihren Ascona sollte eine der nachfolgenden Bezeichnungen tragen:
☐ API SF (derzeit höchste Qualität)
☐ API CD (sofern nicht ausdrücklich nur für Dieselmotoren bestimmt)
☐ API CC (eigentlich für Dieselmotoren bestimmt, kann aber problemlos in den Benzinmotoren verwendet werden)
☐ CCMC-G2 (entspricht API SF)
☐ GM-6136 M
☐ MIL-L-46152
☐ MIL-L-2104 B (entspricht API CC)
Die so gekennzeichneten Öle können Sie unbesorgt kaufen, auch wenn sie wesentlich billiger sind als gleichartige Öle bekannter Marken.
Auch die Diesel-Motoröle API CC und MIL-L-2104 B sind geeignet, dagegen nur wenige der Öle mit der Kennzeichnung API CD oder MIL-L-2104 C (siehe oben), im Zweifelsfall sollten Sie nicht zugreifen. Öl mit der Doppelbezeichnung API SF/CD hingegen ist auf jeden Fall auch im Benzinmotor verwendbar.

Zähflüssigkeit des Öls

Das Fließverhalten des Öls – also die Dick- bzw. Dünnflüssigkeit – bestimmt, ob:
☐ der Anlasser den kalten Motor durchdrehen kann;
☐ alle Schmierstellen nach dem Kaltstart sofort versorgt werden;
☐ bei hohen Temperaturen und Drehzahlen der Schmierfilm nicht abreißt.
Die amerikanische **S**ociety of **A**utomotive **E**ngineers hat die Öle entsprechend ihrer Zähflüssigkeit in Klassen eingeteilt. Die reichen vom dünnflüssigen **W**interöl SAE 5 W, 10 W, 15 W über die Zwischenstufe SAE 20 W/20 zu den dickflüssigen Sommerölen SAE 30, 40 und 50.
☐ Am billigsten ist Einbereichsöl. Für einwandfreie Motorschmierung muß es entsprechend der Jahreszeit dick- oder dünnflüssiger sein. Das bedeutet, daß im Herbst Winteröl und im Frühjahr Sommeröl in den Motor gefüllt werden muß.
☐ Erweitertes Einbereichsöl überspannt zwei Viskositätsklassen: SAE 20 W und 30. Es kann auch in unseren Motoren sowohl sommers wie winters gefahren werden, wenn man sich innerhalb mitteleuropäischer Breitengrade aufhält.
☐ Wesentlich aufwendiger in der Herstellung und deshalb auch viel teurer ist Mehrbereichsöl. Es besitzt Viskositätsindex-(VI-)Verbesserer – lange Molekülketten, die beim Erhitzen quellen und beim Abkühlen wieder schrumpfen. Das Öl kann sich damit den Temperaturen elastisch anpassen und mehrere Viskositätsklassen überspannen. Ein Öl SAE 15 W-40 entspricht bei einer Temperatur von −15°C der Zähflüssigkeitsklasse 15 W und bei 100°C der Klasse 40.

Welches Öl kaufen?

Bei welchen Temperaturen unsere Motoren welche Öl-Zähflüssigkeit verlangen, zeigt die Tabelle unten. Diese Darstellung sagt aus, daß Opel ausdrücklich auch das preiswertere

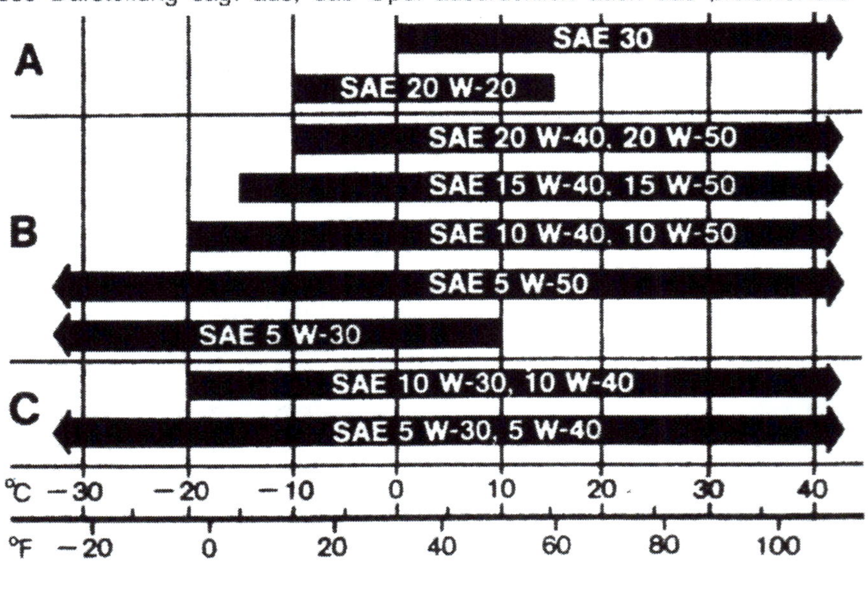

Opel hat für alle Ascona-Modelle diese Viskositätsauswahl des Motoröls in Abhängigkeit von der Außentemperatur getroffen.

Einbereichsöl freigegeben hat. Das ist eine ausgesprochene Sparmöglichkeit, wenn Sie Ihren Wagen nicht dauernd bis zur Leistungsgrenze beanspruchen.
Einbereichsöle sind nicht schlechter als Mehrbereichsöle, aber sie können nur geringere Temperaturspannen überbrücken. Deshalb ist in der kalten Jahreszeit ein Mehrbereichsöl günstiger, das einerseits sicheren Motorstart bei Frost und andererseits volle Schmierwirkung auch bei Vollgas-Autobahnfahrt gewährleistet. In der warmen Jahreszeit genügt das Einbereichsöl dagegen durchaus.
Die Preisspanne für Motoröl bewegt sich von 3 DM bis über 20 DM. Doch der Preis ist kein Qualitätsmerkmal. Achten Sie vielmehr auf die richtige Ölspezifikation, siehe linke Seite.

Leichtlauföle

Leichtlauf- oder Benzinsparöle sind teurer als herkömmliche Mehrbereichsöle. Die in kaltem Zustand sehr dünnflüssigen Leichtlauf-Schmierstoffe verringern vor allem in der Warmlaufphase und im Kurzstreckenverkehr die innere Reibung im Motor, setzen ihm also weniger Widerstand entgegen. Man kann realistisch mit einer Benzinverbrauchs-Einsparung von rund 3% rechnen. Diese Ersparnis macht sich nur bei einem Motor bezahlt, der einen geringen Ölverbrauch hat.

Synthetische Öle

Derartige Schmierstoffe zählen zu den teuersten überhaupt. Sie sind besonders alterungsbeständig und hoch belastbar. Im Alltagsbetrieb sind sie nach unserer Auffassung allerdings nicht erforderlich.

Zusätze für das Motoröl?

Innerhalb der Garantiezeit wird von der Verwendung jeglicher Zusatzmittel abgeraten. Auch im Kulanzfall könnte es Schwierigkeiten geben.
Die von den Herstellern derartiger Zusätze versprochenen Vorteile lassen sich schwerlich nachprüfen. Ebenso ist kaum zu ermitteln, ob solche regelmäßigen Mehrkosten überhaupt lohnend sind.

Wie oft Öl wechseln?

Gemäß dem Inspektionssystem von Opel soll das Motoröl halbjährlich, spätestens nach 15 000 km gewechselt werden. Diese Intervalle müssen sich nicht unbedingt mit der jeweiligen Jahresinspektion decken.
Aber ein Langstreckenfahrer, so meinen wir, kann diese Vorgabe durchaus auf 20 000 km ausdehnen. Schließlich kommt durch den Nachfüllbedarf auch immer wieder frisches Öl in den Motor. Andererseits sollte derjenige, der den Ascona hauptsächlich im Kurzstreckenverkehr fährt, den Ölwechsel wesentlich früher vornehmen. Ständiger Stadtverkehr in der kalten Jahreszeit kann die Eigenschaften des Öls bereits nach vier Monaten derart beeinträchtigen, daß dann eine Erneuerung nötig ist.

Ölwechsel, wo und wie?

□ Das Motoröl soll bei betriebswarmem Motor gewechselt werden, damit es allen Schmutz beim Auslaufen herausschwemmt.
□ Das beim Ölwechsel anfallende Altöl muß ordnungsgemäß beseitigt werden. Wer es einfach ins Erdreich versickern läßt, vergräbt oder in die Kanalisation schüttet, gefährdet die Trinkwasserversorgung und muß mit hohen Strafen rechnen. Altöl kann man kostenlos dort abgeben, wo

Zum Ablassen des Motoröls sollte der Wagen über einer Grube stehen. Dann befindet sich die Ablaßöffnung in der zum Auslaufen des Öls günstigen Position.

man Motoröl kauft, oder bei einer Altölsammelstelle. Deren Adresse erfahren Sie von der Gemeindeverwaltung, der örtlichen Polizei oder einer Autoclub-Geschäftsstelle.

□ In Werkstätten kostet der Ölwechsel nach unseren Erfahrungen das meiste Geld, weil nur sehr teure Ölsorten vorrätig sind. Außerdem ist der Motor oft schon wieder kalt, bis das alte Öl abgelassen wird. Und manche Werkstätten berechnen die Arbeit für den Ölwechsel zusätzlich.

□ An Tankstellen kommt der Wagen meist sofort dran. Sie können auch ein billigeres Öl aus dem Tankstellen-Verkaufsprogramm auswählen, und im Ölpreis ist die Arbeit des Tankwarts inbegriffen.

□ Gegen den SB-Ölwechsel mit einem Absauggerät an der Tankstelle bestehen keine Bedenken, vorausgesetzt, das Ölfilter wird bei jedem 15 000-km-Intervall ebenfalls ausgetauscht. Das ist im Motorraum von oben her möglich.

□ Ölwechsel zu Hause lohnt sich nur, wenn Sie das Öl preiswert im Zubehörhandel, Großmarkt, Warenhaus oder durch gute Beziehungen billiger kaufen können. An der Tankstelle müssen Sie nach den etwas günstigeren SB- oder Mitnahmeölen fragen.

Zweierlei Ölfilter

□ Ölfilter bei den **1,3-Liter-Motoren** haben ein **¾-Zoll-Gewinde** und tragen die Opel-Nr. 650 400.

□ Bei den **1,6-, 1,8- und 2-Liter-Motoren** ist das **Gewinde M 18×1,5 mm** vorhanden, die Opel-Nr. des Ölfilters lautet 650 401.

Auf diesen Unterschied müssen Sie achten, wenn Sie den Filterwechsel selbst vornehmen wollen. Im Kaufhaus und an der Tankstelle gibt es Ölfilter verschiedener Hersteller. Auf der Verpackung sind Fahrzeugtyp und Motor angegeben, für die das Ölfilter bestimmt ist. Zusätzliche Verwechslungsmöglichkeit: Im Ascona B bis 1981 benötigen die Motoren 16 N und 16 S ein im Ascona C nicht geeignetes Ölfilter.

Motoröl und Ölfilter wechseln

Wartung Nr. 1

Zu einem Ölwechsel brauchen Sie:

□ für die **1,3-Liter-Motoren mit Wechsel des Ölfilters 3,0 Liter** Motoröl, ohne Filterwechsel 2,75 Liter;

□ für die **1,6- und 1,8-Liter-Motoren mit Filterwechsel 3,25 Liter** Öl, ohne Wechsel des Filters 3,0 Liter;

□ für die **2-Liter-Motoren mit Filterwechsel 4,0 Liter** Öl, ohne Filterwechsel 3,75 Liter;

□ für den zum turnusmäßigen Ölwechsel gehörenden Filterwechsel ein passendes Ölfilter, siehe vorigen Abschnitt.

■ Fahrzeug warmfahren.

■ Wagen vorn und rüttelsicher aufbocken.

■ Kleine Wanne oder einen genügend großen, aufgeschnittenen Plastik-Ölkanister unterstellen.

■ Ablaßschraube mit Ringschlüssel SW 19 öffnen, Öl auslaufen lassen. Vorsicht, es ist heiß!

■ Ölfilter mit dem auf Seite 9 gezeigten Bandschlüssel lösen. Bei sehr festsitzendem Filter einen scharfen Schraubenzieher durch das Blechgehäuse des Filters treiben (Vorsicht, heißes Öl läuft aus) und Filter mit dem Schraubenzieher losdrehen.

■ Dichtring am neuen Ölfilter mit etwas Fett einreiben. Kein Öl nehmen, das bei der Sichtkontrolle zum Schluß oft fälschlicherweise für austretendes Öl gehalten wird.

Der Austausch des Ölfilters wird von der Unterseite des Wagens aus vorgenommen.

■ Filter ohne irgendwelches Werkzeug von Hand festdrehen.
■ Ölablaßschraube sauberreiben und mit neuem Dichtring eindrehen; nicht anknallen, sonst wird das Führungsgewinde in der Ölwanne beschädigt.
■ Nach dem Öleinfüllen Motor kurz laufen lassen, Öldichtheit kontrollieren.

Schalt- und Ausgleichgetriebe

Schalt- und Ausgleichgetriebe haben eine gemeinsame Ölfüllung. Das Schmiermittel wird nicht wie im Motor verbraucht, sondern kann allenfalls durch undichte Stellen austreten. Deswegen muß vorbeugend eine Sichtkontrolle erfolgen, siehe Seite 130. Normalerweise ist eine Ölstandskontrolle nicht nötig.

Ölstand im Schalt- und Ausgleichgetriebe prüfen

Die Kontroll- und Einfüllschraube sitzt beim 1,3-Liter-Ascona in Fahrtrichtung links in halber Höhe im Getriebegehäuse hinter der Achswelle, bei allen anderen Modellen rechts hinten.
■ Fahrzeug waagrecht aufbocken.
■ Innensechskantschraube SW 8 herausdrehen.
■ Läuft nun bereits etwas Getriebeöl heraus, stimmt der Ölstand.
■ Andernfalls Finger in das Schraubengewinde stecken und fühlen, ob die Schmierflüssigkeit bis kurz unterhalb an die Öffnung heranreicht.
■ Bei größerem Ölmangel an der Tankstelle oder in der Werkstatt die vorgeschriebene Getriebeölsorte einfüllen lassen.

Fingerzeige: *Getriebeöl für das gelegentliche Nachfüllen zu Hause zu lagern lohnt sich nur, wenn Sie es in einer wieder verschließbaren Dose mit nicht mehr als 1 Liter Inhalt kaufen können.*
Das eigenhändige Einfüllen des sehr zähflüssigen Getriebeöls durch die seitliche Getriebeöffnung ist mit Heimwerkermitteln eine gehörige Geduldsprobe. Geeignet sind ein Trichter mit abgewinkeltem Auslauf oder eine Flasche aus Weichplastik mit gebogenem Mundstück, mit der man das vorher erwärmte Öl durch Zusammendrücken der Flasche einpumpen kann.

Die richtige Getriebeölsorte

Die Dauerfüllung im Schalt- und Ausgleichgetriebe wird nur nach einer Getriebereparatur erneuert. Da das Getriebeöl hohen Drücken ausgesetzt wird, schreibt Opel Öle der Zähflüssigkeitsklasse SAE 80 vor. Sie sollen folgender Spezifikation entsprechen:
□ API GL 4
□ GM-4753 M
□ MIL-L-2105 (A)
Bei Opel wird das Öl unter den Nummern 1940 750 (90 001 777) und 1940 759 (90 188 629) geführt.

Ölstand im automatischen Getriebe prüfen

Wartung Nr. 5

Die Getriebeautomatik (einschließlich Ausgleichsgetriebe) ist mit einer synthetischen Flüssigkeit namens **A**utomatic **T**ransmission **F**luid befüllt. ATF dient als Schmiermittel und zur Steuerung des hydraulischen Drucks im Getriebe. Wegen dieser besonderen Aufgaben darf nur das Spezialöl mit der Bezeichnung Dexron® D (mit einer nachfolgenden Kontrollzahl) verwendet werden, bei Opel unter der Nummer 1940 691 (90 020 172) geführt. Falsche Flüssigkeit bewirkt schwere Schäden im Getriebe!
■ Fahrzeug waagrecht abstellen, Handbremse anziehen, Wählhebel in Stellung »P« legen, Motor im Leerlauf drehen lassen.
■ **Bei kaltem Getriebe** (Außentemperatur unter + 35° C) die Prüfung nach einer Minute Motorlauf vornehmen. Spätestens nach einer weiteren Minute muß die Kontrolle beendet sein.
■ Peilstab – in Fahrtrichtung links hinter dem Motor – aus dem Führungsrohr herausziehen. Er darf nur mit einem absolut sauberen, nicht fasernden Tuch abgewischt werden.
■ Peilstab einschieben und erneut herausziehen. Auf der mit »+ 20° C« beschrifteten Seite muß sich der Ölstand an der Marke »MAX« abzeichnen. 5 mm darunter beträgt die **Nachfüllmenge 0,25 Liter.**
■ **Bei betriebswarmem Getriebe** (nach Autobahnfahrt von wenigstens 20 km oder vergleichbarer Fahrt auf anderen Straßen) den Ölstand auf der Peilstabseite mit »+ 94° C« ablesen. Er muß zwischen den Marken »Min« und »MAX« stehen. Die **Nachfüllmenge** zwischen beiden Markierungen beträgt **0,5 Liter**.
■ Es muß klare Flüssigkeit sichtbar sein. Ist sie dunkelbraun oder schwarz, liegt ein Getriebeschaden vor.
■ Bei zu niedrigem Flüssigkeitsstand sollte nicht einfach ATF nachgefüllt werden, sondern das Getriebe auf Undichtigkeiten hin

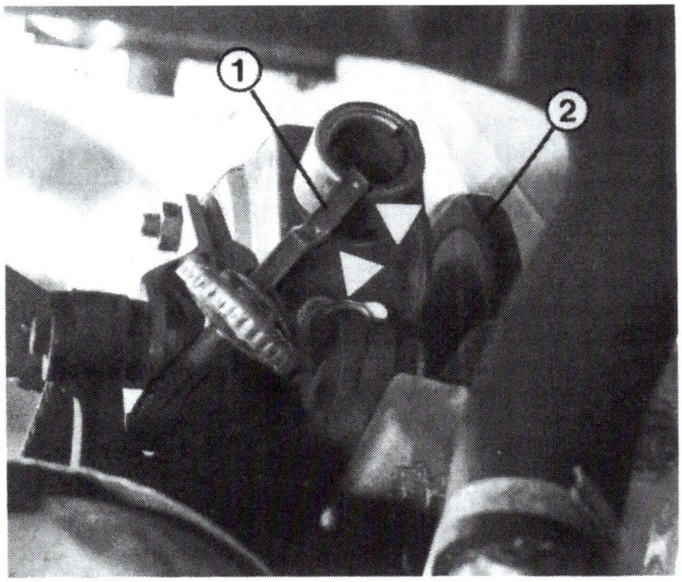

Die Pumpe für die Servolenkung sitzt im Motorraum vorne rechts. An ihrem Verschlußdeckel ist ein Meßstab (1) angebracht, an dem der Ölstand abgelesen werden kann. Die Pumpe wird über einen Keilriemen (2) von der Kurbelwelle angetrieben.

kontrolliert werden. Notwendige Abdichtarbeiten sollten Sie der Werkstatt überlassen.

■ ATF durch einen sauberen Trichter in das Führungsrohr für den Peilstab nachfüllen.

■ Auch zu hoher Ölstand kann einen Getriebeschaden verursachen.

Öl des automatischen Getriebes wechseln

Wartung Nr. 26

Bei normalem Fahrbetrieb sieht das Inspektionssystem einen Ölwechsel nach 60 000 km vor. Wird der Ascona vorwiegend im Kurzstreckenbetrieb, häufig mit Anhänger oder im Gebirge gefahren, soll schon nach 45 000 km der Flüssigkeitswechsel erfolgen. Da zu dieser Arbeit die Getriebeölwanne abmontiert und das Ölsieb gereinigt werden muß, ist diese Arbeit dem Opel-Service zu überlassen.

Ölstand in der Servolenkung prüfen

Ständige Kontrolle

Der Vorratsbehälter für die Flüssigkeit der Servolenkung sitzt im Motorraum vorn, links am Motor. Zu Ihrer eigenen Sicherheit sollten Sie regelmäßig, etwa bei jeder zweiten Kontrolle des Motorölstands, den Flüssigkeitsstand in diesem Behälter kontrollieren. Eingefüllt ist die gleiche Flüssigkeit wie in der Getriebeautomatik, siehe vorige Seite.

■ Prüfung bei stehendem Motor vornehmen.

■ Verschlußdeckel vom Behälter abschrauben. Der mit dem Deckel verbundene Peilstab trägt die Markierungen »ADD« und »FULL«.

■ **Bei kaltem Motor** darf der Ölstand **nicht unter ADD** absinken.

■ **Bei betriebswarmem Motor** soll der Ölstand **bis FULL** reichen.

■ Fehlende Menge nachfüllen. Flüssigkeitsverlust ist jedoch Zeichen einer Störung, die baldigst beim Opel-Service erkundet werden muß.

■ Beachten Sie, daß bei geöffnetem Vorratsbehälter kein Schmutz hineinfällt. Das könnte Funktionsstörungen zur Folge haben.

Hier sind die Gelenke des Vergasergestänges am Vergaser Varajet gezeigt. Es wird über den Vergaserzug links im Bild betätigt. Wo Fett angebracht werden soll, zeigen die Pfeile.

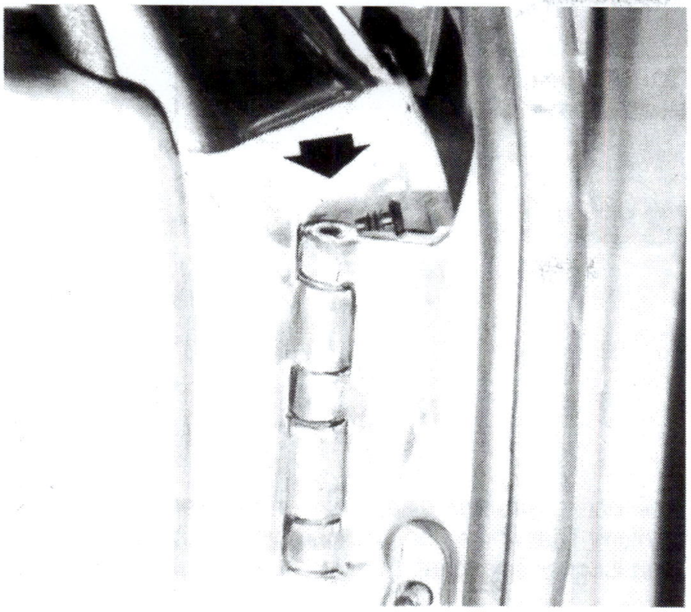

Die Scharnierhülse ist mit einem Stopfen verschlossen. Um das Scharnier zu ölen, muß diese Staubkappe mit einem Schraubenzieher herausgehebelt werden. Die Kappe nicht verlieren, nach dem Ölen wird sie wieder in ihren Sitz gedrückt.

Gasgestänge fetten

Wartung Nr. 6

- Von einem Helfer bei stehendem Motor das Gaspedal durchtreten lassen.
- An allen sich dabei bewegenden Gelenken und Lagerstellen den eventuell anhaftenden Schmutz abreiben.
- An den gleichen Stellen etwas Öl ansprühen oder Fett anbringen, während der Helfer das Gaspedal mehrmals bewegt.
- Nicht die Wellen und Lagerungen am Vergaser schmieren, sie werden sonst von dem intensiver haftenden Schmutz vorzeitig ausgeschlagen.

Türscharniere ölen

Wartung Nr. 8

- Staubkappe auf den Türscharnieren abhebeln und Öl in das Scharnier tropfen lassen. Tür mehrmals hin- und herschwenken, ablaufendes Schmiermittel abwischen.
- Die Heckklappenscharniere mit etwas Öl besprühen. Vorsicht, daß dabei die Innenverkleidung nichts abbekommt.

Was noch zu schmieren ist

Der Inspektionsplan von Opel sieht keine weiteren Schmierarbeiten am Ascona vor. Aber die Erfahrung hat gelehrt, daß manches mit einer gelegentlichen Schmierration gängig gehalten wird und somit weder quietscht noch klemmt oder reißt. Dabei gilt folgende Regel: An Scharnieren oder Gelenken mit engen Durchgängen, in die kein Fett eindringen kann, ist Öl oder Schmierspray günstiger. Gegeneinander reibende Flächen werden besser gefettet oder mit einer Schmierpaste behandelt, da diese Gleitstoffe besser haften.

Schließzylinder

- Sprühen Sie spätestens zu Beginn der kalten Jahreszeit etwas Rostlöser-Isolierspray (siehe Seite 11) in den Schlüsselschlitz. Es schmiert, verdrängt Feuchtigkeit und schützt vor Rost sowie Einfrieren im Winter.

Motorhaube

- Entriegelungszug der Motorhaube von einem Helfer im Wageninnern ziehen lassen. An der Stelle, wo der Seilzug aus der Umhüllung kommt, etwas Fett anstreichen und durch mehrmalige Hebelbewegung in die Zugumhüllung ziehen.
- Motorhaubenschloß und Schließzapfen mit etwas Fett bestreichen oder Schmierspray auftragen.
- Die gut zugänglichen Motorhaubenscharniere erhalten etwas Öl oder Schmierspray.

Energiebündel

In unseren Ascona-Modellen ist die Grundkonstruktion eines einzigen Motorentyps vertreten. Im wesentlichen unterscheiden sich diese Triebwerke nur durch ihre verschiedene Größe. Jeder der Vierzylinder-Reihenmotoren ist quer eingebaut. Für die Lagebestimmung einzelner Bauteile gilt:

□ Die Vorderseite des Motors befindet sich in Fahrtrichtung rechts. Demnach ist seine linke Seite im Motorraum vorn und die rechte hinten.

Blick in den Motorraum

Innerhalb der Baureihe haben sechs Motortypen einen Vergaser, und fünf Motoren sind mit einer Einspritzanlage ausgerüstet. Diese beiden Arten der Gemischaufbereitung lassen sich sofort erkennen:

□ Die Vergasermotoren (Seite 87) und der Einspritzmotor C 16 LZ besitzen ein rundes Luftfiltergehäuse.

□ Die Einspritzmotoren C 18 NE, C 18 E, C 20 NE und 20 SEH verfügen über ein rechteckiges Luftfiltergehäuse rechts im Motorraum.

Zur genauen Bestimmung des Motortyps dient die auf dem Kurbelgehäuse hinten links eingeschlagene Motornummer, der jeweils die Typenbezeichnung vorangesetzt ist.

Folgende Motoren sind in diesem Band beschrieben:

Modell	13 N	13 S	16 N	16 i	16 S	16 S	18 S	18 i	18 i	20 i	20 i
Motor	13 N	13 S	16 N	C 16 LZ	16 SV	16 SH	E 18 NV	C 18 NE	C 18 E	C 20 NE	20 SEH
Hubraum cm^3	1297	1297	1598	1598	1598	1598	1796	1796	1796	1998	1998
Leistung kW/PS	44/60	55/75	55/75	55/75	60/82	66/90	62/84	74/100	85/115	85/115	95/130

Motortyp, Motorbezeichnung und Modellbezeichnung sind also nahezu identisch, der Ascona 18 S besitzt aber z. B. den Motor E 18 NV. Alle Motoren sind auch in den Baureihen Kadett und Astra (England) vertreten. Außerdem gibt es gleichartige Motoren für den Export, jedoch mit Abweichungen entsprechend den jeweiligen nationalen Bestimmungen und mit zusätzlichen Bezeichnungen.

Der Motor steht vor der Vorderachse, und darunter ist das Getriebe mit dem nach hinten ausladenden Differential angeordnet. Somit befindet sich der Motorschwerpunkt vor der Vorderachse, was für die Belastung der Antriebsräder von Bedeutung ist.

Die Einzelteile des Motors

Nachfolgend sind die wichtigsten Teile des Motors und deren Funktion beschrieben. Anschließend werden die Wartungs- und Reparaturarbeiten behandelt.

Kolben und Zylinder

Die aus Leichtmetall bestehenden Kolben besitzen eine Stahleinlage zur Verringerung der Wärmedehnung. Im oberen Drittel eines Kolbens sind drei Kolbenringe elastisch in entsprechenden Nuten angeordnet. Sie drücken federnd gegen die Zylinderwand. Die beiden oberen Verdichtungsringe verwehren dem Gasgemisch den Weg aus dem Verbrennungsraum nach unten ins Kurbelgehäuse. Der untere Ölabstreifring verhindert, daß zu viel Schmieröl vom Kurbelgehäuse in den Brennraum gelangt.

Im Kolbenboden sind zwei Mulden vorhanden. Diese ermöglichen den Ventilen genügend Bewegungsfreiheit.

Die Zylinder, in denen die Kolben auf und ab laufen, sind in das Graugußmaterial des Motorblocks eingearbeitet. Die Zylinderbohrungen sind im Kreuzschliff gehont (geschliffen).

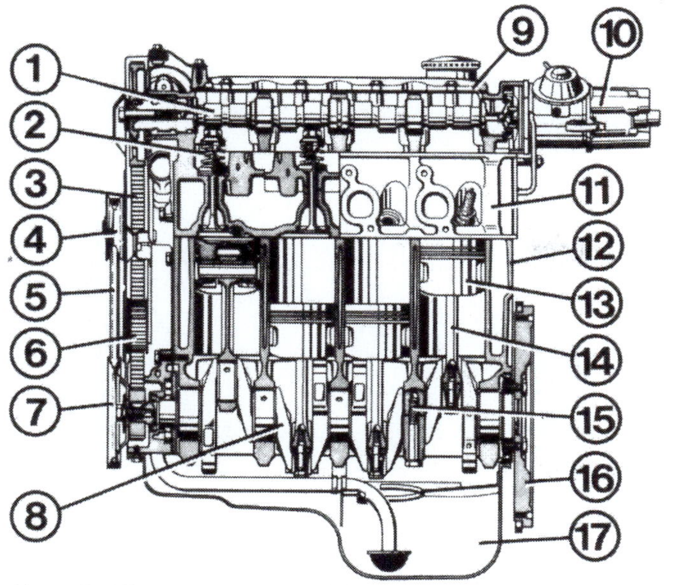

Längsschnitt des 1,3-Liter-Motors (nahezu identisch mit dem 1,6-Liter-Motor).
1 – Nockenwelle; 2 – Ventilfeder; 3 – Zahnriemen;
4 – Riemenscheibe der Lichtmaschine; 5 – Keilriemen; 6 – Riemenscheibe der Wasserpumpe; 7 – Kurbelwellenriemenscheibe;
8 – Kurbelwelle; 9 – Nockenwellengehäusedeckel;
10 – Zündverteiler; 11 – Zylinderkopf; 12 – Zylinderblock; 13 – Kolben;
14 – Pleuelstange;
15 – Hauptlager;
16 – Schwungrad; 17 – Ölwanne.

Aber die Wandungen sind nicht absolut glatt, weil an ihnen das zur Schmierung notwendige Öl haften muß.
Die Bohrungen der Zylinder sind um 0,02 mm weiter als die zugehörigen Kolben. Bei Motorüberholungen können die Zylinderlaufbahnen – je nach Grad des Verschleißes – um mehrere hundertstel Millimeter ausgeschliffen werden. Für jedes Schleifmaß gibt es passende Kolben.

Die Kurbelwelle

Aufgabe der Kurbelwelle ist es, die geradlinige Bewegung der in den Zylindern auf und ab laufenden Kolben in eine Drehbewegung umzusetzen. Zur Verbindung der Kolben mit der Kurbelwelle dienen an beiden Enden drehbar gelagerte Pleuelstangen.
Die einzelnen Kröpfungen der Kurbelwelle sind bei Vierzylinder-Motoren um 180° zueinander versetzt, wobei die Kurbeln für den 1. und 4. Zylinder sowie für den 2. und 3. Zylinder gleich ausgerichtet sind. Für vibrationsarmen Lauf sitzen in Gegenrichtung der Kurbelzapfen unwuchtausgleichende Gegengewichte.
Um ein Durchbiegen der Kurbelwelle im Betrieb zu vermeiden, ist sie an fünf Stellen im Motorblock gelagert. Jede Kurbel, auf der eine Pleuelstange sitzt, ist demnach auf beiden Seiten durch ein Kurbelwellenlager gestützt.
Auch die Lagerzapfen der Kurbelwelle und deren Pleuellagerzapfen können nachgeschliffen werden, und zwar im Durchmesser wie in der Breite. Den geänderten Maßen entsprechend stehen passende Lagerschalen als Ersatzteil zur Verfügung.
Am hinteren Ende der Kurbelwelle sitzt eine Scheibe mit dem Zahnkranz für das Ritzel des Anlassers. Das ist entweder die Schwungscheibe, auf welche die Kupplung und damit die Verbindung zum Getriebe montiert ist, oder die Mitnehmerscheibe, an die der Drehmomentwandler der Getriebeautomatik geschraubt ist. Am vorderen Ende der Kurbelwelle sind das Antriebsrad für den Zahnriemen angeschraubt sowie die Keilriemenscheiben. Außerdem sitzt vorn auf der Kurbelwelle noch die Ölpumpe.

Die Pleuel

Die vier Pleuel sind zusammen mit je zwei Lagerschalenhälften auf ihren Zapfen der Kurbelwelle montiert. Die Verbindung zwischen Pleuel und Kolben besteht aus einem Kolbenbolzen. Dieser wird bei erhitzter Pleuelstange in das Pleuelauge und zugleich in das Kolbenbolzenauge eingesetzt. Dadurch sitzt er im Pleuel fest und im Kolben drehbar.
Pleuel gibt es in sechs Gewichtsgruppen. Der Gewichtsunterschied der vier Pleuel darf untereinander maximal 8 g betragen.

Zylinderkopf und Nockenwelle

Wegen besserer Wärmeleitfähigkeit und aus Gewichtsgründen besteht der Zylinderkopf aus Leichtmetall. Die Ventilsitze sind bei erhitztem Zylinderkopf eingesetzt und dadurch nach dem Abkühlen fest eingeschrumpft.
Die Zündkerzen sind jeweils direkt in eingeschnittene Gewinde im Zylinderkopf eingeschraubt. Dieses Gewinde kann beschädigt werden, wenn eine Zündkerze zu fest angezogen oder schräg angesetzt und mit Gewalt eingedreht wird.
Oben längs im Zylinderkopf sitzt die Nockenwelle. Sie ist fünfmal gelagert. Mit ihren eiförmigen

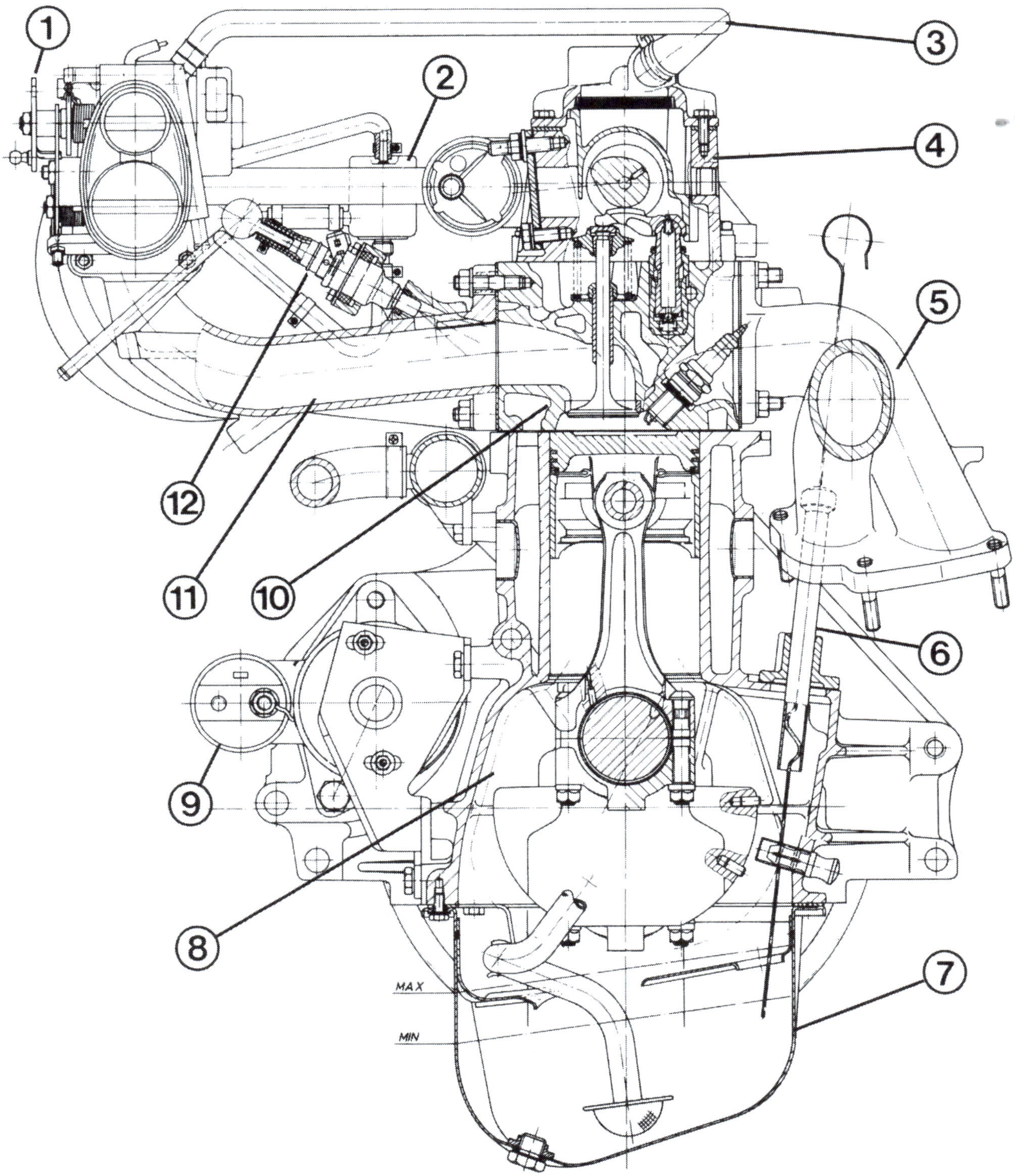

In diesem Querschnitt des 1,8-Liter-Einspritzmotors sind bezeichnet: 1 – Drosselklappenhebel; 2 – Druckregler; 3 – Entlüftungsschlauch; 4 – Nockenwellengehäuse; 5 – Auspuffkrümmer; 6 – Führungsrohr für Ölpeilstab; 7 – Ölwanne; 8 – Kurbelgehäuse; 9 – Magnetschalter des Anlassers; 10 – Zylinderkopf; 11 – Saugrohr; 12 – Einspritzventil.

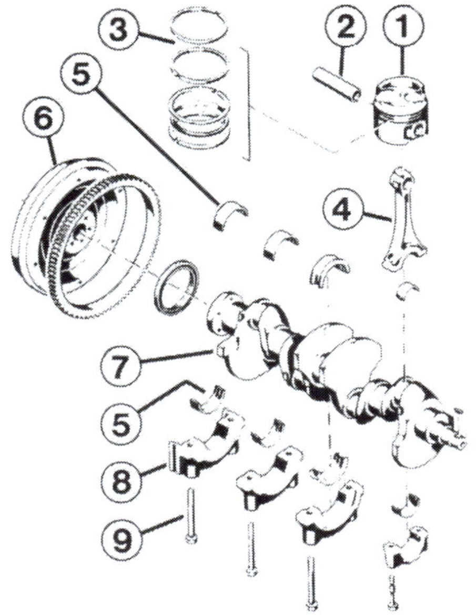

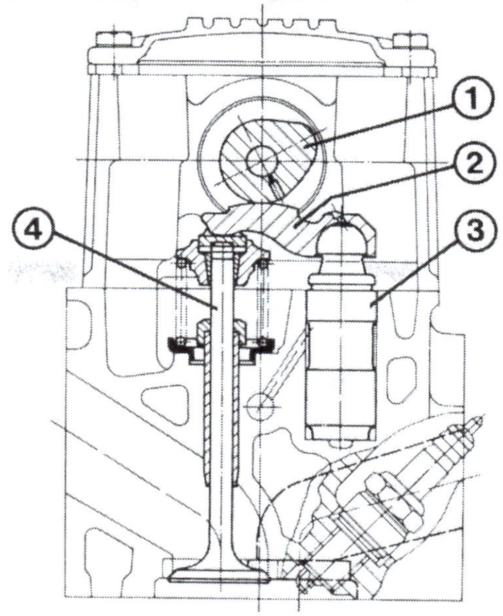

Links: Zum Kurbeltrieb einschließlich der Kolben gehören folgende Teile: 1 – Kolben; 2 – Kolbenbolzen; 3 – Kolbenringe; 4 – Pleuel; 5 – Lagerschale; 6 – Schwungrad mit Zahnkranz für Anlasser; 7 – Kurbelwelle; 8 – Lagerbock; 9 – Schraube für Lagerbock.

Rechts: Teile des Ventiltriebs beim 1,3- und 1,6-Liter-Motor: 1 – Nockenwelle; 2 – Schlepphebel; 3 – Hydrostößel (Ausgleicher); 4 – Ventil.

Nocken bewirkt sie, daß die Ventile bei bestimmten Kolbenstellungen öffnen und schließen. Form und Anordnung der Nocken bestimmen die Ventilsteuerzeiten. Den Antrieb der Nockenwelle besorgt die Kurbelwelle über einen Zahnriemen.

Die »hängenden« Ventile werden auf kurzem Übertragungsweg gesteuert: Die Nocken drücken auf die Schwinghebel – eine Art Zwischenlager – und über diese gegen die Kraft der Ventilfedern auf die Ventile. So wird ein Spalt zwischen Ventilteller und Ventilsitz frei, das Ventil öffnet. Beim Weiterdrehen des Nockens drückt die Ventilfeder das Ventil wieder in Schließstellung.

Die Einlaß- und Auslaßventile sind im Zylinderkopf zueinander versetzt angeordnet, und jeweils ihnen gegenüber sind Hydrostößel (hydraulische Ventilspielausgleicher) eingesetzt. Diese Hydrostößel gleichen Längenänderungen der Ventile aus, die durch Temperatureinflüsse und Verschleiß auftreten.

Die Wirkung des Hydrostößels überträgt sich auf das Ventil über den Schwinghebel. Somit ist eine spielfreie Arbeit des ganzen Ventiltriebs gesichert, und es entfällt das sonst notwendige Nachstellen des Ventilspiels.

Der Gemischeinlaß befindet sich auf der rechten Seite im Zylinderkopf (in Fahrtrichtung hinten), die Auslaßkanäle sind auf der linken Seite. Entsprechend diesem Querstromprinzip haben auch die Einlaß- und Auslaßventile ihre Position.

Die Ventile werden in legierten Graugußführungen bewegt, welche im Zylinderkopf eingepreßt sind. Oberhalb jeder Führung ist eine Ventilschaftabdichtung aufgesetzt. Alle Auslaßventile verfügen über »Roto Caps« (Ventildrehvorrichtungen). Sie drehen das Ventil bei jedem Hub um einige Grad, womit das Einschlagen der Sitzfläche und dadurch Kompressionsverlust hinausgezögert wird.

Die Nockenwelle treibt über einen Exzenter die Benzinpumpe an, außerdem – an ihrem hinteren Ende – über einen Mitnehmer den Zündverteiler.

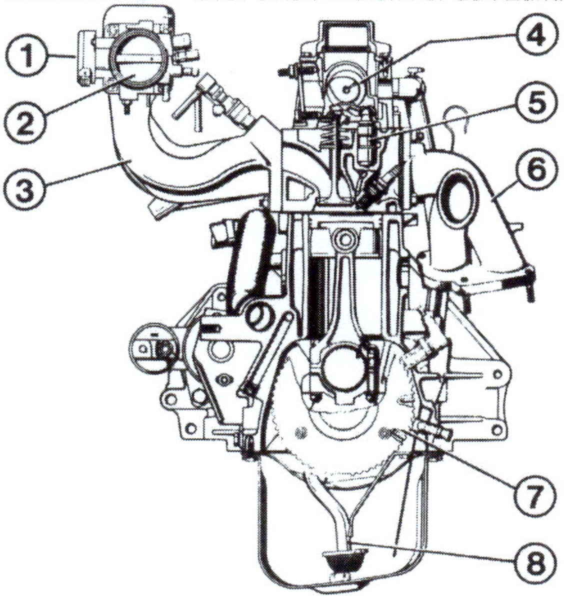

Querschnitt des 2-Liter-Motors mit Motronic-Einspritzsystem. 1 – Drosselklappenschalter; 2 – Drosselklappe; 3 – Ansaugrohr; 4 – Nokkenwelle; 5 – hydraulischer Ventilspielausgleicher; 6 – Auspuffkrümmer; 7 – induktiver Impulsgeber; 8 – Ölsiebrohr.

Hier ist der Aufbau des Zylinderkopfes dargestellt. Bezeichnet sind: 1 – Nockenwellengehäusedeckel; 2 – Dichtung; 3 – Nockenwellengehäuse; 4 – Nockenwelle; 5 – Ventilfeder; 6 – Zylinderkopf; 7 – Ventil; 8 – Zahnriemen.

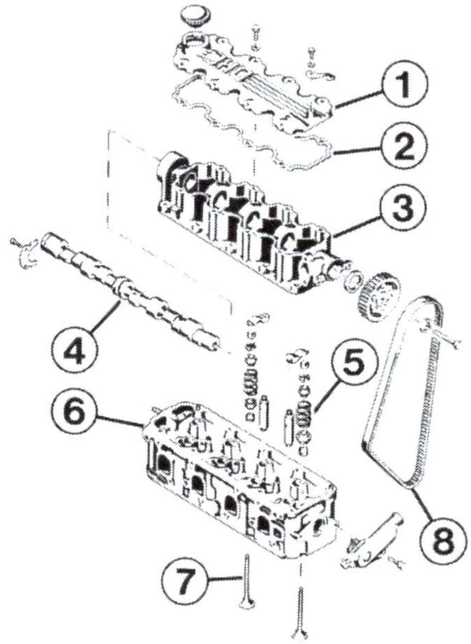

Die Ventilsteuerung

Im Ascona arbeitet ein Viertaktmotor, der das Gemisch aus Kraftstoff und Luft ansaugt, verdichtet, zündet und die verbrannten Gase wieder ausstößt. Fürs Ansaugen der Frischgase und das Ausschieben der Altgase bleibt dem ventilgesteuerten Verbrennungsmotor nur wenig Zeit. Weder kann die Nockenwelle die Ventile schlagartig öffnen noch vermögen sie die Ventilfedern derartig schnell zu schließen. Deshalb sind die Nocken so geformt, daß das Einlaßventil bereits gegen Ende des Auslaßtakts öffnet und erst dann schließt, wenn der Kolben nach Beendigung des Ansaughubs wieder verdichtend aufwärtsstrebt. Das Auslaßventil öffnet schon vor Abschluß des Arbeitstakts und schließt erst, wenn der Kolben bereits wieder Frischgas ansaugt. Beide Ventile sind deshalb einen Sekundenbruchteil gleichzeitig geöffnet, wenn der Kolben im Oberen Totpunkt (OT) vom Ausstoßen zum Ansaugen umkehrt. Diese Zeitspanne wird mit Ventilüberschneidung bezeichnet.

Der Zahnriemen

Für die obenliegende Nockenwelle dient der von der Kurbelwelle in Bewegung gesetzte Zahnriemen als geräuscharmes Antriebselement. Der gezähnte Gummiriemen mit Stahldrahteinlage arbeitet verschleißfrei, zumal die Gummimischung des Zahnriemens auch für eine Trockenschmierung des Zahnriemens sorgt.
Außerdem treibt der Zahnriemen die Wasserpumpe an, die durch ihren exzentrischen Einbau zugleich als Spannvorrichtung dient.

Die Zylinderkopfdichtung

Die Dichtung zwischen Motorblock und Zylinderkopf muß dafür sorgen, daß die Verbrennungsräume und die Kanäle für das Kühlmittel voneinander getrennt bleiben, wobei sie auch kein Schmieröl hindurchlassen darf. Sie muß hohen Temperatur- und Druckschwankungen widerstehen.
Bei den Ascona-Motoren handelt es sich um eine »setzarme« Zylinderkopfdichtung. Deshalb müssen bei der Montage des Zylinderkopfes die Zylinderkopfschrauben unter Einhaltung besonderer Arbeitsfolgen angezogen werden.

Das Schmiersystem

Im Motor verlangen eine Reihe von Lagerstellen und Reibpartnern nach Schmierung. Das Motoröl muß dorthin unter Druck gepumpt werden – von der Ölpumpe. Sie saugt das Öl über ein siebbewehrtes Rohr an und drückt es ins Hauptstromfilter. Ist das Filterpapier von Schmutz zugesetzt, weil die Filterpatrone nicht rechtzeitig gewechselt wurde, öffnet ein Sicherheitsventil. So wird das Filter umgangen, und die Ölversorgung ist sichergestellt. Allerdings bewirkt ungefiltertes Motoröl höheren Verschleiß an den Lagerstellen. Vom Filter aus gelangt das Öl über Bohrungen zu den Schmierstellen der Kurbelwelle, außerdem in den Zylinderkopf und zur Nockenwelle.
Durch andere Bohrungen gelangt das Öl zurück in die Ölwanne, wo es erneut angesaugt wird.

Die Ölpumpe

Vorn auf der Kurbelwelle läuft ein exzentrisch angeordnetes Zahnrad in einem etwas größeren Kranz mit Innenverzahnung ab. Dadurch entsteht ein dauernd umlaufender, sichelförmiger Freiraum, der dieser Pumpe den Namen gab: Sichelpumpe.
Eine derartige Ölpumpe erbringt bereits bei niedriger Drehzahl eine gute Förderleistung, dazu

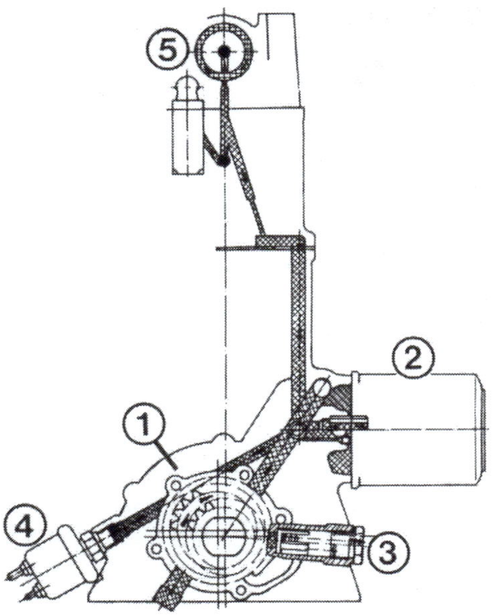

In dem System der Motorschmierung bedeuten: 1 – Ölpumpe; 2 – Ölfilter; 3 – Druckregelventil; 4 – Öldruckschalter; 5 – Nockenwelle und Ventilspielausgleicher.

auch beim Heißleerlauf einen ausreichenden Öldruck. Abhängig von der Drehzahl wird der Öldruck noch von einem links vorn am Motorblock zugänglichen Druckregelventil gesteuert.

Öltemperaturen

Ausschlaggebend für das Wohlbefinden des Motors ist die Öltemperatur. Allerdings besitzen die Ascona-Modelle serienmäßig kein Ölthermometer, an dem sich ablesen läßt, wie es um den Wärmehaushalt des Motors bestellt ist. Normalerweise wird die Temperatur am Ölfilterflansch oder in der Ölwanne gemessen; dort ist das Öl am kühlsten. Dagegen können an den Kolbenringen Temperaturen bis 300° C auftreten. Falls Sie nachträglich ein Ölthermometer eingebaut haben: Gemäß Opel darf die Temperatur bei extremen Bedingungen 150° C betragen, gemessen in der Ölwanne, 1 cm über deren Boden. Dabei ist allerdings die Verwendung eines tatsächlich hochwertigen Motoröls Voraussetzung, das dann noch ausreichende Schmierwirkung besitzt.
Gefährlicher als hohe Temperaturen sind zu niedrige Werte. Bei weniger als 60°C sind die Öl-Additive nicht voll wirkungsfähig, was erheblich höheren Verschleiß zur Folge hat. Deshalb sollten Sie nach Möglichkeit den Motor nach dem Kaltstart nicht über 3500/min drehen lassen, bis das Öl etwa 60°C erreicht hat. Für unsere Modelle ohne Ölthermometer gilt als Anhaltspunkt, daß das Motoröl gegenüber dem Kühlmittel etwa doppelt so lange braucht, bevor es seine Betriebstemperatur erreicht hat.

Der Öldruck

Der Öldruck bei einer Öltemperatur von 60°C und bei einer Kühlmitteltemperatur von 80°C soll folgende Werte erreichen:
- ☐ Bei **2000/min** des Motors **mindestens 2 bar,**
- ☐ im **Leerlauf mindestens 0,3 bar**.

Das läßt sich freilich nur kontrollieren, wenn Sie nachträglich entsprechende Meßinstrumente

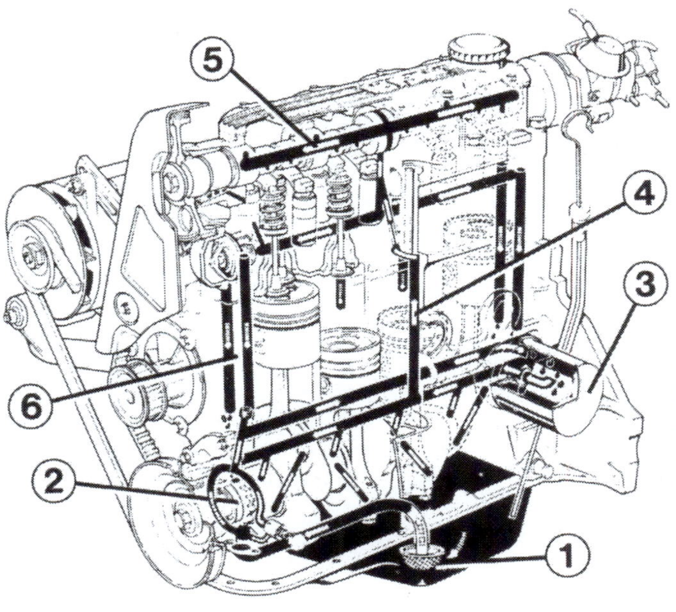

Kreislauf des Öls im Motor. Es durchläuft folgende Bauteile: 1 – Ölwanne mit Ölsieb; 2 – Ölpumpe (auf Kurbelwelle); 3 – Ölwechselfilter; 4 – Steigleitung; 5 – Nockenwelle; 6 – Leitungen für ablaufendes Öl.

Das Druckregelventil (1) sitzt am Motor unten, links an der Frontseite. Die Riemenscheibe (2) ist mit der Kurbelwelle verschraubt.

eingebaut oder angeschlossen haben. Serienmäßig gibt es nur eine annähernde Kontrollmöglichkeit über den Öldruckschalter, der im Betrieb die Warnleuchte im Armaturenbrett bei ungenügendem Druck aufleuchten läßt. Dieser Öldruckschalter sitzt bei den 1,3-Liter-Motoren rechts vorn, bei den anderen Motoren rechts hinten. Anstelle des Öldruckschalters kann nachträglich ein Ölmanometer bzw. dessen Anschluß eingeschraubt werden.
Zu hoch darf jedoch der Öldruck auch nicht sein. Das Druckregelventil erweitert den Weg zur Saugseite, wenn der Druck durch kaltes oder sehr zähflüssiges Öl zu hoch ansteigt. Zur Öldruckkontrolle ist auf Seite 240 noch mehr gesagt.

Die Kurbelgehäuse-Entlüftung

Auch ein gesunder Motor bläst in der Minute mehr als 50 Liter Verbrennungsgase an den Kolbenringen vorbei ins Kurbelgehäuse. Damit die Dichtungen des Motors nicht zu stark beansprucht werden oder gar Teile des Motors reißen, muß der Druck aus dem Motor entweichen können. Das geschieht über die Kurbelgehäuse-Entlüftung. Die giftigen Gase aus dem Motorinnern werden zum Schutz der Umwelt in das Luftfiltergehäuse und zum Ansaugstutzen zurückgeleitet. Von dort werden die Gase zur vollständigen Verbrennung nochmals vom Motor angesaugt.
Der Entlüftungsschlauch ist oben am Zylinderkopfdeckel befestigt. Gelegentlich können Sie kontrollieren, ob sich in diesem Schlauch Ölrückstände gebildet haben. Man kann sie mit Benzin auswaschen.

Fingerzeig: *Bläst der Motor kräftig Öldunst zur Kurbelgehäuse-Entlüftung hinaus, sind die Kolben und Zylinder schon erheblich verschlissen.*

Einfahren des neuen Motors

Zylinderwände wie auch Kolben mit Kolbenringen weisen im Neuzustand an den Oberflächen eine mikroskopische Rauhigkeit auf. Erst der Einlaufvorgang kann diese kleinen Unebenheiten beseitigen, so daß die Teile gut gegeneinander abdichten. Zu flottes Hochdrehen des neuen oder überholten Motors kann zu winzigen Freßstellen am Metall führen, die unter Umständen einen fatalen Kolbenfresser nach sich ziehen.
Im Hinblick auf die Motorlebensdauer tun Sie also gut daran, die Hinweise von Opel für die erste Betriebszeit zu beachten. Während der ersten 1000 km gilt als höchste Drehzahl 4000/min. Das entspricht etwa maximalen Geschwindigkeiten (in km/h) in den einzelnen Gängen:

Schaltgetriebe		Getriebeautomatik	
1. Gang	30	Fahrstufe 1	45
2. Gang	55	Fahrstufe 2	85
3. Gang	85	Fahrstufe D	125
4. Gang	115		
5. Gang	125		

Während der Einlaufzeit fühlt sich der Motor auf Landstraßen am wohlsten. Dort fährt man mit wechselnden Geschwindigkeiten und kann fleißig schalten. So wird man auch bei Beachten der

anfänglich empfohlenen Höchstgeschwindigkeiten nicht zum Verkehrshindernis. Ab 1500 km darf der Motor auch ruhig einmal hochgedreht werden. Dazu eignen sich besonders Autobahngefälle: Bergab mit relativ hohen Motordrehzahlen, ohne den Motor gleichzeitig stark zu belasten. Allerdings muß die Maschine dazu richtig durchgewärmt sein, wie auch später nur bei erreichter Betriebstemperatur herzhaft beschleunigt werden sollte.
Bis der Motor richtig eingefahren ist, vergehen wenigstens 3000 km. Bei überwiegendem Stadtverkehr dauert es bestimmt viel länger.

Fingerzeig: *Was hier für den neuen Motor gesagt wurde, gilt erst recht für ein überholtes Triebwerk, das erfahrungsgemäß noch empfindlicher auf falsche Einfahrweise reagiert.*

Die Motor-Lebensdauer

Die nachstehend genannten Kilometerleistungen stellen nur Anhaltspunkte dar. Je nach Fahrweise und Pflege werden Sie den unteren oder oberen Wert erreichen:
☐ 1,3-Liter-Motoren: 100 000–130 000 km.
☐ 1,6- bis 2,0-Liter-Motoren: 100 000–150 000 km.
Der Fahrer entscheidet durch seinen Umgang mit der Maschine, ob der Exitus schon früh erfolgt oder 150 000 km oder mehr auf den ersten Motor kommen. Von entscheidender Bedeutung ist hierbei die Motoröltemperatur. Während die Kühlmittel-Temperaturanzeige schon relativ früh Betriebsbereitschaft signalisiert, ist das Motoröl frühestens nach etwa zehn Minuten Fahrt völlig einwandfrei schmierfähig.
Nach wochenlangem Kurzstreckenverkehr ist es ebenfalls nicht ratsam, gleich voll aufs Gaspedal zu treten. Bei den langen Leerlaufminuten in der Stadt bilden sich in den Brennräumen und an den Ventilen Ablagerungen, die bei voller Betriebstemperatur und zügiger, aber nicht scharfer Fahrt langsam abgebrannt werden sollen.
Für Fahrzeuge mit Drehzahlmesser: Das entspricht 4000–5000/min. Ideal ist auch hier wieder die Fahrt auf der Landstraße.

Nenn- und Höchstdrehzahl

Ein Verbrennungsmotor gibt seine höchste Leistung bei einer bestimmten Drehzahl ab. Das ist die sogenannte Nenndrehzahl. Über diese hinauszudrehen bringt keine Mehrleistung. Allerdings kann unter günstigen Umständen durch höhere Motordrehzahl und vermehrte Radumdrehungen eine höhere Geschwindigkeit erreicht werden.
Unsere Motoren sind durchaus drehzahlfest. Die Ventile werden über die Schwinghebel direkt von der obenliegenden Nockenwelle betätigt. Dabei werden nur geringe Massen in Bewegung gesetzt, was hohe Drehzahlen ohne Gefahr für den Ventiltrieb gestattet. Als höchstzulässige Drehzahl gelten etwa 6600/min. Hierbei handelt es sich um die »Betriebsdrehzahl«, die selbst über längere Zeit für den Motor ungefährlich ist. Wer noch weiter hochdreht, kommt in den Bereich der Überdrehzahlen. Der Motor brummt dann unüberhörbar, verursacht durch Schwingungen der Kurbelwelle in ihren Lagern.
Damit Sie über die Motordrehzahlen informiert sind, besitzen verschiedene Modellversionen serienmäßig einen Drehzahlmesser. Ein solches Instrument hat allerdings eine gewisse Voreilung – im oberen Skalenbereich bis zu 5%. 6000/min auf dem Tourenzähler sind demzufolge oft lediglich echte 5700/min.

Den Motor sichtprüfen

■ Betrachten Sie den Motor von oben und unten.
■ Geringfügig ölfeuchte Stellen sind nicht bedenklich, alle Motoren »schwitzen« gelegentlich etwas Schmiermittel aus.
■ Ölflecken unter dem geparkten Wagen und deutlichem Ölnässen sollten Sie aber auf den Grund gehen.
■ Motor mit einem Dampfstrahlgerät oder Motorreiniger säubern.
■ Nach einer Probefahrt von wenigen Kilometern wird kontrolliert.

Mögliche Leckstellen

Auf welche Stellen am Motor Sie Ihr Augenmerk richten sollen, haben wir nachstehend zusammengestellt:
☐ Abdichtung der Kurbelwelle
☐ Abdichtung der Nockenwelle (von Zahnriemenschutz verdeckt)
☐ Dichtung für Benzinpumpenfuß
☐ Dichtung für Zündverteilerfuß
☐ Öldruckschalter
☐ Ölfilterhalter und Filtergehäuse

☐ Ölwanne
☐ Zylinderkopfdeckeldichtung
☐ Zylinderkopfdichtung

Fingerzeig: *Tritt Öl an den Verschraubungen aus, können Sie kontrollieren, ob Schrauben locker sind. Aber nicht mit Kraft »anknallen«. Folgende Drehmomente gelten: Kraftstoffpumpe 15 Nm, Öldruckschalter 30 Nm, Ölpumpengehäuse 6 Nm. Die Ölwannenschrauben dürfen nicht nachgezogen werden.*

Kompressionsdruck messen

Die Messung des Kompressionsdrucks in den Motorzylindern gibt Aufschluß darüber, ob Ventile und Kolbenringe noch gut abdichten. Leistung, Kaltstartverhalten sowie Öl- und Kraftstoffverbrauch unseres Motors hängen davon ab.

■ Motor warmfahren. Die Kolbenringe dichten bei warmem Öl besser ab.
■ Zum Schutz der Transistorzündung: Relaisstecker am Steuerrelais abziehen.
■ Alle Zündkerzen herausschrauben.
■ Gummikonus des Druckprüfers auf das Kerzenloch des 1. Zylinders (in Fahrtrichtung der erste rechts) pressen oder Anschlußleitung ins Zündkerzengewinde schrauben.
■ Handbremse anziehen, Schalthebel in Leerlauf bzw. Getriebeautomatik-Wählhebel in Stellung »P« drücken.
■ Von Helfer Gaspedal voll durchtreten lassen. So erhalten die Zylinder ihre größte Füllung.
■ Mit dem Anlasser den Motor etwa fünf Sekunden durchdrehen lassen.
■ Meßwert ablesen und notieren. Bei einem Druckschreiber mit Meßkärtchen weiterschalten für den nächsten Zylinder.

Zu niedrige Druckwerte

Kompressionsdruckwerte zwischen 9 und 12 bar signalisieren einen guten Motorzustand. Liegen die Werte unter 7 bar, ist der Motor überholungsbedürftig. In Opel-Werkstätten wird als Maßgabe 1 bar Unterschied von Zylinder zu Zylinder erlaubt.
Gleichmäßig niedriger Kompressionsdruck ist nicht unbedingt ein Alarmzeichen; Ursache können Meßtoleranzen zwischen verschiedenen Prüfgeräten sein. Bedenklich ist es dagegen, wenn zwischen den vier Meßwerten für die Zylinder Unterschiede von mehr als 3 bar bestehen. Das kann bedeuten:
☐ Kolben- und Kolbenringverschleiß
☐ Festsitzende Kolbenringe durch Rückstandsbildung
☐ Unrunde Zylinder als Folgeerscheinung von Kolbenklemmern
☐ Ablagerungen an den Ventilschäften oder -sitzen durch Verbrennungs- bzw. Schmierölrückstände
☐ Eingeschlagene Ventile
☐ Verbrannte Ventile durch zu knappes Ventilspiel

Fingerzeig: *In den meisten Fällen sind undichte Ventile die Ursache für mangelhaften Kompressionsdruck und damit geringere Motorleistung. Abhilfe bringt entweder Einschleifen der Ventile oder die Überholung des Zylinderkopfes.*

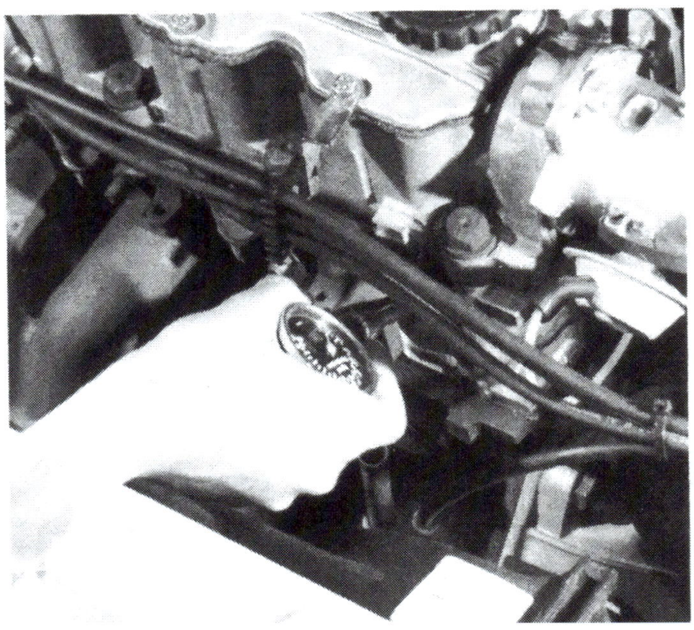

Beim Messen des Kompressionsdrucks muß das Prüfgerät absolut dicht mit dem Zündkerzenloch abschließen.

Fehlersuche

Um bei zu niedrigem Kompressionsdruck den Fehler lokalisieren zu können, wendet man folgenden Trick an: Ins Zündkerzenloch mit einer Spritzkanne etwas zähflüssiges Öl träufeln und Kompressionsdruck nochmals messen.

☐ Sind die Werte weiterhin schlecht, liegt es an den Ventilen.

☐ Erhalten Sie höhere Druckwerte, liegt es an den Kolbenringen und vielleicht auch an den Zylindern. Das eingefüllte Öl hat kurzfristig zwischen Kolben und Zylinderwänden besser abgedichtet, so daß das komprimierte Gas kaum noch entweichen konnte.

Fingerzeig: *Der Kompressionsdruck ist nicht zu verwechseln mit dem Verdichtungsverhältnis (siehe Seite 76). Das Verdichtungsverhältnis ist bei der Konstruktion festgelegt durch den Kolbenhub, die Ausformung des Kolbenbodens und das Volumen des Verbrennungsraumes. Dagegen variiert der Kompressions- oder Verdichtungsdruck je nach Motorzustand.*

Der Druckverlusttest

Genauere Erkenntnisse liefert der Druckverlusttest, den manche Werkstätten durchführen können. Das Testgerät besteht aus zwei Kammern, wobei in einer ein gleichbleibender Druck herrscht. Die zweite Kammer ist über einen Schlauch zur Zündkerzenbohrung mit dem Verbrennungsraum, durch eine Düse mit der ersten Kammer und außerdem mit einer Anzeigeskala verbunden.

Verliert der geprüfte Brennraum Druck, wird dies auf der Skala angezeigt. Eine größere Leckstelle läßt sich durch Abhorchen erkennen:

☐ Blasgeräusche am Auspuff lassen auf ein undichtes Auslaßventil schließen.

☐ Strömt Druckluft aus dem Luftfiltergehäuse, ist das Einlaßventil defekt.

☐ Bei einer defekten Zylinderkopfdichtung oder einem Riß im Zylinderkopf gelangt Druckluft durch das benachbarte Zündkerzenloch oder aus dem geöffneten Kühlmittel-Ausgleichsbehälter ins Freie.

☐ Verschlissene Zylinderwände, Kolbenlaufbahnen oder Kolbenringe lassen Druck ins Kurbelgehäuse strömen und am geöffneten Öleinfüllstutzen oder am Rohr für den Ölpeilstab austreten.

Motor durchdrehen

Zu manchen Arbeiten muß man den Motor entweder in eine bestimmte Stellung bringen oder durchdrehen. Hierzu gibt es folgende Möglichkeiten:

- Falls genügend ebene Fläche zur Verfügung steht, den Wagen bei eingelegtem 4. Gang entsprechend vorschieben. Oder
- den Opel wie zu einem Radwechsel einseitig vorn aufbocken, 4. Gang einlegen und das freihängende Vorderrad durchdrehen, wodurch der Motor bewegt wird. Oder
- Zündkerzen herausschrauben (der Motor läßt sich dann leichter durchdrehen) und mit einem an der Kurbelwellen-Keilriemenscheibe angesetzten gekröpften Ringschlüssel drehen. Keinesfalls darf an der Befestigungsschraube für das Nockenwellen-Zahnriemenrad gedreht werden, sonst könnte der Zahnriemen überspringen.

Zylinder 1 auf Zündzeitpunkt stellen

Beim Viertaktmotor kommt der Kolben während der vier Arbeitstakte zweimal in den Oberen Totpunkt (OT): Einmal beim Zünden des angesaugten Gemisches und zum zweiten Mal nach

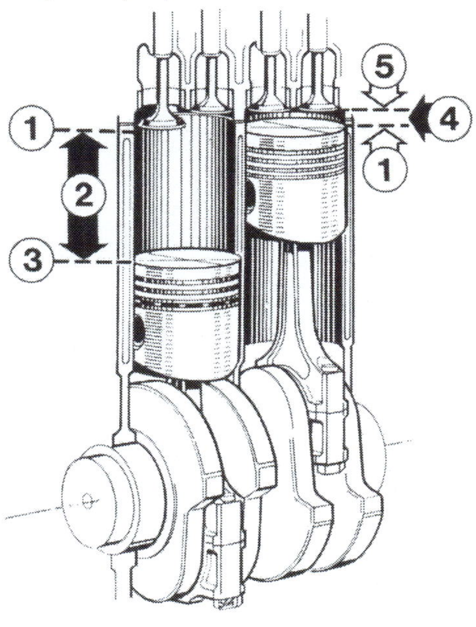

Der Hubraum (2) erstreckt sich vom oberen (1) bis zum unteren Totpunkt (3). Zwischen dem OT, der im rechten Zylinder gerade durch den Kolbenboden begrenzt wird, und der Wölbung des Zylinderkopfes (5) liegt der Brennraum (4).

Die richtige Einstellung, in der der Kolben des 1. Zylinders auf »Zünd-OT« steht, zeigen dieses und das nebenstehende Bild.
Die Markierung auf dem Nockenwellenrad deckt sich mit der Marke am Gehäuse.

dem Ausstoßen der Altgase mit anschließend beginnendem Wiederansaugen von Kraftstoff/Luft-Gemisch. Üblicherweise wird bei verschiedenen Einstellarbeiten die Stellung während des Zündzeitpunktes gebraucht.
Motor so weit drehen, bis

■ die Kerbe an der Kurbelwellen-Riemenscheibe in kürzester Entfernung zum Zeiger am Ölpumpengehäuse steht. Dann

■ zeigt der Zündverteilerfinger oder (bei abgezogenem Finger) die Nut der Verteilerwelle auf die Markierung am Rand des Zündverteilers. Dazu jeweils Foto Seite 216 und Text Seite 217.

Bei dieser Stellung deckt sich auch die Markierung auf dem Nockenwellenrad mit der Marke am Nockenwellengehäuse.

Arbeiten am Zahnriemen

Die Ventilsteuerung erfolgt, wie bereits erwähnt, über einen Zahnriemen. Dieser versetzt die Nockenwelle in die halbe Umdrehungszahl der Kurbelwelle. Außerdem treibt der Zahnriemen die Wasserpumpe an.

Zahnriemenabdeckung abnehmen

■ Falls der Zahnriemen ersetzt werden soll, zuerst den Keilriemen abnehmen, siehe Seite 204.

■ Drei Sechskantschrauben zur Befestigung der Zahnriemenabdeckung herausschrauben. Die unteren Schrauben lassen sich bei völlig nach rechts eingeschlagener Lenkung lösen.

■ Beim Einbau werden die Schrauben mit 10 Nm angezogen.

Zahnriemenzustand prüfen

■ Zahnriemenabdeckung abnehmen.

■ Der gezähnte Riemen darf nicht verölt oder rissig sein.

■ Die Flanken der Verzahnung müssen intakt sein und dürfen keine Abnutzungserscheinungen zeigen.

■ Damit Sie den Riemen auf seiner gesamten Länge begutachten können, den Motor durchdrehen, siehe Seite 49.

■ Einen beschädigten Zahnriemen unbedingt ersetzen.

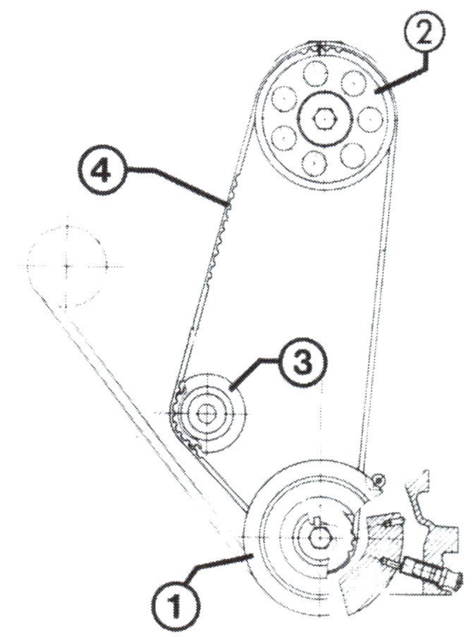

Von der Kurbelwelle (1) wird der Zahnriemen (4) und somit das Steuerrad der Nockenwelle (2) angetrieben. Gleichzeitig läuft der Zahnriemen über das Antriebsrad der Wasserpumpe (3), die zur Spannung des Riemens in ihrer Stellung versetzt werden kann.

Wenn sich das Nockenwellenrad in der links abgebildeten Stellung befindet, muß die Kerbe auf der Riemenscheibe deckungsgleich mit dem Zeiger am Gehäuse sein.

Zahnriemenspannung kontrollieren

■ Zahnriemenabdeckung abnehmen.
■ Die Spannung wird an der längsten freilaufenden Stelle des Zahnriemens geprüft.
■ Der kalte Zahnriemen muß sich bei richtiger Spannung zwischen Nockenwellen- und Kurbelwellenantriebsrad nur mit dem Daumen um 90° (= rechter Winkel) in sich verdrehen lassen.

Fingerzeig: *Ein Pfeifgeräusch nach dem Kaltstart, das mit höheren Drehzahlen kräftiger wird, deutet auf einen zu strammen Zahnriemen hin.*

Zahnriemenspannung einstellen

■ Drei Befestigungsschrauben der Wasserpumpe lösen.
■ Exzentrisch gelagerte Wasserpumpe drehen, dazu 41-mm-Gabelschlüssel auf den Außensechskant hinter der Wasserpumpenriemenscheibe ansetzen. Drehen im Uhrzeigersinn bedeutet Spannen des Zahnriemens.
■ Diese Eigenarbeit ist nur ein Behelf. Zur genauen Einstellung verfügt die Opel-Werkstatt über ein Prüfgerät, das auf den Zahnriemen zwischen Wasserpumpen- und Nockenwellenrad angesetzt wird.

Zahnriemen auswechseln

■ Kolben des 1. Zylinders auf Zündzeitpunkt stellen, siehe Seite 218.
■ Zahnriemenabdeckung abnehmen.
■ Keilriemen abnehmen, siehe Seite 204.
■ Bei 1,3-Liter-Motor Befestigungsschraube der Kurbelwellen-Riemenscheibe herausdrehen, Riemenscheibe abnehmen.
■ Bei übrigen Motoren den Schwingungsdämpfer vom Zahnriemenantrieb abbauen, dazu vier Schrauben herausdrehen.
■ Drei Schrauben der Wasserpumpe lösen und Zahnriemen abnehmen.
■ Neuen Zahnriemen auflegen. Dabei Einstellmarken (Bilder oben) beachten.
■ Zahnriemen spannen, wie vorher beschrieben.
■ Schraube für die Keilriemenscheibe mit Sicherungsmasse einsetzen und mit 55 Nm festziehen.
■ Schrauben für den Schwingungsdämpfer mit 150 Nm festziehen.
■ Keilriemen auflegen und spannen, siehe Seite 204.
■ Zahnriemenabdeckung anschrauben.
■ War der Zylinderkopf abgenommen, müssen die Steuerzeiten in jedem Fall eingestellt werden.

Steuerzeiten einstellen

Bei dieser Arbeit werden Kurbel- und Nockenwelle so gedreht, daß die Kolben in ihrer obersten Stellung nicht gegen noch oder schon wieder geöffnete Ventile stoßen.
Falsche Steuerzeiten verursachen mangelhafte Leistung und können einen Motorschaden zur Folge haben. Deshalb ist bei der Einstellung äußerste Sorgfalt angebracht.
■ Zahnriemen ist abgenommen.
■ Nockenwellen-Zahnriemenrad so drehen, daß die Markierung an der Außenseite des Rades mit der Markierung oben am Nokkenwellengehäuse genau fluchtet. Dabei darf kein Kolben im OT stehen, sonst können beim Drehen der Nockenwelle Ventile oder Kolbenböden beschädigt werden.
■ Kurbelwelle drehen, bis die Kerbe am Rand der Riemenscheibe sich im kürzesten Abstand zum Zeiger am Ölpumpengehäuse befindet.
■ Zahnriemen auflegen, dabei die Stellung von Nocken- und Kurbelwelle nicht mehr verändern.
■ Zahnriemen spannen.

■ Verteilerdeckel abnehmen und prüfen, ob der Verteilerfinger auf die Aussparung im Verteilergehäuserand zeigt.
■ Wenn nicht, Verteilerhalteschraube lösen und Verteiler so drehen, bis Verteilerfinger und Aussparung übereinstimmen. Eventuell Zündverteiler herausnehmen und neu einsetzen, siehe Seite 216.

Motorschaden

Ein Schaden am Motor muß die Haushaltskasse nicht gleich plündern. Unsere Liste soll Ihnen helfen, die wirtschaftlichste Methode herauszufinden, wie Sie Ihrem Opel wieder auf die Sprünge helfen können:

□ Der Motor wird selbst repariert. Das lohnt sich bei Schäden im Bereich der Zylinderkopfdichtung, Ventile und evtl. Pleuellager. Die Reparaturen, die Sie dabei mit etwas Geschick und Geduld selbst ausführen können, sind hier im Buch beschrieben. Nicht sinnvoll ist der Einbau neuer Lager an einer Kurbelwelle mit Riefen oder der Wechsel von Kolben bzw. Kolbenringen bei Zylindern mit Laufspuren. Das sind Arbeiten für eine Motorinstandsetzungsfirma.

□ Der Motor wird selbst teilweise zerlegt und dann zu einem Motor-Reparateur gebracht, der den eigentlichen Schaden behebt. Beispiel: Der Motor wird selbst ausgebaut, der Zylinderkopf abgenommen, und die Werkstatt lagert die Kurbelwelle neu. Wichtig ist hier allerdings ein Kostenvergleich.

□ Komplett- oder Teilüberholung des Motors durch eine Motorinstandsetzungsfirma. Viele Werkstätten dieser Branche haben sich zu einer Gütegemeinschaft zusammengeschlossen: Verband der Motorinstandsetzungsbetriebe e. V., Goldene Pforte 1, 5800 Hagen. Sie garantieren Motorreparaturen nach bestimmten Qualitätsrichtlinien.

□ Kauf eines Teile-Motors bei einer Opel-Werkstatt oder Instandsetzungsfirma. Der Teile-Motor besteht aus Motorblock mit Kolben, Pleuelstangen, Kurbel- und Nockenwelle mit sämtlichen Lagern, Kurbel- und Nockenwellenrad, Ölpumpe und einem Satz Dichtungen. Zylinderkopf, Ölwanne, Vergaser, Zündverteiler und Nebenaggregate werden von dem alten Motor übernommen. Letzterer wird zurückgegeben. Die Montagearbeiten sind umfangreich, deshalb rechtzeitig prüfen und kalkulieren, ob nicht besser die Werkstatt in Anspruch genommen wird.

□ Kauf eines kompletten Austauschmotors bei einem Opel-Dienst, der dort möglicherweise angeboten wird. Er lohnt sich aber bei einem älteren oder schlecht erhaltenen Fahrzeug nicht.

□ Ein gebrauchter Motor von der Autoverwertung. Achten Sie dann aber genau auf die Kenndaten des Motors (Seite 40), damit Sie kein falsches Triebwerk einbauen. Angegebene Kilometerlaufleistungen sind mit einer gewissen Skepsis zu betrachten. Grünstig ist es, wenn Sie den Motor noch im eingebauten Zustand laufen hören können. Seriöse Firmen geben eine Garantie auf die Motoren oder legen ein (hoffentlich echtes) Kompressionsdiagramm vor.

Störungsbeistand

Zylinderkopfdichtung

Ein Schaden an der Zylinderkopfdichtung tritt meist als Folge von Überhitzung auf, also beim Fahren mit zu wenig Kühlmittel, oder durch falsch angezogene Zylinderkopfschrauben.

Erkennungsmerkmal	Ursache/Besonderheiten
A Kühlflüssigkeitsstand nimmt laufend ab	Kühlmittel gelangt in sehr geringer Menge in die Brennräume. Die Erscheinung kann sich ohne weitere Merkmale über längere Zeit hinziehen
B Beträchtlicher Kühlmittelverlust. Der Wagen zieht bei warmgefahrenem Motor einen weißen Abgasschleier hinter sich her	Kühlmittel dringt in erheblicher Menge in einen Verbrennungsraum, verdampft dort und entweicht als weiße Schwaden zum Auspuff hinaus
C Aus dem geöffneten Ausgleichbehälter steigen Luftblasen auf	Verbrennungsabgase werden ins Kühlsystem gedrückt. Aus der Einfüllöffnung riecht es nach Abgasen
D Buntschillernde Verfärbung an der Oberfläche des Kühlmittels	Öl aus dem Schmierkreislauf gelangt ins Kühlsystem
E Gräulich aussehende Emulsion am herausgezogenen Ölpeilstab oder Öl von Wasserbläschen durchsetzt	Kühlflüssigkeit ist ins Schmieröl geraten. Achtung: Wasser im Motoröl kann einen Lagerschaden verursachen; Zylinderkopfdichtung sofort wechseln (lassen). Wagen zur Reparatur abschleppen

Fingerzeig: *Wenn Sie am Außenrand der Zylinderkopfdichtung verdächtige Spuren entdekken, sollten Sie das Triebwerk mit Kaltreiniger abwaschen. Dann nach einer Probefahrt kontrollieren, ob die Flüssigkeit wirklich an der Zylinderkopfdichtung oder (im Reparaturfall billiger) am Ventildeckel, der Kurbelgehäuse-Entlüftung bzw. einem Kühlmittelschlauch austritt.*

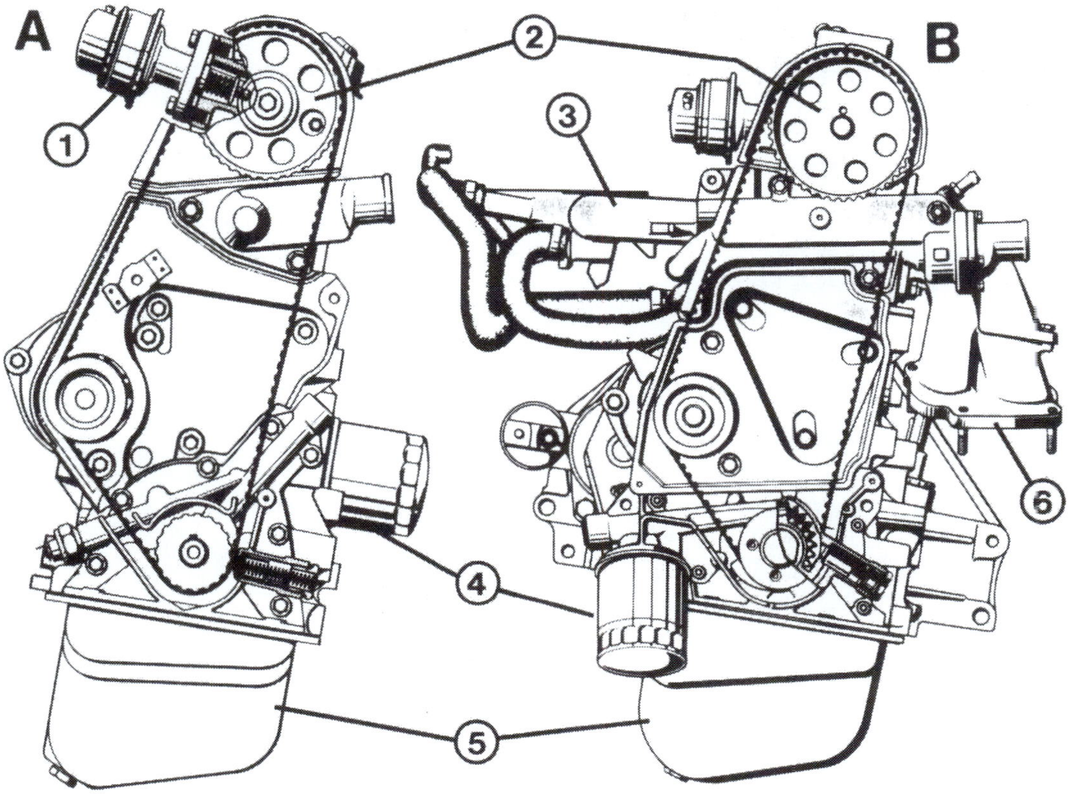

Hier sind die Querschnitte (Ansicht von vorn) der Motoren 13 und 16 (A und B) gegenübergestellt, wobei ihr ähnlicher Aufbau erkennbar ist. Bezeichnet ist: 1 – Kraftstoffpumpe; 2 – Nockenwellenrad; 3 – Saugrohr; 4 – Ölfilter; 5 – Ölwanne; 6 – Auspuffkrümmer.

Arbeiten am Zylinderkopf

Zu den nachfolgend beschriebenen Arbeiten ist ein Drehmomentschlüssel unerläßlich. Ausgebaute Teile reinigen, auf Verschleiß prüfen und für den Einbau der Reihe nach ablegen.

Zylinderkopf ausbauen

Der Zylinderkopf darf nur bei kaltem Motor abgebaut werden, denn ein warmer Zylinderkopf kann sich nach dem Abbau verziehen.

- Minuskabel von der Batterie abnehmen.
- Luftfilter ausbauen (Seite 86 bzw. 106).
- Kühlflüssigkeit ablassen und auffangen (Seite 72).
- Drahtzüge am Vergaser lösen.
- Kugelgelenk des Übertragungshebels am Einspritzmotor abdrücken.
- Kraftstoffleitungen an der Benzinpumpe bzw. an der Einspritzanlage abnehmen.
- Unterdruckschläuche am Vergaser bzw. am Drosselklappenstutzen des Einspritzmotors abnehmen.
- Unterdruck- und Heizungsschlauch am Saugrohr lösen.
- Kabel am Leerlauf-Abschaltventil des Vergasers abziehen.
- Unterdruckschlauch am Zündverteiler abziehen.
- Kabel des Temperaturfühlers am Saugrohr abziehen.
- Die Zündkerzenkabel und Klemme 1 von der Zündspule abziehen.
- Zündverteiler ausbauen (Seite 216).
- Halter für das Kühlmittelrohr am Saugrohr lösen.
- Bei Katalysator: Kabelverbindung zur Lambda-Sonde im Motorraum trennen (Bild Seite 66).
- Kabelstecker am Drosselklappenschalter und Temperaturfühler der Einspritzanlage abziehen.
- Schlauchschellen am Verteilerrohr des Einspritzmotors lösen, Verteilerrohr von den Schlauchleitungen der Einspritzventile abziehen.
- Stecker von den Einspritzventilen abziehen.
- Je zwei Schrauben an den Haltern der Einspritzventile lösen, die Ventile vorsichtig herausziehen.
- Zahnriemenabdeckung abnehmen (Seite 50).
- Keilriemen abnehmen (Seite 204).
- Kolben des 1. Zylinders auf OT stellen (Seite 49).
- Zahnriemen entspannen und abnehmen.
- Auspuffrohr am Auspuffkrümmer abschrauben.
- Zylinderkopfschrauben in umgekehrter Reihenfolge wie in der Zeichnung auf der nächsten Seite gezeigt lösen: Zuerst ¼ Umdrehung, im nächsten Arbeitsgang ½ Umdrehung lockern, danach vollständig herausdrehen.
- Nockenwellengehäuse abheben.
- Zylinderkopf abheben.
- Zylinderkopfdichtung entfernen.

Zylinderkopf prüfen

Die Dichtflächen am Motorblock und am Zylinderkopf müssen absolut sauber sein. Nicht mit hartem Werkzeug auf den weichen Dichtflächen des Zylinderkopfes kratzen, keine Riefen verursachen.
Zylinderkopf auf Verzug prüfen. Stahllineal längs und quer auf die Dichtfläche legen, dazwischen auftretenden Lichtspalt mit Fühlerlehre messen. Über die gesamte Länge des Zylinderkopfes darf die Unebenheit 0,05 mm nicht überschreiten. Auf jeweils 150 mm Länge sind bis zu 0,015 mm Unebenheit zulässig. Die Gesamthöhe des Zylinderkopfes zwischen oberer und unterer Dichtfläche soll 96 ± 0,1 mm betragen.
Bei Unebenheiten bis zum doppelten Wert wie angegeben muß der Zylinderkopf vor der Montage plangeschliffen werden. Bei größerer Unebenheit soll ein neuer Zylinderkopf eingebaut werden.

Zylinderkopf montieren

■ Neue Zylinderkopfdichtung auflegen, kein Dichtungsmittel verwenden.
■ Zylinderkopf aufsetzen.
■ Dichtflächen von Zylinderkopf und Nockenwellengehäuse mit Dichtmittel bestreichen, Nockenwellengehäuse aufsetzen.
■ Sämtliche Zylinderkopfschrauben eindrehen und in der gezeigten Reihenfolge festziehen:
■ 1. Durchgang mit **25 Nm**.
■ Beim 2. Durchgang die Schrauben in gleicher Reihenfolge um **60° weiterdrehen**, dazu starren Schlüssel und Winkel mit Gradeinteilung benutzen.
■ Beim 3. Durchgang die Schrauben nochmals um **60° weiterdrehen**.
■ Im 4. Durchgang bei **1,3-Liter-Motoren** um **30° weiterdrehen**, bei **1,6-Liter- bis 2,0-Liter-Motoren** um **60° weiterdrehen**.
■ Anschließend alle Kabel- und Schlauchverbindungen wieder herstellen.
■ Zahnriemen auflegen und spannen (Seite 51).
■ Zahnriemenabdeckung anbringen.
■ Keilriemen auflegen und spannen (Seite 204).
■ Auspuffrohr befestigen.
■ Gas- und Starterzug befestigen, eventuell einstellen (Seite 102).
■ Einspritzventile einbauen (Seite 114 und 118).
■ Luftfiltergehäuse einbauen (Seite 86 bzw. 106).
■ Kühlmittel einfüllen.
■ Ölstand kontrollieren.
■ Minuskabel an Batterie anschließen.
■ Motor warmlaufen lassen, danach die Zylinderkopfschrauben in der vorherigen Reihenfolge um **30° bis 50° nachziehen.** Nochmals dürfen die Schrauben nicht nachgezogen werden.
■ Zündeinstellung kontrollieren (Seite 220).
■ Leerlaufeinstellung kontrollieren (Seite 99).
■ Kühlmittelstand kontrollieren.

Ventile ausbauen

Zum Ausbau der Ventile müssen deren Federn niedergedrückt werden. Am besten eignet sich dazu ein Ventilheber. Hat man dieses Werkzeug nicht, sollte man davon absehen, wie früher üblich mit zwei Schraubenziehern zu hantieren (Verletzungsgefahr, Beschädigungen am Zylinderkopf). Wir empfehlen folgendes:
Für den eigenhändigen Einbau nehmen Sie einen Bohrständer von der Heimwerker-Bohrmaschine. Mit diesem und einem passend zurechtgesägten Rohrstück von etwas geringerem

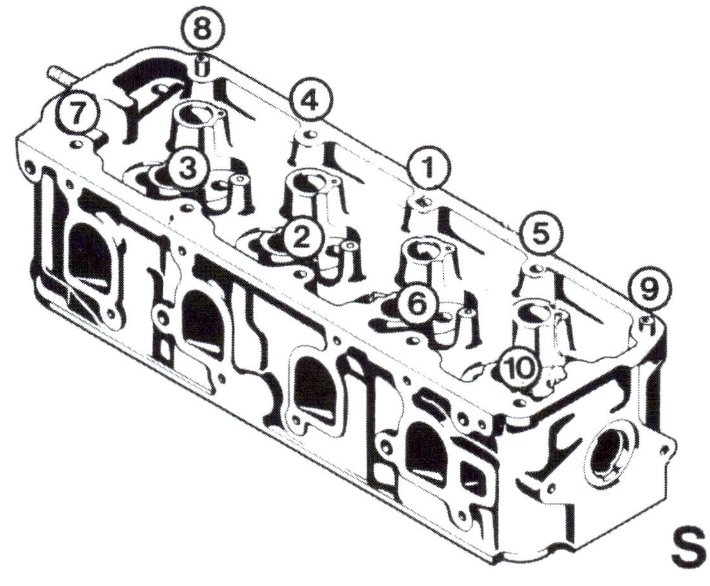

Die Anzugsreihenfolge der Zylinderkopfschrauben gemäß der hier gezeigten Numerierung muß unbedingt eingehalten werden. Die einzelnen Arbeitsgänge sind auf dieser Seite beschrieben.
Zum Ausbau des Zylinderkopfes werden die Schrauben in umgekehrter Reihenfolge gelöst.
S – Stirnseite des Motors.

Hier wurde der Nockenwellengehäusedeckel (1) abgeschraubt. Die Dichtung (2) darf dabei nicht beschädigt werden, sonst ist sie zu ersetzen. Im Gehäuse sieht man die Nockenwelle (3).

Durchmesser als jenem der Ventilfederteller können Sie die Federn gefahrlos zusammenpressen. Aus diesem Rohr muß am unteren Ende ein genügend großes Stück herausgesägt werden, durch das Sie die Haltekeile der Ventile einsetzen können.
Sie können sich auch mit einem Rohrstück (Durchmesser kleiner als Federteller) behelfen. Es wird bündig auf den Federteller gesetzt. Bei einem Hammerschlag auf das Rohr springen die Ventilkegelhälften aus dem Sitz am Ventilschaft und werden im Rohr aufgefangen.

■ Zylinderkopf abbauen und ohne Nockenwellengehäuse auf ebene, saubere Arbeitsplatte legen, Brennräume nach unten.
■ Schwinghebel und Druckstücke abnehmen.
■ In den Brennraum, dessen Ventile ausgebaut werden sollen, einen festen Lappenballen packen oder passendes Weichholzstück einlegen. So wird das Ausweichen des Ventils beim Druck von oben verhindert.
■ Ventilfeder niederdrücken und Ventilkegelhälften entnehmen, wie oben beschrieben.
■ Ventilfeder abnehmen.
■ Ventildrehvorrichtung am Auslaßventil, Stahlscheibe am Einlaßventil, das Ventil sowie Ventilschaftabdichtung abnehmen.
■ Alle Teile in ihrer Zusammengehörigkeit und Reihenfolge ablegen.
■ Ventilteller von Ablagerungen reinigen.
■ Weist der Ventilteller Beschädigungen auf?
■ Defekte Ventile ersetzen.
■ Ventilfedern mit Bohrständer und Rohrstück zusammendrücken. Dabei muß der Zylinderkopf auf ebener Holzunterlage aufliegen.
■ Von Helfer die Ventilkegelhälften einsetzen lassen.

Ventile einschleifen

□ Die Ventile können ein- bis zweimal nachgeschliffen werden. Der Tellerrand besonders der Auslaßventile darf aber nicht zu dünnflächig werden, sonst verbrennt er zu schnell.
□ Bei exakter Ventilbearbeitung muß der Winkel des Ventiltellers 44° und der vom Ventilsitz 45° betragen. Das kann nur die Werkstatt genau ausführen.

Die zehn Zylinderkopfschrauben sind wegen der Aussparungen am Nockenwellengehäuse gut zugänglich. Im Bild befindet sich die Stirnseite des Motors links, vergleiche das Bild auf der Seite nebenan.

Wichtige Maße zum Einschleifen der Ventile: Die Randdicke »b« soll beim Einlaßventil nicht geringer als 0,5 mm sein. Beim Auslaßventil wird sie dagegen nicht gemessen. Die ringförmige Dichtfläche soll nach dem Einschleifen eine Breite »a« von etwa 1,5 mm beim Einlaßventil und von etwa 1,8 mm beim Auslaßventil haben.

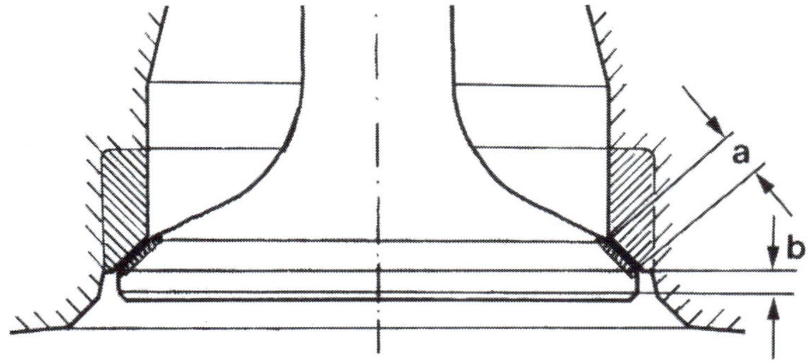

☐ Das Ventilschaftende darf nicht nachgeschliffen werden. Der Überstand des Ventilschaftes aus der Oberfläche des Zylinderkopfes beträgt beim 1,3-Liter-Motor 14,4 mm, bei den anderen Motoren 18,25–18,45 mm.

Wenn die kegelige Ventilsitzfläche keine zu großen Verschleiß- oder Verbrennungsspuren aufweist, kann man die Ventile einschleifen und so wieder für ausreichenden Kompressionsdruck sorgen. Sie brauchen zu dieser Arbeit Ventilschleifpaste und einen sogenannten Ventilsauger – beides vom Autozubehörhandel.

■ Ventile ausbauen.

■ Der Ventilsitz im Zylinderkopf soll jetzt eigentlich mit einem Fräser nachgearbeitet werden. In den meisten Fällen genügt Nachschleifen allein vollkommen, wenn der Sitz keinen größeren Schaden genommen hat.

■ Dichtfläche am Ventil mit Schleifpaste bestreichen.

■ Ventil wieder in den Zylinderkopf einsetzen, dabei darf an die Ventilführung keine Paste geraten.

■ Ventilsauger auf dem Ventilteller ansetzen und so lange hin und her drehen, bis sich die Dichtfläche hell glänzend vom umgebenden Metall abhebt.

■ Fertig geschliffenes Ventil gründlich von sämtlichen Resten der Schleifpaste säubern und wieder in seine Führung einsetzen.

Ventilschaftabdichtungen ersetzen

Vornehmlich im Schiebebetrieb des Motors und beim Gasgeben nach längeren Leerlaufzeiten kann bei älteren Motoren starker bläulich gefärbter Auspuffrauch auftreten. In nahezu allen Fällen rührt das von versprödeten Ventilschaftabdichtungen her. Das Motoröl kann ungehindert vom Zylinderkopf aus entlang der Ventilschäfte in den Brennraum gelangen. Dort wird es dann verbrannt, und so entstehen die lästigen Rauchschwaden.

■ Ventilschaftabdichtung mit zwei Schraubenziehern von Ventilführung und Ventilschaft abhebeln.

■ Montagehülse (liegt neuen Ventilschaftabdichtungen bei) passend zuschneiden und auf das Ventilschaftende schieben.

■ Ventilschaftabdichtung über die Hülse auf die Ventilführung schieben.

■ Hülse abnehmen.

Ventilführungen kontrollieren

Zu hoher Ölverbrauch kann auch an verschlissenen Ventilführungen liegen. Den Verschleiß kann nur die Werkstatt einwandfrei feststellen. Dort wird man die Führungen bis zur nächsten Übergröße aufreiben und Ventile mit Übermaß am Schaft einbauen oder erneuern.

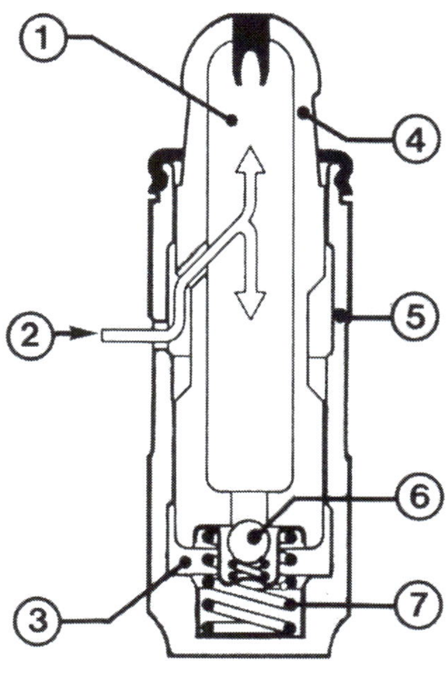

Aufbau des hydraulischen Spielausgleichers (Hydrostößel): 1 – Ölreservoir; 2 – Ölzufuhr; 3 – Druckkammer; 4 – Kolben (beweglich); 5 – Druckzylinder (feststehend); 6 – Kugelventil; 7 – Expansionsfeder.

Hydraulische Ventilspielausgleicher

Die Ventilspielausgleicher (auch »Hydrostößel« genannt) bewirken ein spielfreies Arbeiten des Ventiltriebs, indem sie durch Temperaturschwankungen und Verschleiß auftretende Längenänderungen ausgleichen. Deshalb ist kein sonst notwendiges Nachstellen des Ventilspiels notwendig.

Der Ausgleicher wird vom Drucköl versorgt, das bei geschlossenem Ventil die Expansionsfeder unterstützt. Bei öffnendem Ventil bewirkt die Kraft der Ventilfeder einen Druckanstieg im Ausgleicher, er wird steif. Spielkorrekturen ergeben sich durch die Möglichkeit, Öl wieder entweichen zu lassen. Nachströmendes Öl gleicht diese gezielten Leckverluste aus. Siehe Zeichnung links unten.

Störungsbeistand Hydraulische Ventilspielausgleicher

Erkennungsmerkmal	Ursache
A Hartes Klopfgeräusch	Verharzung, Verkohlung, verklemmte Schmutz- oder Metallabriebteile im Öl
B Mäßiges Klopfgeräusch	Undichter Sitz des Kugelventils
C Zeitweilige Klickgeräusche	Kurzzeitig klemmt kleinstes Schmutzteilchen zwischen Kugel und Kugelsitz, Kugel ist unrund
D Drehzahl-Leistungsverlust	Zu schneller Ölabfluß im Stößel, Kolben preßt im Gehäuse, Kugelventil ist undicht, Verschmutzung

Ventilspielausgleicher ersetzen

- Zylinderkopf ausbauen.
- Betreffenden Schwinghebel abnehmen.
- Ventilspielausgleicher herausziehen.
- Neuen Ventilspielausgleicher einsetzen, Schwinghebel aufsetzen.
- Gegenüber den bei früheren Motoren verwendeten Hydrostößeln ist keine Einstellung des Ventilspielausgleichers nötig.

Nockenwelle ersetzen

Beim Einbau einer neuen Nockenwelle müssen auch die Schwinghebel ersetzt werden. Die Gleitflächen der Nockenwelle und der Schwinghebel sind mit MoS_2-Gleitpaste einzureiben. Da nur noch eine gegenüber früher verbesserte WIG-Nockenwelle als Ersatzteil geliefert wird, muß die Werkstatt bei den Motoren bis Nr. 13 N-814 741, 13 S-814 742, 16 N-17 702 und 16 S-95 245 im Nockenwellengehäuse einen Ölkanal bohren. Spätere Motoren haben diesen Ölkanal bereits.

- Zylinderkopf ausbauen (Seite 53) und auf Holzunterlage legen.
- Nockenwellengehäusedeckel abbauen.
- Nockenwellenrad abschrauben, dabei die Nockenwelle zwischen Einlaßnocken des 3. Zylinders und Lagerstelle mit Maulschlüssel festhalten.
- Zündverteiler vom Nockenwellengehäuse abschrauben.
- Kraftstoffpumpe abschrauben.
- Begrenzungsscheibe für die Nockenwelle lösen.
- Nockenwelle nach hinten aus dem Gehäuse herausziehen.
- Dichtring aus dem Gehäuse heraushebeln.
- Beim Einbau beachten: Zündverteiler so einsetzen, daß die Nut in der Verteilerwelle auf die Markierung am Verteilergehäuse zeigt. Für die Kraftstoffpumpe neuen Dichtring verwenden. Kraftstoffpumpe mit 15 Nm, Nockenwellenrad mit 45 Nm festziehen.
- Zum Einlaufen der neuen Nockenwelle Motoröl der Spezifikation SF, Klasse 15 W-40 benutzen, Ölwechsel nach 1000 km. Den Einlauf-Vorgang unbedingt so beginnen:
- 1. Stufe: 1 Minute bei 2000/min.
- 2. Stufe: 1 Minute bei 1500/min.
- 3. Stufe: 1 Minute bei 3000/min.
- 4. Stufe: 1 Minute bei 2000min.
- Anfangs ist Leerlauf über längere Zeit zu vermeiden, den Motor aber auch nicht zu hoch drehen.

Lagerschäden

Klopfgeräusche aus dem Motorraum, die mit wärmer werdendem Öl lauter werden, sind Anzeichen für einen Lagerschaden.

Ursachen

- ☐ Mangelnde Schmierung durch zu niedrigen Ölstand.
- ☐ Wasser im Motoröl als Folge einer defekten Zylinderkopfdichtung.
- ☐ Zu hohe Drehzahlen bei kaltem Motor und daher zähflüssigem Öl.
- ☐ Abgerissener Schmierfilm bei hohen Öltemperaturen, evtl. durch falsche Ölviskosität.

Pleuel- oder Hauptlager defekt?

Fast immer sind die Gleitlager der Pleuel defekt. Ganz selten liegt der Schaden an den Hauptlagern der Kurbelwelle. Normalerweise bedeutet ein Lagerschaden eine umfangreiche Motorreparatur. Wenn Sie ein defektes Pleuellager aber bereits im Frühstadium erkennen, kann der Austausch der Lagerschalen genügen. Voraussetzung ist, daß die Zapfen der Kurbelwelle noch keine Beschädigung ihrer Oberfläche aufweisen. So läßt sich der Lagerschaden erkennen:

■ Motor im Stand auf mittlere Drehzahlen bringen, Gas zurücknehmen. Mit abfallender Drehzahl taucht ein leichtes Klopfgeräusch auf, etwa »nack-nack-nack-nack«.

■ Dieses leichte Klopfen kann auch nach dem Hochschalten beim Beschleunigen hörbar werden.

■ Dann möglichst nicht mehr weiterfahren. Der Schaden kann sich verschlimmern und ist dann mit Eigenmitteln nicht mehr zu reparieren.

■ Hartes »klack-klack-klack-klack« beim Hochdrehen des Motors, das bei zurückgenommenem Gaspedal leiser oder sogar unhörbar wird, ist das Merkmal eines kapitalen Lagerschadens, wobei eher ein Hauptlager defekt sein wird.

Defektes Lager lokalisieren

■ Bei unserem Ascona **mit Transistorzündanlage** dürfen bei der nachfolgenden Prüfung die Zündkabel und -kerzenstecker nur bei abgeschalteter Zündung angefaßt werden. Die Zündspannung ist bei TSZ und VEZ lebensgefährlich. Außerdem darf der Motor nie laufen, solange ein Zündkerzenstecker von der Kerze abgezogen ist, sonst kann das TSZ-Schaltgerät Schaden nehmen.

■ Einen Kerzenstecker abziehen. Statt der Zündkerze einen Nagel, Schraubenzieher oder eine Reservekerze in den losen Stecker drücken. Diese Hilfskonstruktion fest an Masse legen – am besten mit einem Starthilfekabel festklemmen.

■ Motor von einem Helfer starten und hochdrehen lassen.

■ Läßt das Klopfgeräusch bei einem abgezogenen Stecker nach, ist an diesem Zylinder das Lager defekt.

■ Motor abstellen, Kerzenstecker aufdrükken und nächsten Zylinder prüfen.

Fahren mit defektem Lager

Ein schwerer Lagerschaden muß nicht unbedingt das sofortige Ende der Fahrt bedeuten. Nachdem die Kurbelwelle auf jeden Fall in Mitleidenschaft gezogen wurde und eine größere Motorreparatur erforderlich wird, können Sie auch einige Kilometer mit dem Motor weiterfahren, um in die Werkstatt oder nach Hause zu kommen.

Dazu legen Sie den Zylinder mit dem defekten Lager lahm: Zündkerze herausdrehen; dadurch entfällt die Belastung des Lagers durch den verdichtenden Kolben. Aber das betreffende Kerzenkabel darf nicht frei in der Luft hängen, weil dann auch noch die Transistorzündung ausfallen würde. Deshalb den Kerzenstecker vom Kabel abschrauben, das Kabelende ein Stück abisolieren und unter eine Schraube am Motor (z. B. Nockenwellen-Gehäusedeckel) klemmen. Mit den verbliebenen Zylindern können Sie allerdings nicht mehr das gewohnte Tempo anschlagen. Der Motor soll höchstens bis in mittlere Drehzahlen hochgedreht werden.

Fingerzeige: *Bei laufendem Motor und ausgebauter Zündkerze verursacht die durch das Zündkerzenloch vom Kolben angesaugte und wieder herausgedrückte Luft ein pfeifendknallendes Geräusch. Das darf Sie nicht irritieren.*

Bei einem ursprünglich noch guten Motor kann die unbesorgte Weiterfahrt einen größeren Schaden verursachen. Durch Abrieb von Gleitlagermaterial kann das defekte Lager fressen und im schlimmsten Fall das Pleuel brechen.

Pleuellager ersetzen

Für diese Reparatur brauchen Sie Pleuellagerschalen, die es als Ersatzteile im »Normalmaß« und in zwei »Untermaßstufen« gibt. Deswegen ist nach dem Ausbau das notwendige Maß genauestens zu ermitteln. Außerdem wird eine neue Ölwannendichtung gebraucht.

■ Wagen aufbocken, besser über Arbeitsgrube fahren.

■ Ölwanne abbauen.

■ Kurbelwelle so drehen, daß zwei Kolben in UT stehen, also die Pleuellager von Zylinder 1 und 4 oder von 2 und 3 unten sind.

■ Pleuellagerdeckelmuttern abschrauben.

■ Lagerdeckel abnehmen und so ablegen, daß Reihenfolge und -stellung beim Einbau eingehalten werden können.

■ Untere Lagerschale abnehmen.

■ Kurbelwelle ein kleines Stück weiter- und dann zurückdrehen.

■ Am Pleuel eines um etwa 10 mm höher

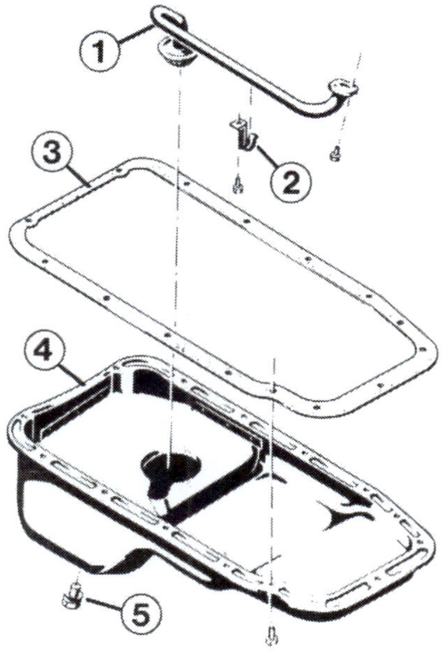

Zur Ölwanne gehören folgende Teile: 1 – Ölsieb mit Saugrohr; 2 – Halter für Saugrohr; 3 – Dichtung; 4 – Ölwanne; 5 – Ölablaßschraube.

geschobenen Kolbens die obere Lagerschale abnehmen. Dazu die Unterkante der Schale mit einem Schraubenzieher nach oben drükken. Sie rutscht um den Kurbelwellenzapfen herum und kann abgenommen werden.

■ Obere Lagerschale auf den Kurbelwellenzapfen legen und in die Position zum Pleuel bringen.

■ Kurbelwelle langsam drehen, bis Lagerzapfen mit Lagerschale richtig am Pleuel anliegen.

■ Untere Lagerschale in den Lagerdeckel legen.

■ Deckel mit Schale über die Pleuelschrauben schieben, Muttern festdrehen: Bei 1,3-l-Motoren mit 25 Nm, bei 1,6- bis 2,0-l-Motoren mit 50 Nm.

■ Kurbelwelle um 180° drehen und die Arbeit an den beiden anderen Zylindern wiederholen.

■ Ölwanne befestigen, siehe Bild oben.

■ Motoröl einfüllen.

Motor aus- und einbauen

Der Motor kann ohne Getriebe ausgebaut werden. Dazu brauchen Sie einen Flaschenzug, den Sie in ausreichender Höhe stabil aufhängen müssen. Zu dieser Arbeit gehört einiges Fachwissen und möglichst ein ebenfalls praktisch erfahrener Helfer.

Vergasermotor ausbauen

■ Motorhaube ausbauen (Seite 250).

■ Minuskabel der Batterie lösen.

■ Luftfilter abbauen.

■ Kühlflüssigkeit ablassen (Seite 72).

■ Unteren Kühlmittel- und Heizungsschlauch am Wasserrohr abbauen.

■ Heizungsschlauch am Thermostatgehäuse abbauen.

■ Schelle für die Kraftstoffleitungen am Längsträger öffnen, beide Leitungen am Vergaser abnehmen.

■ Kraftstoffleitungen an der Kraftstoffpumpe abnehmen.

■ Drahtzüge am Vergaser abbauen.

■ Alle elektrischen Leitungen am Motor und an dessen Aggregaten abziehen bzw. trennen (Zündverteiler, Fernthermometer-Geber, Öldruckschalter, Lichtmaschine, Anlas-

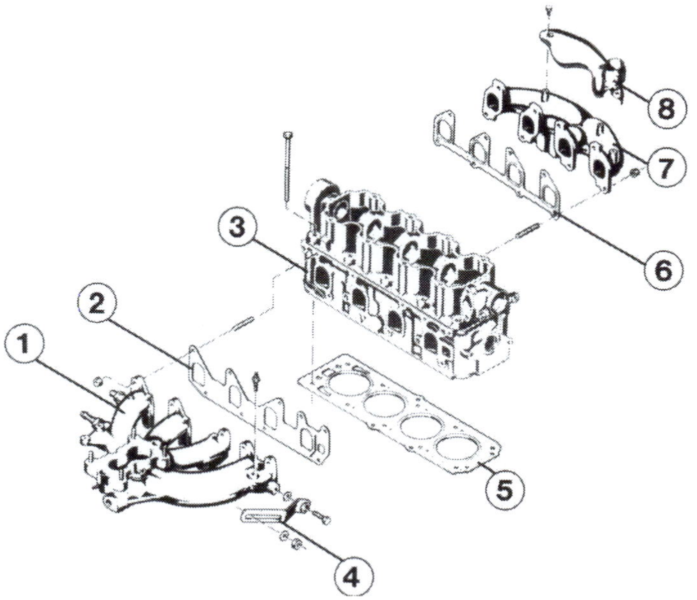

Anordnung des Ansaug- und des Auspuffkrümmers, hier am 1,3-Liter-Motor. Es sind bezeichnet: 1 – Ansaugkrümmer; 2 – Dichtung für Ansaugkrümmer; 3 – Zylinderkopf; 4 – obere Halterung für Lichtmaschine; 5 – Zylinderkopfdichtung; 6 – Dichtung für Auspuffkrümmer; 7 – Auspuffkrümmer; 8 – Stutzen für Ansaugluftvorwärmung.

Diese Draufsicht zeigt die komplette Frontantriebs-Einheit und besonders die Einbaustellung des Motors wie auch seine Aufhängung im Fahrzeugrahmen.

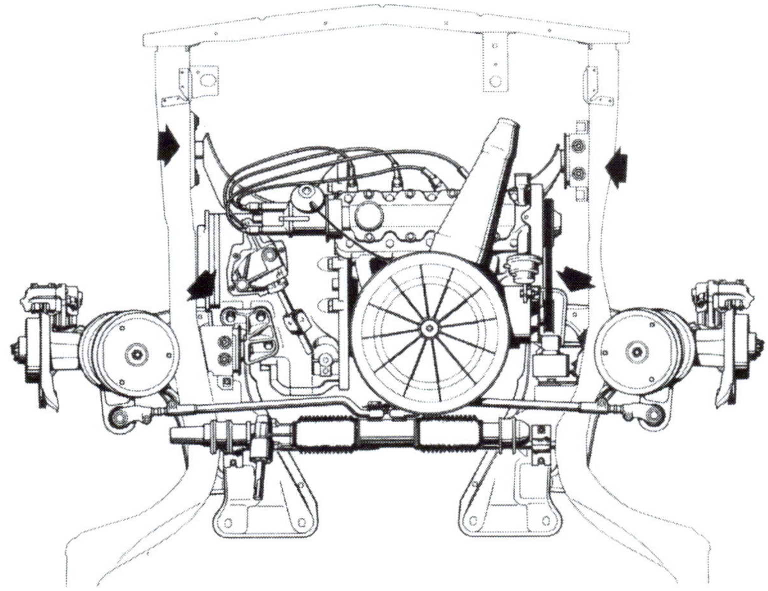

ser, Startautomatik) und für den Wiederanschluß kennzeichnen.
■ Fahrzeug vorn anheben und Vorderräder abbauen.
■ Motor vorn und hinten am Flaschenzug anseilen. Das Seil leicht spannen.
■ Auspuffrohr am Krümmer und am Zwischenflansch abbauen.
■ Getriebeantriebswelle herausziehen (Seite 126).
■ Motoraufhängung vorn rechts am Dämpfungsblock und am Motorblock abbauen.
■ Motoraufhängung hinten rechts abbauen.
■ Lichtmaschine ausbauen, Keilriemen abnehmen.
■ Bei Motor 16 N und 16 S den Schwingungsdämpfer vom Zahnriemen-Antriebsrad abschrauben.
■ Kupplungsabdeckblech abschrauben.
■ Alle Schraubverbindungen zwischen Motor und Kupplungsgehäuse herausdrehen.
■ Vorderräder provisorisch befestigen, Fahrzeug absenken.
■ Ausgleichsgetriebe mit Wagenheber unterstützen, Holz zwischen Heber und Getriebe legen, leicht anheben.
■ Motor aus dem Zentrierstift lösen und von der Kupplungsglocke abdrücken.
■ Stirnseite des Motors etwas nach rechts drehen und nach oben herausziehen. Eventuell dabei das Fahrzeug zurückrollen.

Spezielle Arbeiten am Einspritzmotor

■ Elektrische Leitungen vom Drosselklappenschalter, Luftmengenmesser, Temperaturfühler und Zusatzluftschieber abziehen.
■ Luftführungsschlauch am Luftmengenmesser ausbauen.
■ Luftfiltergehäuse ausbauen.
■ Verteilerrohr und Schlauchleitungen der Einspritzventile abbauen.
■ Kraftstoffleitung trennen und gegen Schmutz verschließen.
■ Schläuche am Zusatzluftschieber abbauen.
■ Entlüftungsschlauch auf dem Nockenwellengehäuse abbauen.
■ Drosselklappenbetätigung trennen.

Einbau

■ Sinngemäß wird in umgekehrter Reihenfolge des Ausbaus vorgegangen.
■ Zum Einbau der Getriebeantriebswelle siehe Seite 126.
■ Vergaserzüge spannungsfrei montieren.
■ Kühlsystem befüllen und entlüften (Seite 72).
■ Einzustellen sind: Leerlaufdrehzahl und CO-Gehalt (Seite 99 und 116), Zündzeitpunkt (Seite 218).

Anzugsdrehmomente

Bauteile	Drehmoment in Nm
Getriebegehäuse an Motorblock	75
Motoraufhängung hinten rechts	65
Motoraufhängung vorn rechts am Motorblock	40
Motoraufhängung am Dämpfungsblock	60
Anlasser an Zylinderblock	
– 1,3-Liter-Motoren	25
– 1,6- bis 2,0-Liter-Motoren	45

Sammelbehälter

Der Motor stößt die verbrannten und noch relativ energiereichen Gase lautstark aus. Zum Dämpfen dieser Geräusche dient die Auspuffanlage, die aus praktischen Gründen unter dem Wagenboden verlegt ist.

Auspuff-Lebensdauer

Bei der Verbrennung von Benzin entsteht u. a. Wasser, das die Zerrostung der Auspuffanlage von innen heraus fördert. Die Auspuffkorrosion nimmt mit sinkender Abgastemperatur zu. Langstreckenbetrieb mit voll durchgewärmtem Motor und heißen Abgasen setzt der Auspuffanlage kaum zu. Anders dagegen andauernde Stadtfahrten mit meist unterkühltem Triebwerk. Am geringsten betroffen ist das (Doppel-)Rohr vorn, wo die Verbrennungsgase noch zwischen 800 und 1000°C heiß einströmen. In den Schalldämpfern und Rohren kühlen sie zunehmend ab und sind am Auspuffendrohr noch 150–300°C warm. Das bewirkt, daß im letzten Schalldämpfer das meiste Kondenswasser auftritt. Es vermischt sich mit Verbrennungsrückständen zu aggressiven Säuren und läßt das Auspuffblech von innen nach außen durchrosten.
Die vorderen Teile der Auspuffanlage sind bei Langstreckenfahrten durch Temperaturspannungen gefährdet, wenn bei Regen das heiße Blech ständig kalten Duschen ausgesetzt ist. Dann kann das Material reißen oder brechen.
Unabhängig von der Fahrweise fördern Spritz- und Salzwasser den Rostfraß von außen. Steinschlag oder Aufsetzen auf hartem Untergrund wirkt ebenso lebensverkürzend wie Schwingungen durch defekte oder fehlende Aufhängungsgummis bzw. eine schadhafte Motoraufhängung.

Die Teile der Auspuffanlage

Die Auspuffanlage besteht aus einem vorderen Rohr (je nach Motor Einfach- oder Doppelrohr), dem vorderen Schalldämpfer mit beiderseits angesetzten Rohren und dem Nachschalldämpfer mit Endrohr. Die Teile sind miteinander verschraubt bzw. zusammengeschweißt.
Beim Ascona mit Katalysator ist ein solcher anstelle des Vorschalldämpfers eingebaut.

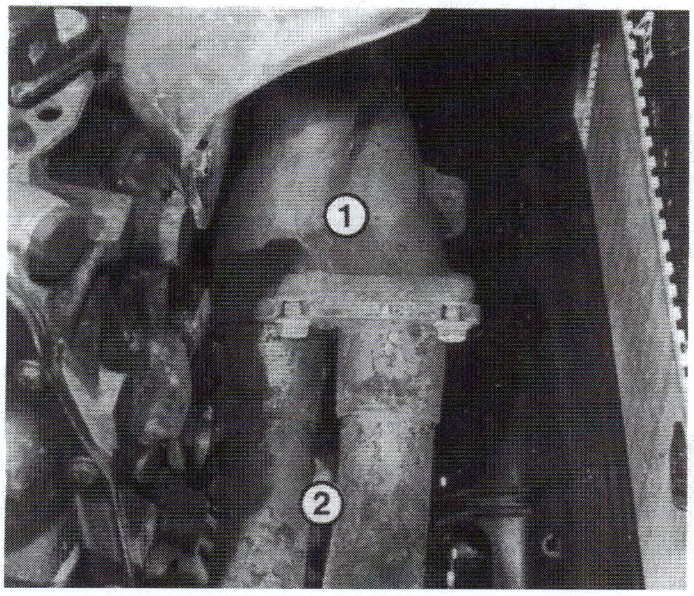

Die Schrauben am Flansch des Auspuffkrümmers (1) sollten bei der Montage mit Kupferfett bestrichen werden, damit sie sich später wieder gut lösen lassen. Das doppelte Auspuffrohr (2), hier beim Ascona 16 S, vereint sich vor dem Gelenkflansch unter dem Wagenboden zu einem Rohr.

In der folgenden Tabelle haben wir die zu den einzelnen Ascona-Modellen gehörenden Auspuffteile im Hinblick auf die Ersatzteilbeschaffung geordnet aufgeführt.

Auspuffteil	Motor	Modellvariante	Teilenummer
Auspuffrohr vorn Einfachrohr	13 N		90 180 466
Doppelrohr	13 S	Schaltgetriebe	90 136 280
		Automatik	90 136 281
Doppelrohr	16 N	Schaltgetriebe	90 128 519
	16 S 18 E	Automatik	90 118 652
Vorschalldämpfer mit Rohr	13 N		90 169 832
	13 S 16 N 16 S 18 E		90 169 931
Nachschalldämpfer mit Rohr	13 N	Stufenheck	90 183 143
		Fließheck	90 183 142
	13 S	Stufenheck	90 128 437
	16 N 16 S 18 E	Fließheck	90 128 432

Auspuffanlage kontrollieren

Wartung Nr. 13

Die Auspuffanlage ist mit dem Auspuffkrümmer des Motors verschraubt, zwischen dem vorderen Rohr und dem Rohr des Vorschalldämpfers befindet sich ein Gelenkflansch. Am Fahrzeugboden hängt die Anlage frei schwingend in Gummischlaufen bzw. in Halterungen mit Dämpfungsgummi.
Beim 13-N-Motor ist das vordere Rohr mit einer Klemmschelle montiert, die Motoren 16 und 18 haben am vorderen Rohr einen mittels Schraube befestigten Halter.

■ Haltegummis und Dämpfungsgummis auf Brüchigkeit, Einrisse oder sonstige Schäden überprüfen, ggf. ersetzen.

■ Verschraubungen am Auspuffkrümmer, an der Halterung und am Gelenkflansch auf festen Sitz kontrollieren, aber nicht mit Gewalt »anknallen«.

■ Mit einem Lappen in der Hand bei laufendem Motor das Auspuffendrohr zuhalten. Der Motor muß nach kurzer Zeit stehenbleiben.

■ Hören Sie zischende Geräusche und läuft der Motor ungestört weiter, ist die Anlage an der Geräuschstelle undicht.

■ Ein dumpferer Auspuffton als gewöhnlich und Knallen im Schiebebetrieb weist auf einen durchgerosteten Auspuff hin.

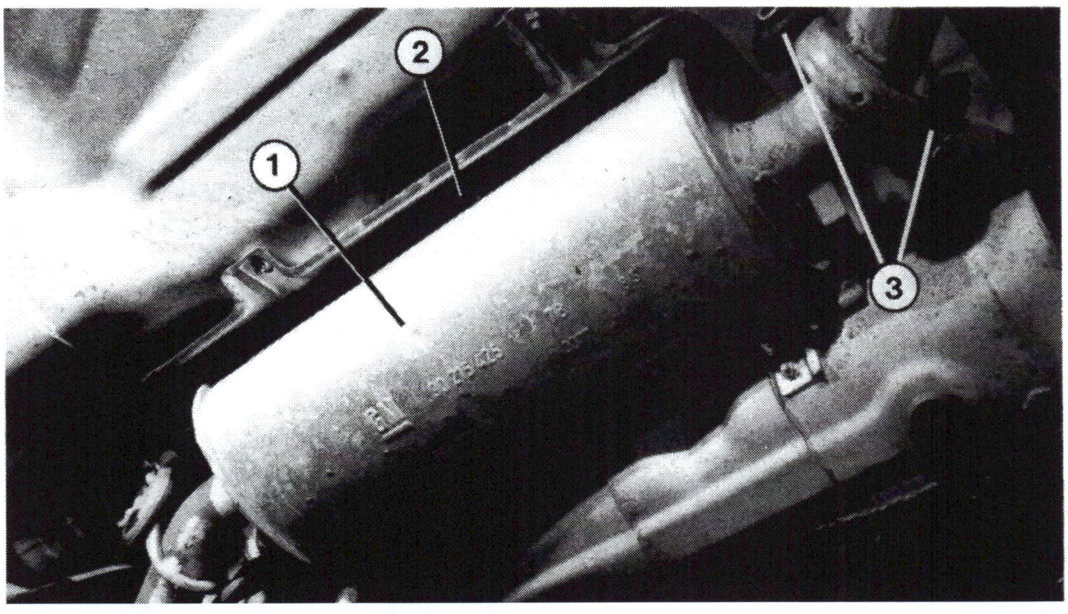

Über dem ersten Schalldämpfer (1) ist zur Wärmedämmung ein Abschirmblech (2) unter dem Wagenboden angeschraubt. Die Aufhängungsgummis (3) dürfen nicht beschädigt sein.

Auspuffanlage erneuern

Reparaturen an einer durchgerosteten Auspuffanlage sind meist nur kurzer Erfolg beschieden. Auf rostgeschwächtem Blech kann nicht mehr geschweißt werden. Auspuffkitt und Bandagen sind zwar recht dauerhaft, aber das Blech bricht bald neben der Reparaturstelle aus.
Ganz selten sind beide Schalldämpfer gleichzeitig austauschreif. Hat man einen Schalldämpfer ersetzt, gibt boshafterweise wenige Monate später der andere den Geist auf. Werkstätten wechseln die Auspuffanlage gleich komplett aus. Das empfehlen wir nicht so unbesehen:

- Klopfen Sie den ausgebauten, noch intakten Schalldämpfer mit einem Hammer rundum gründlich ab, auch an den Stirnseiten. Dabei nicht zu zaghaft hämmern.
- Klingt es bei jedem Schlag hell, ist das Blech noch gesund.
- Wird das Klopfgeräusch an manchen Stellen dumpfer, ist die Außenhaut bereits geschwächt und wird bald durchbrechen; besonders wenn die salzhaltige kalte Jahreszeit herrscht.
- Für den Ersatzteilkauf gilt, daß Dichtung(en), Schrauben und Muttern durch neue ersetzt werden müssen.

Auspuffanlage ausbauen

- Zu allen Arbeiten an der Auspuffanlage muß der Wagen absolut rüttelsicher aufgebockt sein, daß er nicht kippen kann – auch bei heftigem Drehen oder Zerren an den Rohren.
- Wenn sich beim Demontieren eine Verschraubung nicht lösen läßt, sollten Sie sie durch Überdrehen abreißen. Beim Einbau werden grundsätzlich neue Schrauben und Muttern verwendet.
- Gummischlaufen sicherheitshalber ebenfalls gleich ersetzen.
- Halter am vorderen Auspuffrohr, soweit vorhanden – abschrauben.
- Befestigungsschrauben am Flansch des Auspuffkrümmers herausdrehen.
- Auspuffanlage aus den Gummihalterungen aushängen.
- Das mittlere Auspuffrohr vor dem hinteren Schalldämpfer durchsägen.

Auspuffanlage einbauen

- Dichtfläche am Auspuffkrümmer reinigen.
- Die Gewinde der Verschraubungen mit Kupferfett (Seite 12) bestreichen. Dann lassen sie sich beim nächsten Mal leichter lösen.
- Vorderes Auspuffrohr am Auspuffkrümmer anschrauben.
- Vorschalldämpfer mit mittlerem Auspuffrohr in den Dämpfungsringen einhängen.
- Eventuell beschädigten Anschlagpuffer über dem Vorschalldämpfer ersetzen.
- Beim 13-N-Motor den Vorschalldämpfer mit dem vorderen Auspuffrohr zusammenstecken und neue Klemmschelle montieren. Nur bei der Ausführung ab Werk ist die Anlage an dieser Stelle nicht getrennt.
- Im Gelenkflansch neuen Graphitring einsetzen, Schrauben mit Druckfedern unter den Schraubenköpfen befestigen.
- Hinteren Auspufftopf mit Endrohr auf das mittlere Auspuffrohr schieben und aufhängen, neue Klemmschelle montieren.
- Blechzungen an der hinteren Gummiaufhängung durch Umbiegen sichern.
- Während der einzelnen Arbeitsgänge beobachten, daß die Anlage spannungsfrei ausgerichtet ist. Die Gummischlaufen bzw. Halterungen müssen unter gleichmäßigem Zug stehen, andernfalls die Anlage neu ausrichten.
- Für die Verschraubungen bestehen keine Drehmomentvorschriften. Sie dürfen aber nicht zu fest angezogen werden.

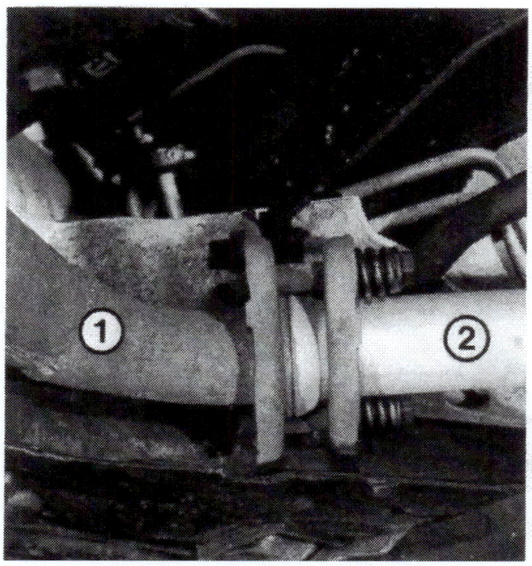

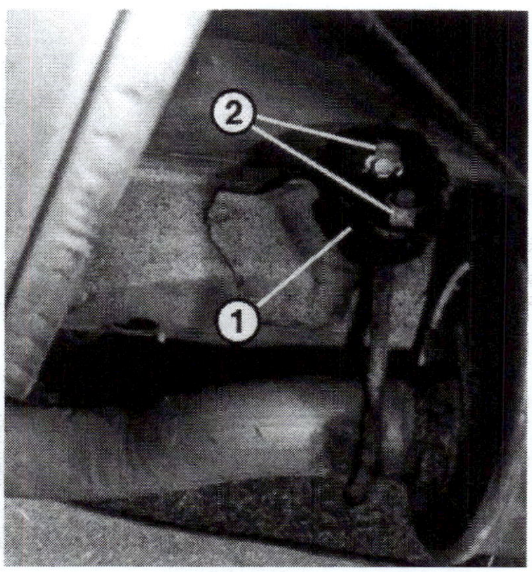

Links: Die Verbindung zwischen dem vorderen Auspuffrohr (1) und dem Rohr zum Vorschalldämpfer (2) besteht aus einem Gelenkflasch mit eingesetztem Graphitring und Schrauben mit Druckfedern. Rechts: Die Aufhängung am hinteren Schalldämpfer (1) ist durch umgebogene Blechzungen (2) gesichert.

Reinheitsgebot

Wenn der Kraftstoff im Motor verbrannt wird, entstehen harmlose Verbrennungsprodukte, aber auch aggressive bzw. giftige chemische Verbindungen. Bevor wir hier in die Technik einsteigen, wollen wir Ihnen etwas Grundwissen vermitteln.

Was stößt der Motor aus?

Beim Katalysator-Ascona sind nachstehende Bauteile von der Entgiftungsanlage betroffen: 1 – Katalysator; 2 – Lambda-Sonde; 3 – Zündverteiler; 4 – Auspuffleitung; 5 – Auslaßkrümmer; 6 – Kolben; 7 – Nockenwelle; 8 – Luftmengenmesser; 9 – Abgasrückführventil; 10 – Saugrohr; 11 – Steuergerät; 12 – Kabelbaum; 13 – Konsole; (Forts. rechts)

Benzin besteht im wesentlichen aus den Elementen Kohlenstoff und Wasserstoff. Wenn das Benzin im Motor verbrannt wird, verbindet sich der Kohlenstoff mit dem Luftsauerstoff zu **Kohlendioxid** (chemische Kurzformel CO_2), und der Wasserstoff vereinigt sich mit Sauerstoff zu **Wasser** (H_2O). Aus einem Liter Benzin entstehen rund 0,9 Liter Wasser, das Sie aber gewöhnlich nicht sehen, da es durch die Verbrennungswärme unsichtbar-dampfförmig dem Auspuff entweicht. Nur in der kalten Jahreszeit sehen Sie weiße Auspuffwolken vom kondensierenden Wasser.

Diese Verbrennungsprodukte bilden sich, wenn Luft und Kraftstoff im optimalen Verhältnis (14,7 : 1) gemischt sind. Das ist leider fast nie der Fall. Deshalb entstehen auch Schadstoffe:

☐ **Kohlenmonoxid (CO)** ist wohl die bekannteste Verbindung, denn der CO-Gehalt im Abgas wird bei der Hauptuntersuchung (TÜV) gemessen, siehe Seite 97. Es entsteht um so mehr, je fetter, also kraftstoffreicher das Benzin/Luft-Gemisch ist. Mageres Gemisch, genaue Zündeinstellung (wartungsabhängig) und gleichmäßige Gemischverteilung im Verbrennungsraum (konstruktionsabhängig) ermöglichen einen niedrigen CO-Anteil.

☐ Unverbrannte **Kohlenwasserstoffe** (HC) entstehen, wenn die von der Zündkerze entzündete Flammenfront an kalten Wandungen und engen Winkeln im Brennraum erlöscht. Zu fettes oder zu mageres Gemisch erhöht den Ausstoß der Kohlenwasserstoffe. Der HC-Anteil ist z. T. bereits durch die Motorkonstruktion bestimmt, er kann durch Einstellung des Motors nur gering beeinflußt werden.

☐ **Stickoxide** (NO_x) bilden sich vor allem durch den zu über ¾ in der Verbrennungsluft

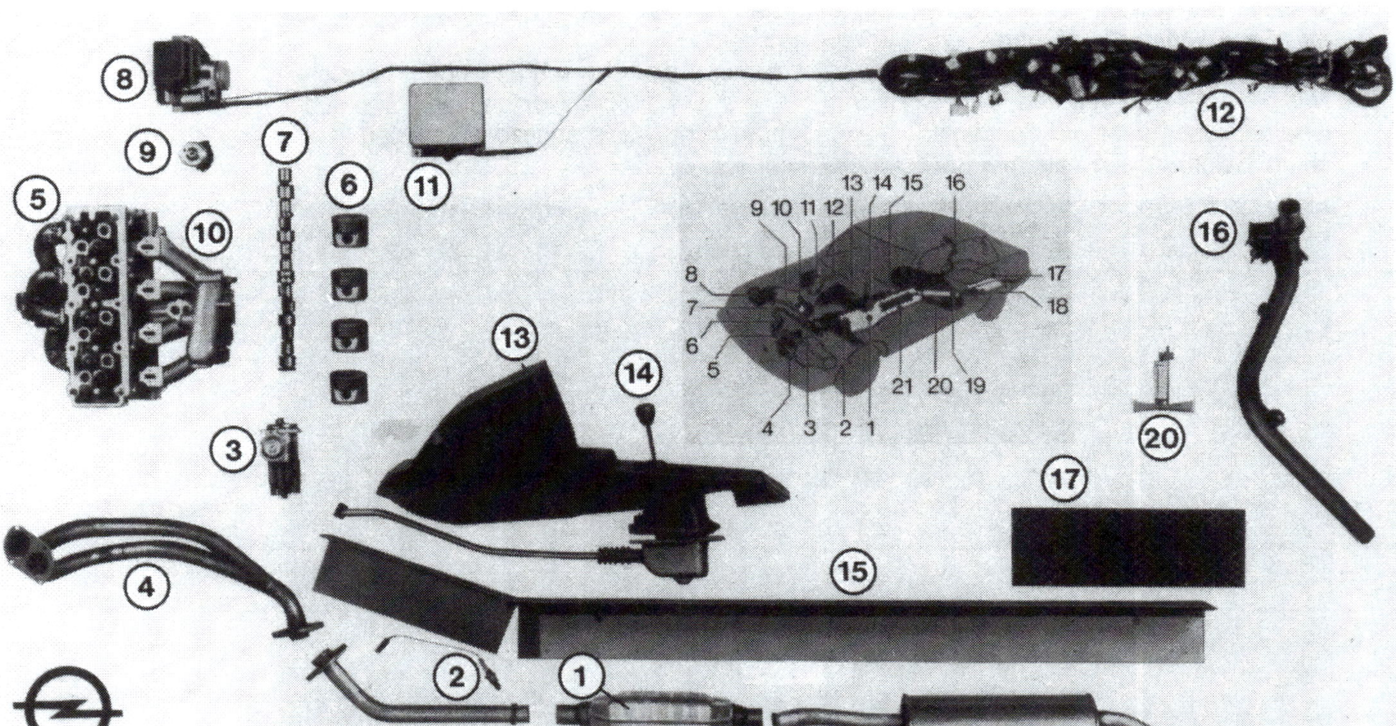

Dieses Bild zeigt den vielbesprochenen Katalysator (1), dessen Eigenschaften man sich durch die auf Seite 67 aufgezählten Vorsichtsregeln erhalten sollte. Vor der Hitzeabstrahlung gegen den Wagenboden schützt ein Abschirmblech (2). Im vorderen Auspuffrohr (3) ist die Lambda-Sonde eingeschraubt, siehe Bild nächste Seite.

enthaltenen Stickstoff. Ihr Anteil ist besonders hoch bei einer Auslegung des Motors für geringen Kraftstoffverbrauch und geringen CO- sowie HC-Ausstoß: Hohe Verbrennungstemperaturen und mageres Kraftstoff/Luft-Gemisch.

□ **Bleiverbindungen** werden dem Kraftstoff als Antiklopfmittel zugesetzt, siehe Seite 76. Rund 75% davon werden zum Auspuff hinausgeblasen.

□ **Schwefeldioxid (SO_2)** bildet sich lediglich bei den hier im Buch nicht behandelten Dieselmotoren.

Was ist wie gefährlich?

□ Kohlenmonoxid ist giftig und kann beim Einatmen in geschlossenen Räumen zum Tod führen. In der Luft verbindet sich das Kohlenmonoxid relativ schnell mit Sauerstoff zu dem ungefährlichen Kohlendioxid (CO_2).

□ Die Kohlenwasserstoff-Verbindungen sind der Übersichtlichkeit wegen zusammengefaßt, wobei die Bandbreite von harmlos bis möglicherweise krebserregend reicht. In der Luft sind die Kohlenwasserstoffe mit den Stickoxiden für Bildung von Smog (schwer auflösbare Abgasnebelwolken) verantwortlich.

□ Stickoxide können bei Konzentration zu Reizungen der Atmungsorgane führen.

□ Die Bleiverbindungen lagern sich in der Umgebung ab und werden u. a. mit der Nahrung im Körper aufgenommen, aber nicht mehr ausgeschieden. Das ist bei höheren Konzentrationen gesundheitsgefährlich, weshalb 1972 und noch einmal 1976 der Bleigehalt des in der Bundesrepublik verkauften Benzins verringert wurde.

Schadstoffe und »Saurer Regen«

Der Anteil der in der Atmosphäre vorhandenen Schadstoffe, die auch für die Bildung von saurem Niederschlag verantwortlich ist, ist wie folgt (auf ganze Zahlen auf- bzw. abgerundet):

□ Schwefelverbindungen (SO_2): 35% natürlicher Ursprung, 65% menschliche Aktivität – davon 97% Kraftwerke, Industrie und Heizung, 3% Verkehr (Dieselfahrzeuge).

□ Stickoxide (NO_x): 95% natürlicher Ursprung, 5% menschliche Aktivität – davon knapp die Hälfte Verkehr.

Abgas-Entgiftung

14 – Schaltung; 15 – Stirnwand, Tunnel, Teppich; 16 – Einfüllstutzen; 17 – Hitzeisolierung, Radmulde; 18 – Abschirmblech; 19 – Abschirmblech; 20 – Intank-Kraftstoffpumpe; 21 – Abschirmblech.

Im Oktober 1971 traten in der Bundesrepublik die ersten Gesetze zur Reduzierung der Schadstoffe im Abgas in Kraft, und im Lauf der vergangenen Jahre wurden die Grenzwerte noch weiter abgesenkt. Eine Vorreiterrolle übernahmen die USA und Japan in Sachen Abgasentgiftung bereits 1975/76. In Europa wurden verschärfte Bestimmungen erst in Schweden und 1983 in der Schweiz eingeführt. In der Bundesrepublik werden jetzt auch die besonders strengen US-Normen angewandt.

Zur Verringerung der Abgasgifte gibt es gegenwärtig folgende Wege:

□ Abgasnachverbrennung: Aus dem Ansaugrohr wird Gemisch und aus dem Luftfilter Luft abgezweigt und im Zylinderkopf den ausströmenden Abgasen zugeführt. Die Abgase werden nochmals entzündet, wodurch ein Teil der Schadstoffe zu harmlosen Verbindungen verbrennt.

□ Abgasrückführung: Eine vergleichsweise einfache, aber zur Verminderung der Stickoxide wirksame Maßnahme. Aus dem Abgasstrom wird durch ein ventilgeregeltes System bei Lastzuständen des Motors ein Teil abgezweigt und ins Ansaugrohr zurückgeleitet. Da das

Die Lambda-Sonde (Pfeil) ist kurz vor dem Gelenkflansch im vorderen Auspuffrohr eingesetzt.

Abgas kaum noch verbrennungsfähige Stoffe enthält, bewirkt dies eine Absenkung der Temperaturen im Verbrennungsraum und damit eine Verringerung des Stickoxidanteils.
☐ Katalysator: Auch hier wird das Abgas gewissermaßen nachverbrannt, aber wesentlich wirkungsvoller. Nach dem heutigen technischen Stand ist der sogenannte Dreiweg-Katalysator die erfolgversprechendste Ausführung. Die Bezeichnung »Dreiweg« besagt, daß die drei Schadstoffe Kohlenmonoxid, Kohlenwasserstoffe und Stickoxide gleichzeitig nachbehandelt werden.

Fingerzeig: *Die bisherigen Erfolge der Abgasentgiftung sollten nicht völlig unter den Tisch fallen. Bezogen auf die Jahre 1969/70 stößt ein Pkw Baujahr 1984 65% weniger Kohlenmonoxid, 55% weniger Kohlenwasserstoffe und 15% weniger Stickoxide aus.*

Maßnahmen im Opel-Programm

Aus den erwähnten Möglichkeiten zur Abgas-Entgiftung machte Opel folgendes Angebot:
☐ Die Ascona-Modelle 16i, 18i und 20i wurden ab Werk auch mit lambda-geregeltem Dreiweg-Katalysator geliefert.
☐ Zur Nachrüstung stehen für die auf Seite 67 genannten Modelle ungeregelte Dreiweg-Katalysatoren zur Verfügung. Sie sorgen für eine Reduzierung der Schadstoffe um 50%.
☐ Abgasrückführungssysteme gibt es für einige andere Opel-Modelle, nicht beim Ascona.

Katalysator und Lambda-Sonde

»Katalysator« ist ein Stoff oder in unserem Fall ein Bauteil, das eine chemische Reaktion bei niedrigeren Temperaturen als im Normalfall nötig einleitet oder beschleunigt. Dabei bleibt der Katalysator chemisch unverändert.
Der Katalysator sieht ähnlich aus wie ein Auspufftopf. Darin sitzt ein Keramikkörper, der aus vielen kleinen Zellen besteht. Die so vergrößerte Oberfläche des Keramikkörpers ist mit einer dünnen Edelmetallschicht belegt, bestehend aus jeweils rund 2 Gramm Palladium, Platin und Rhodium.
Zum geregelten Dreiweg-Katalysator gehört die sogenannte Lambda-Sonde. Sie sitzt im Auspuffkrümmer (Bild oben) und mißt den Sauerstoffanteil im Abgas. Entsprechend den Meßwerten gibt sie dem elektronischen Steuergerät der Benzineinspritzung (siehe Seite 108) den Befehl zum Anreichern oder Abmagern des Kraftstoff/Luft-Gemisches. Das geschieht in rasch wechselnder Folge: Luftüberschuß zur Verbrennung der Kohlenwasserstoffe, Luftmangel zur Verringerung der Stickoxide. Die aus dieser Mischung entstehenden Abgase gelangen in den Katalysator, wo eine nahezu vollständige Umwandlung in ungefährliche Stoffe, wie Kohlendioxid, Wasserdampf und Stickstoff, erfolgt. Im einzelnen beträgt die Verringerung der Schadstoffe: Kohlenmonoxid 85%, Kohlenwasserstoffe 80%, Stickoxide 70%. Dabei ist berücksichtigt, daß der Katalysator mit zunehmender Laufleistung einen Teil seiner Wirkung einbüßt.

Arbeits-temperaturen

Ehe der Katalysator arbeiten kann, muß er eine »Anspringtemperatur« von etwa 300°C haben. Das ist selbst im Stadtverkehr schon nach 25–80 Sekunden der Fall. Etwa gleichlang dauert es, bis die Lambda-Sonde ihre »Einschalttemperatur« erreicht hat.

Katalysator und Lambda-Sonde sind allerdings überhitzungsempfindlich. Steigen die Temperaturen im Katalysator über 800°C, setzt eine verstärkte Alterung ein, ab 1000°C wird seine Wirksamkeit auf Dauer zerstört. Ähnliches gilt für die Lambda-Sonde. Dauer-Vollgasfahrten vertragen die heutigen Abgas-Katalysatoren also nicht. Temperaturspitzen können allerdings auch bei Zündaussetzern auftreten. Unverbranntes Gemisch wird dann im Katalysator gezündet, was die Temperaturen in gefährliche Höhen treibt.

Lebensdauer

Der Katalysator kann nur mit bleifreiem Benzin seine Wirkung entfalten. Die Bleianteile im herkömmlichen Benzin verstopfen die Keramikzellen und gehen mit den Edelmetallen chemische Verbindungen ein. Der Katalysator wird »vergiftet« und muß nach mehrmaliger Bleibenzin-Betankung ersetzt werden.
Mit zunehmender Laufleistung verlieren Katalysator und Lambda-Sonde an Wirksamkeit. Unter durchschnittlichen Bedingungen ohne häufige Überhitzung gilt gegenwärtig eine Spanne von 80 000 km oder fünf Jahren als realistisch.

Umfangreiche Änderungen an der herkömmlichen Ausführung

Der Katalysator ist kein einfaches Zusatzteil, der ohne weiteres eingebaut werden kann. Vielmehr macht die Anlage zahlreiche Veränderungen am Fahrzeug nötig. Der Katalysator wird von der General-Motors-Tochter AC-Spark-Plug geliefert.
Bosch entwickelte die notwendige Erweiterung der Einspritz-Elektronik und das neu geregelte Gemischbildnersystem. Im Bild Seite 64 sind die von der Katalysator-Technik betroffenen Bauteile aufgezeigt.

Nachrüstung

□ Die lambda-geregelte Katalysator-Ausrüstung konnte beim Neukauf eines Ascona 18i auch als Beipack für einen späteren Umbau bestellt werden. Seit Anfang 1990 gibt es für den Ascona 16i einen geregelten Katalysator als Nachrüstsatz, für die Modelle 13N, 16N und 18S einen ungeregelten Katalysator. Diese Umrüstung wird vom Opel-Dienst vorgenommen.
□ Als Nachrüstung für die anderen Ascona-Modelle (neu oder gebraucht) ist ein Katalysator ohne Lambda-Sonde erhältlich, der ebenfalls bei Opel eingebaut wird.

Fahrten ins Ausland

Der Katalysator-Ascona wird mit bleifreiem Normalbenzin betrieben. Entsprechende Tankstellen stehen in ausreichender Zahl außer in der Bundesrepublik nur in Österreich und in der Schweiz zur Verfügung. In anderen westeuropäischen und einigen osteuropäischen Ländern soll sich die Situation verbessern. Den aktuellen Stand können Sie bei der Geschäftsstelle eines Automobilclubs erfragen.
Wenn eine längere Reise in ein Land bevorsteht, wo ausschließlich bleihaltiger Kraftstoff erhältlich ist, sollten Sie sich auf keine Experimente einlassen. Der Austausch des bleivergifteten Katalysators wird eine teure Angelegenheit. Deshalb muß dann das herkömmliche Auspuffrohr (siehe Seite 62) gekauft und anstelle des Katalysators eingebaut werden. Die Lambda-Sonde wird abgeklemmt, ebenfalls ausgebaut und die Öffnung mit einem Stopfen verschlossen. Vor der Rückumrüstung auf Katalysatorbetrieb muß der Wagen eine zeitlang – mit etwa 3 bis 4 Tankfüllungen – bleifrei gefahren werden, um Tank und Ansaugsystem vom Blei zu befreien. Damit vermeidet man Schädigungen des Katalysators.

Vorsichtsmaßnahmen beim Umgang mit dem Katalysator-Ascona

Zündaussetzer können zu extrem hohen Temperaturen im Katalysator führen, weil Kraftstoffanteile dann erst im Katalysator verbrennen. Um Schäden an der Entgiftungsanlage zu vermeiden, die dann ihren Zweck nicht erfüllt:
□ Fahrzeug nicht anschleppen.
□ Tank nicht ganz leerfahren.
□ Zündung während der Fahrt nicht ausschalten.
□ Bei Fehlzündungen sofort die Werkstatt aufsuchen.

Fingerzeig: *Am Auspuff und speziell am Katalysator entstehen sehr hohe Temperaturen. Beachten Sie beim Abstellen des Wagens, daß das heiße Auspuffsystem nicht mit trockenem Laub oder Gras in Berührung kommen kann – Brandgefahr!*

Hitziges Wesen

Bei der Verbrennung des Kraftstoffes im Motor entstehen sehr hohe Temperaturen. Ohne eine wirksame Abkühlung würden der Schmierfilm an den Zylinderwänden verbrennen und die Kolben klemmen – der Motor wäre nach kurzem Betrieb unbrauchbar.

So wird gekühlt

Durch den Motor wird ständig Wasser gepumpt, und zwar von der Wasserpumpe. Vom Zahnriemen angetrieben beschleunigt sie den Wasserstrom durch ein kleines Schaufelrad. Das Kühlmittel fließt einerseits durch den Motor und andererseits durch den Kühler. Dort wirkt Luft als abkühlendes Element – entweder als Fahrtwind oder durch den Kühlerventilator forciert.
Ein weiterer Wasserweg führt zum Heizkörper (Radiator), wo das aufgeheizte Kühlmittel während der kalten Jahreszeit für angenehme Temperaturen im Innenraum sorgt. Natürlich ist auch für den Rücklauf der Flüssigkeit gesorgt, so daß ein ständiger Kreislauf möglich ist.
Da zuviel Kühlung aber auch schädlich wäre, regelt ein Thermostat den Kühlwasserstrom. Er sorgt dafür, daß der Motor schnell auf Betriebstemperatur kommt, aber unter Last nicht überhitzt, siehe dazu Seite 73.

Überdruck-Kühlsystem

Die Kühlanlage faßt je nach Motor und Getriebeart unterschiedliche Flüssigkeitsmengen:

Motor	Getriebe	Inhalt des Kühlsystems (Liter)
13 N	Schaltgetriebe	6,3
13 S	Schaltgetriebe	6,3
	Automatik	7,1
1,6-Liter	Schaltgetriebe	7,9
	Automatik	7,7
1,8- und 2,0-Liter	Schaltgetriebe	7,6
	Automatik	7,4

Diese doch recht geringe Wassermenge würde bei einer scharfen Autobahnfahrt oder einem Paßaufstieg im Hochgebirge nicht ausreichen, wäre das Kühlsystem nicht unter Druck gesetzt. In der Kühlanlage herrscht bei Betriebstemperatur ein Überdruck von 1,2–1,35 bar. Das erhöht den Wasser-Siedepunkt von 100°C auf etwa 125°C. So kann die für den Motor betriebsgünstige Kühlmitteltemperatur von etwa 110°C ohne »Kochgefahr« eingehalten werden, und das unter Druck gesetzte Wasser nimmt auch mehr Wärme auf.
Verantwortlich für ein gutes »Arbeitsklima« des Motors sind:

☐ der Verschlußdeckel auf dem Ausgleichbehälter, der den Druck reguliert, und
☐ der Thermostat, der nach dem Kaltstart die Kühlflüssigkeit nicht gleich durch den Kühler strömen läßt, sondern erst mit steigender Temperatur.

Stand der Kühlflüssigkeit prüfen

Der Kühler besitzt keinen herkömmlichen Verschluß, der Stand des Kühlmittels läßt sich von außen am Ausgleichbehälter erkennen. Dieser ist über zwei Schläuche mit dem Kühlsystem verbunden.

Ständige Kontrolle

■ Bei kaltem Motor muß sich der Kühlmittelstand an der Markierung »KALT« des Ausgleichbehälters abzeichnen.

■ Warmes Wasser dehnt sich aus und steht dann höher als kaltes.

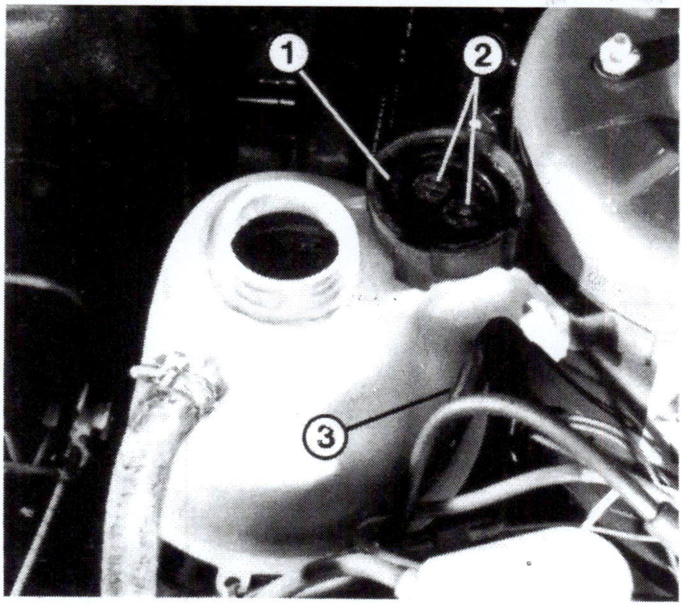

Im Ausgleichsbehälter soll der Kühlmittelstand nicht unter die Markierung (3) fallen. Der Verschlußdeckel (1) braucht zur Kontrolle nicht abgenommen zu werden. Im Verschlußdekkel sehen Sie hier das Unter- und Überdruckventil (2).

Kühlmittel auffüllen

Verlust von Kühlflüssigkeit ist das Zeichen für eine Störung oder einen Defekt. Das Kühlmittel wird nicht verbraucht und kann im geschlossenen Kühlsystem auch nicht verdampfen oder verdunsten. Was Sie bei Kühlflüssigkeitsverlust tun sollten, steht auf Seite 70.

■ Wird nur Wasser nachgefüllt, verdünnen Sie den Frostschutz allmählich. Deshalb evtl. gleich etwas Gefrierschutzmittel zusätzlich eingießen.

■ Nicht über die obere Markierung nachfüllen. Das Kühlmittel dehnt sich bei Erwärmung aus, und die Mehrmenge entweicht aus dem System.

■ Kleinere Flüssigkeitsmengen gießt man sowohl bei warmem wie kaltem Motor ein.

■ Bei erheblichem Wasserverlust und heißer Maschine kein kaltes Wasser nachfüllen. Durch den »Kälteschock« kann sich der Zylinderkopf verziehen oder der Motorblock reißen.

■ Bei heißem Motor den Verschluß vorsichtig mit einem Lappen öffnen, Verbrühungsgefahr!

Das Gefrierschutzmittel

Im Kühlsystem sorgt nicht allein klares Wasser für die notwendige Abkühlung des Motors, sondern eine Mischung von Frost- und Korrosionsschutz sowie Wasser. Man spricht daher genauer von Kühlflüssigkeit oder Kühlmittel. Das Mischungsverhältnis beträgt für mitteleuropäische Verhältnisse 2:3, in nordischen Ländern dagegen 1:1.

Motor	Getriebe	Gefrierschutz bis °C	Frostschutz l	Wasser l
13 N, 13 S	Schaltgetriebe	−20 −30 −40	2,1 2,8 3,4	4,2 3,5 2,9
13 S	Automatik	−20 −30 −40	2,4 3,1 3,8	4,7 4,0 3,3
16 N, 16 S	Schaltgetriebe	−20 −30 −40	2,7 3,5 4,3	5,2 4,4 3,6
16 N, 16 S	Automatik	−20 −30 −40	2,6 3,4 4,2	5,1 4,3 3,5
1,8- und 2,0-Liter	Schaltgetriebe	−20 −30 −40	2,6 3,4 4,2	5,0 4,2 3,4
1,8- und 2,0-Liter	Automatik	−20 −30 −40	2,5 3,3 4,1	4,9 4,1 3,3

Als Frostschutz dient gewöhnlich Äthylenglykol – eine Flüssigkeit auf Alkoholbasis, die nicht verdampft oder verdunstet. Ebenso wichtig wie der Gefrierschutz ist auch der Korrosionsschutz. Er verhindert, daß sich im Kühlsystem Kesselstein, Rost und andere Korrosionspro-

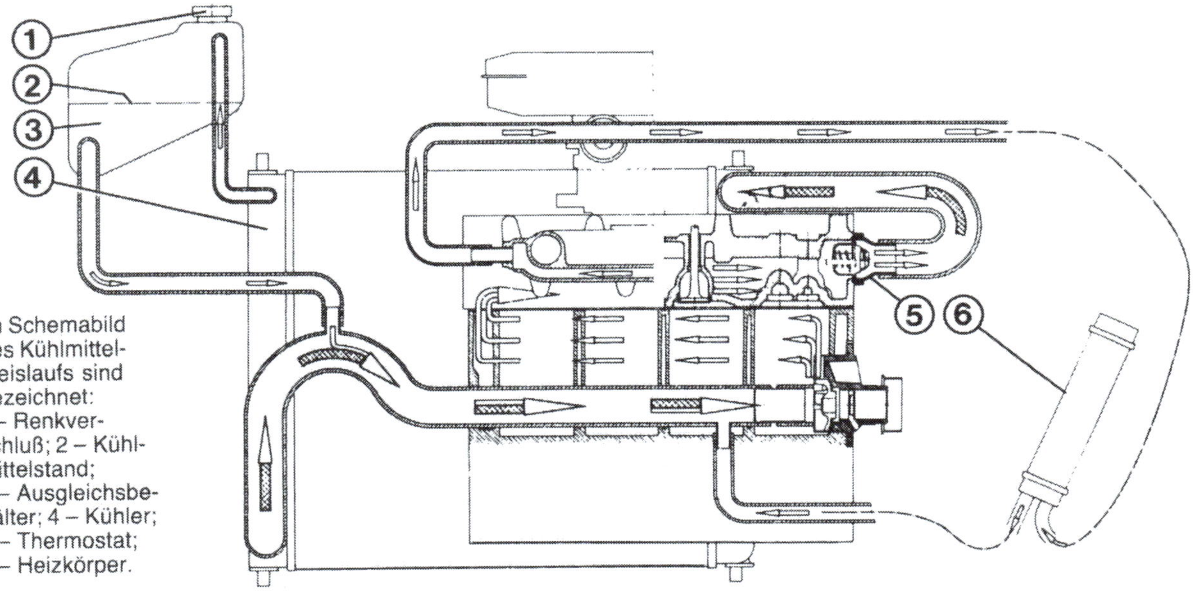

Im Schemabild des Kühlmittelkreislaufs sind bezeichnet: 1 – Renkverschluß; 2 – Kühlmittelstand; 3 – Ausgleichsbehälter; 4 – Kühler; 5 – Thermostat; 6 – Heizkörper.

dukte bilden. Das werksseitig eingefüllte Kühlmittel mit Korrosionsschutz soll deshalb auch nicht im Frühjahr abgelassen werden, sondern verbleibt ganzjährig in der Kühlanlage.
In den Opel-Werkstätten wird das eigene Frostschutzmittel mit der General-Motors-Spezifikation GM L 6368 verwendet. Wir sind in diesem Punkt nicht so markengläubig und würden jedes Gefrierschutzmittel nehmen, das auch eine Korrosionsschutzbeimischung enthält.

Frostschutz prüfen

Zum Nachprüfen der Kühlmittel-Frostfestigkeit brauchen Sie einen Hebe-Messer (Spindel, Aräometer, siehe Seite 11). Damit wird das spezifische Gewicht der Flüssigkeit gemessen. Durch unterschiedliche Zugabe von Korrosionsschutzmitteln sind die spezifischen Gewichte der einzelnen Frostschutzprodukte nicht gleich. Für eine absolut genaue Messung brauchen Sie eine auf das eingefüllte Gefrierschutzmittel abgestimmte Spindel. Im Zweifelsfall ziehen Sie vom ermittelten Wert eine Meßtoleranz von 2–3°C ab.

■ Etwas Kühlmittel aus dem Ausgleichsbehälter ansaugen. Die Spindel muß frei schwimmen können.
■ Je nach spezifischem Gewicht der Flüssigkeit taucht die Spindel ein.
■ An der Skala ablesen, bis zu welcher Temperatur der Frostschutz reicht.
■ Manche Gefrierschutzprüfer haben Zeiger, an denen die Frostfestigkeit abgelesen werden kann.

Frostschutzkonzentration einstellen

Meist stellt sich heraus, daß die Konzentration des Gefrierschutzmittels nicht mehr völlig ausreicht. Dann muß etwas Frostschutz nachgefüllt werden. Über den Daumen gepeilt etwa ein ¾ Liter für einen um 10°C erweiterten Gefrierschutz.

■ Wanne unter den Kühler stellen.
■ Wasserschlauch unten am Kühler abnehmen, 1 bis 2 Liter Kühlmittel ablassen.
■ Schlauch wieder montieren.
■ Entsprechende Menge unverdünnten Frostschutz eingießen und mit der aufgefangenen Kühlflüssigkeit nachfüllen.

Fingerzeig: *Angebrochenes Gefrierschutzmittel altert, wenn es offen herumsteht. Deshalb in ein verschließbares Gefäß umfüllen, dieses beschriften und vor Kinderhänden gesichert aufbewahren. Frostschutzmittel ist giftig!*

Kühlsystem auf Dichtheit prüfen

■ Schläuche am Kühler und Motor dicht, auch die dünneren zum Ausgleichsbehälter und zur Startautomatik beim Vergaser 2 E 3?
■ Schläuche rissig? Durch Kneten feststellen, ob die Wasserschläuche hart und spröde sind – dann umgehend austauschen.
■ Sitzen die Schlauchenden nicht zu knapp auf ihren Stutzen?
■ Sind die Spannschrauben der Schlauchschellen festgezogen?
■ Verrostete Schlauchschellen können unvermutet und bei vollem Betriebsdruck im Kühlsystem nachgeben. Auswechseln!
■ Die Werkstatt kontrolliert die Dichtheit der Kühlanlage mit einer speziellen Handluftpumpe mit Druckmesser.
■ Dieses Gerät wird auf die Ausgleichsbehälteröffnung gesetzt und ein Druck von 1 bar aufgepumpt.
■ Fällt der Skalenzeiger nicht innerhalb von ein bis zwei Minuten, ist das Kühlsystem dicht.

Der Kühler

Bei dem aus Aluminium bestehenden Querstrom-Kühler sind die Rohre für den Wasserdurchfluß waagrecht angeordnet. Zur Vergrößerung der Kühlfläche sitzen zwischen den Rohren senkrechte Blechrippen.
Bei Verdacht auf einen undichten Kühler sollten Sie in der Werkstatt die oben beschriebene Druckprüfung durchführen lassen. Bei einem offenkundigen Defekt können Sie den Kühler auch gleich selbst ausbauen und zur Reparatur bringen. Es gibt spezielle Kühlerwerkstätten (Branchentelefonbuch!), oder vielleicht befindet sich in Ihrer Nähe eine Kühlerfabrik, die ebenfalls Reparaturen durchführt.

Fingerzeig: *Unsere Modelle mit Thermostat und thermostatisch gesteuertem Kühlerventilator erreichen ihre Betriebstemperatur ausgesprochen schnell. Eine Abdeckung am Kühlergrill bringt da keine Verbesserung, sondern birgt eher die Gefahr, daß der Motor bei voller Belastung auf der Autobahn bereits bei Temperaturen um den Gefrierpunkt überhitzen kann. Sinnvoll ist eine Kühlerabdeckung erst unter –20°C, also in skandinavischen Ländern.*

Kühlmittelschläuche erneuern

Besorgen Sie sich als Ersatz Originalschläuche in der richtigen Bogenform und grundsätzlich neue Schlauchschellen.

■ Kühlmittel ablassen und auffangen.

■ Schlauchschellen lösen, Schläuche abziehen.

■ Festsitzende Schlauchenden mit einem Schraubenzieher lockern, den man vorsichtig zwischen Schlauch und Stutzen schiebt.

■ Neue Schläuche weit genug auf die Stutzen schieben, damit sie nicht wieder abrutschen können.

■ Schraubschellen nicht mit Gewalt anziehen, sonst wird das Gewinde überdreht.

Fingerzeig: *Unterwegs kann man einen gerissenen Wasserschlauch selten ersetzen. Hier hilft das »Pannenband« von Weyer, Düsseldorf oder Holts »Hoseweld Bandage«. Beide kleben auf gesäuberten und trockenen Gummischläuchen recht gut. Sicherheitshalber den Kühlsystem-Verschlußdeckel eine Umdrehung lösen, damit sich nicht der volle Betriebsdruck aufbaut und die Bandage platzen läßt. Kühltemperaturanzeige während der Fahrt im Auge behalten!*

Kühler reinigen

Vor und nach dem Sommerhalbjahr sollten die Kühlerlamellen von den dort festgesetzten Insektenleichen gesäubert werden, sonst wird die Kühlwirkung verschlechtert.

■ Kühlergrill ausbauen (Seite 251).

■ Elektroventilator mit Luftfangtrichter abnehmen (Seite 75).

■ Angetrocknete Insektenreste mit einem eiweißlösenden Mittel einsprühen, z. B. »Summer Screen« von Holt.

■ Nach einer gewissen Einwirkzeit von der Kühlerrückseite her abspülen. Durch die Kühlerlamellen mit nicht zu starkem Strahl spritzen. Hartes Bürsten oder scharfes Werkzeug kann die Kühlerlamellen beschädigen.

■ Spezielle Reinigungsmittel für das Kühlerinnere sind bei ausschließlicher Verwendung von Frostschutz mit Korrosionsschutzmittel nicht erforderlich.

■ Nach etwa fünf Jahren bei abgenommenen Schläuchen Kühler und Motor mit einem kräftigen Wasserstrahl aus dem Schlauch durchspülen – das genügt.

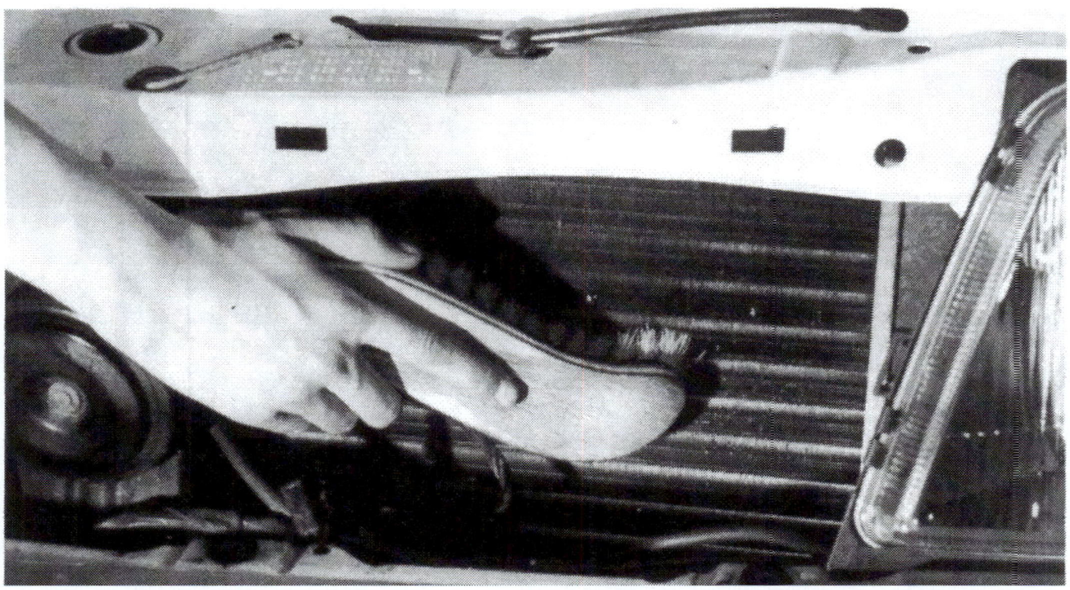

Im Bild auf Seite 235 ist zu sehen, wie das Kühlergitter abgebaut werden kann. Das ist zur äußeren Reinigung des Kühlers erforderlich. Die Lamellen des Kühlers sind besonders eng und trotz Ziergitter tritt schnell eine äußere Verschmutzung speziell durch Insektenleichen ein. Die Kühlwirkung wird dadurch erheblich beeinträchtigt. Durchblasen mit Preßluft oder Wasserstrahl von der Rückseite her schaffen dann kaum Abhilfe, gleichzeitiges Benutzen einer harten Bürste ist erfolgversprechender.

Kühlflüssigkeit ablassen

■ Verschlußdeckel des Ausgleichsbehälters abschrauben.
■ Wanne zum Auffangen des Kühlmittels unterstellen.
■ Schlauch am unteren Stutzen des Kühlers lösen und abziehen. Bei Reparaturen am Kühler oder an der Heizung genügt diese Entleerung.
■ Kühlmittelschlauch an der Wasserpumpe abmontieren.
■ Bei den Motoren 16, 18 und 20 auch den oberen Schlauch am Thermostatgehäuse abziehen.
■ Mußte das Kühlmittel wegen einer Reparatur abgelassen werden, kann man es anschließend wieder verwenden.

Kühlsystem neu befüllen

■ Zuerst Frostschutzmittel, dann möglichst kalkarmes Wasser einfüllen (Mischungsverhältnis siehe Seite 69).
■ Der Flüssigkeitsspiegel soll 2 cm über der Markierung »KALT« stehen.
■ Beim Motor 13 das Kühlsystem entlüften: Motor im Leerlauf drehen lassen, Temperaturfühler auf dem Ansaugkrümmer herausdre-
■ hen (Bild Seite 82) und weiter Kühlmittel eingießen, bis dieses ohne Luftblasen aus der Öffnung tritt. Temperaturfühler wieder einschrauben, Kabelschuh aufstecken.
■ Verschluß des Ausgleichsbehälters festdrehen.
■ Motor laufen lassen und alle Schlauchanschlüsse auf Dichtheit prüfen.

Kühler ausbauen

■ Kühlergrill eventuell abbauen (Seite 235), jedoch nicht unbedingt erforderlich.
■ Schlauch vom unteren Kühlerstutzen lösen und Kühlmittel zur Wiederverwendung auffangen.
■ Oberen Schlauch am Kühler lösen.
■ Schlauch zum Ausgleichsbehälter am Kühler lösen.
■ Die Kabelstecker am Lüftermotor und am Temperaturschalter abziehen.
■ Beide Halteklammern oben mit einer Zange herausziehen.
■ Kühler mit Luftfangtrichter und Ventilator nach oben herausziehen.
■ Luftfangtrichter und Lüftermotor abschrauben.

Der Thermostat

Kleiner und großer Kreislauf

Damit der Motor schnell auf seine Betriebstemperatur kommen kann, wurde das Kühlsystem in einen kleinen und einen großen Kreislauf aufgeteilt:
□ Nach dem Kaltstart zirkuliert das Kühlmittel im »kleinen« Kreislauf von der Wasserpumpe zum Motorblock sowie in den Zylinderkopf und wieder zurück zur Wasserpumpe. Vom kleinen Kreislauf mitversorgt wird der Heizungs-Wärmetauscher und beim Vergaser 2 E 3 die Startautomatik.
□ Erst wenn die Kühlflüssigkeit eine bestimmte Temperatur erreicht hat (siehe Tabelle nächste Seite), wird der Kühler zum Abkühlen des Heißwassers gebraucht.
□ Das Zuschalten des Kühlers besorgt der Thermostat oder Kühlwasserregler. Er öffnet aber nicht einfach einen Verbindungsschlauch zwischen Motor und Kühler, sondern kaltes Wasser aus dem Kühler wird vorgemischt mit bereits erwärmtem aus dem kleinen Kreislauf.
□ Durch diese allmähliche Kaltwasserbeimischung wird der sogenannte Kälteschock für den Motor vermieden. Das unten abfließende kalte Wasser zieht heißes Kühlmittel oben in den Kühler nach. Dort wird es beim Zug durch die Kühlerlamellen abgekühlt. Gleichzeitig mit dem Hinzuschalten des Kühlers wird der »Kurzschluß-Kreislauf« geschlossen.

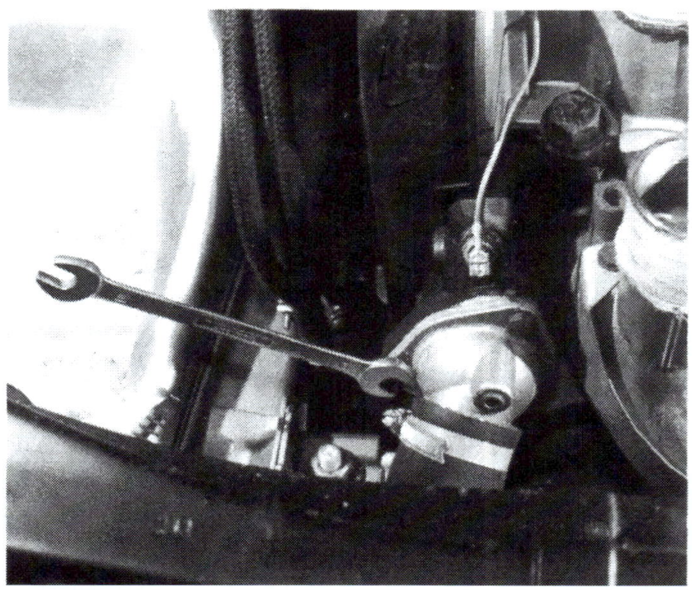

Im Gegensatz zum 1,3-Liter-Motor ist das hier gezeigte Thermostatgehäuse am Motor 16 wie auch beim 18 E bequem zugänglich. Der Ausbau ist auf der nächsten Seite beschrieben.

Funktion des Thermostats

□ Das »Umschalten« des Thermostats bewirkt eine mit Spezialwachs gefüllte Büchse und der daran befestigte Ventilteller. Bei Erwärmung des Kühlmittels verflüssigt sich das Wachs und dehnt sich dabei aus. Zwangsläufig öffnet es durch das größere Volumen den Ventilteller.
□ Solange die Wassertemperatur steigt, wird vom Thermostat der Kaltwasserzufluß aus dem Kühler zunehmend geöffnet und gleichzeitig der Kurzschluß-Kreislauf geschlossen.
□ Sinkt während der Fahrt die Wassertemperatur wieder unter die gewünschte Betriebstemperatur, drückt eine Feder am Thermostat den Ventilteller wieder in Richtung »Zu« und sperrt den Kühlerdurchfluß so lange, bis das Kühlmittel wieder genügend warm ist.
Der Thermostat sitzt beim Motor 13 an der Stirnseite hinter der Zahnriemenabdeckung, bei den Motoren 16, 18 und 20 an der Stirnseite links.

Störungen am Thermostat

□ Ablagerungen aus dem Kühlsystem setzen sich zwischen dem Ventilteller und seinem Sitz fest. Der Thermostat kann dann bei niedrigen Wassertemperaturen nicht mehr völlig schließen, aufgeheiztes Kühlmittel strömt sofort durch den Kühler.
□ Erkennungsmerkmale: Die Temperaturanzeige klettert langsamer in die Höhe, und die Heizwirkung setzt später als üblich ein.
□ Folgen: Meßbarer Schaden entsteht zunächst nicht, wenn Sie so weiterfahren, aber der Motor läuft unnötig lange im unterkühlten Bereich.
□ Gefährlich für den Motor ist, wenn Wachs aus der Thermostatbüchse austritt und der verbliebene Rest die Büchse nicht mehr aufdrücken kann. Dann bleibt das Ventil geschlossen.
□ Erkennungsmerkmal: Die Nadel der Temperaturanzeige steht im hohen Bereich.
□ Folgen: Wer so weiterfährt, erhält die Quittung in Form einer durchgebrannten Zylinderkopfdichtung und eines verzogenen Zylinderkopfes.
□ Hier hilft nur der Ausbau des Thermostats oder Abschleppen.

Thermostat ausbauen

Einen defekten Thermostat am 1,3-l-Motor unterwegs auszubauen ist problematisch, weil er nicht gut zugänglich ist. Außerdem dauert es bei heißem Motor lange, ehe mit der Arbeit begonnen werden kann, ohne Gefahr zu laufen, daß man sich die Hände verbrüht. Beim Einbau eines neuen Thermostats soll auch der Dichtring für den Thermostat erneuert werden.

■ Beim **1,3-l-Motor** den oberen Wasserschlauch am Thermostatgehäuse und Kühler abbauen, Kühlmittel auffangen.
■ Zahnriemenschutz abbauen (Seite 50).
■ Beide Schrauben des Thermostatgehäuses herausdrehen, Gehäuse abnehmen.
■ Thermostat herausnehmen.
■ Neuen Thermostat in die Aussparungen im Zylinderkopf einsetzen.
■ Bei den **1,6-l- bis 2,0-l-Motoren** das Luftfilter abbauen (Seite 86).
■ Verschlußdeckel des Ausgleichbehälters abnehmen.
■ Deckel mit angeschlossenem Wasserschlauch am Thermostatgehäuse abschrauben, Kühlmittel auffangen.
■ Thermostat herausnehmen.
■ Beim Zusammenbau neue Dichtung für das Gehäuse verwenden. Schrauben nicht zu fest anziehen.

Thermostat prüfen

Mit einem Einmachthermometer können Sie selbst kontrollieren, ob der Kühlwasserregler bei der vorgeschriebenen Temperatur öffnet. Öffnungsdaten und Kennzeichnung hängen von der Motorversion ab:

Motor	Öffnungsbeginn	Öffnungsende	Kennzeichnung
1,3-Liter	92° C	107° C	92
1,6- bis 2,0-Liter	91° C	103° C	91 C 195 F

■ Thermostat ausbauen.
■ Kühlwasserregler in einen Topf mit Wasser hängen und Wasser erhitzen.
■ Kontrollieren, ob das Ventil bei den genannten Temperaturen von seinem Sitz abhebt.
■ Wenn möglich, noch den Öffnungshub messen.

Die Wasserpumpe

Die Kühlflüssigkeit wird von der Wasserpumpe im Kreislauf gehalten. Sie sitzt bei allen Motoren an deren Stirnseite.

Die Wasserpumpe ist wartungsfrei. Aber sie kann undicht werden, oder mahlende Geräusche lassen auf schadhafte Lager schließen.

Wasserpumpe ausbauen

■ Kühlmittel ablassen und auffangen.
■ Kolben des 1. Zylinders auf Zündzeitpunkt stellen, siehe Seite 218.
■ Keilriemen der Lichtmaschine abnehmen (Seite 204).
■ Zahnriemenabdeckung abbauen.
■ Zahnriemen ausbauen (Seite 50).
■ Hinteres Zahnriemen-Abdeckblech abschrauben.
■ Wasserpumpe abschrauben.
■ Pumpe mit neuem Dichtring einsetzen.
■ Schrauben für die Pumpe nur handfest eindrehen.
■ Zahnriemen montieren (Seite 51).
■ Schrauben für die Pumpe mit 8 Nm festziehen.
■ Keilriemen auflegen und spannen (Seite 203).

Der Kühlerventilator

Die Ascona-Motoren besitzen einen elektrisch angetriebenen Kühlerventilator, der nur bei Bedarf zuschaltet. Das spart nicht zuletzt Motorleistung.
Unten am Kühler ist ein temperaturempfindlicher Schalter eingeschraubt. Wenn er »spürt«, daß die an ihm vorbeirauschende Flüssigkeit nach Durchfluß des Kühlers noch zu heiß ist, schaltet er den Ventilator ein. Ebenso schaltet er den Elektroventilator wieder aus, wenn die Temperatur unten im Kühler auf einen bestimmten Wert abgesunken ist.
Der Thermoschalter schaltet bei ca. 97°C ein, bei ca. 93°C schaltet er aus.
Bei der Einschalttemperatur schließt der Kontakt im Schalter den Stromkreis des Kühlerventilators, und dieser läuft an. Der Elektrolüfter erhält Dauerstrom, so daß der Propeller auch nach Abschalten der Zündung noch weiterlaufen kann.
Vorsicht beim Hantieren im Motorraum: Bei heißgefahrenem Triebwerk kann der Ventilator nochmals unvermittelt loslaufen!
Die Spannung für den Kühlerventilator wird dem Thermoschalter über die Sicherung 10 zugeleitet.

Störungen am Kühlerventilator

Ein ausgefallener Lüftermotor kann zu hohe Kühlmitteltemperatur verursachen; allerdings nur bei längerem Motorleerlauf oder einer Paßauffahrt im Gebirge.
Ein streikender Ventilator muß aber nicht das Ende der Fahrt bedeuten:
□ Nachdem der Motor einigermaßen abgekühlt ist, kann man mit mittleren Drehzahlen und einigermaßen zügigem Tempo die nächste Werkstatt anlaufen. Dabei die Temperaturanzeige und Warnleuchte im Auge behalten.
□ Leerlauf und Schleichfahrt dagegen sind für den Motor gefährlich. Da strömt kaum ein kühlender Lufthauch durch die Kühlerlamellen.

Störungssuche

■ Ziehen Sie am Thermoschalter die beiden aufgesteckten Kabel ab.
■ Halten Sie die Steckkontaktzungen zusammen oder überbrücken Sie die Kabelstekker mit einem Stück Draht.
■ Wenn jetzt der Ventilator losbraust, ist der hier aus dem Stromkreislauf herausgenommene Thermoschalter defekt.
■ Zur Weiterfahrt die losen Kabelstecker durch einen sogenannten Verteilerstecker, in

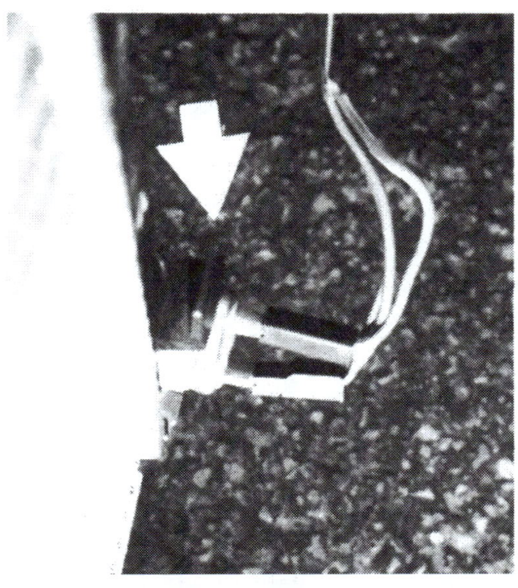

Diese Bilder zeigen den unterschiedlichen Sitz des Thermoschalters am Kühler: Links – beim Motor 13 S, rechts – beim Motor 18 E.

den beide Kabelschuhe eingesteckt werden können, verbinden. Oder die Kabelbrücke im Doppelstecker gut festklemmen.

■ Damit die locker hängenden Kabel keinen Unfug stiften können, umklebt man sie kurzschlußsicher mit Klebeband oder Heftpflaster.

■ Half die Überbrückung des Thermoschalters nicht weiter, kontrollieren Sie, ob die Sicherung 10 defekt ist.

■ Bei intakter Sicherung wird der Lüftermotor überprüft:

■ Kabelstecker abziehen und stattdessen am Kontakt der braun/weißen Leitung Hilfskabel zum Batterie-Pluspol legen. Die Steckverbindung für das braune Kabel wird direkt mit dem Minuspol verbunden.

■ Dreht sich der Propeller immer noch nicht, ist der Ventilatormotor defekt – austauschen.

■ Läuft der Ventilator jedoch, müssen die Kabelstecker sowie sämtliche Kabelverbindungen von Thermoschalter und Elektrolüfter überprüft werden.

■ Auch mit direkt von der Batterie gespeistem Kühlerventilator können Sie unbesorgt weiterfahren.

Fingerzeig: *Bei allen Notschaltungen muß am Ende der Fahrt eine der Kabelverbindungen getrennt werden, sonst läuft der Lüftermotor so lange, bis die Batterie leer ist.*

Ventilatormotor ausbauen

■ Kabelstecker vom Lüftermotor abziehen.

■ Drei Schrauben zur Befestigung des Luftfangtrichters mit Ventilatormotor herausdrehen.

■ Luftfangtrichter mit Ventilatormotor aus der unteren Führung nach oben herausziehen.

■ Drei Muttern für den Ventilatormotor vom Luftfangtrichter abschrauben.

Störungsbeistand Kühlsystem

Die Störung	– ihre Ursache	– ihre Abhilfe
A Temperatur-Anzeigenadel steht im roten Bereich	1 Zu wenig Flüssigkeit im Kühlsystem	Auffüllen, notfalls aus der Scheibenwaschanlage
	2 Kabel zur Temperaturanzeige hat Massekontakt	Kabel am Temperaturfühler abziehen, Zeiger muß zurückgehen sonst Masseschluß; Kabelverlauf kontrollieren
	3 Thermostat öffnet den Kaltwasserzufluß aus dem Kühler nicht (Kühler kalt)	Thermostat ausbauen und ohne ihn weiterfahren oder Wagen abschleppen lassen
	4 Kühlerventilator schaltet nicht ein	Siehe »Störungssuche« linke Seite
	5 Überdruckventil im Verschlußdeckel defekt	Deckel prüfen (lassen), ggf. austauschen
	6 Kühlerlamellen zugesetzt	Kühler reinigen
B Temperaturanzeige spricht sehr langsam an, schwache Heizleistung	Thermostat schließt nicht völlig, aufgeheiztes Kühlwasser strömt zu früh durch den Kühler	Thermostat säubern, ggf. ersetzen

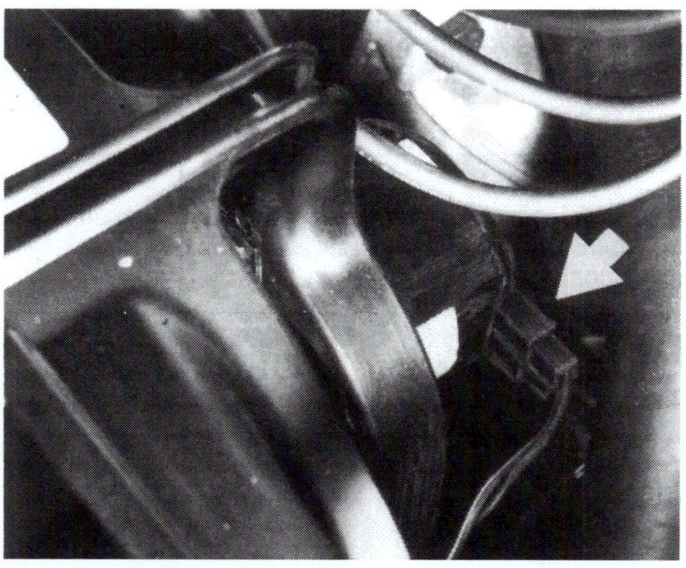

Eine Störung des Lüftermotors läßt sich einkreisen, wie auf dieser Seite oben beschrieben. Dazu Kabelstecker (Pfeil) abziehen.

Fütterungsvorschrift

Kraftstoff und Verbrauch werden viel diskutiert. Um richtig mitreden zu können, benötigen Sie womöglich noch einige Informationen aus diesem Kapitel.

Normal- oder Superbenzin?

Die Bezeichnungen »Normal« und »Super« stimmen eigentlich nicht, denn beide Kraftstoffarten sind von durchaus gleicher Qualität. Weder im Reinheitsgrad noch im Verdampfungsverhalten (das für die Entzündbarkeit wichtig ist) noch in der Energieentfaltung (Heizwert bezogen je Kilogramm Kraftstoff) zeigen sich Differenzen.
Das wesentliche Unterscheidungsmerkmal ist die Klopffestigkeit. Sie wird durch die Oktanzahl gekennzeichnet und liegt bei Super höher als bei Normalbenzin. Außerdem ist der Heizwert bei Super rund 1,5 % höher.
Superkraftstoff kann höhere Kompressionsdrücke aushalten, ohne sich selbst zu entzünden, was sonst zu Motorklopfen führt. Zur Selbstentzündung des Kraftstoff/Luft-Gemisches kommt es durch die Hitze, die jedes Gas erzeugt, wenn es komprimiert (zusammengedrückt) wird. Das kennen Sie vielleicht von der Fahrrad-Luftpumpe beim Aufpumpen eines Reifens.
Je höher das Kompressionsverhältnis ist, desto stärker erwärmt sich das Gemisch. Es kann also um so leichter zu Selbstzündungen im Verbrennungsraum kommen, wenn der Kraftstoff nicht klopffest genug ist.

Die Klopffestigkeit

Zur Kennzeichnung der Klopffestigkeit dient die Oktanzahl. Das ist eine Vergleichsgröße, die in einem speziellen Prüfmotor mit bestimmten Meßkraftstoffen ermittelt wird. Häufig genannt ist die »**R**esearch-**O**ktan-**Z**ahl«, kurz ROZ. Seltener findet man dagegen die aussagekräftigere »**M**otor-**O**ktan-**Z**ahl« oder MOZ. Die hierzulande geforderten Mindest-Oktanwerte für Kraftstoff sind vom **D**eutschen **I**nstitut für **N**ormung in der DIN-Norm 51 600 bzw. 51 607 festgehalten:

Verbleiter Kraftstoff (DIN 51 600)		Unverbleiter Kraftstoff (DIN 51 607)					
Super		Normal		Euro-Super		Super Plus	
ROZ	MOZ	ROZ	MOZ	ROZ	MOZ	ROZ	MOZ
98	88	91	82,5	95	85	98	88

Bleifreies Benzin

Der Kraftstoff wird nicht nur anhand seiner Klopffestigkeit unterschieden, sondern auch nach den sogenannten Antiklopf-Beimischungen. Beim verbleiten Benzin ist dies das Blei-Teraäthyl. Bleifreier Kraftstoff kommt ohne diesen hochgiftigen Zusatz aus.

Warum bleifrei?

Was der Katalysator überhaupt nicht mag, ist Blei. Kommt er mit Blei- oder Bleiverbindungen – was ja die schon beschriebenen Klopfbremsen letztlich sind – in Berührung, wird er binnen kurzem wirkungslos (siehe dazu Kapitel »Abgasentgiftung«). Hier liegt der Grund, weshalb in Katalysator-Autos bleifreies Benzin gefahren werden **muß**.

Klingeln und Klopfen

Bei hierzulande verkauften Kraftstoffen ohne DIN-Kennzeichnung oder im Ausland kann sich Motorklingeln oder -klopfen bemerkbar machen. Normalerweise verbrennt das Kraftstoff/Luft-Gemisch im Zylinder auf »Befehl« des Zündkerzenfunkens. Ein »klingelfreudiger« Kraftstoff kann es aber nicht erwarten, bis ihn der Zündfunke restlos entflammt hat. Er detoniert von selbst durch den hohen Druck und die große Hitze zum Teil schon in einer Ecke des Verbrennungsraums. Dabei knallt er der von der Zündkerze auf ihn zueilenden Flammenfront entgegen. Das gibt einen gewaltigen Druckanstieg im Zylinder. Der Kolben erhält einen Schlag auf den Boden und leitet ihn über sein Pleuel an die Lager der Kurbelwelle weiter.
Tritt dieser Effekt bei hohen Motordrehzahlen auf, werden die harten Verbrennungsgeräusche von den Fahrgeräuschen übertönt. Das ist für den Motor ausgesprochen gefährlich. Dieses Hochdrehzahlklopfen bewirkt eine erhebliche Motorüberhitzung. Bis aber die Kühlmittelanzeige anspricht, ist es meist zu spät, und ein oder mehrere Kolbenböden sind bereits geschmolzen. Bekannter, weil besser zu hören, ist das Beschleunigungsklingeln. Es macht sich bemerkbar, wenn Sie mit nicht genügend klopffestem Kraftstoff aus niedrigen Drehzahlen heraus voll beschleunigen. Diese Klingelerscheinungen schaden dem Motor kaum.

Welchen Kraftstoff tanken?

Da alle Ascona C bereits über gehärtete Ventilsitzringe verfügen, vertragen sie bleifreien Kraftstoff ohne Einschränkungen. Mit Einführung des Bleifrei Super plus mit 98 ROZ können auch die höher verdichteten Motoren bleifrei tanken. Sollte im Ausland unverbleiter Kraftstoff einmal nicht verfügbar sein, so kann man bei Fahrzeugen ohne Katalysator auch auf verbleiten Kraftstoff gleicher Qualität ausweichen.

Motor	Bleifrei Normal 91	Verbleit Normal 91	Euro Super 95	Bleifrei Super plus 98	Verbleit Super 98
13 N	+	–	–	–	–
13 S	–	–	–	+	–
16 N	+	–	–	–	–
C 16 LZ	+[1]	–	+[1]	–	–
16 SV	–	–	–	+	–
16 SH	–	–	–	+	–
E 18 NV	+	–	–	–	–
C 18 NE	+	–	–	–	–
C 18 E	–	–	–	+	–
C 20 NE	+[1]	–	+[1]	–	–
20 SEH	–	–	+[1]	+[1]	–

[1] Je nach Stellung des Kodiersteckers (siehe Seite 220).

Der Motor klopft. Zusätzlich zu dem von der Zündkerze entflammten Gemisch entzündet sich in einer Ecke des Verbrennungsraumes ein Gemischrest. Das ergibt bei der Abwärtsbewegung des Kolbens eine unkontrollierte Detonation.

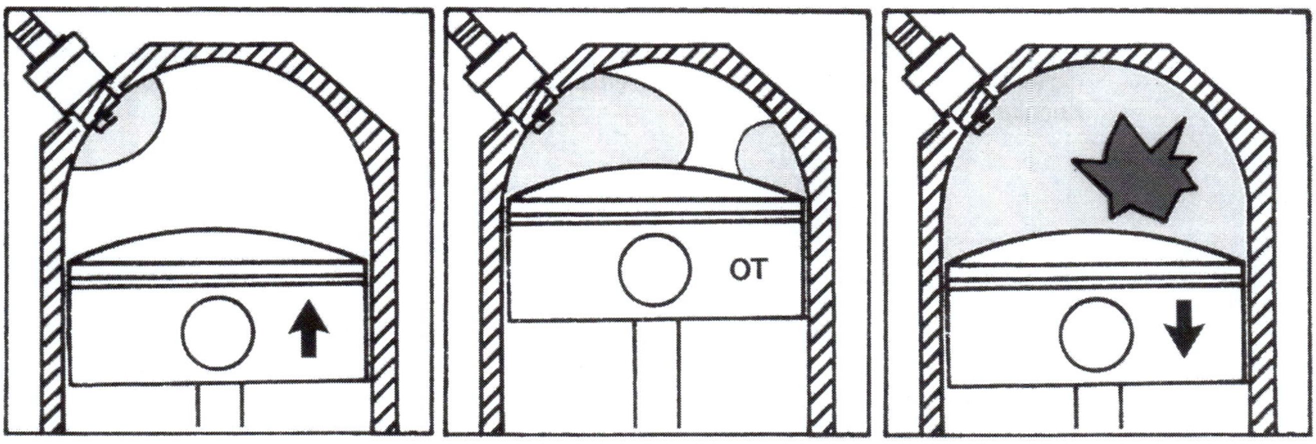

So fahren Sie sparsam

Zum Thema Spritsparen hört man bisweilen Widersprüchliches. Was den Fahrstil angeht, haben neuere Erkenntnisse frühere Auffassungen widerlegt:

□ Verbrauchsgünstig fahren Sie nach der einfachen Formel: Je niedriger die Drehzahl, desto niedriger der Verbrauch. Das leuchtet ein, wenn man sich vor Augen hält, daß z.B. ein 1,6-Liter-Motor für einen kompletten Arbeitstakt (verteilt auf zwei Kurbelwellenumdrehungen) 1,6 Liter Gemisch verbraucht. Theoretisch benötigt der Motor im 3. Gang bei 4000/min 3200 Liter Kraftstoff/Luft-Gemisch; bei gleicher Geschwindigkeit im 4. Gang dagegen nur 2260 Liter.

□ Da ein Motor seinen geringsten spezifischen Verbrauch nicht nur bei relativ geringer Drehzahl, sondern auch bei hoher Last erreicht, sollten Sie kräftig beschleunigen und möglichst früh hochschalten. Nicht zaghaft aufs Gaspedal treten.

Eine derartige Fahrweise war lange Zeit als Motorquälerei verpönt. Doch mittlerweile weiß man, daß heutige Motoren auch dann noch optimal geschmiert werden, wenn unsinnigerweise aus Leerlaufdrehzahl im höchsten Gang heraus beschleunigt wird.

□ Ist die gewünschte Geschwindigkeit erreicht, schalten Sie in den höchstmöglichen Gang und lassen den Opel mit wenig Gas rollen.

□ Flott drehen soll der Motor eigentlich nur, wenn es die Verkehrssituation erfordert, also beim Überholen oder beim Einspuren in den fließenden Verkehr.

□ Unsere Motoren sind bei 2000/min hinreichend durchzugskräftig. Lassen Sie deshalb den Motor möglichst nur so weit drehen, daß Sie im nächsthöheren Gang aus ca. 2000/min weiterbeschleunigen können.

□ Bei jedem längeren Halt den Motor abstellen, z.B. vor einer Baustellenampel, Eisenbahnschranke oder im Verkehrsstau. Bereits ab fünf Sekunden Wartezeit haben Sie Benzin gespart.

□ Auf richtigen Luftdruck achten, besonders vor Autobahnfahrt (siehe Seite 169). Zu niedriger Luftdruck erhöht den Rollwiderstand.

□ Mit Dachgepäckträger oder Skihalter nur fahren, wenn diese tatsächlich benutzt werden – vermehrter Luftwiderstand.

Das Econometer

Die zur Sonderausstattung gehörende »Econ«-Anzeige soll über den momentanen Verbrauch informieren. Das Gerät reagiert auf die Unterdruckverhältnisse im Ansaugrohr, ist also von der Gaspedalstellung abhängig. Bei großem Unterdruck (nahezu geschlossene Drosselkappe) steht die Anzeigenadel im schwarzen, wirtschaftlichen Bereich, bei geringem Unterdruck (geöffnete Drosselklappe) wird der rote, unwirtschaftliche Betrieb angezeigt. Verbrauchsgünstige Drehzahlbereiche in den einzelnen Gängen werden nicht signalisiert.

Das Stopp-Start-System

Die Stopp-Start-Anlage bewirkt, daß der Motor im Stand (genau unter 2 km/h) ohne Zündschlüsseldreh abgeschaltet und wieder gestartet werden kann. Das Herz der Anlage ist ein elektronisches Steuergerät. Sobald die Kühlmitteltemperatur 50°C erreicht hat und die Ansaugrohrvorwärmung (siehe Seite 86) abgeschaltet ist, wird es – wenn eingeschaltet – aktiv. Beim Ausrollen des Wagens läßt das Steuergerät den Leerlaufgemischzufluß schließen (siehe unter »Abschaltventil« Seite 95) und sperrt die Stromversorgung zur Zündspule.

Zum Wiederstarten führt das Steuergerät der Zündspule wieder Spannung zu, der Leerlaufgemischzufluß wird geöffnet, und der Anlasser erhält ein Startsignal. Der Startbefehl wird durch Treten der Kupplung gegeben.

Die Stopp-Start-Anlage bleibt solange eingeschaltet, wie der entsprechende Drehschalter im Armaturenbrett eingeschaltet ist. Damit bei sehr kurzen Stopps der Motor nicht ständig abgeschaltet wird, reagiert die Stopp-Start-Anlage nicht, wenn die vorangegangene Geschwindigkeit nicht über 8 km/h lag oder die Drehzahl mehr als 1200/min beträgt. Auch bei betätigter Kupplung wird nicht abgeschaltet.

Versorgungsstationen

Sie dienen dem Nahrungsnachschub für den Motor: Tank, Kraftstoffleitungen und Benzinpumpe. Störungen kommen selten vor, aber wenn man daran arbeitet, muß die Feuergefährlichkeit der Anlage berücksichtigt werden.

Fingerzeig: *Bevor Sie irgendwelche Arbeiten an der Kraftstoffanlage beginnen, müssen Sie unbedingt das Batterie-Massekabel abnehmen. Unbeabsichtigte elektrische Verbindungen können zu gefährlicher Funkenbildung führen.*

Der Tank

Er sitzt gut geschützt unter den Rücksitzen, auch ein Heckaufprall kann ihm kaum etwas anhaben. Opel verwendet für den Tank verbleites Stahlblech. Somit besteht besonders innen keine Korrosionsgefahr.

Kraftstoff ablassen

Der Tank besitzt keine Ablaßschraube. Da Kraftstoffzu- und -rücklauf an der Unterseite sitzen, muß der Wagen hinten angehoben oder über eine Grube gefahren werden.

- Sauberes Gefäß für den auslaufenden Kraftstoff bereitstellen.
- Am Tankauslaufstutzen die Schlauchschelle lockern, Schlauchstück abziehen.
- Kraftstoff in das Gefäß ablaufen lassen. Es bleibt ein geringer Rest im Tank.
- Anschlußstutzen mit einem Stopfen verschließen oder Schlauchstück abklemmen.

Tank ausbauen

In Verbindung mit den Motoren 13 S und 16 S sind keine Rücklaufleitungen vorhanden.

- Kraftstoff ablassen.
- Bügel des Ausgleichers für das Handbremsseil abschrauben. Vorher Oberkante Mutter/Ende Gewindestange messen, da die Stellung der Mutter die Einstellung der Handbremse beeinflußt (siehe Seite 164).
- Auspuffanlage aushängen, eventuell auch am Auspuff-Gelenkflansch lösen.
- Langes Handbremsseil am Verbindungsstück der Handbremszugstange aushängen.

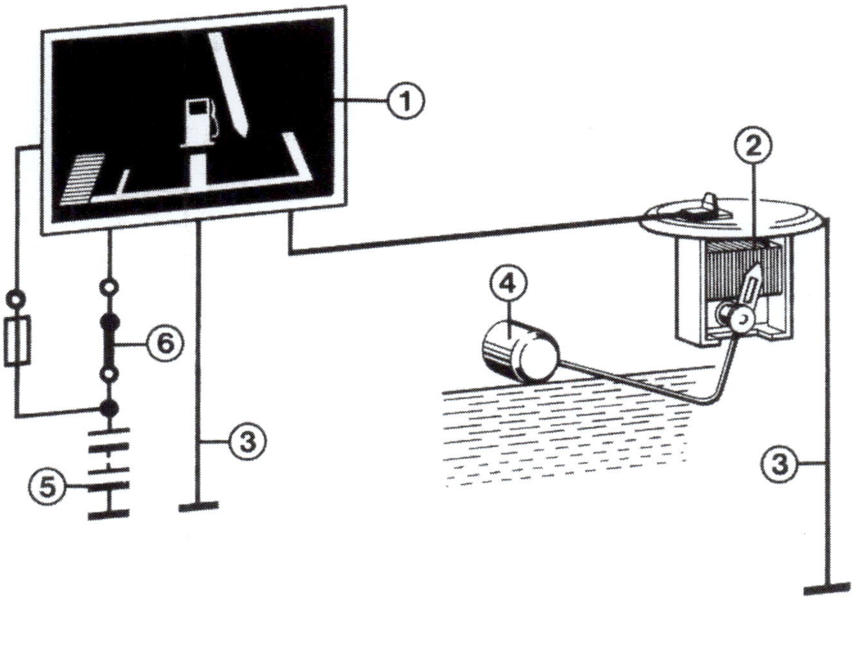

Die Tankanzeige besteht aus: 1 – Instrumentenskala mit dahintersitzendem Bimetallkörper; 2 – Geber mit Widerstand; 3 – Masseanschluß; 4 – Schwimmer; 5 – Batterie; 6 – Zündschalter.

■ Halter unter dem Tank aufbiegen und das Handbremsseil nach hinten hängen.
■ Kraftstoffschläuche von den Leitungen abziehen, die Schläuche mit Quetschklemmen verschließen.
■ Beim Einspritzer die Saugleitung abbauen.
■ Kabel vom Tankmeßgerät abziehen.
■ Schlauch des Einfüllstutzens am Tank abziehen.
■ Tank von Hilfsperson festhalten lassen oder mit Wagenheber und Brettern unterbauen.
■ Schrauben der Haltebänder für den Tank lösen.
■ Tank nach unten ablassen.
■ Schlauchschellen der Be- und Entlüftungsschläuche mit Schraubenzieher aufdrücken, Schläuche abziehen. Beim Einbau neue Schlauchbinder verwenden.

Geber für die Tankanzeige

Das Tankmeßgerät ist seitlich am Kraftstoffbehälter eingesetzt und von unten erreichbar. Wie er funktioniert, ist auf der vorigen Seite gezeigt.
Die Anzeige für den Benzinstand ist kein Präzisionsinstrument. Beim Ascona soll man jedoch einen falsch anzeigenden Geber nicht durch Nachbiegen des Schwimmerarms korrigieren, er ist besser zu ersetzen.

Tankgeber ausbauen

Bei den Motoren 13 bis 16 besitzt der Geber einen Renkverschluß. Er läßt sich mit zwei gekreuzten Schraubenzieherklingen lösen, die Werkstatt hat dafür den Opel-Ringschlüssel KM 332-01. Bei den Einspritzmotoren ist der Geber mit Sechskantschrauben befestigt.
■ Strom- und Massekabel vom Tankgeber abziehen.
■ Kraftstoff ablassen.
■ Beim Einspritzer die Saugleitung zur Benzinpumpe mit Quetschklemme verschließen, Schlauchschelle lösen und den Schlauch vom Geber abziehen.
■ Tankgeber herausdrehen bzw. abschrauben, dabei den restlichen Kraftstoff auffangen.
■ Beim Einbau auf richtigen Sitz des Dichtungsrings achten und den Arm des Schwimmers nicht verbiegen.

Tank-Be- und Entlüftung

Am Einfüllrohr überhalb des Tanks befindet sich der Be- und Entlüftungsbehälter. Über den angeschlossenen Entlüftungsschlauch oben entweicht die Luft, wenn der Tank gefüllt wird. Über die zweite Leitung werden die sich ständig bildenden Benzindämpfe abgeleitet. Außerdem strömt während der Fahrt durch diese Leitung entsprechend der verbrauchten Kraftstoffmenge von außen Luft in den Tank, so daß sich kein Unterdruck bilden kann.
□ Der Be- und Entlüftungsbehälter läßt sich bis zu den Fahrgestell-Nummern D1 264 041 bzw. D5 187 434 bzw. D6 102 634 vom Einfüllstutzen abbauen.
□ Bei Wagen mit anschließenden Fahrgestell-Nummern ist der Behälter fest mit dem Einfüllrohr verbunden.
□ In beiden Fällen besitzt der Be- und Entlüftungsbehälter eine Auslaufsicherung, die aus einem Kugelventil besteht.
Sie bewirkt, daß bei einem Unfall, wenn der Wagen auf dem Dach liegt, kein Benzin über die Be- und Entlüftungsleitung ausläuft.

Be- und Entlüftungsbehälter ausbauen

■ Bei Wagen mit separat am Einfüllstutzen sitzendem Behälter die Schlauchschellen der angeschlossenen Schläuche mit Schraubenzieher aufdrücken.
■ Befestigung am Einfüllstutzen lösen.
■ Schläuche abziehen und den Behälter abnehmen.
■ Beim Einfüllstutzen mit fest verbundenem Behälter den Tankdeckel abnehmen.
■ Kraftstoff ablassen.
■ Schlauch des Einfüllstutzens sowie Be- und Entlüftungsschläuche am Tank lösen und abziehen.
■ Federschellen mit dem langen Be- und Entlüftungsschlauch vom Tank lösen.
■ Schrauben herausdrehen und den Einfüllstutzen mit Be- und Entlüftungsschlauch nach unten aus der Gummidichtung herausziehen.
■ Beim Einbau neue Schlauchbinder verwenden.

Auslaufsicherung prüfen

■ Ausgebauten Be- und Entlüftungsbehälter (evtl. mit Einfüllstutzen) kippen und den Behälter über den Anschluß zum Tank mit Benzin füllen.
■ Das Kugelventil im Behälter muß den Durchlauf verschließen: Es darf kein Kraftstoff aus dem Entlüftungsstutzen fließen.

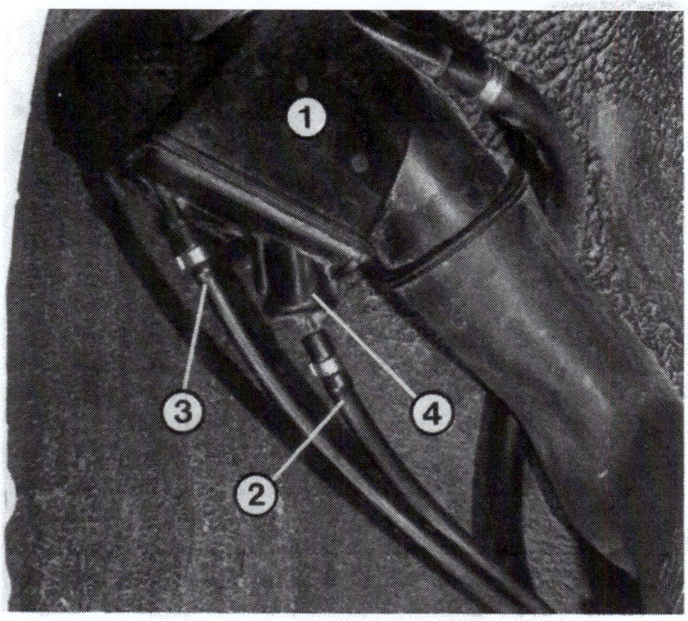

Das ist die auf Seite 80 beschriebene jüngste Auslaufsicherung. 1 – In dem Einfüllrohr integrierter Behälter der Auslaufsicherung; 2 – Anschluß zum Tank; 3 – Anschluß zur Außenluft; 4 – Ventil mit Anti-Auslaufmechanik.

Die Kraftstoffleitungen

☐ Bei den Vergasermotoren wird der Kraftstoff in einfachen Schläuchen und Leitungen vom Tank nach vorn gepumpt. Damit der Druck auf das Schwimmernadelventil im Vergaser nicht zu groß wird, gelangt zuviel geförderter Kraftstoff durch eine Rücklaufleitung in den Tank zurück.
☐ Beim Einspritzmotor müssen die Schläuche und Leitungen einem Druck von mehr als 5 bar widerstehen. Die Schläuche bestehen daher aus besonders druckfestem Werkstoff.

Kraftstoffleitungen und Schläuche ausbauen

■ Schrauben der Schlauchschellen mit Kreuzschlitzschraubendreher lockern.
■ Schlauch unter Drehbewegungen abziehen.
■ Ist dies nicht möglich, kleinen Gabelschlüssel am Schlauchende ansetzen und damit abdrücken.
■ Beim **Einspritzmotor** beachten, daß das Kraftstoffsystem auch längere Zeit nach dem Abschalten des Motors noch unter Druck steht.
■ Beim Losschrauben einer Benzinleitung einen Lappen bereithalten, damit kein Kraftstoff in die Augen spritzen kann.

Kraftstoffanlage überprüfen

Wartung Nr. 4

Riecht es am Abstellplatz des Wagens nach Benzin, tritt dies irgendwo aus einer Leitung oder an einem Bauteil der Kraftstoffanlage aus.
Zur Suche einer Undichtigkeit sollte der Wagen über Nacht an einem trockenen, sauberen Platz gestanden haben.
■ Flecken unter dem Wagenboden?
■ Wenn nicht, Motor starten und einige Minuten laufen lassen.
■ Nach dem Abstellen erneute Kontrolle auf dem Boden.
■ Falls immer noch nichts sichtbar ist, sämtliche Leitungen und Teile der Kraftstoffanlage verfolgen und auf den charakteristischen Benzingeruch achten.
■ Außerdem soll man prüfen bzw. reinigen:
■ Filtersieb der mechanischen Kraftstoffpumpe (Bild nächste Seite),
■ Filtersieb am Vergaser Pierburg 2 E 3 und Varajet (Seite 102).

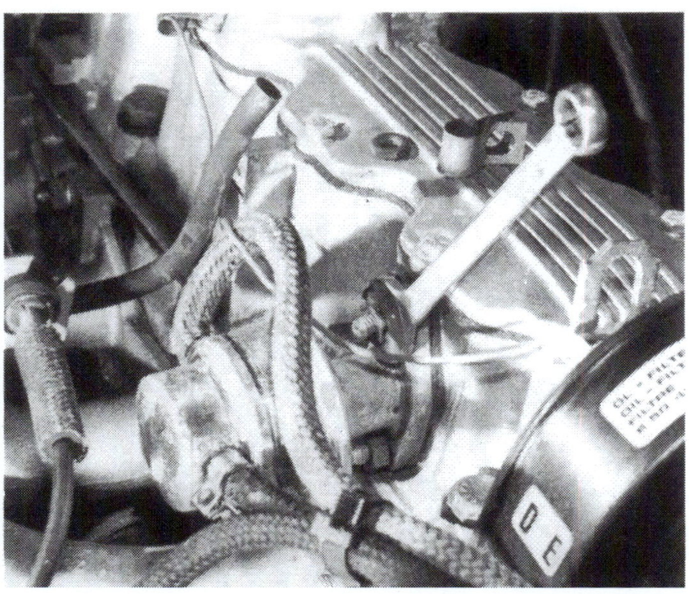

Bei den Vergasermotoren sitzt die Benzinpumpe am Nockenwellengehäuse, denn sie wird von der Nockenwelle angetrieben. Der Ausbau der Pumpe ist unproblematisch – siehe nächste Seite.

Die Teile der mechanischen Kraftstoffpumpe: 1 – Deckel mit angeschlossenem Kraftstoffschlauch; 2 – Filtersieb; 3 – Pumpengehäuse (im Bild mit eingedrehter Befestigungsschraube für den Deckel); 4 – Dichtring. Am unteren Bildrand ist der Temperaturfühler beim Motor 13 zu sehen.

Die Kraftstoffpumpe Vergasermotoren

□ Die Pumpe sitzt am Zylinderkopf in Fahrtrichtung hinten rechts.
□ Zur Funktion: Im Oberteil ist das Saug- und Druckventil eingebaut, im Unterteil sitzt der Steuermechanismus und dazwischen eine Membrane. Eine Feder am Pumpenstößel zieht diesen samt der daran befestigten Membrane nach unten, das Saugventil öffnet: Benzin wird aus dem Tank angesaugt. Der Pumpenantrieb drückt nun den Pumpenstößel mit der Membrane zurück, und das Druckventil öffnet: Kraftstoff wird in den Vergaser gefördert.

Störungen an der Benzinpumpe

□ Die Pumpenventile können Probleme bereiten. Sie sind lediglich eingepreßt. Wenn sich eines löst, stockt der Benzinstrom. Falls ein Ventil lediglich hängt, hilft bisweilen kräftiges Klopfen auf das Pumpengehäuse.
□ Das Oberteil der Pumpe ist nicht zugänglich. Erweist sich die Pumpe als defekt, muß sie komplett ersetzt werden.

Kraftstoffpumpe prüfen

■ Benzinschlauch zum Vergaser abnehmen und in ein Gefäß halten.
■ Motor von Helfer starten lassen. Kommt Benzin?
■ Sie können den Benzinpumpendruck auch mit einem entsprechenden Manometer messen. Bei 2000/min sollen es 0,18 bis 0,24 bar sein.

Filtersieb der Kraftstoffpumpe reinigen

Unterhalb des Kraftstoffpumpendeckels sitzt ein Filtersieb.
■ Halteschraube des Deckels losdrehen.
■ Deckel abnehmen.
■ Filtersieb in sauberem Benzin auswaschen und dann ausblasen.
■ Dichtring auf Beschädigungen kontrollieren.
■ Beim Einbau muß die evtl. vorhandene Kerbe im Deckel in die Aussparung des Pumpengehäuses eingesetzt werden.

An den bezeichneten Stellen sind das Filtergehäuse (1) und der Membrandämpfer (2) an einer Halterung befestigt.

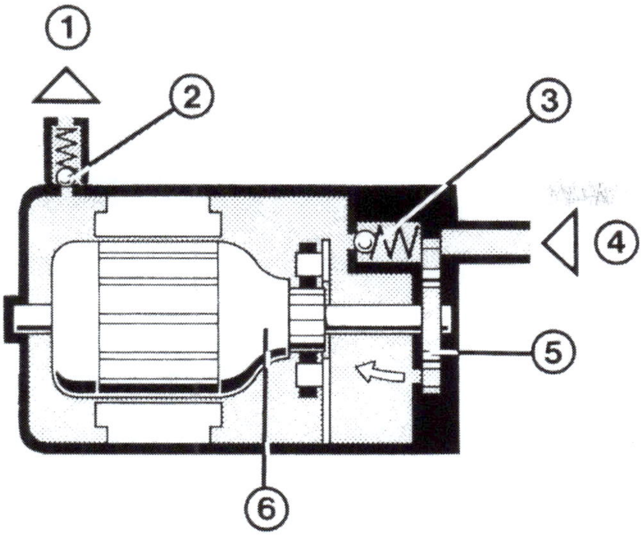

Schematische Darstellung der elektrischen Kraftstoffpumpe des Ascona 18 i: 1 – Druckseite; 2 – Rückschlagventil; 3 – Überdruckventil; 4 – Saugseite; 5 – Rollenzellenpumpe; 6 – Anker.

Fingerzeig: *Ein undichter Gummiring unter dem Benzinpumpendeckel kann bei höheren Drehzahlen zu Aussetzern und Leistungsverlust führen. Da die Saugseite der Pumpe im Oberteil sitzt, saugt die Benzinpumpe bei defekter Dichtung Luft an.*

Kraftstoffpumpe ausbauen

- Beide Schläuche von der Pumpe abnehmen.
- Vom Tank kommenden Schlauch abknikken oder durch Hineindrehen einer Schraube verschließen.
- Beide Halteschrauben der Pumpe losdrehen.
- Dichtung entfernen und die Flanschflächen reinigen.
- Beim Einbau neue Dichtung verwenden.
- Halteschrauben beim 1,3-l-Motor mit 20 Nm, beim 1,6-l-Motor mit 15 Nm anziehen.

Die elektrische Benzinpumpe Einspritzmotor

Sie sitzt unter dem Kofferraum rechts. Es ist eine sogenannte Rollenzellenpumpe mit Elektromotor, der direkt von Kraftstoff umgeben ist. In der Pumpe kann kein zündfähiges Gemisch entstehen.
Beim Einschalten der Zündung erhält die Pumpe Strom über den Startschalter, bei laufendem Motor über das Steuerrelais, das mit dem Steuergerät (Seite 108) in Verbindung steht.
Zur Aufrechterhaltung des Kraftstoffdrucks von 2,5 bar fördert die Pumpe mehr Benzin, als der Motor benötigt. Damit das Kraftstoffsystem auch nach dem Abstellen noch unter Druck steht, besitzt die Anlage einen Druckregler (siehe Schemazeichnung Seite 108 oben).

Störungen an der Kraftstoffpumpe

Die elektrische Benzinpumpe der LE-Jetronic erhält, wie schon erwähnt, nur Strom, wenn der Anlasser betätigt wird oder der Motor läuft. Deshalb ist das Prüfen der Pumpe etwas kompliziert.

- Sicherung Nr. 11 kontrollieren.
- Bei intakter Sicherung die Prüfung, ob

Bei hinten angehobenem Ascona 18 i gelangt man an: 1 – elektrische Kraftstoffpumpe; 2 – Membrandämpfer; 3 – Kraftstoffilter.

Das Kraftstoffsystem des 18 E-Motors besteht aus: 1 – Kraftstoffsaugleitung; 2 – Kraftstoffpumpe; 3 – Membrandämpfer; 4 – Kraftstoffilter; 5 – Kraftstoffdruckleitung; 6 – Einspritzventil; 7 – Kraftstoffdruckregler; 8 – Kraftstoffrücklaufleitung.

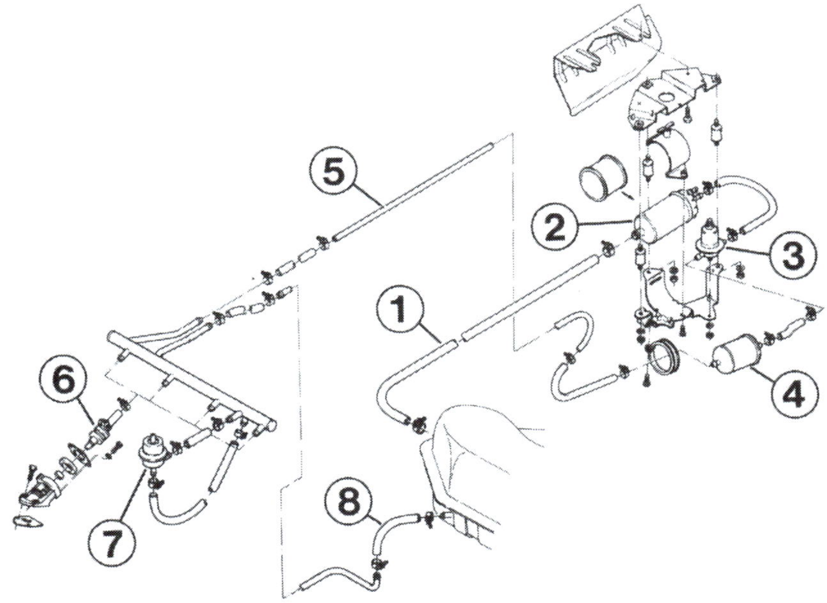

die Pumpe überhaupt läuft: Von Helfer Anlasser betätigen lassen und Hand an das Pumpengehäuse halten. Wenn die Pumpe arbeitet, sind leichte Vibrationen spürbar.

■ Tut sich nichts, Pumpe ausbauen und gegen das Gehäuse klopfen. War sie hängengeblieben, löst sie sich so vielleicht wieder.

■ Sitzen die Kabelstecker an der Pumpe richtig?

■ Nächste Prüfung am Steuerrelais (Seite 225): Klemme 28 und 59 mit Draht überbrükken, die Pumpe muß anlaufen. Stecker wieder aufschieben.

■ Stecker des blauen Kabels von der Pumpe abziehen, Prüflampe anschließen und Starter betätigen. Wenn die Prüflampe leuchtet, ist die Pumpe defekt.

Kraftstoffpumpe ausbauen

Eine defekte elektrische Kraftstoffpumpe muß ersetzt werden, sie läßt sich nicht reparieren.

■ Kabel von der Pumpe abziehen.

■ Schlauchschellen lösen und Kraftstoffschläuche abziehen.

■ In das Schlauchende passende Schraube stecken.

■ Auslaufendes Benzin mit Lappen auffangen.

■ Befestigungsschelle abschrauben und die Pumpe mit Moosgummi abnehmen.

■ Zum gemeinsamen Ausbau von Pumpe, Filter und Membrandämpfer den Halter von den Stehbolzen abschrauben.

■ Kraftstoffschlauch zum Verteilerrohr am Filter abziehen.

Kraftstoffilter ersetzen

Wartung Nr. 24

Die Einspritzanlage reagiert empfindlich auf Verunreinigungen, deshalb durchläuft bei ihr der Kraftstoff ein spezielles Filter. Besonders aus dem gerade befüllten Erdtank einer Zapfstation können aufgewirbelte Schmutzpartikel in den Ascona-Tank geraten, also an frisch belieferten Tankstellen möglichst nicht auftanken.

Das Kraftstoffilter (Bild vorige Seite) soll regelmäßig ausgewechselt werden, reinigen läßt es sich nicht.

■ Schlauchschellen lösen und beide Schläuche abziehen.

■ Auf Sauberkeit achten.

■ Passende Schraube in das Schlauchende stecken oder Schläuche abklemmen.

■ Austretenden Kraftstoff mit Lappen auffangen.

■ Befestigungsschelle abschrauben und Kraftstoffilter abnehmen.

■ Neues Filter so einbauen, daß der umgebördelte Filterrand zum Membrandämpfer zeigt.

Vermischtes

Pures Benzin kann dem Motor nicht genügend Kraft verleihen. Nur wenn es dampf- oder gasförmig mit Luft vermischt wird, entsteht nach der Zündung so viel Energie, daß sich daraus Nutzen ziehen läßt.

Das Luftfilter

Gewissermaßen als Vorzimmer für die einströmende Verbrennungsluft dient das Luftfilter auf dem Vergaser. Es muß die Staub- und Schmutzteilchen aus der angesaugten Luft herausfiltern, damit sie nicht in den Vergaser oder die Verbrennungsräume gelangen und dort Schaden stiften. Außerdem wirkt das Filter als Ansauggeräuschdämpfer.

Luftfiltereinsatz ausblasen

Das Papierfilterelement sollte einmal im Jahr ausgeblasen werden. Falls Sie viel auf unbefestigten Straßen fahren (etwa im Urlaub), empfiehlt sich diese Reinigungskur schon nach 5000 km.

- Luftfiltereinsatz ausbauen.
- Papierfilter ausklopfen.
- Den feinen Staub müssen Sie mit Druckluft ausblasen.
- Luftstrahl seitlich an den Filterlamellen vorbeistreichen lassen. Nicht von außen nach innen blasen, sonst wird der Staub noch fester in die Filterporen gedrückt.
- Niemals das Papierfilter in Flüssigkeiten zu reinigen versuchen. Das verstopft die Filterporen.
- Ölspuren im Filtergehäuse aus der Kurbelgehäuse-Entlüftung mit einem benzingetränkten Lappen auswischen.

Luftfiltereinsatz wechseln

Wartung Nr. 22

Durch einen verschmutzten Filtereinsatz erhält der Motor nicht mehr die volle Ansaugluftmenge. Das Gemisch wird fetter, der Verbrauch steigt und die Leistung sinkt. Der rechtzeitige Filtertausch ist daher durchaus ratsam.
Neuen Luftfiltereinsatz unter Beachtung des Motortyps beim Opel-Service, im Kaufhaus oder bei der Tankstelle besorgen.

Luftfiltereinsatz ausbauen

- Auf dem Luftfilterdeckel Schraube(n) herausdrehen bzw. Mutter abschrauben.
- Spannbügel rund um den Luftfilterdeckel lösen, Deckel abnehmen.
- Papiereinsatz herausnehmen.
- Beim Zusammenbau die Verschraubung(en) des Deckels nicht zu fest anziehen.

Je nach Vergaser ist der Deckel (1) des Luftfiltergehäuses mit einer oder mehreren Schrauben befestigt, außerdem durch Spannbügel (2) am Rand des Gehäuses festgehalten. Nach Abnehmen des Deckels ist der Filtereinsatz zugänglich.

Ab Motor 13 S aufwärts sitzt auf dem Ansaugstutzen des Luftfilters der Umschalter (1) für die automatische Vorwärmung. Er öffnet oder schließt den Weg der kalten Ansaugluft (2) bzw. der vorgewärmten Luft (3).

Luftfiltergehäuse abbauen

■ Luftfiltereinsatz ausbauen.
■ Schlauch der Kurbelgehäuse-Entlüftung abnehmen.
■ Unterdruckschlauch abziehen.
■ Beim Vergaser Varajet die rechteckige Halterung aus dem Gehäuse nehmen.
■ Filtergehäuse abnehmen.
■ Beim Einbau auf richtigen Sitz des Dichtrings achten.
■ Schläuche gut auf ihre Stutzen drücken, vorhandene Befestigungsschellen montieren.

Die Ansaugluftvorwärmung

Die angesaugte Verbrennungsluft sollte eine bestimmte Temperatur haben:
□ Bei kühlem Wetter vergast das Gemisch besser, wenn die Verbrennungsluft angewärmt ist.
□ Bei höheren Außentemperaturen ist kältere Ansaugluft besser. Luft dehnt sich bei Erwärmung aus. Da der Motor nur eine bestimmte Menge Luft ansaugen kann, erhält er weniger, wenn diese angewärmt wurde. Das führt zu fetterem Gemisch und höherem Verbrauch.
□ Vorgewärmte Luft beugt der Vergaservereisung vor, die zwischen +3° und +8°C und hoher Luftfeuchtigkeit auftreten kann. Bei laufendem Motor verdunstet ein Teil des Kraftstoffes durch den Druckabfall im Vergaser. Die entstehende Verdunstungskälte kann dann im Vergaser zur Bildung einer Eisschicht führen und die einwandfreie Gemischbildung verhindern.

Mechanische und automatische Vorwärmung

□ Im Schnorchel des Luftfilters sitzt eine verstellbare Klappe. Je nach ihrer Stellung kann durch einen Stutzen Kaltluft und durch einen zweiten Warmluft einströmen.
□ Beim Motor 13 N muß die Einstellung von Hand an dem federbelasteten Klappenhebel vorgenommen werden.
□ Bei den Motoren 13 S, 16 N und 16 SH sitzt die Klappe in einem Mischgehäuse mit Unterdruckdose und Thermostat, zudem befindet sich im Luftfiltergehäuse ein Temperaturregler. Die Stellung der Klappe wird von der Unterdruckdose gesteuert, der Unterdruck kommt über einen Schlauch vom Ansaugrohr.

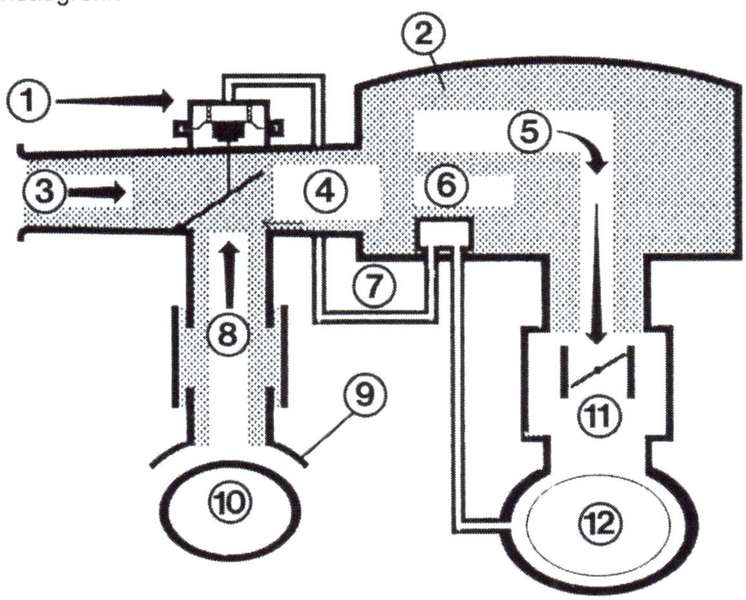

Das Schema der Ansaugluft-Vorwärmung zeigt: 1 – Unterdruckdose mit Dehnstoffelement; 2 – Luftfilter; 3 – Kaltluft; 4 – Steuerklappe; 5 – Mischluft; 6 – Regler; 7 – Drossel; 8 – Warmluft; 9 – Warmlufthutze; 10 – Auslaßkrümmer; 11 – Vergaser; 12 – Ansaugkrümmer.

Mechanische Vorwärmung einstellen

■ Die Stellung des Klappenhebels entsprechend der Außentemperatur vornehmen: Sommer-Stellung über +10°C, Winter-Stellung unter +10°C.
■ Zu wirtschaftlicher Fahrweise schon bei 0°C umstellen (Einsparung bis zu 0,5 l auf 100 km). Aber auf einwandfreien Motorrundlauf achten, sonst bei höherer Temperatur umstellen.

Störungen an der automatischen Vorwärmung

Funktioniert die Vorwärmung der Ansaugluft nicht richtig, können sich folgende Störungen bemerkbar machen. Winters:
□ Schlechter Leerlauf nach dem Kaltstart in der Warmlaufphase.
□ Schlechter Übergang, Motor neigt zum Stottern.
In der warmen Jahreszeit:
□ Geringere Leistung, übliche Höchstgeschwindigkeit wird nicht erreicht.
□ Höherer Kraftstoffverbrauch.

Automatische Vorwärmung kontrollieren

■ Schlauch vom Anschluß des Temperaturreglers am Luftfiltergehäuse abziehen.
■ Mit dem Mund am Schlauch Luft ansaugen: die Warmluftklappe muß hörbar schließen bzw. öffnen.
■ Falls nicht, Unterdruckschläuche auf Undichtigkeiten kontrollieren. Ist die Klappe der Unterdruckdose leicht beweglich?
■ Zum Prüfen des Temperaturreglers den kalten Motor starten und im Leerlauf drehen lassen.
■ Die Warmluftklappe muß aufgezogen werden.
■ Unterdruckschlauch vom Vergaser zum Temperaturregler am Vergaserstutzen abziehen.
■ Die Klappe muß nach etwa 20 s in Ruhelage zurückgegangen sein.

Welcher Vergaser ist eingebaut?

In den Ascona-Modellen sind unterschiedliche Vergaser eingebaut, deren Einsatz sich nach dem Motor-Typ richtet. Damit Sie aus den folgenden Beschreibungen sofort den für Ihren Motor richtigen Vergaser heraussuchen können, folgt diese Aufstellung:

Motor	13 N	13 S bis 8/84	ab 8/84	16 N	16 SH	16 SV	E 18 NV
Vergaser-Hersteller	Solex (Pierburg)	GMF	Pierburg	Pierburg	GMF	Pierburg	Pierburg
Vergaser-Typ	35 PDSI	Varajet II	2 E 3	1 B 1	Varajet II	2 E 3	2 EE

Die wichtigsten Teile des Vergasers

Beschleunigungspumpe: Beim Durchtreten des Gaspedals spritzt sie zusätzlich Benzin in den Saugkanal ein, damit bei plötzlichem Gasgeben das Kraftstoff/Luft-Gemisch durch das schlagartige Öffnen der Drosselklappe nicht zu kraftstoffarm wird.
Drosselklappe: Sie sitzt ganz unten im Vergaser und regelt die Menge des Kraftstoff/Luft-Gemisches, die der Motor ansaugen soll. Wie weit sie geöffnet wird, bestimmt der Fahrer beim Treten des Gaspedals. Pedal und Drosselklappe sind über den Gaszug direkt verbunden
Hauptdüse: Sie ist in die Schwimmerkammer eingeschraubt. Mit ihrer genau bemessenen Bohrung sorgt sie für den Abfluß der richtigen Kraftstoffmenge aus der Schwimmerkammer.
Leerlaufdüse: Sie liefert dem Leerlaufsystem eine stets gleichbleibende Kraftstoffmenge zur Aufbereitung des Leerlaufgemisches.
Luftkorrekturdüse: Sie mischt den von der Hauptdüse kommenden Kraftstoff mit Luft vor.
Lufttrichter: Er sitzt im Saugkanal (Vergaserdurchlaß). Durch eine Einschnürung in seinem Innendurchmesser beschleunigt er die angesaugte Luft. Dadurch wird das Gemisch aus dem Austrittsarm stärker abgesaugt.
Mischrohr: Ihm werden Kraftstoff von der Hauptdüse und Luft durch Bohrungen von der Luftkorrekturdüse zugeführt. Beides wird vermischt in den Austrittsarm im Saugkanal weitergeleitet. Bei höheren Drehzahlen werden Bohrungen frei, die zusätzliche Luft einströmen lassen, um das andernfalls durch höheren Kraftstoffdurchsatz fetter werdende Mischungsverhältnis konstant zu halten.
Schwimmerkammer: Hier wird die Speicherung des Kraftstoffes durch Schwimmer und Schwimmernadelventil geregelt. Sobald der Kraftstoffstand in der Kammer eine bestimmte Höhe erreicht hat, drückt der Schwimmer durch seinen Auftrieb über einen Hebel gegen die Ventilnadel. Deren spitz zulaufendes Ende sperrt dann den weiteren Zufluß ab.
Starterklappe: Sie sitzt ganz oben im Vergasereinlaß. Bei kaltem Motor muß sie geschlossen

Schemabild des Fallstromvergasers 35 PDSI: 1 – Schwimmernadelventil; 2 – Leerlaufdüse; 3 – Leerlaufluftbohrung; 4 – Luftkorrekturdüse; 5 – Einspritzrohr; 6 – Schwimmerkammer-Belüftung; 7 – Starterklappe; 8 – Vergaserdeckel; 9 – Austrittsarm mit Vorzerstäuber; 10 – Anschlußrohr für Zündverstellung; 11 – Lufttrichter; 12 – Isolierdichtung; 13 – Drosselklappenteil; 14 – Drosselklappe; 15 – Mischrohr; 16 – Leerlaufgemisch-Regulierschraube; 17 – O-Ring; 18 – Hauptdüse; 19 – Schwimmer; 20 – Kugelventil; 21 – Pumpenstange mit Druckfeder; 22 – Membranfeder; 23 – Einstellmutter; 24 – Pumpenhebel; 25 – Pumpenmembrane; 26 – Membranpumpengehäuse; 27 – Kugelventil; 28 – Verschlußschraube; 29 – Kraftstoffzufluß; 30 – Füllstift.

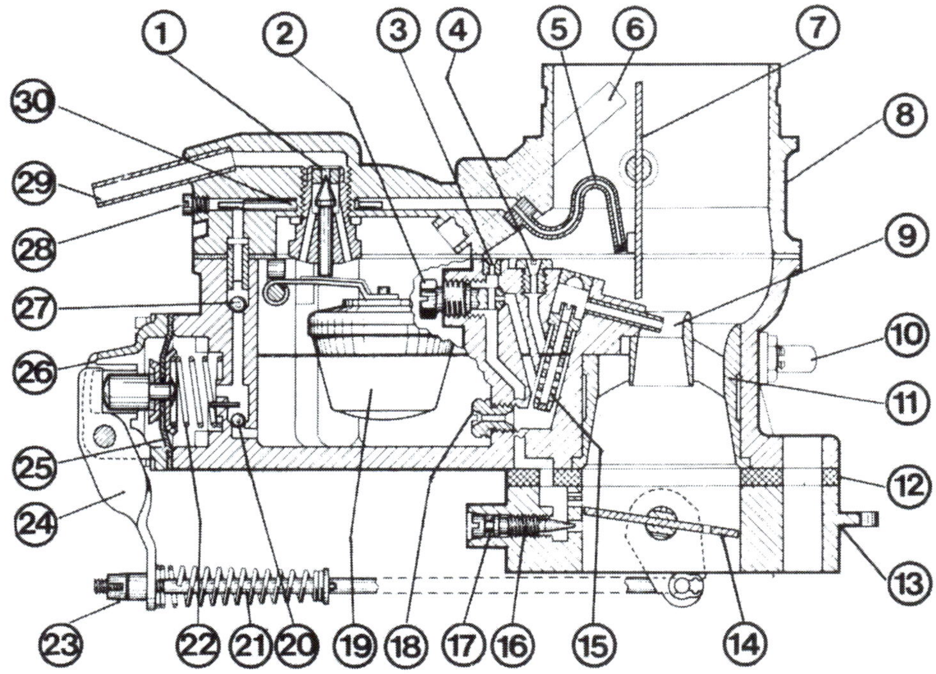

werden. So baut sich bei laufender Maschine im Vergaserdurchlaß ein verstärkter Unterdruck auf, der mehr Benzin am Austrittsarm absaugen kann. Das Gemisch wird kraftstoffreicher (fetter). Mit zunehmender Motorerwärmung muß die Starterklappe wieder geöffnet werden.

Vergaser-Beschreibung

Alle im Ascona eingesetzten Vergaser sind sogenannte Fallstrom-Vergaser. Die angesaugte Luft strömt darin senkrecht nach unten (»fällt«) und saugt dabei aus den verschiedenen Düsen den Kraftstoff.

Solex 35 PDSI

Diesen Solex-Vergaser hat Pierburg nach der Firmenumwandlung im Programm behalten. Es ist ein Einfach-Vergaser mit nur einer Mischkammer.

Start: Zum Anlassen des kalten Motors muß der Fahrer den Starterzug (Choke) ziehen. Dadurch wird im Vergaser die Starterklappe nahezu geschlossen. Unmittelbar nach dem Anlassen sorgt der Unterdruck – von den im Motor auf und ab laufenden Kolben erzeugt – für einen Öffnungsspalt der Starterklappe, betätigt durch die Pulldown-Unterdruckdose. Dadurch wird ein Überfetten des Kraftstoff/Luft-Gemisches verhindert. Die somit nicht völlig geschlossene Starterklappe kann, da sie außermittig und frei beweglich gelagert ist, von der angesaugten Verbrennungsluft zum Flattern gebracht werden.

Nachdem der Motor angesprungen ist, muß der Starterzug wieder so weit zurückgeschoben werden, daß der Motor noch gleichmäßig läuft. In dieser Kaltlaufphase benötigt der Motor ein noch angefettetes Gemisch, was bei etwa halb geöffneter Starterklappe gewährleistet ist. Wenn der Motor wärmer wird, ist der Starterzug nach und nach bis zur Endstellung hineinzuschieben (bei sommerlichen Temperaturen ist die »Choke-Zeit« kürzer als im Winter).

Leerlauf: Das Leerlaufgemisch wird zu etwa ⅔ Teilen aus dem Leerlaufsystem und zu ⅓ Teil

In Vervollständigung der oberen Abbildung sind hier beim Vergaser 35 PDSI zu sehen: 1 – Verschlußschraube; 2 – Zusatzgemischdüse; 3 – Luftbohrung für Umgemisch; 4 – Starterklappe; 5 – Anschlag; 6 – Lufttrichterhalteschraube mit Sechskantmutter; 7 – Lufttrichter; 8 – Leerlauf-Heißluftventil; 9 – Drosselklappe; 10 – Umgemisch-Regulierschraube; 11 – Verbindungsschlauch; 12 – Schwimmerkammer; 13 – Zusatzkraftstoffdüse; 14 – Steigrohr; 15 – Zusatzkraftstoffluftbohrungen; 16 – Dichtring.

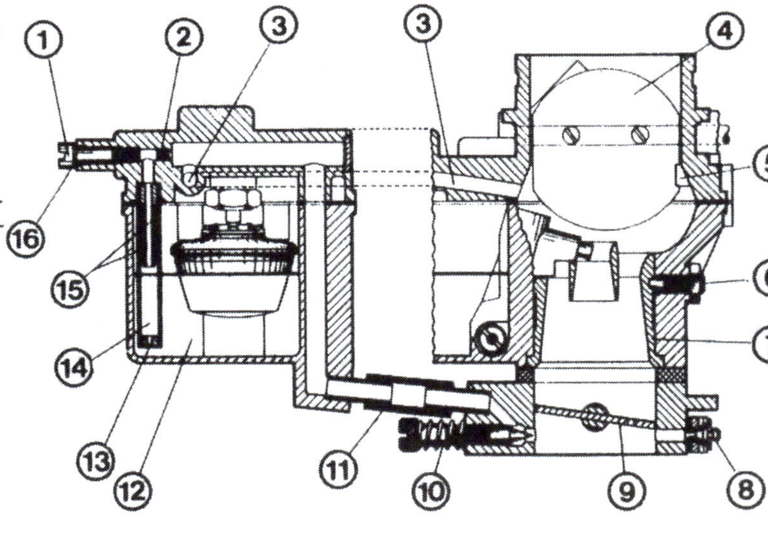

aus dem Umgemischsystem gebildet. Der Kraftstoff, hinter der Hauptdüse dem Mischrohr entnommen, wird von der Leerlaufdüse dosiert. Zusammen mit der Luft aus der Leerlaufdüse entsteht ein Gemenge. Diese Emulsion gelangt zu Bohrungen unter- und oberhalb der Drosselklappe. Zusätzlich wird das Umgemisch gebildet, bestehend aus kalibriertem Kraftstoff aus der Schwimmerkammer und dosierter Luft aus der Mischkammer. Es gelangt an eine Bohrung unterhalb der Drosselklappe. Beide Systeme besitzen Regulierschrauben.

Übergang: Beim Tritt auf das Gaspedal wird die Drosselklappe geöffnet. Dadurch wird eine zusätzliche Menge Kraftstoff/Luft-Gemisch aus den Bohrungen in Höhe der Drosselklappe angesaugt.

Normalbetrieb: Das Benzin fließt durch die Hauptdüse zum Austrittsarm mit Vorzerstäuber, der sich im engsten Saugquerschnitt des Lufttrichters befindet. Auf dem Weg dorthin wird über die Luftkorrekturdüse im Mischrohr Luft zugemischt.

Beschleunigung: Bei plötzlicher Öffnung der Drosselklappe würde ein »Loch« bis zum Einsetzen ausreichender Lieferung durch die Hauptdüse entstehen. Zur Überbrückung wird deshalb zusätzlich Kraftstoff in den Saugkanal gespritzt. Das geschieht durch eine Membranpumpe, die über Hebel und Stange mit der Drosselklappenwelle verbunden ist. Diese Kraftstoffmenge ist vom Pumpenhub abhängig.

Teillast: Mit fortschreitender Öffnung der Drosselklappe wird vermehrt Kraftstoff gebraucht. Besorgt wird das vom Anreicherungsventil, von einem Unterdruckkolben gesteuert, wobei zusätzliches Benzin durch einen Kanal mit Ventilnadel zum Anreicherungsrohr fließt. Im Saugrohr entsteht außerdem ein größerer Luftdurchsatz.

Vollast: Der eben beschriebene Vorgang verstärkt sich bei noch höheren Drehzahlen. Dabei hebt der Unterdruck den Kraftstoff bis zur Höhe des Anreicherungsrohrs, und das Anreicherungssystem tritt voll in Funktion: Das Anreicherungsventil öffnet ganz, und über einen Kanal an der Hauptdüse vorbei gelangt weiterer Kraftstoff zum Mischrohr.

Pierburg 1B1

Hierbei handelt es sich ebenfalls um einen Einfach-Vergaser, denn es ist nur eine Mischkammer vorhanden.

Start: Wie beim PDSI-Vergaser muß der Starterzug betätigt werden, um die Starterklappe zu schließen. Zur Starteinrichtung gehört ein Thermochoke, der die Starterklappe unabhängig von evtl. falscher Bedienung nicht zu lange geschlossen hält: An die Starterklappenwelle ist ein Hebel montiert, in den eine Bimetallfeder eingehängt ist. Diese Feder reagiert auf die Umgebungstemperatur. Sie drückt bei kaltem Motor die Luftklappe in »Geschlossen«-Stellung. Mit zunehmender Erwärmung zieht die Bimetallfeder die Starterklappe auf, auch wenn der Starterzug noch gezogen ist. Damit wird verhindert, daß bei versehentlich gezogenem Starterzug das Gemisch für den Motor zu stark angereichert (überfettet) wird.

Leerlauf: Das Leerlaufgemisch wird gebildet aus einem Grund- und einem Zusatz-Leerlaufsystem. Eine kombinierte Kraftstoff/Luft-Düse erhält Benzin von der Hauptdüse und sorgt für die erforderliche Grundmischung. Das Zusatzgemisch bildet eine gleichfalls kombinierte Zusatz-Kraftstoff/Luft-Düse mit Luft aus dem Mischrohr. Beide Leerlaufgemische durchlaufen jeweils eigene Regulierschrauben und gelangen dann aus einer gemeinsamen Bohrung unterhalb der Drosselklappe in das Ansaugrohr.

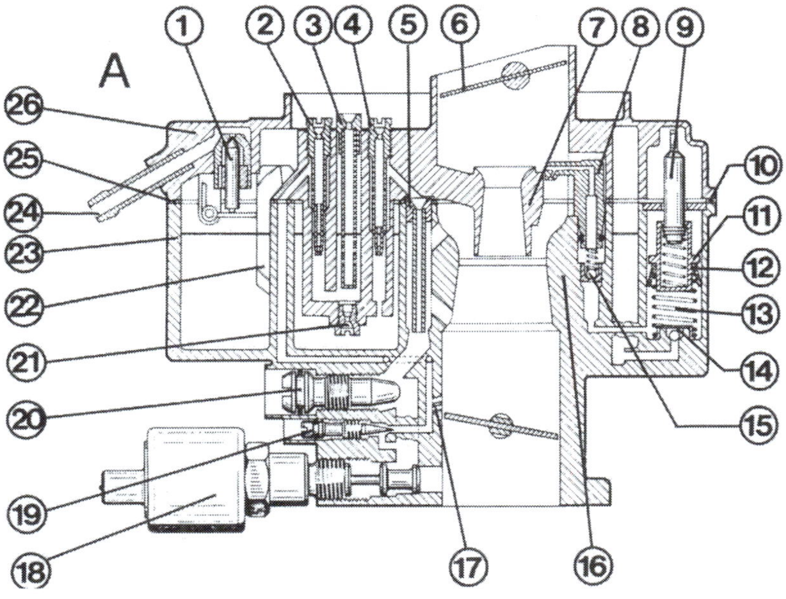

Schema des Vergasers Pierburg 1 B 1:
1 – Schwimmernadelventil; 2 – Leerlaufkraftstoff-Luftdüse; 3 – Luftkorrekturdüse mit Mischrohr; 4 – Zusatzkraftstoff-Luftdüse; 5 – Mischrohr für Zusatzgemisch; 6 – Starterklappe; 7 – Vorzerstäuber; 8 – Einspritzrohr; 9 – Pumpenstößel; 10 – Vergaserdeckeldichtung; 11 – Pumpenkolben; 12 – Pumpenmanschette; 13 – Pumpenfeder; 14 – Pumpensaugventil; 15 – Pumpendruckventil; 16 – Lufttrichter; 17 – Übergangsbohrungen; 18 – Leerlaufabschaltventil; 19 – Grundleerlauf-Gemischregulierschraube; 20 – Zusatzgemischregulierschraube; 21 – Hauptdüse; 22 – Schwimmer; 23 – Vergasergehäuse; 24 – Kraftstoffanschluß; 25 – Vergaserdichtung; 26 – Vergaserdeckel.
Siehe auch Bild der nächsten Seite oben.

Eine weitere Schemazeichnung des Vergasers Pierburg 1 B 1 zeigt: 1 – Schwimmer; 2 – Luftkorrekturdüse mit Mischrohr; 3 – Vollastanreicherung; 4 – Hauptgemischaustritt; 5 – Starterklappe; 6 – Vorzerstäuber; 7 – Drosselklappe; 8 – Hauptdüse; 9 – Zwischenstück; 10 – Anreicherungsfeder; 11 – Membrandeckel; 12 – Membranventil; 13 – Dichtung.

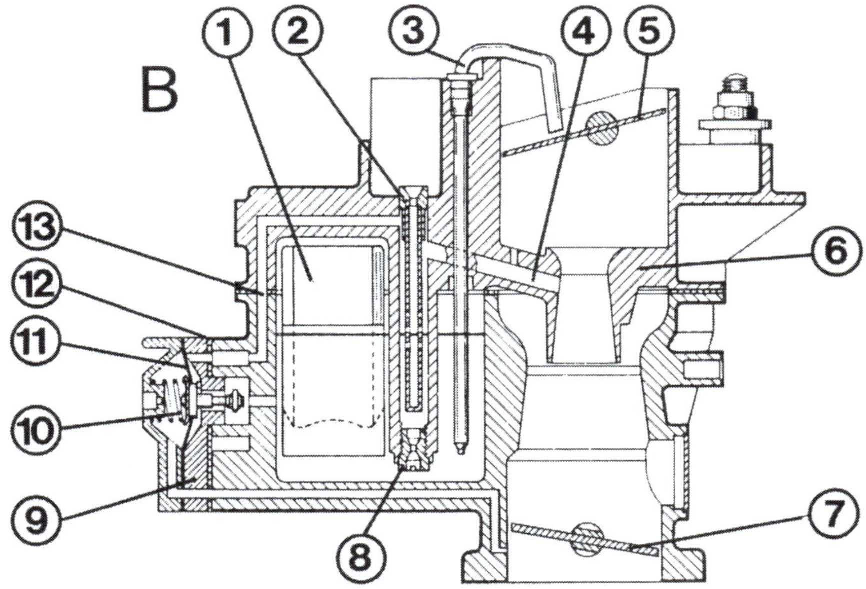

Übergang: Über das Gaspedal wird die Drosselklappe weiter geöffnet, und eine zusätzliche Menge Kraftstoff/Luft-Gemisch tritt durch die Übergangsbohrungen an der Drosselklappe aus. Bei weiterer Öffnung der Drosselklappe wird der Unterdruck im Hauptgemischaustritt höher als im Leerlaufsystem, in dem dann die Förderung unterbrochen wird.
Teillast: Wird bei genügend weiter Drosselklappenöffnung das Hauptgemischsystem wirksam, bildet das von der Hauptdüse kommende Benzin im Mischrohr mit dem von der Luftkorrekturdüse zugeführten Luft das Gemisch. Dieses gelangt über den Vorzerstäuber in den Lufttrichter des Saugrohrs. Zur Anreicherung gibt ein unterdruckgesteuertes Membranventil außerdem noch notwendigen Kraftstoff frei.
Beschleunigung: Für die Anpassung der Gemischmenge an den zunehmenden Luftdurchsatz beim plötzlichen Gasgeben sorgt wie beim PDSI-Vergaser eine Membranpumpe.
Vollast: Über das Anreicherungsrohr im Vergaserdeckel gelangt bei voll geöffneter Drosselklappe zusätzlicher Kraftstoff zur Zerstäubung ins Saugrohr. Dazu fördert auch die Teillastanreicherung Benzin zum Hauptgemischsystem.

Pierburg 2E3

Bessere Gemischzuteilung für die einzelnen Zylinder und damit bessere Leistungsausbeute ermöglicht der Register- oder Stufenvergaser. Er besitzt zwei Mischkammern. Wenn die Drosselklappe der I. Stufe etwa zur Hälfte den Vergaserdurchlaß freigibt, öffnet bei entsprechenden Drehzahlen eine Unterdruckdose am Vergaser die Drosselklappe der II. Stufe.
Start: Zum Einschalten der Startautomatik muß das Gaspedal vor dem Anlassen ein- oder zweimal durchgetreten werden. Dadurch schließt die Starterklappe, und die Startautomatik ist über eine Stufenscheibe in Ausgangsposition gebracht. Mit dem Einschalten der Zündung wird die Bimetallfeder der Startautomatik elektrisch beheizt. Außerdem fließt das beim Motorlauf sich erwärmende Kühlwasser durch den Starterdeckel mit Thermoschalter. Bei Aufheizung dehnt sich die Bimetallfeder aus.

Das Hauptschema des Vergasers 2 E 3 zeigt: 1 – Drosselklappe I. Stufe; 2 – Leerlaufgemischaustritt; 3 – Gemischregulierschraube; 4 – Übergangsschlitz I. Stufe; 5 – Vergasergehäuse; 6 – Vergaserdeckeldichtung; 7 – Anschlußrohr zum Thermozeitventil; 8 – Vergaserdeckel; 9 – Vorzerstäuber I. Stufe; 10 – Starterklappe; 11 – Anreicherungsdüse; 12 – Kombinierte Leerlaufkraftstoff-Luftdüse; 13 – Luftkorrekturdüse mit Mischrohr I. Stufe; 14 – Luftkorrekturdüse mit Mischrohr II. Stufe; 15 – Belüftung für Übergangskraftstoff II. Stufe; 16 – Vollastanreicherungsrohr II. Stufe; 17 – Steigrohr für Übergangskraftstoff II. Stufe; 18 – Vorzerstäuber II. Stufe; 19 – Übergangsschlitz II. Stufe; 20 – Anschlußrohr zum Luftfilter; 21 – Drosselklappe II. Stufe; 22 – Übergangsdüse II. Stufe; 23 – Hauptdüse II. Stufe; 24 – Hauptdüse I. Stufe.

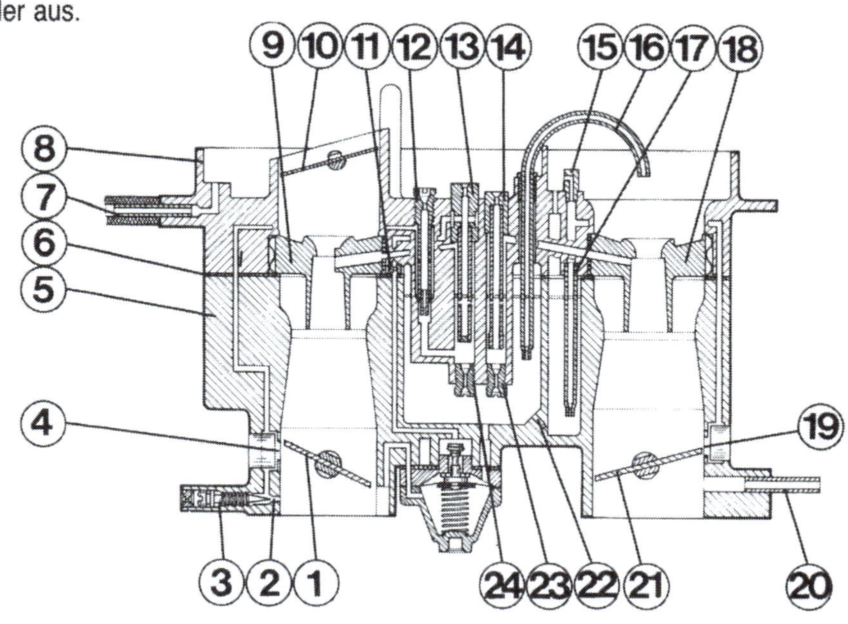

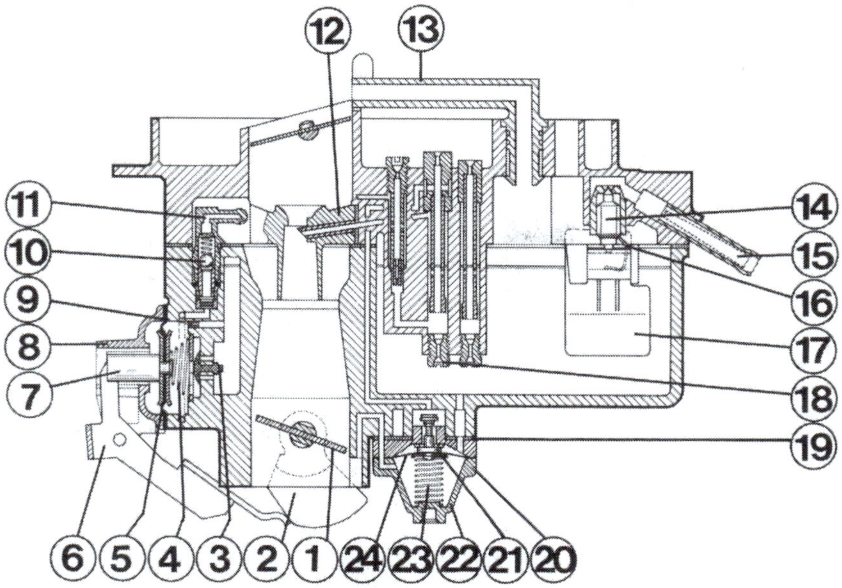

Zur Beschleunigungseinrichtung, Teillastanreicherung und Schwimmerkammer des Vergasers 2 E 3 gehören: 1 – Drosselklappe I. Stufe; 2 – Kurvenhebel; 3 – Pumpensaugventil; 4 – Pumpenfeder; 5 – Pumpenmembrane; 6 – Pumpenhebel; 7 – Pumpenstößel; 8 – Pumpendeckel; 9 – Rücklaufdüse; 10 – Pumpendruckventil; 11 – Spritzrohr; 12 – Vorzerstäuber I. Stufe; 13 – Schwimmerkammerbelüftungsrohr; 14 – Schwimmernadelventil; 15 – Kraftstoffzulaufrohr; 16 – Drahtbügel; 17 – Schwimmer; 18 – Hauptdüse I. Stufe; 19 – Dichtung; 20 – Zwischenstück; 21 – Anreicherungsventil; 22 – Membrandeckel der Teillastanreicherung; 23 – Druckfeder; 24 – Membrane.

Über einen unterdruckgesteuerten Pulldown gelangt nun die Starterklappe in Hochlaufposition, und bei erhöhter Drehzahl tritt der Schnelleerlauf ein. Zur Verminderung dieser Drehzahl kommt es durch Gaspedalbewegungen, indem die Stufenscheibe allmählich zurückstellt und die Drosselklappe in Schließstellung schwenkt. Die erwärmte Bimetallfeder öffnet die Starterklappe, und bei erreichter Betriebstemperatur trifft die Drosselklappe auf den Leerlaufanschlag der Stufenscheibe.

Warmlauf: Die Bimetallfeder im Starterdeckel wird durch die elektrische und kühlwassergesteuerte Beheizung veranlaßt, die Starterklappe allmählich in Offen-Stellung zu drehen. Zusätzlich wandert der Schieber am Dehnstoffelement zurück, so daß die Drosselklappe in Leerlaufstellung zurückgehen kann. Die Einstellschraube für den Kaltleerlauf liegt jetzt wieder am Stößel der Dreipunktdose an.

Leerlauf: Der Kraftstoff fließt durch die Hauptdüse I. Stufe und wird unter Einwirkung der Leerlaufkraftstoff-Luftdüse zum Vorgemisch gebildet. Dieses gelangt an der Vorgemischregulierschraube vorbei zur Mischkammer der I. Stufe. Ein Übergangsschlitz im Leerlaufkanal läßt ebenfalls Luft zur Vorgemischbildung einströmen.

Übergang: Für einwandfreien Übergang vom Leerlauf auf Normalbetrieb sorgt ein Übergangsschlitz in Höhe der Drosselklappe der I. Stufe. Der gleichzeitige Druckabfall im Saugrohr vergrößert die Gemischmenge vom Hauptdüsensystem. Die weitere Öffnung der Drosselklappe bewirkt niedrigeren Druck am Hauptgemischaustritt, und die Förderung im Leerlaufsystem wird unterbrochen. Die Drosseklappe der II. Stufe ist noch mechanisch gesperrt.

Teillast: Bei ausreichendem Druckabfall im Hauptgemischaustritt setzt das Hauptdüsensystem der I. Stufe ein. Der von der Hauptdüse dosierte Kraftstoff bildet im Mischrohr mit der von der Luftkorrekturdüse einströmenden Luft ein Vorgemisch. Dieses gelangt zum Hauptgemischaustritt. Eine pneumatisch gesteuerte Membran betätigt das Teillastanreicherungsventil, wobei der benötigte Druck der Mischkammer unterhalb der Drosselklappe entnommen wird.

Beschleunigung: Die beim plötzlichen Gasgeben benötigte Gemischmenge wird von einer Membranpumpe gefördert – siehe PDSI-Vergaser.

Übergang auf Stufe II: Die Drosselklappe wird drehzahl- und lastabhängig über eine weitere Membrandose zugeschaltet. Der notwendige Druck wird beiden Lufttrichtern entnommen und der Membrandose durch eine Reduzierdüse zugeführt. Das Hebelsystem ist so abgestimmt, daß die II. Stufe nach halber Öffnung der Drosselklappe der Stufe I progressiv – in Abhängigkeit von der Drosselhebelstellung – öffnet. Beim Schließen der Drosselklappe I wird die Drosselklappe II mit zurückgeführt. Das Übergangssystem der II. Stufe bildet das Gemisch bis zum Einsatz des Hauptdüsensystems.

Vollast: Bei Vollgas muß viel Benzin verfügbar sein. Die Förderung erfolgt über die Hauptdüsensysteme der Stufen I und II sowie über die Anreicherungsrohre beider Stufen, ferner über das Übergangssystem der Stufe II.

Schiebebetrieb: Wenn der Fuß vom Gaspedal genommen wird, geht die Drosselklappe der 1. Stufe zunächst in Leerlaufstellung. Das Schaltgerät veranlaßt aufgrund der höher als Leerlauf liegenden Motordrehzahl über das Elektro-Umschaltventil, daß die Dreipunktdose ihren Stößel ganz zurückfährt. Hierdurch wird die Drosselklappe völlig geschlossen, wobei sie den Austritt

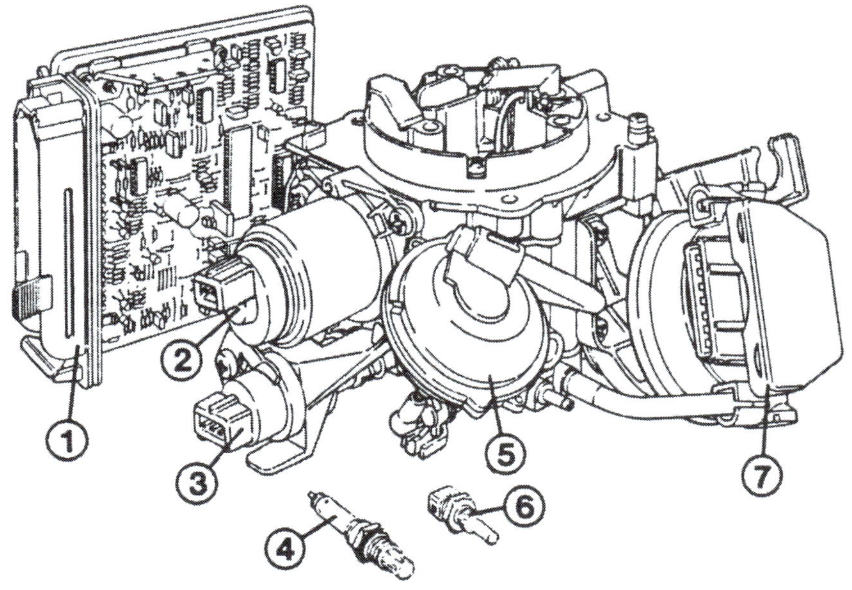

Zum Vergaser 2 E E gehören: 1 – Steuergerät; 2 – Drosselklappen-Potentiometer; 3 – Luftklappenansteller; 4 – Lambdasonde; 5 – Unterdruckdose zur Betätigung der 2. Vergaserstufe; 6 – Temperaturfühler; 7 – Drosselklappensteller.

für das Leerlaufgemisch verschließt. Der Kraftstoffzufluß ist damit unterbrochen. Knapp oberhalb der Leerlaufdrehzahl wird die Drosselklappe in Leerlaufstellung zurückbewegt und die Gemischzufuhr wieder geöffnet, damit der Motor nicht abstirbt.

Pierburg 2 EE

Dieser Vergaser vertritt die modernste Technik und ist im Grundaufbau mit dem 2 E 2 vergleichbar. Der 2 E E kommt ohne Startautomatik und Beschleunigungspumpe aus. Neu ist dagegen ein sogenannter Stellmotor für die Starterklappe. Die Grundeinstellung des Vergasers ist »mager«. Zum Kaltstart, Beschleunigen und Anreichern wird die Starterklappe (hier Vordrossel genannt) geschlossen – zum Anfetten – oder geöffnet – zum Abmagern des Kraftstoff/Luft-Gemisches. Der »Steller« für die Drosselklappe regelt die Leerlaufdrehzahl und die Schubabschaltung ähnlich der Dreipunktdose beim 2 E 2. Außerdem ist ein elektronisches Steuergerät vorhanden. Die Teile im einzelnen:

☐ **Drosselklappensteller:** Er funktioniert ähnlich wie die Dreipunktdose. Der Unterdruck im Raum hinter der Membrane wird mit Hilfe eines Be- und Entlüftungsventils verändert. Es gibt aber keine fest vorgegebene Stellung im Leerlauf, sondern der Stößel für den Drosselklappen-

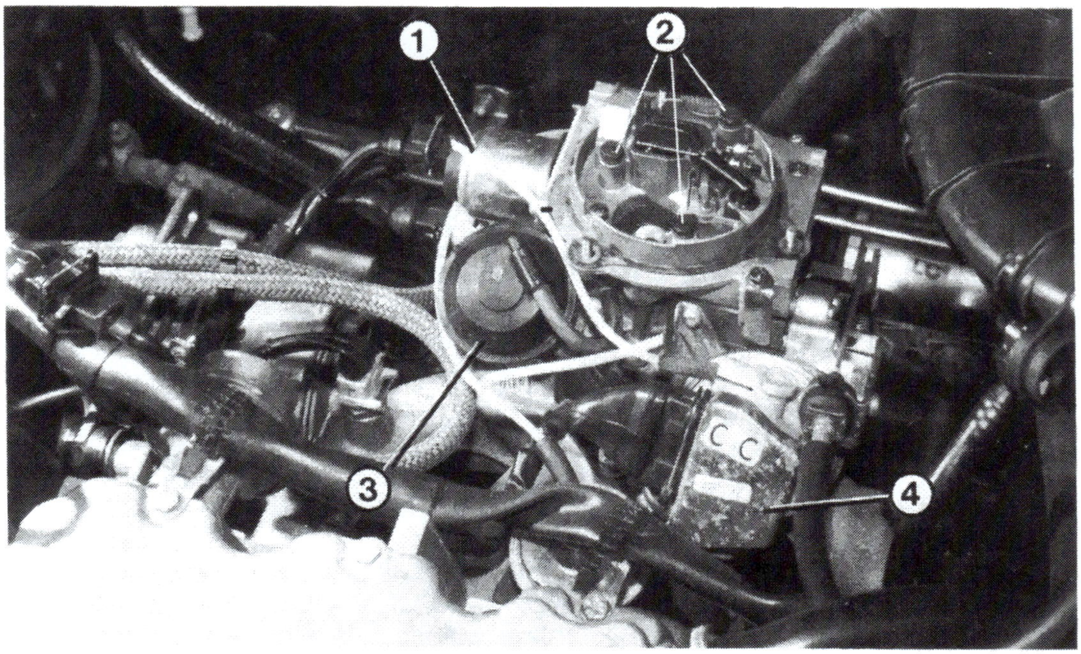

In Ergänzung zur Zeichnung oben ist hier der eingebaute Vergaser 2 E E gezeigt. 1 – Drosselklappen-Potentiometer; 2 – Vergaser-Befestigungsschrauben; 3 – Unterdruckdose; 4 – Drosselklappensteller.

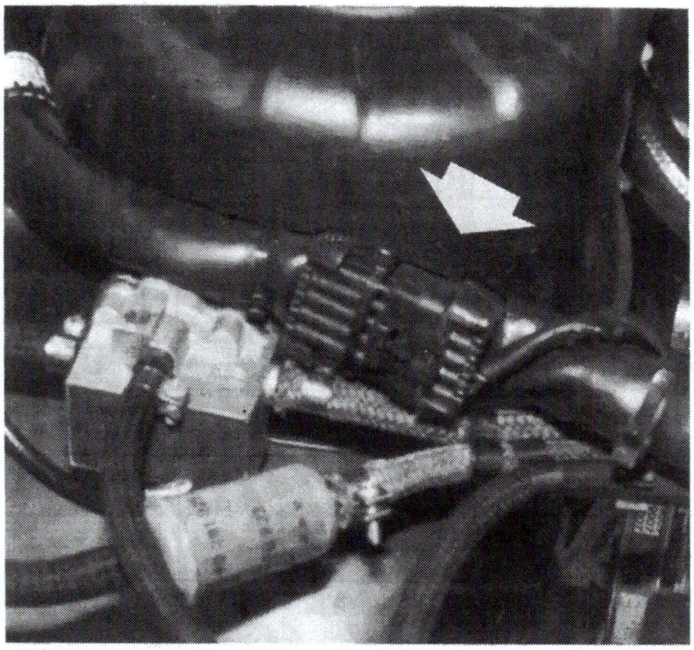

Kodierstecker zur Oktanzahlanpassung bei Vergaser 2 E E. Siehe dazu Seite 220.

anschlag kann ein wenig hin- und herwandern, um Leerlaufschwankungen auszugleichen. Im Drosselklappensteller sitzt noch ein Potentiometer, das die Position des Stellers an das Steuergerät übermittelt.

☐ **Drosselklappenpotentiometer:** Es meldet die Bewegung der Drosselklappe und deren Stellung dem Steuergerät.

☐ **Luftklappenansteller:** Die Luftklappe wird von einem sogenannten Drehmomentmotor bewegt. Er kann die Öffnungs- und Schließbefehle vom elektronischen Steuergerät fast ohne Verzögerung in die entsprechende Luftklappenbewegung umsetzen.

☐ **Variable Leerlaufluftdüse:** Da im Bereich der Leerlaufdrehzahl eine geringfügige Lageänderung der Luftklappe die Gemischzusammensetzung nicht beeinflußt, betätigt ein Hebel an der Luftklappenwelle gleichzeitig eine Nadel an der Leerlaufdüse. Weniger Luftdurchsatz bewirkt eine Gemischanfettung.

☐ **Steuergerät:** Es sitzt im Innenraum rechts an der Trennwand zum Motorraum. Ihm werden die Motordrehzahl, die Drosselklappenstellung, der Restsauerstoffgehalt im Abgas, die Kühlmitteltemperatur und die Temperatur der Saugrohrwandung übermittelt. Aus diesen Angaben kann das Steuergerät die Stellung der Luftklappe beim Start in allen Fahrbedingungen beeinflussen.

Der Öffnungswinkel der Drosselklappe wird dagegen nur im Leerlauf, Schiebebetrieb und beim Abschalten des Motors – also nur bei losgelassenem Gaspedal – gesteuert.

Funktion

Start und Warmlauf: Das funktioniert ähnlich wie beim 2 E 2. Die Luftklappe wird vom Luftklappenansteller je nach Kühlmitteltemperatur mehr oder minder weit geschlossen. Dagegen öffnet der Drosselklappensteller die Drosselklappe in Kaltstartstellung. Jetzt kann angefettetes Startgemisch angesaugt werden.

Sofort nach dem Anspringen dreht der Luftklappenansteller die Luftklappe wieder ein Stück auf, die Drosselklappe geht auf einen geringeren Öffnungsspalt zurück. Alle diese Bewegungen löst das Steuergerät aus.

Eine Feinanpassung des Gemisches erfolgt mit der Nadel der variablen Leerlaufluftdüse.

GMF Varajet II

Der Register-Vergaser ist eine Entwicklung von Rochester/USA und wird von General Motors France hergestellt. Die Drosselklappen der Stufen I und II sind mechanisch hintereinandergeschaltet. In der Stufe I befinden sich drei konzentrisch angeordnete Lufttrichter (»Venturi«), sie sorgen für ein homogenes Kraftstoff/Luft-Gemisch. In der Stufe II sorgt eine federbelastete Luftklappe für den Übergang von der I. zur II. Stufe.

Start: Die elektrisch beheizte Startautomatik ist in ihrer Funktion mit der beim Vergaser 2 E 3 vergleichbar, siehe diesen. Jedoch sind zwei Heizelemente vorhanden: Eins dient der Grundheizung, das andere wird bei Erreichen einer bestimmten Temperatur zugeschaltet. Beim

Schema Querschnitt des Vergasers Varajet: 1 – Gemisch-Austritt; 2 – Leerlauftauchrohr; 3 – Nadel II. Stufe; 4 – Luftklappe; 5 – Hauptdüse; 6 – Teillast-Einstellschraube; 7 – Nadel I. Stufe; 8 – Unterdruckkolben.

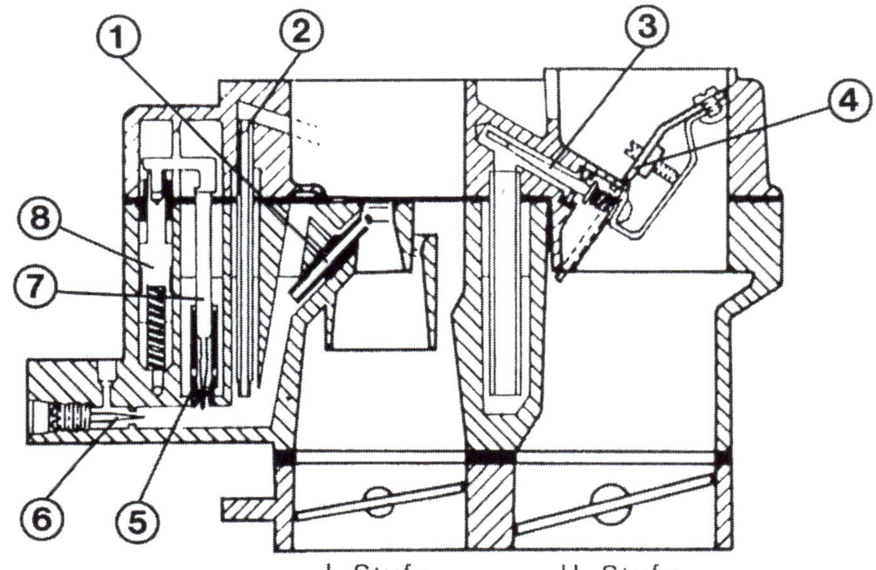

Anlassen und bei geschlossener Starterklappe öffnet die Drosselklappe der Stufe I einen Spalt, und der Unterdruck hebt Kraftstoff aus dem Nebenlufttrichter der dreifachen Venturi-Anordnung. Die für die Gemischbildung erforderliche Luft wird über eine Bohrung in der Starterklappe angesaugt. Nach Beginn des Motorlaufs öffnet die Automatik etwas die Starterklappe, um eine Gemischüberfettung zu verhindern; die Spaltöffnung kann mittels Anschlagschraube am Stufensegment eingestellt werden. Zudem wird vom Saugrohr Unterdruck abgenommen, der über eine Membran mit Hebel und Stange die Starterklappe weiter öffnet.

Leerlauf: Im Leerlaufbetrieb wird Benzin aus dem kalibrierten Leerlauftauchrohr mit Luft aus der Leerlaufluftbohrung vermischt. Über den Verteilerkanal gelangt diese Emulsion an der Leerlaufgemisch-Regulierschraube vorbei ins Saugrohr. Daneben wirkt ein Umgemischsystem mit Einstellschraube, das eine Veränderung der vom Werk eingestellten Leerlaufgemischmenge erübrigt. Das Umgemisch, vom Verteilerkanal abgezweigt und durch die Umgemischdüse gelenkt, erhält durch eine Bohrung weitere Luft zur Vermengung im Umgemischkanal. Von der Umgemischschraube dosiert, wird das Umgemisch ins Saugrohr geführt.

Übergang: Zwischen Übergang und Vollast wird Kraftstoff vom Hauptdüsensystem der Stufe I geliefert, hervorgerufen durch ausreichenden Unterdruck am Gemischaustritt im Nebenlufttrichter. Der Unterdruck zieht einen Kolben gegen dessen Federkraft nach unten, wobei die besonders geformte Teillastnadel in die Hauptdüse geschoben wird. Dem Kraftstoff wird Luft zugesetzt, und der Unterdruck am Gemischaustritt reißt dieses Gemisch mit weiterer Luft ins Saugrohr. Bei größerer Drosselklappenöffnung und sinkendem Unterdruck werden Kolben und Nadel zurückgeführt: es gelangt mehr Kraftstoff in den Hauptkanal. In diesen wird noch parallel dazu Benzin über die Teillast-Regulierschraube geführt.

Beschleunigung: Bei geöffneter Drosselklappe der Stufe I beginnt über einen Hebel die Sekundär-Drosselklappe zu öffnen. Dabei ist die federbelastete Stauklappe noch geschlossen.

Schnitt durch die I. Stufe (Leerlauf- und Umgemischsystem) des Vergasers Varajet. Es bedeuten: 1 – Dreifach konzentrische Lufttrichter; 2 – Luftdüse zum Anreicherungssaugrohr; 3 – Verteilerkanal; 4 – Leerlaufdüse; 5 – Luftbohrung; 6 – Umgemischdüse; 7 – Tauchrohr für Vollastanreicherung; 8 – Bypass-Luftbohrung; 9 – Umgemisch-Regulierschraube; 10 – Gemischregulierschraube; 11 – Gemischaustritt; 12 – Bypass-Schlitz; 13 – Drosselklappenbetätigungshebel; 14 – Drosselklappenanschlagschraube; 15 – Tauchrohr für Leerlaufsystem; 16 – Hauptkraftstoffkanal.

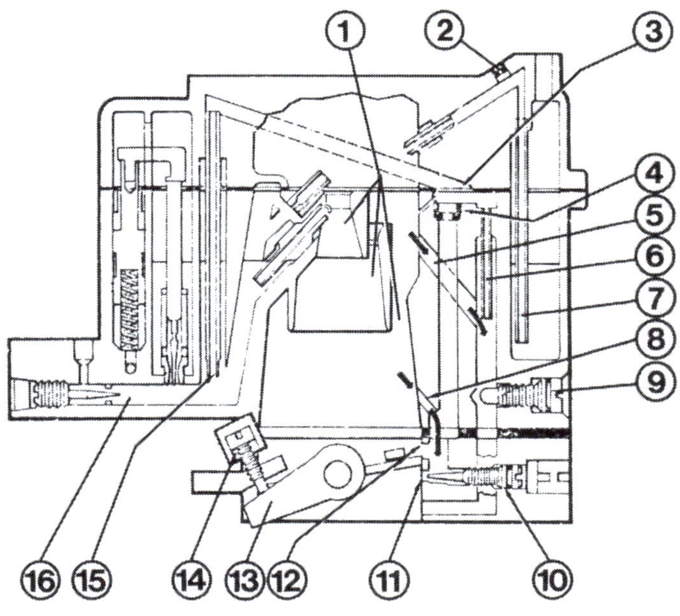

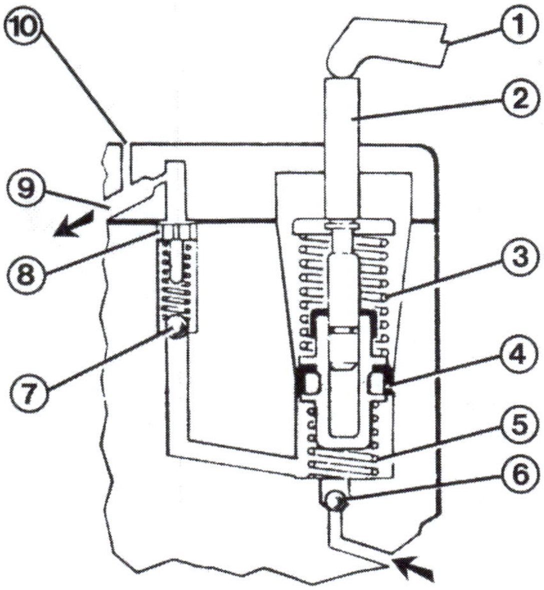

Das Beschleunigungspumpensystem des Vergasers Varajet besteht aus: 1 – Betätigungshebel; 2 – Pumpenkolben; 3 – Pumpenfeder; 4 – Pumpenmanschette; 5 – Rückdruckfeder; 6 – Pumpensaugventil; 7 – Pumpendruckventil; 8 – Feder-Druckventil; 9 – Austrittöffnung; 10 – Kompensationsbohrung.

Der entstehende Unterdruck öffnet die Stauklappe und mit ihr die konische Vollastnadel, die in der Düsenblende den Kraftstofffluß frei gibt. Die Öffnungsstellung der Stauklappe bestimmt die Kraftstoffmenge. Die Stauklappe wird über die Membrandose der Startautomatik zum Zweck guter Übergänge in ihrer Beweglichkeit gedämpft. Der möglichen Gemischabmagerung beim Öffnen der Drosselklappe II wirkt ein Übergangssystem entgegen, das noch Kraftstoff aus dem Anreicherungssystem zur Verfügung stellt. Plötzlichen, hohen Kraftstoffbedarf deckt die Beschleunigerpumpe, die der Stufe I zugeordnet ist.

Vollast: Eine zusätzliche Anreicherung in der Stufe I wird durch das Tauchrohr in der Schwimmerkammer gewährleistet. Es steht mit dem Anreicherungsaustrittsrohr (mit Luftblende) im oberen Saugrohr in Verbindung, wo gewöhnlich abgeschwächter Unterdruck herrscht. Höhere Drehzahlen heben den Kraftstoff in dieses System zur zusätzlichen Abgabe.

Das Leerlauf-Abschaltventil

Nach dem Abstellen neigt der Motor dazu, noch einige Takte weiterzulaufen. Ursache ist beim Abstellen angesaugtes Gemisch, das sich an heißen Stellen im Brennraum entzünden kann. Da dieses Nachdieseln oder Nachlaufen dem Motor nicht gut tut, wird mit Abschalten der Zündung die Gemischzufuhr abgeriegelt:

□ Beim Vergaser PDSI verschließt das Abschaltventil das Leerlauf- und Umgemischsystem zum Austritt in den Vorzerstäuber.

□ Im Vergaser 1 B 1 wird der gemeinsame Austritt von Grundleerlauf- und Zusatzgemisch unterhalb der Drosselklappe verschlossen.

□ Beim Vergaser 2 E 3 wird von dem Ventil der Leerlaufgemischkanal verschlossen.

□ Beim Vergaser Varajet sitzt das Abschaltventil im Umgemischkanal.

Motor dieselt nach

Falls der Motor nach Ausschalten der Zündung weiterläuft:

- Handbremse fest anziehen.
- 2. Gang einlegen, Kupplungspedal langsam loslassen – der Motor wird abgewürgt.
- Bei einem Fahrzeug mit Getriebeautomatik so lange mit dem Gaspedal pumpen, bis der Motor »abgesoffen« ist.

Störungsbeistand Abschaltventil

Die Störung	– ihre Ursache	– ihre Abhilfe
A Motor dieselt nach	1 Abschaltventil locker (Motor zieht »falsche Luft«)	Festschrauben
	2 Ventilstöpsel bzw. -nadel hängt	Prüfen, ggf. Ventil austauschen
B Motor geht im Leerlauf sofort aus	1 Sicherung Nr. 6 defekt	Kontrollieren, ggf. ersetzen
	2 Elektrische Leitung zum Ventil unterbrochen	Leitungsverlauf kontrollieren
	3 Siehe A 2	

Abschaltventil prüfen

- Elektrische Leitung am Ventil abziehen.
- Abschaltventil losschrauben.
- Kabel wieder aufstecken, Ventil gegen blankes Metall halten.

Hier ist der Vergaser Pierburg 2 E 3 zu sehen. Bezeichnet sind: 1 – Starterdeckel; 2 – Pulldown-Dose; 3 – Thermozeitventil; 4 – Membrandose II. Stufe.

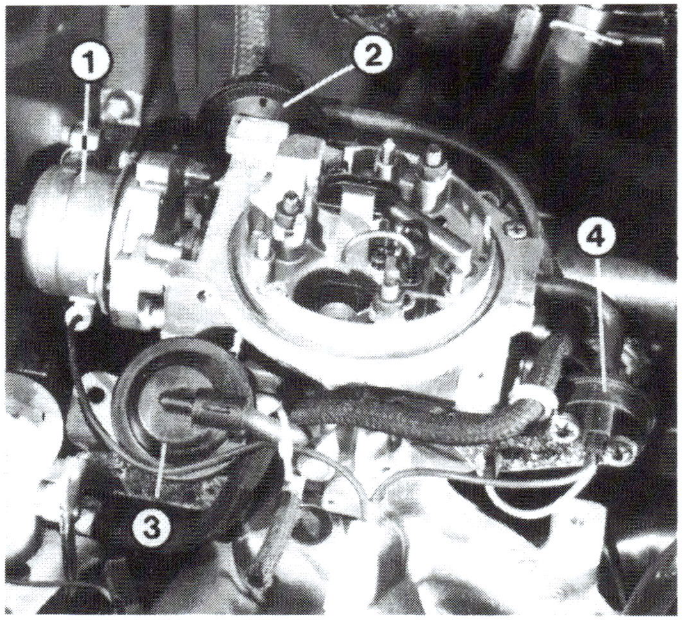

■ Von Helfer Zündung ein- und ausschalten lassen.
■ Der Ventilstöpsel bzw. die Nadel muß sich bewegen, sonst Abschaltventil austauschen.

Doppelt beheizte Startautomatik

Der Starterdeckel wird beheizt, damit die Bimetallfeder die Starterklappe öffnen kann. Das geschieht bei dem Vergaser 2 E 3 auf zweierlei Weise:
□ Damit die Beheizung schnell wirkt, wird der Starterdeckel zunächst elektrisch beheizt. Das ermöglicht schnelles Öffnen der Starterklappe.
□ Sobald die Kühlflüssigkeit eine festgelegte Temperatur erreicht hat, kann sie die Beheizung des Starterdeckels übernehmen, und die Elektrobeheizung wird abgeschaltet. Bei vorübergehendem Abstellen des Motors hält die Warmwasserbeheizung die Starterklappe offen. Das verhindert Überfettung beim Wiederstart.
Die Steuerung der Starterdeckelbeheizung übernimmt ein Thermoschalter, siehe Absatz »Thermoschalter«.

Starterdeckel prüfen

Läuft der Motor nach dem Kaltstart in der Warmlaufphase unwillig und verlassen schwärzliche Abgase den Auspuff? Wenn dieser Effekt bei dem Vergaser 2 E 3 mit zunehmender Betriebstemperatur verschwindet, kann es an der Elektroheizung des Starterdeckels liegen. Zur Prüfung muß der Motor kalt sein – Kühlmitteltemperatur unter 30°C.
■ Steckverbindung zum Starterdeckel trennen.
■ Prüflampe zwischen Steckverbindung und Stecker zum Starterdeckel anschließen.
■ Zündung einschalten. Die Lampe muß aufleuchten, sonst Deckel ersetzen.

Der Thermoschalter

Die elektrische Ansaugrohrvorwärmung bzw. Starterdeckelbeheizung wird von temperaturempfindlichen Schaltern zu- oder abgeschaltet.

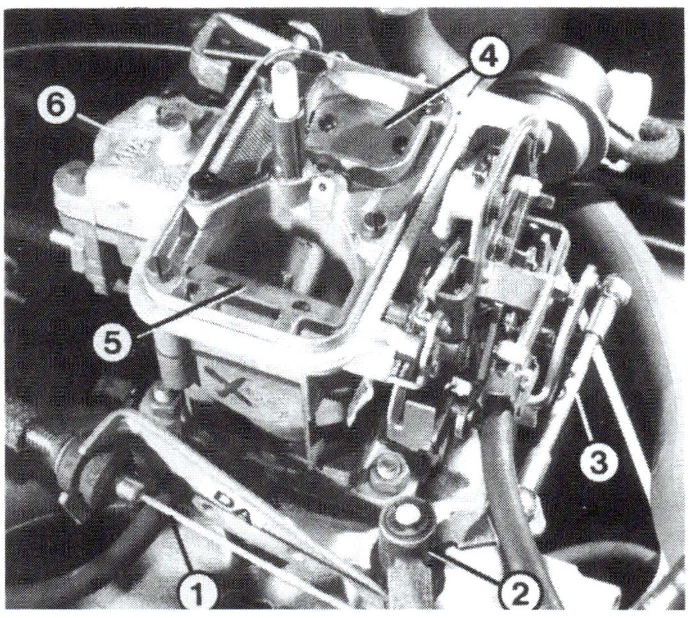

Das Bild des Vergasers Varajet zeigt: 1 – Gaszug; 2 – Übertragungshebel; 3 – Gestänge für Drosselklappenbetätigung; 4 – Starterklappe; 5 – Stauklappe; 6 – Schwimmerkammer.

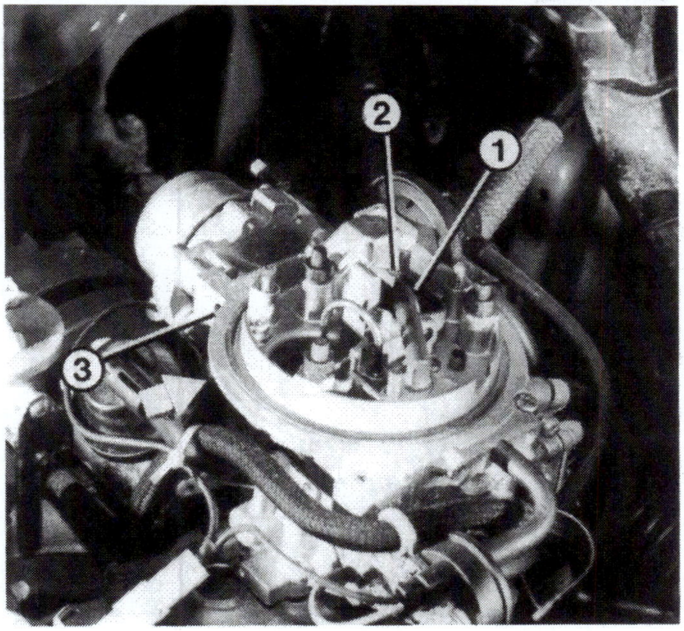

Die Prüfung des Spaltmaßes beim 2 E 3-Vergaser zwischen Starterklappe (1) und Wandung des Vergaserdurchlasses (2): Mit einem Werkzeug die Betätigungsstange der Starterklappe in Pfeilrichtung drücken und einen 2-mm-Bohrer zwischen Klappe und Wand durchschieben. Ist der Abstand zu groß oder zu klein, Einstellung an der Schraube (3) korrigieren.

□ Beim Motor 13 S mit 2 E 3-Vergaser steuert ein Schalter (in Fahrtrichtung links im Warmwasserschlauch zum Saugrohr) die Ansaugrohr- und Starterdeckelbeheizung.
□ Die anderen Motoren haben nur einen Thermoschalter für die elektrische Ansaugrohrvorwärmung.

Thermoschalter prüfen

Falls Sie aufgrund von Motorlaufstörungen vermuten, daß ein Thermoschalter nicht richtig arbeitet, läßt sich dies mit einem Thermometer und einem Ohmmeter prüfen.

- Thermoschalter ausbauen.
- Ohmmeter an den Steckkontakten des Schalters anschließen.
- Thermoschalter in einen Topf mit kaltem Wasser legen, Widerstand messen.
- Wasser langsam erhitzen und prüfen, ob der Thermoschalter bei der entsprechenden Temperatur seine Kontakte öffnet.
- Werden die folgenden aufgeführten Schalttemperaturen nicht eingehalten, muß der Thermoschalter ersetzt werden: Temperatur unter 55°C = Widerstand 0 Ω, über 65°C = ∞ Ω.

Starterklappe prüfen

Solex PDSI, Pierburg 1B1

- Bei betriebswarmem Motor den Luftfilterdeckel abnehmen.
- Starterzug voll ziehen.
- Die Starterklappe muß jetzt bis auf einen kleinen Spalt geschlossen sein.
- Wird der Zug am Armaturenbrett hineingeschoben, muß die Starterklappe senkrecht im Vergaserdurchlaß stehen.
- Das Spaltmaß der Starterklappe bei gezogenem Starterzug kann geprüft werden.
- Hierzu muß an der Pulldown-Unterdruckdose am Vergasergehäuse Unterdruck anliegen. Behelfsmäßig mit dem Mund am Schlauch zur Dose Luft ansaugen.
- Betätigungshebel der Starterklappe mit leichtem Fingerdruck in Geschlossen-Stellung drücken.
- Zwischen Starterklappe und Vergaserdurchlaß muß sich ein Bohrer mit folgendem Maß gerade durchschieben lassen:
- **Solex PDSI:** 3,2 mm, **Pierburg 1 B 1:** 4,2–4,6 mm.
- Stimmt das Spaltmaß nicht, wird die Einstellschraube in der Mitte der Pulldowndose entsprechend verdreht.

Pierburg 2E3

- Luftfilterdeckel abnehmen.
- Solange bei kaltem Motor das Gaspedal noch nicht getreten wurde, muß die Starterklappe senkrecht stehen.
- Gaspedal einmal durchtreten und langsam zurückkommen lassen.
- Die Starterklappe muß jetzt bis auf einen geringen Spalt geschlossen sein.
- Das exakte Starterklappen-Spaltmaß läßt sich nur messen, wenn ständig Unterdruck am Pulldown-System anliegt. Weil zugleich die Unterdruckdose für Stufe II auf Dichtheit geprüft werden muß, ist das Sache des Vergaser-Spezialisten.
- Sie können aber noch folgendes prüfen:
- Luftfilter komplett abbauen.
- Drosselklappe an ihrem Betätigungshebel ein wenig öffnen und kontrollieren, ob die Starterklappe gut beweglich ist.
- Außerdem können Sie kontrollieren, ob

Schnitt durch den Vergaser Varajet, I. Stufe.
1 – Luftbohrung; 2 – Luftblende; 3 – Gemischaustrittrohr; 4 – dreifach konzentrische Lufttrichter; 5 – Verteilerkanal; 6 – Luftdüse zum Anreicherungsrohr; 7 – Leerlaufdüse; 8 – Luftbohrung; 9 – Umgemischdüse; 10 – Tauchrohr für Vollastanreicherung; 11 – Umgemischkanal; 12 – Umgemisch-Regulierschraube; 13 – Gemisch-Regulierschraube; 14 – Gemischaustritt; 15 – By-pass-Schlitz; 16 – Betätigungshebel für Drosselklappe; 17 – Drosselklappenanschlagschraube; 18 – Tauchrohr für Leerlaufsystem; 19 – Hauptkraftstoffkanal; 20 – Teillastventil; 21 – Hauptdüse; 22 – Teillastnadel; 23 – Unterdruckkolben; 24 – By-pass-Luftbohrung.

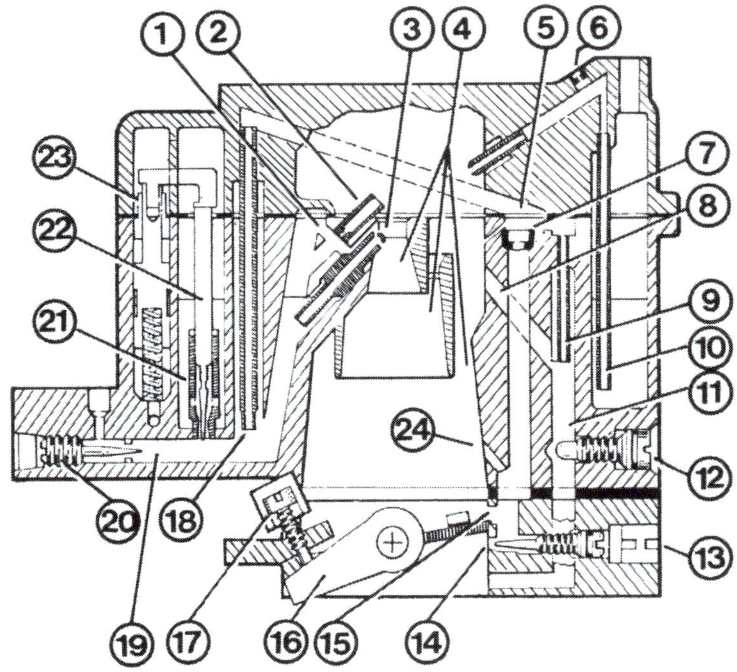

die Kerbe am Starterdeckel dem eingeschlagenen Punkt oder der Kerbe am Vergasergehäuse gegenübersteht. Das ist die Grundeinstellung des Starterdeckels.

■ Zudem läßt sich bei abgebautem Starterdeckel prüfen, ob bei geschlossener Starterklappe die Einstellschraube auf der höchsten Stufe der Stufenscheibe anliegt.

Varajet II

■ Auch bei diesem Vergaser sollte die Kontrolle in der Werkstatt erfolgen. Sie können aber folgendes tun:
■ Luftfilter abbauen.
■ Bei kaltem Motor Gaspedal einmal durchtreten.
■ Die Schnelleerlauf-Einstellschraube muß auf dem obersten Nocken der Stufenscheibe anliegen.
■ Starterklappe muß vollständig geschlossen sein.
■ Motor kurz starten und sofort wieder abstellen. In der Werkstatt wird stattdessen die Pulldowndose mittels Vakuumpumpe mit Unterdruck beaufschlagt.
■ Das jetzt vorhandene Spaltmaß zwischen Starterklappe und Vergaserdurchlaß mit passendem Bohrer prüfen:
■ **Motor 13 S:** 2,8–3,4 mm, **Motor 16 S:** 3,7–4,3 mm.
■ Andernfalls die Einstellschraube in der Mitte der Pulldowndose entsprechend verdrehen.
■ Bei zu kleinem Spalt vorher das Zugstangenende zurückbiegen, damit genügend Spiel zwischen Anschlag und Stauklappenhebel vorhanden ist.

Die Ansaugluft-Vorwärmung

Die angesaugte Verbrennungsluft sollte eine bestimmte Temperatur haben:
□ Bei kühlem Wetter vergast das Gemisch besser, wenn die Verbrennungsluft angewärmt ist.
□ Bei höheren Außentemperaturen ist kältere Ansaugluft besser. Luft dehnt sich bei Erwärmung aus. Da der Motor nur eine bestimmte Menge Luft ansaugen kann, erhält er weniger, wenn diese angewärmt wurde. Das führt zu fetterem Gemisch und höherem Verbrauch.
□ Vorgewärmte Luft beugt der Vergaservereisung vor, die zwischen +3° und +8°C und hoher Luftfeuchtigkeit auftreten kann. Bei laufendem Motor verdunstet ein Teil des Kraftstoffes durch den Druckabfall im Vergaser. Die entstehende Verdunstungskälte kann dann im Vergaser zur Bildung einer Eisschicht führen und die einwandfreie Gemischbildung verhindern.

Die Teile der Ansaugluft-Vorwärmung

□ Kernstück der Ansaugluft-Vorwärmung ist das Mischgehäuse mit der darin sitzenden Warmluftklappe. In das Gehäuse kann durch einen Stutzen Kaltluft und durch einen zweiten vom Auspuffkrümmer angewärmte Luft einströmen, siehe Bild Seite 86 unten.
□ Eine Unterdruckdose am Mischgehäuse ist über einen zwischengeschalteten Temperaturregler mit dem Ansaugrohr durch einen Schlauch verbunden. Öffnen und Schließen der Warmluftklappe wird von der Unterdruckdose gesteuert.
□ Der Temperaturregler im Filtergehäuse läßt den Unterdruck zum Betätigen der Warmluftklappe nur bei bestimmten Temperaturen wirksam werden.

Störungen der Ansaugluft-Vorwärmung

Funktioniert die Vorwärmung der Ansaugluft nicht richtig, können sich folgende Störungen bemerkbar machen. Winters

- ☐ Schlechter Leerlauf nach dem Kaltstart in der Warmlaufphase.
- ☐ Schlechter Übergang, Motor neigt zum Stottern.

In der warmen Jahreszeit

- ☐ Geringere Leistung, übliche Höchstgeschwindigkeit wird nicht erreicht.
- ☐ Höherer Kraftstoffverbrauch.

Ansaugluft-Vorwärmung kontrollieren

- ■ Am Temperaturregler im Luftfiltergehäuse den Unterdruckschlauch von dem Stutzen abziehen.
- ■ Saugen Sie an diesem Schlauch Luft an – die Warmluftklappe muß hörbar schließen bzw. ohne Unterdruck wieder öffnen.
- ■ Falls nicht, Unterdruckschläuche auf Undichtigkeiten kontrollieren und prüfen, ob die von der Unterdruckdose gesteuerte Klappe leicht beweglich ist.
- ■ Zum Prüfen des Temperaturreglers die Unterdruckschläuche am Ansaugstutzen und Temperaturregler aufstecken.
- ■ Die Lufttemperatur sollte nicht höher als 20°C liegen. Kalten Motor starten und im Leerlauf drehen lassen.
- ■ Die Warmluftklappe muß aufgezogen werden.
- ■ Unterdruckschlauch vom Vergaser zum Temperaturregler am Vergaserstutzen abziehen.
- ■ Die Klappe muß nach spätestens 20 s in Ruhelage zurückgegangen sein.

Leerlauf kontrollieren

Wartung Nr. 2

Schwankungen der Leerlaufdrehzahl liegen weniger am Vergaser als an abgenutzten Zündkerzen oder verändertem Zündzeitpunkt.
Für den Selbsthelfer ist eine genaue Leerlaufeinstellung leider kaum mehr zu bewerkstelligen. Außer einem exakten Drehzahlmesser wird ein Abgasmeßgerät benötigt, das in vernünftiger Ausführung praktisch unerschwinglich ist. Die einfachen Abgastester, wie sie für Heimwerker angeboten werden, arbeiten nicht ausreichend genau. Für die Einstellung empfehlen wir hier eine Werkstatt mit einem Vergaserspezialisten.
Die richtige Leerlaufdrehzahl für Ihren Motor finden Sie in der folgenden Tabelle.

Ausführung	Leerlaufdrehzahl 1/min
13 N, 13 S, 16 N, 16 S, 18 S mit Schaltgetriebe	900–950
13 S, 16 N, 16 S, 18 S mit Automatik	800–850

Bei Exportwagen für die Schweiz sind andere Werte vorgesehen.

Abgasmessung

Wartung Nr. 3

Bei der Verbrennung des Kraftstoff/Luft-Gemisches entsteht u.a. auch giftiges Kohlenmonoxid. Am Ausstoß dieses CO-Gases kann man erkennen, ob ein Motor fett oder mager eingestellt ist. Die werksseitig festgelegten Werte lauten einheitlich für alle Motoren **1,0–1,5 Vol.%**.
Auch bei der regelmäßigen Hauptuntersuchung (TÜV) wird der CO-Gehalt im Abgas gemessen. Für die Abgasmessung gilt grundsätzlich:

- ☐ Der Motor muß betriebswarm sein. Lassen Sie ihn vor der Messung nicht unnötig lang im Leerlauf drehen, das verschlechtert den CO-Wert. Läßt sich längerer Leerlauf nicht umgehen, muß der Motor vor der Messung einige Sekunden mit halber Gasstellung das aufgestaute CO-Gas aus dem Auspuff blasen.
- ☐ Wird der Opel ausschließlich im Kurzstrecken-Stadtverkehr gefahren, sollten Sie ihn vor der Messung rund 100 km weit zügig bewegen. So werden Verbrennungsrückstände im Motor abgebrannt.
- ☐ Einen guten Anhaltspunkt für die richtige Motoreinstellung liefert das Auspuffendrohr. Ist es selbst nach längerer, zügiger Fahrt innen rußig schwarz, läuft der Motor zu fett – Zünd- und Leerlaufeinstellung kontrollieren. Ist das Rohr dagegen innen grau bis braun, so stimmt die Einstellung.
- ☐ Zeigt der CO-Tester 2% oder mehr über dem Richtwert an, sollte folgendes kontrolliert werden, bevor irgend jemand am Vergaser dreht: Schlauch der Kurbelgehäuse-Entlüftung vom Luftfilter abziehen. Wenn jetzt das Abgas-Meßgerät einen sinkenden CO-Wert anzeigt, liegt es

an einer Überfettung aus dem Kurbelgehäuse. Die Ursache ist Ölverdünnung durch überwiegenden Stadtverkehr. Die erwähnte zügige Überlandfahrt oder ein Ölwechsel schafft hier Abhilfe, und der CO-Gehalt stimmt wieder.

□ Wenn der CO-Gehalt in der Werkstatt eingestellt wird, muß der Schlauch der Kurbelgehäuse-Entlüftung am Luftfilter abgenommen und die Öffnung dicht verschlossen werden, damit der Motor keine »Falschluft« zieht.

Abgas-Sonderuntersuchung (ASU)

Seit 1985 ist in der Bundesrepublik eine jährliche Abgaskontrolle vorgeschrieben. Dazu gehört auch die Überprüfung des Unterbrecher-Schließwinkels und des Zündzeitpunkts. Diese Kontrolle führen der TÜV, der DEKRA und die meisten Werkstätten durch.

Was ist zu tun, wenn der nächst TÜV-Termin ansteht?

Als aufmerksamer Autofahrer werden Sie sicher den Verbrauch Ihres Ascona beobachten und nach einer gelegentlichen Überlandfahrt auch einmal das Auspuffendrohr betrachten. Zeigt sich eine unerklärliche Aufwärtstendenz beim Verbrauch und ist das Auspuffrohr trotz zügiger Fahrt innen rußig-schwarz, dürfte der Vergaser zu fett eingestellt sein. Dann ist ein Werkstattbesuch anzuraten. Zusammen mit der Vergasereinstellung lassen Sie dort die Abgas-Sonderuntersuchung vornehmen. Wenn Sie ohnehin schon in der Werkstatt sind, kommt diese Methode nach unseren Erfahrungen am günstigsten. Mit der neuen ASU-Plakette geht's dann zum TÜV oder DEKRA für die übliche Hauptuntersuchung.

Wenn Sie Ihren Wagen regelmäßig zur Inspektion geben, haben Sie mit der ASU keine Probleme, denn dann gehört die Abgas-Sonderuntersuchung zum Wartungsumfang dazu.

Wer als engagierter Heimwerker jedoch die Wartungsarbeiten selbst durchführt, der stellt die Zündung selbst ein und sollte den Elektrodenabstand der Zündkerzen auch nicht vergessen. Mit dem solchermaßen vorbereiteten Wagen fahren Sie zum TÜV-Termin. Geringe Abweichungen vom Abgas-Sollwert können Sie dann noch bei angeschlossenem Tester korrigieren oder der Prüfer wird selbst an der richtigen Schraube drehen.

Für die ASU zwischen den TÜV-Terminen würden wir je nach Prüfungspreis und Wartezeit entscheiden, wer die Kontrolle vornehmen soll.

Fingerzeig: *Vergleichen Sie die verschiedenen Werkstatt-Angebote. Der genannte Komplettpreis kann Messung und Einstellung umfassen oder lediglich die reinen Prüfarbeiten. Dann kostet das Einstellen noch Extrageld.*

Behelfsmäßige Vergaser-Einstellung

Leerlaufdrehzahl und CO-Gehalt werden bei den verschiedenen Vergasern an folgenden Schrauben eingestellt:

Vergaser	Einstellschraube für	
	Leerlaufdrehzahl	CO-Gehalt
Solex PDSI	Umgemisch-Regulierschraube	Leerlaufgemisch-Regulierschraube
Pierburg 1 B 1	Zusatzgemisch-Regulierschraube	
Pierburg 2 E 3	Drosselklappen-Anschlagschraube	
Varajet II	Umgemisch-Regulierschraube	

Die Leerlaufgemisch-Regulierschraube sitzt gemäß gesetzlicher Vorschrift unter einer Abdeckkappe bzw. einem Stopfen. Das soll unbefugtes Verdrehen verhindern. Wenn an dieser Schraube gedreht werden muß, wird ihre Abdeckung mit einer Nadel o.ä. herausgehebelt.

■ Motor warmfahren. Die Startautomatik bzw. der Starterzug muß die Luftklappe ganz geöffnet haben.

■ Das Luftfilter darf – im Gegensatz zu unseren Abbildungen – nicht abgenommen sein.

■ Zuerst wird die Motordrehzahl erhöht. Dazu:

■ beim **Solex PDSI** und **Varajet II** die Umgemisch-Regulierschraube, beim **Pierburg 1 B 1** die Zusatzgemisch-Regulierschraube herausdrehen,

■ beim **Pierburg 2 E 3** die Drosselklappenanschlagschraube hineindrehen.

■ Jetzt wird die Leerlaufgemisch-Regulierschraube etwas hineingedreht.

■ Leerlaufgemisch-Regulierschraube wieder herausdrehen, bis der Motor gleichmäßig dreht.

■ Zum Absenken der Motordrehzahl auf

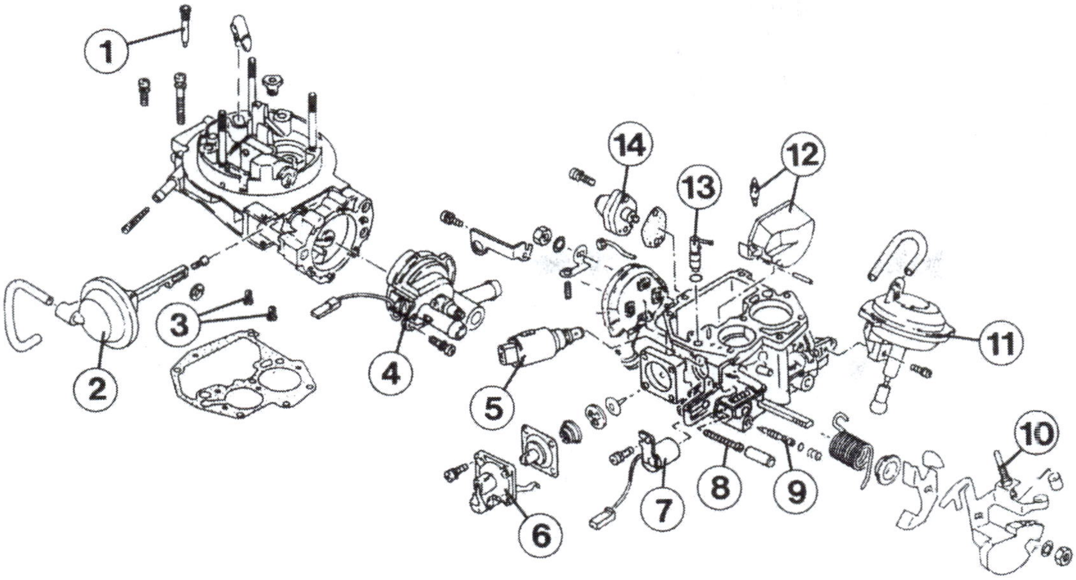

Die wichtigsten Einzelteile des 2 E 3-Vergasers sehen Sie hier: 1 – Leerlaufdüse; 2 – Pulldowndose; 3 – Hauptdüsen; 4 – Starterdeckel; 5 – Abschaltventil; 6 – Beschleunigungspumpe; 7 – Heizelement; 8 – Drosselklappen-Anschlagschraube; 9 – CO-Einstellschraube; 10 – Kaltleerlaufdrehzahl-Einstellschraube; 11 – Unterdruckdose zur Betätigung der II. Stufe; 12 – Schwimmer mit Nadelventil; 13 – Einspritzrohr; 14 – Teillast-Anreicherungsventil.

den vorgeschriebenen Wert Tabelle Seite 99:

■ beim **Solex PDSI** und **Varajet II** die Umgemisch-Regulierschraube, beim **Pierburg 1 B 1** die Zusatzgemisch-Regulierschraube hineindrehen,

■ beim **Pierburg 2 E 3** die Drosselklappenanschlagschraube herausdrehen.

■ Evtl. die Leerlaufgemisch-Regulierschraube nochmals verdrehen, wenn der Motor nicht sauber rundläuft.

■ Diese Einstellung möglichst bald mit einem Co-Tester überprüfen lassen.

Vergaser reinigen

Schmutzaberlagerungen im Vergaser sind mittlerweile äußerst selten. Rostpartikel können sich dank des verbleiten Stahlblechtanks auch nicht mehr bilden. Falls Sie dennoch den Vergaser auseinandernehmen müssen, sehen Sie in den Zeichnungen auf diesen Seiten die Einzelteile.

■ Luftfilter abbauen.

■ Sämtliche Unterdruckleitungen und Schläuche vor dem Abnehmen verwechslungssicher kennzeichnen.

■ Starterzug abklemmen.

■ Vergaserdeckel abschrauben.

■ Schwimmer herausnehmen und prüfen, ob er sich auf seiner Achse leicht bewegen läßt.

■ Im Vergaserdeckel kontrollieren, ob das Schwimmernadelventil fest eingeschraubt ist. Ventilnadel beschädigt?

■ Wenn sich Schmutz am Boden der Schwimmerkammer abgesetzt hat, diesen mit einem sauberen Lappen abtupfen.

■ Herausgeschraubte Düsen mit Druckluft sauberblasen.

■ Die Düsen sind aus weichem Messing und dürfen nur mit geringer Kraft angezogen werden.

■ Keine lackgesicherten Einstellschrauben verdrehen. Das kann die Vergaserfunktion grundlegend stören.

■ Bei einem älteren Fahrzeug die Lagerung der Drosselklappenwelle kontrollieren. Ist dort Spiel vorhanden, kann unkontrolliert

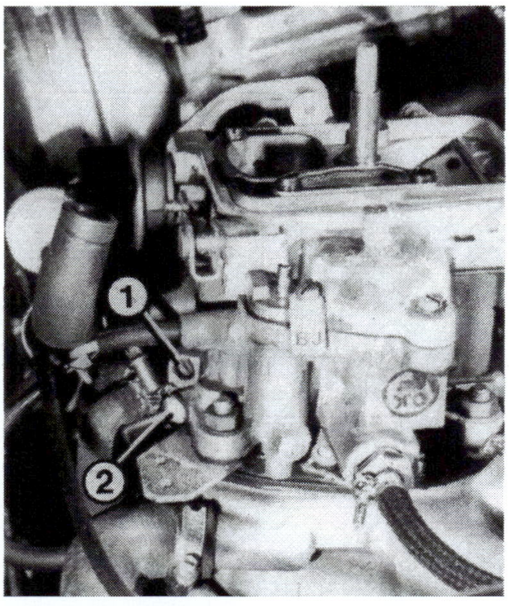

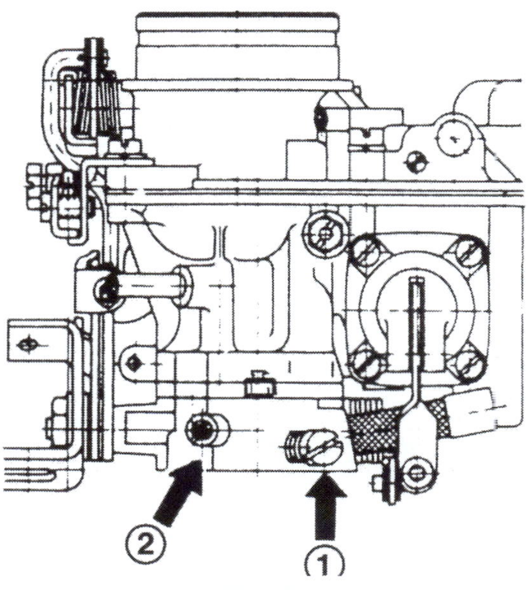

Links: Vergaser Varajet: 1 – Umgemisch-Regulierschraube; 2 – (versiegelte) Gemischregulierschraube. Rechts: Vergaser 35 PDSI: 1 – Umgemisch-Regulierschraube; 2 – Gemischregulierschraube.

Das Heißlauf- und Umgemischsystem beim Varajet-Vergaser. 1 – Verteilerkanal; 2 – Leerlaufblende; 3 – Abschaltventil; 4 – Umluftkanal; 5 – Umgemischschraube; 6 – Leerlaufgemisch-Regulierschraube; 7 – Gemisch-Austritt; 8 – By-pass-Bohrung; 9 – Leerlauftauchrohr; 10 – kalibrierte Bohrung.

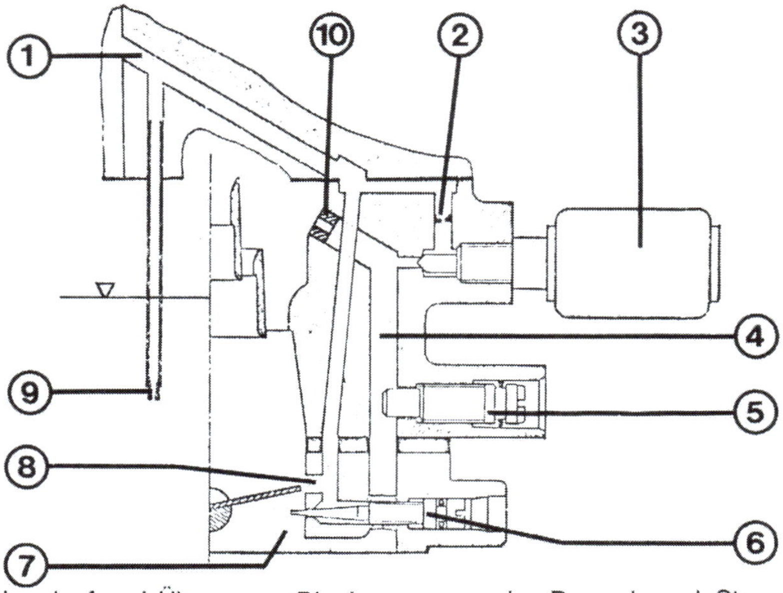

Luft zuströmen und den Leerlauf und Übergang durcheinanderbringen.

■ Beim Zusammenbau darauf achten, daß die neue Dichtung zwischen Vergasergehäuse und Oberteil keine Bohrungen teilweise verdeckt, das gibt Funktionsfehler.

■ Die Lagerungen der Drossel- und Starterklappenwellen dürfen auf keinen Fall geschmiert werden. Am Schmierstoff anhaftender Staub wirkt an den Lagern wie Schmirgel.

Kraftstoffilter am Pierburg 2E3

Das Filtersieb am Kraftstoffzulauf des Vergasers sollte gelegentlich gesäubert werden.

■ Kraftstoffschlauch abbauen, auslaufendes Benzin mit Lappen auffangen.

■ Eine Schraube mit Gewinde M 3 in den Kopf des Filters eindrehen.

■ Filter mit der Schraube herausziehen.

■ Filter in Kraftstoff reinigen und durchblasen.

■ Beim Einbau das Filter bis zum Einrasten in seinen Sitz schieben.

Der Gaszug

Der Verbindungszug zwischen Gaspedal und Vergaser ist sehr knickempfindlich. Wurde er bei Arbeiten im Motorraum gelöst und in einen ungünstigen Winkel gelegt, kann er Schaden erlitten haben. Ein schwergängiges Gaspedal weist darauf hin, daß der Zug bald reißen kann. Ein neuer Gaszug muß beim Einbau vorsichtig behandelt werden.

Gaszugeinstellung kontrollieren

Grundsätzlich muß der Vergaserzug spannungsfrei, mit etwas Spiel, eingebaut sein.

■ Beim **Solex PDSI** zur Kontrolle das Gaspedal vom Helfer voll durchtreten lassen.

■ Drosselklappe muß voll geöffnet sein.

■ Andernfalls die Zugbefestigung am Vergaser lösen und neu befestigen.

■ Beim **Pierburg 1 B 1** die Sicherung am Bowdenzug-Widerlager in die entsprechende Steckraste umstecken.

■ In Vollgasstellung muß die Drosselklappe voll geöffnet sein.

In dieser Zeichnung sind die Unterdruck- und Kraftstoffleitungen beim Vergaser 2 E 3 enthalten. A – Kaltluftzuführung; B – Warmluftzuführung; 1 – Vergaser; 2 – Pulldown-Dose; 3 – Thermozeitventil; 4 – Unterdruckdose II. Stufe; 5 – Gasblasenabscheider; 6 – Kraftstoffpumpe; 7 – Kraftstoffzuführung; 8 – Kraftstoffrückführung; 9 – Unterdruckdose, Zündverteiler; 10 – Luftfilter; 11 – Bimetallregler; 12 – Unterdruckdose; 13 – Dehnstoffelement; 14 – Regelklappe.

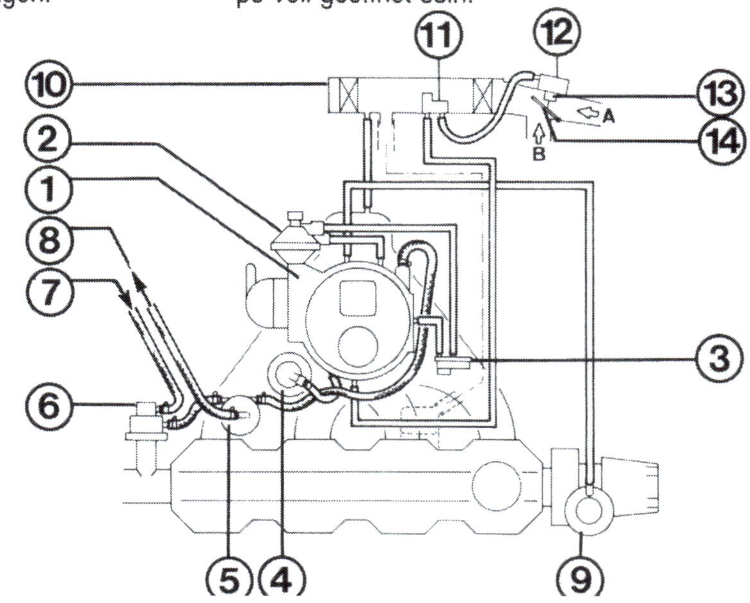

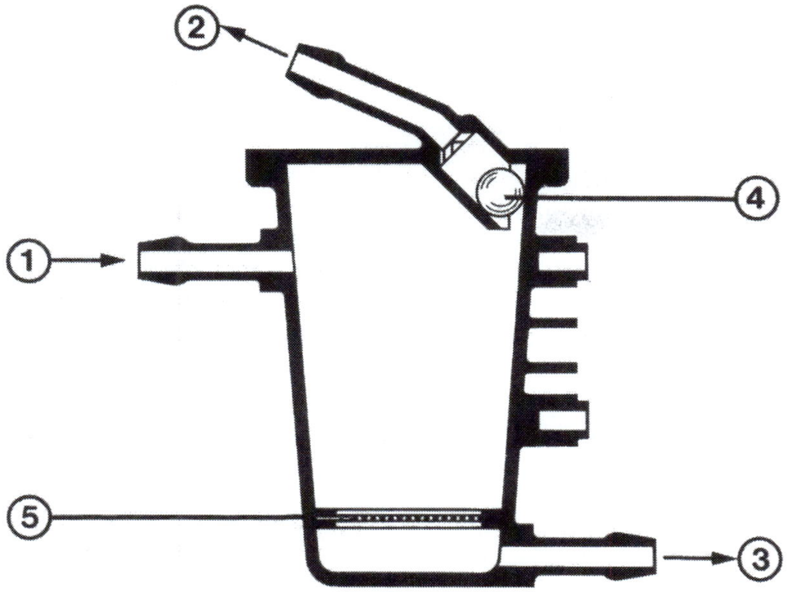

Zum Vergaser 2 E 3 gehört ein Gasabscheider. Hier seine Darstellung: 1 – Von der Kraftstoffpumpe; 2 – Rücklauf; 3 – Zum Vergaser; 4 – Kugelventil; 5 – Filter.

■ Bei voll geöffneter Starterklappe muß ein Spiel von 0,5 mm zwischen Drosselklappenhebel und Segment Starterklappe vorhanden sein.
■ Evtl. das Spiel mit der Einstellschraube korrigieren.
■ Am **Varajet II** ist der Vergaserzug am Kugelkopf des Halters mit einer Sicherung gesichert. Diese ist in eine Bohrung gesteckt und um den Kugelkopf gelegt.
■ Zur Einstellung die Steckraste am Halter des Gaszugs herausziehen.
■ Gestänge in Leerlaufstellung drücken und die Steckraste einschieben.
■ Bei voll getretenem Gaspedal muß am Vergaser Vollgasstellung erreicht sein.
■ Wenn nicht, die Steckraste umstecken.

Der Starterzug

Nur beim Solex-Vergaser und beim Pierburg 1 B 1 wird die Starterklappe über einen Zug vom Armaturenbrett aus betätigt.

Starterzug-Einstellung kontrollieren

■ Beim **Solex PDSI** muß der Zug spannungsfrei, mit etwas Spiel, eingebaut sein.
■ Den Starterzug am Armaturenbrett bis zum Anschlag hineinschieben.
■ Klemmschraube an der Starterklappenbefestigung lockern und bei entsprechendem Spiel des Zuges wieder festziehen.
■ Beim **Pierburg 1 B 1** soll die Seele des Bowdenzuges unter leichter Spannung stehen.
■ Andernfalls die Starterzughülle lösen.
■ Die Hülle mit einem Überstand von 15 mm, gemessen zwischen Halterung und Hüllenende in Richtung Starterklappenhebel, festklemmen.
■ Zug in der Klemmrolle am Starterklappenhebel einfädeln.
■ Am Armaturenbrett zwischen Zuggriff und Gewindestutzen den Schaft eines 4-mm-Bohrers einklemmen.

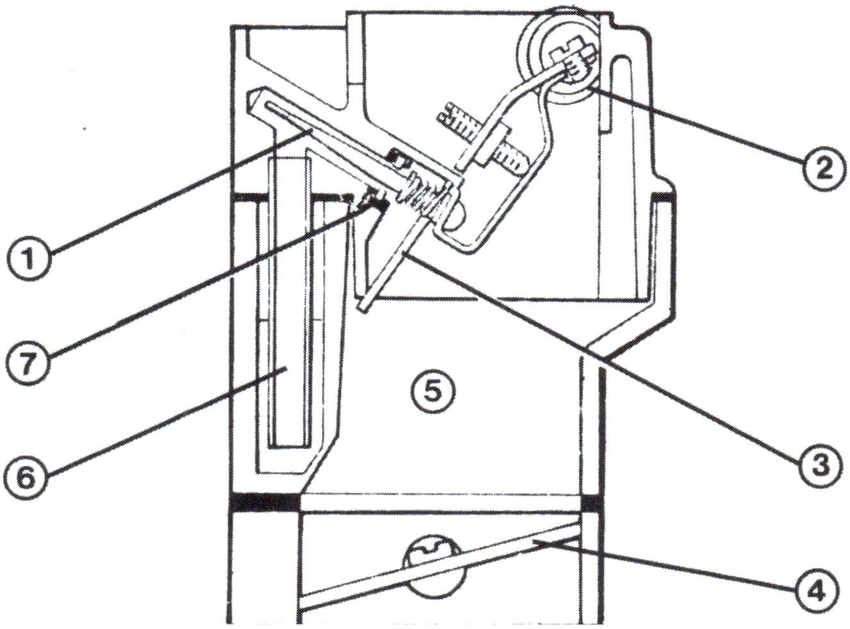

Die II. Stufe des Vergasers Varajet: 1 – Vollastnadel; 2 – Stauklappenfeder; 3 – Stauklappe; 4 – Drosselklappe; 5 – Lufttrichter; 6 – Anreicherungszylinder; 7 – Düsenblende.

■ Zug an der Klemmrolle des Starterklappenhebels festziehen.
■ Bohrer entfernen.
■ Der voll eingeschobene Zuggriff soll etwa 0,5 bis 1,5 mm zurückfedern.
■ An der Kurvenscheibe des Starterklappenhebels soll zu dem Gleitschuh Freigang vorhanden sein, wobei der Zug unter Spannung steht.
■ Andernfalls die Einstellung wiederholen.

Störungsbeistand Vergaser

Bevor Sie gemäß der folgenden Liste irgendwelche Überprüfungen vornehmen, müssen Sie sicher sein, daß die Zündanlage in Ordnung ist. Auch muß die Vorwärmung am Luftfilter richtig eingestellt sein bzw. funktionieren, und die Kraftstoffpumpe muß korrekt arbeiten.

Die Störung	– ihre Ursache	– ihre Abhilfe
A Kalter Motor springt nicht oder schlecht an	1 Kraftstoffweg im Vergaser nicht in Ordnung	Prüfung: Zuleitung am Vergaser abziehen, in ein Gefäß halten und Motor starten. Kommt kein Benzin, siehe unter Kraftstoffpumpe
	a) Schwimmernadelventil klemmt oder Schwimmer defekt	Gegen Schwimmerkammerdeckel klopfen, evtl. Vergaserdeckel abnehmen, Schwimmer und Nadelventil überprüfen
	b) Bohrungen, Düsen und Kanäle im Vergaser verstopft	Vergaser reinigen
	2 Leerlauf-Abschaltventil defekt	Siehe Seite 95
	3 Starterzug falsch eingestellt	Einstellen
	4 Starterklappe schwergängig oder klemmt	Gängig machen
	5 Bimetallfeder der Startautomatik ausgehängt	Feder einhängen oder Starterdeckel ersetzen
	6 Stellung der Drosselklappe falsch	Einstellen lassen
	7 »Falsche Luft« tritt an Deckeldichtung oder Ansaugflansch ein bzw. an einem der Unterdruckschläuche	Kontrollieren, schadhafte Dichtungen bzw. Schläuche ersetzen
B Kalter Motor geht nach dem Start wieder aus	1 Siehe A 4, 6 und 7	
	2 Starterklappenspalt falsch eingestellt	Einstellen lassen
	3 Starterdeckel falsch eingestellt	Einstellmarken gegenüberstellen
	4 Pulldown-Einrichtung gestört	Prüfen lassen
C Kalter Motor hat zu hohe oder niedrige Leerlaufdrehzahl	1 Siehe A 6 und 7	
	2 Ansaugrohrvorwärmung gestört	Siehe Seite 98
	3 Starterdeckelbeheizung gestört	Siehe Seite 96
	4 Leerlauf falsch eingestellt	Einstellen lassen (CO-Test)
D Kalter Motor nimmt schlecht Gas an und ruckelt	1 Ansaugluft-Vorwärmung gestört	Siehe Seite 98
	2 Siehe A 4 und 7	
	3 Siehe B 2 und 4	
	4 Siehe C 2, 3, 4 und 5	
	5 Beschleunigungssystem arbeitet nicht	Prüfung: Luftfilterdeckel abnehmen. Wird Benzin eingespritzt, wenn Sie den Drosselklappenhebel bewegen?
	a) Kanäle verstopft	Vergaser reinigen
	b) Membrane defekt	Auswechseln
	6 Beschleunigungs-Einspritzmenge falsch	Einstellen lassen

Die Störung	– ihre Ursache	– ihre Abhilfe
E Warmer Motor springt schlecht oder nicht an	1 Siehe A 2	
	2 Dampfblasen im Kraftstoffsystem	Mit durchgetretenem Gaspedal starten
	3 Benzinzulaufleitung liegt am Motor oder Ventildeckel an	Leitung so verlegen, daß sie frei hängt
	4 Schwimmernadelventil undicht	Ersetzen
	5 Schwimmer defekt	Prüfen, ggf. austauschen
	6 Schwimmerstand falsch	Einstellen lassen
F Leerlauf ungleichmäßig bzw. zu hoch oder zu niedrig	1 Siehe A 7	
	2 Siehe C 5	
	3 Leerlauf-Kraftstoffdüse oder Umgemisch-Kraftstoffdüse verschmutzt oder lose	Vergaser reinigen bzw. Düse festziehen
	4 Leerlaufgemisch-Regulierschraube beschädigt	Ersetzen
	5 PDSI- und 2 E 3-Vergaser: Anreicherungsventil defekt	Ersetzen
G Leerlaufdrehzahl oder CO-Gehalt nicht einstellbar	1 Siehe A 3, 4, 5 und 6	
	2 Grundeinstellung der Drosselklappe falsch	Einstellen lassen
	3 Siehe F 5	
H Schlechte Übergänge beim Beschleunigen	1 Einspritzmenge der Beschleunigerpumpe falsch dosiert	Einstellen lassen
	2 2 E 3-Vergaser: Pumpendruckventil klemmt	Prüfen lassen
	3 Varajet-Vergaser: Stauklappe arbeitet fehlerhaft	Prüfen lassen
I Schlechte Übergänge bei höheren Drehzahlen (nur Register-Vergaser)	1 Unterdruckdose der 2. Stufe undicht	Austauschen
	2 Varajet-Vergaser: Unterdruck oder Federkraft für Teillastnadel fehlerhaft	Prüfen lassen
J Auspuffknallen im Schiebebetrieb	1 Siehe A 6 und 7	
	2 Siehe C 5	
	3 Siehe G 2	
K Kraftstoffverbrauch zu hoch	1 Siehe A 3 und 4	
	2 Siehe C 2, 3, 5	
	3 Siehe D 1	
	4 Siehe E 3, 4, 5 und 6	
	5 Siehe F 5	

Bemessung

Im Vergleich mit herkömmlichen Vergasern mißt die Benzineinspritzung den Kraftstoff genauer zu. Weil mit ihr auch eine Anhebung der Verdichtung möglich ist, sind Motoren mit Einspritzanlage verbrauchsgünstiger und geben mehr Leistung ab.

Das Luftfilter

Auch bei den Ascona-Modellen 16 i, 18 i und 20 i ist ein Papierfilterelement für die Reinigung der Ansaugluft eingesetzt. Was auf Seite 85 für die Vergasermotoren gesagt wurde, gilt gleichermaßen für die Einspritzer.
Das Filterelement sitzt beim 1,6-l-Motor wie bei einem Vergaser auf dem Einspritzgehäuse und hat eine runde Gestalt. Beim 1,8-l- und 2-l-Motor ist das rechteckige Filterelement am Luftmengenmesser im Motorraum vorn rechts untergebracht.

Luftfiltereinsatz wechseln

Wartung Nr. 22

- Beim **1,6-l-Motor** so vorgehen wie beim Vergasermotor (Seite 85).
- Beim **1,8-l-** und **2-l-Motor** die vier Spannverschlüsse am Filteroberteil öffnen.
- Filteroberteil mit Luftmengenmesser anheben.
- Filtereinsatz herausnehmen.
- Filtergehäuse mit trockenem Lappen auswischen.
- Neues Filterelement mit den Filterlamellen nach unten einsetzen.
- Auf gute Anlage des Dichtungsrandes achten.

Welche Einspritzanlage ist eingebaut?

In den Ascona-Modellen kommen verschiedene Einspritzsysteme zum Einsatz. Sie sind auf den Motortyp abgestimmt. Diese Aufstellung zeigt die Zuordnung der Anlagen zu den einzelnen Motoren:

Typ	16 i	18 i	18 i	20 i
System-Hersteller	Rochester	Bosch	Bosch	Bosch
System-Typ	Multec Zentraleinspritzung	LE-Jetronic	LU-Jetronic	Motronic ML 4,1

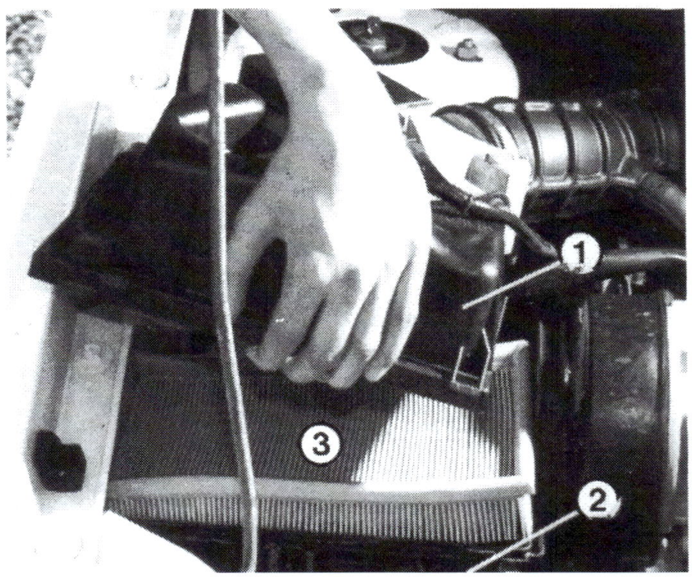

Das Luftfilteroberteil (1) bei Jetronic und Motronic ist mit dem Unterteil (2) durch vier Spannverschlüsse verbunden. Hat man diese gelöst, ist der Filtereinsatz (3) zu erreichen.

Das Bild zeigt Bauteile der Jetronic: 1 – Verteilerrohr; 2 – Kabelstecker (vom Anschluß des Einspritzventils abgezogen); 3 – Einspritzventil; 4 – Druckregler.

Mit Ausnahme der Motoren C 18 E und 20 SEH arbeiten die Systeme in Verbindung mit einem geregelten Katalysator (Seite 66).
Nachfolgend werden die einzelnen Einspritzsysteme in der Reihenfolge ihrer technischen Entwicklung beschrieben.

Verschiedene Einspritzsysteme

In den Ascona-Modellen sind je nach Baujahr und Hubraum unterschiedliche Einspritzsysteme eingebaut.

□ Die Bosch LE-Jetronic beim Motor C 18 NE basiert auf der früheren L-Jetronic, wobei das »L« für »luftmengengesteuert« steht. Das Hirn der Jetronic besteht aus einem elektronischen Steuergerät, das je nach Motordrehzahl und Last die nötige Kraftstoffmenge aus den elektrischen Einspritzventilen fließen läßt. In der LE-Jetronic ist jedoch noch etwas mehr »Elektronik« verpackt, denn sie kann auf ein zusätzliches Kaltstartsystem verzichten und erzeugt das erforderliche fettere Kraftstoff-Luft-Gemisch einfach über je ein Einspritzventil pro Zylinder.

□ Zum Motor C 18 NT gehört die LU-Jetronic. Die Anlage arbeitet wie die LE-Jetronic, jedoch in Verbindung mit einem geregelten Katalysator, und sie besitzt deswegen ein anderes Zündsystem. Das »U« in der Bezeichnung weist darauf hin, daß diese Jetronic zuerst für die USA gebaut wurde.

□ Die Motoren C 20 NE und 20 SEH sind mit der Motronic ausgestattet. Sie ist ein aufwendigeres Einspritzsystem, denn ihr Steuergerät beinhaltet zusätzlich auch die elektronische Zündung, verfügt über einen Programmspeicher und ist zur Eigendiagnose fähig. Für Einspritzungs- und Zündungsbereich benutzt die Motronic dieselben Geber. Dazu bietet sie geeignete Voraussetzungen für die Lambda-Regelung bei Fahrzeugen mit Katalysator.

□ Die Multec-Zentraleinspritzung, eingesetzt beim Motor C 16 LZ, besitzt nur ein elektromagnetisches Einspritzventil. Bei diesem von General Motors entwickelten System erteilt das Steuergerät Signale für Zündzeitpunkt, Gemischbildung, Leerlaufregelung und Schubabschaltung, wobei dauernd die für den Katalysatorbetrieb günstigste Gemischzusammensetzung eingehalten wird. Außerdem kann sich das Steuergerät, etwa bei Alterung des Motors, veränderten Betriebsbedingungen anpassen, Notlaufprogramme sichern bei Ausfall eines Gebers oder mehrerer Informationen die Weiterfahrt.

Die wichtigsten Teile der LE- und LU-Jetronik

Leichter verständlich wird die Funktion der Jetronic durch eine Beschreibung der Aufgaben ihrer Bauteile, die zur besseren Übersicht hier alphabetisch geordnet sind:

Drosselklappe: Sie sitzt im Ansaugrohr und ist über einen Zug mit dem Gaspedal verbunden. Von ihrer Stellung ist die durch den Motor angesaugte Luftmenge abhängig.

Drosselklappenschalter: In ihm befinden sich zwei Schaltkontakte. Der eine schaltet bei geöffneter Drosselklappe und übermittelt dem Steuergerät das Signal »Leerlauf« bzw. »Vollast«. Bei geschlossener Drosselklappe, also bei »Schubbetrieb«, läßt der andere Schalter die Kraftstoffzufuhr sperren.

Druckregler: Er sorgt für einen gleichbleibenden Druck von 2,5 bar im Kraftstoffsystem. Dazu ist er über Anschlüsse mit dem Verteilerrohr und mit dem Kraftstofftank verbunden. Bei

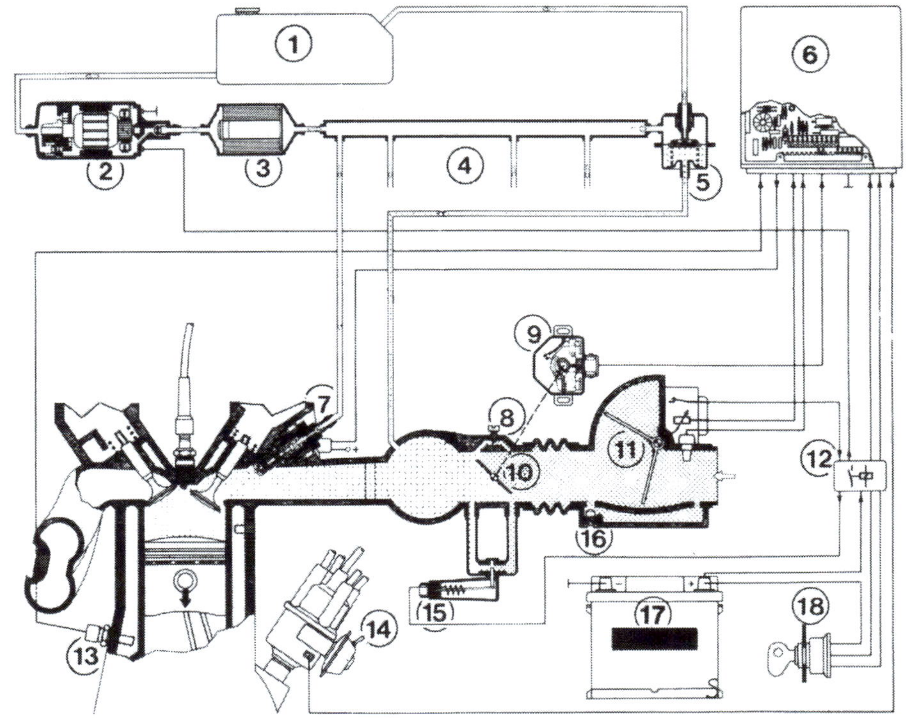

Schemazeichnung LE-Jetronic. 1 – Kraftstoffbehälter; 2 – Elektr. Kraftstoffpumpe; 3 – Kraftstoffilter; 4 – Verteilerrohr; 5 – Druckregler; 6 – Steuergerät; 7 – Einspritzventil; 8 – Leerlaufdrehzahl-Einstellschraube; 9 – Drosselklappenschalter; 10 – Drosselklappe; 11 – Luftmengenmesser; 12 – Steuerrelais; 13 – Motortemperaturfühler; 14 – Zündverteiler; 15 – Zusatzluftschieber; 16 – Leerlaufgemisch-Einstellschraube; 17 – Batterie; 18 – Zünd-Start-Schalter.

steigendem Druck läßt der Regler Kraftstoff in den Tank zurückfließen, bei abfallendem Druck reduziert er die Rücklaufmenge. Durch einen Unterdruck-Anschluß am Ansaugrohr empfängt er zugleich Hinweise über den Lastzustand des Motors und hebt bei Vollast den Druck noch um etwa 0,5 bar an. Dadurch wird die zur vollen Leistung nötige zusätzliche Kraftstoffmenge eingespritzt.

Einspritzventile: In jedem Ansaugkanal eines Motorzylinders sitzt je ein Einspritzventil. Es mißt die momentan benötigte Kraftstoffmenge zu und sorgt gleichzeitig für Feinzerstäubung des Benzins. Die Ventile werden elektromagnetisch betätigt, wobei die Düsennadel etwa 0,1 mm von ihrem Sitz abgehoben wird und der Kraftstoff durchfließt. Die eingespritzte Kraftstoffmenge hängt von der Öffnungsdauer der Einspritzventile ab, Anzugs- und Abfallzeit liegen im Bereich von 1 bis 1,5 Millisekunden. Wegen ihrer Parallelschaltung spritzen sie gleichzeitig, zweimal pro Kurbelwellenumdrehung.

Katalysator: Siehe Seite 66.

Kraftstoffilter: Siehe Seite 84.

Kraftstoffpumpe: Siehe Seite 83.

Lambda-Sonde: Dieser Meßfühler des elektronischen Steuergerätes verhilft zur Regulierung des richtigen Kraftstoff/Luft-Verhältnisses. Die Sonde ist vor dem Gelenkflansch im vorderen Auspuffrohr mit einem Spezialfett eingeschraubt. Siehe auch Seite 63.

Luftmengenmesser: Die Ansaugluft trifft auf ihrem Weg zwischen Luftfilter und Drosselklappe auf eine bewegliche Stauscheibe. Diese wird durch den Sog der Motorkolben zur Seite

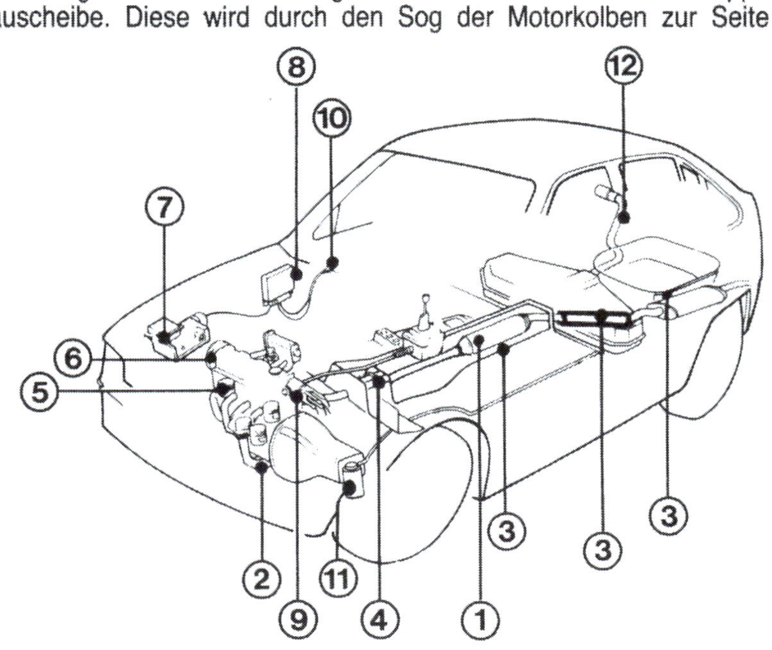

Übersicht der LU-Jetronic. 1 – Dreiwege-Katalysator; 2 – Auspuffanlage; 3 – Abschirmbleche; 4 – Lambda-Sonde, beheizt; 5 – Kolben; 6 – Nockenwellenrad; 7 – Luftmengenmesser; 8 – Steuergerät, Einspritzanlage; 9 – Zündanlage; 10 – Kabelsatz; 11 – Verdampfungskontrollsystem, Aktivkohlebehälter; 12 – Kraftstoff-Einfüllrohr.

gedrückt, und zwar um so stärker, je mehr die Drosselklappe geöffnet hat. Je nach Stellung der Stauscheibe meldet ein elektrischer Widerstand den Wert für die angesaugte Luftmenge an das Steuergerät.

Steuergerät: Entsprechend den Informationen über Luftmenge, Drehzahl und Temperaturbedingungen regelt das Steuergerät die Einspritzzeit und damit die Einspritzmenge, indem die Öffnungsdauer der elektrisch gesteuerten Einspritzventile variiert wird. Das Steuergerät ist im vorderen Fußraum rechts hinter der Verkleidung untergebracht.

Steuerrelais: Der elektronische Zeitschalter bewirkt bei stehenbleibendem Motor eine Unterbrechung der Kraftstofförderung innerhalb von 0,15 Sekunden. Dabei spielt der Grund des Stillstands keine Rolle. Das Steuerrelais sitzt am linken Federbeindom.

Temperaturfühler: Er befindet sich am Zylinderkopf und meldet die dort vorhandene Temperatur dem Steuergerät. Das geschieht zur genaueren Bemessung der Kraftstoffmenge.

Verteilerrohr: In ihm wird der Kraftstoff auf die vier Leitungen zu den Einspritzventilen verteilt. Außerdem dient es als Kraftstoffspeicher und verhindert damit Druckschwankungen.

Zusatzluftschieber: In der Warmlaufphase gibt er einen Luft-Nebenkanal frei, der die Drosselklappe umgeht. Dadurch wird die Stauscheibe im Luftmengenmesser weiter geöffnet und somit auch mehr Kraftstoff eingespritzt. Diese größere Gemischmenge gleicht die bei kaltem Motor vorhandene höhere Reibung aus. Öffnen und Schließen des Drehschiebers im Zusatzluftschieber besorgt ein elektrischer Heizwiderstand, der seine Befehle vom Steuergerät erhält.

So funktioniert die Jetronic

Start: Der Unterdruck der ansaugenden Kolben öffnet im Luftmengenmesser die Stauscheibe, deren Stellung dem Steuergerät gemeldet wird. Außerdem öffnet der Zusatzluftschieber den um die Drosselklappe herumgeführten Kanal, damit eine zusätzliche Ansaugluftmenge einströmen kann. Weil der Motortemperaturfühler jetzt noch »kalt« registriert, bewirkt die Elektronik im Steuergerät eine längere Öffnungsdauer der Einspritzventile für ein fettes Startgemisch.

Warmlauf: Damit der Motor bis Erreichen seiner Betriebswärme rund läuft, bestimmt die Kühlwassertemperatur weiterhin die Dauer der Einspritzzeit, und der Zusatzluftschieber bleibt noch geöffnet. Mit zunehmender Erwärmung schließt der Zusatzluftschieber seine Luftbeigabe, während sich die Spritzdauer der Einspritzventile bis zum Normalwert verkürzt.

Leerlauf: Über einen besonderen Kanal wird bei geschlossener Drosselklappe eine geringe Luftmenge vorbeigeführt. Dieser Leerlaufkanal verfügt über eine Einstellschraube. Die Leerlauf-Luft trifft mit der vom Drosselklappenschalter ausgelöst reduzierten Kraftstoffmenge zusammen.

Normalbetrieb, Beschleunigen und Vollast erfordern keinerlei besondere Einrichtungen. Die Stauscheibe im Luftmengenmesser wird je nach angesaugter Luftmenge weiter geöffnet oder geschlossen. Entsprechend regelt das Steuergerät die Öffnungsdauer der Einspritzventile: Viel Luft – viel Kraftstoff, wenig Luft – wenig Kraftstoff. Ganz automatisch stellt sich immer das richtige, verbrennungsgünstigste Verhältnis ein.

Lambda-Regelung: Bei der LU-Jetronic übermittelt die Lambda-Sonde im vorderen Auspuffrohr die jeweilige Abgaszusammensetzung dem Steuergerät, das den Einspritzventilen sofort den Befehl zu kürzerer oder längerer Einspritzzeit gibt. Dadurch ergibt sich ein ständiger Wechsel von leicht abgemagertem bzw. angefettetem Gemisch, was die einwandfreie Arbeit des Katalysators sichert.

Die Motronic und ihre Teile

Die Motronic besitzt zwei Hauptsysteme: **Zündung** und **Einspritzung**. Im Steuergerät ist ein Zündkennfeld (siehe Seite 212) elektronisch gespeichert, dazu wird der Zündzeitpunkt von der Motor- und Ansauglufttemperatur sowie von der Drosselklappenstellung beeinflußt. Die elektronisch gesteuerte Einspritzung basiert auf dem System der LE-Jetronic, jedoch die Signalverarbeitung erfolgt digital.

Entsprechend der Jetronic sind auch hier die folgenden Bauteile vorhanden: Elektrische Kraftstoffpumpe, Druckregler, Verteilerrohr, Einspritzventile, Drosselklappenschalter, Aktivkohlefilter. Der Luftmengenmesser besitzt nicht die bisherige Bypass-Schraube zur Gemischeinstellung, diese Einstellung erfolgt über ein Potentiometer im Steuergerät.

Zur Motronic gehören außerdem

Induktiver Impulsgeber: Er sitzt seitlich im Motorblock, und zu ihm gehört eine mit magnetisierten Zähnen besetzte Geberscheibe vorn auf der Kurbelwelle. Die am Impulsgeber vorbeilaufenden Zähne ändern wegen ihrer Zwischenräume ständig den Spalt zum Impulsgeber. So ändert sich auch das magnetische Feld und erzeugt im Impulsgeber eine Spannung, deren

Schemazeichnung Motronic. 1 – Steuergerät; 2 – Luftmengenmesser; 3 – Drosselklappenschalter; 4 – Leerlaufdrehsteller; 5 – Temperaturfühler Kühlmittel; 6 – Druckregler; 7 – Kraftstoffpumpe; 8 – Einspritzventil; 9 – induktiver Impulsgeber; 10 – Zündspule; 11 – Kraftstoffilter; 12 – Zündspule; 13 – Lambda-Sonde; 14 – Katalysator; 15 – Hauptrelais; 16 – Tankentlüftungsventil.

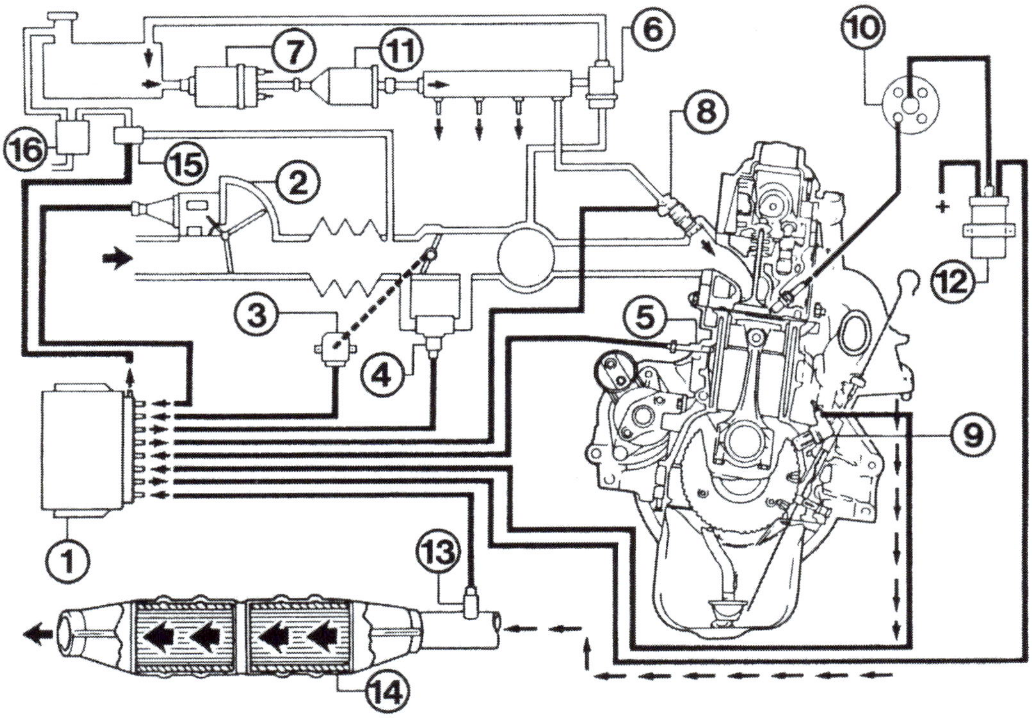

Höhe von Umdrehungsgeschwindigkeit, Spaltgröße und Zahnform abhängig ist. Die Spannungsschwankungen liegen zwischen 0,5 V und 100 V und werden vom Steuergerät als Drehzahlwert erkannt. Eine besondere Bezugsmarke an der Geberscheibe dient zur Bestimmung des Zündwinkels.

Leerlaufdrehsteller: Dieser Stellmotor ist in einer um die Drosselklappe herumgelegten Bypass-Schlauchleitung eingebaut. Ein Drehschieber mit verstellbarem Querschnitt bestimmt die Luftmenge bei geschlossener Drosselklappe und ersetzt so einen Zusatzluftschieber. Der Motor stellt den Drehschieber in Richtung »Öffnen«, eine Feder zieht ihn in Richtung »Schließen«, und dieses Zusammenspiel bewirkt die Einhaltung der Leerlauf-Solldrehzahl.

Kabelsatz: Der in sich abgeschlossene Motorkabelsatz hat weniger Steckverbindungen und kürzere Leitungen. Dadurch ist die Zuverlässigkeit vergrößert.

Kraftstoffpumpenrelais: Das Doppelrelais sitzt im Motorraum hinten links. Eine Schaltung verhindert bei einem Unfall die Kraftstofförderung trotz eingeschalteter Zündung. Der sonst übliche Anschluß zur Klemme 50 am Anlasser entfällt.

Steuergerät: Es enthält außer Transistoren, Dioden und Widerständen eine Leiterplatte mit Mikroprozessor, Analog-Digital-Wandler, Programmspeicher und Betriebsdatenspeicher. Vom Wandler werden die Eingangssignale in digitale Werte umgesetzt. Diese Angaben über Drehzahl, Zündwinkel, Luftmenge, CO-Gehalt, Batteriespannung sowie Temperatur von Kühl-

Schemazeichnung Multec-Zentraleinspritzung. 1 – Einspritzventil; 2 – Kraftstoffdruckregler; 3 – Leerlauffüllungsschrittmotor; 4 – Kühlwassertemperatursensor; 5 – Drosselklappenpotentiometer; 6 – Saugrohrdrucksensor; 7 – Kraftstoffilter; 8 – Kraftstoffpumpe; 9 – Kraftstoffpumpenrelais; 10 – Geschwindigkeitssensor; 11 – Motorkontrollleuchte; 12 – Zündspule; 13 – Zündverteiler; 14 – Öldruckschalter; 15 – Katalysator; 16 – Batterie; 17 – Zündschloß; 18 – Diagnosestecker; 19 – Lambda-Sonde; 20 – Programmspeicher; A – Drosselklappeneinspritzgehäuse; B – Kraftstofftank; C – Steuergerät.

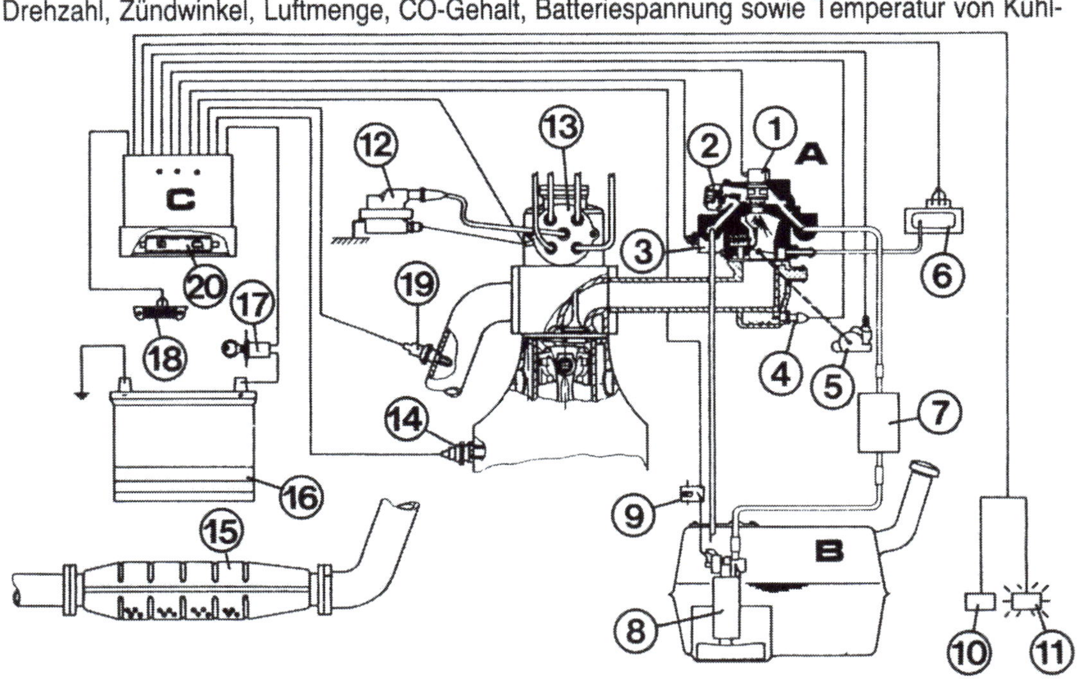

mittel und Ansaugluft verarbeitet der Betriebsdatenspeicher mit dem festen Programm. Im Mikroprozessor werden alle Daten verglichen und zu betriebsgünstigen Signalen aufbereitet. Diese Befehle gehen an Zündspule, Kraftstoffpumpe, Leerlaufdrehsteller, an die Einspritzventile und an das Tankentlüftungsventil.

So funktioniert die Motronic

Start: Nach Einschalten der Zündung wird das Startprogramm abgerufen. Es bleibt bis Überschreiten einer motortemperaturabhängigen Drehzahlschwelle aktiv. Die Einspritzzeit ist von der Drehzahl und von der Kühlmitteltemperatur abhängig, nicht jedoch vom Signal des Luftmengenmessers.
Nachstart: Abhängig von der Motortemperatur wird die Einspritzzeit um einen Bruchteil verlängert.
Warmlauf: Die Einspritzmenge wird angehoben, wiederum abhängig von Motortemperatur und Drehzahl sowie zusätzlich von der Belastung. Auch der Zündwinkel wird durch die Motortemperatur korrigiert.
Beschleunigung: Nach Überschreiten eines bestimmten Signals des Luftmengenmessers wird das Gemisch angereichert. Die Menge dieser Anreicherung wird durch Kühlmitteltemperatur, Drehzahl, Last und Größe des Luftmengenmesser-Signals bestimmt. Eine Sofortwirkung der Anreicherung wird von einem »Zwischenspritzer« unterstützt, den die Motortemperatur auslöst. Zur Vermeidung von Beschleunigungsklingeln wird die Zündung nach »spät« gestellt, anschließend aber wieder auf normale Werte geregelt.
Vollast: Voraussetzung ist der Vollast-Kontakt des Drosselklappenschalters an Masse. Dann wird anstelle des allgemeinen Kennfeldprogramms (siehe Seite 212) ein von der Drehzahl abhängiger Vollast-Zündwinkel eingestellt.
Schubabschaltung: Zu ihren Bedingungen gehören der geschlossene Leerlaufkontakt des Drosselklappenschalters sowie eine Ansauglufttemperatur oberhalb eines programmierten Wertes. Nach einer Mindestzeit wird die Einspritzung abgeschaltet und der Zündwinkel weich nach »spät« geregelt. Sinkt die Drehzahl unter eine motortemperaturabhängige Schwelle, setzt die Einspritzung wieder ein.
Leerlauf: Wenn der Leerlaufkontakt des Drosselklappenschalters an Masse liegt und der Motor unterhalb des Schubabschaltungsbereichs dreht, verstellt sich der Zündwinkel entsprechend einer drehzahlabhängigen Kennlinie. Ändert sich der Betriebszustand des Leerlaufs, werden die einzelnen Übergangsfunktionen berechnet und zu den vorhandenen Funktionen addiert. Eine Kontrolle der Leerlauf-Drehzahl ist nicht erforderlich.
Antiruckelfunktion: Ein elektronischer Filter im Steuergerät dämpft die Drehzahlinformation. Dadurch wird im Teillastbereich bei schnellen Lastwechseln ein ruckfreier Fahrbetrieb ermöglicht.
Notlauf: Bei Defekt eines Informationsgebers löst das Steuergerät die Eigendiagnose aus, koppelt den betreffenden Sensor ab und liefert einen Ersatzwert. So bleibt der Fahrbetrieb erhalten. Eine Werkstatt kann mit eigener Kraft erreicht werden.

Die Multec-Zentraleinspritzung und ihre Teile

Dieses Einspritzsystem gliedert sich in drei Hauptteile:
Drosselklappen-Einspritzgehäuse mit Einspritzventil, Drosselklappenschalter, Leerlauffüllung-Schrittmotor und Kraftstoff-Druckregler.
Kraftstoff-Versorgungssystem mit Strömungspumpe im Tank und mit einem Systemdruck von ca. 0,7 bar.
Elektronisches Steuergerät mit Mikroprozessor.

So funktioniert das Multec-System

Das Steuergerät erhält Informationen über die ständig sich verändernden Werte von
- ☐ Drehzahl und Kurbelwellenstellung durch den Induktivgeber im Zündverteiler,
- ☐ Saugrohrdruck durch den Druckfühler,
- ☐ Betriebstemperatur durch den Kühlwassertemperatursensor,
- ☐ Abgas-Zusammensetzung durch die Lambda-Sonde,
- ☐ Fahrzeuggeschwindigkeit durch den Wegstrecken-Frequenzgeber,
- ☐ Batteriespannung.

Mit diesen Informationen führt der Mikroprozessor eine verbrauchs- und abgasoptimierte Steuerung durch, die sich nach einem speziell für den Motor entwickelten Programm richtet. Auch der Leerlauf ist programmiert und braucht nicht kontrolliert zu werden.
Die Einspritzmenge ergibt sich aus der vom Motor angesaugten Luftmasse einschließlich

Gesamtübersicht der Multec-Zentraleinspritzung. 1 – Drosselklappeneinspritzgehäuse; 2 – Kraftstoffpumpe; 3 – Filter; 4 – Kraftstoffdruckregler; 5 – Einspritzventil; 6 – Drosselklappen-Potentiometer; 7 – Leerlauffüllungsschrittmotor; 8 – Saugrohr-Druckfühler; 9 – Kühlmittel-Temperaturfühler; 10 – Wegstrecken-Frequenzgeber; 11 – Park/Neutral-Schalter (nur in Verbindung mit automatischem Getriebe); 12 – Lambda-Sonde, unbeheizt; 13 – Zündverteiler; 14 – Motorkontrolleuchte; 15 – ALDL-Stecker; 16 – Kabelsatz; 17 – Steuergerät; 18 – Dreiwege-Zweibett-Katalysator; 19 – Auspuffanlage; 20 – Abschirmbleche; 21 – Tankeinfüllstutzen; 22 – Verdampfungskontrollsystem.

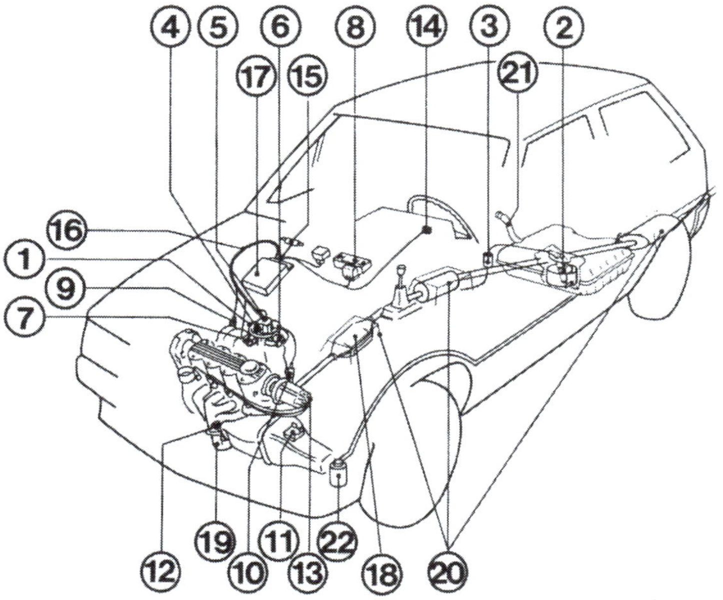

Saugrohrdruck und Temperatur. Pro Kurbelwellenumdrehung öffnet das Einspritzventil zweimal, wobei der Öffnungsimpuls für jeden Zylinder separat erfolgt. Zur Anpassung an unterschiedliche Betriebszustände dienen besondere Korrekturen der Einspritzmenge.

Für den Kaltstart wird der Leerlauffüllung-Schrittmotor entsprechend der Kühlmitteltemperatur für höhere Leerlauf-Drehzahl eingestellt, während Temperatur und Drosselklappenstellung das Kraftstoff/Luft-Gemisch bestimmen, ohne es aber zu überfetten. Dagegen erfolgt die Anreicherung beim Beschleunigen über die Drosselklappenstellung und den Saugrohrdruck, wobei das Einspritzventil zusätzlich in kurzen Intervallen öffnet. Bei Verzögerung und damit verbundenem Unterdruck im Saugrohr werden die Einspritzzeiten kürzer und bei Schub, wenn die Drosselklappe geschlossen ist, völlig unterdrückt. Bei warmem Motor hält der Leerlauffüllung-Schrittmotor die Leerlaufdrehzahl unter allen Belastungen konstant. Über einen Bypass zur Drosselklappe wird die Füllung des Motors geregelt.

Mit Hilfe eines sogenannten Lernblocks wird die Kraftstoffzumessung an unterschiedliche Reibungs- und Füllungsverhältnisse, also an die Alterung des Motors, selbsttätig angepaßt, und zugleich werden Produktionstoleranzen der Bauteile kompensiert. Auch der gegenwärtige Abgaszustand wird mit einem Soll-Wert verglichen. So ergibt sich eine bestmögliche Gemischzusammensetzung.

Während die kostspieligeren Mehrfacheinspritzsysteme mit freizügiger Saugrohrgestaltung (wie bei den 1,8-l- und 2,-l-Modellen) eine hohe Motorleistung zur Folge haben, bietet die Zentraleinspritzung einen Kompromiß zwischen guter Gemischverteilung und optimaler Füllung bei geringem Aufwand.

Selbsthilfe an der Einspritzanlage

Ohne die nötigen Prüfgeräte sind viele Kontrollen für den Selbsthelfer nicht durchführbar. Aber auch ohne Meßgeräte lassen sich Fehler häufig einkreisen und erkennen.

☐ Verweigert der Opel den Dienst, kontrollieren Sie zuerst, ob die Zündanlage in Ordnung ist (ab Seite 213).

☐ Als nächstes wird die Kraftstoffversorgung überprüft, siehe Seite 262.

Allgemeine Störungssuche

■ Überprüfen Sie folgende Schläuche und ihre Halteschellen auf festen Sitz sowie das Schlauchmaterial auf Risse:

■ Den Faltenbalg zwischen Luftmengenmesser und Drosselklappenstutzen, die Schläuche zum Zusatzluftschieber, zum Zündverteiler und zum Bremskraftverstärker. Schon geringe Nebenluftmengen können die Gemischaufbereitung empfindlich stören, da sie von der Stauscheibe im Luftmengenmesser nicht mitgemessen werden. Das Gemisch magert also bei Nebenluft unkontrolliert ab.

■ Sind die Dichtungen an den Einspritzventilen in Ordnung, ebenso die Flanschdichtungen der Ansaugkanäle?

■ Sind an den Kraftstoffleitungen Undichtigkeiten zu erkennen?

■ Wurden die Kabelstecker häufig auseinandergezogen und wieder verbunden? Die Stecker haben keine federnden Zungen. Ungeschicktes Reißen kann mangelnden Kontakt zur Folge haben.

■ Bei den Steckern an den Bauteilen der Einspritzanlage lassen sich die Zungen mit einem feinen Schraubenzieher ein wenig nachbiegen.

Zur Jetronic gehören: 1 – Drosselklappenbetätigung; 2 – Drosselklappenschalter; 3 – Druckregler; 4 – Zusatzluftschieber.

Vorsichtsmaßnahmen bei elektronischen Einspritzsystemen

Zusätzlich zu den auf Seite 212 genannten Vorsichtsmaßnahmen sind beim Motronic- und Multec-System folgende Hinweise zu beachten:

☐ Die in der Eigendiagnose gespeicherten Fehlercodes werden durch Abklemmen der Batterie gelöscht.

☐ Verkehrter Anschluß der Batterie oder Zündspule führen zur Zerstörung des Steuergerätes, ebenso Anlegen von Plus oder Masse an Klemme 1 der Zündspule.

☐ Kabelbaumstecker des Steuergerätes nur bei ausgeschalteter Zündung abziehen oder aufstecken. Vorher Steuerrelais abziehen und nach Abschalten der Zündung ca. 20 Sekunden warten.

Störungssuche an einzelnen Bauteilen

In den folgenden Abschnitten sind wir auf jene Möglichkeiten der Fehlersuche eingegangen, zu denen der Heimwerker keine besonderen Werkzeuge oder Meßgeräte benötigt. Haben Sie nach unserem Störungsbeistand auf Seite 121 ein bestimmtes Bauteil im Verdacht, können Sie hier die Prüfanleitung nachlesen.

Drosselklappe

Jetronic

Die Grundeinstellung der Drosselklappe kann sich verändert haben.

- Drosselklappe vollkommen schließen.
- Drosselklappen-Anschlagschraube zunächst spielfrei beidrehen.
- Danach die Schraube ¼ bis ½ Drehung vorspannen.

Drosselklappenschalter

Jetronic, Motronic

Beide Befestigungsschrauben des Schalters lockern.

- Schalter entgegen dem Uhrzeigersinn vorsichtig drehen, bis ein Widerstand spürbar ist.
- In dieser Position die Schrauben festziehen.
- Drosselklappe mit der Hand etwas öffnen. Dabei muß ein Knacken hörbar sein, ebenso beim Schließen.

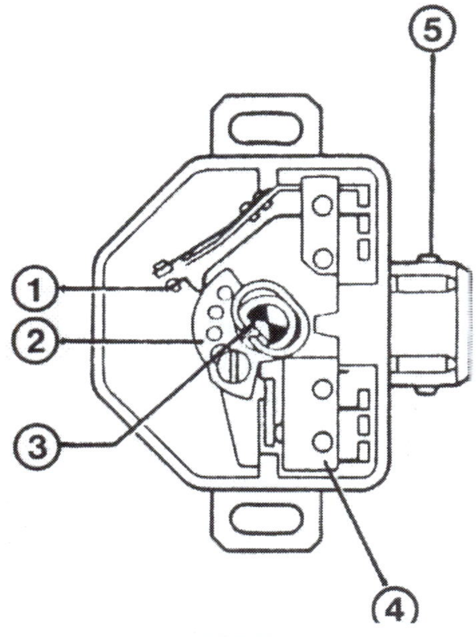

Links: Zur Einstellung des Drosselklappenschalters diese beiden Schrauben lockern.
Rechts: In den Endstellungen Vollast und Leerlauf wird jeweils ein Kontakt geschlossen.
1 – Vollastschalter; 2 – Schaltkulisse; 3 – Drosselklappenwelle; 4 – Leerlaufschalter; 5 – elektr. Anschluß.

Der zur Multec-Zentraleinspritzung gehörende Druckfühler ist an der Stirnwand befestigt.

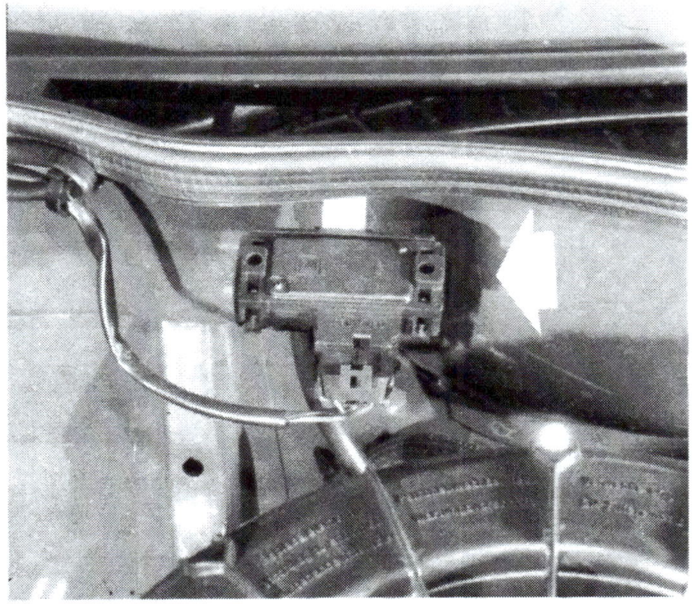

Druckfühler
Multec

Der Druckfühler sitzt im Motorraum an der Stirnwand. Kabelsatzstecker und Unterdruckschlauch müssen einwandfrei sitzen. Der Schlauch muß stetig fallend zum Einspritzgehäuse verlegt sein.

Einspritzventile

■ Zündung lahmlegen, wie auf Seite 213 beschrieben.
■ Zur Überprüfung, ob ein Einspritzventil überhaupt Benzin erhält, die betreffende Kraftstoffleitung am Verteilerrohr lösen.
■ Lappen bereithalten und Motor von Helfer starten lassen.
■ Tritt Kraftstoff aus, können Sie das Ventil selbst kontrollieren.
■ Einspritzventil ausbauen, siehe Seite 110.
■ Ventilloch im Ansaugkrümmer fest verschließen.
■ Gefäß oder Lappen für den austretenden Kraftstoff bereithalten, Motor von Helfer starten lassen.
■ Das Ventil muß gleichmäßig und kegelförmig abspritzen.
■ Falls nicht, muß es ersetzt werden.
■ Zur Dichtheitsprüfung: Klemme 1 von Zündspule abziehen, Starter kurz betätigen. Innerhalb einer Minute dürfen nicht mehr als 2 Tropfen Benzin pro Ventil austreten.
■ Bei Verdacht auf verklebte Ventile die Kraftstoff-Rücklaufleitung mit Quetschklemme abklemmen (Gemisch wird fetter). Läuft der Motor besser, den Kraftstoff völlig ablassen. Bei LE-Jetronic neu mit Super nach DIN-Norm betanken, bei LU-Jetronic mit unverbleitem Normal betanken.
■ Alle Einspritzventile ersetzen.

Luftmengenmesser
Jetronic, Motronic

Der Luftmengenmesser des Motors C 18 NT ist auf dem blauen Deckel mit einem grünen Farbpunkt gekennzeichnet.

■ Schlauchschelle lösen und Luftschlauch zum Saugrohr abziehen.
■ Mehrfachstecker vom Luftmengenmesser abziehen.

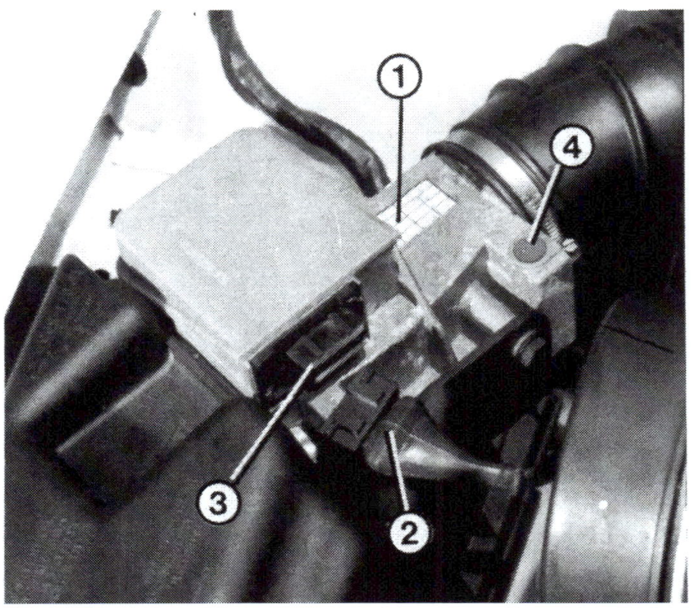

Jetronic: Hinter dem Luftfilter sitzt der Luftmengenmesser (1). Der Mehrfachstecker (2) ist im Bild von dem Steckeranschluß (3) abgezogen. Die By-pass-Schraube (4) ist von einer Sicherungskappe verschlossen.

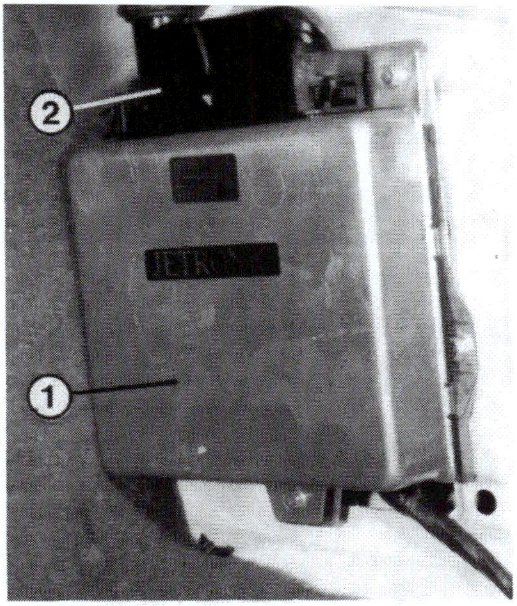

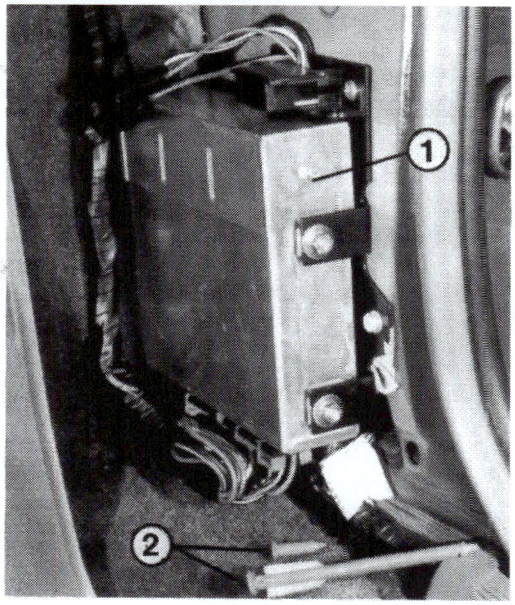

Links: 1 – Steuergerät der Jetronic; 2 – Kabelbaumstecker.
Rechts: 1 – Steuergerät der Multec-Zentraleinspritzung; 2 – Kunststoff-Befestigungsstifte für die Innenwandabdeckung.

■ Spannverschlüsse öffnen und den Luftmengenmesser mit dem Luftfilteroberteil abnehmen.
■ Luftmengenmesser vom Filteroberteil abschrauben.
■ Leichtgängigkeit der Stauscheibe prüfen. Sie muß sich ohne Hemmungen bis zum Anschlag bewegen lassen.
■ Den Bereich der Stauscheibe mit sauberem, trockenem Lappen auswischen.

Steuergerät
Jetronic

■ Seitenverkleidung im Fußraum vorn rechts abknöpfen und den Mehrfachstecker vom Steuergerät abziehen. Die Klemmen 1 bis 13 sind auf der längeren Steckerleiste angebracht, beginnend an der Kabeleingangsseite.
■ Prüflampe zwischen Klemme 4 und 5 am Stecker anschließen.
■ Motor starten, die Prüflampe muß aufleuchten.
■ Leuchtet die Lampe nicht auf, bei ausgeschalteter Zündung die Anschlüsse der elektrischen Leitungen von den Klemmen 4 und 5 gemäß Schaltplan ab Seite 190 überprüfen.
■ Wurde dabei kein Fehler gefunden, die Prüflampe an die Klemmen 9 und 5 am Stekker des Steuergeräts anschließen.
■ Motor wieder starten, die Prüflampe muß aufleuchten.
■ Falls nicht, muß die weitere Fehlersuche der Werkstatt überlassen bleiben.

Zusatzluftschieber
Jetronic

■ Kabelstecker vom Zusatzluftschieber abziehen.
■ 12-V/2-W-Prüflampe zwischen die beiden Kontakte des Steckers anschließen.
■ Motor starten, die Prüflampe muß aufleuchten.
■ Leuchtet die Lampe nicht auf, bei ausgeschalteter Zündung die Anschlüsse der beiden Leitungen gemäß Schaltplan ab Seite 190 überprüfen.
■ Zum Ausbau die Schlauchschellen lösen und beide Schläuche abziehen.
■ Zwei Befestigungsschrauben herausdrehen.

Zur Motronic gehört dieser Luftmengenmesser (1) auf dem Deckel des Luftfiltergehäuses (2).

Links: Zum Ausbau des Zusatzluftschiebers den Kabelstecker (1) abziehen, die Schlauchschellen (2) lockern und Schläuche abziehen, zwei Befestigungsschrauben (3) herausdrehen. Rechts: Vom Gaszug (1) wird das Drosselklappengestänge (2) betätigt. Die Drosselklappenanschlagschraube (3) soll spielfrei eingestellt sein.

■ Durch die Öffnung des abgenommenen Zusatzluftschiebers die Stellung des Drehschiebers kontrollieren.
■ In kaltem Zustand muß der Drehschieber einen Spalt geöffnet sein.
■ Zum Aufheizen die Klemme 26 des Zusatzluftschiebers (siehe Schaltplan ab Seite 181) an Massepol der Batterie anschließen, die andere Klemme an den Pluspol.
■ In heißem Zustand muß der Drehschieber geschlossen sein.

Leerlauf kontrollieren

Wartung Nr. 2
Jetronic

Theoretisch ist der Leerlauf bei der Jetronic gleichmäßiger als bei der Gemischaufbereitung durch Vergaser. Normalerweise ist eine Drehzahlanpassung nicht nötig.
□ Alle **Motoren** sollen im Leerlauf mit **900–950/min** drehen.
Voraussetzung für einen korrekten Leerlauf ist selbstverständlich die richtige Zündzeitpunkteinstellung, die sich allerdings beim Ascona mit seiner Transistorzündung normalerweise nicht verändert.
Wegen der Transistorzündung die Sicherheitsmaßnahmen auf Seite 212 beachten.
■ Motor warmfahren. Die Öltemperatur soll mindestens 60°C betragen.
■ Motor abstellen, Drehzahlmesser anschließen.
■ Motor starten, elektrische Verbraucher dürfen nicht eingeschaltet sein.
■ Korrigiert wird die Lehrlaufdrehzahl an der Leerlauf-Einstellschraube am Drosselklappenstutzen (Bild oben rechts).
■ Kontermutter der Einstellschraube lösen. Hineindrehen der Schraube läßt den Motor langsamer, Herausdrehen läßt ihn schneller laufen.
■ Nach der Einstellung die Kontermutter wieder anziehen.
■ Falls vor der Kontrolle die Einspritzleitungen gelöst wurden, muß zunächst der Motor mehrmals auf 3000/min gebracht werden und dann wenigstens 2 Minuten im Leerlauf drehen.

Ansicht der Motronic: 1 – Drosselklappenbetätigung; 2 – Befestigung des Verteilerrohrs; 3 – Leerlaufdrehsteller; 4 – Einspritzventil.

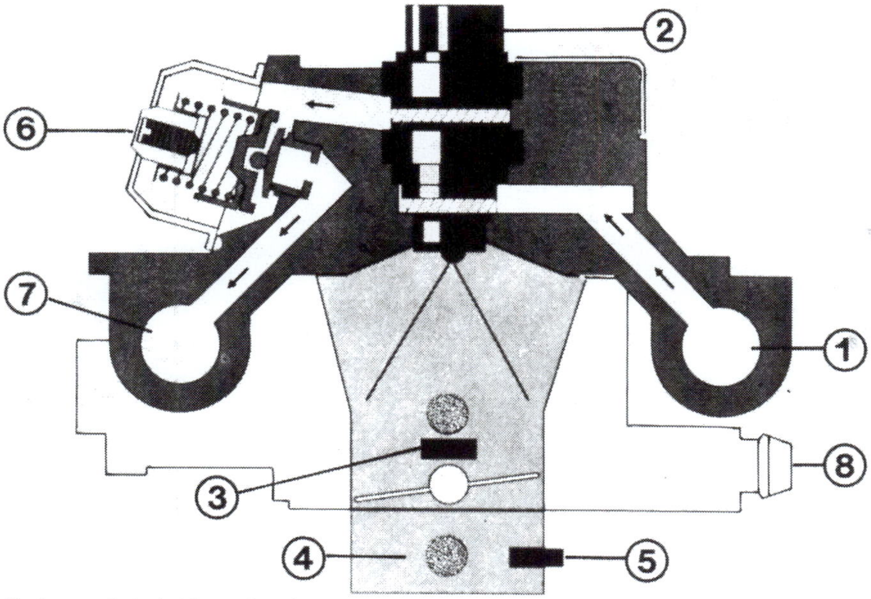

Schemabild des zur Multec-Zentraleinspritzung gehörenden Drosselklappen-Einspritzgehäuses. 1 – Kraftstoff-Zufuhr; 2 – Einspritzdüse; 3 – Drosselklappensensor; 4 – Motor/Auspuffsystem; 5 – Lambda-Sonde; 6 – Systemdruckregler; 7 – Kraftstoff-Rückführung zum Tank; 8 – Anschluß Tankentlüftung.

Gelegentlich leiden die Jetronic-Einspritzmotoren an ungleichmäßigem Leerlauf. Dazu muß gleich gesagt werden, daß dieser Mangel sich unter Umständen durch Zusammenkommen verschiedener Toleranzen ergibt und eine Abhilfe nicht vollkommen möglich ist.

■ Sämtliche Luftschläuche kontrollieren, wie unter »Allgemeine Störungssuche« beschrieben.

■ Zusatzluftschieber überprüfen, siehe Seite 115.

■ Eventuell liegt es am Leerlaufkontakt im Drosselklappenschalter, den die Werkstatt prüfen kann. Kontrollieren Sie, ob der Drosselklappenschalter richtig eingestellt ist, gemäß Seite 113.

■ Für weitergehende Kontrollen sind wieder Meßgeräte erforderlich.

Abgas-Messung
Wartung Nr. 3

Hier gilt dasselbe, wie auf Seite 99 für die Vergasermotoren gesagt. Zugleich müssen die Voraussetzungen wie beim Einstellen der Leerlaufdrehzahl erfüllt sein.

□ Bei richtiger Einstellung liegt der CO-Wert bei **maximal 0,5 Vol.%.**

Die CO-Einstellschraube befindet sich am Luftmengenmesser unter einer Verschlußkappe. Bei Verdrehen der Schraube im Uhrzeigersinn steigt der CO-Gehalt an, Verdrehen gegen den Uhrzeigersinn läßt ihn sinken.

Ersatz einzelner Bauteile

Die nachfolgend beschriebenen Arbeiten beziehen sich auf Bauteile, die sich ohne aufwendige Hilfsmittel ersetzen lassen. Vielleicht können Sie sogar mit einer Ihnen bekannten Werkstatt zusammenarbeiten und nach dem dort ermittelten Ergebnis die eine oder andere Arbeit selbst ausführen.

Drosselklappen-Einspritzgehäuse
Multec

■ Luftfilter abbauen (Bild Seite 106).

■ Alle Kabelanschlüsse von dem Gehäuse abziehen.

■ Schlauchschellen lösen und die Kraftstoffleitungen von den Stutzen am Gehäuse abziehen.

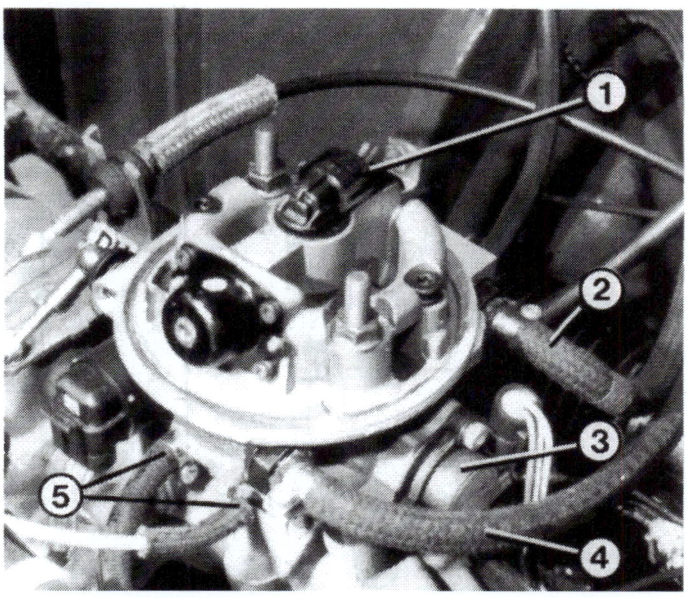

Multec-Zentraleinspritzung: 1 – Einspritzventil; 2 – Kraftstoffzulauf; 3 – Drosselklappen-Potentiometer; 4 – Kraftstoffrücklauf; 5 links – Leitung zum Aktivkohlebehälter; 5 – rechts – Leitung zum Luftfilter

Drosselklappen-Einspritzgehäuse der Multec-Zentraleinspritzung. 1 – Kraftstoffzulauf; 2 – Einspritzventil; 3 – Kraftstoffdruckregler; 4 – Kraftstoffrücklauf; 5 – Leerlauffüllungs-Schrittmotor; 6 – Drosselklappen-Potentiometer; 7 – Luftfiltersteuerung; 8 – Spülleitung Aktivkohlebehälter.

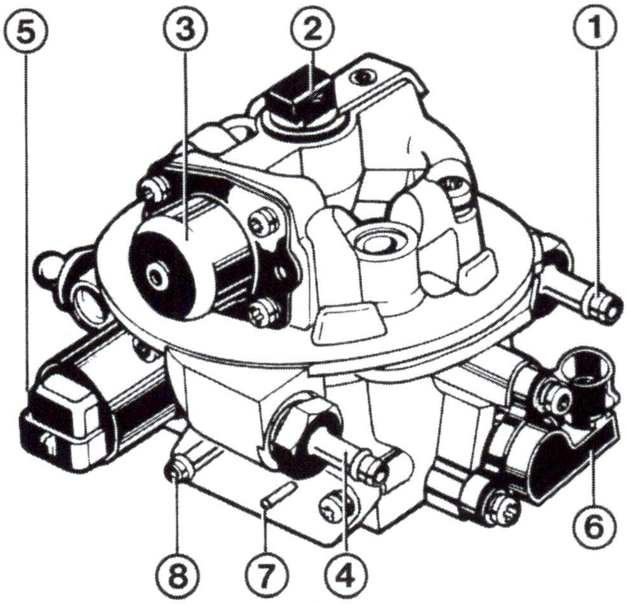

■ Betätigungsstange aushängen.
■ Muttern abschrauben und das Gehäuse vom Saugrohr abheben.
■ Beim Einbau die Muttern mit 22 Nm festziehen.

Drosselklappen-Potentiometer
Multec

■ Luftfilter abbauen (Bild Seite 106).
■ Befestigungsschrauben für das Potentiometer herausdrehen.
■ Potentiometer abnehmen.
■ Einbau bei geschlossener Drosselklappe vornehmen, auf richtigen Sitz des Mitnehmers der Drosselklappenwelle achten.
■ Schrauben mit 2 Nm festziehen.

Einspritzventile
Jetronic

■ Massekabel von der Batterie trennen.
■ Schlauchschellen am Verteilerrohr lösen, Verteilerrohr von den Schlauchleitungen der Einspritzventile abziehen.
■ Kraftstoff mit Lappen auffangen. Die Öffnungen der Schlauchleitungen und am Verteilerrohr zum Schutz gegen Verschmutzung verschließen.
■ Kabelstecker vom Einspritzventil abziehen.
■ Beide Befestigungsschrauben herausdrehen und das Einspritzventil aus dem Halter vorsichtig herausziehen, damit die Düsennadel nicht beschädigt wird.
■ Das Ventil mit neuem Gummidichtring einbauen.

Motronic

■ Kabel des Leerlaufdrehstellers abziehen.
■ Leerlaufdrehsteller ausbauen, dazu beide Schlauchschellen lösen.
■ Stecker der Einspritzventile abziehen.
■ Vier Schrauben des Verteilerrohrs lösen.
■ Clips der Einspritzventile mit einem Schraubenzieher nach vorn abdrücken.
■ Unterdruckschlauch des Bremskraftverstärkers am Drosselklappenstutzen abschrauben.
■ Halter des Vorlaufs abschrauben.
■ Einspritzventil aus dem Verteilerrohr abziehen.

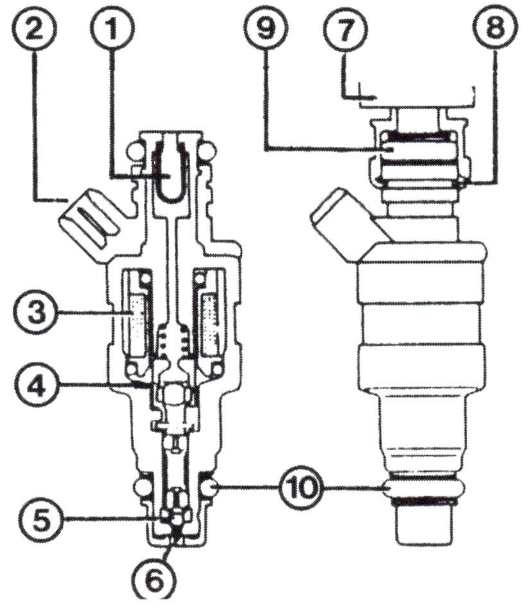

Aufbau der Motronic-Einspritzventile: 1 – Sieb; 2 – elektr. Anschluß; 3 – Magnetwicklung; 4 – Magnetanker; 5 – Düsennadel; 6 – Spritzzapfen; 7 – Verteilerrohr; 8 – Sicherungsklammer; 9 – oberer Dichtring; 10 – unterer Dichtring.

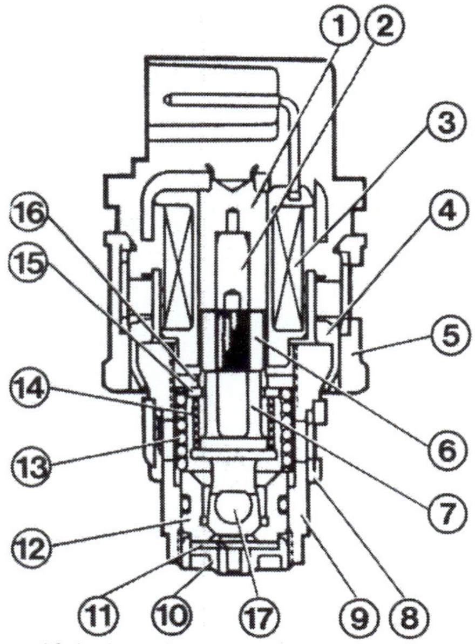

Aufbau des Multec-Einspritzventils: 1 – Magnetpol; 2 – Hubzylinder mit Anschlag; 3 – Magnetspule; 4 – Magnetspulengehäuse; 5 – Dampfblasenfilter; 6 – Ankerring; 7 – Anker; 8 – Kraftstoffeinlaßfilter; 9 – Ventilgehäuse; 10 – Strahlzerstäuber; 11 – Zerstäuberscheibe; 12 – Ventilsitz; 13 – Ventilfedersitz; 14 – Ventilankerfeder; 15 – Führungsring; 16 – Einstellschraube, fest eingestellt; 17 – Ventilkolben.

Multec

- Kabelstecker abziehen.
- Halteschraube lösen und den Halter des Ventils abnehmen.
- Einspritzventil vorsichtig mit einem Schraubenzieher heraushebeln.
- Beim Einbau muß das elektrische Stekkerteil des Ventils zur Halteschraube zeigen.
- Ventil in seinen Sitz drücken.
- Halteschraube mit Sicherungsmasse bestreichen und mit 3 Nm festziehen.

Lambda-Sonde
Jetronic, Motronic, Multec

Das Gewinde der Sonde ist mit einem Spezialfett gegen Festfressen bestrichen. Es besteht aus flüssigem Graphit, das beim Betrieb wegbrennt, und Glasperlen. Eine neue Sonde ist mit diesem Fett versehen, das Gewinde der alten Sonde muß damit (Opel-Nr. 19 48 602) bestrichen werden.

- Kabelstecker von der Sonde abziehen.
- Lambda-Sonde nur bei betriebswarmem Motor aus dem Auspuffkrümmer vorsichtig herausschrauben. Hände gegen Verbrennungen schützen (Handschuhe, Lappen).
- Beim Einbau die Sonde mit 38 Nm festziehen.

Leerlauffüllung-Schrittmotor
Multec

- Kabelstecker abziehen.
- Schrauben herausdrehen und den Schrittmotor vorsichtig herausnehmen.
- Beim Einbau darf der Abstand zwischen Kolbenspitze und Flansch höchstens 28 mm betragen, andernfalls den Kolben vorsichtig bis zum Anschlag eindrücken.
- Schrittmotor mit genormtem O-Ring einsetzen.
- Schrauben mit Sicherungsmasse bestreichen und mit 2,5 Nm festziehen.

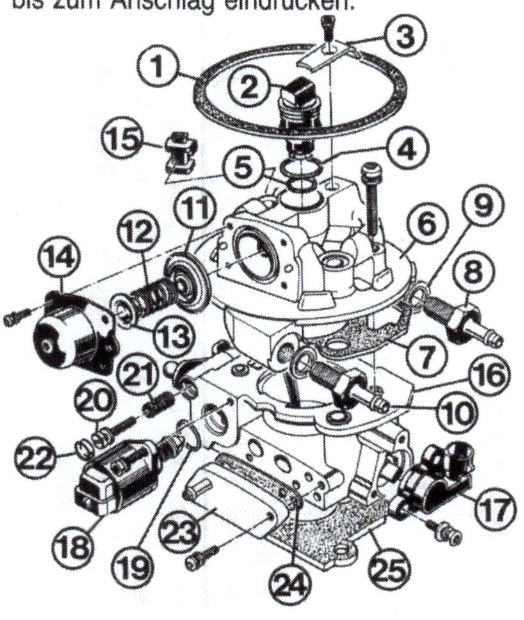

Bauteile am Multec-Zentraleinspritzsystem. 1 – Dichtung Luftfilter; 2 – Einspritzventil; 3 – Halter Einspritzventil; 4 – O-Ring Einspritzventil, oben; 5 – O-Ring Einspritzventil, unten; 6 – Oberteil Drosselklappeneinspritzgehäuse; 7 – Dichtung für Oberteil Drosselklappeneinspritzgehäuse; 8 – Kraftstoffeinlaßstutzen; 9 – Dichtung Kraftstoffeinlaßstutzen; 10 – Kraftstoffrücklaufstutzen; 11 – Membrane Kraftstoffdruckregler; 12 – Feder Kraftstoffdruckregler; 13 – Federsitz Kraftstoffdruckregler; 14 – Deckel Kraftstoffdruckregler; 15 – Gummitülle Anschußkabel; 16 – Drosselklappenteil; 17 – Drosselklappen-Potentiometer; 18 – Leerlauffüllungs-Schrittmotor; 19 – O-Ring; 20 – Leerlaufeinstellschraube; 21 – Feder Leerlaufeinstellschraube; 22 – Deckel (Plombe) Leerlaufeinstellschraube; 23 – Flansch Unterdruckanschlüsse; 24 – Dichtung für Flansch Unterdruckanschlüsse; 25 – Dichtung Einspritzgehäuse, Saugrohr.

Die Aufgabe des Leerlaufdrehstellers der Motronic ist auf Seite □ beschrieben. Hier die Schemazeichnung des Leerlaufdrehstellers: 1 – Elektrischer Anschluß; 2 – Gehäuse; 3 – Dauermagnet; 4 – Anker; 5 – Luftkanal als Bypass zur Drosselklappe; 6 – Drehschieber.

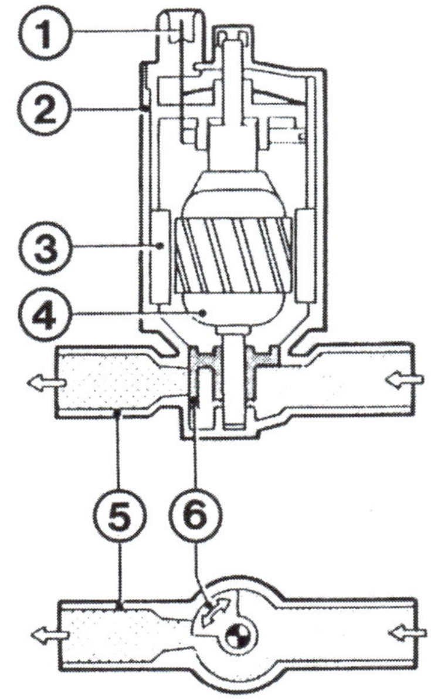

Steuergerät
Jetronic, Motronic

■ Massekabel von der Batterie lösen.
■ Verkleidung im Fußraum vorn rechts abknöpfen (Seite 115 und 257).
■ Sicherungsklammer für den Kabelbaumstecker abdrücken.
■ Kabelbaumstecker vom Steuergerät abklappen.
■ Befestigungsschrauben herausdrehen, Steuergerät abnehmen.

Multec

Das Steuergerät besteht aus dem Basissteuergerät und dem Programmspeicher.
■ Massekabel der Batterie lösen.
■ Verkleidung im Fußraum vorn rechts abnehmen.
■ Steuergerät abschrauben.
■ Halteklammer andrücken und Kabelbaumstecker abziehen, Steuergerät entnehmen.
■ Deckel über dem Programmspeicher abnehmen.
■ Beide Halteklammern zurückdrücken und den Programmspeicher vorsichtig aus dem Sockel herausheben.
■ Durch Sichtprüfung einwandfreien Zustand der Steckkontakte feststellen.
■ Beim Zusammensetzen müssen die Aussparungen des Programmspeichers mit den Aussparungen im Sockel des Steuergerätes übersteinstimmen.

Temperaturfühler
Jetronic, Motronic, Multec

Der Temperaturfühler sitzt bei Jetronic und Motronic im Motorblock links, bei Multec im Kühlmittelkanal des Ansaugkrümmers. Ein- und Ausbau nur bei ausgeschalteter Zündung vornehmen.
■ Kühlmittel teilweise ablassen und auffangen.
■ Kabelstecker vom Temperaturfühler abziehen.
■ Temperaturfühler herausdrehen.
■ Nach dem Einbau Kühlmittel auffüllen.

Multec-Zentraleinspritzung: 1 – Kraftstoffdruckregler; 2 – Leerlauffüllungs-Schritt-Motor; 3 – Leerlauf-Einstellschraube; 4 – Drosselklappenhebel.

Fehlerdiagnose bei Motronic und Multec

Das Steuergerät beider Systeme verfügt über einen Programmspeicher und ist zur Eigendiagnose fähig. Eine Störung wird zur späteren Fehlersuche gespeichert, und zugleich stellt die Elektronik noch einen Ersatzwert für die Weiterfahrt bereit. Eine Kontrolleuchte zeigt dem Fahrer die Störung an.

☐ Bei der Motronic kann die Werkstatt über eine Reizleitung im Diagnosestecker das Diagnoseprogramm abrufen.

☐ Für das Multec-System besitzt die Werkstatt einen Diagnoseschlüssel, der in den Stecker neben dem Steuergerät eingesetzt wird und wodurch die Diagnosereiz- und Masseleitung kurzgeschlossen ist.

Auf diese Weise wird die Blinktätigkeit der Kontrolleuchte ausgelöst. Für die einzelnen Fehlermöglichkeiten sind unterschiedliche Blinkintervalle festgelegt. Die Leuchtfolge stellt einen Code dar und gibt Hinweise auf die Fehlerquelle.

Multec besitzt Notlauf-Funktion

Ein umfangreiches Notlauf-Programm hält die Funktion des Einspritz- und Zündsystems aufrecht, wenn ein Sensor (Fühler) ausfällt, eine Kabelverbindung unterbrochen ist oder Massekontakt auftritt. Zugleich wird ein Fehler im elektronischen Speicher registriert.

Der Notlauf wird vom Steuergerät so unterschieden:

☐ Es bleibt die normale Steuerung beibehalten. Anstelle der ausgefallenen Informationen wird ein Ersatzwert zur Berechnung von Zündung und Kraftstoffzumessung herangezogen.

☐ Fallen gleichzeitig mehrere Steuersignale oder der Mikroprozessor aus, sorgt das Endstufenmodul im Zündverteiler für eine Widerstandsschaltung mit notwendiger Kraftstoffzuteilung und Zündungssteuerung. Dadurch ist die Weiterfahrt möglich, und der Katalysator bleibt geschützt.

Störungsbeistand

Einspritzanlagen

☐ Der Motor darf nie ohne fest angeschlossene Batterie oder mittels Schnellader gestartet werden. Ebenso darf die Batterie bei laufendem Motor nicht abgeklemmt werden.

☐ Den Mehrfachstecker des Steuergeräts nur bei ausgeschalteter Zündung abziehen oder aufstecken.

Die Störung	– ihre Ursache	– ihre Abhilfe
A Motor springt nicht an	1 Sicherung Nr. 16 durchgebrannt	Ersetzen
	2 Kraftstoffpumpe fördert nicht oder nicht genügend	Benzin im Tank? Anschlüsse prüfen, Fördermenge prüfen lassen
	3 Kraftstoffpumpenrelais defekt	Prüfen, ggf. austauschen
	4 Steuerrelais defekt	Prüfen (lassen)
	5 Druckregler defekt	Druck messen lassen
	6 Jetronic, Motronic: Stauscheibe schwergängig	Prüfen
	7 Temperaturfühler defekt	Prüfen lassen
	8 Zusatzluftschieber öffnet nicht	Prüfen
	9 Kein Drehzahlsignal vom TSZ-Schaltgerät (Jetronic) bzw. vom Drehzahlgeber (Motronic)	Kabelverlauf kontrollieren
B Kalter Motor springt nicht an	1 Jetronic, Motronic: Zusatzluftschieber öffnet nicht	Prüfen
	2 Jetronic: Leerlauf zu fett oder zu mager eingestellt	Leerlauf und CO-Gehalt überprüfen
	3 Eingangsspannung an Klemme 15 der Zündspule zu schwach	Leitung von Klemme 1 an Masse legen, Voltmeter zwischen Klemme 15 und Masse muß mind. 9 V anzeigen
	4 Motor erhält Nebenluft	Sämtliche Schlauchleitungen überprüfen
	5 Steuergerät defekt	Prüfen lassen
	6 Siehe A 5	

Die Störung	– ihre Ursache	– ihre Abhilfe
C Warmer Motor springt nicht an	1 Siehe B 4	
	2 Unterdruckleitung zum Druckregler defekt	Leitung überprüfen
	3 Rücklaufleitung zwischen Druckregler (Jetronic, Motronic) bzw. Einspritzgehäuse (Multec) und Tank verstopft	Reinigen
	4 Einspritzventile undicht	Ventile überprüfen
	5 Multec: Leerlauffüllungs-Schrittmotor defekt	Prüfen lassen
	6 Siehe A 6	
	7 Kühlmittel-Temperaturfühler defekt	Fühler überprüfen
D Motor springt an, stirbt aber wieder ab	1 Siehe A 8	
	2 Siehe B 2	
	3 Siehe C 2.	
	4 Jetronic, Motronic: Luftmengenmesser defekt	Prüfen lassen
	5 Jetronic, Motronic: Drosselklappenschalter falsch eingestellt oder defekt	Einstellung bzw. Funktion kontrollieren
	6 Multec: Druckfühler defekt	Prüfen lassen
	7 Multec: Drosselklappen-Potentiometer defekt	Prüfen lassen
E Motor setzt aus	1 Siehe A 2	
	2 Einspritzventil defekt	Prüfen
	3 Siehe C 5	
	4 Siehe D 5	
F Motor patscht beim Gasgeben	Einspritzventile defekt	Prüfen
G Motor läuft noch	1 Siehe A 6	
	2 Siehe C 4	
H Motorleistung ungenügend	1 Siehe A 2	
	2 Siehe A 6	
	3 Siehe B 2	
	4 Siehe B 4	
	5 Drosselklappe geht nicht auf volle Öffnung	Prüfen, evtl. Gaszug einstellen
	6 Siehe D	
I Warmer Motor dreht im Leerlauf zu hoch	1 Jetronic, Motronic: Zusatzluftschieber schließt nicht	Prüfen
	2 Siehe C 5	
K Kraftstoffverbrauch zu hoch	1 Siehe B 2	
	2 Siehe C 7	

Bündnispartner

Während der Fahrt überträgt sich die Drehbewegung der Motor-Kurbelwelle auf das Zahnradpaar der jeweils eingelegten Gangstufe. Um beim Anfahren aus der Leerlaufstellung heraus einen Gang einlegen oder unterwegs einen Gangwechsel vornehmen zu können, muß die Verbindung zwischen Motor und Getriebe kurz unterbrochen werden. Dieses Trennen und Verbinden besorgt die Kupplung. Sie ist ein Verschleißteil, dessen Lebensdauer von der Bedienungsweise abhängt.

So funktioniert die Kupplung

Die Kraftübertragung der Kupplung zwischen Motor und Getriebe erfolgt durch Reibung. Zwei Körper werden gegeneinander gepreßt, wodurch der eine den anderen mitnimmt. Die Beteiligten sind:

- ☐ die Schwungscheibe am Motor als die eine Anlagefläche;
- ☐ die Kupplungsdruckplatte als die zweite Anlagefläche, die gegen die Schwungscheibe drückt.
- ☐ Dazwischen befindet sich als Reibpartner die Mitnehmerscheibe. Sie sitzt auf der Eingangswelle des Getriebes.
- ☐ Weiterhin gehört noch das Ausrücklager dazu.

Durch den Tritt auf das Kupplungspedal wird über den Kupplungszug der Ausrückhebel auf der Ausrückwelle angehoben. Diese Bewegung drückt das Ausrücklager auf die tortenförmig eingeschnittene Tellerfeder der Druckplatte. Das Ausrücklager kann nun die Federkraft übernehmen, die Druckplatte wird entlastet und bei völlig durchgetretenem Pedal zurückgezogen. Die Mitnehmerscheibe kann nun im Raum dazwischen frei umlaufen – es ist ausgekuppelt.
Beim Einkuppeln drückt die Tellerfeder der Druckplatte die Mitnehmerscheibe wieder gegen das Motorschwungrad. Zum sanften Übertragen der Kräfte muß dies langsam geschehen. Die Anlageflächen schleifen also eine gewisse Zeit aufeinander, ehe die Reibung wieder so groß ist, daß die Motorleistung vollständig an das Getriebe weitergeleitet wird. Dieses Schleifen beim Einkuppeln erzeugt Wärme; bei niedrigen Drehzahlen und kurzem Einkuppeln natürlich weniger als bei hohen Drehzahlen und langsamem Nachgeben des Kupplungsfußes. Schleifdauer und Hitzeentwicklung bestimmen die Lebensdauer der Beläge auf der Mitnehmerscheibe.

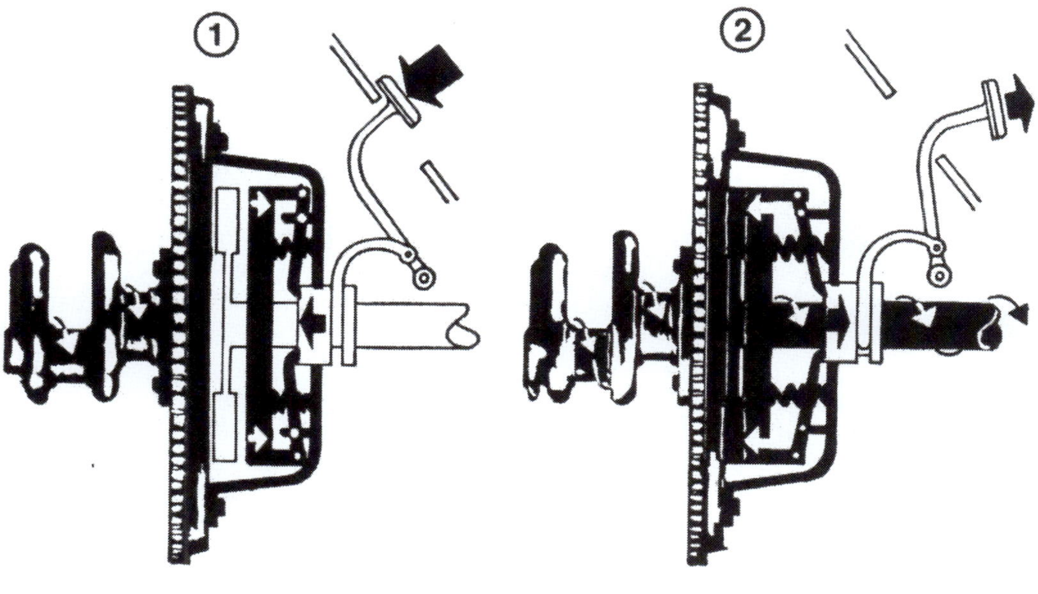

Funktionsweise der Kupplung: 1 – Fußhebel unten, Kupplung ausgerückt; 2 – Fußhebel oben, Kupplung eingerückt.

Die Kupplungslebensdauer

Es gibt Fahrer, die bereits nach 15 000 km eine neue Kupplung brauchen, andere bringen es dagegen auf 80 000 km. Eine hohe Laufzeit erreicht man, wenn der Wagen vorwiegend auf Langstrecken gefahren und die Kupplung vernünftig behandelt wird. Wer mit seinem Wagen hauptsächlich im Stadtverkehr fahren muß – wobei auch die Kupplung viel öfter getreten wird –, kann kaum so lange mit den ersten Kupplungsbelägen auskommen wie ein Langstreckenfahrer.

Wie im Abschnitt »So funktioniert die Kupplung« angesprochen, bewirkt jedes Einkuppeln, daß die Beläge der Mitnehmerscheibe an ihren Gegenreibflächen schleifen und dabei heiß werden. Besonders verschleißfördernd ist hierbei das Anfahren mit hoher Motordrehzahl – Kavalierstart genannt –, Anfahren im 2. Gang, »Herummogeln« an Kreuzungen im 2. oder 3. Gang mit teilweise getretenem Kupplungspedal oder das »In-der-Waage-halten« an einer Steigung mit Kupplungs- und Gaspedal.

Auskuppeln beim Halt an der Kreuzung?

Recht verbreitet ist die Angewohnheit, mit eingelegtem 1. Gang und durchgetretenem Kupplungspedal an der roten Ampel zu warten. Mancher fürchtet, den Gang nicht gleich einlegen zu können, wenn das grüne Licht den Weg freigibt. Wenn auch kein direkter oder sofort meßbarer Schaden entsteht, so beansprucht das Auskuppeln doch das Ausrücklager und bewirkt so wieder Verschleiß. Je öfter und länger das vor den vielen Ampeln geschieht, desto früher ist dieses Lager abgenutzt.

Kupplung prüfen

Der Verschleiß der Mitnehmerscheibe läßt sich im eingebauten Zustand nicht erkennen. Das erste Anzeichen für Verschleiß ist, wenn die Kupplung durchrutscht. Eine schleifende Kupplung bemerken Sie beim Fahren zuerst im höchsten Gang unter Last. Der Motor dreht hoch, ohne daß die Fahrgeschwindigkeit in gleichem Maß zunimmt. Einen gewissen Aufschluß kann folgende Methode geben, die Sie aber nur gelegentlich anwenden sollten:

Schleift die Kupplung?

■ Handbremse anziehen, Motor starten.
■ 3. Gang einlegen, langsam einkuppeln und Gas geben.
■ Bei einwandfreier Handbremse müßte der Motor abgewürgt werden.
■ Dreht er durch, muß die Kupplungseinstellung kontrolliert und ggf. eingestellt werden.
■ Prüfung wiederholen. Dreht der Motor weiterhin durch, wird ein Kupplungstausch fällig.

Trennt die Kupplung richtig?

Wird der Schaltvorgang von kratzenden oder krachenden Geräuschen »untermalt«, dann trennt die Kupplung nicht mehr richtig. Um sicherzugehen, daß es nicht am Getriebe liegt, macht man die Probe mit dem nicht synchronisierten Rückwärtsgang:
■ Motor im Leerlauf drehen lassen.
■ Kupplungspedal voll durchtreten, etwa drei Sekunden warten, dann den Rückwärtsgang einlegen.
■ Kratzt es hierbei, trennt die Kupplung nicht mehr sauber – die Mitnehmerscheibe läuft also nicht ganz frei.
■ Kupplungseinstellung kontrollieren, eventuell berichtigen.
■ Prüfung nochmals durchführen. Kratzt es immer noch, sollten Sie unseren Störungsbeistand auf Seite 115 zu Hilfe nehmen.

Die Kupplungseinstellung

Die Opel-Kupplung arbeitet ohne Spiel. Mit fortschreitender Abnutzung der Kupplungsbeläge wandert das Kupplungspedal aus der einmal eingestellten Grundstellung weiter nach oben in Richtung Fahrer. Eigentlich handelt es sich also um die Einstellung des Kupplungspedals. Sie erfolgt am Ende des Kupplungsseils, an der Verbindungsstelle zum Ausrückhebel.

□ Vor allen Arbeiten an der Kupplung das Einstellmaß (siehe nächsten Abschnitt) messen, wenn dabei die Kupplungsbeläge oder der Seilzug nicht ersetzt werden. Dieser gemessene Wert muß später wieder eingestellt werden.

□ Bei Ersatz von Kupplungsscheibe oder Seilzug muß eine neue Einstellung vorgenommen werden.

Kupplungspedal einstellen

■ Lenkung in Geradeausfahrt stellen, das Lenkrad soll sich in ausgemittelter Stellung befinden.
■ Eine Meßlatte durch das Lenkrad so führen, daß sie am untersten Punkt des Lenkradkranzes innen aufliegt und mit ihrem Ende die Mitte der Kupplungspedalplatte berührt.
■ Den Abstand zwischen Pedal und Au-

Soll der Kupplungsseilzug ausgehängt werden, etwa zum Ersatz des Kupplungsseils, mißt man das überstehende Gewindeende (Pfeile). Beim Einbau wird die Mutter bis zum gleichen Maß aufgeschraubt.

ßenkante des Lenkradkranzes messen, und dieses Maß notieren.

■ Kupplungspedal voll durchtreten und in dieser Position den Abstand wieder messen und notieren.

■ Die **Differenz** beider Meßwerte muß **138 mm** betragen.

■ Falls der Differenzwert vom Sollwert abweicht, ist eine Einstellung vorzunehmen:

■ Im Motorraum die Sicherungsklammer am Ende des Kupplungsseilzugs vor dem Ausrückhebel abziehen.

■ Mutter auf dem Gewindestück des Seilzuges entsprechend drehen, bis das vorgeschriebene Maß erreicht ist.

■ Bei richtiger Einstellung muß das Kupplungspedal immer etwas höher als das Bremspedal stehen. Eine Parallelstellung beider Pedale hat Kupplungs- und Schaltschwierigkeiten zur Folge.

Kupplungsseilzug ersetzen

■ Am Ende des Seilzuges die überstehende Gewindelänge bis zur Einstellmutter messen und dieses Maß notieren.

■ Sicherungsklammer am Seilzug abnehmen und den Seilzug vom Ausrückhebel aushängen.

■ Im Fußraum die Verkleidung unter der Instrumententafel abnehmen.

■ Am Kupplungspedal die Rückzugfeder und den Seilzug aushängen.

■ Im Motorraum evtl. den Behälter für die Scheinwerfer-Wisch- und Waschanlage ausbauen.

■ Im Motorraum das Kupplungsseil aus der Stirnwand herausziehen.

■ Den neuen Seilzug in umgekehrter Reihenfolge einbauen.

■ Die Mutter für die Kupplungsbetätigung auf den vorher ermittelten Wert aufschrauben.

■ Einstellung des Kupplungspedals kontrollieren und berichtigen.

Fahren mit gerissenem Kupplungsseilzug

Sollte der Kupplungszug unterwegs reißen, muß das noch nicht das Ende der Fahrt bedeuten. Zumindest ein nahes Ziel oder die nächste Werkstatt kann man auch ohne Kupplungsbetätigung erreichen. Bei feinfühligem Umgang mit Gaspedal und Schalthebel können Sie sogar hoch- bzw. herunterschalten.

Gang herausnehmen: Gas wegnehmen und Schalthebel in Richtung Leerlauf drücken. Bei schiebendem Wagen evtl. ein klein wenig Gas geben, falls der Gang »klemmt«.

Anfahren: Motor ausschalten, 1. Gang einlegen und Anlasser betätigen. Der Ascona ruckelt los und setzt sich mit anspringendem Motor in Bewegung. Wer während der Fahrt nicht schalten will, fährt auf diese Weise in der Ebene im 2. Gang an.

Hochschalten: Im 1. Gang mit dem Anlasser anfahren. 1. Gang nur knapp über Leerlaufdrehzahl hinausdrehen (ca. 1000/min). Gas etwas zurücknehmen, Schalthebel in Leerlaufstellung ziehen. Gaspedal loslassen und den Schalthebel mit leichter Hand in Richtung des 2. Gangs drücken. Bei richtiger Motor- und Getriebedrehzahl rutscht der Gang fast von selbst hinein. Wenn Sie zu lange gewartet haben, müssen Sie ein klein wenig Gas geben, damit sich die Fahrstufe ohne Zähneknirschen einlegen läßt. Hat es nicht geklappt, halten Sie noch einmal an und versuchen das Ganze von neuem. In die weiteren Gänge wird auf die gleiche Weise hochgeschaltet. Am leichtesten geht es in sehr niedrigen Geschwindigkeiten: In den 2. Gang bei höchstens 20 km/h, in den 3. bei 25 km/h, in den 4. bei 35 km/h und in den 5. bei 45 km/h.

Herunterschalten: Hierbei muß die Motordrehzahl angehoben werden, damit sich der nächstniedrige Gang einlegen läßt. Fuß leicht vom Gas, Gang herausnehmen, behutsam Gas zugeben und gleichzeitig den Schalthebel in Richtung des neuen Gangs drücken. Bei richtiger Motordrehzahl rutscht der Gang fast ohne Nachdruck hinein. Auch das Herunterschalten geschieht wieder am besten bei niedrigen Drehzahlen und Geschwindigkeiten.

Kupplung aus- und einbauen

Zum Ausbau der Kupplung muß das Getriebe nicht ebenfalls ausgebaut werden. Aber man benötigt dazu verschiedene Spezialwerkzeuge. Sofern diese in der folgenden Beschreibung erwähnten Werkzeuge nicht verfügbar sind, muß die Arbeit dem Opel-Service überlassen bleiben.

■ Den Wagen gut gesichert aufbocken.

■ Sechskant-Schraubdeckel vom Lagerschild des Getriebes abschrauben, siehe Bild Seite 131.

■ Von der freigelegten Antriebswelle den Sicherungsring abnehmen und die Zylinderschraube herausdrehen.

■ Getriebewelle mit dem Werkzeug KM-449-1 und mit einer Kukko-Gegenstütze bis zum Anschlag herausziehen.

■ Die vier Schrauben des Verschlußdeckels der Kupplung herausdrehen, Deckel abnehmen.

■ Kupplungsseil am Ausrückhebel aushängen, dazu die Sicherungsklammer abziehen.

■ Von einem Helfer den Ausrückhebel mittels Montiereisen nach hinten drücken lassen. Dabei mit drei Klammern KM-450 den Kupplungszusammenbau spannen, indem die Klammern am Umfang des Zusammenbaus gleichmäßig verteilt angebracht werden.

■ Den Kupplungszusammenbau vom Schwungrad abschrauben und mit der Kupplungsscheibe abnehmen.

■ Kupplungsgabel vom Ausrückhebel abschrauben und das Drucklager abnehmen.

■ Ausrückhebel nach oben aus dem Gehäuse herausziehen.

■ Kupplungsgabel abnehmen und die Drucklagerführung vom Getriebegehäuse abschrauben.

■ Ein verschmutzter Dichtring muß ersetzt werden. Er kann mit einem Schraubenzieher aus der Führung herausgehebelt werden.

■ Den neuen Dichtring mit geeignetem Werkzeug einpressen. Für das F-10-Schaltgetriebe gibt es das Werkzeug KM-445, für das F-16-Schaltgetriebe KM 518. Die Dichtlippen mit Schutzfett füllen.

■ In die Gehäusenut der Drucklagerführung einen neuen O-Ring fett- und ölfrei einsetzen.

■ Gleitfläche für das Kupplungsdrucklager auf der Führungshülse dünn mit Molypaste bestreichen.

■ Kupplungsdrucklager prüfen, ob es Geräusche macht. In dem Fall ersetzen.

■ Drucklager mit Kupplungsgabel sowie Ausrückhebel montieren.

■ Kupplungszusammenbau mit Kupplungsscheibe vorerst lose an das Schwungrad schrauben, dabei müssen die Markierungen am Zusammenbau und am Schwungrad übereinstimmen. Das lange Teil der Kupplungsscheibennabe zeigt zum Getriebe.

■ Verzahnung der Kupplungsscheibe reinigen und dünn einfetten.

■ Bei etwas angehobener Kupplungsscheibe die Getriebeantriebswelle vorsichtig in die Verzahnung einführen.

■ Kupplungszusammenbau am Schwungrad festschrauben.

■ Zylinderschraube in die Getriebeantriebswelle einschrauben und die Welle mit

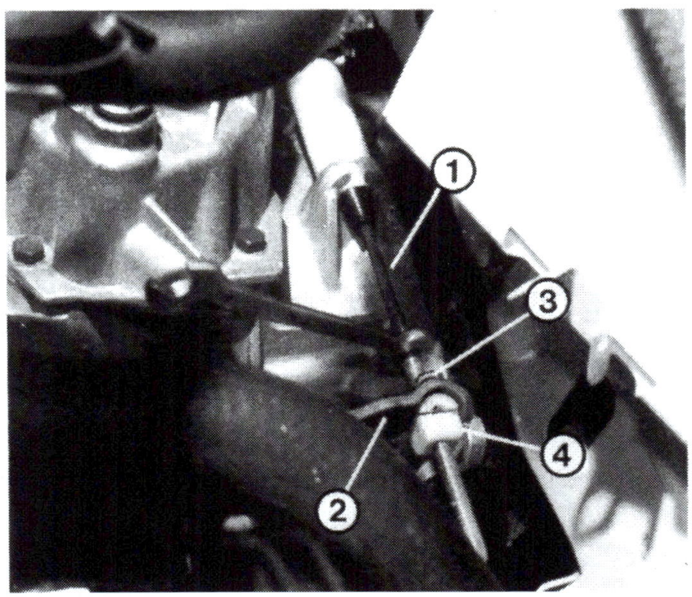

Zur Einstellung des Kupplungspedals das Kupplungsseil (1) gegenhalten und die Einstellmutter (4) lockern. Sicherungsklammer (3) vom Ausrückhebel (2) abziehen.

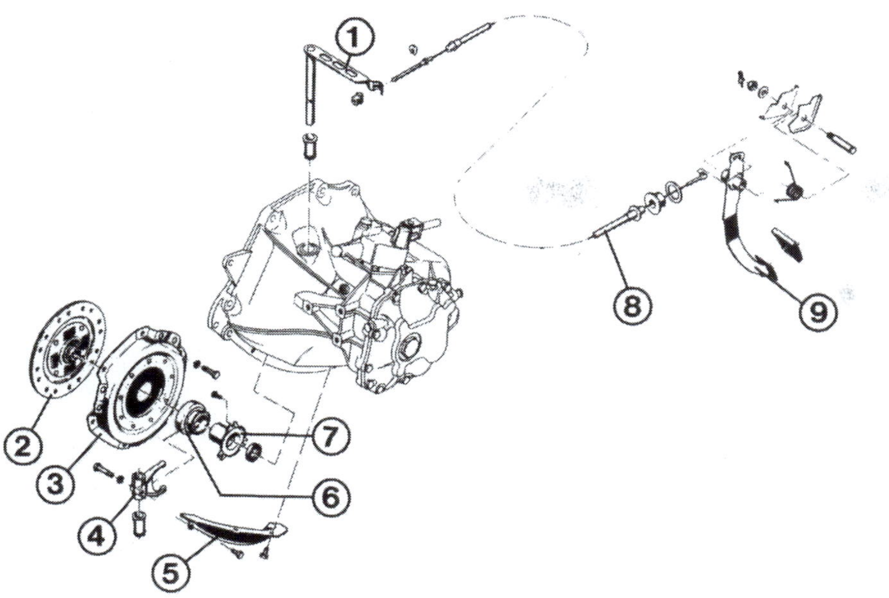

Zur Kupplung gehören die hier gezeigten Teile: 1 – Ausrückhebel; 2 – Kupplungsscheibe; 3 – Druckplatte; 4 – Kupplungsgabel; 5 – Deckel/ Kupplungsgehäuse; 6 – Drucklager; 7 – Drucklagerführung; 8 – Kupplungsseilzug; 9 – Kupplungspedal.

dem Werkzeug KM-564 bis zum Anschlag in den Zahnradblock eindrücken. Die Welle nicht mit Hammer und Dorn einschlagen.

■ Neuen Sicherungsring auf der Antriebswelle anbringen.

■ Den Schraubdeckel mit Dichtungsmasse oder PVC-Band in das Lagerschild einschrauben. Danach darf der Abstand zwischen Dekkelvorderkante und Lagerschildfläche höchstens 4 mm betragen.

■ Mit Montierhebel den Kupplungszusammenbau entspannen und die drei Klammern entfernen.

■ Verschlußdeckel am Getriebegehäuse anschrauben.

■ Kupplungsseilzug am Ausrückhebel einhängen und die Sicherungsklammer einsetzen.

■ Kupplungspedal einstellen, siehe Seite 124.

Anzugsdrehmomente

Bauteile	Drehmoment in Nm
Drucklagerführung an Getriebegehäuse	5
Drucklager, Kupplungsgabel, Ausrückhebel	35
Kupplungszusammenbau an Schwungrad	15
Schraubdeckel in Lagerschild	50
Verschlußdeckel an Getriebegehäuse	7

Fingerzeig: *Neue Kupplungsbeläge liegen wegen ihrer rauhen Oberfläche nicht gleich auf der gesamten Reibfläche an. Sie müssen deshalb eingefahren werden, um sich ihren Gegenreibflächen anzupassen. Das soll durch sanftes und nicht etwa hartes Einkuppeln oder gar Schleifenlassen geschehen.*

Störungsbeistand Kupplung

Die Störung	– ihre Ursache	– ihre Abhilfe
A Kupplung rutscht	1 Kupplungsspiel zu klein	Nachstellen
	2 Kupplungsbeläge abgenutzt	Mitnehmerscheibe ersetzen
	3 Anpreßdruck der Kupplung zu gering	Kupplungsdruckplatte ersetzen
	4 Kupplungszug geht nicht zurück	Gängig machen oder Zug austauschen, Rückzugfeder ersetzen
	5 Belag verölt	Mitnehmerscheibe und defekte Getriebe- oder Kurbelwellendichtung ersetzen
	6 Kupplung wurde überhitzt	Defekte Teile ersetzen

Die Störung	– ihre Ursache	– ihre Abhilfe
B Kupplung trennt nicht	1 Zu großes Kupplungsspiel	Nachstellen
	2 Mitnehmerscheibe hat Schlag	Mitnehmerscheibe richten oder ersetzen
	3 Mitnehmerscheibe verzogen oder Belag gebrochen	Mitnehmerscheibe ersetzen
	4 Mitnehmerscheibe klemmt auf Getriebewelle	Gangbar machen
	5 Nach langer Standzeit: Belag an Schwungscheibe festgerostet	Anfahren, wie unter »Fahren mit gerissenem Kupplungszug« beschrieben. Kupplung dauernd durchtreten. Gaspedal ruckartig durchtreten und loslassen, um die Kupplung loszubrechen. Andernfalls ausbauen
C Kupplung trennt nicht und rutscht gleichzeitig durch	Kupplungsdruckplatte defekt	Druckplatte auswechseln
D Kupplung rupft	1 Siehe A 3	
	2 Falsche Beläge	Mitnehmerscheibe ersetzen
	3 Druckplatte drückt schief	Kupplungsdruckplatte ersetzen
	4 Motor- oder Getriebeaufhängung defekt	Motor- oder Getriebelager ersetzen
E Kupplungsgeräusche	1 Unwucht der Kupplungsdruckplatte bzw. Mitnehmerscheibe	Kupplungs-Druckplatte bzw. Mitnehmerscheibe ersetzen
	2 Torsions-Dämpferfeder defekt	Mitnehmerscheibe ersetzen
	3 Ausrücklager defekt	Ausrücklager ersetzen
	4 Nietverbindungen in der Kupplung locker	Kupplungsdruckplatte ersetzen

Gangarten

Die Durchzugskraft eines Verbrennungsmotors ist je nach Drehzahl verschieden. Über das Schaltgetriebe lassen sich die Umdrehungen der Kurbelwelle an die Umdrehungen der Antriebsräder so anpassen, wie es die jeweilige Fahrsituation erfordert. Dazu sind im Schaltgetriebe mehrere Zahnradpaare vorhanden, die stets in eine dem Bedarf angemessene Verbindung geschaltet werden müssen und dann die günstigste Übersetzung des Kraftflusses übernehmen. Anstelle von Kupplung und Schaltgetriebe kann auch ein automatisches Getriebe eingebaut sein.

Das Schaltgetriebe

Die vom Motor ausgehende Drehbewegung wird über die Kupplung auf die Antriebswelle des Schaltgetriebes geleitet und von dieser auf den als eine Hohlwelle ausgebildeten Zahnradblock. Die Gangräder laufen ohne zusätzliche Lager auf der mit Ölnuten versehenen und gehärteten Hauptwelle.
Das Schaltgetriebe hat vier oder fünf schrägverzahnte, synchronisierte Vorwärtsgänge und einen geradverzahnten Rückwärtsgang. Die synchronisierten Zahnräder sitzen frei drehbar auf der Getriebeausgangswelle, und sie befinden sich im ständigen Eingriff mit den auf der Eingangswelle festsitzenden Gegenrädern. Zum Schalten werden sie über kleine, seitlich an sie angebrachte Kupplungen mit der Welle verbunden oder gelöst. Die Synchronisation – Angleichung der Drehzahlen zwischen Antriebsrädern und Antriebswelle – ist also mit Reibung verbunden.
Getriebe und Achsantrieb werden durch das Spritzöl aus dem gemeinsamen, in zwei Etagen angeordneten Ölsumpf geschmiert. Diese Anordnung gestattet eine Reduzierung des Ölvolumens, wobei es sich trotzdem um eine Dauerfüllung ohne Wechselvorschrift handelt.
Zu den 1,3-Liter-Motoren gehört das Getriebe mit der Bezeichnung F 10, alle größeren Ascona-Motoren sind mit dem verstärkten Getriebetyp F 16 verbunden. Beide Getriebe sind miteinander vergleichbar, aber das Getriebe F 16 verfügt über eine andere Hauptwelle.

Schaltung prüfen

■ Motor im Stand laufen lassen.
■ Kupplung durchtreten und alle Gänge hintereinander einlegen.
■ Spüren Sie beim Betätigen des Schalthebels eine Schwergängigkeit oder einen Widerstand (»Hakeln«), dann muß die Schalteinstellung überprüft werden.

Schaltung einstellen

■ Schalthebel in Leerlaufstellung bringen.
■ Beide Schrauben auf der Mittelkonsole herausdrehen und die Konsole vom Schalttunnel abnehmen.
■ Im Motorraum die Schraube der Schaltstangen-Klemmschelle oberhalb des Kreuzgelenks lösen.
■ In Fahrtrichtung links unterhalb des Kreuzgelenks den Abdichtstopfen aus dem Deckel des Getriebegehäuses herausziehen.
■ Schaltstange in Fahrtrichtung links herumdrehen, bis ein 5-mm-Bohrer in die Einstellbohrung eingeführt werden kann.
■ Gleichzeitig von einem Helfer den Schalthebel bei hochgestülpter Gummikappe in die Ebene für den 1. und 2. Gang bringen lassen.
■ Dabei liegt die Anschlaghülse des Schalthebels spielfrei am Schalthebelgehäuse an.
■ Der mittlere Steg am Gehäuse muß mit dem Steg der Anschlaghülse fluchten.
■ In dieser Stellung die Schaltstangen-Klemmschelle mit 25 Nm festziehen.
■ Bohrer aus dem Deckel ziehen und die Öffnung mit neuem Abdichtstopfen verschließen.
■ Konsole anschrauben.

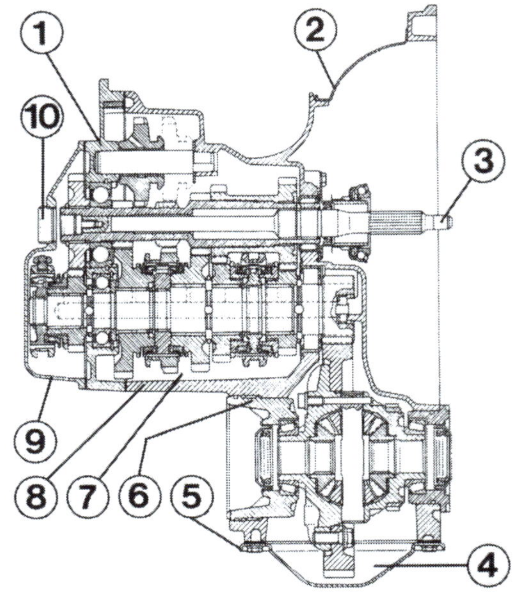

Das 5-Gang-Schalt- und Ausgleichgetriebe Typ F 16. 1 – Lagerschild; 2 – Deckel Kupplungsgehäuse; 3 – Eingangswelle; 4 – Ölsumpf unten; 5 – Deckel Ausgleichgetriebe; 6 – Lagerring Achsgetriebe; 7 – Ölsumpf oben; 8 – 1.–4. und Rückwärtsgang; 9 – Gehäuse 5. Gang; 10 – Deckel Antriebswelle.

Schalthebel aus- und einbauen

■ Schalthebel in Leerlaufstellung bringen.
■ Mittelkonsole abschrauben und vom Schalttunnel abnehmen.
■ Gummikappe vom Schalthebelgehäuse abnehmen und auf dem Schalthebel nach oben stülpen.
■ Sicherungsring aus der Nut des Schalthebelgehäuses herausnehmen.
■ Schalthebel nach links drücken und abnehmen.
■ Falls auch das Dämpfungselement mit dem Schalthebelgehäuse abgeschraubt werden soll, muß das Gehäuse ersetzt werden, weil es beim Abdrücken vom Dämpfungselement zerstört wird.
■ Neues Schalthebelgehäuse mit Dämpfungselement mit 20 Nm festschrauben.
■ Schaltfinger, Drehpunktkugel und Anlageflächen am Hebelgehäuse mit Wälzlagerfett einfetten.

Schaltgetriebe auf Dichtheit prüfen

Wartung Nr. 7

Ein undichtes Getriebe hinterläßt auf dem Standplatz des Fahrzeugs Ölspuren. Die verlorene Getriebeölmenge muß ersetzt werden, siehe Seite 37.
Undichte Stellen am Getriebe lassen sich lokalisieren, nachdem es mit Motorreiniger oder ähnlichen Mitteln gesäubert wurde. An folgenden Bauteilen kann im Laufe der Zeit die Abdichtung durchlässig werden:
☐ Dichtring für das getriebene Tachometerschraubenrad,
☐ Dichtung für den Deckel der Schaltung,
☐ Dichtung für das Lagerschild,
☐ Dichtung für den Deckel des Ausgleichsgetriebes,
☐ Dichtringe für die Antriebswellen am Ausgleichsgetriebe.
Die entsprechenden Abdichtarbeiten müssen Sie beim Opel-Service ausführen lassen. In keinem der erwähnten Fälle ist es dabei notwendig, das Getriebe auszubauen.

Schaltgetriebe aus- und einbauen

Schaltgetriebe und Ausgleichsgetriebe mit Achsantrieb (siehe Bild oben) sind in einem gemeinsamen Gehäuse untergebracht. Deshalb können diese beiden Getriebe auch nur gemeinsam ausgebaut werden. Den Wagen müssen Sie so aufbocken, daß sowohl im Motorraum als auch an der Wagenunterseite gearbeitet werden kann. Die Getriebeeinheit wird nach unten abgenommen.
■ Sicherungsklammer vom Kupplungsseilzug abnehmen und den Seilzug am Ausrückhebel aushängen.
■ Schraube der Schaltstangen-Klemmschelle lösen.
■ Tachometerwelle am Getriebegehäuse abschrauben.
■ Kabel vom Schalter für Rückfahrscheinwerfer abziehen.
■ Beide Vorderräder abbauen.
■ Masseband am Lagerschild abschrauben.
■ Sicherung am rechten Führungsgelenk entfernen und die Mutter abschrauben.
■ Rechtes Führungsgelenk mit üblichem Abzieher aus dem Achsschenkel herausdrücken.
■ Stabilisator vom linken Lenker abschrauben.
■ Linken Lenkerträger in der kurzen Ausführung abschrauben, dabei die größere der drei Schrauben nur lockern. Dann den Träger mit geeignetem Werkzeug von der Paßhülse abdrücken.

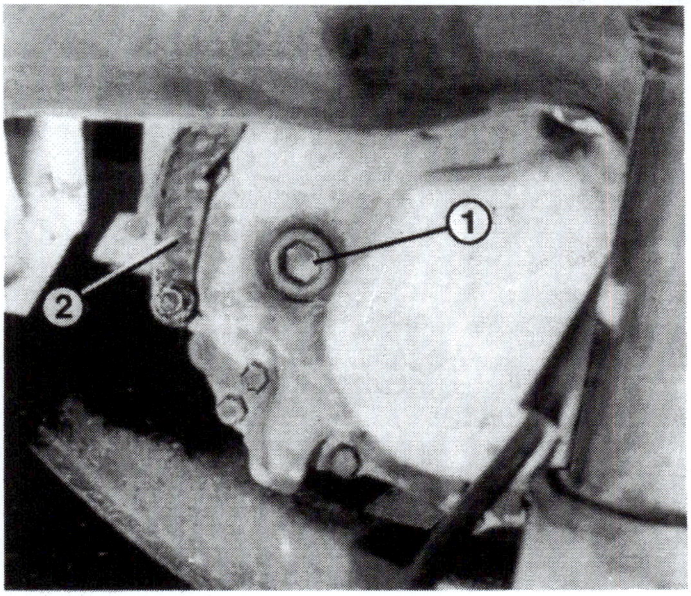

Der Schraubdeckel (1) im Lagerschild verdeckt die Getriebeantriebswelle (siehe auch Seite 114). Das Getriebe ist mit einem Masseband (2) verbunden.

■ Beim langen Träger der SR-Ausstattung dessen Sitz am Unterbau für den späteren Einbau markieren. Er ist mit sechs Schrauben ohne Paßhülse befestigt.
■ Achswellen ausbauen, wie auf Seite 135 beschrieben.
■ Öffnungen für Achswellen nach deren Ausbau sofort verschließen.
■ Getriebeantriebswelle herausziehen, siehe Seite 126.
■ Motor an einem Flaschenzug aufhängen, dazu das Seil an der Lasche am Motor befestigen. Das Seil spannen.
■ Halter für die Motoraufhängung links hinten vom Getriebegehäuse und vom Dämpfungsblock abschrauben.
■ Ebenso den Halter links vorn abschrauben.
■ Bei vorhandenem Doppelauspuffrohr auch den Halter für den Schalldämpfer am Getriebe abschrauben.
■ Das Getriebe abstützen.
■ Getriebe vom Motor sowie das Abdeckblech vom Getriebegehäuse abschrauben und abnehmen.
■ Das ausgebaute Aggregat nicht auf die hervorstehenden Bauteile legen: Schaltstangengelenk, Ausrückhebel, Verschlußschraube für Getriebeentlüftung, Rückfahrscheinwerferschalter oder Tachometerantrieb.
■ Beim Einbau zuerst die hintere, dann die vordere Motoraufhängung spannungsfrei anschrauben, sie dürfen nicht in sich verdreht werden.
■ Zum Einbau der Achswellen siehe Seite 136.
■ Falls sich die neue Sicherungsklammer nicht durch die Bohrung des Führungsgelenks schieben läßt, ist die Kronenmutter am rechten Führungsgelenk weiter festzuziehen, nicht zu lösen.
■ Den linken Träger nur mit neuen, mikroverkapselten Schrauben befestigen.
■ Stabilisator einbauen, wie auf Seite 144 beschrieben.
■ Den weiteren Zusammenbau in umgekehrter Folge des Ausbaus vornehmen.
■ Kupplungseinstellung überprüfen, siehe Seite 124.
■ Schaltung einstellen, siehe Seite 129.
■ Getriebeölstand kontrollieren, siehe Seite 37.

Anzugsdrehmomente

Bauteile	Drehmoment in Nm
Getriebe an Motor	75
Vordere und hintere Motoraufhängung	65
Kronenmutter an Führungsgelenk	70
Linker Träger an Unterbau	110

Getriebegeräusche

Im Lauf der Zeit kann das Getriebe durch Geräuschentwicklung auf sich aufmerksam machen.
□ Zuerst sollten Sie nach dem Ölstand im Getriebe sehen.
□ Tritt ein heulendes Geräusch in einem Gang auf und verändert sich der Ton beim Gasgeben und Gas wegnehmen, dürfte die Verzahnung des betreffenden Gangradpaares verschlissen sein.
□ Bei Geräuschen in allen Gängen liegt es am Achsantrieb oder an Getriebe-Wellenlagern.
□ Rauhe, mahlende Geräusche, die erst bei warmem Getriebe hörbar werden, weisen auf

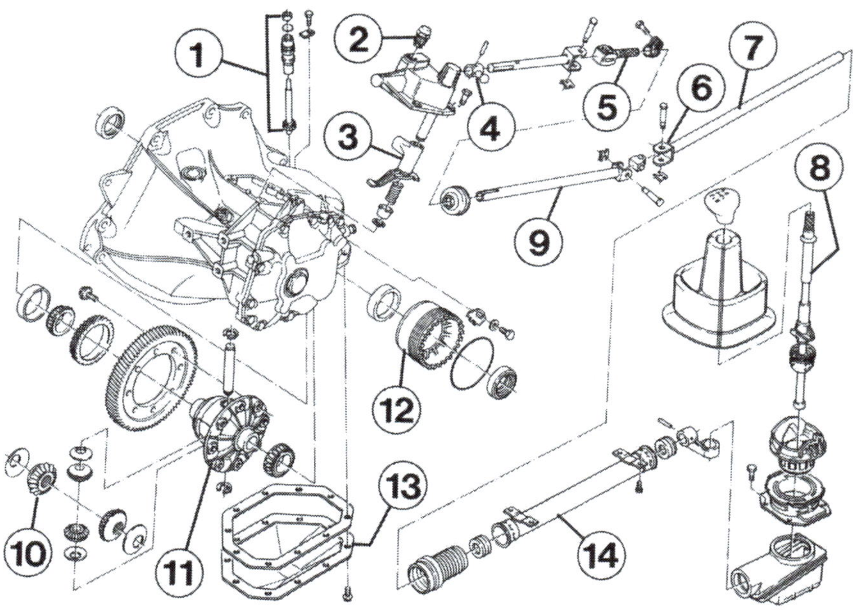

Schaltung und Getriebe F 10. 1 – Tachometerantrieb; 2 – Öleinfüllschraube; 3 – Schaltzwischenhebel; 4 – Schaltfinger; 5 – Schaltstange; 6 – Verbindungsgelenk; 7 – Schaltrohr/hinten; 8 – Handschalthebel; 9 – Schaltrohr/vorne; 10 – Kegelrad; 11 – Ausgleichgetriebe; 12 – Lagerring; 13 – Deckel/Ausgleichgetriebe; 14 – Schutzrohr.

schlagende Synchronringe hin. Bei dünnflüssiger werdendem Öl wird dieses immer an derselben Stelle vom Synchronring weggedrückt.

Das automatische Getriebe

Das automatische Getriebe funktioniert folgendermaßen: Zwischen ein Dreigang-Planetengetriebe und den Motor ist ein hydraulischer Drehmomentwandler geschaltet, in dem das Drehmoment des Motors auf Schaufelräder übertragen wird. Bei laufendem Motor versetzt das mit ihm gekoppelte Pumpenrad die Wandlerflüssigkeit (ATF) in eine Drehbewegung und schleudert sie nach außen gegen das Wandlergehäuse. Dabei trifft die Flüssigkeit auf das sogenannte Leitrad, das den ATF-Strom in die vorgesehene Richtung lenkt. Dadurch wird auch das mit dem Getriebe verbundene Turbinenrad in Drehung versetzt und somit die Motorkraft übertragen.
Die Übersetzungsänderung erfolgt beim automatischen Getriebe durch Zusammenschalten verschiedener Zahnräder unter Betätigung von Kupplungen und Bremsbändern durch das hydraulische Steuersystem. Das geschieht abhängig von Motordrehzahl und Gaspedalstellung.

Fingerzeige: *Weil die Zahnräder des Planetengetriebes dauernd im Eingriff stehen und die Wandlerflüssigkeit bei laufendem Motor immer versucht – durch den Motor in Drehung versetzt –, das Getriebe und damit auch die Antriebsräder zu bewegen, deshalb »kriecht« der Opel im Leerlauf.*
Sollte der Automatik-Opel einmal nicht anspringen, hilft Anschieben oder Anschleppen nicht. Der hydraulische Drehmomentwandler kann bei stehendem Motor keine Verbindung zwischen Triebwerk und Getriebe herstellen. Es geht nur mit Starthilfekabeln.

Kickdown-Seilzug einstellen

Die Einstellung des Kickdown-Seilzugs muß korrigiert werden,
- ☐ wenn der Motor beim vollen Durchtreten des Gaspedals nicht mit Vollgas läuft, oder

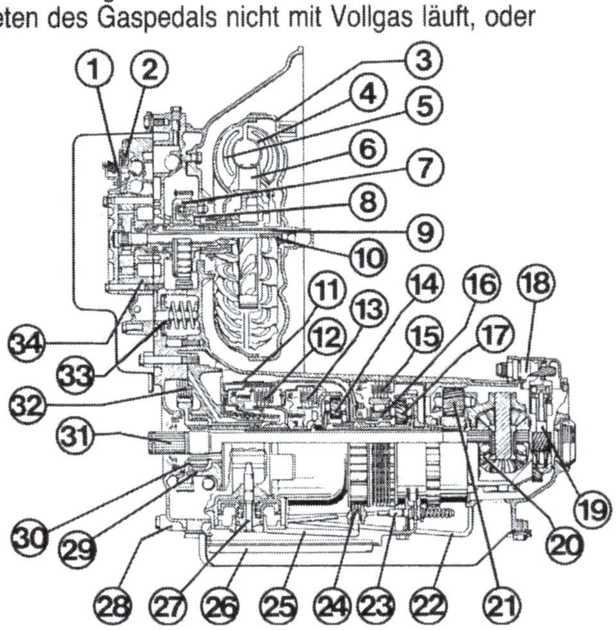

Schnittbild des automatischen Getriebes. 1 – Betätigung Drosselventil/Kickdown; 2 – Leitungsverstärkungsventil; 3 – Wandler; 4 – Turbinenrad; 5 – Wandlerpumpenrad; 6 – Leitrad; 7 – Antriebskettenrad; 8 – Träger Antriebskettenrad; 9 – Turbinenradwelle; 10 – Ölpumpenwelle; 11 – Bremsband; 12 – Direktkupplung; 13 – Vorwärtskupplung; 14 – Eingangsplanetenträger; 15 – Langsam- und Rückwärtskupplung; 16 – Freilauf; 17 – Reaktions-Planetensatz; 18 – Tachometer-Antriebsritzel; 19 – Regler; 20 – Differential; 21 – Achsantrieb; 22 – Regler-Ölleitung; 23 – Parksperre-Betätigung; 24 – Dichtung für L.- und R.-Ölleitung; 25 – L.- und R.-Ölleitung; 26 – Ölsieb; 27 – Bremsband-Servoeinheit; 28 – Gehäusedeckel; 29 – Träger angetriebenes Kettenrad; 30 – Angetriebenes Kettenrad; 31 – Achswelle; 32 – Kettenantrieb; 33 – 1-2 Akkumulator; 34 – Ventilkörper/Ölpumpe-Zusammenbau.

□ wenn der Motor bereits mit Vollgas läuft, obwohl der Kickdown-Druckpunkt mit dem Gaspedal noch nicht erreicht ist.

■ Luftfiltergehäuse abbauen.

■ Gaspedal bis zur Berührung mit dem Kickdownschalter unterhalb des Pedals durchdrücken.

■ In dieser Stellung muß die Drosselklappe des Vergasers voll geöffnet haben.

■ Andernfalls den Seilzug an der Grundplatte am Vergaser entsprechend einstellen.

■ In Leerlaufstellung die Einstellschraube des Seilzugs am Gaspedal spielfrei einstellen.

■ Zur Kontrolle das Pedal über den Druckpunkt des Kickdown-Schalters voll durchdrücken.

■ In dieser Stellung muß der Überweg am Einstellmechanismus ansprechen, ohne daß dabei der Seilzug berührt wird.

Seilzug der Wählhebelbetätigung ersetzen

■ Vier Schrauben der Wählhebelabdeckung herausdrehen. Die Abdeckung mit Schaltanzeige und Jalousie abnehmen.

■ Konsole in Stellung »P« des Schalthebels abbauen.

■ Seilzug am Getriebe abbauen, dazu den Sicherungsring an der Wählhebelbetätigung abdrücken, das Seilzugende aushängen, den Seilzug am Halter abschrauben und aus dem Halter nehmen.

■ An der Wählhebelkulisse das Klemmstück für das andere Seilzugende lösen, die Hülle an der Kulisse lösen und den Seilzug herausnehmen.

■ Den so gelösten Seilzug im Motorraum durch die Stirnwand herausziehen.

■ Beim Einbau auf richtigen Sitz der Abdichttülle in der Stirnwand achten.

■ Wählhebel in Stellung »P« bringen.

■ Seilzughülle spannungsfrei an der Wählhebelkulisse befestigen.

■ Nach dem Einbau kontrollieren, ob der Wählhebel am Getriebe bei allen Stellungen des Handwählhebels richtig einrastet.

■ Andernfalls das Klemmstück für das obere Seilzugende lösen und den Seilzug entsprechend versetzt befestigen.

Störungsbeistand Automatisches Getriebe

Die Beanstandung	– ihre Ursache
A Ruckartige Schaltübergänge beim Einlegen der Fahrstufen »D« oder »R« aus der Leerlaufstellung »N« heraus	1 ATF-Stand zu niedrig 2 Leerlaufdrehzahl zu hoch
B Starkes Kriechen im Leerlauf bei eingelegtem Fahrbereich	Siehe A 2
C Fahrzeug setzt sich bei eingelegtem Fahrbereich nicht in Bewegung, kein Antrieb in allen Fahrstufen	Siehe A 1
D Langgezogene, schleifende Schaltübergänge	Siehe A 1
E Verzögerter Antrieb nach längerer Standzeit	Siehe A 1
F Unregelmäßiger Antrieb in allen Fahrstufen	Siehe A 1
G Kickdown arbeitet nicht	Gasbetätigung oder Kickdown-Seilzug falsch eingestellt
H Getriebe schaltet bei mittleren Geschwindigkeiten zu spät hoch	Siehe G
I Schlechte Beschleunigung, Höchstgeschwindigkeit wird nicht erreicht	1 Siehe A 1 2 Schlechte Motorleistung durch falsche Einstellung oder Verschleiß

Fingerzeig: *Der eigenhändige Aus- und Einbau des Automatikgetriebes ist für den Heimwerker nicht empfehlenswert. Probleme entstehen bei der Einstellung der Gasbetätigung und des Gaspedalzugs sowie beim Einsetzen des Drehmomentwandlers.*

Der Achsantrieb

Wegen des Quereinbaus von Motor und Schaltgetriebe kann die Drehbewegung der Antriebswelle ohne besonderen Aufwand an die Vorderräder weitergeleitet werden. Zwischen Schalt- und Ausgleichsgetriebe genügt eine Zahnradverbindung, bestehend aus einem schrägverzahnten Ritzel auf der Getriebehauptwelle und einem Stirnrad im Ausgleichsgetriebe.

Das Ausgleichsgetriebe, auch Differential genannt, dient der Anpassung unterschiedlicher Wege von kurveninnerem und -äußerem Rad. Solange das Fahrzeug geradeaus fährt, rollen beide Vorderräder mit der Drehzahl des großen Achsantriebsrades. Die Kegelräder des im gleichen Tempo drehenden Ausgleichsgetriebekorbes stehen dagegen still. Beim Durchfahren einer Kurve muß das kurvenäußere Rad einen längeren Weg zurücklegen als das innere. Jetzt treten die Kegelräder in Aktion: Die schnellere Drehung des äußeren Rades und seines Kegelrades wirkt über die beiden Übertragungskegelräder auf das Kegelrad der Kurveninnenseite ein, das dann entsprechend langsamer dreht.
Ohne diesen Ausgleich würde der Wagen ruckartig mit durchdrehenden Vorderrädern durch die Kurve fahren. Andererseits hat dieser Ausgleich den Nachteil, daß auf glattem Untergrund ein Antriebsrad durchdrehen kann. Dann wird auf das andere Vorderrad praktisch keine Antriebskraft mehr übertragen, und der Wagen rührt sich nicht von der Stelle.
Zu einer Reparatur des Differentials muß die komplette Getriebeeinheit ausgebaut werden.

Die Achswellen

Damit sowohl die Lenkausschläge als auch die von Straßenunebenheiten verursachten Bewegungen der Vorderräder ausgeglichen werden können, verfügen die Achswellen an beiden Enden über Gelenke.
Die zwei Gelenke einer Achswelle sind unterschiedlich beschaffen: Auf der Getriebeseite eliminiert das Innengelenk die Abstandsänderungen zwischen Differential und Rad beim Ein- und Ausfedern. Das Außengelenk nimmt die Lenkeinschläge auf.
Gelenke mit solchen Fähigkeiten heißen Gleichlaufgelenke oder homokinetische Gelenke.

Manschetten der homokinetischen Gelenke kontrollieren

Wartung Nr. 15

Die Gelenke der Achswellen sind durch Gummimanschetten vor Feuchtigkeit und Schmutz geschützt und mit Schmierfett auf MoS_2-Basis (Opel-Nr. 194 1521 / 900 941 76) gefüllt.

■ Wagen vorn mit freihängenden Rädern aufbocken.
■ Am Rad drehen und beide Manschetten der Welle auf feine Risse und spröde Stellen kontrollieren.
■ Sitzen die Haltebänder für die Manschetten fest?
■ Fettspuren an der Manschette sind ein Alarmsignal, denn fehlendes Schmiermittel oder eindringender Schmutz bzw. Feuchtigkeit zerstören die Gelenkoberflächen sehr schnell.
■ Beschädigte Manschetten sofort ersetzen. Dazu muß die Achswelle ausgebaut und zerlegt werden.

Störungssuche an den Achswellen

Gewöhnlich gibt es mit den Antriebswellen keine Probleme. Ihre Lebensdauer hängt natürlich von der Fahrweise ab. Vollgasstarts mit eingeschlagenen Vorderrädern und Anfahren mit durchdrehenden Antriebsrädern führen zu vorzeitigem Defekt.
Die Gelenke der Achswellen zeigen meist schlagartig Ausfallserscheinungen, die aber zwischendurch wieder völlig verschwinden können. Die »ruhige Phase« kann sich über mehrere Tage und Kilometer erstrecken.
☐ Charakteristisch sind rhythmische Schlag- oder Knack-knack-knack-Geräusche beim Gasgeben und im Schiebebetrieb. Verändern sich diese Töne noch abhängig vom Lenkeinschlag, dürfte das radseitige Gelenk defekt sein.

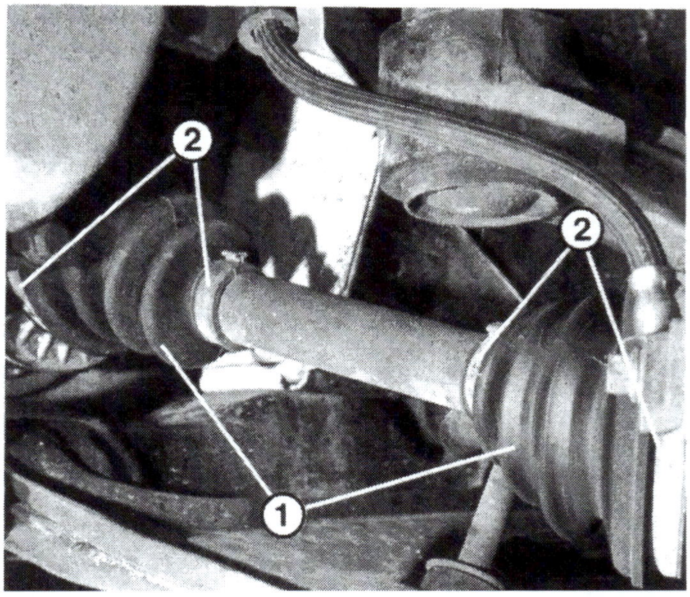

Die Manschetten der Achswelle (1) dürfen in keiner Weise beschädigt sein oder verdreht sitzen. Auch die Haltebänder (2) müssen unbeschädigt sein und fest sitzen.

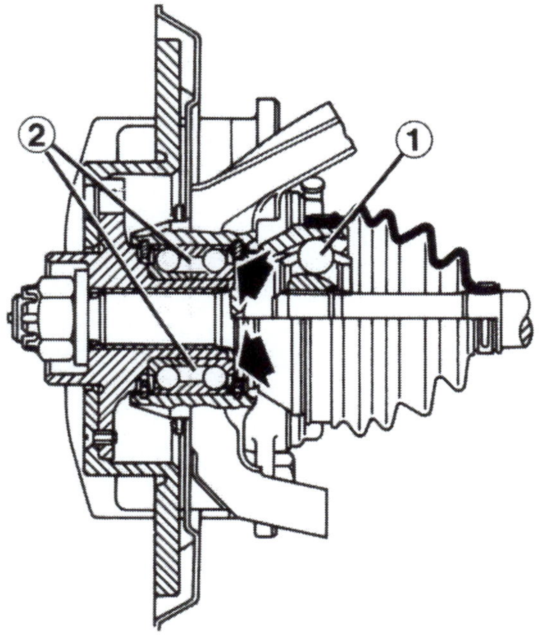

Schnitt durch Vorderradnabe und Achswellengelenk. Die mit Pfeilen gekennzeichneten Stellen müssen beim Einbau absolut sauber sein (siehe nächste Seite). 1 – Gelenklager; 2 – Radnabenlager.

□ Vibrationen und Zitterbewegungen im Lenkrad bei eingeschlagenen Rädern weisen ebenfalls auf ein schadhaftes äußeres Gelenk.
□ Ein Knackgeräusch beim Anfahren mit eingeschlagenen Rädern liegt seltener an den Achswellen, sondern am Radlager, siehe Seite 140.

Achswellen-Ausführungen

Falls Sie eine gebrauchte Achswelle kaufen, müssen Sie folgende Unterschiede beachten:
□ Die rechte Achswelle ist 346 mm länger als die linke.
□ Beim Ascona ab 1,6 Liter aufwärts und mit Schaltgetriebe ist auf der längeren Achswelle ein zweiteiliges Massegewicht aufgebracht.
□ Seit November 1982 besitzen die Achswellen außen am Innengelenk drei Wülste in Längsrichtung. Beim Ausbau dürfen diese Wellen nur am Gelenk herausgezogen werden, nicht an der Welle selbst.

Achswelle aus- und einbauen

Die Arbeit können Sie in eigener Regie nur ohne Gefahr weiterer Beschädigungen ausführen, wenn die zum Ausdrücken der Achswellen erforderlichen Opel-Werkzeuge zur Verfügung stehen, die in der nachstehenden Anleitung erwähnt sind.
■ Splint für die Kronenmutter der Achswelle entfernen.
■ Gang einlegen, Handbremse anziehen und die Kronenmutter lösen. Der Wagen muß auf dem Boden stehen, sonst Unfallgefahr.
■ Radschrauben herausdrehen, den Wagen aufbocken und Vorderrad abnehmen.
■ Führungsgelenk entsplinten, die Mutter abschrauben und das Gelenk mit üblichem Abzieher herausdrücken.
■ Beim 1,3-Liter-Typ die linke Achswelle mit dem Werkzeug KM-460-2A und die rechte Welle mit KM-460-1 aus dem Getriebe heraustreiben. Die angefaste Seite des gabelför-

Befestigung der Vorderradnabe. 1 – Kronenmutter; 2 – Scheibe; 3 – Splint.

migen Werkzeugs zeigt immer zum Getriebe, man schlägt auf das Werkzeug mit einem 1500-g-Hammer.

■ Bei den stärkeren Ascona-Modelle für die linke Achswelle das Werkzeug KM-503 benutzen. Für die rechte Achswelle genügt ein Montiereisen.

■ Öl läuft aus der Öffnung für die Achswelle. Sie muß sofort sorgfältig verschlossen werden.

■ Steht kein Spezialwerkzeug zur Verfügung oder hakt die Achswelle beim Austreiben, den Deckel des Ausgleichsgetriebes ausbauen, dann

■ Achswelle mit einem Flachmeißel austreiben, wobei der Meißel zwischen Wellenende und Kegelradachse anzusetzen ist.

■ Achswelle aus der Vorderradnabe mit der Hand herausziehen. Geht das nicht, die Welle mit von außen angesetztem Radnabenabzieher herausdrücken.

■ Die neue Welle nicht längere Zeit auf den Faltenbälgen ablegen.

■ Die Anlagefläche des äußeren Gelenks sowie die betreffende Fläche am Kugellager der Radnabe müssen absolut sauber sein.

■ Verzahnung der Achswelle mit Getriebeöl bestreichen.

■ Verzahnung in die Nabe einführen, neue Kronenmutter mit neuer Scheibe lose auf die Achswelle aufschrauben.

■ Achswellenlagerung im Ausgleichsgehäuse mit Getriebeöl bestreichen.

■ Neuen Sicherungsring in die Gelenkstummelnut einsetzen, den Ring dabei nicht überspannen.

■ Achswelle mit der Hand in das Getriebegehäuse eindrücken. Schraubenzieher am Wulst der Reibschweißnaht ansetzen und damit die Achswelle bis zum Einrasten des Sicherungsrings eintreiben.

■ Durch Ziehen am Gelenk prüfen, ob fester Sitz erreicht wurde.

■ Eventuell ausgebauten Deckel des Ausgleichsgetriebes mit neuer Dichtung einbauen, die Dichtung vorher mit Wälzlagerfett am Deckel ankleben. Schrauben mit 30 Nm festziehen.

■ Zusammenbau des Führungsgelenks siehe Seite 144.

■ Rad befestigen und den Wagen abbocken.

■ Kronenmutter mit 100 Nm festziehen. Danach die Mutter lösen und erneut mit 20 Nm anziehen. Von dieser Stellung aus die Mutter um 90°, das entspricht ¼ Radumfang, festziehen.

■ Kronenmutter versplinten. Fluchten Schlitz und Splintloch nicht, die Mutter entsprechend lösen, nicht weiter festziehen.

Manschetten und Gelenke ersetzen

Auch wenn beide Manschetten erneuert werden sollen, ist die Arbeit zunächst an einem Gelenk auszuführen. Ein Gelenk gibt es als Ersatz nur im Zusammenbau.

■ Achswelle ausbauen.

■ Halteband für die Manschette aufschneiden.

■ Manschette vom Gelenk abnehmen und umstülpen.

■ Sicherungsring am Gelenk mit einer Zange spreizen und das Gelenk mit einem Plastikhammer von der Wellenverzahnung abschlagen.

■ Neuen Sicherungsring einwandfrei in die Nut einsetzen.

■ Altes Gelenk gründlich auswaschen.

■ Gelenk mit frischem Fett füllen.

■ Mit Plastikhammer das Gelenk bis zum Einrasten des Sicherungsrings aufschlagen.

■ Manschette über dem Gelenk anbringen und die darin vorhandene Luft herausdrücken.

■ Neues Halteband befestigen. Die Manschette gegenüber der Achswelle nicht verdrehen. Zum Spannen des Haltebandes eignet sich die Klemmzange von Jurid Nr. 88 1900 70000090.

■ Achswelle einbauen.

Die Basis

Fahrkomfort und Straßenlage eines Wagens sind von der Auslegung des Fahrwerks und der Lenkung abhängig. Beim Ascona findet man bewährte Konstruktionsdetails, verknüpft mit Opel-typischen Merkmalen.

Die Vorderradaufhängung

Eine Vorderachse im landläufigen Sinn gibt es im modernen Automobilbau schon längst nicht mehr. Vielmehr sind die beiden Vorderräder – jedes für sich – »einzeln« an der Karosserie aufgehängt.
Kern der Vorderradaufhängung ist das sogenannte Federbein (siehe Seite 139), an dem das Rad direkt befestigt ist. Es dient somit gleichzeitig der Radführung, der Federung und der Stoßdämpfung. Ein bewegliches Lager verbindet das Federbein oben mit der Karosserie. Unten ist es über einen quer zur Fahrtrichtung angeordneten Lenker mit dem Lenkträger verbunden (angelenkt), daher auch der Name »Querlenker«. Mit der Lenkung hat dieser nichts zu tun.
An den Lenkern auf beiden Seiten ist noch ein mehrfach gebogener Rundstab aus Federstahl angeschraubt, der Stabilisator. Dieser Drehstab wird beim ungleichmäßigen Einfedern beider Räder so verdreht, daß er das abhebende Rad herunterdrückt. Gleiches geschieht in der Kurve, wobei zugleich die Federung des kurvenäußeren Rades unterstützt wird. Durch seine Anordnung ist der Stabilisator zusätzlich in der Lage, die von vorn auf die Radaufhängung einwirkenden Stöße aufzunehmen.

Die Radeinstellung

Die Vorderräder müssen für ein sicheres Fahrverhalten in Längs- und Seitenrichtung in bestimmten Winkelstellungen stehen. Damit Sie sich unter der »Lenkgeometrie« etwas vorstellen können, hier eine Erläuterung der Begriffe:
Sturz: Das ist eine leichte Schrägstellung der Räder zueinander. Sie wird durch die Neigung der Radebene zu der auf der Standebene gedachten Senkrechten dargestellt. Beim Ascona stehen die Räder nahezu senkrecht, und dieser Sturz ist nicht einstellbar.
Nachlauf: Darunter versteht man die Schrägstellung der Radaufhängung in Fahrzeuglängsrichtung, wobei die Räder sozusagen gezogen werden. Das hilft, den Geradeauslauf zu stabilisieren und Flattern der Vorderräder zu verhindern. Außerdem bewirkt er eine Rückstellung der Lenkung nach Kurven. Auch der Nachlauf ist beim Ascona nicht einstellbar.

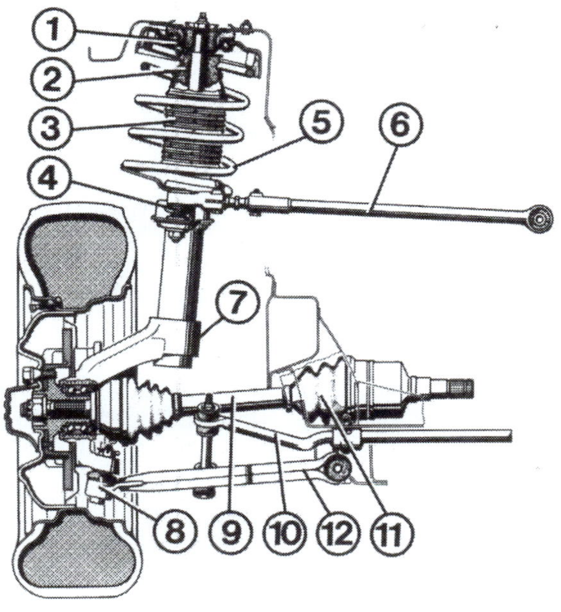

Teile der Vorderradaufhängung. 1 – Stützlager; 2 – Anschlagpuffer; 3 – Schutzbalg; 4 – Spurstangengelenk; 5 – Schraubenfeder; 6 – Spurstange; 7 – Achsschenkel; 8 – Führungsgelenk; 9 – Achswelle; 10 – Drehstabstabilisator; 11 – Manschette über innerem Gelenk; 12 – Querlenker.

Das sind die wichtigsten Teile der Vorderachse: 1 – Federbein; 2 – Achswellengelenk innen; 3 – Achswelle; 4 – Achswellengelenk außen; 5 – Stabilisatorlager; 6 – Stabilisatorwelle; 7 – Abstandrohr; 8 – Federbein-Patrone; 9 – Stützlager; 10 – Kugellager; 11 – Langer Träger (SR-Ausstattung); 12 – Kurzer Träger; 13 – Lenker; 14 – Führungsgelenk; 15 – Achsschenkel; 16 – Abdeckblech/Bremssattel; 17 – Radlager; 18 – Radnabe; 19 – Bremsscheibe.

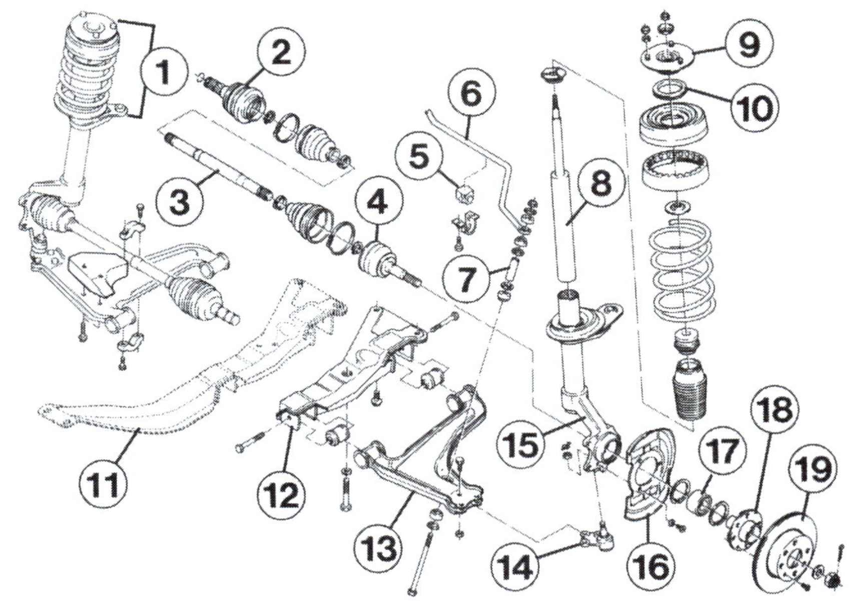

Spur: Die Vorderräder stehen im Stand nicht genau parallel zueinander, vielmehr sind sie hinten etwas enger zusammengestellt. In diesem Fall spricht man von der »Nachspur«, während bei Wagen mit Hinterradantrieb eine »Vorspur« eingestellt ist. Die Reibung zwischen Rad und Straße will auf jeder Seite die Räder nach außen wegdrücken, aber die Kräfte des Frontantriebs sind bestrebt, die Räder zusammenzudrücken. Beim Hineinlenken des Wagens in eine Kurve geht die nur wenig negative Spur durch die Anordnung von Lenkgestänge und Radaufhängung mehr in Nachspur über: Das kurveninnere Rad schwenkt stärker herum als das äußere. Dies ist natürlich notwendig, weil das innere Rad einen engeren Kreis beschreibt. Damit verbunden ist eine Unterstützung der Lenkbewegungen und Lenkkräfte.

Die Lenkung

Die Drehungen am Lenkrad wandelt ein Lenkgetriebe – es sitzt hinter dem Motor vor der Trennwand zum Innenraum – in eine hin- und hergehende Bewegung um, damit die Vorderräder zur Seite schwenken können.

Der Opel hat eine Zahnstangenlenkung. Ein Ritzel am Ende der Lenksäule greift in eine Zahnstange ein und verschiebt diese je nach Drehrichtung am Lenkrad nach rechts oder links. Diese Bewegungen übertragen die beiden an der Zahnstange angeschraubten Spurstangen auf die schwenkbaren Radzapfen (Achsschenkel) und damit auf die Räder.

Um Fahrbahnstöße vom Lenkrad fernzuhalten, ist bei Wagen ohne Servolenkung am Lenkgehäuse ein Lenkungsdämpfer angeschraubt, der mit dem Unterbau verbunden ist.

Die Hilfskraftlenkung

Bei der ab 1,6-Liter-Motor auf Wunsch eingebauten Servolenkung dient ein Kolben am rechten Ende der Zahnstange im Lenkgetriebe als Arbeitshilfe. Dieser wird vom hineingepumpten Hydrauliköl nach rechts oder links verschoben. In welche Richtung gepumpt wird, bestimmen Sie beim Drehen des Lenkrads. Diese Drehung wird auf ein Drehschieberventil übertragen, das Richtung und Menge des Flüssigkeitsstromes regelt. Den Druck im hydraulischen System erzeugt die Flügelzellenpumpe (siehe 146), die der Motor über einen Keilriemen antreibt.

Die Hinterachse

Hier handelt es sich fast um eine richtige Achse. Sie besteht aus einem Querträger, der etwas nach vorn versetzt mit zwei Längslenkern verbunden ist – daher auch die Bezeichnung »Verbundlenkerachse«. Die Lenker haben vorn Verbindung mit dem Aufbau durch Gummilager, wodurch vertikale Bewegungen des Achskörpers ermöglicht werden. Zwischen Lenkern und Karosserie sitzen besonders gestaltete Schraubenfedern, sogenannte Miniblockfedern, die sich durch geringe Bauhöhe auszeichnen. Die Stoßdämpfer sind unten in Radnähe und oben an den Innenseiten des Kofferraums befestigt. Je nach Ausführung kann ein Stabilisator vorhanden sein.

Die Stoßdämpfer

Die Stöße der Fahrbahn schlucken Reifen und Federn. Die Stoßdämpfer indessen sollen die Schwingungen der Achsen und der Karosserie unterdrücken bzw. zum Abklingen bringen. Richtiger wäre daher die Bezeichnung »Schwingungsdämpfer«.

Serienmäßig sind sogenannte Zweirohrdämpfer eingebaut. Sie bestehen aus einem Arbeitszylinder, in dem ein mit einer Kolbenstange verbundener Arbeitskolben auf und ab gleiten kann.

Der Arbeitszylinder ist von einem zweiten Zylinder umgeben, der als Vorratsbehälter für das Stoßdämpfer-Hydrauliköl dient. Bei Federbewegungen eines Rades verschiebt sich der Kolben im Zylinder. Das in Bewegung versetzte Spezialöl wird durch Ventile hindurchgepreßt, was die Kolbenbewegung verlangsamt und damit die Schwingungen des jeweiligen Rades dämpft.

Die Federbeine

Unter dem Begriff Federbein versteht man die Zusammenfassung von Feder und Stoßdämpfer in einer Einheit. Der Dämpfer ist in die Schraubenfeder hineingesteckt. Feder und Stoßdämpfer arbeiten genau in derselben Bewegungsrichtung, was gleichmäßige, für die Fahrzeuginsassen angenehme Federbewegungen ergibt. Solche Federbeine hat der Ascona an der Vorderachse. Für die Vorderradfederung wurde ein Patent des Amerikaners Earl S. McPherson verwendet. Das nach ihm benannte Federbein stellt eine komplette Radaufhängung dar. Der obere Befestigungspunkt an der Karosserie ist drehbar gelagert, so daß Lenkbewegungen überhaupt möglich sind. Das untere Ende der Federungseinheit steht auf dem Achsschenkel, durch den der Radzapfen für das Vorderrad läuft.

Manschetten der Lenkung kontrollieren

Wartung Nr. 16

Die aus dem Lenkgetriebegehäuse austretende Zahnstange ist durch zwei Gummimanschetten geschützt. Durch einen schadhaften Faltenbelag gelangt Schmutz und Feuchtigkeit ins Lenkgetriebe. Das ergibt zusammen mit dem Lenkgetriebefett eine Art Schleifpaste und nagt am Lenkritzel. Ist die Lenkung in der Geradeausstellung schon etwas »teigig«, hilft Nachstellen nicht mehr, sonst klemmt sie beim Einschlagen der Räder und geht nach Kurven nicht mehr zurück.

- Nehmen Sie eine Taschenlampe zu Hilfe und beugen Sie sich von rechts in den Motorraum.
- Ziehen Sie den Faltenbelag Stück um Stück auseinander, um Risse in den Gummiwülsten zu erkennen.
- Sitzen die Klemmdrähte fest auf jeder Manschette?
- Eine defekte Manschette sofort ersetzen lassen, siehe Seite 145.

Lenkungsspiel prüfen

- Linkes Seitenfenster herunterkurbeln. Stellen Sie sich neben den Wagen.
- Durchs Fenster greifen und Lenkrad kurz hin und her drehen. Bei einem Fahrzeug mit Servolenkung soll der Motor hierzu nicht laufen.
- Bewegt sich das linke Vorderrad aus der Geradeausstellung sofort mit? Achten Sie auf die Felge, denn der elastische Reifen kann einen Teil des Einschlags »schlucken«, ehe er sich bewegt.
- Zeigt sich dabei Spiel, kontrollieren Sie noch, ob in den Führungsgelenken Spiel ist, siehe nächste Seite.
- Sind die Achsgelenke in Ordnung, müssen Sie wegen des Lenkgetriebes in die Werkstatt fahren, denn es läßt sich nicht ohne weiteres nachstellen.

Gummibälge der Achsgelenke kontrollieren

Teil der Wartung Nr. 14

Die Gelenke zwischen Dreieckslenker und Achsschenkel sind wartungsfrei. Die stählernen Kugelköpfe der Achsgelenke sitzen in einer Fett-Dauerfüllung und zusätzlich in Kunststoffschalen. Als Schutz vor Nässe und Schmutz dienen Staubkappen aus Gummi. Eindringender Schmutz wirkt wie Schmirgelsand im Gelenk; Feuchtigkeit läßt es mit der Zeit festrosten.

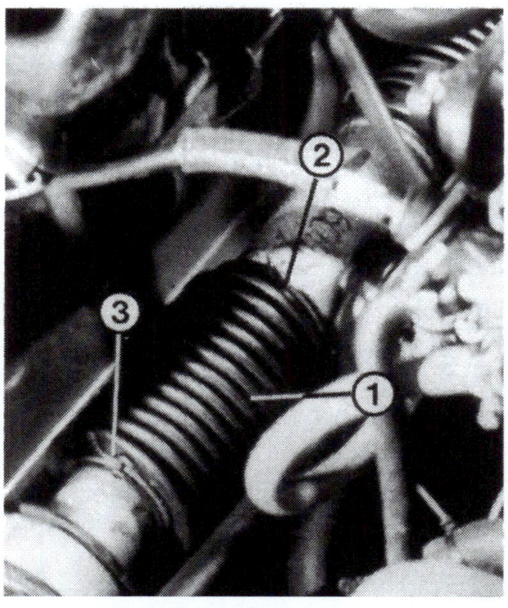

Links: Die Manschette (1) ist am Lenkgehäuse mit Klemmdrähten (2 und 3) befestigt. Sie darf keinesfalls beschädigt sein. Rechts: Der Lenkungsdämpfer (1) ist über diese Schrauben (2) mit den Spurstangen verbunden.

■ Lenkung nach einer Seite voll einschlagen.
■ Kappen der Achsgelenke rechts und links auf Beschädigungen kontrollieren.
■ Eine schadhafte Staubkappe kann nicht einzeln ersetzt werden. Dazu muß der Lenker ausgebaut und das Führungsgelenk ersetzt werden. Das muß die Werkstatt machen.

Gummibälge der Spurstangengelenke kontrollieren

Teil der Wartung Nr. 14

Rechts und links zwischen Spurstange und Lenkhebel am Federbein sitzt ein Gelenk. Der stählerne Kugelkopf ist von selbstschmierendem Kunststoff umhüllt und durch eine staub- sowie wasserdichte Umhüllung geschützt.

■ Kontrollieren Sie die Manschetten der Spurstangengelenke auf Risse.
■ Eventuelles Spiel im Gelenk wird bei auf dem Boden stehenden Wagen geprüft. Am besten geht das auf einer Grube.
■ Lassen Sie einen Helfer das Lenkrad mehrmals kurz nach links bzw. rechts drehen und fühlen Sie an den Spurstangengelenken, ob sie »Luft« haben.
■ Spurstangenköpfe mit defekter Manschette oder Spiel müssen umgehend ersetzt werden, siehe Seite 145.

Spiel der Führungsgelenke kontrollieren

Diese Kontrolle ist im Wartungsplan nicht vorgesehen. Aber nach einer Laufleistung des Wagens ab 60 000 km sollten Sie sich gelegentlich darum kümmern.

■ Wagen aufbocken, daß das betreffende Vorderrad frei hängt.
■ Rad oben und unten fassen und quer zur Fahrtrichtung daran rütteln.
■ Zeigt sich »Luft«, sollten Sie das Spiel in der Werkstatt prüfen lassen.

Radlagerspiel prüfen

Die Räder laufen vorn auf zweireihigen Kugellagern und hinten auf Kegelrollenlagern. Sie halten, mit Dauerfetten montiert, an der Hinterachse weitaus mehr als 100 000 km durch. Die vorderen Radlager können schon wesentlich früher durch laute Laufgeräusche auf sich aufmerksam machen. Wird das Geräusch z. B. in Rechtskurven lauter, ist das linke Radlager defekt.

■ Fassen Sie nacheinander die fest am Boden stehenden Räder oben und versuchen Sie, diese quer zum Wagen zu bewegen.
■ Bei einwandfreien Lagern darf praktisch keine »Luft« vorhanden sein.
■ Zeigen die hinteren Radlager Spiel, können sie nachgestellt werden, siehe Seite 149.
■ Bei Spiel an den Lagern der Vorderräder lassen Sie einen Helfer auf das Bremspedal treten und wiederholen die Kontrolle.
■ Ist weiterhin Spiel vorhanden, liegt die Ursache am Achsgelenk.
■ Die vorderen Radlager können nicht eingestellt werden, sondern man muß sie ersetzen.
■ Bei hochgebocktem Wagen können Sie noch prüfen, ob sich die Räder leicht drehen lassen (keine Schleif- oder Mahlgeräusche?).

Radeinstellung messen

Nur nach einer harten Bordsteinberührung, einem Unfall, bestimmten Reparaturarbeiten an der Vorderachsaufhängung oder ganz einfach im Verdachtsfall wird die Radeinstellung vermessen. Das geht jedoch nur auf einem optischen Achsmeßstand.
Zur Messung dürfen die Teile der Radaufhängung und Lenkung kein zu großes Spiel aufweisen. Ferner beachten:

☐ Reifendruck so einstellen, wie er für das Fahrzeug mit voller Belastung vorgeschrieben ist.
☐ Unbelastet heißt einfach: ohne Fahrer. Die Einstellwerte für die Vorspur sind nur Richtwerte für die Inspektion.
☐ Belastet heißt: Beide Vordersitze mit 70 kg belastet, der Tank ist halb gefüllt.

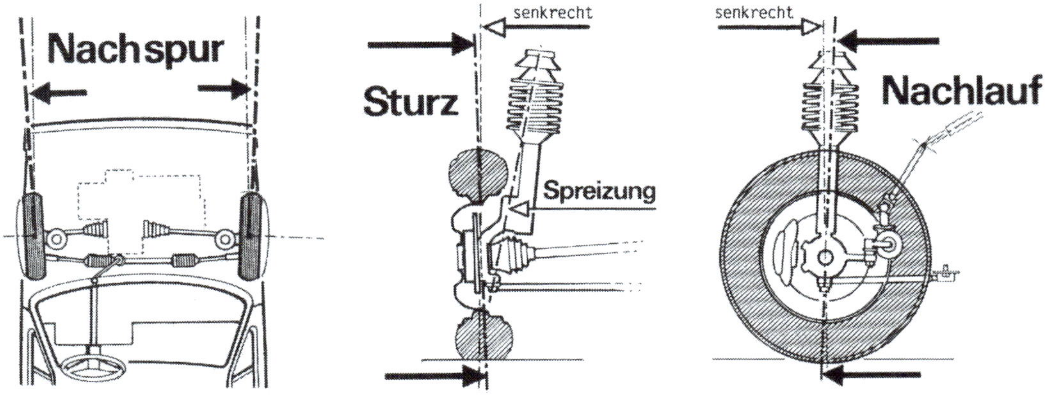

Damit sie sich die auf Seite 125 bis 126 stehenden Begriffe besser vorstellen können, haben wir sie hier zeichnerisch deutlich gemacht.

Sollwerte für Fahrzeugvermessung	Vorderachse	Hinterachse
Radsturz (nicht einstellbar)		
belastet	–1°15' bis +0°15'	–
Abweichung vom linken zum rechten Rad	max. 1°	max. 0°30'
Nachlauf (nicht einstellbar)		
belastet	0° bis +2°	–
Abweichung vom linken zum rechten Rad	max. 1°	
Nachspur belastet	0°5 bis 0°25' = 0,5 mm bis 2,5 mm	–
Nachspur bzw. Vorspur unbelastet	0°5' Nachspur bis 0°15' Vorspur = 0,5 mm Nachspur bis 1,5 mm Vorspur	–
Abweichung vom linken zum rechten Rad	–	max. 0°15
Spurdifferenzwinkel bei 20° Innenradeinschlagwinkel (Vorspur = 0)		
belastet	–1° ± 45'	–
Abweichung vom linken zum rechten Rad	max. 40'	–

Erkennungsmerkmale für falsche Radeinstellung

Wenn Sie fehlerhafter Lenkgeometrie beim Fahren auf die Schliche kommen wollen, müssen Sie zuerst sicherstellen, daß beide Vorderreifen dieselbe Reifensorte, Profiltiefe und den vorgeschriebenen Luftdruck (siehe Seite 167–169) aufweisen.

☐ Stehen die Lenkradspeichen bei Geradeausfahrt symmetrisch? Ein schiefsitzendes Lenkrad ist oft das Zeichen für falsche Spureinstellung.

☐ Unruhiger Geradeauslauf; er ist besonders gut auf schnee- oder eisglattem Untergrund zu erkennen. Überbreite Reifen können den Geradeauslauf trotz richtiger Radeinstellung ebenfalls verschlechtern.

☐ Zieht der Opel auf völlig ebener Fahrbahn und bei losgelassenem Lenkrad zur Seite?

☐ Stellt sich die Lenkung nach Kurven wieder von selbst in Geradeausstellung?

☐ Schauen Sie sich die Vorderräder aus fünf bis zehn Meter Entfernung an – stehen sie in Geradeausstellung symmetrisch zueinander?

☐ Ist das Reifenporfil einseitig abgenutzt? Bei scharfer Fahrweise ist es allerdings nicht ungewöhnlich, daß an beiden Vorderreifen die Außenkanten stärkere Verschleißspuren zeigen als innen.

☐ Eine verbeulte Felge deutet auf eine harte Bordsteinberührung, wodurch die Geometrie der Federbein-Vorderradaufhängung leicht aus dem Winkel gerät.

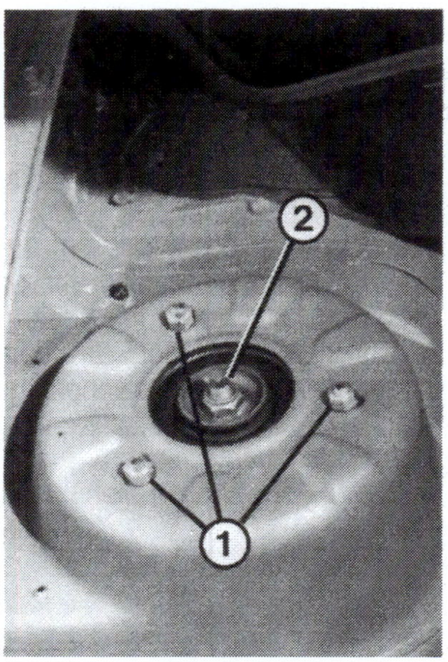

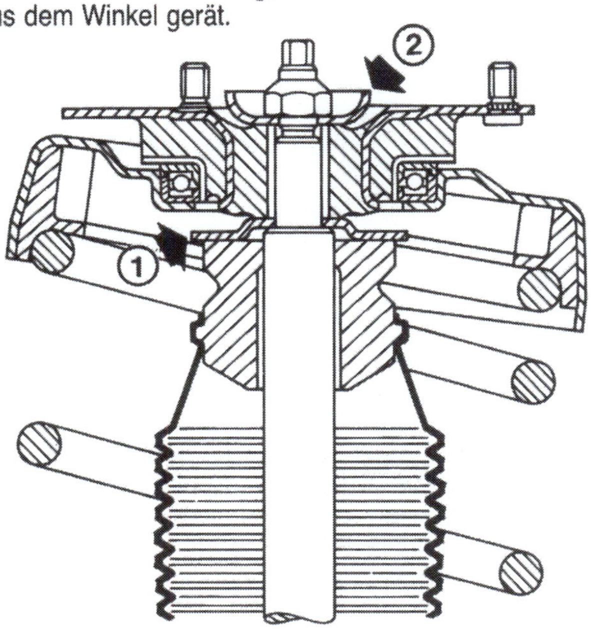

Stützlager des Federbeins. Links: 1 – Obere Befestigungsschrauben; 2 – Federbein-Patrone. Rechts: 1 und 2: Anschlagscheiben. Das Kugellager muß exakt im Stützlager und im Federteller sitzen.

□ Weitere Ursachen für fehlerhafte Stellung der Räder können verschlissene Gelenke bzw. Gummilager sein oder unsachgemäße Unfallreparaturen.

Stoßdämpfer prüfen

Stoßdämpfer fallen gewöhnlich nicht schlagartig aus, sondern ihre Wirkung läßt allmählich nach, woran man sich unbemerkt gewöhnt. Faustregel: Nach zwei verschlissenen Reifensätzen besitzen die Stoßdämpfer nur noch 50% ihrer ursprünglichen Wirkung und sind somit zur Erneuerung reif.
Keine genaue Diagnose erhält man durch die bekannte »Schaukelmethode« im Stand, bei der man den Wagen am betreffenden Kotflügel aufschaukelt und plötzlich losläßt: Die Federbewegung müßte sofort gedämpft werden. So läßt sich aber nur ein total ausgefallener Stoßdämpfer feststellen.
Ein genaueres Bild über den Stoßdämpferzustand liefert ein spezieller Prüfstand. Anhand des Diagramms hat man einen Anhaltspunkt über die Funktionsfähigkeit der Stoßdämpfer. Solche Prüfstände haben Autoclubs im »Wandereinsatz« sowie manche Werkstätten und TÜV-Stellen.

Störungsbeistand
Stoßdämpfer

Es gibt einige untrügliche Anzeichen für nachlassende Stoßdämpferwirkung:
□ Flatternde Lenkung, weil die Räder keinen ständigen Fahrbahnkontakt haben.
□ Nach Unebenheiten schwingt die Karosserie nach.
□ »Schwammiges« Fahrverhalten in Kurven, wobei die kurveninneren Räder nicht stark genug auf den Boden gedrückt und die äußeren nicht genügend entlastet werden.
□ Vielfach unterbrochene Bremsspur bei Vollbremsung.
□ Ungleichmäßige Abnützung der Reifen und erhöhter Reifenverschleiß.
□ Erhebliche Ölspuren außen am Stoßdämpfer bis unter den Federteller des Federbeins. Geringe Leckverluste sind dagegen normal.

Eigenarbeiten an Lenkung und Fahrwerk

Fahrwerk und Lenkung sind für die Verkehrssicherheit von entscheidender Bedeutung. Eigenarbeiten an diesen Teilen sollte wirklich nur derjenige vornehmen, der sich seiner Sache völlig sicher ist. Andere sind mit derartigen Instandsetzungsarbeiten in einer Fachwerkstatt besser aufgehoben.
Wer jedoch unbedingt an diesen Teilen schrauben will, sollte wenigstens nicht blindlings drauflosschlossern, sondern nach fachkundiger Anleitung arbeiten. So sind auch die Arbeitsbeschreibungen dieses Kapitels zu verstehen.

Vorderradaufhängung zerlegen

An den Teilen der vorderen Radaufhängung läßt sich vieles selbst aus- und einbauen. Für bestimmte Arbeiten sind allerdings Werkstattgeräte erforderlich. Beschädigte Teile der Radaufhängung dürfen nicht gerichtet oder gar geschweißt, sondern müssen grundsätzlich erneuert werden.

Federbein aus- und einbauen

■ Kronenmutter der Achswelle entsplinten und abschrauben. Der Wagen muß auf dem Boden stehen, sonst Unfallgefahr.
■ Radschrauben lockern, Fahrzeug aufbocken und Vorderrad abnehmen.
■ Schutzkappen an den Befestigungsschrauben des Bremssattels mit einem Meißel abschlagen, den Bremssattel vom Achsschenkel abschrauben.
■ Ohne den Bremsschlauch abzuschrauben, den Bremssattel am Unterbau mit Draht aufhängen.
■ Mutter des Spurstangengelenks abschrauben und das Gelenk mit einem Ausdrücker ausdrücken.
■ Ebenso das Führungsgelenk lösen.
■ Achswelle mit der Hand aus der Vorderradnabe herausziehen. Falls das nicht möglich ist, einen Radnabenzieher verwenden.
■ Achswelle mit Draht aufhängen. Das Radlager darf jetzt nicht mehr belastet werden.
■ Im Motorraum drei Muttern vom Federbeindom abschrauben und das Federbein abnehmen.
■ Beim Einbau drei neue selbstsichernde Muttern mit 20 Nm festziehen.
■ Antriebswelle mit eingeölter Verzahnung einsetzen.
■ Neue Scheibe und Kronenmutter für die Antriebswelle handfest anziehen.
■ Führungsgelenk im Querlenker mit 70 Nm festziehen. Neue Sicherungsklammer einsetzen, dazu die Mutter weiter festziehen.
■ Neue selbstsichernde Mutter für das Spurstangengelenk mit 60 Nm festziehen.
■ Bremssattel mit 95 Nm festschrauben und neue Schutzkappen aufschlagen.
■ Zur Befestigung der Achswellenmutter siehe Seite 136.

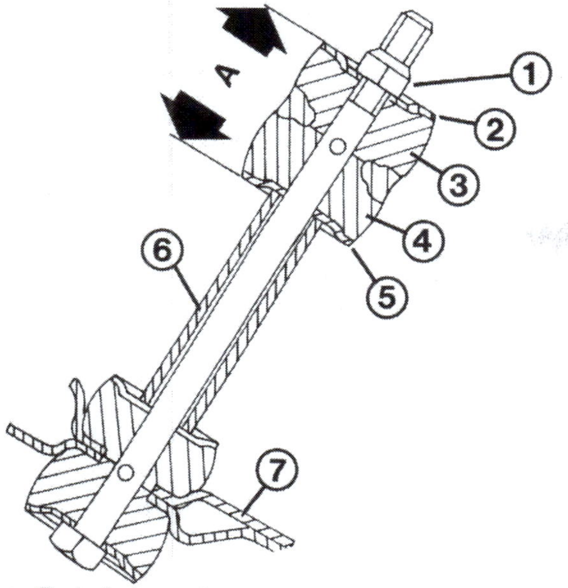

Zur Befestigung des vorderen Stabilisators am Lenker: 1 – Befestigungsmutter; 2 – obere Scheibe; 3 und 4 – Gummipuffer; 5 – untere Scheibe; 6 – Abstandsrohr mit hindurchgeführtem Bolzen; 7 – Lenker. Das Vorspannmaß A beträgt 38 mm.

Radlager ersetzen

■ Federbein ausbauen.
■ Arretierschraube für die Bremsscheibe herausdrehen und Bremsscheibe abnehmen.
■ Radnabe mit einem Ausdrückwerkzeug vom Radlager abpressen. Dazu zwei Flacheisen unter den Achsschenkel legen. Das Radlager wird zerstört, eine Hälfte des inneren Lagerrings bleibt auf der Radnabe.
■ Bremsabdeckblech vom Achsschenkel abschrauben.
■ Sicherungsringe vor und hinter dem Lager aus dem Achsschenkel nehmen.
■ Radlager herauspressen, dabei ein passendes Rohrstück unter den Achsschenkel setzen.
■ Inneren Lagerring mittels Auszieher von der Radnabe abziehen.
■ Vor Einbau des neuen Radlagers den äußeren Sicherungsring mit nach unten gerichteten Spannösen einsetzen.
■ Neues Lager einpressen.
■ Den inneren Sicherungsring ebenso wie den äußeren einsetzen.

Vorderfeder aus- und einbauen

Diese Arbeit kann ohne eine Spannvorrichtung mit zwei Federspannern nicht ausgeführt werden. Andernfalls besteht höchste Unfallgefahr, weil beim Lösen des Stützlagers durch die Vorspannung der Feder die Teile explosionsartig auseinanderfliegen können.

■ Federbein ausbauen.
■ Schraubenfeder spannen.
■ Mutter für das Stützlager abschrauben, dabei die Kolbenstange der Federbeinpatrone gegenhalten.
■ Stützlager mit Kugellager abnehmen.
■ Feder entspannen und abnehmen.
■ Neue Feder so ansetzen, daß das untere Federende am Anschlag der Lagerung anliegt. Andernfalls kommt es bei Kurvenfahrt zu Klopfgeräuschen. Feder spannen.
■ Dämpfungsring für die Feder aufsetzen.
■ Oberen Federteller aufsetzen, dabei dessen 5-mm-Stanzloch entgegen der Achsschenkel-Nebenbohrung bringen.
■ Mit Wälzlagerfett gefülltes Kugellager einsetzen. Der schwarze Außenring des Kugellagers muß im Stützlager sitzen.
■ Stützlager mit Kugellager und den beiderseits angeordneten Anschlagscheiben auf die Federbeinpatrone schieben.
■ Neue selbstsichernde Mutter mit 55 Nm festziehen.

Stoßdämpfer vorn aus- und einbauen

Es werden Patronen von Delco Products und von Fichtel & Sachs verwendet. Sie haben eine Buchstaben-Kennzeichnung: Bei Delco an der Seitenfläche des Kolbenstangen-Sechskants, bei Fichtel & Sachs an der Stirnfläche der Kolbenstange. Nur eine Patrone gleichen Fabrikats und gleicher Buchstabenkombination darf beim Ersatz verwendet werden.

■ Federbein ausbauen.
■ Stützlager ausbauen und die Feder gespannt lassen.
■ Federteller mit Dämpfungsring, danach Anschlagpuffer mit Kunststoffbalg abnehmen.
■ Die Blechmutter wird mit dem Spezialwerkzeug KM-331 abgeschraubt, weil sie mit hohem Drehmoment angezogen ist. Ohne dieses Werkzeug muß die Feder entspannt werden, dann läßt sich die Mutter einfach lösen.
■ Stoßdämpferpatrone aus dem Federbein ziehen.
■ Zur Befestigung der Patrone neuen Gewindering verwenden, Schutzwachs darauf nicht entfernen.

Dieses Bild dient der Ergänzung zur Abbildung der vorangegangenen Seite. 1 – Stabilisator; 2 – oberer Gummipuffer; 3 – unterer Gummipuffer.

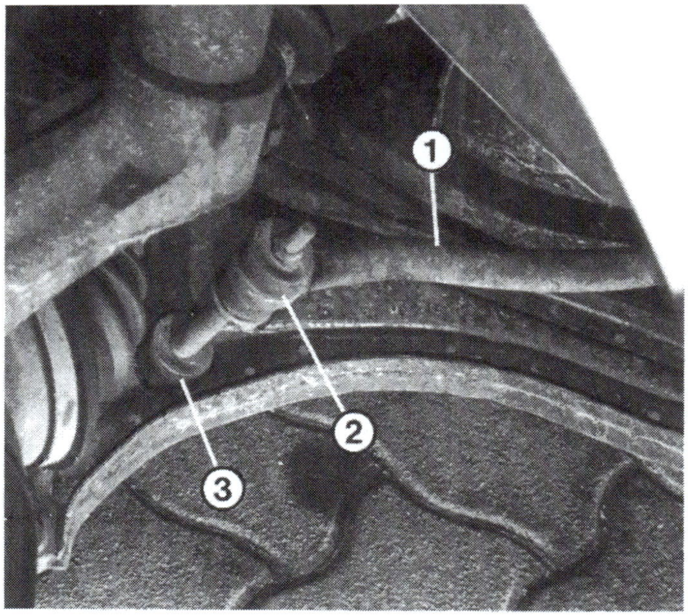

■ Den Gewindering unbedingt mit 200 Nm festziehen.
■ Anschlagpuffer mit Kunststoffbalg aufschieben und Dämpfungsring aufsetzen.
■ Oberen Federteller und Stützlager montieren, wie im vorigen Abschnitt beschrieben.

Stabilisator ersetzen

■ Fahrzeug aufbocken.
■ Linken und rechten Träger für die Lenker vom Unterbau abschrauben, siehe Seite 118 bis 119.
■ Stabilisator beiderseits am Unterbau abschrauben.
■ Lenkung entsprechend drehen und den Stabilisator zur Seite hin abnehmen.
■ Beschädigte Gummilager müssen ersetzt werden, neue Gummilager in Silikonöl tauchen.
■ Den Stabilisator links und rechts mittig festschrauben, dabei das Vorspannmaß (Bild 143) beachten.

Lenker aus- und einbauen

Bei Fahrzeugen ab 1,6-Liter-Motor ist am rechten Lenker ein Dämpfungsgewicht angeschraubt. Beim Ersatz des Lenkers muß das Gewicht ummontiert werden, dazu zwei neue Schrauben mit verkapseltem Klebstoff verwenden.
■ Fahrzeug aufbocken.
■ Stabilisator vom Lenker abschrauben.
■ Führungsgelenk aus dem Achsschenkel herausdrücken.
■ Schrauben für den Lenker am Träger vorn und hinten lösen.
■ Beide Gewindelöcher im Träger mit einem Gewindebohrer M 12 × 1,75 nachschneiden.
■ Neue verkapselte Schrauben, die nicht älter als 5 Jahre sind, verwenden. Jahresendzahl steht auf dem Schraubenkopf. Schrauben mit 110 Nm festziehen.
■ Für die Kronenmutter des Führungsgelenks neue Sicherungsklammer verwenden.

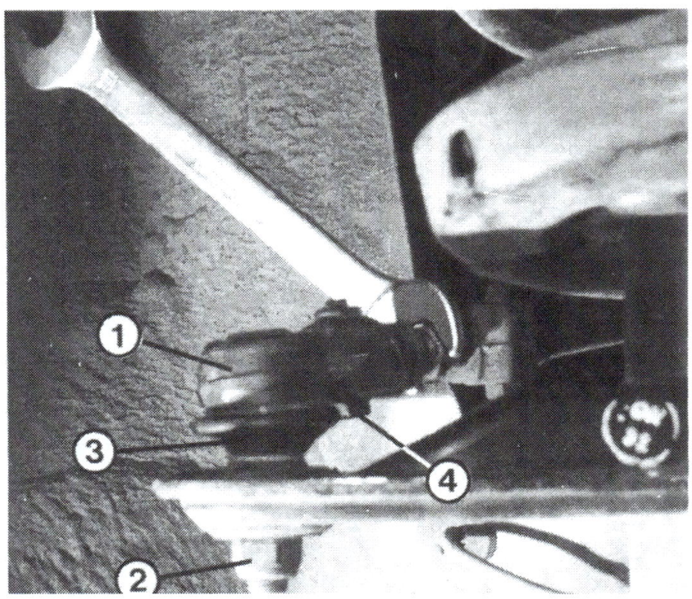

An die Spurstange kommt man bei abgenommenem Vorderrad heran. 1 – Spurstangenkopf; 2 – selbstsichernde Mutter; 3 – Manschette; 4 – Schraube der Klemmschelle.

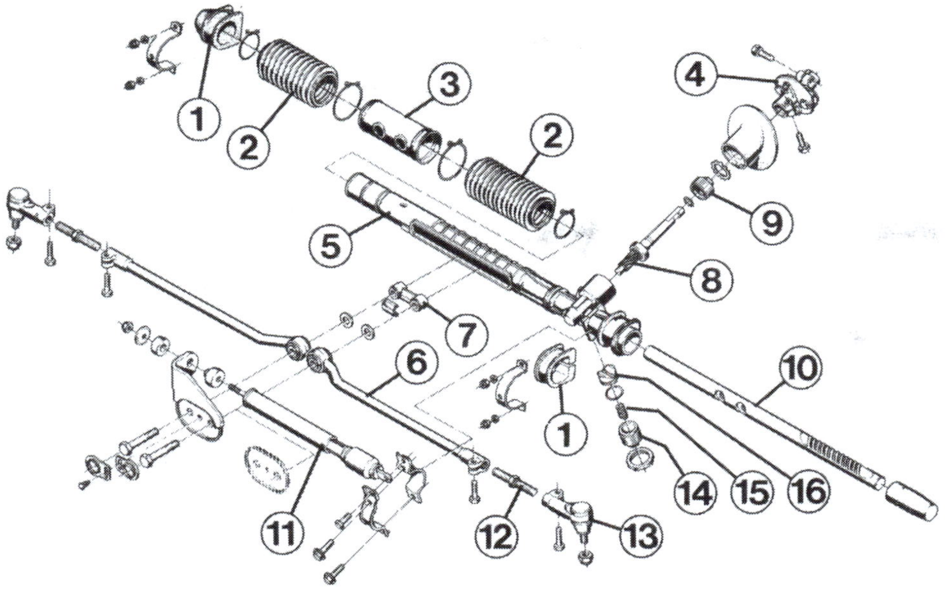

Die Teile des Lenkgetriebes und der Spurstangen: 1 – Lagerring; 2 – Manschette; 3 – Schutzrohr; 4 – Lenkungskupplung; 5 – Lenkgehäuse; 6 – Spurstange; 7 – Führungsstück; 8 – Ritzel; 9 – Haltering; 10 – Zahnstange; 11 – Lenkungsdämpfer; 12 – Einstellbolzen; 13 – Spurstangenkopf; 14 – Einstellschraube; 15 – Druckfeder; 16 – Lagerschale.

Das Lenkgetriebe

Arbeiten am Lenkgetriebe des Ascona fallen in den Bereich einer Werkstatt. Abgesehen von den besonderen Vorschriften für Reparatur und Montage sind dabei Spezialwerkzeuge vonnöten, und zur Einstellung des Lenkgetriebes müssen Hilfswerkzeuge auch im Fachbetrieb erst selbst angefertigt werden.

Die Faltenbälge können nur bei ausgebautem Lenkgetriebe ersetzt werden.

Arbeiten an der Lenkung

Spurstangen ersetzen

Beim Ersatz beider Spurstangen ist auf die linke und rechte Ausführung zu achten. Die Klemmschraube wird von unten eingeschraubt.

■ Luftfilter ausbauen, siehe Seite 86.

■ Schraube für die Spurstangen-Klemmschelle lösen.

■ Am Sicherungsblech die Spreizklammer und dann die Sicherung abnehmen.

■ Spurstange vom Lenkgetriebe abschrauben.

■ Schraube für die gegenüberliegende Spurstange lösen.

■ Spurstange vom Einstellbolzen abschrauben und zusammen mit der Dämpfungsbuchse ersetzen.

■ Neue Spurstange auf die gleiche Einschraubtiefe wie am Spurstangenkopf bringen.

■ Schlitze von Klemmschelle und Spurstange müssen gegenüberliegen, die Schweißmutter muß oben liegen. Schraube mit 20 Nm festziehen.

■ Neue Spreizklammer am Sicherungsblech verwenden.

■ Die Spurstangen am Lenkgetriebe mit 110 Nm festziehen.

■ Nachspur einstellen, siehe Seite 146.

Spurstangenkopf ersetzen

■ Mutter am Spurstangenkopf abschrauben.

■ Spurstangenkopf mit üblichem Ausdrükker herausdrücken.

■ Schraube für die Spurstangen-Klemmschelle lösen.

■ Spurstangenkopf vom Einstellbolzen abschrauben, dabei die Umdrehungen merken.

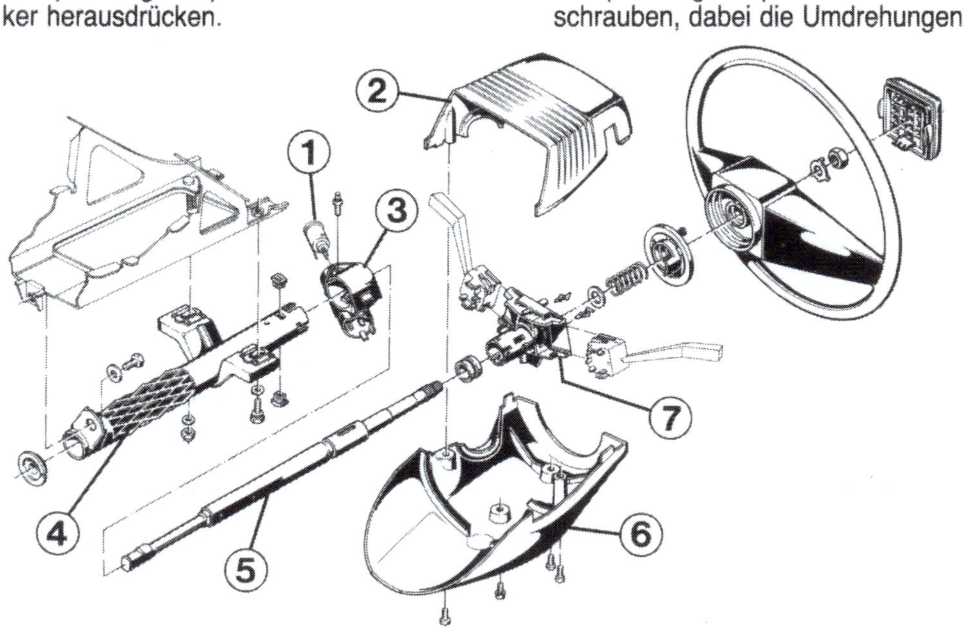

Zur Lenkung zählen außerdem: 1 – Schließzylinder; 2 – Obere Lenksäulenverkleidung; 3 – Zündschloßgehäuse; 4 – Lenkstützrohr; 5 – Lenkspindel; 6 – Untere Lenksäulenverkleidung; 7 – Lenkgehäuse.

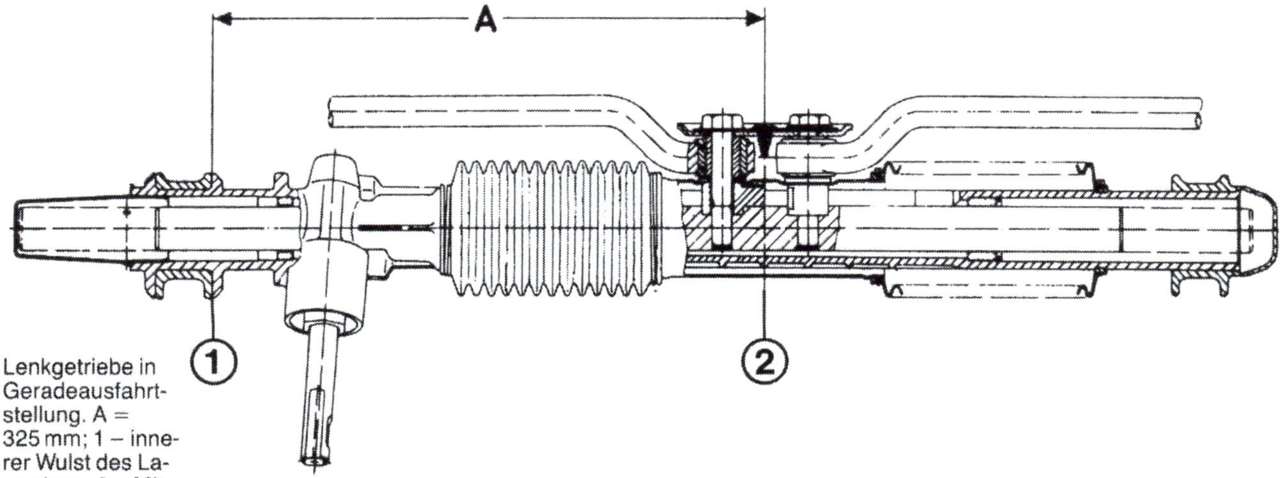

Lenkgetriebe in Geradeausfahrtstellung. A = 325 mm; 1 – innerer Wulst des Lagerrings; 2 – Mittelpunkt zwischen Spurstangen.

■ Neuen Spurstangenkopf mit gleichen Umdrehungen aufschrauben. Der rechte Spurstangenkopf ist mit »R« gekennzeichnet.
■ Die Aufschraubtiefe des Spurstangenkopfes und die der Spurstange am Lenkgetriebe müssen gleich sein.
■ Klemmschraube festziehen, wie im vorigen Abschnitt erwähnt.
■ Spurstangenkopf mit neuer selbstsichernder Mutter und 60 Nm festziehen.
■ Nachspur einstellen, siehe nachstehend.

Nachspur einstellen

Die Nachspur soll auf einem Achsmeßstand mit optischem Prüfgerät kontrolliert werden. Sie können aber durch folgende Kontrollen selbst feststellen, ob die Voraussetzungen für die richtige Nachspur gegeben sind.
□ Die Lenkung befindet sich in Geradeausstellung, wenn zwischen Spurstangenende und linkem Befestigungsgehäuseabsatz der Abstand 325 mm beträgt, siehe Bild oben.
□ In genau dieser Stellung muß die Klemmschellenschraube für die Lenkspindel oben waagrecht liegen. Andernfalls muß in der Werkstatt die Lenkritzelstellung umgehend korrigiert werden.
□ Das Lenkrad muß mit ausgemittelten Speichen auf der Lenkspindel sitzen. Falls die Mittenabweichung mehr als ±5° beträgt, ist das Lenkrad abzuziehen und neu auf die Verzahnung aufzusetzen.

Lenkrad aus- und einbauen

■ Abdeckkappe mit Signalkopf mit einem Schraubenzieher vorsichtig vom Lenkrad abhebeln, dann die Kabel abziehen.
■ Lenkrad in Geradeausstellung bringen.
■ Sicherungsblech der Mutter zurückbiegen und die Mutter abschrauben.
■ Einen geeigneten Abzieher so ansetzen, daß die Klauen nach außen zeigen, und das Lenkrad abziehen.
■ Das Lenkrad weder ab- noch aufschlagen.
■ Beim Einbau neues Sicherungsblech verwenden.
■ Lenkrad bei Geradeausstellung der Lenkung mittig aufsetzen, siehe vorigen Abschnitt.
■ Lenksäulenmutter mit 15 Nm festziehen und das Sicherungsblech umschlagen.

Arbeiten an der Servolenkung

Keilriemenspannung prüfen

Die Pumpe der Servolenkung wird über einen separaten Keilriemen von der Motorkurbelwelle angetrieben. Sollte der Keilriemen unterwegs reißen, können Sie trotzdem weiterfahren. Allerdings ist wesentlich mehr Muskelkraft zum Lenken vonnöten.
■ Keilriemen zwischen beiden Riemenscheiben mit kräftigem Fingerdruck durchdrücken.
■ Der Riemen darf nicht mehr als **10 mm** nachgeben.
■ Kontrollieren Sie auch gleich, ob der Keilriemen beschädigt ist. Falls ja, ersetzen.

Keilriemen ersetzen

■ Beide Schrauben des Ölpumpenhalters lockern.
■ Schraube für die Spannschraube an der Ölpumpe und Schraube für das Spannstück am Halteblock lösen.
■ Mutter und Gegenmutter der Spannschraube lösen.
■ Keilriemen abnehmen, neuen Riemen auflegen.
■ Den **neuen** Keilriemen so spannen, daß er sich zwischen beiden Riemenscheiben nur **5 mm** durchdrücken läßt.
■ Dazu die Spannschraube an der Ölpumpe entsprechend drehen.

■ Die Spannschraube mit 25 Nm festziehen.
■ Die Schraube mit Mutter und Gegenmutter am Spannstück mit 35 Nm festziehen.
■ Beide Schrauben am Pumpenhalter mit 25 Nm festziehen.
■ Abschließend nochmals die Riemenspannung prüfen.

Sevolenkung auf Dichtheit prüfen

Wurde im Vorratsbehälter ein abgesunkener Flüssigkeitsstand festgestellt, muß umgehend die gesamte Lenkanlage überprüft werden. Sonst könnte während der Fahrt plötzlich die Lenkunterstützung ausfallen.
Auf welche Teile Sie Ihr Augenmerk richten müssen, steht im Störungsbeistand unten. Zur Überprüfung des Lenkgetriebes ist eine Werkstatt aufzusuchen.

Pumpe der Servolenkung ausbauen

Soll die Servopumpe lediglich wegen Montagearbeiten im Motorraum ausgebaut werden, bleiben ihre Schlauchleitungen angeschlossen, damit kein Schmutz in die Lenkhydraulik gelangt. Falls die Schläuche an der Pumpe abgenommen werden müssen, ist äußerste Sorgfalt vonnöten. Selbst kleinste Schmutzpartikel in der ATF können Funktionsstörungen verursachen.
■ Fahrzeug aufbocken.
■ Druck- und Rücklaufleitung von der Ölpumpe abschrauben, dabei auf auslaufendes Öl achten.
■ Hinteren Halter vom Motorblock abschrauben.
■ Pumpe vom vorderen Halter abschrauben.
■ Nach dem Einbau den Keilriemen spannen, siehe vorige Seite.

Pumpe der Servolenkung befüllen

Das einmal abgelassene Öl darf nicht mehr verwendet werden. Welches Öl eingefüllt werden muß, steht auf Seite 38.
■ Öl bei stehendem Motor bis zum Behälterrand einfüllen.
■ Motor mehrmals kurz anlassen und sofort wieder abstellen. Nach jedem Abstellen sofort Öl bis zur unteren Meßstabmarkierung nachfüllen. Die Ölpumpe darf nicht trocken laufen.
■ Bei laufendem Motor das Entlüftungsventil auf dem Gehäusedeckel des Lenkgetriebes so lange öffnen, bis das Öl luftblasenfrei austritt.
■ Lenkrad zwei- bis dreimal langsam um 45° nach beiden Seiten drehen, anschließend zweimal von Anschlag zu Anschlag.
■ Ölstand nochmals korrigieren.
■ Richtiger Ölstand siehe Seite 38.

Störungsbeistand Servolenkung

Die Störung	– ihre Ursache	– ihre Abhilfe
A Flüssigkeitsstand im Behälter zu niedrig	Undichtigkeit an	
	a) Pumpe der Servolenkung	Abdichten lassen
	b) Leitungsanschlüssen	Neue Dichtringe montieren und festziehen
	c) Kolben oder Drehschieberventil im Lenkgetriebe	Lenkgetriebe ausbauen, komplett zerlegen und neu abdichten lassen
B Lenkung ist schwergängig	1 Förderdruck der Pumpe ist zu gering	Druck prüfen lassen. Ggf. Durchflußventil der Pumpe oder komplette Pumpe ersetzen
	2 Lenkgetriebe defekt	Ersetzen lassen
C Lenkgeräusche	1 Hydraulikölstand zu niedrig. Flüssigkeit mit Luftbläschen durchsetzt	Hydrauliköl auffüllen, Lenkgetriebe entlüften
	2 Saugseitige Verschraubung der Pumpe undicht	Dichtungen ersetzen, Verschraubungen nachziehen
	3 Keilriemen lose	Nachspannen (Seite 134)

Arbeiten an der Hinterachse

Stoßdämpfer aus- und einbauen

Wegen der Achskonstruktion können die Stoßdämpfer nur nacheinander aus- und eingebaut werden. Zum Ersatz der Dämpfergummis brauchen Sie die Stoßdämpfer nur oben zu lösen.
■ Im Kofferraum die Schutzkappe vom Stoßdämpferdom abnehmen.
■ Mutter der oberen Befestigung abschrauben, Teller und Gummipuffer abnehmen.
■ Bei Wagenstandshöhenregulierung die Luft am Füllventil ablassen, Überwurfmutter abschrauben und die Druckleitung abnehmen.

An der Verbundlenker-Hinterachse ist an jeder Seite ein Längslenker angeschweißt. Außerdem gehören zu dieser Hinterachse folgende Teile: 1 – Stabilisator; 2 – Puffer; 3 – Dämpfungsring; 4 – Stoßdämpfer; 5 – Radlager innen; 6 – Hinterradnabe; 7 – Radzapfen; 8 – Radlager außen.

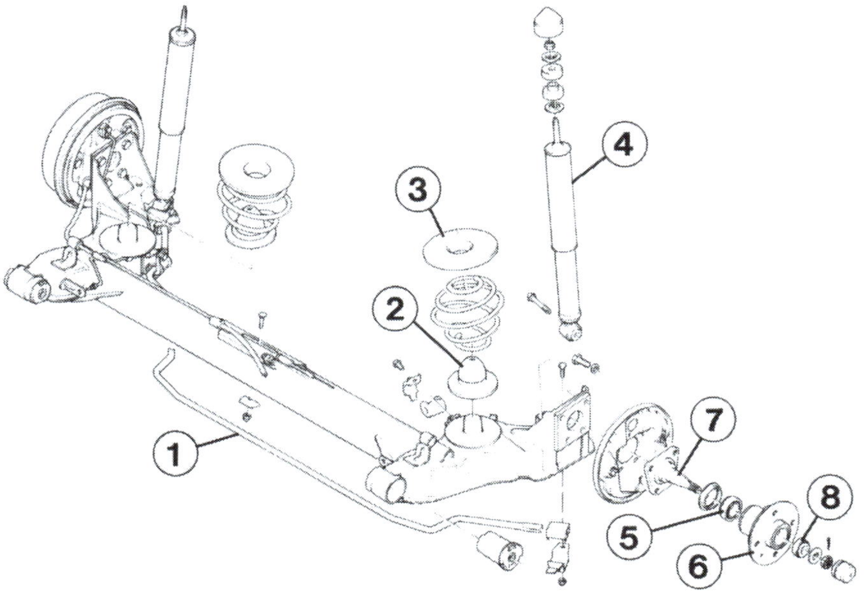

■ Fahrzeug aufbocken.
■ Untere Befestigung am Längslenker abschrauben, evtl. mit einem Montiereisen heraushebeln.
■ Stoßdämpfer herausnehmen.
■ Defekte oder poröse Dämpfergummis erneuern.
■ Neuen Stoßdämpfer in den Halter einsetzen, mit passendem Dorn in Lenker und Halter zentrieren, um die untere Befestigungsschraube einsetzen zu können.
■ Untere Schraube mit 45 Nm festziehen.
■ Bei Wagenstandshöhenregulierung die Druckleitung montieren und mit 3 Nm festziehen.
■ Fahrzeug ablassen, dabei den Stoßdämpfer oben durch die Karosserie führen.
■ Gummipuffer, Teller und Sechskantmutter montieren.
■ Bei der Standard-Ausführung die Sechskantmutter so weit aufschrauben, bis zwischen Oberseite der Mutter und Ende der Kolbenstange 11 mm erreicht sind.
■ Bei Wagenstandshöhenregulierung muß dieser Abstand 6 mm betragen.
■ Wagenstandshöhenregulierung mit 0,8 bar aufpumpen.

Stabilisator aus- und einbauen

■ Fahrzeug aufbocken.
■ Befestigung für den Stabilisator am Ausleger abschrauben, Bolzen und Gummiteile abnehmen.
■ Vordere Stabilisatorbefestigung abschrauben.
■ Stabilisator und alle Gummiteile abnehmen.
■ Defekte Gummiteile ersetzen und alle Gummiteile auf den Stabilisator aufsetzen.
■ Stabilisator in die vorderen Halteböcke einsetzen und Lagerdeckel montieren, ebenso die hinteren Lagerdeckel montieren.
■ Stabilisator ausrichten und die Befestigungsschrauben mit 18 Nm festziehen.

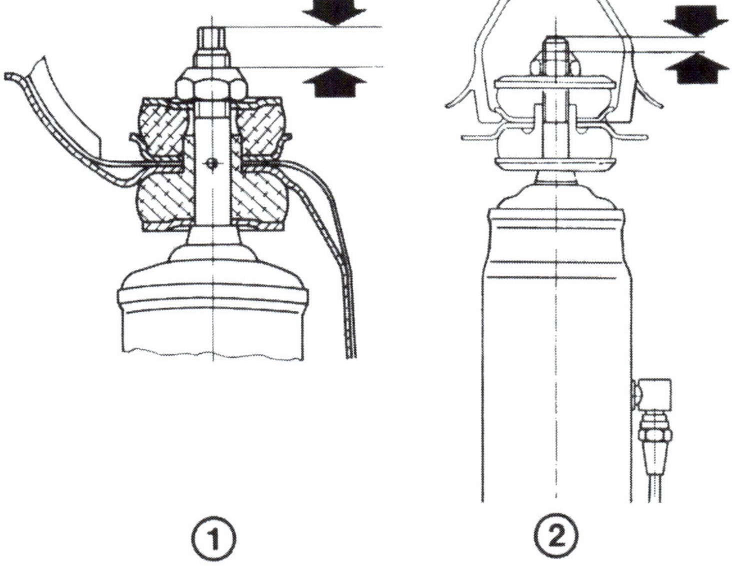

Die obere Befestigungsmutter der hinteren Stoßdämpfer sollen auf folgende Einstellmaße angezogen sein: 1 – normaler Stoßdämpfer = 11 mm; 2 – Stoßdämpfer mit Wagenstandshöhenregulierung = 6 mm.

Miniblockfedern aus- und einbauen

■ Bei Wagen mit Wagenstandshöhenregulierung die Luft der Stoßdämpfer am Füllventil ablassen.
■ Fahrzeug aufbocken.
■ Wagenheber mit Holzunterlage unterhalb des Stoßdämpfers ansetzen und etwas anheben.
■ Stoßdämpfer unten abschrauben und aus dem Halter herausnehmen.
■ Wagenheber ablassen.
■ In gleicher Weise den anderen Stoßdämpfer unten abschrauben.
■ Wagenheber etwas ablassen.
■ Zuerst die Feder entnehmen, die nicht vom Wagenheber unterstützt wird, dann die andere Feder abnehmen.
■ Sämtliche Dämpfungsringe und Gummiteile prüfen und ggf. erneuern.

Radlager für Hinterradnabe ersetzen

■ Fahrzeug aufbocken und das Rad abnehmen.
■ Bremstrommel abbauen, dazu die Arretierschraube herausdrehen und eventuell die Bremsbacken zurückstellen, siehe Seite 157.
■ Staubkappe von der Radnabe abhebeln.
■ Splint der Radzapfenmutter entfernen und die Mutter abschrauben.
■ Radnabe mit der Sicherungsscheibe vom Radzapfen abnehmen.
■ Radnabe reinigen, bei Beschädigung ersetzen.
■ Dichtring mit einem Schraubenzieher aus der Radnabe hebeln.
■ Inneres Kegelrollenlager aus der Radnabe herausnehmen.
■ Äußeren Laufring des inneren Lagers sowie den Laufring des äußeren Lagers mit einem Ausdrücker auspressen oder mit einem Messingdorn vorsichtig austreiben.
■ Sämtliche Teile sorgfältig gereinigt einbauen, Lager mit Wälzlagerfett schmieren.
■ Die Laufringe sollen mit einer entsprechenden Vorrichtung bis zu ihrer Anlage in der Radnabe eingepreßt werden. Behelfsweise können die Laufringe auch mit einem passenden Rohrstück und vorsichtigen Hammerschlägen eingetrieben werden.
■ Hohlraum der Radnabe mit Wälzlagerfett füllen.
■ Dichtlippe des neuen Dichtrings mit gleichem Fett bestreichen.
■ Den Dichtring mit einer passenden Hülse einpressen oder vorsichtig einschlagen.
■ Radnabe mit eingefettetem äußeren Lager und Sicherungsscheibe auf den Radzapfen aufsetzen.
■ Bremstrommel montieren.
■ Hinterrad befestigen.
■ Radlagerspiel einstellen, siehe nächsten Abschnitt.
■ Hinterradbremsen einstellen, siehe Seite 156.

Radlagerspiel einstellen

■ Fahrzeug mit Stahlfelgen hinten anheben, daß das Rad frei läuft.
■ Bei Fahrzeug mit Leichtmetallfelgen das Rad abbauen.
■ Staubkappe der Radnabe abhebeln.
■ Splint der Radzapfenmutter entfernen.
■ Radzapfenmutter mit 25 Nm festziehen.
■ Danach die Mutter so weit lösen, daß sich die Sicherungsscheibe gerade verschieben läßt. Dazu einen Schraubenzieher benutzen und mit leichtem Fingerdruck betätigen. Den Schraubenzieher aber nicht an der Radnabe abstützen.
■ Neuen Splint einsetzen. Falls Schlitz und Splintloch nicht übereinstimmen, die Mutter bis zur nächsten Übereinstimmung festziehen.
■ Falls sich die Sicherungsscheibe in dieser Stellung nicht mehr verschieben läßt, die Mutter bis zur nächsten Übereinstimmung von Schlitz und Splintloch lösen.
■ Montage der Staubkappe nicht vergessen.

Die Wagenstandshöhenregulierung

Bei beladenem Fahrzeug und beim Anhängerbetrieb bietet diese Niveauregulierung ein verbessertes Fahrverhalten.
Die Anlage besteht aus zwei Stoßdämpfern, deren Wirkung durch eingepumpten Luftdruck verstärkt werden kann. Zu den Stoßdämpfern führen Druckleitungen, rechts 150 cm und links 350 cm lang, die mit dem Füllventil an der rechten Seitenwand bzw. an der rechten Seite der Kofferraumrückwand verbunden sind. Außerdem sind Hinterfedern für höhere Beanspruchung eingebaut.
Das Füllventil entspricht einem Reifenventil, somit läßt sich die Anlage beispielsweise an der Tankstelle aufpumpen.
□ Die Wagenstandshöhenregulierung soll bei entladenem Fahrzeug mit einem Druck von 0,8 bar befüllt sein. Dieser Grundwert darf niemals unterschritten werden.

Der zu den Arbeiten an der Vorderachse benötigte Ausdrücker sollte das hier angezeigte Maß von 14 mm nicht überschreiten.

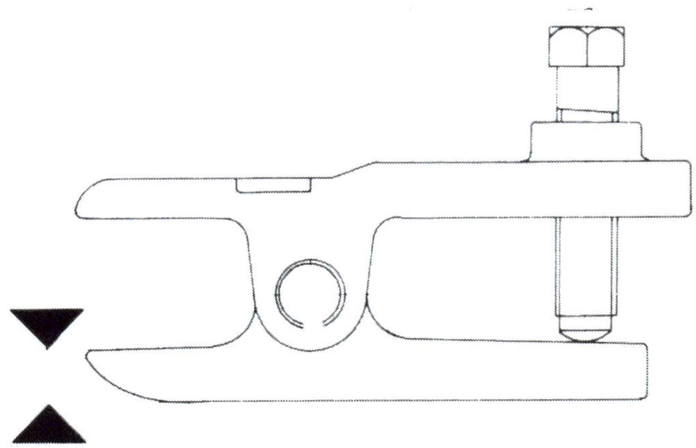

☐ Bei voll beladenem Wagen ist die Anlage mit wenigstens 3 bar zu befüllen, 5 bar sollen nicht überschritten werden.
☐ Mit erhöhtem Druck aus Sicherheitsgründen nicht im Leerzustand fahren.
Zur genauen Befüllung:
■ Vor dem Beladen den mit 0,8 bar befüllten Wagen auf ebenen Boden stellen.
■ Abstand zwischen Boden und hinterem Stoßfänger messen. Von diesem Wert 5 cm abziehen und das errechnete Maß merken.
■ Wagen beladen. Senkt sich dabei das Heck und das gemerkte Maß wird unterschritten, den Druck erhöhen, bis dieses Maß wieder erreicht wird.

Störungen an der Wagenstandshöhenregulierung

Wenn der aufgepumpte Druck mit der Zeit auffällig nachläßt:
■ Zuerst das Füllventil prüfen und eventuell neuen Ventileinsatz einschrauben.
■ Anschlüsse der Druckleitungen am Füllventil und an den Stoßdämpfern auf Dichtheit prüfen. Dazu Wasser oder Glyzerin an den Anschlüssen aufbringen und Blasenbildung abwarten. Auf mögliche Zischgeräusche achten.
■ Lockere Anschlüsse etwas fester anziehen, besser mit neuen Dichtungen versehen.
■ Stoßdämpfer in der Werkstatt prüfen lassen.

Haltestellen

Da die aufeinander reibenden Teile der Bremsanlage dem Verschleiß unterworfen sind, verlangen sie regelmäßig nach Kontrolle und Wartung. Dem verantwortungsbewußten Fahrzeugbesitzer soll dieses Kapitel helfen, die Bremsanlage in bester Ordnung zu halten.

Eigenarbeiten an der Bremse

Bei einer so wichtigen Einrichtung wie den Bremsen kann keine Kontrolle zu viel sein! Wenn Sie also in diesem Bereich zwischendurch mal nach dem Rechten sehen, haben Sie Ihre Wartungsaufgaben sicher besser erfüllt, als derjenige, der seinen Wagen nur alle 15 000 km zur Wartung bringt. Denn gerade vor einer Urlaubsfahrt oder bei schon älteren Fahrzeugen sind verstärkte Kontrollen ratsam.
Andererseits erfordern Reparaturen im Bereich Bremsen ein erhöhtes Verantwortungsbewußtsein. Mit unserem Bremsenkapitel haben wir dem Selbstpfleger die Möglichkeit gegeben, z. B. auch Arbeiten an der Bremshydraulik durchzuführen. In solchen Fällen muß jeder Bastler für sich entscheiden, ob sein Kenntnisstand für eine verantwortungsvolle Ausführung dieser Arbeiten ausreicht.

So funktioniert die Bremse

- ☐ Wenn Sie auf das Bremspedal treten, preßt eine mit dem Pedal verbundene Druckstange zwei hintereinanderliegende Kolben in den Hauptbremszylinder (im Motorraum).
- ☐ Die Kolben verdrängen die dort eingeschlossene Bremsflüssigkeit. Dieser so entstehende hydraulische Druck in der Bremsanlage wird über Rohr- und Schlauchleitungen zu den Radzylindern weitergeleitet.
- ☐ In diesen drücken Kolben die Bremsklötze gegen die Bremsscheiben bzw. an den Hinterrädern die Bremsbacken gegen die Bremstrommeln.
- ☐ Der Flüssigkeitsdruck wird an die Radbremszylinder in zwei voneinander unabhängigen Leitungssystemen (Bremskreisen) übertragen, und zwar für je ein Vorderrad und das gegenüberliegende Hinterrad (diagonal aufgeteilte Zweikreisbremse).
- ☐ Falls ein Bremskreis ausfallen sollte, bleiben so ein Vorderrad und das Hinterrad auf der anderen Seite bremsfähig. Mit dem ungebremsten Vorderrad kann man noch lenken, und das ungebremste Hinterrad hält das Heck in der Spur.
- ☐ Die Handbremse wirkt über Seilzüge auf die Hinterräder.

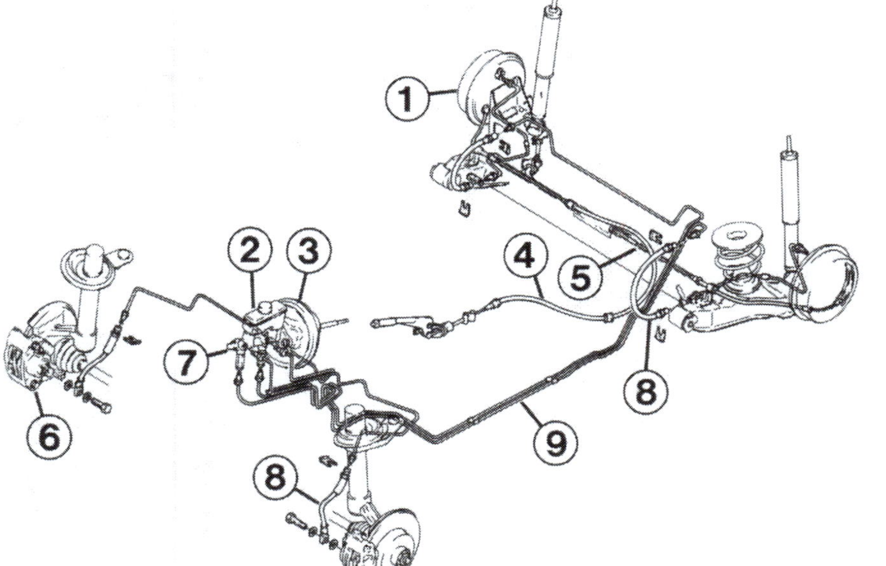

Die gesamte Bremsanlage ist hier in einem Blick zu übersehen. Bezeichnet sind: 1 – Trommelbremse hinten; 2 – Bremsflüssigkeitsbehälter; 3 – Servobremse; 4 – langes Bremsseil (Handbremse); 5 – kurzes Bremsseil (Handbremse); 6 – Scheibenbremse vorn; 7 – Hauptbremszylinder; 8 – Bremsschlauch; 9 – Bremsleitung.

Fingerzeig: *Bei Ausfall eines Bremskreises müssen Sie wesentlich stärker auf das Bremspedal treten (bei gleichzeitig längerem Pedalweg), um die übliche Bremswirkung zu erreichen. Außerdem wird der Anhalteweg länger.*

Die Bremsflüssigkeit

Die Flüssigkeit in den Bremsleitungen und Bremszylindern ist eine Mischung aus Glykol, Polyglykoläther und ein paar weiteren Bestandteilen. Diese gelbliche – übrigens giftige und gegen Autolack aggressive – Flüssigkeit greift die Metall- und Gummiteile nicht an. Sie bleibt selbst bei –40° C noch ausreichend dünnflüssig, und sie hat trotz ihrer Dünnflüssigkeit den extrem hohen Siedepunkt von ca. 260° C.
Aber die Bremsflüssigkeit hat auch eine sehr unangenehme Eigenschaft: Sie nimmt gern Wasser auf, sie ist »hygroskopisch«. Und das Wasser kann tatsächlich – z. B. über die Luftfeuchtigkeit – in die Bremsflüssigkeit gelangen: Über den Ausgleichsbehälter sowie durch mikroskopische Undichtigkeiten an den Bremsschläuchen und Gummimanschetten. Solche Wasseraufnahme führt nicht nur zu Korrosion an den Metallteilen der Anlage, sondern bewirkt ein rapides Absinken des Siedepunkts. Bei nur 2,5% Wassergehalt liegt der Siedepunkt nur noch bei 150° C.
Das ist bei starker Belastung der Bremsen gefährlich, weil sie sich dann sehr stark aufheizen. In der Nähe der erhitzten Bremsen können sich Dampfblasen in der Hydraulikflüssigkeit bilden. Die lassen sich zusammenpressen – das Bremspedal kann tief durchgetreten werden; manchmal tritt man sogar ins Leere! In diesem Fall kann bisweilen noch schnelles Pumpen mit dem Bremspedal helfen. Besonders gefährlich ist dieser Effekt nach dem Abstellen des Wagens nach starker Bremsbeanspruchung. Mangels Fahrtwind heizt sich die Bremsenumgebung noch stärker auf; die höchste Temperatur herrscht nach etwa 15 Minuten Standzeit. Erst nach etwa einer halben Stunde ist wieder die normale Bremsflüssigkeitstemperatur erreicht.
Vorbeugend schreibt der Wartungsplan daher den Wechsel der Bremsflüssigkeit alle zwei Jahre vor (siehe Seite 161).
Bremsflüssigkeit muß der Sicherheitsnorm DOT 4 entsprechen. Alle so bezeichneten Flüssigkeiten können miteinander gemischt werden. Opel verwendet Bremsflüssigkeit von ATE und Lockheed.

Bremsflüssigkeitsstand prüfen

Ständige Kontrolle

Links hinten im Motorraum, direkt auf dem Hauptbremszylinder, sitzt der Bremsflüssigkeitsbehälter (siehe Bild unten). Im weißlich durchscheinenden Behälter soll die Bremsflüssigkeit zwischen den Markierungen »MIN« und »MAX« stehen. Ist der Flüssigkeitsstand auffallend gesunken – was bei Sonderausstattung auch durch eine Warnleuchte am Armaturenbrett angezeigt wird –, muß die Bremsanlage auf undichte Stellen kontrolliert werden, siehe übernächster Abschnitt.
Bedingt durch die vorderen Scheibenbremsen sinkt der Flüssigkeitsstand aber auch bei völlig intakter Bremsanlage mit zunehmender Kilometerleistung. Denn die im Durchmesser verhältnismäßig großen Kolben der Scheibenbrems-Radzylinder wandern mit den verschleißenden Belägen weiter heraus, und mehr Flüssigkeit fließt nach. Ein gewisses, langsames Absinken der Bremsflüssigkeit muß also nicht unbedingt alarmierend sein.
Wenn Sie wissen, wie hoch die Bremsflüssigkeit bei neuen und abgenutzten Scheibenbrems-

Der Stand der Bremsflüssigkeit muß sich immer zwischen den beiden Markierungen am Bremsflüssigkeitsbehälter abzeichnen. Zu hohe Befüllung ist falsch, da der Behälter bei rückströmender Bremsflüssigkeit (bei heißen Bremsen möglich) überläuft, was zu Verätzungen des benachbarten Motorraums führt. Plötzlicher Mangel von Bremsflüssigkeit ist sofort zu ergründen. Es darf nur Original-Bremsflüssigkeit verwendet werden.

belägen steht, läßt sich am Niveau der hydraulischen Flüssigkeit sogar ablesen, wie weit die Beläge abgenutzt sind. Werden neue Scheibenbremsbeläge eingesetzt, müssen die Kolben in den Bremssätteln zurückgedrückt werden, wodurch der Flüssigkeitsstand im Behälter wieder ansteigt. Wurde unnötigerweise bei abgefahrenen Belägen Bremsflüssigkeit aufgefüllt, kann diese beim Zurückdrücken der Kolben durch die Belüftungslöcher im aufgeschraubten Deckel austreten.

Bremsen kontrollieren

Wartung Nr. 19

■ Zuerst eine Vollbremsung bei Schrittgeschwindigkeit.
■ Am Gummiabrieb auf der Straße sehen Sie bei gleich langen Spuren, daß die Bremsen gleichmäßig ziehen.
■ Gleiche Prüfung (bei Schrittgeschwindigkeit!) mit der Handbremse.
■ Für die Bremsenprüfung bei höheren Geschwindigkeiten brauchen Sie eine ebene Strecke.
■ Nun aus etwa 50 km/h bei losgelassenem Lenkrad, aber mit griffbereiten Händen zuerst sanft und dann scharf bis zum Stillstand abbremsen.
■ Zieht der Wagen etwa nach links, ist eine der rechten Radbremsen nicht in Ordnung. Das Auto zieht in Richtung des stärker gebremsten Rades. Ursachen siehe Störungsbeistand auf Seite 165.
■ Lassen Sie den Opel ein schwaches Gefälle hinunterrollen, um festzustellen, ob die Räder leichtgängig sind.
■ Nach der Probefahrt machen Sie die Handprobe:
■ Ist eine Felge auf der einen Wagenseite wärmer als auf der anderen Seite?
■ Ursachen siehe Störungsbeistand.

Bremsleitungen und -schläuche prüfen

Wartung Nr. 12

Zur Kontrolle muß die Wagenunterseite trocken sein, damit Sie undichte Stellen erkennen können. Bremsflüssigkeit kriecht auch unter Schmutz. Feuchtdunkle Stellen oder schwarzer Schmutz lassen eine Undichtigkeit vermuten.

■ Kontrollieren Sie sämtliche Anschluß- und Verbindungsstellen; auch die Bremssättel und die Bremsankerplatten, hinter denen die Radbremszylinder sitzen.
■ Die Bremsschläuche dürfen weder feucht noch aufgequollen oder angescheuert sein. Sonst auswechseln, siehe Seite 160.
■ Die Bremsleitungen sind zum Schutz gegen Rost verzinkt. Wird diese Schutzschicht beschädigt, kann es zu Rostansatz kommen. Deshalb die Leitungen nie mit Schraubenzieher, Schmirgelleinen oder Drahtbürste säubern, sondern Kaltreiniger nehmen.
■ Ist die Verzinkung beschädigt, kann eine Rostschutzgrundierung dünn aufgestrichen werden.
■ Leitungen mit Rostnarben und solche, die plattgedrückt sind, müssen ersetzt werden.
■ Sind Schutzkappen auf allen Entlüftungsventilen? Sie sitzen an den Bremssätteln bzw. innen an den Bremsankerblechen.
■ Die Bremsdruckprobe können Sie provisorisch selbst machen:
■ Treten Sie mit voller Kraft aufs Bremspedal.
■ Es darf auch nach einigen Minuten der vollen Belastung nicht nachgeben, sonst ist eine Manschette im Hauptbremszylinder defekt.
■ Durch die undichte Manschette sinkt der Flüssigkeitsstand im Behälter nicht, sondern die unter Druck gesetzte Flüssigkeit mogelt sich an einem Kolben des Hauptbremszylinders vorbei auf die drucklose Seite.
■ Undichte Stellen an den Kolbenmanschetten lassen sich allerdings nur bei einer genauen Druckprüfung in der Werkstatt ermitteln.

Die Scheibenbremsen

Zusammen mit jedem Vorderrad dreht sich eine Stahlscheibe frei im Luftstrom. Sogenannte Bremssättel umfassen sattelförmig die Scheiben und beim Tritt aufs Bremspedal drücken Kolben die Bremsbeläge gegen die Scheiben – es wird gebremst. Durch den Fahrtwind werden die Scheibenbremsen ständig gekühlt.

Vorteile der Scheibenbremsen

Scheibenbremsen lassen sich besser kühlen, weil Scheiben und Beläge offen im Luftstrom des Fahrtwinds liegen. Deswegen sind sie standfester – bei mehrmaligen Vollbremsungen oder bei anhaltendem Bremsen bergab läßt die Bremswirkung nicht nach (kein »Fading«). Zudem ist die Bremswirkung einer Achse gleichmäßiger als bei Trommelbremsen. Der Belagabrieb wird gleich weggeblasen und außerdem stellen sich Scheibenbremsen selbst nach. Den verschleißenden Bremsbelag schieben die Bremskolben jeweils so weit nach, daß er nur Bruchteile von Millimetern von der Bremsscheibe entfernt ist.

Teile der Scheibenbremse:
1 – Bremssattel;
2 – Spannfeder;
3 – Bremsbeläge;
4 – Haltestift;
5 – Abdeckblech;
6 – Radnabe;
7 – Bremsscheibe.

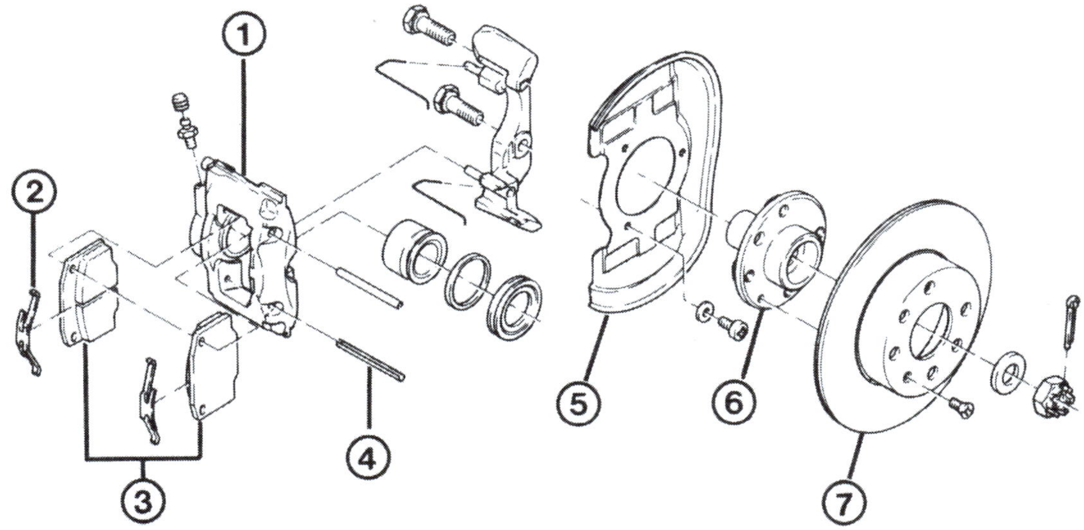

Nachteile der Scheibenbremsen

Die Scheibenbremsbeläge verschleißen wegen ihrer relativ kleinen Oberfläche leider sehr schnell – wesentlich schneller als bei den hinteren Trommelbremsen. Einen weiteren Minuspunkt stellt die Tatsache dar, daß Scheibenbremsen – im Gegensatz zu Trommelbremsen – keine selbstverstärkende Wirkung besitzen. Andererseits ist wegen des Bremskraftverstärkers Vorsicht geboten, wenn diese Bremskraftunterstützung ausfällt (etwa beim Abschleppen). Dann erhöhten sich die Pedalkräfte wesentlich.
Durch die relativ offene Bauweise können zwischen Beläge und Scheibe Fremdkörper eindringen (Sand oder kleine Steinchen). Das kann zu lästiger Quietscherei führen. Abhilfe bringt manchmal, bei leicht getretener Bremse rückwärts zu fahren, wodurch der Quietschgeist ins Freie befördert wird. Sonst muß man die Beläge säubern oder auswechseln. Quietschgeräusche entstehen aber auch durch Schwingungen, die beim Bremsen durch die Reibung zwischen der rotierenden Bremsscheibe und den feststehenden Belägen ausgelöst werden.
Bei Dauerregen wird die offene Bremsscheibe kräftig geduscht, weshalb die Bremswirkung einen Sekundenbruchteil verspätet einsetzt – die Feuchtigkeit zwischen Bremsklötzen und -scheiben muß erst zum Verdampfen gebracht werden. In streusalzreichen Wintern tritt diese Erscheinung verstärkt auf, wenn die auf Belägen und -scheiben sitzende Salzschicht beim Bremsen erst abgeschliffen werden muß.

Stärke der Scheibenbremsbeläge messen

Wartung Nr. 11

Es können Bremssättel von ATE oder GMF eingebaut sein. In ihrem Aufbau unterscheiden sich diese Schwimmrahmen-Sattelbremsen kaum voneinander. Die Bezeichnung sagt aus, daß der um die Bremsscheibe sattelförmig umgreifende Bremssattel beweglich (»schwimmend«) gelagert ist. Der Bremskolben drückt den inneren Belag gegen die Bremsscheibe, wodurch der Schwimmrahmen herübergezogen und der Bremsklotz der anderen Seite ebenfalls gegen die Scheibe gepreßt wird.

■ Kontrolle auf jeder Seite bei abgebautem Rad vornehmen.
■ Der Blick in den Schacht des Bremssattels gibt keinen genauen Aufschluß über die tatsächliche Stärke der Bremsbeläge, da sie von den Spreizfedern überdeckt werden.
■ Deshalb den oberen Haltestift für die Bremsbeläge von innen nach außen mit einem passenden Dorn herausschlagen.
■ Den unteren Haltestift vorsichtiger herausschlagen und dabei die zwei Spreizfedern einzeln abnehmen.
■ Stärke der jetzt frei sichtbaren Bremsbeläge messen, eventuell einen dazu herausziehen.
■ Bei einer **Reststärke** des Bremsbelags mit Belagplatte von **7 mm** müssen alle vier Bremsbeläge der Vorderachse ersetzt werden.

Bremsbeläge erneuern

Es dürfen nur Bremsbeläge eingebaut werden, die für den Ascona freigegeben sind, sonst erlischt die ABE. Opel empfiehlt die Belagtypen Jurid 249 und Textar T 291.

■ Haltestifte und Spreizfedern ausbauen, wie im vorstehenden Abschnitt beschrieben.
■ Äußeren Bremsbelag herausziehen. Falls schwergängig, Schraubenzieher durch eine Öse des Belags stecken und heraushebeln.
■ Danach den inneren Belag herausziehen. Oft geht das leichter, nachdem man mit der flachen Hand von außen gegen den Bremssattel geschlagen hat.
■ Sitz der Beläge im Gehäuseschacht mit einer Weichmetallbürste oder mit einem Lap-

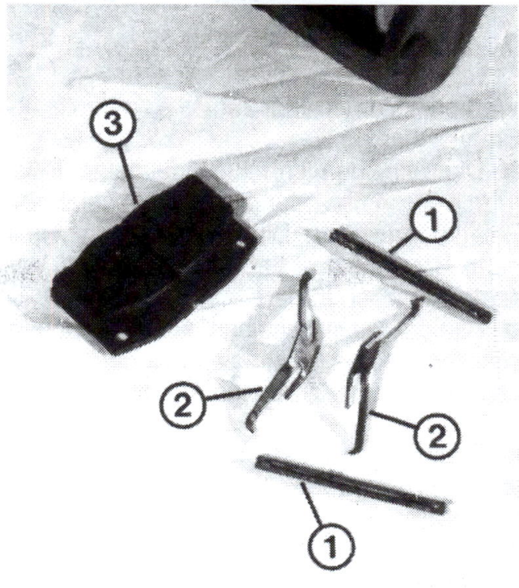

Links: Leichte Hammerschläge auf einen Dorn treiben den Haltestift heraus. Rechts: Ausgebaut sind Haltestifte (1), Spannfedern (2) und ein Bremsbelag.

pen reinigen oder mit Preßluft ausblasen. Keine mineralölhaltigen Flüssigkeiten oder scharfkantige Werkzeuge benutzen.

■ Kontrollieren, ob die Schutzkappe über dem Kolben nicht beschädigt oder spröde ist. In diesem Fall muß der Bremssattel in der Werkstatt ausgebaut werden. Für den Einbau hat man dort besondere Werkzeuge.

■ Bei der ATE-Scheibenbremse den Kolben zurückdrehen, er soll zur Anlagefläche des Bremssattels im Winkel von 20° stehen. Die Werkstatt hat dazu Kolbenrücksetzvorrichtung und Lehre. Meistens genügt es jedoch, den Kolben wie bei der GMF-Bremse zurückzudrücken.

■ Zum Zurückdrücken des Bremskolbens ein sauberes Holzbrettchen benutzen. Dabei am Bremsflüssigkeitsbehälter beobachten, ob der Flüssigkeitsstand zu hoch steigt. In diesem Fall mit einer Pipette die erforderliche Menge Flüssigkeit absaugen (Vorsicht: giftig und ätzend!)

■ Bremsbeläge einsetzen. Sie müssen sich in der Führung leicht hin- und herbewegen lassen.

■ Haltestifte von außen so einsetzen, daß ihre Spaltöffnungen zueinander gerichtet sind.

■ Spreizfedern über den Bremsbelägen anlegen und jeden Haltestift in seine gegenüberliegende Führung einschlagen.

■ Bremspedal mehrmals treten, damit die Beläge an die Bremsscheiben gepreßt werden.

■ Mit neuen Bremsbelägen auf den ersten 200 km unnötige Vollbremsungen vermeiden.

Fingerzeig: *Falls gebrauchte Bremsbeläge weiterhin benutzt und wieder eingebaut werden, müssen sie ihre vorherige Position einnehmen. Der Wechsel von der Außen- zur Innenseite oder umgekehrt oder von einem Rad zum anderen kann ungleichmäßige Bremswirkung zur Folge haben.*

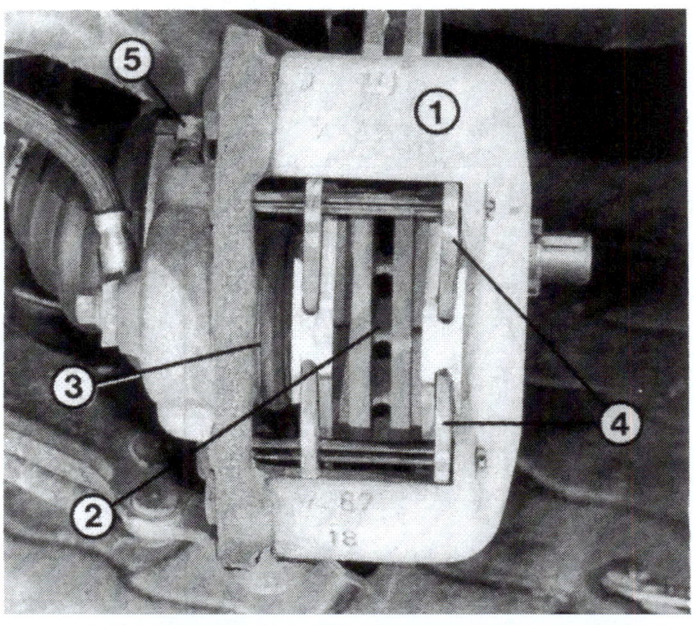

Die Ansicht der Scheibenbremse bei abgebautem Rad
1 – Bremssattel; 2 – Bremsscheibe (hier: innenbelüftet); 3 – Schutzkappe über Bremskolben; 4 – Belagplatte; 5 – Entlüftungsventil.

Bremsscheibe prüfen

Wenn die Vorderräder zur Belagkontrolle abgenommen sind, prüft man auch den Zustand der Bremsscheiben.

■ Die Scheiben dürfen keine tiefen Rillen (durch Schmutz oder zu stark abgefahrene Beläge) aufweisen. Die Riefen graben sich in neue Bremsbeläge tief ein, was deren Verschleiß deutlich fördert.

■ Riefige Bremsscheiben können nachgeschliffen werden, wenn sie nicht durch lange Laufzeit auf das zulässige **Mindestmaß** von **10,7 mm**, bei den 1,8- und 2-Liter-Motoren von **18 mm** Stärke »abgemagert« sind.

■ Zu dünne Scheiben müssen paarweise ausgetauscht werden, siehe nächsten Abschnitt.

■ Eine bläuliche Verfärbung der Bremsscheibe ist ohne Bedeutung.

Bremsscheiben ersetzen

■ Bremsbeläge ausbauen.

■ Arretierschraube für die Radnabe herausdrehen.

■ Den GMF-Bremssattel kräftig nach außen ziehen.

■ Bremsscheibe etwas verkanten und von der Radnabe abnehmen.

■ Bei Leichtmetallfelgen die Blende von der Bremsscheibe abnehmen.

■ Grundsätzlich beide Bremsscheiben ersetzen.

Die Trommelbremsen

Die hinteren Bremsen besitzen je zwei halbkreisförmige Beläge, die von zwei Kolben in dem oben sitzenden Radbremszylinder gegen die zylindrischen Bremstrommeln gedrückt werden. Diese Bauart mit einem Radzylinder für zwei Beläge nennt sich Simplexbremse.

Die Trommelbremse wirkt selbstverstärkend. Und zwar zieht sich eine Bremsbacke durch die Drehung des Rades in gewissem Maß selbsttätig an die Bremstrommel. Dadurch sind geringere Fußkräfte am Pedal notwendig. Bei Vorwärtsfahrt wirkt die vordere Bremsbacke selbstverstärkend. Sie heißt Auflauf- oder Primärbremsbacke im Gegensatz zur hinteren Ablauf- oder Sekundärbremsbacke.

Belagstärke der Trommelbremsen kontrollieren

Wartung Nr. 25

■ Wagen hinten hochbocken.

■ An der Innenseite des jeweiligen Hinterrades hinten am Bremsträgerblech den Plastikstopfen abziehen.

■ Mit Taschenlampe ins Schauloch leuchten, Belagstärke feststellen.

■ Die aufgenieteten Beläge haben bei **3 mm** Stärke ihre **Verschleißgrenze** erreicht. Das entspricht einem Überstand von 0,5 mm über dem Nietkopf. In diesem Fall die Beläge erneuern.

■ Neue Beläge sind 5 mm stark.

Trommelbremsen einstellen

Eine Einstellung muß erfolgen, wenn der Leerweg am Bremspedal größer als ca. 3 cm ist. Auch neue Bremsbeläge müssen eingestellt werden.

Bei Fahrzeugen mit automatischer Nachstellung (siehe nächsten Abschnitt) brauchen die Trommelbremsen nicht eingestellt zu werden.

■ Bei neuen Bremsbelägen das Bremspedal mehrmals kräftig treten, damit sich die Backen zentrieren bzw. zur Bremstrommel ausrichten.

■ Fahrzeug hinten aufbocken und sichern.

■ An jeder Bremsträgerplatte sitzen innen zwei Exzenter für jede Bremsbacke. Durch Drehen der Exzenter nach unten zueinander

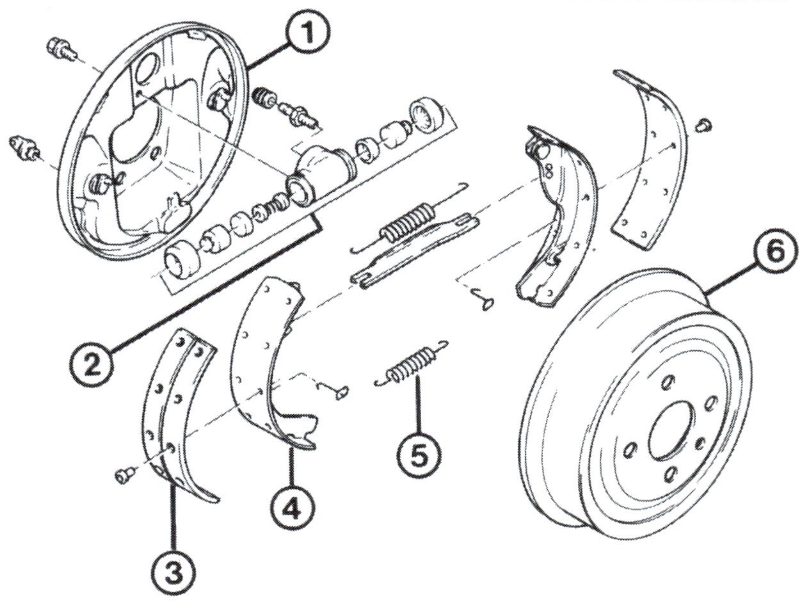

Teile der Hinterradbremse: 1 – Bremsankerplatte; 2 – Radbremszylinder; 3 – Bremsbelag; 4 – Bremsbacken; 5 – Rückzugfeder; 6 – Bremstrommel.

Die Bremstrommel ist abgenommen. Links: 1 – Handbremsseil; 2 – Bremsseilhebel; 3 – Bremsbackenlagerung. Rechts: Ohne spezielles Werkzeug läßt sich mit einem Schraubenzieher die Rückzugfeder aushängen, indem man ihn an der Radnabe abstützt.

werden die Backen an die Trommel gedrückt.

■ Mit 17-mm-Ringschlüssel den einen Exzenter so weit drehen, bis sich das Rad mit der Hand nur noch schwer drehen läßt.

■ Danach den Exzenter langsam zurückdrehen, bis das Rad gerade frei läuft.

■ Den anderen Exzenter ebenso einstellen.

■ Die gleiche Einstellung an der Bremse des anderen Hinterrades vornehmen.

Automatische Nachstellung

Die seit August 1983 gebauten Ascona sind mit selbstnachstellenden Trommelbremsen ausgerüstet. Für Schweden bestimmte Wagen erhielten diese Einrichtung schon früher.
Beim Betätigen der Bremse zieht wegen Entlastung der Druckstange eine seitliche Feder den Nachstellhebel nach unten. Bei Belagverschleiß dreht der Nachstellhebel das Ritzel auf der Druckstange weiter und verlängert sie dadurch. Das ergibt einen konstanten Abstand zwischen Bremsbacken und Trommel. Die beim Abbremsen entstehende Hitze und damit verbundene Wärmeausdehnung wird von einem Thermoclip an der Druckstange ausgeglichen.

Bremstrommel abnehmen

■ Arretierschraube für die Bremstrommel herausdrehen.

■ Bei nachstellbarer Bremse: Wenn sich die Trommel nicht von Hand abziehen läßt, die Nachstellexzenter zurückstellen.

■ Bei selbstnachstellender Bremse: Stopfen am Bremsträger herausnehmen und mit Schraubenzieher durch die Öffnung gegen den Handbremshebel drücken, wobei sich die Rückholfeder zurückzieht.

■ Festsitzende Trommel auf dem Zentrierbund der Radnabe mit Kunststoffhammer lösen.

■ Vor Aufsetzen der Trommel den Bund der Hinterradnabe dünn mit Wälzlagerfett bestreichen.

■ Nach Montage der Trommel Hinterradbremse einstellen.

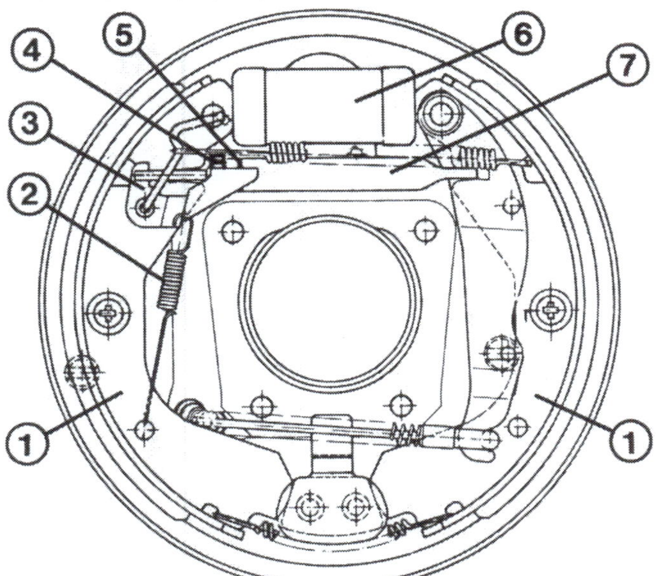

Trommelbremse mit automatischer Nachstellung. Zu sehen sind: 1 – Bremsbacken; 2 – Feder des Nachstellhebels; 3 – Nachstellhebel; 4 – Ritzel auf Druckstange; 5 – Thermoclip; 6 – Radbremszylinder; 7 – Druckstange.

Die automatische Nachstellung funktioniert so: Beim Betätigen der Fußbremse werden die Bremsbacken nach außen an die Trommel gedrückt. Die dabei erfolgte Bewegung des auf- und ablaufenden Bremsbackensteges wird über den Nachstellhebel an dem Ritzel in eine Drehbewegung umgesetzt. Der Nachstellhebel in Richtung (1) gezogen, dreht um den Lagerpunkt (2) und bewirkt mit dem Schaufelende die Verdrehung des Ritzels auf der Druckstange. Dieser Vorgang erfolgt jedoch nur, wenn ein entsprechender Belagverschleiß vorliegt. Um eine Nachstellung aufgrund von Wärmedehnung (z. B. Talfahrt) der Bremstrommel zu verhindern, befindet sich zwischen der Druckhülse und der Druckstange ein Thermoclip (3), der eine automatische Angleichung an das Erwärmungsspiel bewirkt. Durch die Erwärmung dieses Temperaturkompensators erfolgt durch dessen Spreizung eine vorübergehende Verlängerung der Druckstange. Mit diesem Ausgleich kann die Nachstellung mittels Nachstellhebel unterbunden werden. Nach der Abkühlung von Bremse und Thermoclip stellt sich das normale Spiel zwischen Bremsbacke und Bremstrommel wieder ein.

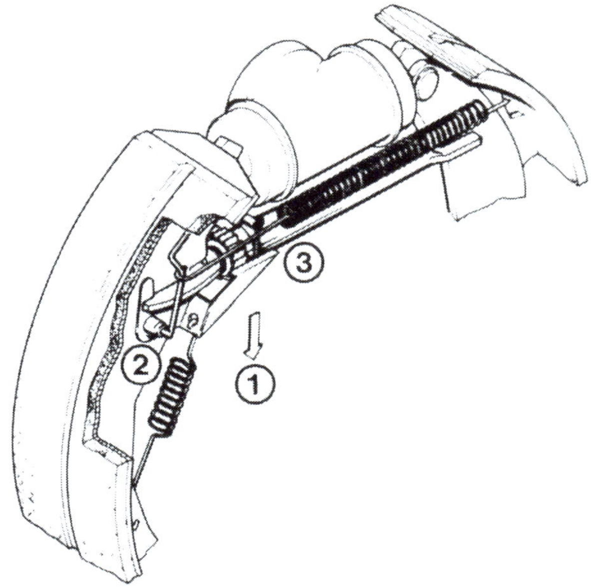

Bremstrommel prüfen

■ Bremstrommel mit der Hand prüfen. Riefen bis 0,4 mm sind zulässig.
■ Bremstrommel mit starken Riefen ausdrehen lassen.
■ Innendurchmesser der neuen Trommel: 200 mm, zulässiger Durchmesser nach dem Feinstdrehen 201 mm.
■ Danach Bremsbeläge mit Übermaß 5,6 mm einbauen.

Bremsbacken aus- und einbauen

■ Bremstrommel ausbauen.
■ Rückzugfeder für die Bremsbacken aushängen.
■ Bremsbacken-Halteklammer mit einer Zange zusammendrücken, in die Bohrung der Bremsträgerplatte einsetzen und ganz durch die Bohrung drücken.
■ Bremsbacken nach außen drücken und die Druckstange abnehmen.
■ Bei selbstnachstellender Bremse die Haltestange für den Nachstellhebel herausziehen und diesen mit der Feder abnehmen.
■ Untere Bremsbackenfeder aushängen.
■ Handbremsseil am Handbremshebel aushängen.
■ Beide Bremsbacken entnehmen.
■ Bei selbstnachstellender Bremse Ritzel und Nachstellhebel auf Gängigkeit prüfen, eventuell reinigen.
■ Gewinde der Druckstange fetten.
■ Bremsbacken mit Anlage am Kolben des Radbremszylinders einsetzen.
■ Neue Bremsbacken-Halteklammern verwenden.
■ Beim Zusammenbau das Handbremsseil in die Bremsbacke mit Backenhebel einsetzen.
■ Druckstange einsetzen, untere Backenfeder einhängen.
■ Bei selbstnachstellender Bremse den Nachstellhebel einsetzen, mit Haltestange sichern und Feder einhängen.
■ Bremsbacken-Rückzugfeder einhängen.
■ Handbremsseil am Wagenboden so einstellen, daß der Handbremshebel gerade noch nicht vom Anschlag am Backensteg abhebt.
■ Bremstrommel montieren. Bei selbst-

Die Trommelbremse mit automatischer Nachstellung (siehe Bild oben) verfügt natürlich über die üblichen Bauteile: 1 – Bremsankerplatte; 2 – Radträger; 3 – Radbremszylinder; 4 – Manschette über Bremskolben; 5 – Bremsbacke mit aufgenietetem Belag.

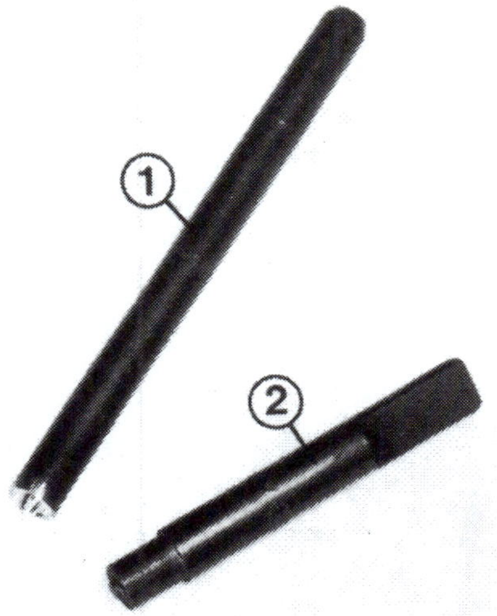

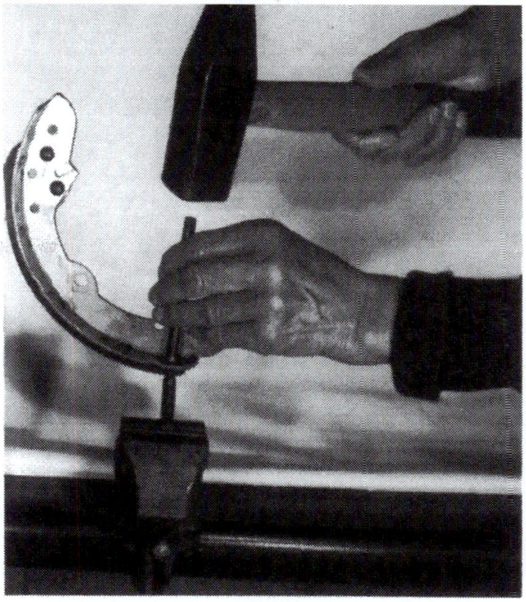

Links: Ein Handnietwerkzeug, bestehend aus Oberteil (1) und Unterteil (2), ist das beste Hilfsmittel zum Aufnieten der hinteren Trommelbremsbeläge. Rechts: Das Unterteil ist im Schraubstock eingespannt, das Oberteil bekommt einen Hammerschlag verpaßt, wodurch der Niet umgebördelt wird. Bremsbacke und Belag sollten von einem Helfer gehalten werden.

nachstellender Bremse mit Fühlerlehre das Spiel zwischen Belag und Trommel messen: Sollwert auf jeder Seite 0,2 mm, der durch Drehen des Nachstellritzels erreicht wird.

■ Abschließend Fußbremse und Handbremse einstellen.

Bremsbacken neu belegen

5 mm starke Beläge können nach dem Aufnieten sofort eingebaut werden. Beläge mit 5,6 mm Übermaß müssen nach dem Aufnieten mit einer Belagschleifmaschine auf das Maß der feinstgedrehten Bremstrommel geschliffen werden, wobei der Radius der Beläge 0,2 mm kleiner als der Trommelradius sein soll. Grundsätzlich müssen alle Beläge der Hinterachse gleichzeitig erneuert werden.

Sie können die Beläge selbst aufnieten. Zur fachgerechten Arbeit gehört ein zweiteiliges Handnietwerkzeug, z. B. von Jurid.

■ Bremsbacken ausbauen.

■ Nietköpfe wegbohren, nicht dabei die Bremsbacke durchbohren.

■ Angebohrte Nieten mit einem Durchschlag entfernen, alten Belag abnehmen.

■ Auflageflächen reinigen, keinen Klebstoff zwischen Bremsbacken und Bremsbelag auftragen.

■ Unterteil des Nietwerkzeugs in den Schraubstock einspannen.

■ Ersten Niet in eines der mittleren Löcher im Belag einsetzen. Bremsbacke mit auflegen und Niet durchdrücken. Komplette Bremsbacke jetzt mit dem Belag nach unten am Niet auf den Dorn halten.

■ Ein Helfer muß nun mit Hammer und Nietwerkzeug den überstehenden Niet an der Rückseite der Bremsbacke umbördeln.

■ Aus der Mitte des Belags beginnend die restlichen Nieten einsetzen.

■ Außenkanten der Beläge mit einer Feile abrunden.

Bremszylinder der Trommelbremse aus- und einbauen

■ Bremstrommel ausbauen.

■ Bremsbacken-Rückzugfeder aushängen.

■ Bremsbacken etwas nach außen drücken.

■ Anschluß der Bremsleitung am Bremszylinder säubern und abschrauben sowie mit einem Stopfen verschließen.

■ Bremszylinder von der Bremsankerplatte abschrauben.

■ Diese Befestigungsschrauben beim Einbau mit 9 Nm festziehen.

■ Bremsleitung am Bremszylinder vorsichtig einschrauben.

■ Nach der Montage die Bremsanlage entlüften (siehe Seite 161) und Hinterradbremse einstellen (Seite 156).

Arbeiten an der Bremshydraulik

Arbeitstips

□ Bremsflüssigkeit ist giftig. Nicht mit dem Mund in Berührung bringen.

□ Bremsflüssigkeit greift den Fahrzeuglack an. Deshalb keine bremsflüssigkeitsgetränkten Lappen oder verschmierten Werkzeuge auf die Lackierung legen.

□ Beim Lösen eines Bremsschlauchs oder einer Bremsleitung läuft nach und nach der Bremsflüssigkeits-Vorratsbehälter leer. Das verhindern Sie mit einer Blindverschraubung, mit der Sie den Bremsflüssigkeitsbehälter luftdicht verschließen können (Opel-Nr. 03.9302-0784.2/02).

□ Nach Arbeiten an der Bremshydraulik muß grundsätzlich entlüftet werden (folgende Seite). Oft genügt es, nur den Bremskreis, an dem gearbeitet wurde, zu entlüften.

Die Bremsschläuche dürfen nicht verdreht verlegt und befestigt sein. Das linke Bild zeigt einen vorderen, das rechte einen hinteren Bremsschlauch.
1 – Bremsschlauch (bei den Vorderrädern verstärkt);
2 – Bremsleitung;
3 – Halter; 4 – Sicherungsblech.

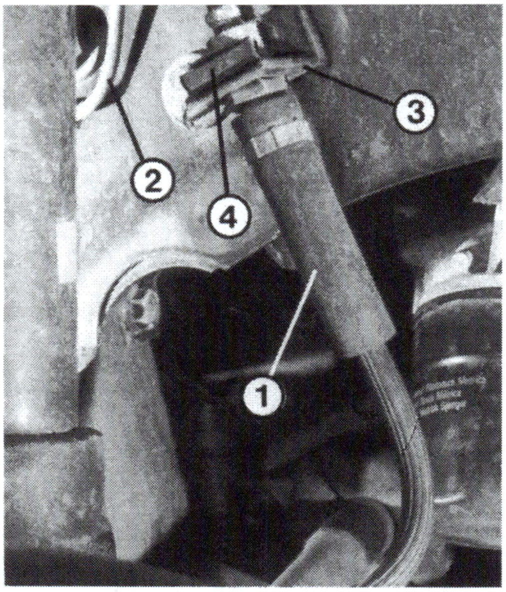

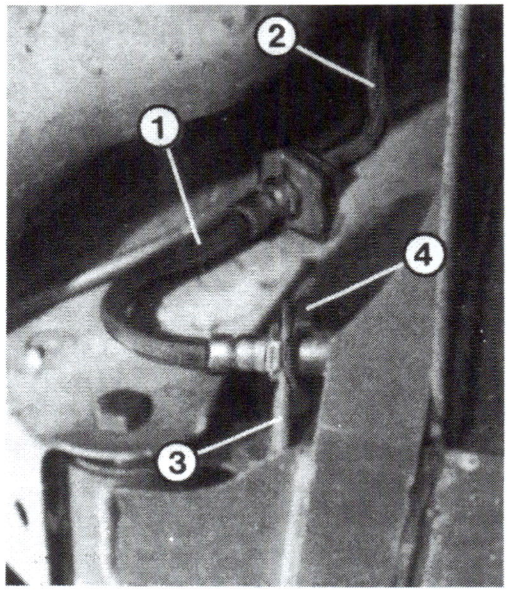

Bremsschlauch ersetzen

■ **Vorn:** Überwurfmutter für die Bremsleitung am Bremsschlauch abschrauben, dabei das Anschlußstück des Schlauches gegenhalten.

■ Bremsleitung mit einem Stopfen verschließen.

■ Sicherungsblech entfernen und den Schlauch aus dem Halter nehmen.

■ Hohlschraube aus dem Bremssattel herausdrehen, Dichtringe und Bremsschlauch abnehmen.

■ Beim Einbau neue Dichtringe verwenden.

■ Schlauch im Halter so einsetzen, daß die abgeflachten Flächen zueinander gerichtet sind.

■ **Hinten:** Beide Überwurfmuttern von den Anschlüssen des Bremsschlauches abschrauben.

■ Sicherungsbleche mit einer Zange entfernen.

■ Bremsschlauch aus dem Halter herausnehmen.

■ Neuen Schlauch, ohne ihn zu verdrehen, mit der abgeflachten Seite in die Abflachung des Halters einsetzen.

■ Sicherungsbleche montieren und Überwurfmuttern festziehen.

Bremsleitung ersetzen

Bremsleitungen mit Überwurfmuttern hat der Opel-Service in den erforderlichen Längen auf Lager. Wenn nicht, müssen Bremsleitungsrohr mit 4,75 mm Durchmesser und Überwurfmuttern besorgt werden. Das Rohr ist passend zu schneiden, die Enden sind für die Muttern mit Doppelbördelwerkzeug umzubördeln. Das neue Rohr wird nach dem Muster der alten Leitung gebogen. Um Scheuerstellen zu vermeiden, soll die Bremsleitung nicht zwischen elektrischen Leitungen verlegt werden.

■ Überwurfmutter der Bremsleitung losdrehen. Hierzu Gegenverschraubung – z. B. an einem Bremsschlauch – festhalten.

■ Ist die Mutter auf der Leitung angerostet, wodurch sich diese mitdreht, muß die Leitung in jedem Fall erneuert werden. Die dünnwandigen Rohre knicken schnell ab.

■ Zum Lösen der Leitungsanschlüsse kann

Bremse entlüften: Hier ist an der vorderen Scheibenbremse die Entlüftungsschraube mit einem Schraubenschlüssel geöffnet. Auf das Entlüftungsventil (1) wurde der Entlüftungsschlauch (2) geschoben. Mit seinem anderen Ende liegt dieser in einem mit Bremsflüssigkeit teilweise gefüllten Glasgefäß (3), so daß man das Aufsteigen herausgepreßter Luftblasen beobachten kann. Steigen keine Blasen mehr auf, ist diese Bremse entlüftet und das Entlüfterventil wird geschlossen. Schutzkappe wieder auf das Ventil setzen.

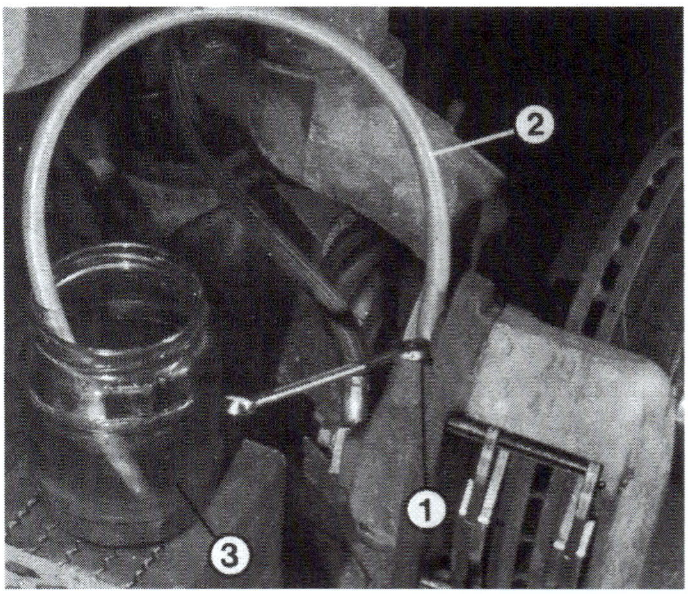

folgender Trick weiterhelfen, wenn das betreffende Leitungsstück ohnehin ausgewechselt werden soll:

■ Bremsleitung nahe der Verschraubung absägen, Überwurfmutter mit einer Sechskantnuß losdrehen.

■ Muß eine neue Leitung noch etwas zurechtgebogen werden, darf dies nur in einem großen Radius geschehen. Andernfalls knickt das dünne Rohr ab.

■ Innenseite des Bogens beim Biegen mit dem Daumen unterstützen. So können Sie sich langsam dem Radius entlang arbeiten.

■ Evtl. vorhandene Schutzschläuche der Leitungen nicht vergessen.

■ Bremsleitungen in ihren Abstandshaltern verlegen.

■ Bremsanlage entlüften.

Bremssattel aus- und einbauen

■ Bremsschlauch vom Bremssattel abschrauben: Hohlschraube herausdrehen und den Schlauch mit einem Stopfen verschließen.

■ Beim **ATE-Bremssattel** beide Befestigungsschrauben herausdrehen.

■ Bremssattel abnehmen.

■ Zum Einbau neue Dichtringe verwenden und den Bremsschlauch nicht verdrehen.

■ Beim **GMF-Bremssattel** den Metallring der Schutzkappen über den Befestigungsschrauben vom Sitz am Bremssattel anheben.

■ Schutzkappen mit einem Schraubenzieher abhebeln.

■ Beide Befestigungsschrauben herausdrehen und den Bremssattel abnehmen.

■ Zum Einbau neue Dichtringe zwischen Bremsschlauch und Anschluß am Bremssattel einsetzen.

■ Neue Schutzkappen mit passenden Einschlaghülsen bis zum Anschlag montieren. Bei Opel gibt es dazu die Werkzeuge KM 404-1 und 404-3. Die Kappen nicht beschädigen, es soll sich ein Luftpolster unter ihnen bilden.

■ Nach dem Einbau die Bremsanlage entlüften und den Anschluß des Bremsschlauches auf Dichtheit prüfen.

Bremsanlage entlüften

Wenn sich das Bremspedal federnd durchtreten läßt und sich der gewohnte Pedalweg erst nach mehrmaligem »Pumpen« einstellt, ist Luft in die Bremsanlage eingedrungen. Es liegt also eine Undichtigkeit vor (siehe Seite 153). Defekt suchen und reparieren. Es ist in diesem Fall nicht damit getan, einfach zu entlüften. Entlüftet werden muß ferner nach Reparaturen an der Bremshydraulik, wenn Luft in Bremszylinder und Leitungen eingedrungen ist:

■ Bremsflüssigkeits-Vorratsbehälter ganz mit frischer Bremsflüssigkeit auffüllen und auch während des Entlüftens immer dafür sorgen, daß er rechtzeitig vor Absinken des Spiegels mit frischer Flüssigkeit nachgefüllt wird. Sonst wird wieder Luft angesaugt.

■ Staubkappe vom Entlüftungsventil nehmen (Arbeitsreihenfolge: hinten rechts; hinten links; vorn rechts; vorn links) und das Entlüftungsventil (SW 9) um ½ bis 1 Umdrehungen öffnen.

■ Durchsichtigen Schlauch (wie von der Scheibenwaschanlage) über das saubergeriebene Ventil schieben und das freie Schlauchende in ein teilweise mit Bremsflüssigkeit gefülltes Gefäß stecken.

■ Von Helfer das Bremspedal so lange langsam niedertreten und wieder zurückkommen lassen, bis im Schlauch keine Luftbläschen mehr sichtbar sind. (Bei stark entleerter Hydraulik zwei Entlüftungsdurchgänge am Wagen machen.) So wird Bremsflüssigkeit – und natürlich auch Luft – durch das Entlüftungsventil gepumpt.

■ Kommen keine Luftbläschen mehr, muß der Helfer das Bremspedal in der tiefsten Stellung halten, während Sie das Entlüftungsventil schließen.

■ An den übrigen Radbremsen auf gleiche Weise entlüften.

Bremsflüssigkeit wechseln

Wartung Nr. 21

Wie schon zu Beginn des Kapitels beschrieben, setzt Wasser in der Bremsanlage den Siedepunkt der Bremsflüssigkeit herab und gefährdet dadurch die Bremswirkung bei hoher Belastung. Doch noch ein weiterer Punkt spricht für den regelmäßigen Wechsel: Das Wasser in der Bremsanlage ruft Korrosion an den Bremszylindern und -kolben hervor. Ferner wird beim Flüssigkeitswechsel auch Metallabrieb aus den Zylindern herausgespült.

Die Opel-Vorschrift zum jährlichen Wechsel ist auf hohe Beanspruchung des Wagens ausgerichtet. Wer wenig fährt, braucht nach unseren Erfahrungen die Bremsflüssigkeit nur alle zwei Jahre zu wechseln. Die Arbeit läuft ähnlich ab wie das Entlüften (siehe oben). Hier die abweichenden Punkte:

Diese Zeichnung demonstriert den Zusammenbau von: 1 – Ausgleichsbehälter/Bremsflüssigkeit; 2 – Hauptbremszylinder; 3 – Bremskraftverstärker; 4 – Bremspedal; 5 – Haltebock; 6 – Unterdruckleitung.

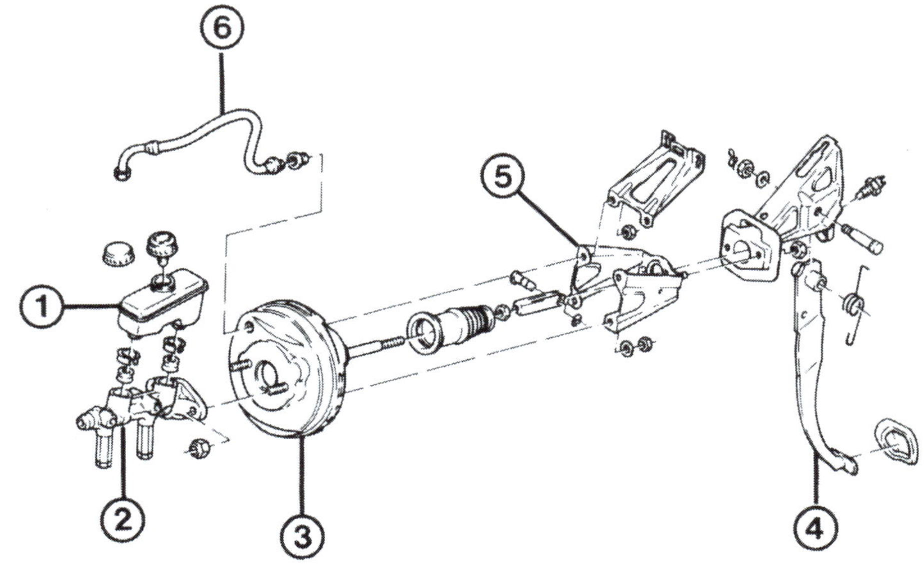

■ Wenn möglich, Vorratsbehälter der Bremsflüssigkeit mit einer alten Injektionsspritze leeren und gleich neu füllen.
■ So lange Bremsflüssigkeit durchpumpen, bis frische Bremsflüssigkeit am Entlüfterventil austritt (hellere Färbung).
■ Arbeit an den übrigen Entlüftungsventilen wiederholen.
■ Wer den Flüssigkeitswechsel nicht selbst vornimmt, kann ihn der Werkstatt überlassen, die ihn mit einem Entlüftungsgerät vornimmt.

Hauptbremszylinder aus- und einbauen

■ Bremsflüssigkeit aus dem Ausgleichsbehälter absaugen.
■ Wenn vorhanden, Kabelstecker vom Deckel abziehen.
■ Halteband für den Chokezug abnehmen.
■ Sämtliche Bremsleitungen am Hauptbremszylinder abschrauben.
■ Beide Bremskraftregler herausschrauben, aber an den Bremsleitungen lassen.
■ Verschraubungen der Verbindung Hauptzylinder/Bremskraftverstärker losdrehen, Hauptzylinder abnehmen.
■ Bei Ersatz des ATE-Hauptzylinders den Flüssigkeitsbehälter nach oben abziehen, bei der GMF-Ausführung die Sicherungen zurückdrücken und den Behälter durch Verkanten abnehmen.
■ Muttern am Bremskraftverstärker mit 18 Nm festziehen.
■ Bremskraftregler mit 40 Nm, Bremsleitungen mit 11 Nm festschrauben.
■ Bei GMF-Hauptzylinder neue Dichtungen für den Behälter einsetzen.
■ Bremsanlage entlüften, montierte Anschlüsse auf Dichtheit prüfen.

Bremskraftregler ersetzen

Die Modelle mit 1,3-Liter-Motor besitzen Bremskraftregler mit 4500 kPa Umschaltdruck, die anderen Typen mit 4000 kPa. Diese Zahlen stehen auf dem Reglergehäuse (100 kPa = 1 bar). Der hydraulische Leitungsdruck kann nur mit entsprechenden Prüfgeräten gemessen werden. Es müssen immer beide Bremskraftregler ersetzt werden.

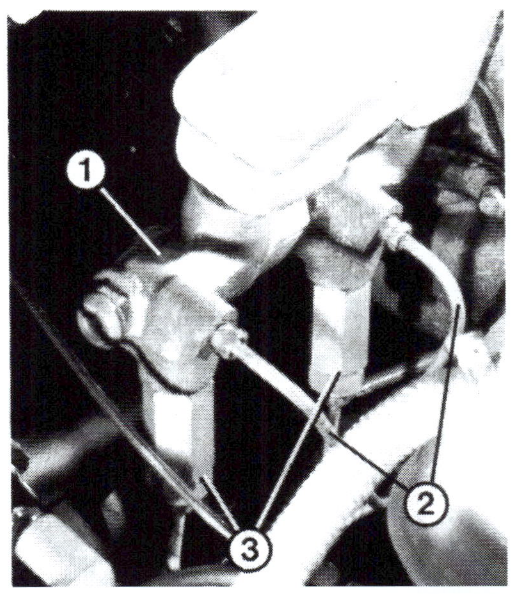

Links: 1 – Bremskraftverstärker; 2 – Hauptbremszylinder; 3 – Bremsflüssigkeitsbehälter; 4 – Rückschlagventil, es darf nicht verkehrt herum im Unterdruckschlauch eingesetzt sein. Rechts: 1 – Hauptbremszylinder; 2 – Bremsleitungen zu den Vorderradbremsen; 3 – Bremskraftregler.

■ Deckel des Bremsflüssigkeitsbehälters durch einen Blindverschluß ersetzen (siehe Seite 159 unten).
■ Bremsleitung an jedem Bremskraftregler abschrauben.
■ Beide Bremskraftregler abschrauben.
■ Beim Einbau die im vorstehenden Abschnitt erwähnten Drehmomentwerte beachten.
■ Bremsanlage entlüften.

Der Bremskraftverstärker

Scheibenbremsen wirken nicht, wie Trommelbremsen, selbstverstärkend; es ist eine wesentlich höhere Pedalkraft vonnöten. Deshalb haben die Ascona-Modelle einen Bremskraftverstärker, der 60 % der Bremskraft aufbringt.
Diese Hilfseinrichtung sitzt links im Motorraum hinter dem Hauptbremszylinder. Das Bremspedal ist jedoch weiterhin starr mit den Bremskolben im Hauptzylinder verbunden, so daß man auch bei ausgefallenem Hilfsgerät noch bremsen kann. Der notwendige Pedaldruck muß allerdings mehr als verdoppelt werden!
Die Hilfskraft liefert der Unterdruck aus dem Ansaugrohr, der Bremskraftverstärker ist über einen Schlauch mit dem Saugrohr verbunden. Beim Bremsen verschiebt der Druckunterschied zwischen dem äußeren Luftdruck und dem Unterdruck im Ansaugrohr eine große elastische Membrane und drückt zusätzlich auf die Kolben im Hauptbremszylinder.
Wenn der Motor nicht läuft, liefert der Servo keine (zusätzliche) Bremskraft. Deswegen müssen Sie stärker aufs Pedal treten, wenn z. B. Ihr Wagen abgeschleppt wird. Bleibt der Motor unterwegs plötzlich stehen, haben Sie durch den Unterdruckspeicher noch eine Reserve für einige kurze Bremsungen – erst dann werden die Wadenmuskeln voll beansprucht.

Bremskraftverstärker prüfen

■ Bei abgestelltem Motor das Bremspedal zehnmal durchtreten und in seiner tiefsten Stellung halten.
■ Motor starten: Bei einwandfrei funktionierendem Verstärker muß das Pedal noch ein Stück nachgeben.
■ Senkt sich das Pedal nicht, kommen in Betracht: Unterdruckschlauch vom Ansaugkrümmer zum Bremskraftverstärker undicht, Rückschlagventil am Ansaugkrümmer oder Membrane des Bremskraftverstärkers defekt.
■ Zur Kontrolle des Rückschlagventils den Unterdruckschlauch zum Bremsservo am Verteilerstück beim Ansaugkrümmer abnehmen – Durchblasen darf nicht, Ansaugen muß möglich sein.
■ Beim Einbau eines neuen Ventils muß der Pfeil auf dessen Gehäuse in Richtung Ansaugkrümmer zeigen.
■ Ein defekter Bremskraftverstärker wird komplett ersetzt, Reparieren ist nicht möglich.

Bremskraftverstärker aus- und einbauen

■ Überwurfmutter zur Befestigung des Unterdruckschlauchs (oder des Rohrs) am Bremskraftverstärker abschrauben und den Schlauch abnehmen.
■ Im Fußraum die Abdeckung über den Pedalen abnehmen.
■ Heizungsschlauch abnehmen.
■ Rückzugfeder für das Bremspedal aushängen.
■ Sicherung vom Bolzen der Kolbenstange abnehmen und den Bolzen ausbauen.
■ Unten am Pedalbock zwei Muttern abschrauben, oben eine Schraube herausdrehen.
■ Zwei Muttern zur Befestigung des Hauptbremszylinders am Bremskraftverstärker abschrauben, die Bremsleitungen nicht lösen.
■ Hauptbremszylinder vom Bremskraftverstärker abziehen und etwas nach vorn drücken.
■ Halter für den Bremskraftverstärker von der Stirnwand abschrauben. Halter mit dem Bremskraftverstärker abnehmen.
■ Den Halter in einen Schraubstock spannen und die Muttern zur Befestigung des Bremskraftverstärkers abschrauben.
■ Gabelstück und Sechskantmutter von der Kolbenstange abschrauben.
■ Haltebock für den Bremskraftverstärker abschrauben.
■ Befestigungen am Haltebock und am Halter mit 18 Nm festziehen, ebenso alle Befestigungen im Fußraum.
■ Beim Einhängen des Gabelstücks in das Bremspedal das Pedal kräftig gegen den Gummipuffer drücken und das Gabelstück verkantet einsetzen.
■ Überwurfmutter für die Unterdruckleitung mit 15 Nm anziehen.
■ Nach der Montage bei stehendem Motor das Bremspedal fünfmal durchtreten. Danach muß sich am Pedal der Steuerweg des Bremskraftverstärkers von 1 mm messen lassen.
■ Andernfalls Kontermutter am Gabelstück lösen und die Kolbenstange mit einer Zange entsprechend verdrehen, danach Kontermutter festziehen.

Der Bremsseilausgleich sitzt auf dem Hinterachskörper. Zur Einstellung das Gewindestück (1) gegenhalten und die Mutter (2) entsprechend drehen. Bei Arbeiten am Seilausgleich muß der Wagen absolut sicher aufgebockt sein.

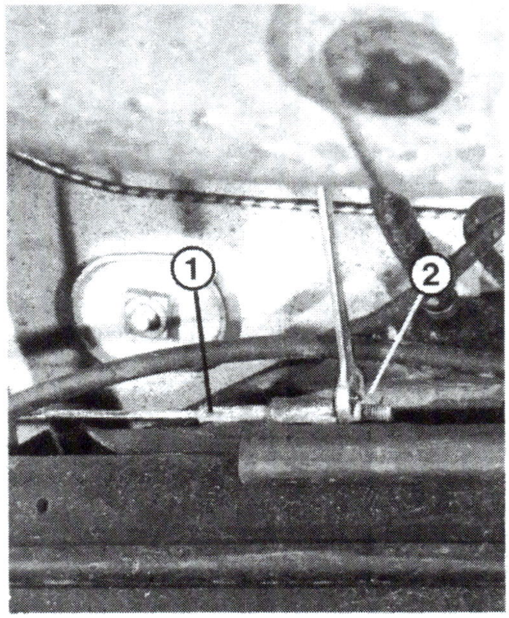

Die Handbremse

Wenn Sie am Handbremshebel ziehen, werden die Bremsseile zu den Hinterrädern gespannt – die Bremskraft wird hier mechanisch übertragen. Jeder Seilzug zieht den Bremshebel an der hinteren Sekundärbacke an. Durch diese Bewegung wird die Bremsbacke gegen die Trommel gedrückt. Gleichzeitig stützt sich der Bremshebel über die Druckstange an der vorderen Bremsbacke ab, die ebenfalls nach außen gedrückt wird – die Hinterräder werden gebremst.

Handbremse einstellen

Die Einstellung ist nur nach Einbau neuer Bremsbeläge an den hinteren Bremsen oder nach Ersatz des Handbremsseils erforderlich.

- Trommelbremsen einstellen.
- Wagen hinten aufbocken und sichern.
- Unter dem Fahrzeug das lange Bremsseil hinter dem Bremsseilausgleich kräftig nach unten ziehen und auf Freigängigkeit prüfen.
- Ebenso das kurze Bremsseil kontrollieren.
- Im Wagen den Handbremshebel bis zur ersten Raste anziehen. In dieser Stellung:
- Beide Hinterräder mit der Hand drehen, die Bremswirkung muß gerade einsetzen.
- Wenn die Räder frei drehen, ist die Mutter am Bremsseilausgleich entsprechend weiterzuschrauben, dabei das Gewindestück mit einem Gabelschlüssel gegenhalten.
- Handbremshebel lösen und kontrollieren, ob sich die Räder ohne Hemmungen drehen lassen.

Handbremsseil ersetzen

- Handbremshebel bis zur zweiten Raste anziehen.
- Fahrzeug aufbocken.
- Hinterräder abnehmen.
- Bremstrommeln ausbauen (siehe Seite 145).
- **Kurzes Bremsseil der linken Seite:** Gewindestück am Seilausgleich gegenhalten und die selbstsichernde Einstellmutter abschrauben.
- Bremsseil aus der Führung am Hinterachskörper aushängen.

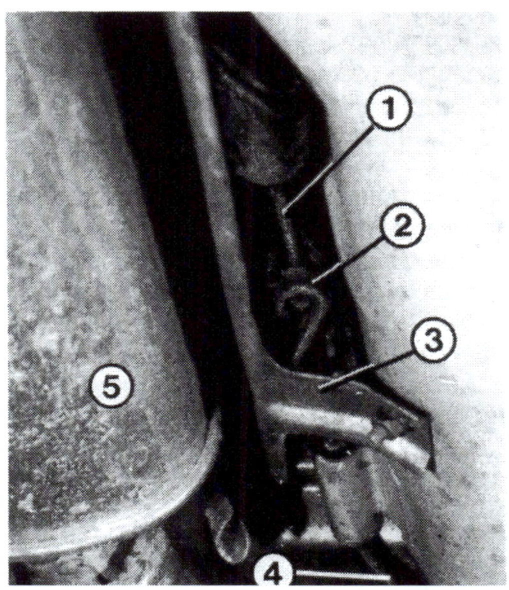

Die Zugstange (1) des Handbremshebels ist in das Verbindungsstück (2) eingehängt. Am anderen Ende dieses Verbindungsstückes ist das lange Bremsseil (4) eingehängt. Wegen des Vorschalldämpfers (5) mit seinem Abschirmblech (3) ist diese Verbindung beengt untergebracht.

■ Druckfeder an der Bremsträgerplatte etwas zusammendrücken, Kunststoffhülse aus der Bremsträgerplatte und vom Bremsseil abhebeln.
■ Bremsbacken etwas nach vorn drücken und Bremsseil aushängen.
■ Bremsseil aus der Bremsträgerplatte herausnehmen.
■ Nach Einbau die Handbremse einstellen.
■ **Langes Bremsseil der rechten Seite:** Am Gewindestück des Seilausgleichs den Abstand zwischen Einstellmutter und Gewindestangenende messen, das Maß merken.
■ Einstellmutter abschrauben.
■ Bremsseil aus dem Verlängerungsstück aushängen.
■ Bremsseil aus Führung und vorher aufgebogenem Halter am Unterbau aushängen.
■ Bremsseil aus Seilausgleich und Führung am Hinterachskörper aushängen.
■ Weiter wie das kurze Bremsseil ausbauen.
■ Beim Einbau die Einstellmutter auf das vorher gemerkte Maß aufschrauben.
■ Handbremseinstellung überprüfen.

Störungsbeistand
Bremsen

Die Störung	– ihre Ursache	– ihre Abhilfe
A Bremsen ziehen einseitig	1 Reifendruck ungleichmäßig	Korrigieren bei kalten Reifen
	2 Reifenprofil ungleichmäßig abgefahren	Reifen so untereinander auswechseln, daß auf jede Achse gleichmäßig abgenutzte Reifen kommen
	3 Beläge verschmiert oder ungleichmäßig abgenutzt	Beläge erneuern
	4 Schächte im Bremssattel verschmutzt oder verrostet	Reinigen
	5 Kolben im Bremssattel oder Radbremszylinder festgerostet	Gängig machen oder erneuern
	6 Bremsbacken liegen in der Trommel nicht richtig an	Kontrollieren, evtl. neue Bremsbacken montieren
	7 Unrunde Bremstrommeln	Ausdrehen oder erneuern
	8 Bremsscheiben aus unterschiedlicher Fabrikation	Beide Bremsscheiben austauschen gegen solche gleicher Herkunft
B Bremsen quietschen oder rattern	1 Staub und Schmutz an den Scheibenbremsen oder in den Bremstrommeln	Beläge ausbauen. Staub und Schmutz mit Preßluft abblasen
	2 Falsche Beläge	Original-Beläge einbauen
	3 Spreizfeder erlahmt	Erneuern
	4 Bremsscheibe hat Schlag	Erneuern
	5 Siehe A 7	
	6 Neue Beläge liegen nicht plan an	Außenkanten der Beläge mit einer Feile brechen
	7 Lose Belagnieten	Erneuern
C Bremsen rattern und blockieren	1 Siehe B 6	
	2 Überstehende Belagnieten	Erneuern
	3 Siehe A 7	
	4 Rückzugfeder der Bremsbacken zu schwach	Erneuern
D Bremsen werden sehr heiß	1 Ausgleichsbohrung im Hauptbremszylinder verstopft	Säubern lassen
	2 Kein Spiel zwischen Bremspedal (Druckstange) und Hauptbremszylinderkolben	Einstellen
	3 Gummiteile gequollen durch Verwendung falscher Bremsflüssigkeit	Bremsflüssigkeit wechseln und schadhafte Teile erneuern
	4 Belüftungslöcher im Deckel des Vorratsbehälters verstopft	Reinigen
	5 Verrostete Bremssättel	Überholen lassen bzw. austauschen

Die Störung	– ihre Ursache	– ihre Abhilfe
	6 Spreizfeder gebrochen	Erneuern
	7 Handbremse löst nicht vollständig	Schadhafte Teile erneuern
E Pedalweg zu groß	1 Trommelbremsbeläge abgenutzt	Nachstellen oder erneuern
	2 Radlagerspiel zu groß	Einstellen
	3 Ein Bremskreis ausgefallen	Flüssigkeitsverlust ergründen und schadhafte Teile erneuern lassen
	4 Siehe A 7	
F Pedalweg zu groß, Pedal läßt sich weich und federnd durchtreten	1 Luft im Bremssystem, evtl. Flüssigkeit im Vorratsbehälter zu tief abgesunken. Falls weiterhin nach dem Entlüften:	Bremsen entlüften, evtl. Bremsflüssigkeit auffüllen
	a) Leck im Bremssystem	Kontrollieren, schadhafte Teile erneuern
	b) Manschette im Hauptbremszylinder undicht	Erneuern lassen
	2 Überhitzte Bremsflüssigkeit – Dampfblasenbildung durch zu hohen Wassergehalt der Bremsflüssigkeit oder Überbeanspruchung der Bremsen	Bremsflüssigkeit wechseln
	3 Automatische Belagnachstellung in den Bremssätteln nicht in Ordnung	Bremssättel überholen lassen
G Schlechte Bremswirkung bei hohem Pedaldruck	1 Pedalweg normal: Beläge verölt oder verbrannt	Erneuern
	2 Pedalweg kurz: Bremskraftverstärker arbeitet nicht	Unterdruckschlauch kontrollieren, ggf. auswechseln; sonst Überprüfung in der Werkstatt
	3 Pedalweg lang: Ein Bremskreis ausgefallen durch Undichtigkeit oder Beschädigung	Kontrollieren, schadhafte Teile auswechseln
H Ungleichmäßiger Belagverschleiß	1 Siehe B 2	
	2 Siehe A 4	
	3 Siehe A 5	
	4 Stationärer Gummidichtring beschädigt	Bremssättel überholen lassen bzw. austauschen

Fingerzeig: *Bei den von Mitte Dezember 1987 bis Anfang September 1988 gebauten Limousinen – ausgenommen die Version 1,3 l Euronorm mit Schaltgetriebe – kann sich der Bremskraftregler am Hauptbremszylinder lösen. Darüber wurden die Besitzer von ihrem Vertragshändler im Oktober 1988 informiert. Der Bremskraftregler bei der GMF-Ausführung soll mit 40 Nm, bei der ATE-Ausführung mit 12 Nm angezogen sein.*

Straßenkontakt

Die Verbindung mit der Straße stellen nur vier handgroße Reifenkontaktflächen her. Diese kleinen Flächen sind aber für Fahrverhalten und Sicherheit von ausschlaggebender Bedeutung.

Welche Reifen sind montiert?

Für Ihren speziellen Wagen gelten diejenigen Reifengrößen, die in Ihrem **Kfz-Schein eingetragen** sind. Reifen mit anderen Bezeichnungen dürfen sich an Ihrem Wagen nicht befinden, sonst kann es Ärger mit der Polizei geben. Denn die Betriebserlaubnis des Wagens ist dann erloschen. Und das wird teuer! Hier die Aufstellung der Reifen, die an den verschiedenen Versionen des Ascona montiert sein **können**. Nicht alle Größen sind für jeden Typ zulässig!

Reifengröße	Zugehörige Felgengröße
155 SR 13	5 J × 13
165 SR 13	5 J × 13 oder 5½ J × 13
165 HR 13	5½ J × 13
165 TR 13	5½ J × 13
185/70 SR 13	5½ J × 13
185/70 HR 13	5½ J × 13
185/70 TR 13	5½ J × 13
185/65 TR 14	5 J × 14
195/60 HR 14	5½ J × 14

Die Reifenbezeichnung

Nach international gültigen Vereinbarungen wird die Reifengröße in Millimeter oder, wie in unserem Fall, gemischt in Millimeter und Zoll angegeben. Die Bezeichnungen 165 SR 13 oder 185/70 HR 14 besagen folgendes:
165, 185: Reifenbreite in unbelastetem Zustand in mm.
70: Verhältnis von Reifenhöhe zu Reifenbreite = 70:100. Normale Gürtelreifen haben ein Höhen/Breiten-Verhältnis von 80:100. Entsprechend niedriger ist das Höhen/Breiten-Verhältnis bei 60er- und 50er-Reifen.

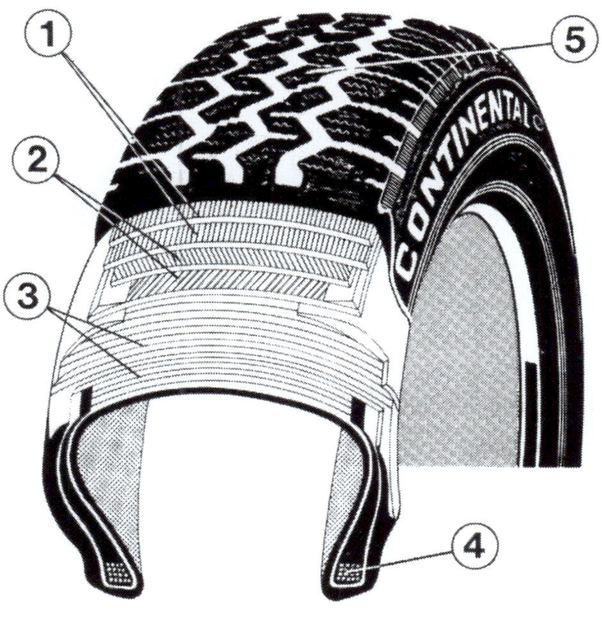

Der Aufbau eines Gürtelreifens: Eine in Längsrichtung verlaufende doppelte Bandage (1) ist hier über den Gürtel (2) gelegt. Dessen Gewebebahnen verlaufen in leichtem Winkel zur Fahrtrichtung, während die Karkasse (3) in Querrichtung angelegt ist. Die Gewebefäden der Karkasse sind im Wulst (4) verankert. Auf diesen Unterbau ist die Lauffläche (5) aufvulkanisiert.

Was die verschiedenen Bezeichnungen auf der Reifenflanke bedeuten, finden Sie hier komplett zusammengestellt.

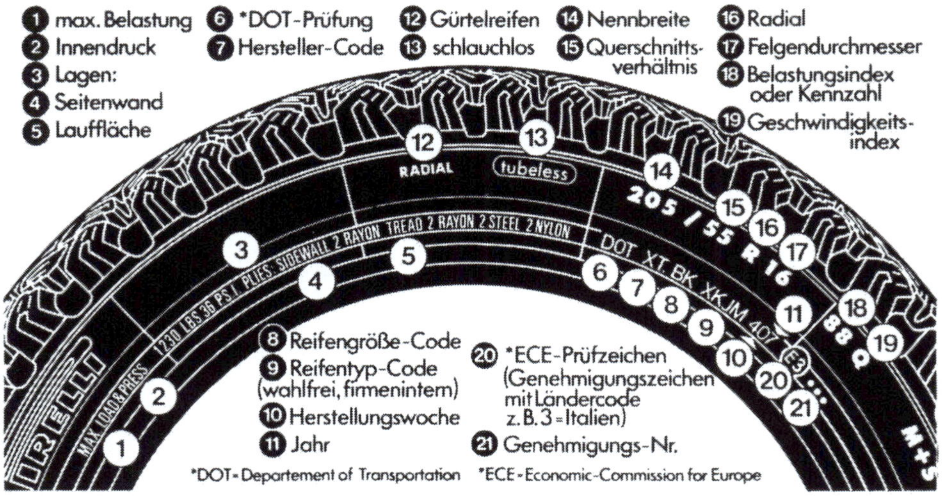

R: Kennzeichnung der Bauart als **R**adial- oder Gürtelreifen.
14: Innendurchmesser des Reifens in Zoll (").
Q: zulässige Höchstgeschwindigkeit bis 160 km/h – Geschwindigkeitsklasse für herkömmliche M+S-Reifen.
S: bis 180 km/h.
T: bis 190 km/h – Hochgeschwindigkeits-M+S-Reifen.
H: bis 210 km/h.
V: über 210 km/h – für den Ascona nicht erforderlich.

Die Felgen

Am Ascona können Folgen mit folgender Bezeichnung montiert sein: 5 J x 13, 5½ J x 13 oder 5½ J x 14. Bisweilen findet sich noch die Zusatzbezeichnung »H2« auf der Felge. Die Zahlen und Buchstaben besagen folgendes:
5, 5½: Felgenmaulweite in Zoll, an der Felgenhornbasis quer zur Laufrichtung des Rades gemessen.
J: Kennzeichnung der Felgenhorn-Höhe.
x: Zeichen für Tiefbettfelge.
13, 14: Felgendurchmesser in Zoll, von Wulst zu Wulst gemessen.
Alle Räder haben eine Einpreßtiefe von 49 mm. Das ist das Maß von der Felgenmitte bis zur Anlagefläche der Radschüssel an die Bremsscheibe bzw. Bremstrommel.
Es handelt sich um sogenannte Doppel-Hump-Felgen (H 2). Der Hump ist ein in der Felgenschulter eingepreßter Wulst, der auch bei scharfer Kurvenfahrt das Wegdrücken des schlauchlosen Reifens von der Felge verhindert.

Welche Felgen verwenden?

Wie bei den Reifen kann auch bei den Felgen nicht jede beliebige Größe montiert werden. Die für Ihren speziellen Wagen zulässigen Felgenbezeichnungen stehen in Ihren **Fahrzeugpapieren**. Hier die Aufstellung der Felgen, die an den verschiedenen Ascona-Modellen montiert sein können:

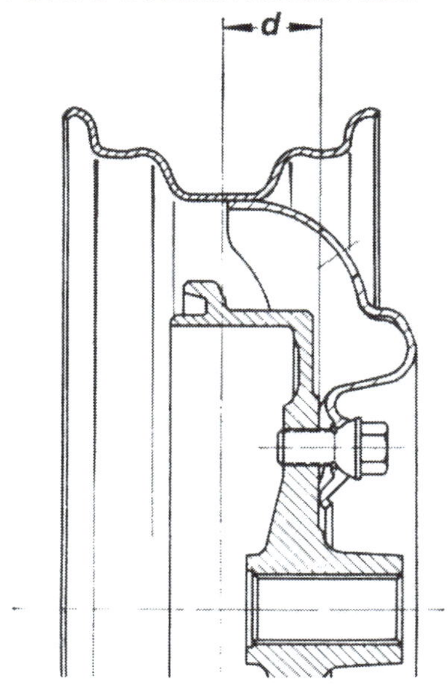

Ein wichtiges Felgenmaß stellt die Einpreßtiefe (d) dar. Damit bezeichnet man den Abstand zwischen der Felgenmitte und der Anlagefläche der Felge an die Radnabe.

Felgengröße	Art	Kennzeichnung	Einpreßtiefe in mm
5 J × 13	Normal-Scheibenrad (Stahl-Ausführung)	DD	ET = 49
5½ J × 13	Sport-Scheibenrad (Stahl-Ausführung)	CH, DY	
5½ J × 13	Sport-Scheibenrad (Leichtmetall-Ausführung)	DC	ET = 49
5½ J × 14		DB	

Anbau von Sonderfelgen

Sonderfelgen heißen auf Amtsdeutsch solche Räder, die in Form oder Material nicht der serienmäßigen Ausstattung entsprechen. Da es wegen nachträglich montierten Rädern und Reifen immer wieder Schwierigkeiten bei Polizeikontrollen oder der Hauptuntersuchung bei DEKRA oder TÜV gibt, hier einige Punkte, die Sie beachten müssen.

- ☐ Keine Probleme gibt es, wenn Felgen- und Reifengröße mit den Angaben in den Fahrzeugpapieren übereinstimmen und die Felgen Original-Opel-Teile sind.
- ☐ Eine Änderung der Fahrzeugpapiere durch die Zulassungsstelle ist erforderlich, wenn Felgen- und Reifengröße mit den Angaben in den Kfz-Papieren übereinstimmen und eine Rad-ABE vorliegt.
- ☐ Ein Gutachten nach § 19 (2) StVZO beim TÜV (Teilgutachten) und die Berichtigung der Kfz-Papiere ist notwendig, wenn Felgen- und Reifengröße nicht mit den Angaben in den Papieren übereinstimmen und/oder für die Felgen lediglich ein TÜV-Bericht vorliegt.
- ☐ Beim Kauf neuer Sonderfelgen muß eine Rad-ABE oder ein TÜV-Bericht beigefügt sein.
- ☐ Vor dem Kauf gebrauchter, nicht originaler Felgen ohne entsprechende Papiere sollten Sie anhand der genauen Hersteller- und Typenbezeichnung sowie des Herstellungsdatums (es ist in der Felge eingeschlagen oder eingegossen) aus dem Räderkatalog des TÜV heraussuchen lassen, ob hierfür eine Rad-ABE oder ein TÜV-Bericht vorliegt.
- ☐ Räder ohne ABE oder TÜV-Bericht dürfen in der Bundesrepublik nicht montiert werden.

Reifendruck prüfen

Ständige Kontrolle

Unter die genannten Druckwerte sollte der Reifendruck keinesfalls absinken. Der Überdruck ist in bar angegeben. Bei Opel findet man bisweilen auch Angaben in kPa (= bar x 100).

Reifen	bei Belastung bis 3 Personen		bei voller Belastung	
	vorn	hinten	vorn	hinten
155 SR 13 – 78 S	1,9	1,7	2,2	2,4
165 SR 13 – 82 S/H	1,9	1,7	2,1	2,3
185/70 SR 13 – 84 S/H	1,8	1,7	2,0	2,2
195/60 HR 14 – 85 H	2,0	2,0	2,2	2,4

Wer Wert auf Fahrkomfort legt, beläßt es bei den genannten Drücken. Sind Sie dagegen bereit, zugunsten feinfühligerer Lenkung, etwas längerer Reifenhaltbarkeit und minimal geringerem Kraftstoffverbrauch einen verminderten Federungskomfort in Kauf zu nehmen, erhöhen Sie die Druckwerte für die Sommerreifen rundum um 0,2–0,3 bar.

Wenn Sie bei der regelmäßigen Prüfung (alle zwei bis vier Wochen) Druckverlust an einem Reifen feststellen, müssen Sie sich ihn genauer anschauen. Entweder kann das Ventil undicht geworden sein oder in der Reifendecke sitzt eine Glasscherbe bzw. ein Nagel, wodurch ein kleines Loch entstanden ist. Der Ursache für den Druckverlust muß unbedingt nachgespürt werden; es hilft nichts, einfach Luft nachzupumpen.

Luftdruck bei kaltem Reifen messen

Bereits wenige Kilometer zügiger Fahrt lassen den Reifendruck um 0,2–0,4 bar ansteigen. Diese Druckerhöhung durch Erwärmung ist bei den Luftdruckempfehlungen bereits berücksichtigt worden und darf deshalb nicht abgelassen werden. Am günstigsten ist ein eigener Luftdruckprüfer, womit der Reifendruck vor Antritt der Fahrt bei kalten Reifen gemessen werden kann.

Der Reifendruck bestimmt die Größe der Reifenaufstandsfläche und beeinflußt das Fahrverhalten des Wagens wie auch die Lebensdauer des Reifens. 1 – Bei richtigem Luftdruck liegt die gesamte Breite der Reifenlauffläche auf der Fahrbahn auf; 2 – durch zu hohen Luftdruck kommt nur die Mitte der Lauffläche in Fahrbahnkontakt; 3 – bei zu niedrigem Luftdruck trägt der Reifen vorwiegend auf seinen Schultern.

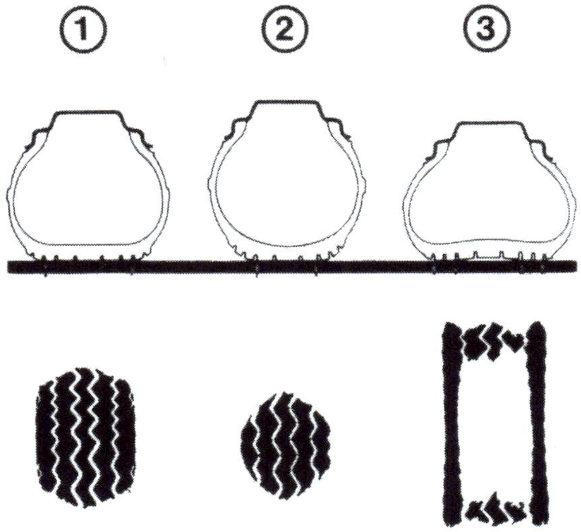

Reifenzustand kontrollieren

Wartung Nr. 18

Die Kontrolle geht am besten bei aufgebocktem Wagen, etwa beim Ölwechsel an der Tankstelle.

■ Drehen Sie jedes Rad einmal komplett durch.

■ Fremdkörper, wie kleine Steinchen, bohren Sie mit einem feinen Schraubenzieher aus den Profillamellen, ohne den Reifen dabei zu beschädigen.

■ Das Reifenprofil muß laut Gesetzesvorschrift über die gesamte Profilbreite noch mindestens 1 mm tief sein.

■ Zur Verschleißkontrolle dienen in regelmäßigen Abständen quer zur Lauffläche verlaufende Erhebungen in den Profilrillen. Sie sind an der Reifenflanke durch die Buchstaben »TWI« gekennzeichnet.

■ Wenn diese Erhebungen mit den Profilrippen in gleicher Höhe stehen, sollte der Reifentausch nicht mehr hinausgeschoben werden. Das Fahrverhalten auf nasser Fahrbahn wird mit weiter abnehmender Profiltiefe ganz erheblich schlechter, speziell mit breiten Reifen.

■ Aus der Art der Profilabnutzung können Sie folgendes herauslesen:

Das Reifenlaufbild

☐ An der Außenseite abgefahrene Vorderreifen deuten auf sehr flotte Fahrweise in Kurven hin. Entweder die Reifen auf den Felgen drehen lassen oder die vorderen regelmäßig gegen die Hinterräder austauschen.

☐ Einseitig abgefahrenes Profil kann auch auf falsche Radeinstellung hinweisen; vor allem dann, wenn lediglich ein Reifen schräg abgelaufen ist.

☐ Starke Abnutzung in der Profilmitte deutet auf wesentlich zu hohen Luftdruck. Dieser Effekt tritt besonders deutlich an den Hinterrädern auf.

☐ Sind beide Außenschultern eines Reifens stärker abgefahren als die Profilmitte, wurde lange Zeit mit zu niedrigem Luftdruck gefahren.

☐ Gleichmäßige Auswaschungen im Profil deuten auf einen defekten Stoßdämpfer.

☐ Tritt die ungleiche Abnutzung nur an bestimmten Stellen auf, ist das Rad unwuchtig.

☐ Eine einzelne Stelle im Profil mit starker Abnutzung stammt von einer Bremsung mit blockiertem Rad – eine sogenannte Bremsplatte.

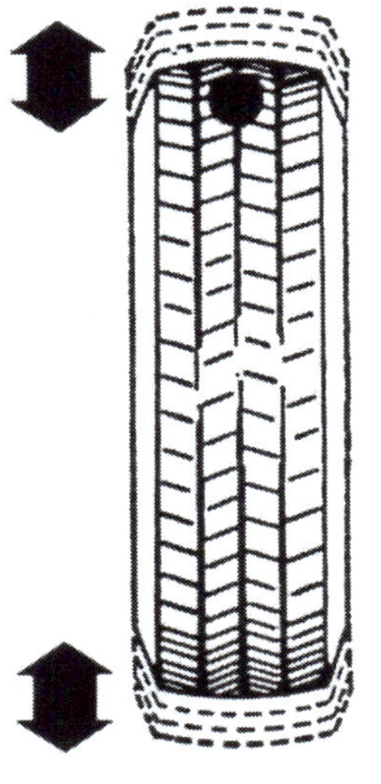

Unsere Skizze erläutert die Auswirkungen der Unwucht:

Die **statische** Unwucht erkennt man, wenn ein freihängendes, drehendes Rad immer mit der gleichen Stelle zu Boden sinkt und sich allmählich auspendelt. Folge: Das Rad hüpft während der Fahrt.

Die **dynamische** Unwucht ist durch Auspendeln des Rades nicht zu erkennen, denn sie liegt irgendwie schräg zur Radachse, so daß das schnellaufende Rad flattert und wackelt. Unausgewuchtete Räder führen zu schnellem Reifenverschleiß, unruhiger Lenkung und vorzeitiger Abnutzung der Radlager.

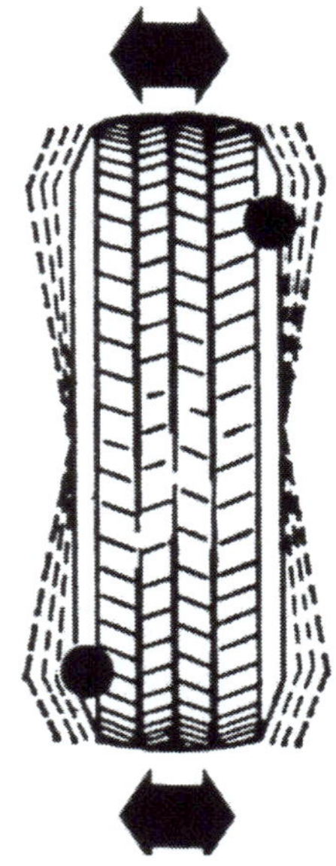

Wie lange halten die Reifen?

Der Reifenverschleiß hängt weniger von der Reifenmarke als vom Fahrtemperament ab. Wenn die Räder nicht untereinander ausgetauscht werden, kann man bei den Vorderrädern mit einer Laufleistung von 15 000–35 000 km rechnen, hinten mit 30 000–50 000 km.
Da die vorderen Reifen antreiben, lenken und zudem die Hauptbelastung beim Bremsen aushalten müssen, sind sie auch früher verschlissen. In der Betriebsanleitung wird deshalb empfohlen, die Räder jeweils einer Seite gegeneinander auszutauschen; also unter Beibehaltung ihrer bisherigen Laufrichtung.
Es ist umstritten, ob dieser Tausch sinnvoll ist. Für die Empfehlung spricht, daß der Reifenabrieb gleichmäßiger erfolgt. Andererseits müssen bei Ersatz vier Reifen auf einmal gekauft werden. Beim Wechsel in zu kurzen Kilometerabständen können Fehler der Radaufhängung, Lenkung, Stoßdämpfer usw. ihre Spuren nicht deutlich genug im Reifenprofil hinterlassen.

Einbaustellung der Räder

Jedes Rad bildet mit Bremsscheibe bzw. Bremstrommel und Radnabe insofern eine Einheit, als diese Teile in zusammengebautem Zustand beim Drehen eine gemeinsame Unwucht haben können. Allerdings besitzen Rad und Reifen eine eigene Unwucht, siehe unten.
Um allen Folgen einer Unwucht aus dem Wege zu gehen, ist folgendes zu beachten:

☐ Vor Abmontieren eines Rades (z. B. wegen Bremsbelagwechsel) immer die Einbaustellung des Rades zur Radnabe markieren.

☐ Beim Ansetzen des gleichen Rades müssen die Markierungen übereinstimmen, dann erst die Schrauben einsetzen und festschrauben.

Der Radwechsel

■ Handbremse anziehen und 1. oder Rückwärtsgang einlegen.
■ Unterwegs Warnblinkanlage einschalten und Warndreieck aufstellen.
■ Räder der anderen Wagenseite gegen Wegrollen sichern, z. B. mit Steinen oder Holzstücken.
■ Kappen der Radschrauben mit einem Schlitzschraubenzieher abdrücken oder mit einer Zange abziehen bzw.
■ Radkappe mit dem Schraubenzieher und eventuell einer am Reifen abgestützten Stange abziehen,
■ Radschrauben jeweils knapp eine Umdrehung lockern.
■ Wagen anheben.
■ Radschrauben herausdrehen und in der Naben- bzw. Radkappe ablegen.
■ Rad abnehmen, Ersatzrad aufstecken.
■ Schrauben über Kreuz gleichmäßig so stark wie möglich anziehen. Dabei das Rad hin- und herdrehen, damit es sich einwandfrei auf der Radnabe zentriert.
■ Wagen ablassen, Schrauben festziehen (90 Nm).
■ Nabenkappe und Schraubenkappen bzw. Radkappe aufdrücken.

Festen Sitz der Radschrauben kontrollieren

Wartung Nr. 17

In regelmäßigen Zeitabständen soll kontrolliert werden, ob die Radschrauben richtig angezogen sind. Das muß auch nach jeder Radmontage geschehen, wenn einige Kilometer Fahrtstrecke zurückgelegt worden sind.
Als Anzugsdrehmoment sind bei Stahl- und Leichtmetallfelgen 90 Nm vorgeschrieben, also nicht mit einem zusätzlich verlängerten Radschlüssel die Schrauben »anknallen«.
Zu starkes oder ungleichmäßiges Festschrauben kann dazu führen, daß sich die Bremsscheiben oder -trommeln verziehen. Das ergibt ungleichmäßige Bremswirkung, Bremsenschütteln und punkt- oder flächenförmigen Reifenverschleiß.

Rad-Unwuchten

Unwuchtige Räder spürt man durch Vibrationen im Lenkrad oder Schütteln im Vorderwagen. Beides tritt bei bestimmten Geschwindigkeiten besonders stark auf. Die Ursache liegt an ungleichmäßiger Gewichtsverteilung am Rad.

☐ »Statische« Unwucht zeigt sich bereits, wenn man das Rad am hochgebockten Wagen sich frei auspendeln läßt: Der Schwerpunkt wird sich ganz von selbst nach unten begeben. Ein Rad, das nur eine statische Unwucht hat, hüpft beim Fahren.

☐ Eine »dynamische« Unwucht kommt erst beim Rotieren des Rades zur Wirkung. Das ist der Fall, wenn die übergewichtige Stelle nicht in der Mittelebene des Rades sitzt, sondern etwas nach außen bzw. innen. Das Rad hüpft dann nicht nur, sondern es taumelt auch.

Räder auswuchten

Die Räder müssen statisch und dynamisch ausgewuchtet werden. Dazu gibt es zwei Methoden:

☐ Das Rad wird am Wagen ab- und an einer Auswuchtmaschine angeschraubt. Dort läuft es zur Probe, Unwuchten werden dabei angezeigt und können durch Anbringen von Bleigewichten ausgeglichen werden.

□ Zum Ausschalten letzter Unwuchten ist Feinwuchten erforderlich. Dabei werden auch Unwuchten von Radnabe und Bremsscheibe ausgeglichen. Die am Wagen anmontierten Räder werden durch einen Elektromotor mit Reibrad in die notwendige schnelle Drehung versetzt und die Restunwucht angezeigt. Das gleicht man wieder durch Bleigewichte aus.

Fingerzeig: *Die Vorderräder dürfen beim Feinwuchten nicht vom Elektromotor angetrieben werden. Die einseitige Beschleunigung ist für das Ausgleichsgetriebe schädlich. Stattdessen hebt man den Opel vorn an und läßt den Motor die Vorderräder im vierten Gang auf etwa 90 km/h beschleunigen.*

Neue Reifen kaufen

Steht die Anschaffung von neuen Reifen an, ist das eine gute Gelegenheit, auf eine andere Reifendimension zurückzugreifen, die evtl. den eigenen Anforderungen besser als die seitherige entspricht. Deshalb hier in Kürze die Eigenschaften und Besonderheiten der Reifengrößen, die am Ascona montiert werden können. **Welche Reifen davon für Ihren Wagen in Frage kommen, entnehmen Sie Ihren Fahrzeugpapieren.**

□ Die Reifengröße 165 SR 13 bietet bei den schwächer motorisierten Ascona-Modellen, vornehmlich aber beim 55-kW-Motor, den besten Kompromiß zwischen Preis, Fahrverhalten und Lebensdauer, sofern der Fahrer einen ruhigen Fahrstil pflegt. Auch im Wintereinsatz ist dieser Reifen selbst in Sommerprofilierung noch brauchbar.

□ Wo nicht schon serienmäßig montiert, ist die Umrüstung auf den Reifen 185/70 SR 13 für denjenigen interessant, der seinen Wagen eher zügig bewegt. Die breitere Lauffläche dieses Pneus schafft zusätzliche Sicherheit in schnell gefahrenen Kurven und sorgt für längere Reifen-Lebensdauer. Dieser Ersparnis steht allerdings der höhere Kaufpreis entgegen.

□ Bei einer Motorleistung von 115 PS/85 kW kommen beim Ascona statt SR-Reifen HR-Reifen zur Anwendung, da ab dieser Leistungsgrenze mehr als 180 km/h Höchstgeschwindigkeit möglich sind.

□ Bei der Montage neuer schlauchloser Reifen sollen auch neue Ventile verwendet werden. Das verhindert Luftverlust, denn die Ventile altern im Lauf der Zeit, und der Gummi wird rissig. Doch auch die bei Verwendung luftdichter Leichtmetallfelgen eingesetzten Metall-Schraubventile sollten nicht zu alt werden. Auch diese Ventile können undicht werden, wenn die Gummidichtung am Ventilfuß altert.

Winterbereifung

Sommerreifen in 70er- oder 60er-Breite bzw. in H-Ausführung neigen auf Schnee und Eis schneller zum Durchdrehen als die schmäleren 165 SR 13 der schwächer motorisierten Versionen. Je nach Einsatzgebiet und bisheriger Sommerbereifung läßt sich die Anschaffung spezieller Winterreifen nicht immer umgehen.

□ Für die stärker motorisierten Modelle haben Sie die Wahl zwischen den herkömmlichen M+S-Reifen, die lediglich 160 km/h schnell gefahren werden dürfen, und den teureren Hochgeschwindigkeitsreifen für 190 km/h Höchsttempo. Gleichgültig, welche Reifen Sie fahren, bedenken Sie immer: Bei Temperaturen um den Gefrierpunkt bildet sich auf Glatteis beim

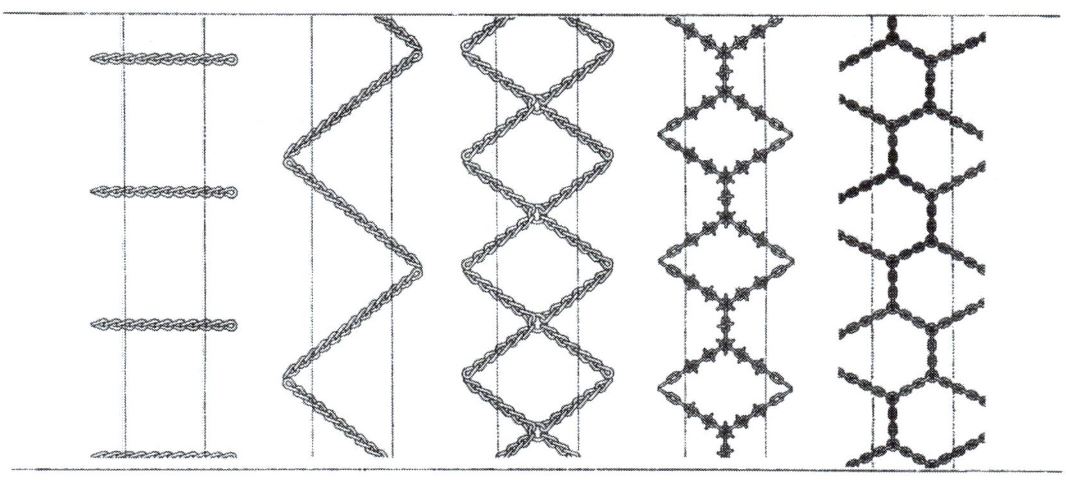

Die weißen Ausschnitte zeigen, wo der Reifen den Boden berührt. Je mehr »Kette« dort auf der Straße liegt, desto besser. Von links nach rechts: Leiterkette, Zickzackkette, Kreuzkette, Spurkreuzkette, Kantenspurkette.

Darüberrollen ein Wasserfilm, der die Haftfähigkeit auch der besten Winterreifen gefährlich herabsetzt.

□ Ein M+S-Reifen mit weniger als 4 mm Profiltiefe taugt nichts mehr im Winter. Wenn etwa im Gebirge Winterreifen vorgeschrieben sind, werden M+S-Reifen als solche nur dann anerkannt, wenn ihr Profil noch mindestens 4 mm tief ist.

Runderneuerte Reifen

Neu besohlte Reifen stehen bei vielen Autofahrern in schlechtem Ansehen, obwohl sie den Beweis ihrer Tauglichkeit in verschiedenen Tests erbracht haben. Reifen mit »RAL-Gütesiegel« erfüllen eine Reihe von Qualitäts- und Ausführungskriterien, außerdem haben sie Schnellauftests bestanden. Dennoch eignen sie sich nach unseren Erfahrungen eher für geruhsamere Fahrweise. Immer noch treten Defekte an neu gummierten Reifen meist bei höherer Geschwindigkeit bzw. voller Beladung auf – vor allem, wenn der Luftdruck nicht stimmt. Dem günstigeren Kaufpreis stehen gegenüber: Kürzere Lebensdauer, größere Unwuchten, bisweilen mangelhafter Rundlauf bei höherer Laufleistung sowie unterschiedliches Fahrverhalten im Vergleich zum Neureifen mit gleichem Profil.

Gleitschutzketten

Wenn auch die griffigsten Winterreifen versagen, helfen gegen Schnee und Eis Gleitschutz- oder Schneeketten. Sie sind eine gute Anschaffung für Gegenden mit entsprechender Winterwetterlage, aber man muß einiges Geld dafür berappen.

Als höchstzulässige Geschwindigkeit mit aufgelegten Ketten gelten in der Bundesrepublik 50 km/h. Wer das Kettenauflegen vor dem ersten Schnee zu Hause geübt hat, fürchtet sich kaum vor der Montage und dem Abnehmen. Da die Ketten auf freier Strecke wesentlich höherem Verschleiß ausgesetzt sind, sollte man sie nie unnötig lange montiert lassen.

□ Gleitschutzketten sind beim Ascona nur an den Antriebsrädern erlaubt.

□ Nur feingliedrige Schneeketten montieren, die auf der Reifenfläche und -innenseite nicht mehr als 15 mm auftragen.

□ Auf der Reifengröße 195/60 HR 14 dürfen keine Gleitschutzketten montiert werden.

Spannend

Da Störungen im elektrischen Bereich noch immer keine Seltenheit sind, sollte man darüber etwas Grundwissen besitzen. In diesem Kapitel machen wir Sie mit den wichtigsten Begriffen und einfachen Meßvorgängen vertraut.

Elektrik – ganz einfach

Elektrizität kann man leider nicht sehen; das erschwert für manchen das Verständnis. Wir wollen es Ihnen anhand eines Beispiels leichter machen. Die Vorgänge um den elektrischen Strom lassen sich am einfachsten mit einer Wasserleitung erklären. Durch eine solche strömt unter einem bestimmten Druck eine gewisse Menge Wasser.

☐ Man kann den Wasserdruck vergleichen mit der **Spannung**, gemessen in Volt (Abkürzung: V).

☐ Die in einer bestimmten Zeit durchfließende Wassermenge entspricht dem **Strom**, der in Ampere (kurz: A) gemessen wird.

☐ Multipliziert man Spannung und Strom miteinander, so erhält man die elektrische **Leistung** mit der Maßeinheit Watt (abgekürzt: W).

☐ Einen anderen Wert erhalten wir, wenn wir die Spannung durch den Strom dividieren, nämlich den **Widerstand**, der in Ohm (Zeichen: Ω) gemessen wird. Wir können ihn uns als Absperrhahn in der Wasserleitung vorstellen. Bei geöffnetem Wasserhahn ist der Widerstand gleich 0, das Wasser fließt ungehindert. Wird der Hahn zugedreht, erhöht sich der Widerstand bis schließlich zum Wert unendlich (∞), wobei der Strom versiegt.

Jeder Stromverbraucher stellt einen Widerstand dar, der für seine einwandfreie Funktion mit genügend Strom beliefert werden muß. Deshalb braucht eine kleine Kontrollampe lediglich ein dünnes Kabel, der leistungsstarke Anlasser dagegen eine besonders dicke Leitung.

Spannung, Strom und Widerstand messen

Bereits mit einer einfachen Prüflampe läßt sich der elektrische Strom sichtbar machen. Mit einem Vielfachmeßgerät, wie auf Seite 11 beschrieben, können Sie weitere elektrische Größen messen. Wichtig ist dabei lediglich die richtige Wahl des Meßbereichs und das richtige Anklemmen des Meßgeräts im Stromkreis.

Spannung messen mit Prüflampe

Praktisch ist eine Prüfung mit Nadelkontakt (Bild Seite 9), mit deren Nadel einfach die Isolierung des zu prüfenden Kabels durchstochen werden kann. Die Klemme am Kabel der Lampe wird im Fahrzeug irgendwo an blankem Metall – das ist die sogenannte Masse – angeklipst.

Die Lampe gibt in erster Linie Auskunft darüber, ob überhaupt Spannung anliegt. An ihrer Helligkeit kann man in etwa die Höhe der Spannung abschätzen, doch bleibt diese Methode ungenau.

Spannung messen mit Voltmeter

Mit einem Voltmeter oder dem entsprechenden Meßbereich des Vielfachinstruments können Sie beispielsweise die Batterie-Ruhespannung messen. Zeigt das Instrument nur 10,4 Volt an, hat eine der Batteriezellen Kurzschluß. Interessant kann es auch sein, die Batteriespannung zu messen, während der Anlasser betätigt wird. Sind dann nur noch 5 Volt abzulesen, steht es mit der Batterie nicht mehr zum besten.

Zum Messen wird das mit »–« gekennzeichnete Kabel an den Minuspol der Batterie oder eine blanke Schraube am Motor oder an der Karosserie angeklemmt. Das »+«-Kabel des Meßgeräts wird an die zu messende Leitung angehängt oder an den Pluspol der Batterie (siehe auch die nebenstehende Zeichnung).

Strom messen

Ob Strom zu einem Verbraucher hin fließt, wird mit dem Amperemeter bzw. dem entsprechenden Meßbereich des Vielfachinstruments gemessen. Dazu muß der Stromkreis aufgetrennt und das Meßgerät dazwischen geschaltet werden. Im Auto kann dazu einer der Steckkontakte abgezogen und dann das Meßgerät zwischen Stecker und Kontaktzunge geschaltet werden. Die mittlere Zeichnung unten zeigt, wie das prinzipiell aussieht.
Strom wird beispielsweise gemessen, wenn der Verdacht besteht, daß ein Stromverbraucher irgendwo im Bordnetz über Nacht die Batterie leersaugt. Um diese Leckstelle festzustellen, nehmen Sie eine Sicherung nach der anderen heraus und klemmen statt deren das Amperemeter an den Kontaktzungen im Sicherungskasten an. So können Sie erkennen, in welchem Stromkreis Verluste entstehen. Anhand der Sicherungstabelle auf Seite 180 vergleichen Sie dann, welche Verbraucher in diesen Stromkreis eingeschaltet sind und kontrollieren diese der Reihe nach durch.

Fingerzeig: *Niemals das Meßgerät zwischen Hauptkabel und Batterie anklemmen, um etwa den Stromverbrauch des Anlassers zu messen! Die dabei auftretenden Stromstärken (150 A und mehr) sind für jedes normale Meßgerät viel zu hoch. Wer an dieser Stelle messen muß, braucht einen Meßwiderstand (Shunt), der zur Messung in die Leitung eingeschaltet wird.*

Widerstand messen

Die Messung des Widerstands läßt beispielsweise erkennen, ob eine Leitung oder ein Schalter »Durchgang« hat (der Meßwert ist dann 0) oder ob der Stromweg irgendwo unterbrochen ist (dann erhalten Sie den Meßwert unendlich = ∞).
Zur Widerstandsmessung muß das Meßgerät allerdings eine eigene Stromversorgung haben. Wie angeschlossen wird, sehen Sie auf der Zeichnung unten rechts.

Grundbegriffe der Elektronik

Aus dem Wort Elektronik läßt es sich schon herauslesen: Sie basiert auf Elektronen, jenen superkleinen Bausteinen, aus denen das ohnehin schon kleine Atom zum Teil besteht. Die Elektronen sorgen in allen elektrisch leitenden Werkstoffen (Fachausdruck: Leiter) dafür, daß überhaupt Strom fließen kann. Die Elektronen wandern dabei im Leiter von Atom zu Atom.
Nicht leitende Werkstoffe besitzen ebenfalls Elektronen. Die sind jedoch stark an den Atomkern gebunden und können nicht weiterwandern. Somit fließt auch kein Strom.
Die dritte Werkstoffgruppe sind die sogenannten Halbleiter. Das sind Kristalle (meist Germanium oder Silizium), die so nachbehandelt wurden, daß in ihrem Aufbau Elektronen fehlen oder überschüssige Elektronen vorhanden sind. Das bewirkt den durchaus erwünschten Effekt, daß durch die Kristallplättchen nur unter bestimmten Bedingungen Strom fließen kann. Wenn die Bedingungen nicht erfüllt sind, wird der Stromfluß gehemmt. Dann baut sich eine Sperrschicht auf. Diese Eigenschaft macht man sich beispielsweise bei Dioden und Transistoren zunutze.
Halbleiter-Bauelemente findet man in der Fahrzeugelektrik seltener einzeln verwendet, sondern zumeist in größerer Stückzahl zu kompletten Schaltungen zusammengefaßt; etwa im Regler der Lichtmaschine.
Für den Heimwerker erscheint die Elektronik oft kompliziert, doch Sie brauchen keineswegs zu verzagen: Fast alle Funktionen der Bauelemente lassen sich mit mechanischen Größen erklären, wie die folgenden Beispiele zeigen.

So muß das betreffende Meßgerät zum Messen der elektrischen Größen Spannung, Strom und Widerstand (von links nach rechts) angeschlossen werden. Der Kreis mit Zeiger symbolisiert das Meßgerät, »Verbr.« steht für Verbraucher (z. B. Lampe, Elektromotor usw.) und das Kästchen mit dem »B« steht für Batterie.

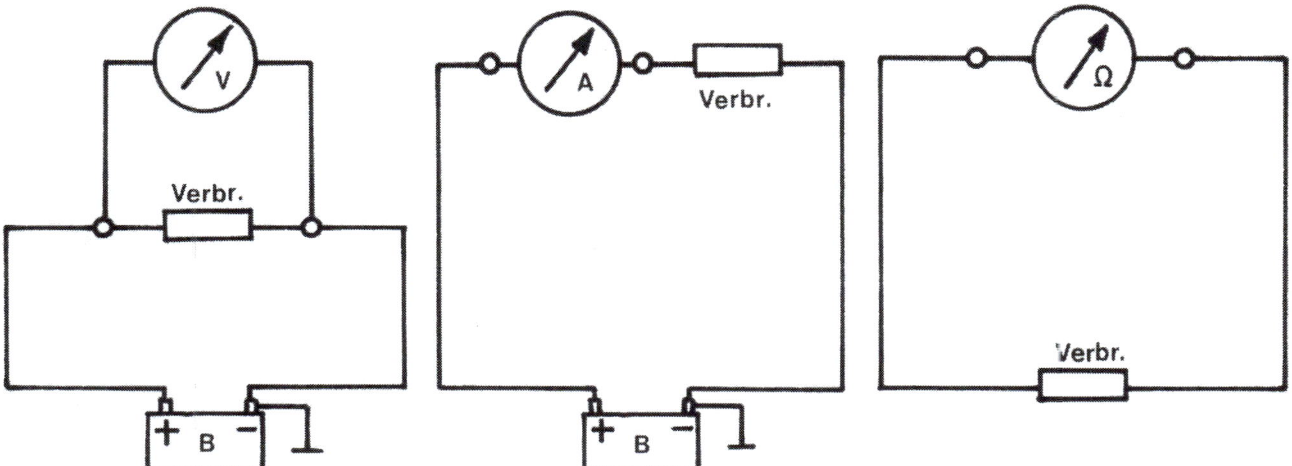

Halbleiter

Neben den nachstehend beschriebenen Grundtypen der Halbleiter gibt es noch Sonderformen für spezielle Einsatzzwecke. Dazu zählen Feldeffekt-Transistor, Foto-Transistor, Leistungs-Transistor, Fotodiode, Zenerdiode, Thyristor u.a.m. Auf diese Bauteile gehen wir hier nicht weiter ein.

Transistor: Er läßt nur dann Strom durchfließen, wenn an seinem dritten Anschluß eine Spannung anliegt. Ist diese Spannung hoch, fließt viel Strom durch; bei geringer Spannung entsprechend weniger. Vergleichbar ist das mit einem Wasserhahn. Je weiter das Ventil aufgedreht wird, desto mehr Wasser fließt durch.

Diode: Sie ist nur in einer Richtung für den elektrischen Strom leitend. Kommt der Strom aus der Gegenrichtung, sperrt sie den Durchgang. Das ist wie beim Reifenventil: Luft kann durchgepumpt werden, aber sie kommt nicht mehr heraus.

Weitere Bauelemente

In nahezu allen elektronischen Schaltungen kommen Bauteile vor, die nicht zur Sparte der Halbleiter gehören, ohne die aber die Elektronik nicht denkbar wäre. Häufigste Vertreter sind:

Widerstand: Seine Aufgabe ist es, den Stromfluß zu hemmen, wie auf Seite 175 erwähnt.

Kondensator: Er wirkt wie eine kleine Batterie und kann elektrische Energie für eine gewisse Zeit speichern. Er wird zur Glättung von Spannungsschwankungen und zum Dämpfen von Spannungsspitzen verwendet. Wenn eine Zeitverzögerung in einer Schaltung erwünscht ist (z. B. im Blinkrelais), wird ein Kondensator mit einem Widerstand zu einem »Zeitglied« zusammengeschaltet.

Elektronische Schaltungen

Integrierte Schaltkreise (IC): Eine Vielzahl von elektronischen Bauteilen ist im kleinen Gehäuse eines IC untergebracht. Die meist schwarzen »Käfer« mit 14 und mehr Anschlußfüßen gibt es mit allen erdenklichen Funktionen.

Mikroprozessoren: Sie spielen eine wachsende Rolle in der Technik. Es sind weiterentwickelte ICs, aber wesentlich »intelligenter«. Je nach Art des elektrischen Eingangssignals können sie vorher programmierte Schaltungsvorgänge auslösen.

Wo sitzen elektronische Bauteile im Opel?

Es gibt eine ganze Reihe von elektronischen Bauelementen in unserem Auto. Wir erwähnen hier nur einige: Blinkrelais, Gleichrichtdioden der Drehstrom-Lichtmaschine, Lichtmaschinenregler, Steuergerät der Einspritzanlage, Spannungsstabilisator der Armaturen, Relais der heizbaren Heckscheibe, Wischer-Intervallrelais.

Reparaturen an den elektronischen Teilen im Opel lohnen sich nur selten, sie werden üblicherweise einfach ausgetauscht.

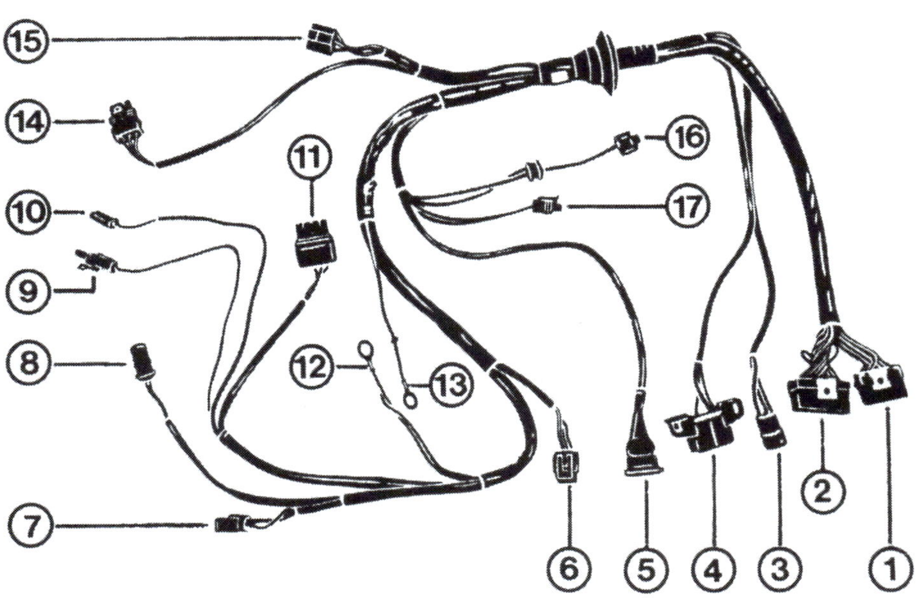

Der Kabelsatz der Multec-Zentraleinspritzung. 1 – Kleiner Stecker, 24-polig; 2 – Großer Stecker, 32-polig; 3 – Anschluß für Motorkabelsatz; 4 – ALDL-Stecker; 5 – Stecker Öldruckschalter; 6 – Stecker Leerlauffüllungsschrittmotor; 7 – Stecker Drosselklappen-Potentiometer; 8 – Stecker Wegstrecken-Frequenzgeber; 9 – Stecker Lambda-Sonde; 10 – Stecker Spannungsversorgung, Steuergerät; 11 – Stecker Zündverteiler; 12 – Masse, Steuergerät; 13 – Masse, Lambda-Sonde; 14 – Stecker Druckfühler-Saugrohr; 15 – Stecker Kraftstoffpumpen-Relais; 16 – Stecker Einspritzventil; 17 – Stecker Kühlmittel-Temperaturfühler.

Drahtig

Die Vielzahl der Leitungen im Auto mögen anfangs verwirrend erscheinen. Sie unterliegen aber einem System, das Sie nach einigem Hineindenken durchaus verstehen können.

Minus an Masse

Strom kann nur in einem geschlossenen Kreislauf fließen. Wenn Sie zu Hause den Lichtschalter anknipsen, leuchtet das Licht auf. Genauso ist es im Auto, nur daß hier der von Batterie oder Lichtmaschine kommende Strom über den jeweiligen Stromverbraucher zurück zur Batterie oder Lichtmaschine fließt.
An die Mehrzahl der Stromverbraucher im Opel sind zwei Kabel angeschlossen. Doch nur eines läßt sich bis zur Batterie bzw. bis zum Generator zurück verfolgen, wie dies auch die Stromlaufpläne ab Seite 170 zeigen. Die andere Leitung ist meist nach wenigen Zentimetern irgendwo am Karosserieblech festgeschraubt oder mit einer Steckerfahne eingesteckt.
Hier hat man sich zunutze gemacht, daß das Metall von Karosserie, Motor und Getriebe ebenfalls Strom leiten können. In der Autoelektrik bezeichnet man sie mit der »Masse«. Sie sorgen für die Stromrückleitung zum Minuspol der Batterie. Merksatz: **M**inus an **M**asse.
Wenn ein Stromverbraucher direkt auf Metall sitzt, braucht er nur ein einziges Anschlußkabel, aber im heutigen kunststoffreichen Automobil müssen fast immer kleine Verbindungsleitungen den Kontakt zur Fahrzeugmasse herstellen.

Fingerzeig: *Wenn eine Glühlampe oder etwa ein Anzeigeinstrument nicht so funktioniert, wie es soll, liegt dies nicht selten an fehlender Masseverbindung. Den fehlenden Kontakt zur Fahrzeugmasse holt sich der Verbraucher auf Umwegen und stiftet so Verwirrung.*

Wegweiser durch Normung

Das bunte Kabelgewirr im Auto ist eigentlich ganz gut geordnet, denn viele Einzelheiten der Kraftfahrzeug-Elektrik sind genormt. Die Zahlen an verschiedenen Bauteilen und Kabelanschlüssen sowie in den Stromlaufplänen haben in allen deutschen und in manchen ausländischen Fahrzeugen dieselbe Bedeutung:
Klemme 15 erhält nur bei eingeschalteter Zündung Strom ab Zündschloß, wobei außer der Zündspule jene Stromverbraucher versorgt werden, die nur bei Betrieb des Wagens Strom erhalten sollen. Die Kabel an den Normklemmen 15 besitzen vielfach eine schwarze Ummantelung, bisweilen auch mit farbigen Zusatzstreifen bei bestimmten Stromverbrauchern.
Klemme 30 erhält dauernd Strom vom Pluspol der Batterie bzw. bei laufendem Motor von der Lichtmaschine. Das kann bei unvorsichtigem Umgang mit Werkzeug zu Kurzschlüssen und Funkenregen führen, wenn das Minuskabel der Batterie nicht abgenommen wurde. Diese stets stromführenden Kabel haben meist eine rote Umhüllung, eventuell mit zusätzlichen Farbstreifen.
Klemme 49 ist für die Blink- und Warnblinkanlage zuständig.
Klemme 53 versorgt die Scheibenwischeranlage in meist grün bzw. schwarz mit Zusatzfarben gekennzeichneten Leitungen.
Klemme 56 ist für die Stromzufuhr des Abblendlichts mit gelben Kabeln sowie des Fernlichts mit weißen Leitungen zuständig.
Klemme 58 gehört zum Standlicht vorn sowie zu den Schluß- und Kennzeichenleuchten. Die Grundfarbe der Kabelumhüllung ist grau, jeweils mit zusätzlichen Farbstreifen.
Klemme 31 ist die Masse-Klemme, mit der ein Stromverbraucher zur Fahrzeugmasse verbunden sein muß, damit der Stromkreis geschlossen ist. Die entsprechenden Kabel sind braun umhüllt.

Nicht alle Kabel im Opel sind so an zugänglicher Stelle durch Steckverbindungen eingeschlossen. Das erleichtert natürlich die Kontrolle bei eventuellen Störungen, aber Kabelstecker können selbst auch Ursache einer Störung sein.

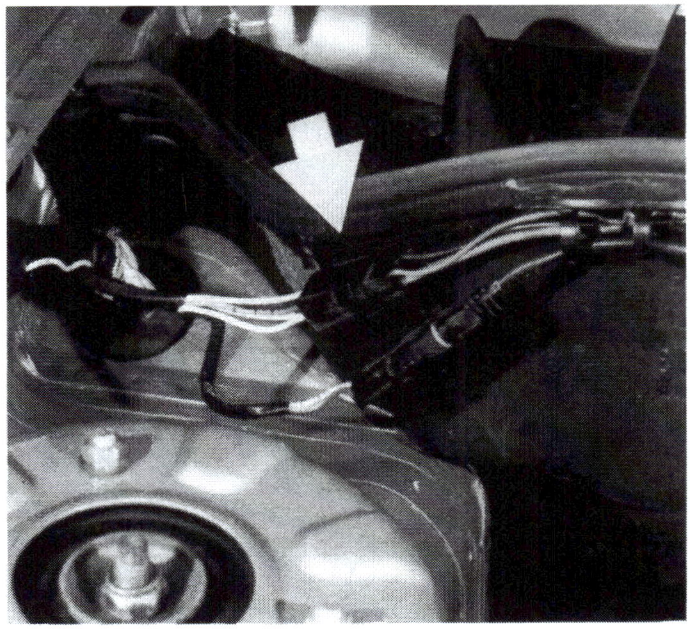

Die Leitungen

Von den einzelnen, farbigen Kabeln sehen Sie meistens nur die Enden, denn oft laufen sie gebündelt in Isolierschläuchen. Wichtig bei eventuellen eigenhändigen Einbauten ist, daß der Querschnitt eines Kabels je nach Leistung (Stromanspruch) des betreffenden Verbrauchers ausgewählt wird. Ein Kontrollämpchen kommt mit 0,5 mm^2 Kabelstärke aus, zwischen Batterie und Anlasser dagegen wird eine 16-mm^2-Leitung gebraucht. Ein zu dünnes Kabel heizt sich auf, und die Spannung fällt ab. Dann kommen statt der verlangten 12 Volt am Scheinwerfer nur 10 oder 9,5 Volt an – das Licht ist trübe.

Der Kabelsatz

Durch einen schweren Unfall oder durch Brand kann eine größere Anzahl elektrischer Leitungen in Mitleidenschaft gezogen sein. Bei Opel gibt es dafür nur einen kompletten Kabelsatz, der einen vorderen und einen hinteren Kabelsatz einschließt. Bei Bedarf muß der komplette Kabelsatz entsprechend getrennt werden.
Der Umfang einer solchen Reparatur macht die Instandsetzung ohnehin in einer Werkstatt erforderlich. Dort kümmert man sich dann auch um die Verlegung des neuen Kabelsatzes.

Die Sicherungen

Wenn an einen vorhandenen Stromkreis zusätzliche Verbraucher angeschlossen werden oder durch ein Defekt ein Kurzschluß entsteht (das ist ein abnorm ansteigender Stromdurchfluß), würde der Stromkreis überlastet. Die Leitung würde warm oder zu glühen beginnen, auch die Wicklungen der Lichtmaschine, die Batterieflüssigkeit könnte ins Sieden geraten – falls nicht elektrische Sicherungen eingebaut wären. Diese reagieren sehr schnell: Wenn der Strom ein gewisses, zuträgliches Maß übersteigt, unterbrechen sie ihn einfach.
Die Sicherungen sind auf verschiedene Stromkreise verteilt. So steht das Auto bei einem Defekt nicht gleich völlig ohne Strom da. Allerdings sind die Schaltungen zwischen Anlasser, Batterie, Lichtmaschine und Zündschloß nicht von Sicherungen überwacht, und demnach hat eine Störung dieser Teile nichts mit einer durchgebrannten Sicherung zu tun. Aber alle übrigen elektrischen Aggregate im Ascona haben eigene Absicherungen.

Das durchscheinende Material der Sicherung läßt zwischen den eingegossenen Kontaktzungen den Schmelzfaden erkennen. Die Farbe der Sicherungen hängt mit ihrem Ampere-Wert zusammen (siehe Tabelle der nächsten Seite).

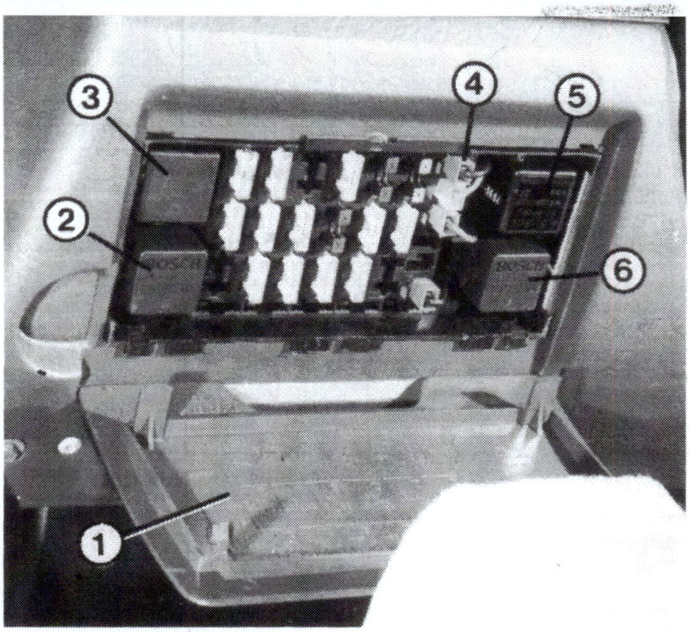

Der Sicherungskasten links neben der Lenksäule unter einem Deckel (1), der im Bild geöffnet ist. Auf der Innenseite dieses Deckels sind die durch die einzelnen Sicherungen geschützten Verbraucher und die eingesetzten Relais bezeichnet. 2 – Relais für heizbare Heckscheibe; 3 – Blinkgeber; 4 – Anschluß für besondere Verbraucher; 5 – Relais für Schaltverzögerung; 6 – Relais für Nebelscheinwerfer.

Die Flachstecksicherung

Opel verwendet im Ascona sogenannte Flachstecksicherungen. Sie unterscheiden sich von den herkömmlichen walzenförmigen Sicherungen: In ein durchscheinendes, eingefärbtes Kunststoffteil sind zwei Flachstecker eingebettet, die durch den Schmelzfaden verbunden sind. Mit diesen Sicherungen gibt es keine Korrosionsprobleme mehr, da sie wesentlich größere Kontaktflächen besitzen.
Eine durchgebrannte Sicherung niemals durch ein Stück Draht oder ähnliches ersetzen! Der dann zwar wiederhergestellte Stromfluß überlastet die Leitung weiter, und es kann zu einem Fahrzeugbrand kommen. Immer zuerst den Fehler suchen und dann eine Sicherung gleicher Stärke einsetzen.

Farben der Sicherungen

Die Farbe der Sicherungen hängt mit ihrem Ampere-Wert zusammen. Von den allgemein erhältlichen Sicherungen werden im Ascona solche mit unterschiedlichen Nennstromstärken gebraucht.

Kennfarbe	Nennstromstärke
Braun	7,5 A
Rot	10 A
Blau	15 A
Gelb	20 A
Weiß	25 A
Grün	30 A

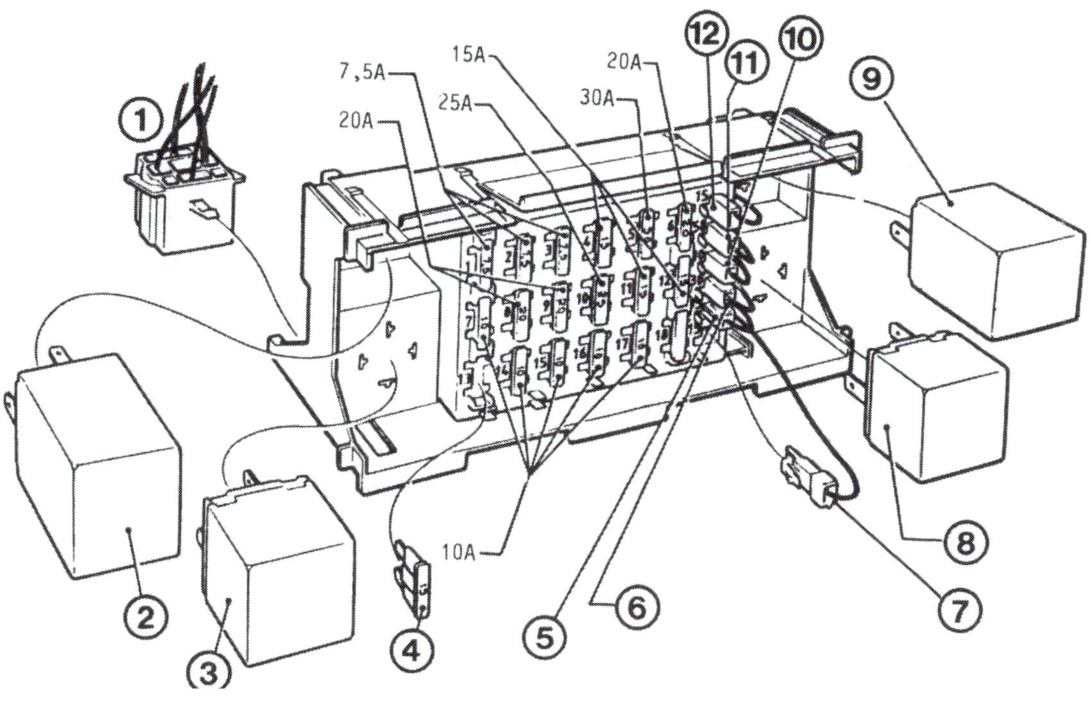

Aufbau des Sicherungskastens: 1 – Kabelstecker; 2 – Blinkgeber; 3 – Relais heizbare Heckscheibe; 4 – Sicherung; 5 – Fensterheber; 6 – Automatische Antenne, Uhr, zugehörige Sicherung Nr. 4; 7 – Heizmatte, Kontrolle Starterklappe, zugehörige Sicherung Nr. 6; 8 – Relais Nebelscheinwerfer; 9 – Relais Schaltverzögerung; 10 – Anhänger-Zugvorrichtung; 11 – Beleuchtung Uhr, Wählhebelbeleuchtung, zugehörige Sicherung Nr. 1/2; 12 – Heckraum-Entriegelung, Leuchte Handschuhkasten, Zigarettenanzünder, zugehörige Sicherung Nr. 6. Am oberen Rand können noch eingesteckt sein: Relais für Fernscheinwerfer und Warnsummer sowie Schutzschalter für elektrische Fensterheber.

Sicherungstabelle

Nr.	Ampere	Klemme	erhält Strom	angeschlossene Stromverbraucher
1	10	58	über Lichtschalter Klemme 58	Standlicht links Schlußlicht links
2	10	58	wie Sicherung 1	Standlicht rechts Schlußlicht rechts
3	10	3	bei eingeschaltetem Licht über Nebelschlußleuchtenschalter Klemme 3	Nebelschlußleuchte
4	15	30	ständig von Batterie +	Innenraumleuchte Kofferraumbeleuchtung Warnblinker Zeituhr Radio
5	30	15	bei eingeschalteter Zündung Klemme 15	Scheibenwischer Signalhorn Scheinwerferwaschanlage
6	20	15	wie Sicherung 5	Rückfahrscheinwerfer Zigarettenanzünder Vergaservorwärmung Instrumente
7	10	15	wie Sicherung 5	Blinker Bremsleuchten
8	20	30	über betreffendes Relais	heizbare Heckscheibe beheizte Vordersitze
9	20	15 A	bei eingeschalteter Zündung Klemme 15 A	Heizungsgebläse
10	30	15 A	wie Sicherung 9	Kühlerventilator
11	30	15	bei eingeschalteter Zündung Klemme 15	Einspritzanlage / Kraftstoffpumpe
12	15	58	über betreffenden Schalter Klemme 58	Nebelleuchten Zentralverriegelung
13	15	30	über Relais für Fernscheinwerfer	Fernscheinwerfer
14	10	56	bei eingeschaltetem Lichtschalter über Leuchtenschalter Klemme 56 A	Fernlicht links
15	10	56	wie Sicherung 14	Fernlicht rechts
16	10	56	wie Sicherung 14	Abblendlicht links
17	10	56	wie Sicherung 14	Abblendlicht rechts

Leitlinien

In den folgenden Stromlaufplänen sind die einzelnen Stromkreise nebeneinander aufgezeichnet und in Detailschaltplänen zusammengefaßt. Der funktionelle Zusammenhang der verschiedenen Teile der Autoelektrik läßt sich dadurch problemlos übersehen.

Aufbau der Stromlaufpläne

Strompfade: An der Fußleiste unten sind die Stromlaufpläne durchnumeriert. Für jedes Bauteil ist mindestens ein eigener Strompfad vorhanden. In den Stromlaufplan-Erläuterungen sind die Strompfade zum jeweiligen Bauteil angegeben und können so leicht aufgesucht werden. Bei Strompfaden mit sonst unvermeidbaren Kreuzungen ist durch eine viereckig umrahmte Nummer zum betreffenden Strompfad verwiesen.
Schalter: Bei Schaltern, die mehrere Funktionen vereinen (z. B. Signalschalter), ist der jeweilige Schalterteil getrennt dargestellt. Seine Zugehörigkeit zu einem Schalterzusammenbau ist ebenfalls numerisch gekennzeichnet (z. B. S 5.1, S 5.2 usw.).
Sicherungskasten: Die Sicherungen sind im oberen Teil des Stromlaufplans angeordnet. Bei Anschluß mehrerer Bauteile oder Schaltungseinheiten an einer Sicherung ist jeweils die gleiche Sicherung eingezeichnet.
Masse: Sie ist dargestellt durch die Fußleiste im Stromlaufplan.
Baugruppen: Sie sind nach den Kennbuchstaben der folgenden Tabelle geordnet:

Kenn-buchstabe	Benennung	Beispiel
E	Verschiedenes	Beleuchtungseinrichtungen
F	Schutzeinrichtungen	Sicherungen, Schutzrelais, Sperren
G	Stromversorgung	Generator, Batterie usw.
H	Meldeeinrichtungen	Optische und akustische Meldegeräte
K	Schütze	Relais, Zeitrelais, Blinkrelais
L	Induktivitäten	Zündspule, Drosselspulen
M	Motoren	Wischer, Fensterheber usw.
P	Meßgeräte	Drehzahl, Uhren, Voltmeter usw.
R	Widerstände	Gebläse, Vorwiderstand usw.
S	Schalter	Wischer, Signal, Schlußleuchte usw.
X	Klemmen, Stecker	Steckdose, Zubehörklemme
Y	Elektrisch betätigte mechanische Einrichtungen	Kompressor, Magnetventil, Hubmagnet usw.

Kabelfarben: Sie sind abgekürzt angegeben. Es bedeuten: BL – blau; BR – braun; GE – gelb; GN – grün; GR – grau; HLB – hellblau; LI – lila; RT – rot; SW – schwarz; WS – weiß.
Leitungsquerschnitt: Hinter der Kabelfarbe kennzeichnen die Zahlen in den Leitungen den Kabelquerschnitt in mm^2.
Normklemmen: Ein- bis zweistellige Ziffern, teils mit Zusatzbuchstaben in Kleinschreibung, sowie einige Buchstaben in Großschreibung, kennzeichnen genormte Klemmen an elektrischen Bauteilen. Siehe auch Seite 177.

Für welche Modelle?

Der Stromlaufplan ist aus mehreren Teilplänen zusammengesetzt und gilt als Basis für die gesamte Ascona-C-Modellreihe. Es sind jedoch nicht alle in der Produktion möglicherweise eingebauten Verbraucher und Schaltkreise enthalten, aber der Dieselmotor ist berücksichtigt.

Schaltplan 1

Erläuterungen Seite 184

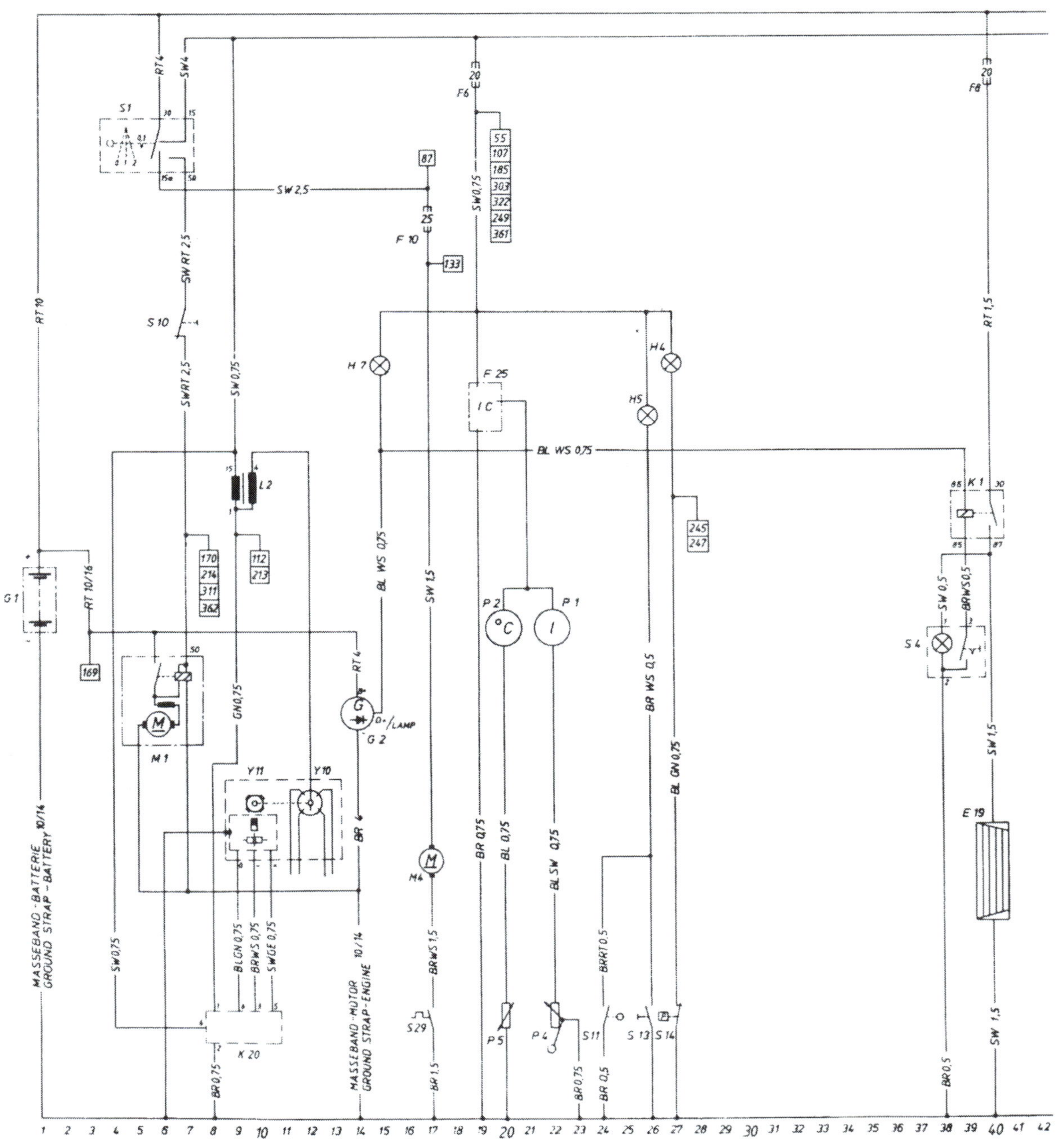

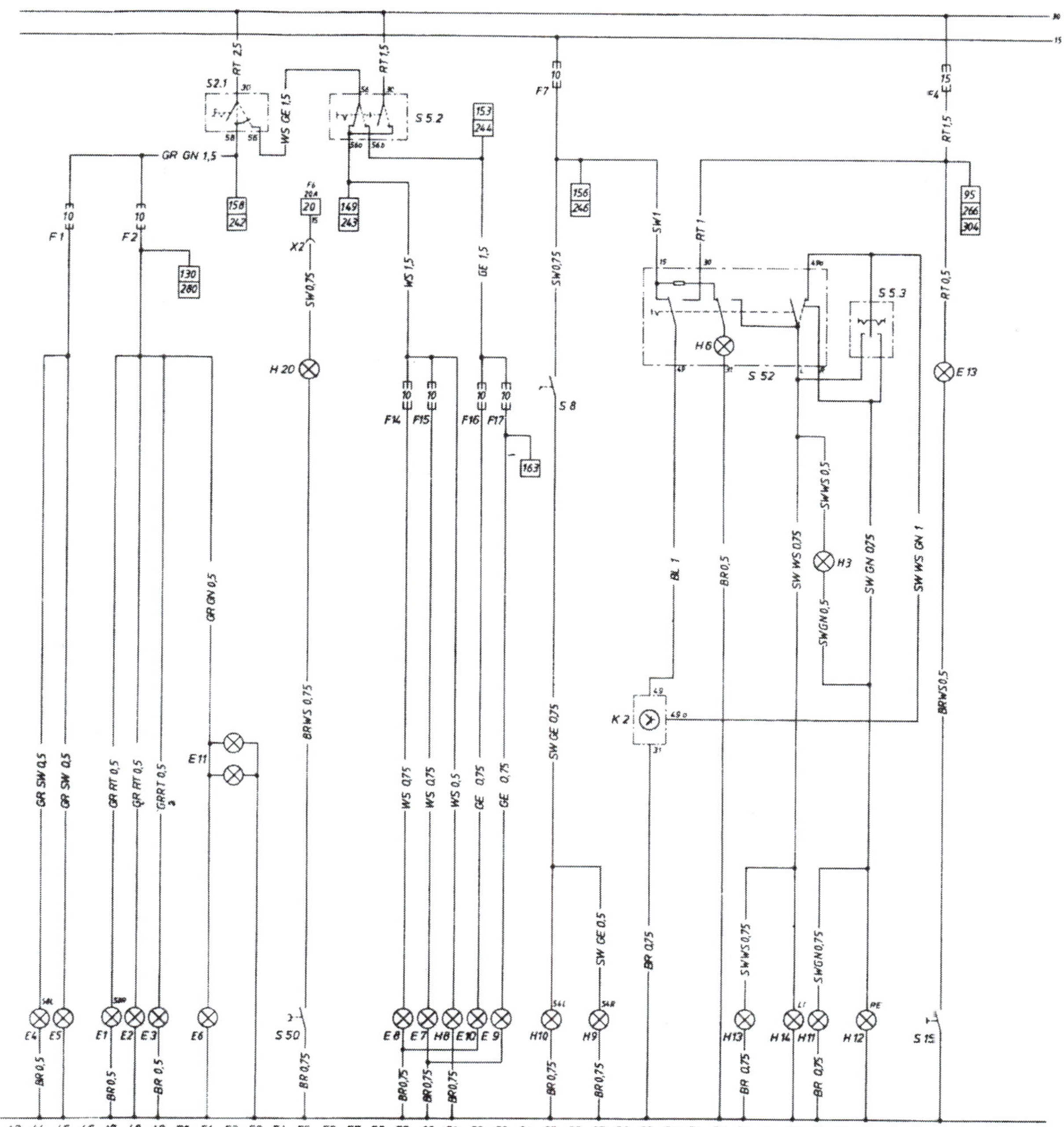

30
15
S2.1
RT 2,5
WS GE 1,5
RT 1,5
S 5.2
153
244
GR GN 1,5
F1
F2
158
242
20
X2
149
243
F7
156
246
95
266
304
130
280
SW 0,75
WS 1,5
GE 1,5
SW 1
RT 1
RT 1,5
S 5.3
H6
S 52
H 20
F14
F15
F16
F17
163
S 8
E 13
RT 0,5
SW WS 0,5
H3
BL 1
BR 0,5
SW WS 0,75
SW GN 0,75
SW WS GN 1
SW GN 0,5
GR GN 0,5
BR WS 0,75
K 2
BR WS 0,5
E11
GR SW 0,5
GR RT 0,5
WS 0,75
WS 0,5
GE 0,75
SW GE 0,75
SW GE 0,5
BR 0,75
SW WS 0,75
SW GN 0,75
E4
E5
E1
E2
E3
E6
S 50
E8
E7
H8
E10
E 9
H10
H9
H13
H 14
H11
H 12
S 15
BR 0,5
BR 0,75
43 44 45 46 47 48 49 50 51 52 53 54 55 56 57 58 59 60 61 62 63 64 65 66 67 68 69 70 71 72 73 74 75 76 77 78 79 80 81 82 83 84 85

Erläuterungen zum Schaltplan 1, Seite 182 bis 183

Bezeichnung der Teile		im Strompfad
E 1	– Standlicht rechts	47
E 2	– Schlußlicht rechts	48
E 3	– Leuchte Kennzeichen	49
E 4	– Standlicht links	44
E 5	– Schlußlicht links	45
E 6	– Leuchte Motorraum	52
E 7	– Fernlicht rechts	60
E 8	– Fernlicht links	59
E 9	– Abblendlicht rechts	63
E 10	– Abblendlicht links	62
E 11	– Leuchten Instrument	51
E 13	– Leuchte Heckraum	81
E 19	– Heckscheibe heizbar	40
F 1, F 2, F 4, F 6, F 7, F 8,		45, 48, 81, 19, 65, 40
F 10, F 14, F 15, F 16, F 17		17, 59, 60, 62, 63
	– Sicherung (im Sicherungskasten)	
F 25	– Spannungsstabilisator	19
G 1	– Batterie	1
G 2	– Generator	14
H 3	– Kontrolleuchte für Blinker	76
H 4	– Kontrolleuchte für Öldruck	27
H 5	– Kontrolleuchte für Feststellbremse und Bremsflüssigkeit	26
H 6	– Kontrolleuchte für Warnblinkanlage	72
H 7	– Ladekontrolleuchte	15
H 8	– Kontrolleuchte für Fernlicht	61
H 9	– Bremslicht rechts	67
H 10	– Bremslicht links	65
H 11	– Blinklicht vorn, rechts	76
H 12	– Blinklicht hinten, rechts	78
H 13	– Blinklicht vorn, links	73

Bezeichnung der Teile		im Strompfad
H 14	– Blinklicht hinten, links	75
H 20	– Kontrolleuchte für Starterklappe	55
K 1	– Relais Heckscheibe, heizbar	39
K 2	– Blinkgeber	69
K 20	– Zündungsmodul Zündspule, TSZ	8, 10
L 2	– Zündspule TSZ	9
M 1	– Anlasser	7
M 4	– Motor Gebläse, Kühler	17
P 1	– Kraftstoffanzeige	22
P 2	– Temperaturanzeige	20
P 4	– Meßgerät Kraftstoff	22
P 5	– Temperaturgeber	20
S 1	– Schalter Anlasser	6, 7
S 2	– Schalter Licht ZSB	
S 2.1	– Schalter Licht	52, 53
S 4	– Schalter Heckscheibe, heizbar	39
S 5	– Signalschalter ZSB	
S 5.2	– Schalter Fernlicht und Abblendlicht	57
S 5.3	– Schalter Blinker	78
S 8	– Schalter Bremslicht	65
S 10	– Schalter Automatisches Getriebe	7
S 11	– Kontrollschalter Bremsflüssigkeit	24
S 13	– Schalter Kontrolleuchte, Feststellbremse	26
S 14	– Schalter Öldruck	27
S 15	– Schalter Leuchte, Heckraum	81
S 29	– Schalter Gebläse, Kühler	17
S 50	– Schalter (Bowdenzug Starterklappe)	55
S 52	– Schalter Warnlicht	69 . . . 75
Y 10	– Zündverteiler TSZ	12
Y 11	– Hallgeber	9, 10
X 2	– Steckanschluß (Zusatzverbraucher)	55

Erläuterungen zum Schaltplan 2, Seite 186 bis 187

Bezeichnung der Teile		im Strompfad
E 12	– Leuchte Wählhebel	100
E 14	– Leuchte innen	92
E 15	– Leuchte Handschuhkasten	105
E 16	– Leuchte Zigarettenanzünder	102
E 17	– Rückfahrscheinwerfer rechts	108
E 18	– Rückfahrscheinwerfer links	107
E 20	– Nebelscheinwerfer links	158
E 21	– Nebelscheinwerfer rechts	159
E 22	– Scheinwerfer fern, links	151
E 23	– Scheinwerfer fern, rechts	153
E 24	– Nebelschlußleuchte	163
E 31	– Leuchte Symboleinsatz	166
E 32	– Leuchte Uhr	98
E 33	– Leuchte Ascher	103
E 34	– Leuchte Heizungsbediengerät	167
E 39	– Nebelschlußleuchte rechts	162
F 5, F 9, F 12, F 13	– Sicherung (im Sicherungskasten)	118, 87, 158, 151, 160
H 1	– Empfangsgerät	95
H 2	– Horn	109
H 18	– Fanfare	110
K 4	– Relais Scheinwerfer, fern	149
K 5	– Relais Scheinwerfer, Nebel	156
K 8	– Relais Intervallwischer Frontscheibe	120, 123
K 9	– Relais Wascheranlage Scheinwerfer	129
K 30	– Relais Intervallwischer Heckscheibe	142, 144
M 2	– Motor Wischer Frontscheibe	119

Bezeichnung der Teile		im Strompfad
M 3	– Motor Gebläse Heizung	89
M 5	– Pumpe Wascher	117
M 6	– Motor Wischer, Scheinwerfer links	130
M 7	– Motor Wischer, Scheinwerfer rechts	135
M 8	– Motor Wischer, Heckscheibe	140
M 9	– Pumpe Wascher, Heckscheibe	145
P 3	– Uhr	96
P 7	– Meßgerät Drehzahl	113
P 8	– Meßgerät Öldruck	115
P 9	– Voltmeter	114
P 10	– Druckgeber Öl	115
S 5.5	– Schalter Horn	109
S 2.2	– Schalter Leuchte, innen	90
S 3	– Schalter Gebläse, Heizung	86 . . . 89
S 7	– Schalter Rückfahrscheinwerfer	107
S 9	– Schalter Wischer ZSB	
S 9.2	– Schalter Wischer Frontscheibe, Intervall	117 . . . 121
S 9.3	– Schalter Wischer Heckscheibe, Intervall	143, 144
S 16	– Kontaktschalter Tür, rechts	93
S 17	– Kontaktschalter Tür, links	92
S 18	– Schalter Leuchte, Handschuhkasten	105
S 21	– Schalter Nebelscheinwerfer	156
S 22	– Schalter Nebelschlußleuchte	163, 164
S 31	– Kontaktschalter Tür, hinten links	91
S 32	– Kontaktschalter Tür, hinten rechts	93
X 2	– Steckanschluß (Zusatzverbraucher)	95, 100
Y 4	– Magnetventil Wascher Scheinwerfer	134

Schaltplan 2

Erläuterungen Seite 185

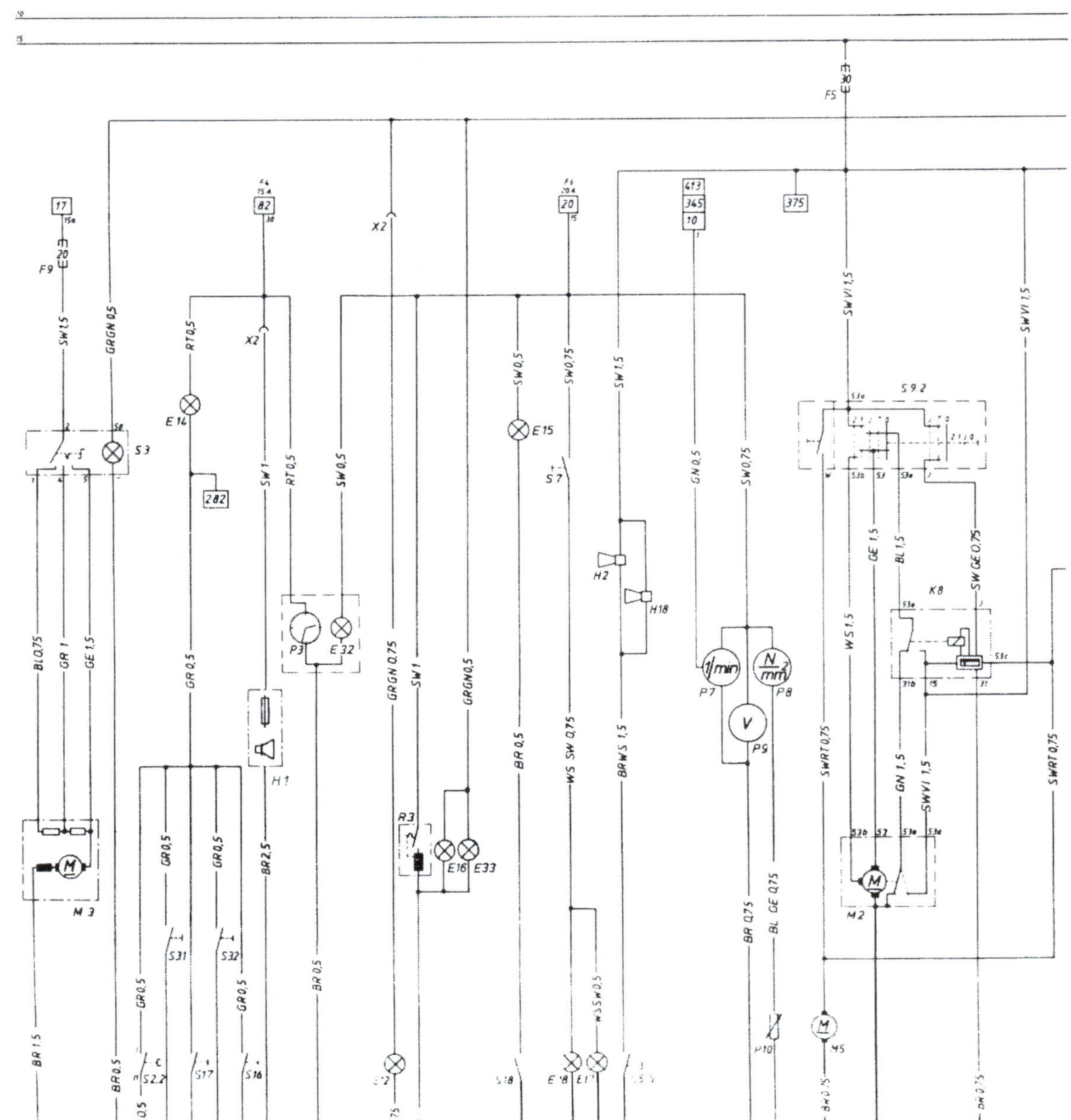

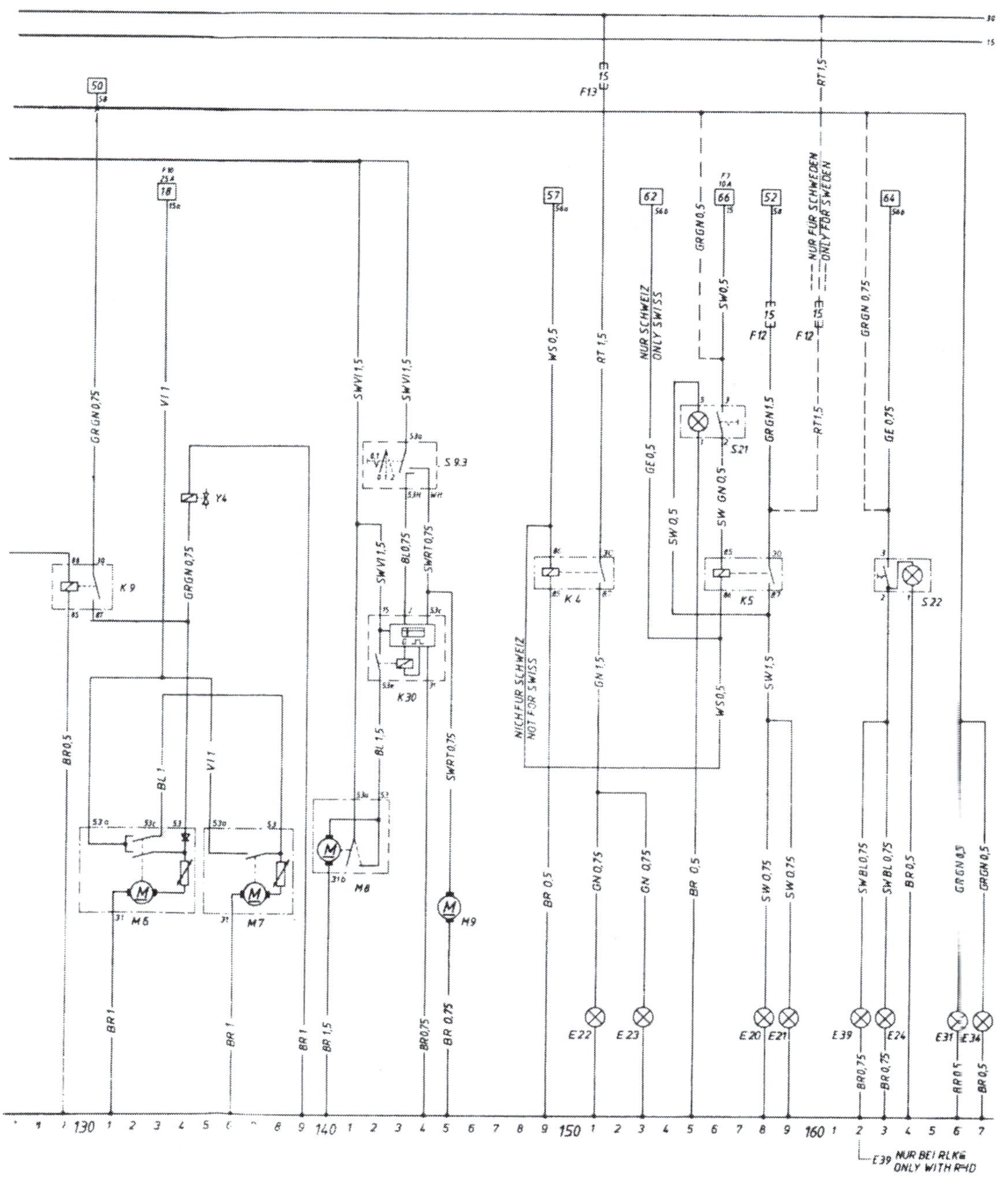

NUR FUR SCHWEDEN
ONLY FOR SWEDEN
NUR SCHWEIZ
ONLY SWISS
NICHT FUR SCHWEIZ
NOT FOR SWISS
NUR BEI RLKG
ONLY WITH RHD
K9
K30
K4
K5
S21
S22
M6
M7
M8
M9
E22
E23
E20
E21
E39
E24
E31
E34

Schaltplan 3

Erläuterungen Seite 190

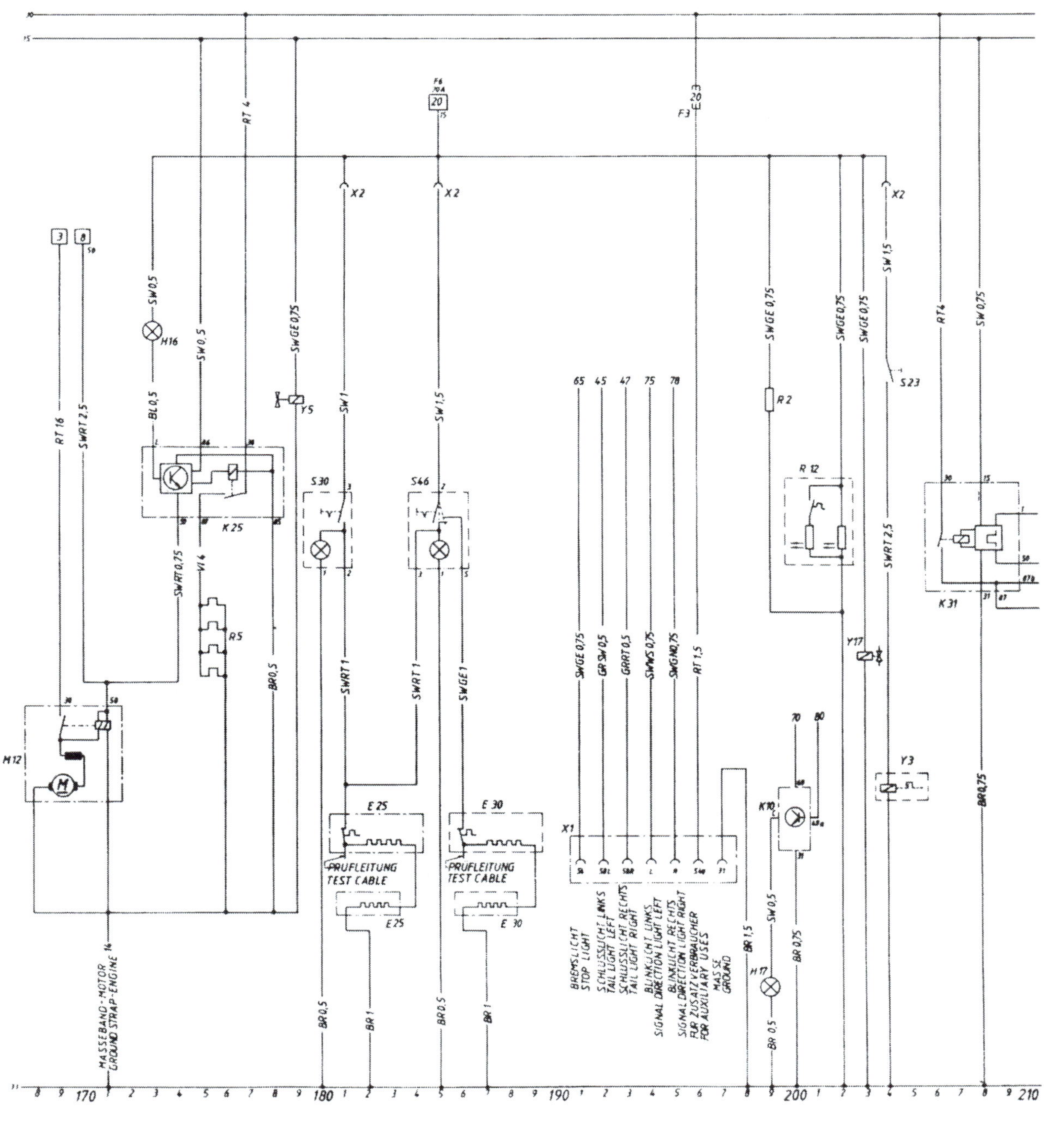

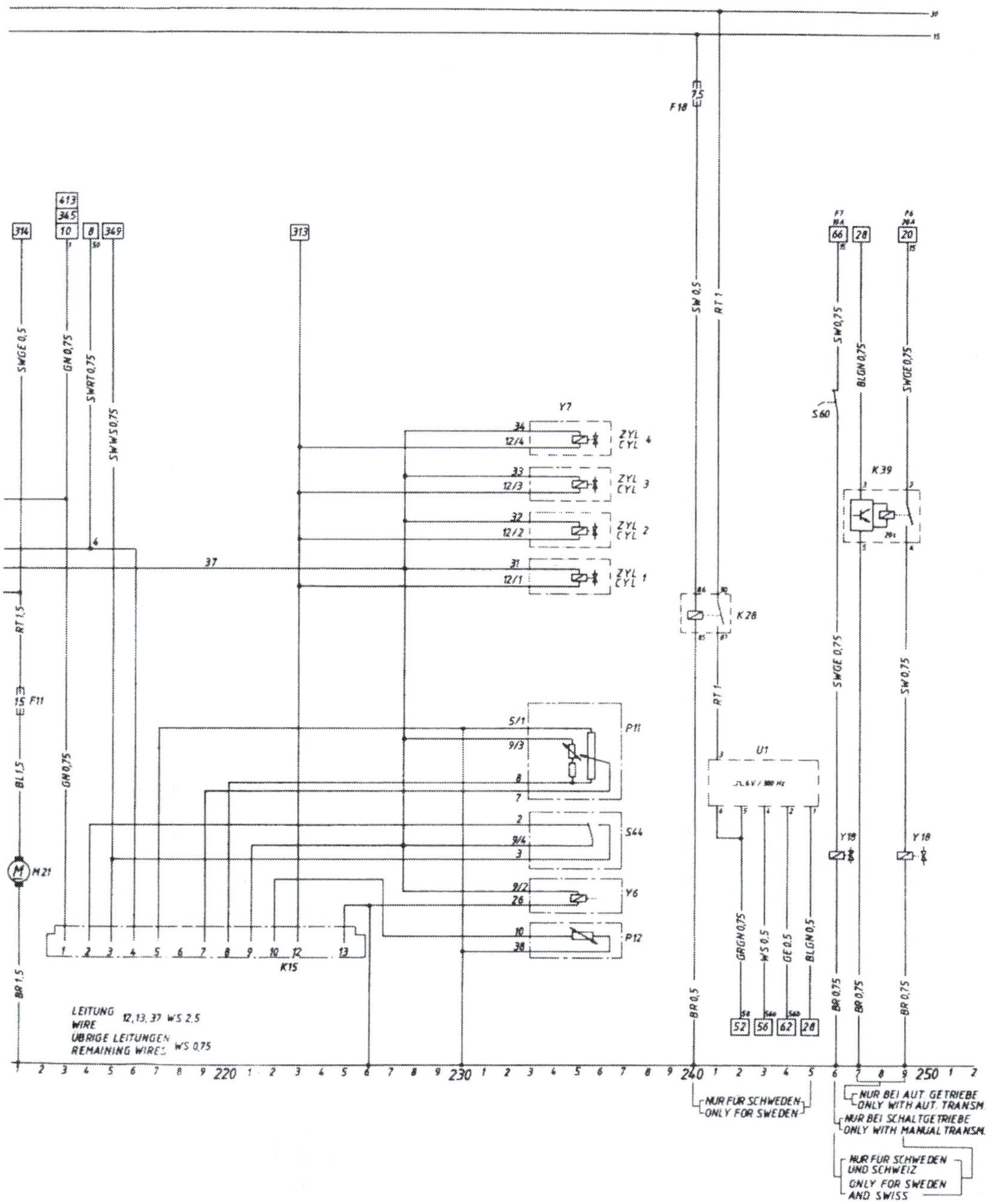

F18
7,5
SW 0,5
RT 1
314
413
345
10
8
349
313
SWGE 0,5
GN 0,75
SWRT 0,75
SWWS 0,75
Y7
ZYL CYL 4
ZYL CYL 3
ZYL CYL 2
ZYL CYL 1
37
RT 1,5
15 F11
BL 1,5
M21
BR 1,5
K28
P11
S44
Y6
P12
K15
U1
GRGN 0,75
WS 0,5
GE 0,5
BLGN 0,5
BR 0,5
S60
K39
SW 0,75
BLGN 0,75
SWGE 0,75
Y18
BR 0,75
LEITUNG 12, 13, 37 WS 2,5
WIRE
ÜBRIGE LEITUNGEN WS 0,75
REMAINING WIRES
220
230
240
250
NUR FÜR SCHWEDEN
ONLY FOR SWEDEN
NUR BEI AUT. GETRIEBE
ONLY WITH AUT. TRANSM.
NUR BEI SCHALTGETRIEBE
ONLY WITH MANUAL TRANSM.
NUR FÜR SCHWEDEN UND SCHWEIZ
ONLY FOR SWEDEN AND SWISS

Erläuterungen zum Schaltplan 3,
Seite 188 bis 189

Bezeichnung der Teile		im Strompfad
E 25	– Heizmatte Vordersitz, links	181 ... 184
E 30	– Heizmatte Vordersitz, rechts	186 ... 189
F 3, F 11,		196, 211,
F 18	– Sicherung (im Sicherungskasten)	240
H 16	– Kontrolleuchte Glühzeit	173
H 17	– Kontrolleuchte Blinklicht, Anhänger	199
K 25	– Relais Glühzeit	174, 178
K 10	– Blinkgeber Anhänger	200, 201
K 31	– Relais Pumpe, Kraftstoff	206 ... 208
K 15	– Steuergerät Einspritzanlage, Kraftstoff	213 ... 225
K 28	– Relais Tagesfahrlicht	240, 241
K 39	– Relais Schaltverzögerung	247 ... 249
M 12	– Anlasser (Diesel)	168, 171
M 21	– Pumpe elektrisch, Kraftstoff	211
P 11	– Luftmengenmesser	235
P 12	– Fühler Temperatur	235
R 12	– Startautomatik	202
R 5	– Glühstiftkerzen	175, 176
R 2	– Vergaservorwärmung	199
S 23	– Schalter Entriegelung, Deckel, Heckr.	204
S 30	– Schalter Heizmatte, Vordersitz links	180, 181
S 44	– Schalter Drosselklappe	235
S 46	– Schalter Heizmatten, Vordersitz	184 ... 186
S 60	– Schalter Kupplungspedal	246
X 1	– Steckdose Anhänger	191 ... 197
X 2	– Steckanschluß (Zusatzverbraucher)	181, 185, 204
Y 3	– Magnet Entriegelung, Deckel, Heckraum	204
Y 5	– Magnetventil (Diesel)	179
Y 6	– Schieber Zusatzluft	235
Y 7	– Magnetventile	235
Y 17	– Magnetventil Leerlaufabschaltung	203
Y 18	– Magnetventil Schließdämpfer	246, 249
U 1	– Spannungswandler Tagesfahrlicht	241 ... 245

Erläuterungen zum Schaltplan 4,
Seite 192 bis 193

Bezeichnung der Teile		im Strompfad
E 38	– Leuchte Bordrechner	309
F 19	– Schutzschalter (20 A)	274
H 19	– Warnsummer Scheinwerfer Einschaltkontrollsystem	280, 283
H 23	– Empfangsgerät Antenne, Automatik	269
H 25	– Kontrolleuchte Spiegelheizung	330
K 29	– Relais Antenne, Automatik	259 ... 267
K 35	– Relais Schaltverzögerung, Außenspiegel, heizbar	335 ... 338
K 36	– Relais Bordrechner	312 ... 314
M 14	– Motor Fensterheber, vorn links	273, 275
M 15	– Motor Fensterheber, vorn rechts	276, 278
M 26	– Motor Antenne, Automatik	259 ... 267
M 28	– Außenspiegel einstellbar, links	318 ... 320
M 30	– Außenspiegel einstellbar und heizbar, links	325 ... 328
M 31	– Außenspiegel einstellbar und heizbar, rechts	332 ... 335
P 4	– Meßgerät Kraftstoff	310
P 13	– Temperaturgeber Außenluft	312
P 14	– Sensor Wegstrecke	303, 304
P 15	– Mengenmesser Kraftstoff	305, 306
S 37	– Schalter Fensterheber, Tür vorn links	272 ... 275
S 38	– Schalter Fensterheber, Tür vorn rechts	276 ... 279
S 47	– Kontaktschalter Tür und Scheinwerfer Einschaltkontrollsystem	283
S 67	– Schalter Außenspiegel, einstellbar, links	317 ... 320
S 68	– Schalter Außenspiegel, einstellbar und heizbar	323 ... 332
U 3	– Bordrechner ZSB	304 ... 313
U 3.1	– Schalter Vorrang Uhr	311
U 3.2	– Schalter Funktionswahl	311
U 3.3	– Schalter Funktionslöschung	311
	Bedienung Stoppuhr	311
	Stunden- u. Minuteneinstellung	311
X 2	– Steckanschluß (Zusatzverbraucher)	266, 274, 280, 322

Erläuterungen zum Schaltplan 5, Seite 194 bis 195

Bezeichnung der Teile		im Strompfad
F 20	Schutzschalter Zentralverriegelung (20 A)	367
F 22	Sicherung Gemischvorwärmung	360
K 37	Relais Zentralverriegelung, Tür	366...370
K 45	Relais Gemischvorwärmung	360, 361
K 46	Steuergerät Vorzündung, EZL	345...350
K 52	Zündungsmodul Zündspule, EZL	342, 343
L 3	Zündspule EZL	343, 344
M 18	Motor Zentralverriegelung, Tür vorn rechts	369, 372
M 19	Motor Zentralverriegelung, Tür hinten links	369, 372
M 20	Motor Zentralverriegelung, Tür hinten rechts	369, 372
P 14	Sensor Wegstrecke	356, 357
R 7	Gemischvorwärmung	360
S 41	Schalter Zentralverriegelung, Tür	366, 367
S 66	Schalter Unterdruck ELS	348
S 73	Schalter Temperatur	361
S 74	Schalter Temperatur Motor	351
S 75	Schalter Temperatur Oil	351
S 77	Schalter Wegstrecke	353...356
Y 11	Hallgeber	345, 346
Y 22	Zündverteiler EZL	348
X 2	Steckanschluß (Zusatzverbraucher)	367
F 19	Schutzschalter Fensterheber (20 A)	385

Bezeichnung der Teile		im Strompfad
F 24	Sicherung Wagenhöhenregulierung	379
K 19	Relais Wagenhöhenregulierung	378, 379
K 21	Sensor Wagenhöhenregulierung	375...378
M 14	Motor Fensterheber, vorn links	394, 396
M 15	Motor Fensterheber, vorn rechts	388, 390
M 16	Motor Fensterheber, hinten links	392, 394
M 17	Motor Fensterheber, hinten rechts	396, 398
M 22	Kompressor Wagenhöhenregulierung	379
S 37	Schalter Fensterheber, Tür vorn links	374...377
S 38	Sicherheitsschalter	383
S 39	Schalter Fensterheber, Tür hinten links	392...394
S 40	Schalter Fensterheber, Tür hinten rechts	396...398
S 78	Schalter Fensterheber, Tür vorn rechts	388...391
S 79	Schalter Fensterheber, Tür hinten links	392...395
S 80	Schalter Fensterheber, Tür hinten rechts	396...399
Y 9	Magnetventil Wagenhöhenregulierung	377
X 2	Steckverbindung (Zusatzverbraucher)	385
L 4	Zündspule TSZ, induktiv	411, 412
Y 15	Induktivgeber mit Zündungsmodul	410, 411
Y 23	Zündverteiler TSZ, induktiv	415

Schaltplan 4
Erläuterungen Seite 190

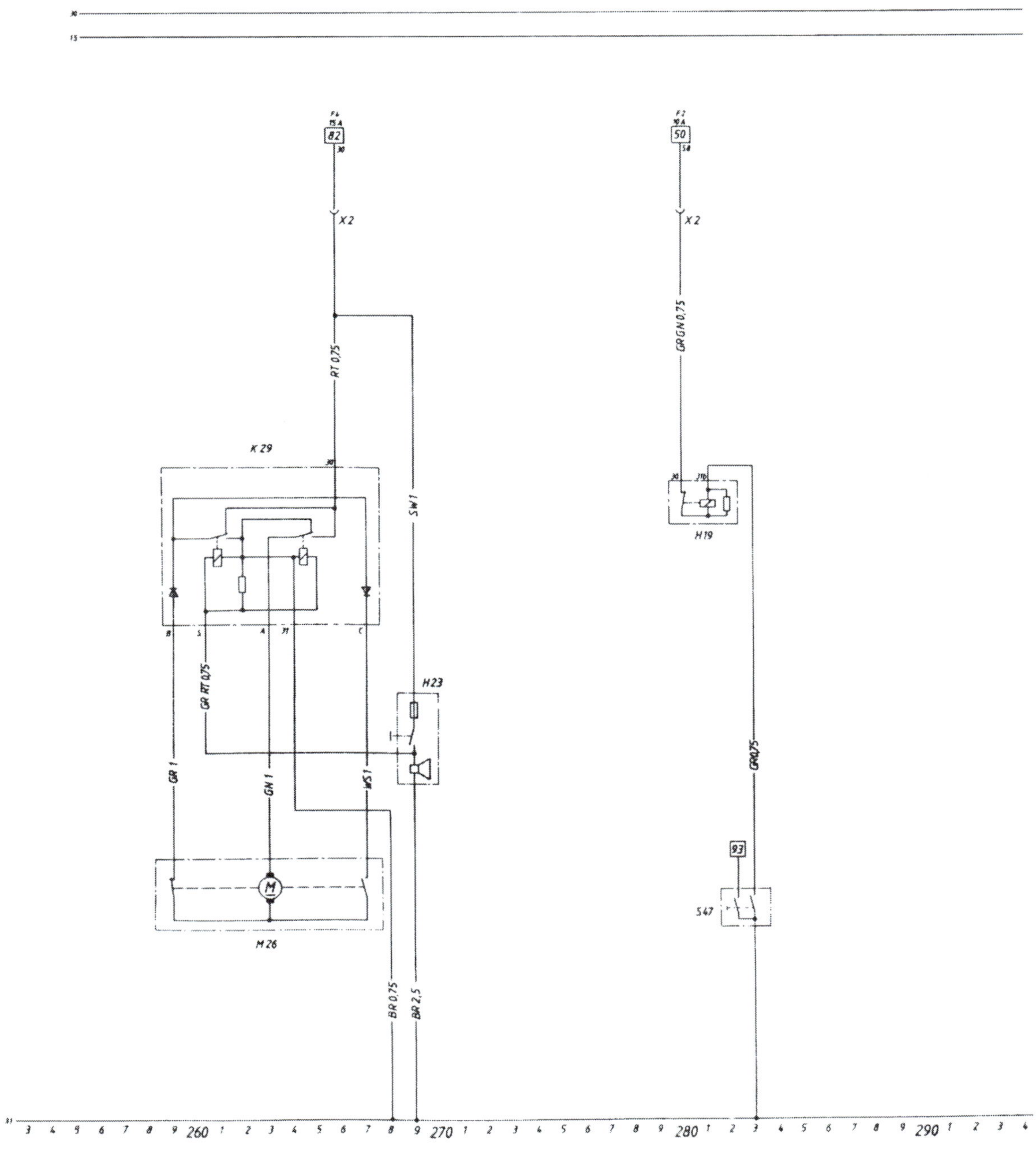

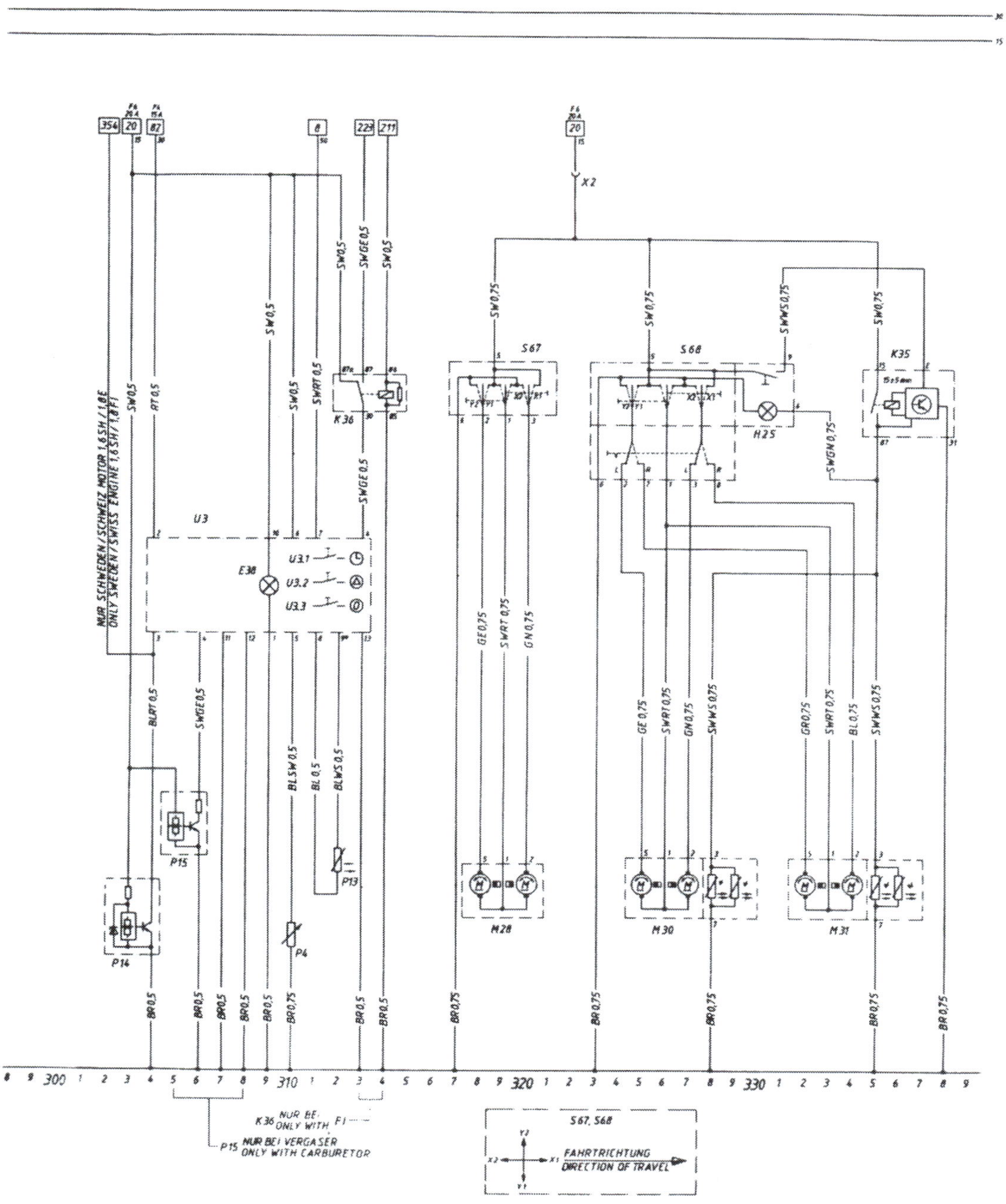
NUR SCHWEDEN/SCHWEIZ MOTOR 1,6SH/1,8E
ONLY SWEDEN/SWISS ENGINE 1,6SH/1,8E
U3
E38
K36
S67
S68
K35
H25
M28
M30
M31
P13
P14
P15
P4
K36 NUR BEI ONLY WITH F1
P15 NUR BEI VERGASER ONLY WITH CARBURETOR
S67, S68
FAHRTRICHTUNG
DIRECTION OF TRAVEL

Schaltplan 5

Erläuterungen Seite 191

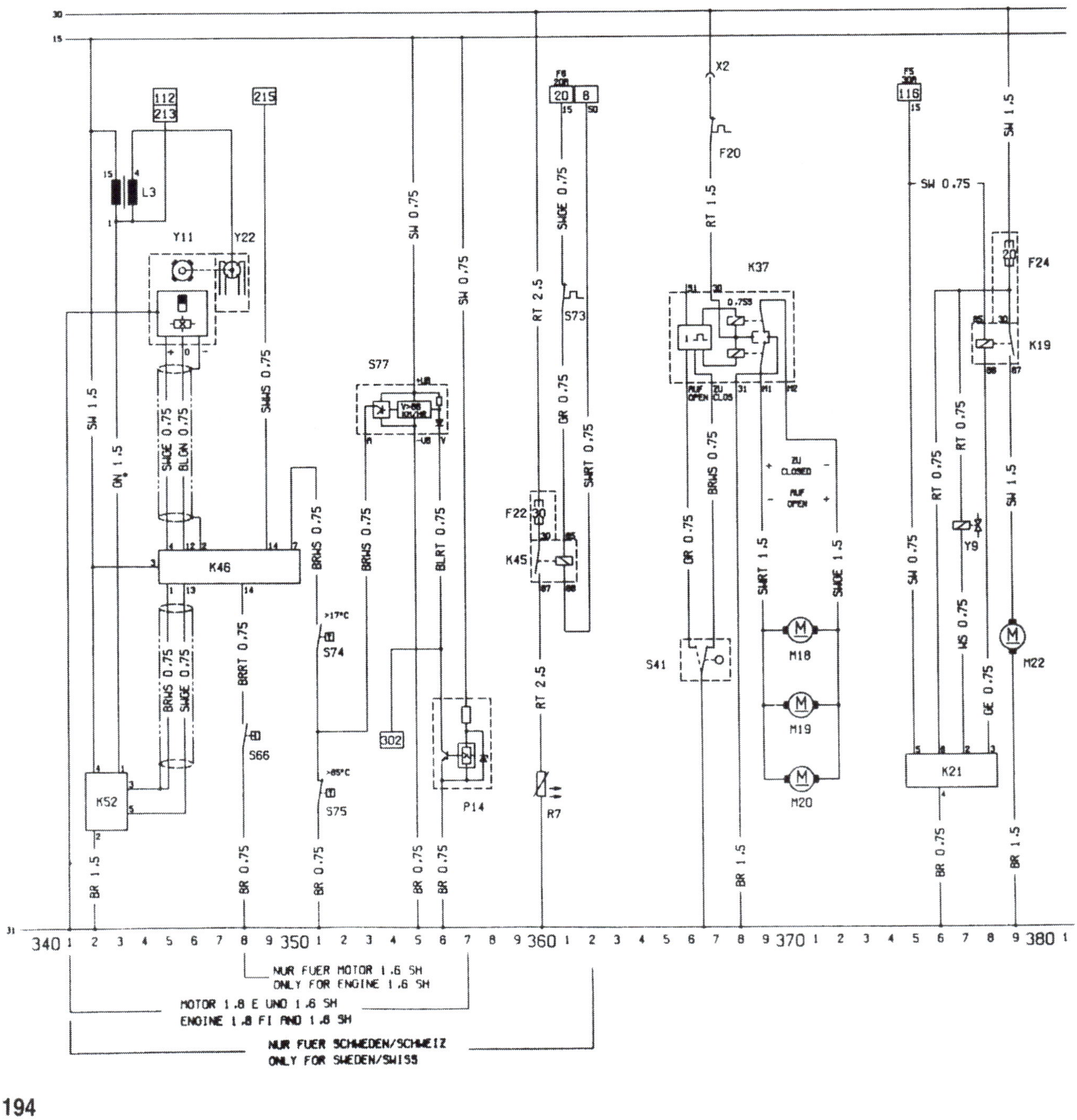

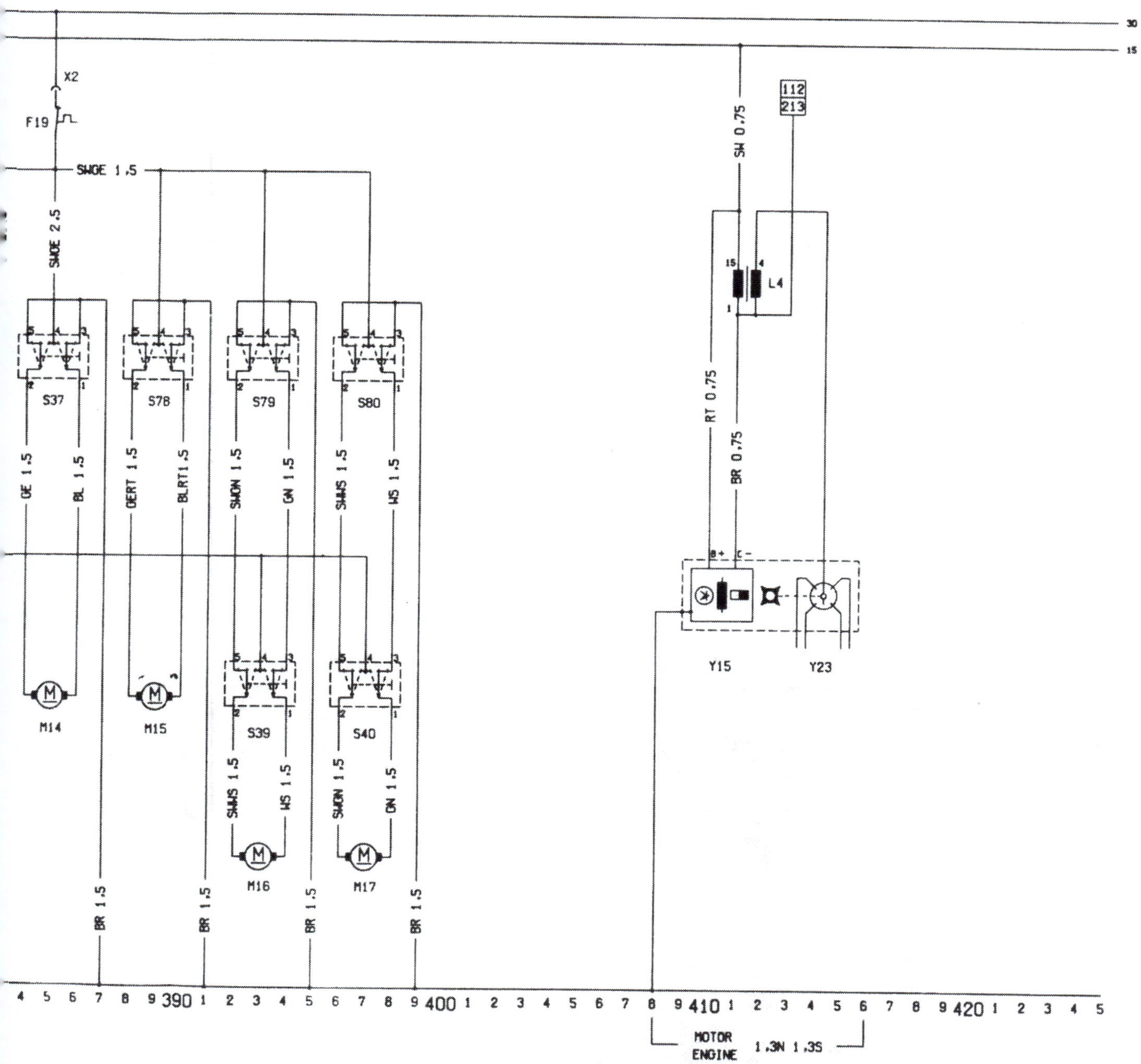
30
15
X2
F19
SWOE 1,5
SWOE 2,5
S37
S78
S79
S80
GE 1,5
BL 1,5
GERT 1,5
BLRT1,5
SWGN 1,5
GN 1,5
SWWS 1,5
WS 1,5
M14
M15
S39
S40
M16
M17
BR 1,5
SW 0,75
112
213
L4
RT 0,75
BR 0,75
Y15
Y23
4 5 6 7 8 9 390 1 2 3 4 5 6 7 8 9 400 1 2 3 4 5 6 7 8 9 410 1 2 3 4 5 6 7 8 9 420 1 2 3 4 5
MOTOR
ENGINE
1,3N 1,3S

Polarität

Wie üblich besitzt der Opel eine Bleibatterie, auch Akkumulator genannt. Die Energieumwandlung ist hier umkehrbar: Beim Entladen wird aus chemischer Energie elektrische Energie gewonnen, und beim Laden wird elektrische Energie in chemische Energie umgesetzt.

So funktioniert die Batterie

Eine Bleiplatte als Elektrode, die mit verdünnter Schwefelsäure (dem Elektrolyt) in Verbindung kommt, gibt unter dem Einfluß des Lösungsdruckes positive Ionen, also elektrisch geladene Teilchen an den Elektrolyten ab. Dadurch wird zwischen der Bleiplatte und dem Elektrolyten eine elektrische Spannung aufgebaut.
In der Praxis verläßt man sich jedoch nicht auf diesen freiwilligen Übertritt geladener Teilchen, sondern zwingt der Batterie eine Ladespannung auf. Das hat den Effekt, daß sich das Bleisulfat der Platten einer entladenen Batterie an der positiven Elektrode in Bleidioxid und an der negativen Elektrode in Bleischwamm umwandelt. Gleichzeitig wird im Elektrolyten wieder Schwefelsäure gebildet, und als äußeres Zeichen für den fast abgeschlossenen Ladevorgang steigen Gasbläschen auf.
Beim Entladen dreht sich der Vorgang um. Das Bleidioxid der positiven Platte und der Bleischwamm der negativen werden wieder zu Bleisulfat, wobei sich die Schwefelsäure verbraucht und Wasser gebildet wird. Mit der Entladung sinkt deshalb die Säuredichte ab.

Batterie-Daten

Typnummer: Eine fünfstellige Zahl dient einheitlich bei allen deutschen Batterie-Herstellern zur Kennzeichnung von Leistung, Abmessungen und Bauart. Bei unseren Modellen lauten die entsprechenden Kennzahlen 53624, 54434, 55530 bzw. 56637. Die auf die Ziffer 5 folgende Zahl 36, 44, 55 oder 66 gibt die Batterie-Kapazität an. Die nachfolgenden beiden Ziffern kennzeichnen Konstruktionsmerkmale sowie die Ausführung.
Spannung und Kapazität: In der Angabe 12 V/44 Ah gibt die vorangestellte 12 V natürlich die Spannung an. Hinter dem Schrägstrich ist die Stromstärke in ihrer »zeitlich lieferbaren Menge« vermerkt – »Ah« steht für Amperestunden. Das ist die Nenn-Batteriekapazität, die nach Normbedingungen gemessen wird. In der Praxis rechnet man allerdings nur mit ⅔ der angegebenen Kapazität; bei einer älteren Batterie lediglich mit der Hälfte.

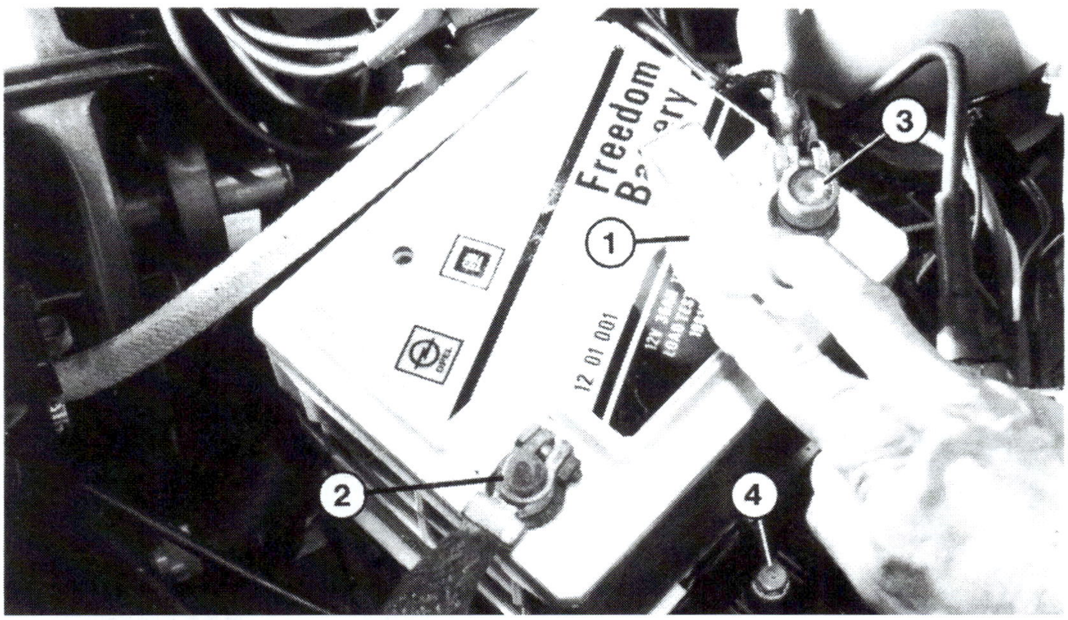

Der Pluspol (3) der »Freedom«-Batterie ist von einer hochklappbaren Kappe (1) bedeckt, womit ein Kurzschluß – etwa durch abgelegtes Werkzeug – vermieden wird. 2 – Minuspol; 3 – Befestigungsschraube am Batteriehalter.

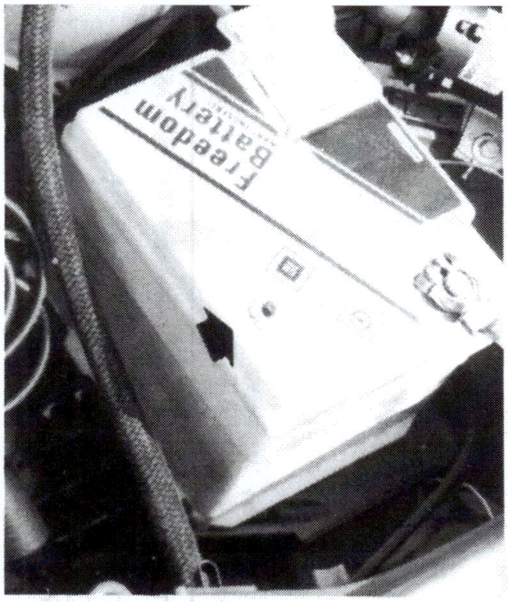

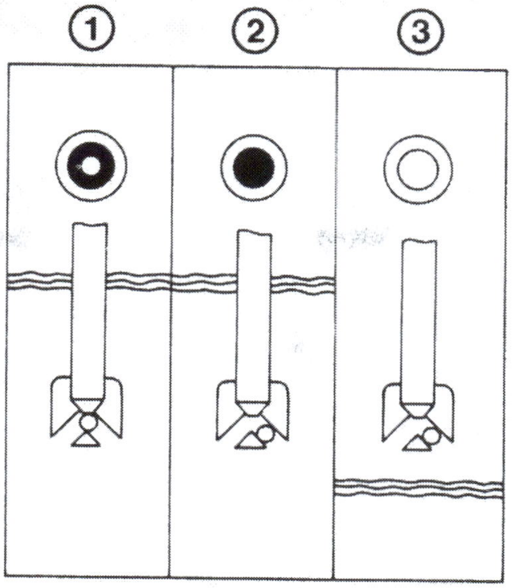

Das Sichtfenster der wartungsfreien Batterie offenbart den Ladezustand. 1 – Grüner Punkt im Zentrum des Säuredichteprüfers: Die Kugel liegt im Käfig direkt vor dem Kunststoffstab, die Batterie ist mindestens bis zu 65 % geladen. 2 – Dunkles Zentrum: Die Kugel liegt nicht vor dem Kunststoffstab, die Ladung beträgt weniger als 65 %. 3 – Helles oder hellgelbes Zentrum: Der Batteriesäurespiegel ist unter dem Kunststoffstab abgesunken. Bei Startschwierigkeiten Batterie ersetzen.

Kälteprüfstrom: Die Zahl 175 A, 210 A, 255 A oder 300 A nennt die Stromstärke, welche die Batterie bei −18°C liefern kann.

Leistung der Batterie

Wenn der Ascona mit eingeschaltetem Standlicht abgestellt ist, werden etwa 30 Watt gebraucht. Bei 12 Volt Spannung fließen dazu (nach der Formel: Leistung geteilt durch Spannung = Strom) 2,5 Ampere. Die können von der 44-Ah-Batterie theoretisch etwa 17½ Stunden lang geliefert werden. Aber in der Praxis sieht es schlechter aus:

□ Bei brennendem Standlicht versagt die Stromlieferung nach rund 12 Stunden.
□ Mit eingeschalteten Warnblinkern reicht der Strom etwa 4 Stunden.
□ Die größten Anforderungen an die Batterie stellt der Anlasser. Daher auch der Name »Starterbatterie«. Durch Reibungsverluste frißt der Anlasser im Augenblick des Einschaltens über 3000 Watt. Zum Durchdrehen des warmen Motors braucht er nur ⅕ dieser Leistung. Andererseits wird der Strombedarf des Anlassers höher, wenn die Temperaturen sinken und die Schmierstoffe dadurch zäher sind.

Temperatureinfluß auf die Batterie

Batterien haben die Eigenart, um so unwilliger auf Kälte zu reagieren, je weniger Strom sie gespeichert haben. Völlig leere Akkus sind so empfindlich, daß sie bei Frost einfrieren und platzen können. Ist die Batterie dagegen randvoll geladen, verträgt sie die Kälte verhältnismäßig gut. Vor der kalten Jahreszeit empfiehlt sich bei einem älteren Akku die Kontrolle des Ladezustands, siehe nächste Seite.

Wartungsfreie Batterien

Die Batterieflüssigkeit besteht aus Schwefelsäure, verdünnt mit destilliertem Wasser. Ein Teil dieses Wassers kann verdunsten oder wird beim Ladevorgang in Wasserstoff und Sauerstoff zersetzt. Deshalb muß bei herkömmlichen Autobatterien der Flüssigkeitsstand regelmäßig ergänzt werden.

Die »Freedom«-Batterie, von Opel gewöhnlich im Neuwagen eingebaut, ist völlig verschlossen, hat also keine Batteriestopfen. Antimonfreie Batterieplatten und ein Separator im Gehäusedekkel, der die Flüssigkeit sammelt und zurückleitet, verhindern den sonst üblichen Wasserverlust. Die Lebensdauer wird durch einen stabilen Säurespiegel verlängert. Dieser Batterietyp ist völlig wartungsfrei.

Wartungsfreie Batterien nach DIN 72 311 besitzen ein größeres Flüssigkeitsvolumen als die früher üblichen Akkus. Unter normalen Bedingungen sollen sie ihr gesamtes Leben ohne Nachfüllen von destilliertem Wasser auskommen. Erhöhten Wasserverlust verursachen lediglich höhere Umgebungstemperaturen, längere Aufenthalte in heißen Regionen (Urlaub), ein defekter Lichtmaschinen-Spannungsregler, Selbstentladung bei langen Standzeiten des Fahrzeugs oder Tiefentladung, etwa durch eingeschaltetes Standlicht über Nacht.

Batterie-Säurestand prüfen

Ständige Kontrolle

Dieser und der folgende Abschnitt betrifft nur eine konventionelle, nicht wartungsfreie Batterie.

■ Die Batterieflüssigkeit muß mindestens bis zum unteren der beiden Gehäuse befindlichen Markierungen (»MIN«) reichen, zumindest aber die Plattenoberkanten gut bedecken.

■ Bei abgesunkenem Flüssigkeitspegel

Bei konventionellen Batterien liegt auch der Pluspol offen: Vorsicht beim Hantieren im Motorraum mit Werkzeug oder Kabeln, um Kurzschlüsse zu vermeiden.
Es gibt einfache Hebesäuremesser, womit man den Ladezustand überprüfen kann: Wenn die Kugel in dem Säureheber oben schwimmt, ist die Batterie in Ordnung. Schwebt die Kugel etwa in der Mitte, ist der Ladezustand mäßig, und sinkt sie nach unten, muß Abhilfe geschaffen werden.

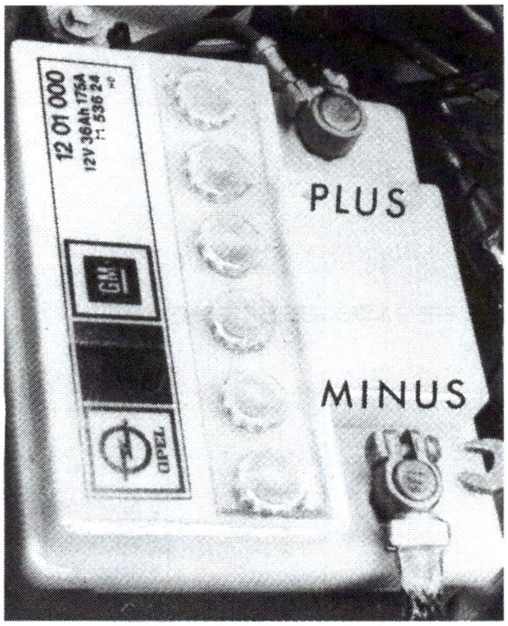

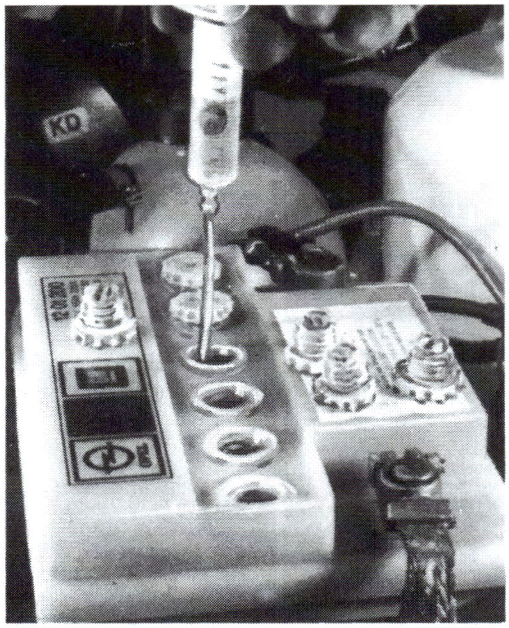

Verschlußstopfen herausdrehen. Manche »Wartungsfreien nach DIN« haben spezielle Stopfen:

■ Schraubenzieher an der Unterseite des Deckels ansetzen und »Kopf« des Stopfens hochhebeln. Unteren Teil mit einer Zange herausdrehen.

■ Bei einer normal geladenen Batterie bis zum oberen Strich (»MAX«) bzw. bis 15 mm über die Plattenoberkanten destilliertes Wasser auffüllen.

■ In eine stark entladene Batterie nur so viel Wasser einfüllen, daß die Platten oben bedeckt sind. Beim Wiederaufladen steigt der Flüssigkeitsstand nämlich erheblich.

■ Erst nach dem Laden bis zur oberen Marke nachfüllen.

■ Die Wassermenge aus der Einfüllflasche muß gut dosierbar sein, sonst wird der Akku überfüllt.

■ Eine überfüllte Batterie »kocht über«, die Säure tritt an den Verschlußstopfen aus und verursacht Korrosion und Säurekristalle an Batterieoberfläche und -standplatz.

Destilliertes Wasser verwenden!

In den Akku darf niemals Batteriesäure gefüllt werden, sondern nur entsalztes (ionengetauschtes) Wasser, landläufig destilliertes Wasser genannt. Leitungswasser, Regenwasser und auch abgekochtes Wasser enthält leitfähige Salze und andere mineralische Stoffe, die der Batterie schaden.
Wenn Sie Batteriewasser nicht umsonst an Ihrer Stammtankstelle bekommen, kaufen Sie es am billigsten in der Drogerie oder Apotheke. Abgepacktes destilliertes Wasser an der Tankstelle ist meist wesentlich teurer.

Batterie ausbauen

Grundsätzlich muß an der Batterie zuerst das Minuskabel abgenommen werden, damit beim weiteren Hantieren kein Kurzschluß auftreten kann.

■ Mutter an der Klemme des Minuskabels (gedrillte Kupferlitze) lösen, Klemme vom Batteriepol abheben.

■ Pluskabel-Klemme lösen und abnehmen.

■ Schraube der Halteleiste am Batteriefuß losdrehen, Schraube und Leiste abnehmen.

■ Batterie herausheben.

■ Beim Einbau zuerst das Pluskabel anschließen, dann die Minusklemme.

■ Ein Vertauschen der Kabelklemmen ist nur mit Gewalt möglich, denn der Plus-Polkopf ist dicker als der Minus-Polkopf.

Batterie sauber halten

■ Ein verschmutztes Batteriegehäuse mit Kaltreiniger, Wasser und einer kräftigen Bürste säubern.

■ Oxidkristalle an den Batterieklemmen mit warmem Sodawasser abwaschen oder mit »Neutralon« von Varta behandeln.

■ Vorsicht, daß kein Wasser, Schmutz oder Reinigungsmittel durch die Entlüftungsbohrungen der Verschlußstopfen in die Batterieflüssigkeit gelangt.

■ An den abgeschraubten Stopfen kontrollieren, ob ihre Entlüftungsbohrungen frei sind, sonst säubern.

■ Batteriepolköpfe und Kabelklemmen mit Säureschutzfett (Bosch »Ft 40v1«) einstreichen.

■ Kein Fett erhalten die Polkopfseiten und die Innenseiten der Klemmen, sonst kann es Kontaktschwierigkeiten geben.

Ladezustand der Batterie prüfen

Erscheint der Akku trotz richtigem Säurestand kraftlos, muß der Ladezustand kontrolliert werden. Auskunft darüber gibt das spezifische Gewicht der Batteriesäure. Sie brauchen für die Kontrolle einen speziellen Hebe-Säuremesser (Aräometer), den Sie sich bei der Tankstelle ausleihen können.

■ Batterie-Verschlußstopfen herausdrehen.
■ So viel Batteriesäure ansaugen, daß die Meßspindel frei schwimmt.
■ Säuregewicht ablesen. Es bedeuten: 1,28 kg/l = Batterie voll geladen; 1,20 kg/l = halb geladen; 1,12 kg/l = entladen.

Fingerzeig: *Bei gleichmäßig niedriger Säuredichte kann Nachladen der Batterie genügen. Ist eine einzelne Zelle entladen, ist die Batterie vermutlich defekt – in einer Autoelektrik-Werkstatt kontrollieren lassen.*

Batterie laden

Auch eine nicht gebrauchte Batterie soll gelegentlich geladen werden. Mit der Zeit erfolgt nämlich eine Selbstentladung.

Ladegerät anschließen

■ Pluskabel an Batterie-Pluspol, Minuskabel an Minuspol anklemmen.
■ Die Batteriekabel brauchen bei einem gewöhnlichen Ladegerät nicht abgenommen zu werden.
■ Die Batteriestopfen können eingeschraubt bleiben. Das sich beim Laden bildende Gas kann durch die Entlüftungsbohrungen in den Stopfen entweichen.
■ Der Ladestrom soll anfangs etwa 10% der Batteriekapazität betragen (z. B. 4,4 A beim 44-Ah-Akku) und sich während der Ladung automatisch verringern.
■ Die Batterie ist voll geladen, wenn ihre Säuredichte innerhalb von zwei Stunden nicht mehr ansteigt.
■ Beim Batterieladen wird das destillierte Wasser teilweise zersetzt. Es bilden sich Gasblasen aus Wasserstoff und Sauerstoff – das hochexplosive Knallgas.
■ Wenn mit hohem Strom geladen wird, für gute Durchlüftung des Raumes sorgen.
■ Beim Laden der Batterie in deren Nähe nicht rauchen und kein offenes Feuer verwenden.
■ Auch Funken beim Ab- und Anklemmen des Laders bzw. der Batteriekabel können das Knallgas entzünden.

Schnelladung der Batterie

Wer es eilig hat, kann seine Batterie bei Tankstelle oder Werkstatt schnelladen lassen. Dabei wird mit mindestens 40 Ampere geladen. Nach einer Stunde ist die Batterie wieder voll. Beachten Sie:

□ Einem älteren Akku kann die Schnelladung das Leben kosten, dann muß eine ohnehin bald fällige neue Batterie her.
□ Beide Batteriekabel müssen abgenommen werden. Durch den hohen Ladestrom können die empfindlichen elektronischen Bauteile im Auto Schaden nehmen.
□ Batterie-Verschlußstopfen herausdrehen und lose in die Öffnungen stecken, da der Akku bei der Schnelladung erheblich »gast«. Bei abgenommenen Stopfen sprüht durch die aufsteigenden und zerplatzenden Gasblasen ein feiner Säurenebel aus der Batterie, der sich rundum niederschlägt. Zum Schutz die Umgebung mit einer Plastikfolie oder Zeitung abdecken.

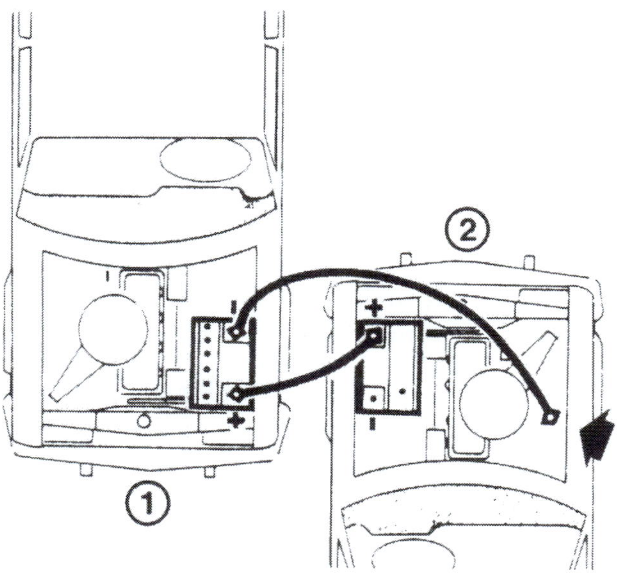

Was bei der Starthilfe mit Starthilfekabeln zu beachten ist, steht auf der nächsten Seite. Beim startunwilligen Fahrzeug (2) das mechanische Getriebe in Leerlauf, das automatische Getriebe in Parkstellung schalten, Handbremse anziehen.

Start mit leerer Batterie

Starthilfekabel

■ Hilfsfahrzeug so dicht an den Opel heranfahren lassen, daß sich die Batterien beider Wagen so nahe wie möglich zueinander befinden. Die Fahrzeuge dürfen sich aber nicht berühren, siehe Bild vorige Seite.

■ In Ihrem stromlosen Wagen sollen sämtliche Stromverbraucher abgeschaltet sein.

■ Ein Kabel an beide Batterie-Pluspole anklemmen.

■ Anderes Starthilfekabel zuerst an Masse im Motorraum des stromlosen Wagens (z. B. Schraube am Motor) anklemmen, nicht am Minuspol der entladenen Batterie, dann an der geladenen Fremdbatterie anschließen.

■ Motor des Hilfswagens mit erhöhter Drehzahl laufen lassen, damit die Lichtmaschine kräftig Spannung liefert.

■ Falls der Motor nicht gleich anspringt, zwischendurch eine Abkühlungspause für den Anlasser einlegen. Hilfsmotor weiterlaufen lassen, wodurch die leere Batterie bereits etwas nachgeladen wird.

■ Beim Abklemmen der Starthilfekabel zuerst die Klemme vom Minuspol der geladenen Fremdbatterie abnehmen.

Wagen anschieben

Den Ascona mit Schaltgetriebe kann man anschieben oder anschleppen. Ausnahme: Ein Fahrzeug mit Katalysator, siehe Seite 67. Bei gutem Motorzustand ist das mit zwei Helfern zu schaffen:

■ Zündung einschalten.

■ 1. Gang einlegen. In höheren Gängen wird die Lichtmaschine für kräftige Stromlieferung zu langsam durchgedreht.

■ Kupplung durchtreten, Wagen anschieben lassen, bis er in Schwung ist.

■ Kupplung schnell kommen lassen. Der Motor wird abrupt durchgedreht und müßte anspringen.

■ Sofort Kupplung treten und Gas geben.

Wagen anschleppen

Suchen Sie sich zum Anschleppen einen schlepperfahrenen Helfer aus, damit nicht durch Ungeschick größerer Schaden entsteht. Und denken Sie daran: Bei stehendem Motor arbeiten weder der Bremskraftverstärker noch die evtl. eingebaute Servolenkung!

■ Zündung einschalten, 2. Gang einlegen und Kupplung treten.

■ Der Zugwagen muß langsam anfahren.

■ Bei etwa 15 km/h die Kupplung langsam kommen lassen, dabei die rechte Hand an den Handbremshebel legen.

■ Ist der Motor angesprungen, Kupplung treten und Gas geben.

■ Handbremse sanft ziehen, damit Sie dem Vordermann nicht ins Heck rollen.

■ Schleppfahrer Hupsignal geben.

■ Gang herausnehmen, Kupplung loslassen.

■ Mit der Handbremse zusammen mit dem Schleppwagen sanft abbremsen.

Lebensdauer der Batterie

Wenn der Akku im Auto alt werden soll, muß er absolut fest eingebaut sein (Rütteln verursacht Schäden an den Bleiplatten), der Säurestand darf nicht so weit absinken, daß die Platten oben im Trockenen stehen, und die Batterie sollte immer gut geladen sein, aber nicht überladen werden. Als Mittelwert gilt ein Batterieleben von drei bis vier Jahren.

Die Lichtmaschine

Krafterfüllt

Die Lichtmaschine wird besser Generator (»Stromerzeuger«) genannt, weil noch andere Stromverbraucher mit elektrischer Energie versorgt werden müssen – nicht nur die Scheinwerfer. Bei stehendem Motor kann dies auch die Batterie. Läuft der Motor, tritt als Stromquelle der Generator in Aktion.

Der Drehstrom-Generator

An den Motoren der Ascona-Modelle sitzt eine Drehstrom-Lichtmaschine, angetrieben über einen Keilriemen. An einem solchen Generator gibt es nichts zu schmieren, und seine Schleifkohlen (auch »Bürsten« genannt) halten wenigstens 80 000 km durch.
Da der Generator Wechselstrom erzeugt, die Batterie aber mit Gleichstrom geladen werden will, besorgen Halbleiter-Dioden die notwendige Gleichrichtung des Wechselstroms. Diese Dioden sind gegen zu hohe Spannungen sehr empfindlich.

Umgang mit dem Drehstrom-Generator

☐ Bei laufendem Motor darf kein Kabel zwischen Akku und Lichtmaschine gelöst bzw. angeschlossen werden. Dadurch kann die Spannung schlagartig ansteigen (Spannungsspitze) und eine Diode »verheizt« werden.
☐ Ohne richtig angeschlossene und intakte Batterie darf die Drehstrom-Lichtmaschine nicht laufen. Der Akku dient als Spannungsbegrenzer für den Generator, gewissermaßen als Puffer gegen Überspannungen.
☐ Sämtliche Kabelanschlüsse im Verbund Lichtmaschine–Batterie–Masse müssen ganz fest sitzen. Schon ein Wackelkontakt kann zu Spannungsspitzen führen.
☐ Beim Schnelladen der Batterie und beim elektrischen Schweißen an der Karosserie müssen beide Kabel vom Akku abgenommen werden.

Zwei Generator-Fabrikate

Opel baut Lichtmaschinen von Bosch und von Delco Remy ein. Sie unterscheiden sich im Aufbau, in geringem Maße auch in der Leistung. Ihre Befestigung am Motor ist gleich.

Lichtmaschinen-Leistung

Je nach Ausstattung sind im Ascona Lichtmaschinen mit Leistungen zwischen 45 und 55 Ampere vorhanden. Bei einer maximalen Spannung von 14 Volt sind das zwischen 630 und 770

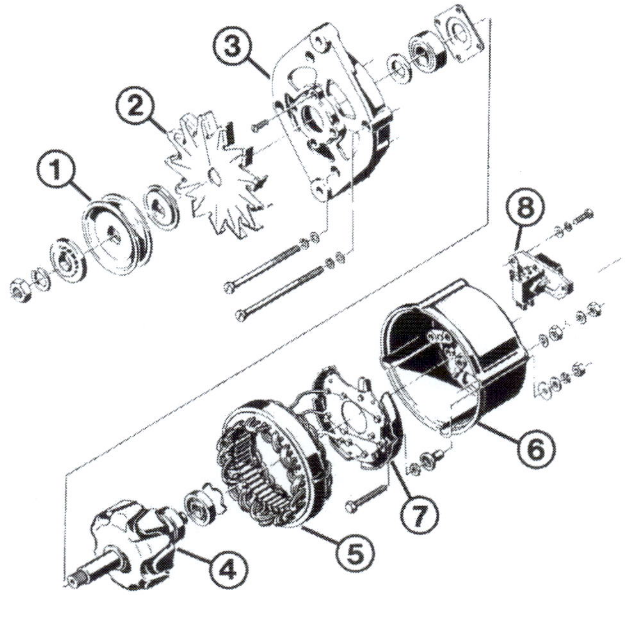

Die wesentlichen Teile der Bosch-Lichtmaschine:
1 – Riemenscheibe; 2 – Lüfter;
3 – Lagerschild; 4 – Klauenpolläufer;
5 – Ständerwicklung; 6 – Gehäuse;
7 – Diodenhalter; 8 – Bürstenhalter.

Bei der Lichtmaschine von Delco-Remy sind die Bauteile so angeordnet: 1 – Riemenscheibe; 2 – Lüfter; 3 – Lagerschild; 4 – Klauenpolläufer; 5 – Ständerwicklung; 6 – Gehäuse; 7 – Diodenhalter; 8 – Bürstenhalter; 9 – Regler.

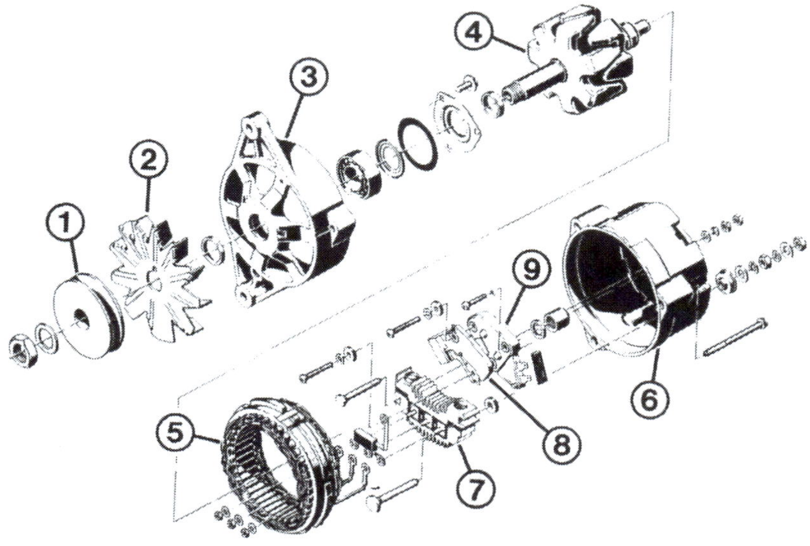

Watt. Zwei Drittel dieser Leistungen werden bereits bei 2000 Lichtmaschinen-Umdrehungen erzeugt. So kommt die ⅔-Leistung schon bei etwas erhöhter Leerlaufdrehzahl zur Geltung.

Eigenhilfe am Drehstrom-Generator?

Wartungsarbeiten an der Drehstrom-Lichtmaschine fallen nicht an, wenn man einmal vom wirklich selten notwendigen Schleifkohlenwechsel absieht. Tiefergehende Schäden sind mit Heimwerkermitteln nicht zu beheben.

Der Spannungsregler

Je schneller die Lichtmaschine dreht, um so höher steigt die Spannung und damit auch der gelieferte Strom – wie beim Fahrraddynamo. Ein derartiges Auf und Ab ertragen die Stromverbraucher im Auto nicht. Deshalb begrenzt ein am Generator angeschraubter Regler die Spannung und verhindert ein Überladen der Batterie.
Über die Schleifkohlen der Drehstrom-Lichtmaschine fließt nur ein geringer Strom, außerdem laufen die Kohlen auf glatten Schleifringen. Das bewirkt nur geringen Verschleiß. Die Schleifkohlen sitzen an der Innenseite des Bosch-Spannungsreglers bzw. im Gehäuse der Delco-Remy-Lichtmaschine.

Spannungsregler prüfen

■ Voltmeter zwischen Klemme B+ der Lichtmaschine und Masse anklemmen.
■ Motor mit 2000/min drehen lassen.
■ Die Regulierspannung muß bei **Bosch 13,7–14,5 V**, bei **Delco Remy 14,25–14,75 V** betragen.
■ Messen Sie eine höhere Ladespannung, ist der Regler defekt und muß ausgetauscht werden.
■ Zu niedrige Spannung kann evtl. an abgenutzten Schleifkohlen liegen.

Bosch-Schleifkohlen kontrollieren

■ Zwei Schrauben am Regler losdrehen.
■ Regler gewissermaßen herausklappen, damit die Kohlebürsten nicht hängenbleiben.
■ Überstand der Schleifkohlen messen.
■ Sind sie nur noch **5 mm** lang, müssen sie ersetzt werden.

Bosch-Schleifkohlen auswechseln

Die Schleifkohlen sind am Regler mit ihren Anschlußlitzen an einem Halter angelötet. Sie brauchen als Werkzeug daher einen Lötkolben.
■ Anschlußlitzen auslöten, Schleifkohlen herausziehen.
■ Druckfedern von den alten Kohlen abziehen und auf die neuen stecken.
■ Anschlußlitzen anlöten.

Delco-Remy-Schleifkohlen kontrollieren

■ Lichtmaschine ausbauen, siehe Seite 204.
■ Drei Gehäuseschrauben am Lagerdeckel herausdrehen.
■ Läufer mit Antriebslager und Riemenscheibe aus dem Ständer herausziehen.
■ Enden der Ständerwicklung vom Diodenträger abschrauben, Ständer vom Schleifringlager abnehmen.
■ Erregerdioden ausbauen (drei Muttern, eine Schraube).
■ Beide Schrauben des Schleifkohlenhalters herausdrehen, Isolierscheibe abnehmen.
■ Anschlußzungen der Schleifkohlen vom

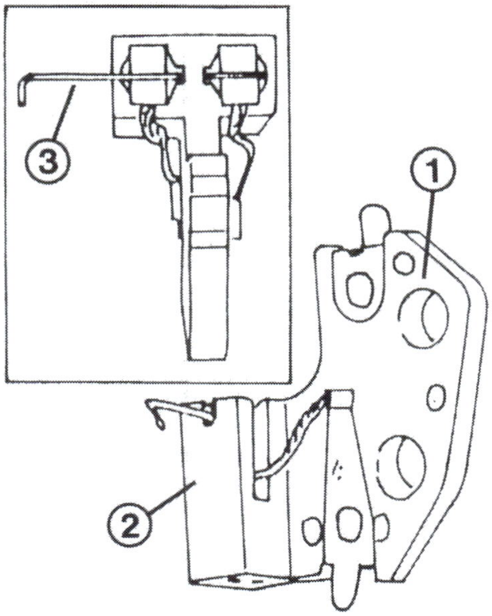

Der Bürstenhalter der Delco-Remy-Lichtmaschine besteht aus der Halteplatte (1) mit Bürstenführung (2). Zur Sicherung der Schleifkohlenfedern dient ein hakenförmiger Draht (3).

Delco-Remy-Schleifkohlen auswechseln

Halter abnehmen, Kohlen aus der Führung ziehen und ihre Länge messen.

■ Bei einer Gesamtlänge von weniger als **11 mm** sind sie zu ersetzen.

■ Die Federn der Schleifkohlen sind durch einen hakenförmigen Draht im Halter gesichert.
■ Nach Einsetzen der neuen Kohlen diesen Draht nicht vergessen.

■ Beim Zusammenbau der Lichtmaschine wird das lange Drahtende durch die Öffnung im Schleifringlager gesteckt.

Delco-Remy-Regler auswechseln

■ Lichtmaschine auseinanderbauen, wie unter »Kontrolle der Schleifkohlen« beschrieben.

■ Stecker abziehen.
■ Halteschraube des Reglers herausdrehen und den Regler abnehmen.

Keilriemenspannung kontrollieren

Ständige Kontrolle

Der Keilriemen treibt bei allen Motoren nur die Lichtmaschine an.
■ Zwischen Kurbelwellen-Keilriemenscheibe und Lichtmaschine den Keilriemen mit kräftigem Fingerdruck eindrücken.
■ Bei richtiger Spannung soll sich ein gelaufener Riemen **5 mm** eindrücken lassen, ein neuer lediglich **2 mm**.

■ Auch bei richtig gespanntem Riemen sollten Sie prüfen, ob die Spannschraube der Lichtmaschine und die Mutter am Schwenkbolzen gut angezogen sind.

Keilriemen spannen

■ Befestigungsschraube am Spannbügel oberhalb der Lichtmaschine lockern.
■ Bolzen am Gelenklager unter der Lichtmaschine ebenfalls lockern.

■ Lichtmaschine vom Motor wegdrücken.
■ Zugleich obere Befestigungsschraube anziehen.
■ Wenn dabei die Schraube in der Ausspa-

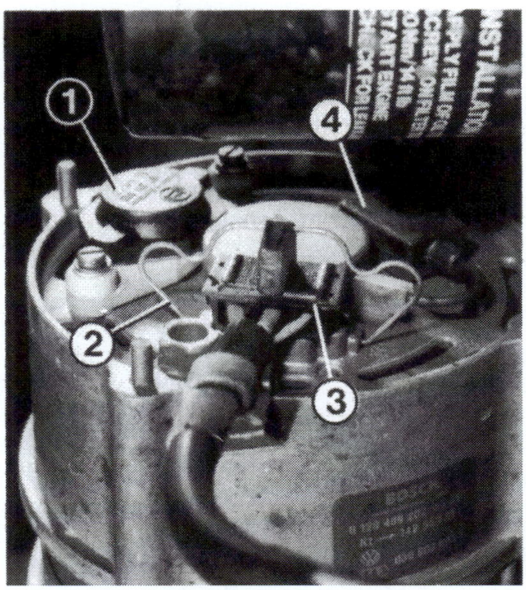

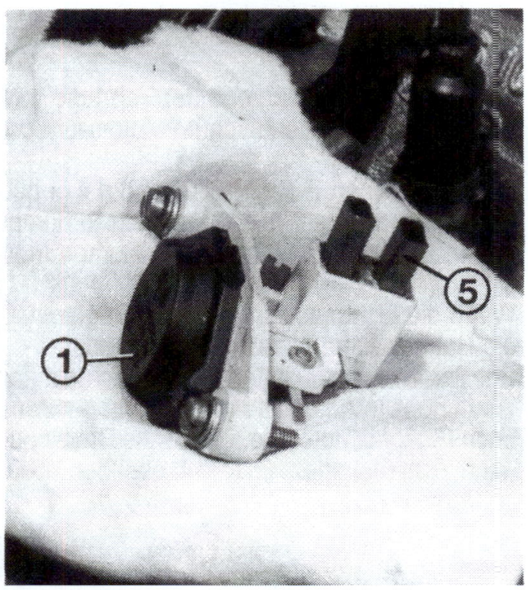

Links: An der Rückseite der Lichtmaschine sehen Sie: 1 – Spannungsregler; 2 – Federklammer des Mehrfachsteckers (3); 4 – Entstörungskondensator. Rechts: Zur Kontrolle der Schleifkohlen (5) muß der Regler abgeschraubt werden.

rung des Bügels gehemmt wird, auch den Haltebolzen des Bügels am Motor lockern.
■ Nach dem Keilriemenspannen den Motor kurz laufen lassen und die Spannung kontrollieren, ggf. nochmals spannen.
■ Falls der Haltebolzen gelockert wurde, diesen zuletzt wieder anziehen.

Keilriemenzustand kontrollieren

Keilriemen müssen bei den heutigen leistungsstarken Lichtmaschinen erhebliche Kräfte übertragen. Das ist der Grund, weshalb die Spannung strammer eingestellt wird als es früher einmal üblich war.
□ Zu geringe Riemenspannung bewirkt neben mangelhafter Leistungsübertragung auf die Lichtmaschine hohen Riemenschlupf, dadurch steigende Riementemperatur und frühzeitigen Flankenverschleiß.
□ Ist die Spannung so gering, daß bei scharfem Beschleunigen die Kurbelwellen-Riemenscheibe unter dem Keilriemen durchdreht, zeigen sich unregelmäßige Schleifspuren auf den Riemenflanken.
□ Extrem hohe Riemenspannung schadet dagegen den Lagern des Generators. Außerdem wird der Keilriemen auf Dauer überdehnt.
■ Drehen Sie zur Kontrolle des Riemens den Motor einige Male ganz durch.
■ Nur so können Sie wirklich alle Flächen des Keilriemens sehen. Oft hat der Riemen nämlich nur einen einzigen, aber tiefen Riß, der bei der Kontrolle möglicherweise genau auf der Riemenscheibe zu liegen kommt.
■ Einen angerissenen oder ausgefransten Riemen umgehend ersetzen.

Keilriemen abnehmen und montieren

Die Ascona-Motoren sind mit folgenden Riemengrößen bestückt:
□ **1,3-Liter-Motoren: 875 × 9,5 mm**
□ **1,6-, 1,8- und 2-Liter-Motoren: 888 × 9,5 mm**
Nach Möglichkeit sollten Sie nur besonders verschleißfeste Keilriemen mit der Kennzeichnung LA (= längungsarm) und FO (= flankenoffen) verwenden.
Ein Keilriemen darf auf keinen Fall mit einem Schraubenzieher o.ä. über die Riemenscheiben gezwängt werden, sonst ist der nächste Riemenschaden durch Bruchstellen im Keilriemenunterbau bereits »mit eingebaut«.
■ Bei Wagen mit Servolenkung zuerst diesen Keilriemen abnehmen, siehe Seite 146.
■ Schrauben am Spannbügel und am Gelenklager der Lichtmaschine lockern.
■ Die Lichtmaschine zum Motor hin schwenken.
■ Keilriemen zuerst von der Kurbelwellen- und dann von der Lichtmaschinen-Riemenscheibe abstreifen.
■ Neuen Riemen auflegen und spannen, wie vorher beschrieben.

Generator ausbauen

■ Minuskabel von der Batterie abklemmen.
■ Haltebügel des Mehrfachsteckers an der Lichtmaschine zur Seite drücken.
■ Stecker abziehen.
■ Massekabel am Generator lösen.
■ Mutter von Halteschraube am Spannbügel abschrauben, Schraube abnehmen.
■ Mutter vom Gelenkbolzen abschrauben.
■ Gelenkbolzen herausziehen, dabei den Generator festhalten und abnehmen.

Gerissener Keilriemen

Leuchtet plötzlich während der Fahrt die rote Ladekontrolleuchte auf und haben Sie vielleicht ein schlagendes Geräusch im Motorraum gehört, ist sicher der Keilriemen gerissen. Anhalten und nachsehen!
Falls Sie keinen Ersatz-Keilriemen dabei haben, können Sie weiterfahren, sofern die Batterie ausreichend geladen ist. Die Wasserpumpe wird weiterhin vom Zahnriemen angetrieben. Jedoch baldmöglichst neuen Keilriemen montieren.

Fahren mit defekter Lichtmaschine

Wenn die Lichtmaschine oder ihr Regler streikt, ist die Weiterfahrt noch nicht gefährdet, denn die Batterie kann hilfreich einspringen.
Bei Tag reicht der Batteriestrom noch eine ganze Weile, obwohl die elektronische Transistorzündung zum Aufbau eines brauchbaren Zündfunkens eine Mindestspannung benötigt, ebenso beim Einspritzmotor die elektrische Benzinpumpe. Zudem ist der Akku oft nur zu ⅔ geladen. Je nach Batteriekapazität reicht es aber etwa bis zu fünf Stunden Fahrt. Im Winter kommt

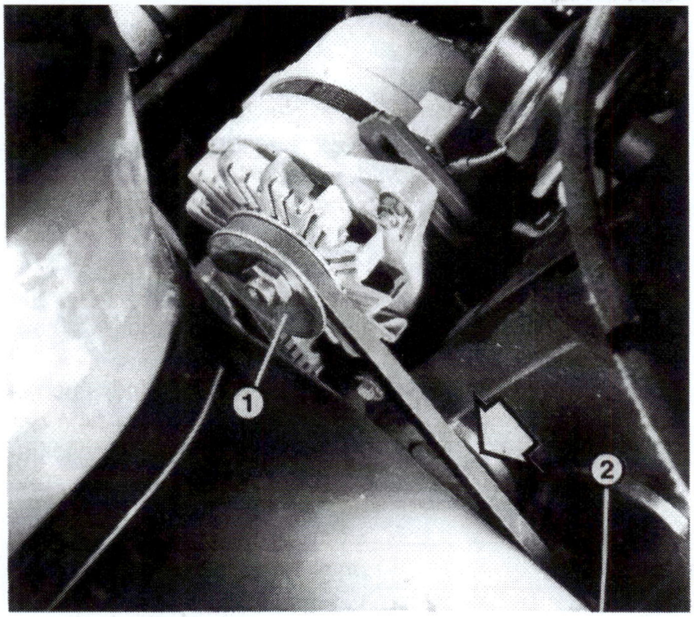

Der richtig gespannte Keilriemen soll sich in der Mitte zwischen den Riemenscheiben der Lichtmaschine (1) und der Kurbelwelle (2) unter mittelkräftigem Daumendruck etwa 5 mm durchbiegen lassen. Der neu aufgespannte Riemen darf bei gleichem Druck nur etwa 2 mm nachgeben.

erschwerend hinzu, daß die Batterie schwächer auf der Brust ist. Außerdem brauchen Sie das Licht schon wesentlich früher. Stromsparen heißt also die Devise:

- Die Fahrt nicht unnötig unterbrechen. Der Anlasser benötigt besonders viel Strom. Wenn möglich, den Wagen anrollen lassen.
- Heizbare Heckscheibe, Gebläse und Radio sollten Sie nicht einschalten.
- Mit dem Scheibenwischer möglichst sparsam umgehen.
- Nachts ohne Fernlicht und Nebelscheinwerfer fahren.
- Mehrfachstecker an der Lichtmaschine abziehen, damit sich die Batterie nicht über den defekten Generator oder Spannungsregler in kürzester Zeit entladen kann.

Die Ladekontrolle

- Die Kontrolleuchte in der Instrumententafel hat zwei Plus-Anschlüsse, und zwar einerseits von der Klemme D+ des Generators (blau/weißes Kabel) und andererseits von Klemme 15 über die Leiterfolie hinten an der Instrumententafel, vom Zündschloß kommend.
- Mit Einschalten der Zündung führt Klemme 15 Spannung. Die Lichtmaschine steht aber noch, so daß der spannungslose D+-Kontalt als »Minus« wirkt. Die Kontrollampe leuchtet auf, denn zwischen dem von der Batterie versorgten Bordnetz und dem noch stehenden Generator herrscht eine Spannungsdifferenz.
- Wird der Motor gestartet und hat die Lichtmaschine ihre Ladedrehzahl erreicht, verbindet der Spannungsregler den Stromerzeuger mit der Bordelektrik. Nun kommt Plusstrom von Klemme 15 und zusätzlich von Klemme D+. Damit besteht keine Spannungsdifferenz mehr, die Ladekontrolle verlöscht.
- Beim Einschalten der Zündung muß die brennende Ladekontrolle die Drehstrom-Lichtmaschine »vorerregen«. Nur so kann diese schon aus niedrigen Drehzahlen heraus Strom liefern. Allerdings ist die Vorerregung nur beim ersten Anlaufen des Generators erforderlich.

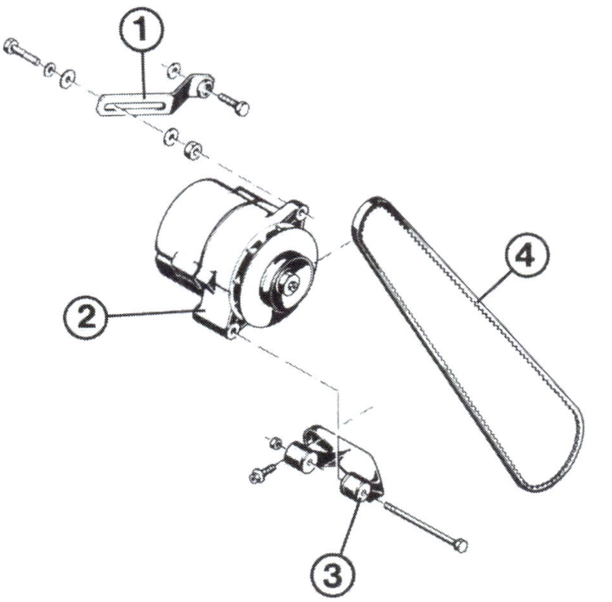

Befestigung der Lichtmaschine: 1 – Spannbügel; 2 – Lichtmaschine; 3 – Gelenklager; 4 – Keilriemen.

Fingerzeig: *Bisweilen bleibt die Ladekontrolle brennen, wenn Sie den Motor ohne Gas starten und er in niedriger Leerlaufdrehzahl läuft. Dann ist die Vorerregung des Drehstrom-Generators zu schwach, er liefert noch keinen Strom. Sobald Sie auf das Gaspedal tippen, verlöscht das rote Licht – alles ist wieder in Ordnung. Diese Erscheinung ist normal und deutet keinen Schaden an.*

Nicht immer wird geladen

Ob die Batterie von der Lichtmaschine geladen wird, beweist das Verlöschen der Kontrollampe nicht. Es besagt nur, daß zwischen Batterie und Generator keine Spannungsdifferenz mehr besteht.
Wenn im Motorleerlauf beispielsweise sämtliche Stromverbraucher eingeschaltet sind, leuchtet die Ladekontrolle nicht auf, obwohl mehr Strom der Batterie entnommen wird, als eine der leistungsschwächeren Lichtmaschinen liefern kann: Es besteht dennoch keine Spannungsdifferenz zur Batterie.

Störungsbeistand
Batterie und Lichtmaschine

Die Störung	– ihre Ursache	– ihre Abhilfe
A Rote Ladekontrolle brennt nicht beim Einschalten der Zündung	1 Batterie leer	Mit Starthilfekabeln starten oder Wagen anschleppen
	2 Batteriekabel gebrochen, Kabelklemmen lose oder oxidiert	Batteriekabel und -klemmen kontrollieren
	3 Kabelweg zwischen Zündschloß, Kontrollampe und Lichtmaschine unterbrochen	Stromweg mit Prüflampe kontrollieren
	4 Massekabel zwischen Lichtmaschine und Motorblock gebrochen	Kabel kontrollieren
	5 Schleifkohlen abgenutzt	Schleifkohlen erneuern
	6 Spannungsregler defekt	Regler austauschen
	7 Lichtmaschine schadhaft	Lichtmaschine instandsetzen lassen
	8 Nach zu heftiger Motorwäsche: Eingedrungene Feuchtigkeit hat einen isolierenden Schmierfilm zwischen den Schleifringen und Kohlen gebildet	Lichtmaschine mit Druckluft ausblasen oder Schleifringe und Kohlen sauberreiben
B Ladekontrolle brennt oder glimmt bei laufendem Motor	1 Keilriemen lose	Riemen spannen
	2 Mangelnder Kontakt an Kabelanschlüssen oder unterbrochene Kabel	Kabelanschlüsse und Kabel prüfen
	3 Siehe A 5, 6 und 7	
C Batterieoberfläche feucht	1 Batterie überfüllt	Zuviel eingefülltes destilliertes Wasser durch Überladen herausgasen. Keine Säure absaugen
	2 Batterieverschlüsse verstopft	Entlüftungslöcher säubern
	3 Siehe A 6	
D Batterie gast stark	Siehe A 6	

Der Anlasser

Muskelprotz

An der rechten Seite der Ascona-Triebwerke (im Motorraum hinten) dient ein kräftiger Elektromotor zum Starten. Für seine Aufgabe benötigt er eine ausreichend geladene Batterie.

Die Bauart

Die exakte Bezeichnung lautet »Schub-Schraubtrieb-Starter«. Beim Drehen des Zündschlüssels in Stellung III (Start) geschieht folgendes:

□ Die Klemme 50 am Zündschloß liefert Spannung an den oben auf dem Anlasser sitzenden Magnetschalter.

□ Dadurch schiebt ein Einrückhebel das Zahnritzel des Anlassers auf einem Steilgewinde der Ankerwelle in den Zahnkranz des Motor-Schwungrades.

□ Beim Eingreifen des Ritzels schaltet der Magnetschalter den vollen, von Klemme 30 kommenden Batteriestrom ein, so daß der Anlasser den Motor erst nach dem Einspuren des Ritzels kräftig durchdreht.

□ Ist der Motor angesprungen, wird das Ritzel aus dem Schwungrad wieder ausgespurt.

Die Anlasser-Typen

Es ist entweder ein Anlasser von Bosch oder von Delco Remy eingebaut. Im Aufbau weichen diese Starter voneinander ab.

Zu den 1,3-Liter-Motoren gehört ein Anlasser mit 0,7 kW Leistung. Für die größeren Ascona-Motoren ist dagegen eine 0,85-kW-Ausführung bestimmt.

Anlasser ausbauen

■ Massekabel an der Batterie abnehmen.

■ Bei Motor 13 N mit Schaltgetriebe und bei 16 S mit Automatik das Luftfiltergehäuse abbauen.

■ Batterie-Pluskabel vom Magnetschalter abschrauben.

■ Kabel der Klemmen 16 und 50 abziehen.

■ Obere und untere Befestigungsschraube für den Anlasser herausdrehen.

■ Anlasser herausnehmen. Bei Motor 16 S mit Automatik den Anlasser zwischen Spurstange und Lichtmaschine nach oben entnehmen.

■ Beim Einbau am Motor 13 N und 13 S die Befestigungsschrauben mit 25 Nm, an übrigen Motoren mit 45 Nm anziehen.

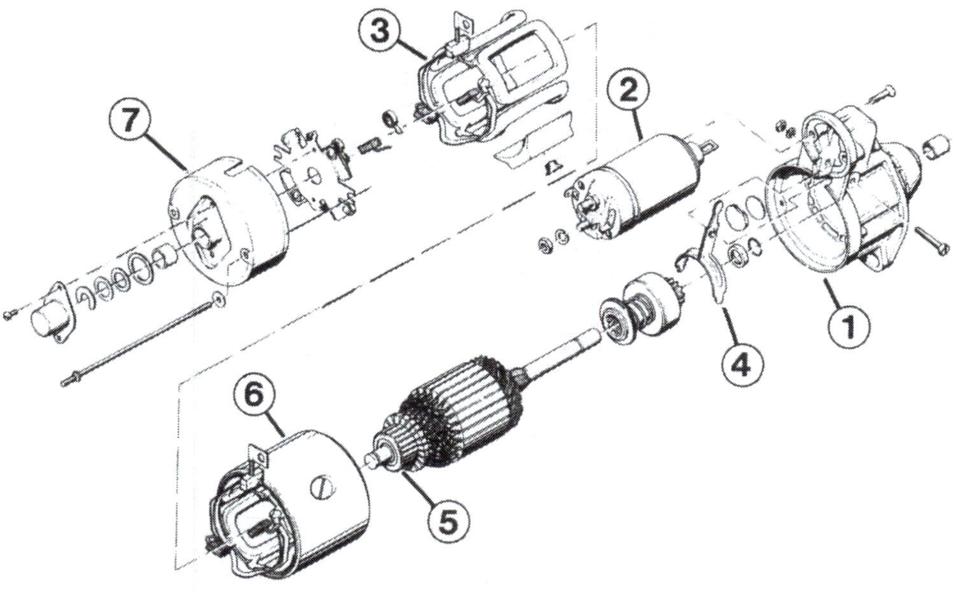

Die Einzelteile des Bosch-Anlassers:
1 – Lagerdeckel der Ritzelseite; 2 – Magnetschalter; 3 – Feldwicklung; 4 – Einspurhebel; 5 – Kollektor; 6 – Gehäuse; 7 – Lagerdeckel der Kollektorseite.

Der Anlasser von Delco-Remy (9) besteht aus folgenden Hauptteilen: 1 – Lagerdeckel der Ritzelseite; 2 – Magnetschalter; 3 – Feldwicklung; 4 – Einspurhebel; 5 – Kollektor; 6 – Gehäuse; 7 – Lagerdeckel der Kollektorseite; 8 – Schleifkohle mit Halter.

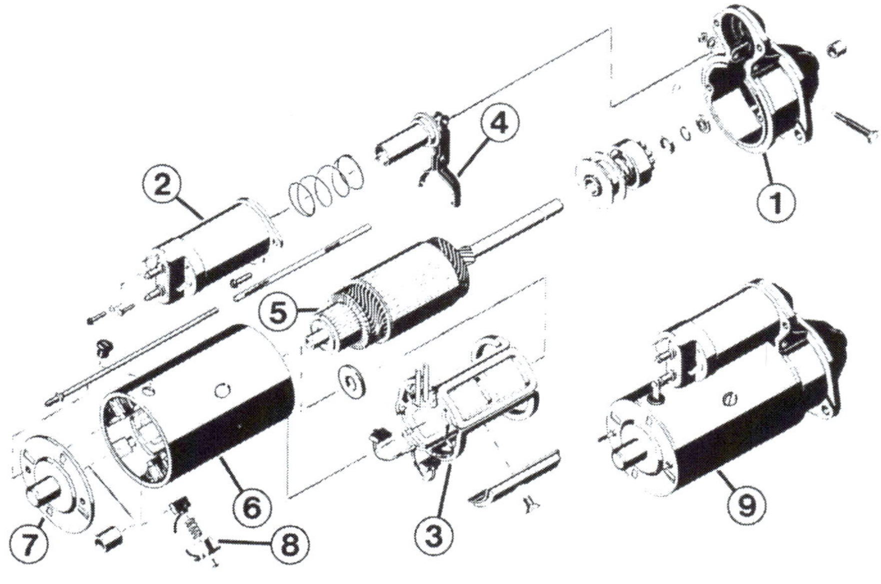

Bosch-Anlasser-Schleifkohlen auswechseln

■ Am Kollektorlager zwei Schrauben herausdrehen.
■ Ankerhaltescheibe und Ausgleichsscheibe(n) von der Ankerwelle abnehmen.
■ Beide Polgehäuseschrauben herausdrehen.
■ Kollektorlager vom Gehäuse abnehmen.
■ Schleifkohlen aus dem Halter ziehen und ihre Länge messen. Mindestlänge beim 0,7-kW-Anlasser: **11,5 mm**, beim 0,85-kW-Anlasser: **13 mm**.
■ Kupferlitze der verbrauchten Kohlebürsten ablöten.
■ Beim Anlöten die Litze der neuen Kohle mit einer Flachzange fassen, um Hochsteigen des Lötzinns in die Litze zu verhindern.

Delco-Remy-Anlasser-Schleifkohlen auswechseln

■ Anschluß der Feldwicklung am unteren Bolzen des Magnetschalters abschrauben.
■ Muttern der beiden Polgehäuseschrauben lösen.
■ Kollektorlager vom Gehäuse abnehmen.
■ Polgehäuse vom Anker und Antriebslager abziehen.
■ Magnetschalter abschrauben und mit Druckfeder abnehmen.
■ Achse für den Einrückhebel herausziehen.
■ Anker aus dem Gehäuse ziehen.
■ Länge der Schleifkohlen messen, Mindestlänge: **5 mm**.
■ Zum Ersatz der Pluskohlen die Litze am Steg der Feldwicklung abschneiden. An gleicher Stelle die Litze der neuen Kohle anlöten.
■ Minuskohlen zusammen mit dem Bürstenhalter ersetzen: Niet des Halters ausbohren. Neuen Halter rechtwinklig zum Polgehäuse festnieten.

Anlasser reparieren

Außer dem Erneuern der Kohlen läßt sich mit Heimwerkermitteln wenig ausrichten. Zur Überprüfung oder Reparatur den Anlasser zum Elektrodienst bringen.
□ Der Kollektor soll sauber und glatt sein. Mit Leichtbenzin reinigen. Schmutzkrusten mit feinem Schmirgelleinen entfernen, dabei den Anker gleichmäßig drehen.

Beim Ascona C ist der Anlasser nur beschwerlich zu erreichen (Ausbau siehe Seite 207). Diese Bild zeigt den Anlasser (1) aus der Sicht, die sich unterhalb des Wagens ergibt. Am Magnetschalter (2) befinden sich die Kabelanschlüsse, hier (3) der Anschluß für Klemme 30.

□ Ein unrunder Kollektor kann in der Werkstatt abgeschliffen werden. Danach die Lamellenteilung auf 0,5 mm Tiefe einsägen und den Kollektor blankschleifen.

Störungsbeistand Anlasser

Dieser Störungsbeistand wird nicht immer dazu verhelfen können, daß der Anlasser den Motor zum Laufen bringt. Aber Sie können einen Ascona mit Schaltgetriebe und ohne Katalysator immer noch anschieben oder anschleppen lassen, wie auf Seite 188 beschrieben.

Die Störung	– ihre Ursache	– ihre Abhilfe
A Beim Drehen des Zündschlüssels in Startstellung dreht der Anlasser zu langsam oder gar nicht	1 Kontrollampen brennen schwach oder verlöschen	
	a) Batterie entladen	Mit Starthilfekabeln starten
	b) Kabelanschlüsse lose oder oxidiert	Kabelanschlüsse kontrollieren
	c) Anlasser hat Masseschluß	Anlasser überholen lassen
	2 Kontrollampen brennen hell, Klicken aus Richtung Anlasser	Kurz auf den Magnetschalter klopfen. Dreht der Anlasser weiterhin nicht:
	a) Kohlebürsten abgenutzt bzw. deren Anschlüsse im Anlasser gelöst	Kohlebürsten überprüfen
	b) Kontakt im Magnetschalter verschmort	Magnetschalter ersetzen
	c) Anlasserwicklung schadhaft	Anlasser überholen lassen
	3 Kontrollampen brennen hell, keinerlei Geräusche	
	a) Anschluß der Klemme 50 am Magnetschalter lose	Anschluß überprüfen
	b) Klemme-50-Leitung vom Zündschloß zum Magnetschalter unterbrochen	Leitung mit Prüflampe kontrollieren
B Anlasser läuft, ohne den Motor durchzudrehen	1 Ritzel verschmutzt	Ritzel reinigen
	2 Einrückvorrichtung klemmt	Anlasser überholen lassen
	3 Verzahnung des Ritzels oder des Motorschwungrads beschädigt	Wagen bei eingelegtem Gang ein Stück vorschieben. Erneut starten. Beschädigte Teile ersetzen lassen
C Anlasser läuft weiter, obwohl Zündschlüssel losgelassen wurde	1 Magnetschalter hängt und schaltet nicht ab	Zündung sofort abschalten, notfalls Batterie abklemmen. Magnetschalter ersetzen.
	2 Zünd-/Anlaßschalter defekt	Zünd-/Anlaßschalter ersetzen
D Ritzel spurt nach Anspringen des Motors nicht aus	1 Rückstellfeder des Einrückhebels lahm oder gebrochen	Zündung sofort abschalten. Reparieren lassen
	2 Verzahnung des Ritzels bzw. des Motorschwungrads verschmutzt oder beschädigt	Reinigen bzw. schadhafte Teile ersetzen lassen

Dauerfeuer

Ohne einen kräftigen elektrischen Funken läßt sich das von den Kolben angesaugte Kraftstoff/Luft-Gemisch nicht entzünden. Das muß im richtigen Moment geschehen sowie unter allen Betriebsbedingungen.

Verschiedene Zündanlagen

Die Ascona-Motoren sind mit unterschiedlichen Zündanlagen ausgerüstet:

☐ Kontaktlose Transistorzündanlage mit Hallgeber (TSZ-h),
☐ Kontaktlose Transistorzündanlage mit Induktionsgeber (TSZ-i),
☐ Vollelektronische Transistorzündung (VEZ).

Zur Einordnung der Zündanlage dient diese Aufstellung:

Motor	Zündanlage
13 N, 13 S, 16 N, 16 SH, 18 E	TSZ-h
16 SV, 16 S, C 18 E, C 18 NE	TSZ-i
C 16 LZ, C 20 NE, 20 SEH	VEZ

Weil die Zündanlagen erhebliche Unterschiede aufweisen, finden Sie im folgenden Text einen Zusatzvermerk an den Überschriften: »Nur TSZ« bedeutet, daß hier lediglich die Transistorzündung (einschließlich der VEZ) angesprochen ist. Abschnitte, die sich speziell auf die VEZ beziehen, sind ebenfalls entsprechend bezeichnet. Wo keine Verwechslung möglich ist und an Abschnitten, die alle Zündanlagen behandeln, fehlt der Zusatz.

Die Zündung allgemein

Zur Zündanlage gehört die Zündspule, die für die notwendige Hochspannung sorgt, und der Verteiler, der diese Hochspannung reihum auf die Zündkerzen verteilt.

☐ Das Grundprinzip der Zündung besteht darin, daß zunächst der Batteriestrom durch die Primärwicklung der Zündspule fließt.

☐ Diese Wicklung besteht aus wenigen Windungen eines dicken Drahtes. Unter der Wirkung

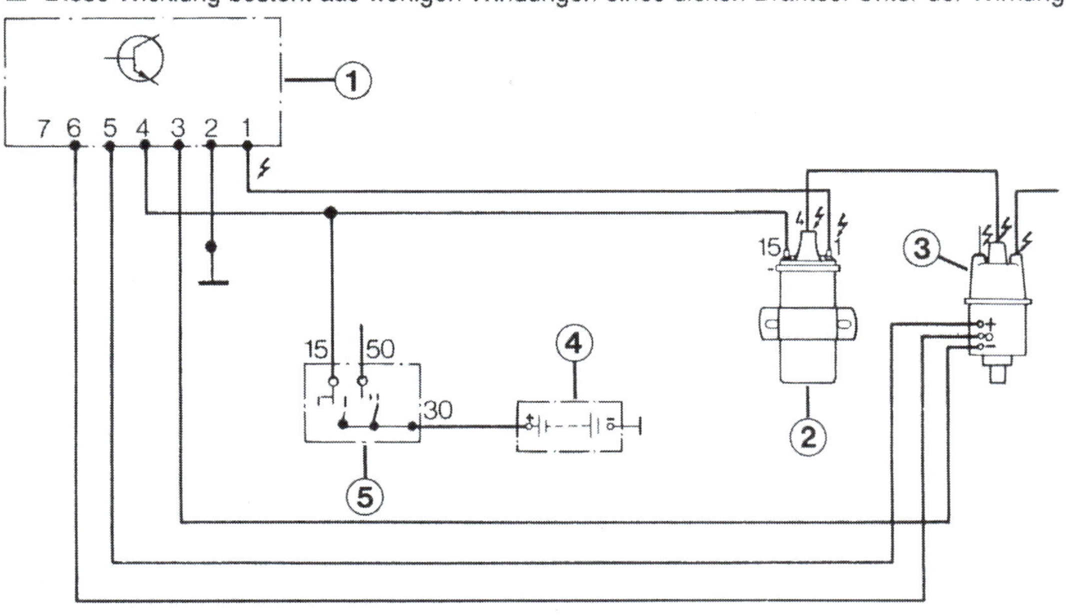

Das Schaltbild der elektronischen Zündanlage zeigt: 1 – Steuergerät; 2 – Zündspule; 3 – Zündverteiler; 4 – Batterie; 5 – Zündschloß. Blitz-Pfeile: Besonders gefährdete Anlageteile.

des Stromes baut sich um den Eisenkern in der Zündspule ein kräftiges Magnetfeld auf – unsere Zündenergie.

☐ Nähert sich der Kolben in seinem Zylinder dem Punkt, da die angesaugte und verdichtete Ladung gezündet werden soll – dem Zündzeitpunkt –, wird der Strom zur Zündspule unterbrochen. Das geschieht je nach Zündsystem auf unterschiedliche Weise.

☐ Mit dem Ausschalten des Stromes bricht das Magnetfeld in der Zündspule zusammen. Dabei passiert folgendes: In der Sekundärwicklung aus sehr vielen Windungen eines dünnen Drahtes entsteht ein Hochspannungs-Stromstoß von einigen zigtausend Volt.

☐ Diese Zündspannung wird über den Verteiler derjenigen Zündkerze zugeleitet, die in der Zündfolge des Motors gerade an der Reihe ist. Das Gemisch wird entzündet, der Motor dreht sich weiter. Der Stromkreis wird wieder geschlossen, und das Spiel läuft von neuem ab.

Die Transistorzündung mit Hallgeber

Kernstück dieser Zündung ist der »Hallgeber«, bei dem der nach seinem amerikanischen Entdecker E. H. Hall so genannte Hall-Effekt nutzbar gemacht wird. Der Hallgeber haust im Verteilergehäuse und besteht im wesentlichen aus zwei gegenüberliegenden Magneten, die durch einen Luftspalt voneinander getrennt sind. Dazwischen haben wir ein Magnetfeld. Mit dem außensitzenden Magnet ist noch ein elektrisches Bauteil namens »integrierter Schaltkreis« (abgekürzt: IC) verbunden. Das Besondere an diesem IC ist die Hall-Schicht, die vom Zündungs-Schaltgerät mit Spannung versorgt wird.

Anstelle der vierkantigen Nockenbahn auf der Verteilerwelle, die früher den Unterbrecherkontakt geöffnet hat, sitzt auf der Verteilerwelle ein Blendenrotor. Es besitzt vier Aussparungen. Das ganze funktioniert ähnlich wie eine Lichtschranke bei der automatischen Aufzugstür, nur daß hier anstelle von Licht mit magnetischen Wellen gearbeitet wird. Stehen Sie vor der Tür und unterbrechen den Lichtstrahl, bleibt die Aufzugstür offen. Sobald Sie den Lichtstrahl freigegeben haben, erhält der Türmechanismus den Schließbefehl. Zurück zur Zündung:

☐ Steht eine Rotorblende im Magnetfeld, so erhält ein kräftiger Transistor im Schaltgerät das Signal, Batteriestrom durch die Primärwicklung der Zündspule fließen zu lassen.

☐ Mit der Drehung der Zündverteilerwelle gibt die Aussparung zwischen zwei Blenden den Luftspalt zwischen den Magneten frei. Das Magnetfeld wird wirksam, und es entsteht eine Spannung. Dadurch kommt an das Schaltgerät der Befehl, den Strom zur Zündspule zu unterbrechen, wodurch der Zündfunke entsteht.

☐ Die im Hall-IC entstandene Spannung reicht nicht aus zur Unterbrechung des Primärstroms. Das Spannungssignal wird im Schaltgerät verstärkt.

☐ Die Breite der vier Rotorblenden bestimmt, wie lange der Primärstromkreis eingeschaltet wird. In dieser »Schließzeit« dreht sich der Motor eine bestimmte Zahl von Winkelgraden weiter – man nennt das den Schließwinkel. Die Gesamtbreite der Blende entpricht dem größtmöglichen Schließwinkel. Aber der wird nicht unbedingt ausgenutzt, sondern für kräftige Zündfunken auch bei hohen Drehzahlen eletronisch dem Bedarf angepaßt.

☐ Bei der Transistorzündung liegt die Zündspannung bei etwa 35 000 Volt. **Gefährlich** sind aber die ebenfalls auftretenden hohen Stromstärken.

Die Transistorzündung mit Impulsgeber

Wie bei dem eben beschriebenen Zündsystem sorgt ein Schaltgerät mit Hilfe von Transistoren dafür, den Stromfluß zur Zündspule einzuschalten bzw. zu unterbrechen. Um diese Vorgänge im richtigen Augenblick erledigen zu können, ist ein Impulsgeber vorhanden, der den Schaltbefehl in Abhängigkeit der Kurbelwellenstellung gibt.

Diese Aufgabe übernimmt der Induktionsgeber im Untergeschoß des Verteilergehäuses. Er besteht aus dem Zackenrotor, der sich mit der Verteilerwelle dreht, und dem fest eingebauten Stator. Die oben sichtbaren Zacken des Stators werden unten durch eine Spule und einen Dauermagneten ergänzt.

Das Zusammenspiel dieser Teile ähnelt der Arbeit eines Dynamos: Laufen die Zacken des Rotors auf die Zacken des Stators zu, ändert sich das Magnetfeld des Dauermagneten, und in der Spule wird eine Spannung erzeugt. Laufen die Zacken auseinander, entsteht eine negative Spannung. So entwickelt sich eine Wechselspannung, die vom Schaltgerät umgeformt und verstärkt wird und dann zum Auslösen der Zündimpulse dient.

☐ Die Zündverstellung in Richtung früh übernimmt die Unterdruckdose an der Verteilerseite sowie die Fliehkraftverstellung unten in der Verteilerwelle.

☐ Die zweite Hälfte der Unterdruckdose ist für die Spätverstellung zuständig. Sie zieht die Statorplatte im Verteiler in Drehrichtung der Verteilerwelle, und die Zündung erfolgt später.

Die vollelektronische Transistorzündung

Die VEZ basiert auf der Transistorzündung mit Impulsgeber. Bei dieser verteilerorientierten Kennfeldzündung hat der Verteiler weiterhin die Aufgabe, den Zündstrom auf die Zündkerzen zu verteilen. Zusätzlich dient er der Impulserzeugung für die Bestimmung der Motordrehzahl und die Berechnung des Zündzeitpunktes.
Für die Zündung ist im Steuergerät ein Zündkennfeld (Seite 109) gespeichert, das im Hinblick auf alle Betriebsverhältnisse, auf Abgas und Verbrauch die günstigsten Voraussetzungen bietet. Neben dem Schaltgerät für die Zündung gibt es ein Steuergerät für die Zündzeitpunktverstellung. Zündungs-Schaltgerät und Zündverstellungs-Steuergerät sind in verschiedenen Gehäusen untergebracht.
Die Geber der Motronic bzw. des Multec-Systems für Drehzahl und Zündwinkel werden von der Zündanlage und von der Einspritzanlage gleichermaßen genutzt, siehe »Induktiver Impulsgeber« Seite 109. Der Computer verarbeitet diese Spannungssignale und leitet entsprechend den Betriebszuständen die Befehle weiter.
Der Saugrohrunterdruck wird über einen Druckfühler ermittelt, ein elektronisches Bauteil mit der Fähigkeit, seinen elektrischen Widerstand zu verändern. Ähnliche Bauteile dienen als Geber für die Informationen »Leerlauf«, »Vollast« usw. Außerdem kann die Höchstdrehzahl durch Abschalten des Kraftstoffpumpenrelais begrenzt werden, und eine Klopfregelung korrigiert den Zündzeitpunkt.

Erweiterte Kennfeldzündung

Zu den auf Seite 220 (»Oktanzahlanpassung«) genannten Motoren gehört ein mikroprozessorgesteuertes Zündsystem mit induktivem Speicher. Es besteht aus folgenden Bauteilen:
- ☐ Induktiver Impulsgeber (Seite 109),
- ☐ Hochspannungsverteiler ohne Flieh- und Unterdruckverstellung,
- ☐ Zündverstellgerät mit drehzahl- und lastabhängiger Verstellung des Zündzeitpunktes,
- ☐ Zündspule mit angebauter Endstufe,
- ☐ Endstufe im Schaltgerät,
- ☐ Drosselklappenschalter zur Erfassung von Vollast/Leerlauf,
- ☐ Temperatursensor zur Übermittlung der Motortemperatur.

Außerdem enthält die Anlage einen Betriebsdatenspeicher und einen Programmspeicher.
Die gemeldeten Signale des Motorbetriebes werden mit schon gespeicherten Steuerwerten verglichen und in eine bestmögliche Ansteuerung umgesetzt. Eine Kontrolle etwa des Zündzeitpunktes entfällt. Bei Ausfall einer wichtigen Information wird auf »Notlauf« umgeschaltet.

Vorsichtsmaßnahmen im Umgang mit der TSZ und VEZ

Unsachgemäße Handhabung an der Transistorzündanlage kann das Leben des Betreffenden gefährden. Vom Hallgeber im Zündverteiler können Spannungen bis zu 100 Volt mit hoher Stromstärke erzeugt werden. Auch die Zündspannung ist fast doppelt so hoch wie bei einer herkömmlichen Zündanlage. Abgesehen davon können Bauteile der Zündanlage Schaden erleiden.
- ☐ Sämtliche elektrischen Leitungen – auch Anschlüsse von Prüfgeräten – nur bei ausgeschalteter Zündung an- bzw. abklemmen.
- ☐ Soll der Motor vom Anlasser lediglich durchgedreht werden ohne anzuspringen, muß die Zündung lahmgelegt werden, siehe nächsten Abschnitt.

Dieses Warnschild im Motorraum sollte auch wirklich beachtet werden. Die Vorsichtsregeln beim Umgang mit der Transistorzündung oder der vollelektronischen Zündung stehen ab Seite 220.

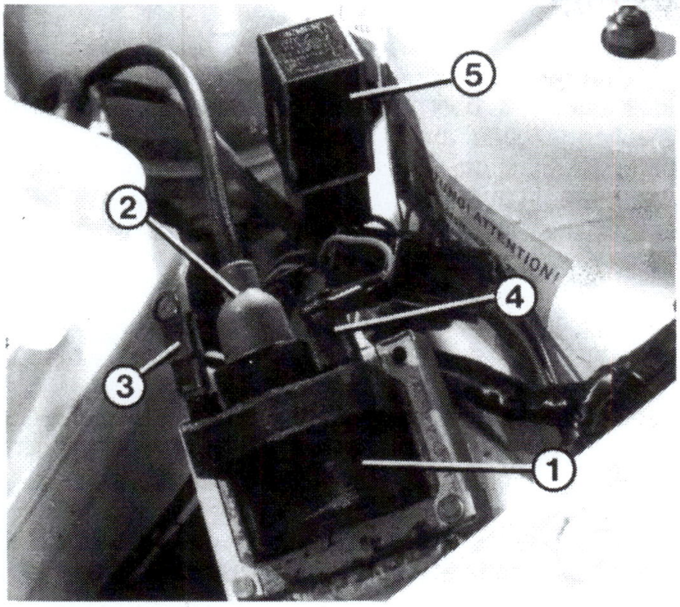

Zwischen Batterie und linker Federbeindom ist die Zündspule am Blech des Motorraums befestigt. 1 – Zündspule; 2 – Klemme 4 (Hauptzündkabel); 3 – Anschluß Klemme 15; 4 – Anschluß Klemme 1.
Hier noch im Bild: 5 – Kraftstoffpumpenrelais (nur bei Einspritzmotor).

- ☐ Zur Motorwäsche darf der Motor nicht laufen, und die Zündung muß ausgeschaltet sein.
- ☐ Zur Starthilfe bei leerer Batterie mit einem Schnellader darf dieser höchstens eine Minute lang angeschlossen sein und die Spannung nicht mehr als 16,5 Volt betragen.
- ☐ Bei einem bestehenden oder vermuteten Defekt an der Zündanlage zum Abschleppen des Fahrzeugs den Stecker am Zündungs-Schaltgerät abziehen.
- ☐ An Klemme 1/– der Zündspule keinen Kondensator anschließen.
- ☐ An Klemme 1/– ebenso kein stromführendes Kabel oder Massekabel anschließen, etwa beim nachträglichen Einbau einer Alarmanlage.
- ☐ Zündverteilerläufer nicht gegen einen beliebigen austauschen, er muß einen Widerstand von 1 kΩ haben. Zur Entstörung keinen 5 kΩ-Läufer verwenden.
- ☐ In jeder Zündleitung muß der Entstörwiderstand mindestens 4 kΩ betragen. Der Verteilerläufer ist mit 1 kΩ eingerechnet.
- ☐ Zum elektrischen Schweißen am Fahrzeug beide Kabel an der Batterie abklemmen.

Zündung lahmlegen

Ist ein Kerzenkabel oder gar das Hauptzündkabel abgezogen, darf der Motor keinesfalls mit dem Anlasser durchgedreht werden, wie es bei der herkömmlichen Spulenzündung möglich ist. Denn die Zündenergie kann dann nicht abgeleitet werden, und Schaltgeräte bzw. Motronic oder Multec-System sowie die Zündspule nehmen Schaden. Deshalb:

- ☐ Bei Fahrzeugen mit TSZ den Stecker am Schaltgerät abziehen.
- ☐ Bei Motronic das Hauptrelais hinten im Motorraum abziehen.
- ☐ Bei Multec-Zentraleinspritzung den Stecker zur Spannungsversorgung (Bild Seite 176) trennen.

Störungssuche an der Zündanlage

Wer einem Fehler in der Zündanlage auf die Spur kommen will, muß ganz systematisch vorgehen. Die genaue Überprüfung der nachfolgend genannten Bauteile ist im weiteren Verlauf des Zündungskapitels beschrieben.

Prüfung in der Werkstatt

Eine fehlerhaft arbeitende TSZ-i oder deren Regelfunktionen können mit speziellen Prüfgeräten überprüft werden. Zur Kontrolle der Zündanlage der Jetronic (Seite 103) werden in der Opel-Werkstatt ein Universal-Prüfadapter, Prüfkabel, Multimeter oder Opel-Tester, Prüfrelais und Überbrückungskabel verwendet. Zur Fehlerdiagnose der VEZ bei Motronic und Multec siehe Seite 113.

Zuerst sichtprüfen

- ☐ Sitzen die Kabelanschlüsse und Steckkontakte an Zündspule, Verteiler, Steuergerät (TSZ und VEZ) und der Stecker des Motorkabelsatzes fest?
- ☐ Zeigen sich am Gehäuse der Zündspule Risse, Brandspuren von überschlagenden Funken, oder ist die teerartige Vergußmasse ausgelaufen?
- ☐ Zeigt die Verteilerkappe Schäden (Seite 215)?
- ☐ Kontrollieren Sie den festen Sitz und den Zustand der Haupt- und der Kerzenzündkabel (Seite 221). Bei einem Fahrzeug mit Transistorzündung kann es durch die hohen Spannungen häufiger zu Kriechströmen und Funkenüberschlägen kommen als bei der Spulenzündung.

Zündstrom vorhanden?

■ **Transistorzündung:** Einen Kerzenstekker abziehen, Zündkerze herausschrauben.
■ Stecker wieder auf die Zündkerze stekken und diese so auf dem Motorblock ablegen, daß sie einwandfreien Massekontakt hat.
■ Motor von Helfer durchdrehen lassen.
■ Springen kräftige Funken am Kabelende bzw. an der Kerzenelektrode über, ist Zündstrom vorhanden.
■ Springen keine Funken über, muß nach folgender Anleitung weiter geprüft werden.

Spannungsversorgung Zündanlage

Neben einem Totalausfall der Zündanlage durch fehlende Spannung kann auch zu geringe Versorgungsspannung erhebliche Störungen bewirken. Deshalb ist hier ein Voltmeter besser zur Prüfung.
■ Meßgerät zwischen Batterie-Pluspol und Klemme 15 anschließen.
■ Liegt Batteriespannung an (ca. 12 V), siehe nächsten Abschnitt.
■ Fehlt es am Strom oder kommt zu wenig an, wird der Kabelweg zum Zündschloß verfolgt.

Fehlerquellen

☐ Unterbrechung des Verbindungskabels zwischen den Klemmen für die Sicherungen 8–9 am Sicherungskasten.
☐ Leitungsunterbrechung zwischen Zündschloß und Motorkabelsatz
☐ Zündschloßkontakt 15 oder 30 defekt (Seite 242)

Transistorzündung

Beachten Sie, daß Meß- und Prüfgeräte nur bei ausgeschalteter Zündung an- und abgeklemmt werden dürfen.
■ Zündspulenspannung zwischen Klemme 1 und Batterie-Plus messen (Seite 230).
■ Als nächstes werden Geberleitung zum Schaltgerät, Schaltgerät, Zündspule und die gesamte Verkabelung geprüft mit Ausnahme der Spannungsversorgungs- und Masseleitung des Hallgebers.
■ Am Verteiler den Dreifachstecker des Hallgebers abziehen.
■ Im Stecker den Kontakt der blau/grünen Kabel einen Nagel oder passenden Splint einstecken.
■ Kabel der Klemme 4 aus dem Verteilerdeckel herausziehen und mit einer isolierten Zange dicht an Masse halten. Dicht deshalb, weil bei zu weitem Abstand ein so großer Funkenüberschlag entstehen kann, daß das Zündschaltgerät Schaden nimmt.
■ Zündung einschalten.
■ Mit dem Nagel oder Dorn kurz an Masse tippen. Am Zündkabel muß jetzt ein Funke überspringen.
■ Wenn ja, Kabel und Stecker wieder einstecken.
■ Zuletzt wird der Hallgeber überprüft, siehe Seite 217.

Weitere Fehlerursachen

Wenn der Zündfunke von der Zündspule erzeugt wurde, aber am letzten Glied der Kette, der Zündkerze, nicht ankommt, muß der weitere Verlauf überprüft werden. Das sind folgende Bauteile:
☐ Zündkabel (Seite 221)
☐ Entstörstecker an Zündspule und Verteiler

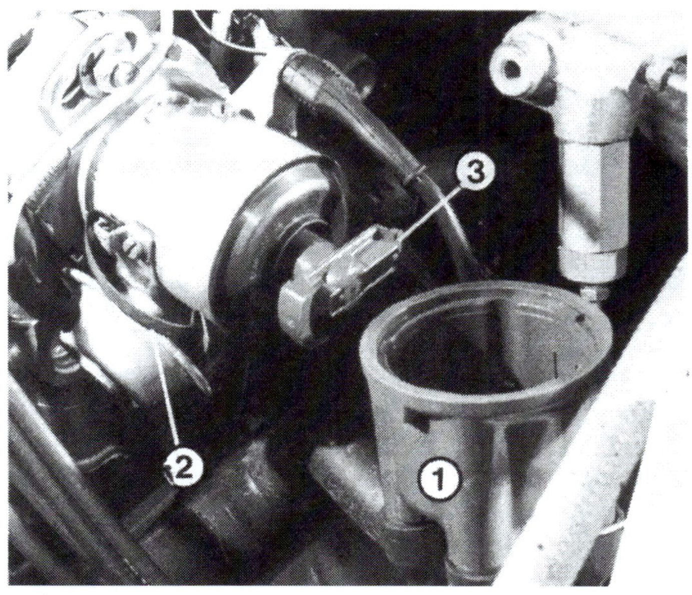

Der Verteilerdeckel (1) läßt sich nach Lösen der beidseitigen Klemmbügel (2) abnehmen. Wenn der Zylinder 1 auf Zündzeitpunkt steht, muß der Verteilerfinger (3) auf die Nut am Gehäuserand gerichtet sein.

☐ Verteilerdeckel (unten)
☐ Verteilerfinger (unten)
☐ Zündkerzenstecker (Seite 221)
☐ Zündkerzen (Seite 222)

Die Zündspule

Wie die Zündspule prinzipiell funktioniert, haben wir zu Beginn des Kapitels beschrieben.
☐ Ihren Primärstrom erhält sie an Klemme 15.
☐ Über die Primärwicklung der Zündspule gelangt die Spannung von deren Klemme 1/– zum Unterbrecher der Spulenzündung bzw. zum Schaltgerät der Transistorzündung. An Klemme 1 ist auch der Drehzahlmesser angeschlossen, siehe Seite 238.
☐ Die Zündspannung von 20 000 Volt bzw. bei TSZ 35 000 Volt kommt aus der mittleren Klemme 4 der Spule und wird über das Hauptzündkabel zum Verteilerdeckel weitergeleitet.
☐ Die Zündspulen für normale Batteriezündung und Transistorzündung sind völlig unterschiedlich in ihren technischen Daten – nicht verwechseln.

Zündspule der TSZ prüfen

Spannungsprüfung: zwischen Klemme 1 und Masse: Sofort nach Einschalten der Zündung liegen ca. 6,6 Volt an.
■ Nach 1–2 Sekunden steigt die Spannung auf ca. 12 V an. Das ist die Sicherheitsschaltung, damit sich die Zündspule bei lang eingeschalteter Zündung nicht aufheizen kann.
■ Falls an Klemme 1 sofort 12 Volt anliegen, Steckverbindungen zum Schaltgerät überprüfen.
■ Zur **Widerstandsmessung** alle Leitungen an der Zündspule bei ausgeschalteter Zündung abziehen.
■ Mit einem Ohmmeter mit Meßbereichen von 0–1 Ω und 1–5 kΩ Widerstand zwischen Zündspulenklemme und 1 und 15 messen. Sollwert: 0,52–0,76 Ω.
■ Der Meßwert zwischen Klemme 1 und 4 (Steckbuchse des Hauptzündkabels) muß 2,4–3,5 KΩ betragen.
■ Mit diesen Messungen läßt sich ein Windungsschluß in der Zündspule allerdings nicht erkennen.
■ Fehlt es an der Zündspannung, obwohl das Schaltgerät und der Hallgeber in Ordnung sind (siehe Seite 217), muß die Zündspule ersetzt werden.

Der Zündverteiler

Dieser Teil der Zündanlage erfüllt wesentlich mehr Funktionen, als man seinem Namen entnehmen kann.
☐ Im Oberteil liefert sich der drehende Verteilerfinger den hochgespannten Strom an die einzelnen Zündkerzen.
☐ Darunter hat bei Transistorzündung der Hallgeber bzw. Induktionsgeber seinen Platz.
☐ Die Verteilerwelle ist zweigeteilt. Sie ist kombiniert mit der fliehkraftgeregelten mechanischen Zündzeitpunktverstellung, siehe Seite 218 (nicht bei VEZ).
☐ Seitlich am Verteiler ist, ausgenommen VEZ, die Unterdruckdose der Unterdruck-Zündverstellung untergebracht (Seite 219).

Verteiler öffnen

■ Blechhalteklammern des Deckels mit einem Schraubenzieher abdrücken oder die beiden Schrauben herausdrehen.
■ Massekabel der evtl. vorhandenen Blechabschirmung abziehen.
■ Verteilerdeckel abnehmen, die Zündkabel bleiben aufgesteckt.
■ Verteilerfinger abziehen, dahinterliegenden Staubschutzdeckel abnehmen.
■ Beim Einbau den Staubschutzdeckel so auflegen, daß seine Haltenase in die Aussparung im Verteilergehäuserand zu liegen kommt.
■ Der Verteilerfinger besitzt eine angegossene Erhebung, die in die Aussparung in der Verteilerwelle einrastet.
■ Auch der Verteilerdeckel besitzt als Verdrehsicherung eine angegossene Nase, die in den Einschnitt im Verteilergehäuse einrasten muß.

Verteilerdeckel und -finger kontrollieren

■ Verteilerdeckel abnehmen. Er muß innen und außen sauber sein, damit keine Strombrücke über Schmutz, Abrieb oder Feuchtigkeit den Zündstrom ableitet.
■ Abbrand an den Kontakten abwischen.
■ Kontaktstellen oxidiert (Grünspan)?
■ Blankschleifen oder kontrollieren, ob ein falscher Verteilerfinger zu weit entfernt an den Kontakten vorbeiläuft.
■ Bleistiftartige Striche im Verteilerdeckel sind Brandspuren von Kriechströmen, die sich über Schmutz oder Feuchtigkeit einen Weg gebahnt und eingebrannt haben.
■ Behelfsmäßige Abhilfe schafft hier Aus-

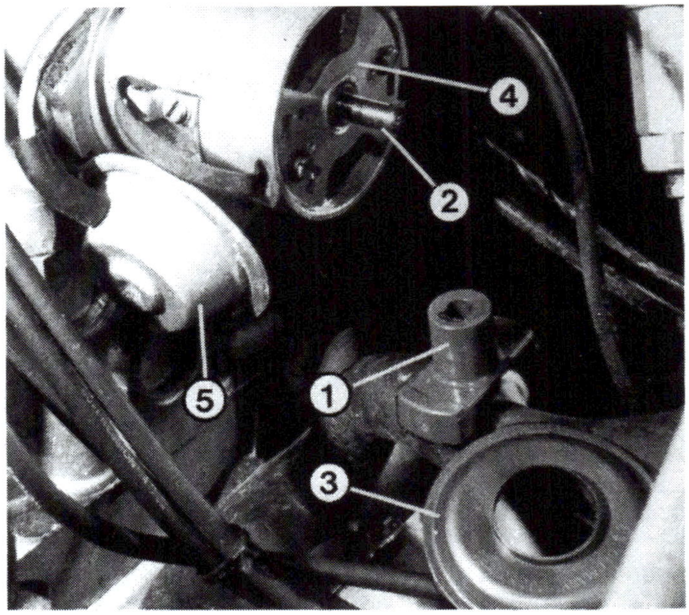

Der Verteilerfinger (1), auch Läufer genannt, läßt sich von der Verteilerwelle (2) abziehen und wegen der Nut in der Welle nur in gleicher Stellung wieder einsetzen. Zwischen Läufer und Lagerschild ist ein Schutzdeckel (3) eingesetzt. Die Unterdruckdose (5) ist über einen Schlauch mit dem Drosselklappenstutzen verbunden. Das Lagerschild (4) ist mit zwei Schrauben befestigt.

kratzen mit einem Schraubenzieher oder Messer und Überstreichen mit Alleskleber, Nagellack oder im Notfall auch Lippenstift.

■ Die Kontaktkohle in Deckelmitte muß glatt und glänzend sein, sich leicht einfedern lassen und ohne zu klemmen wieder zurückfedern.

■ Der Verteilerfinger darf an seiner Kontaktzunge und über der Vergußmasse des Entstörwiderstands zwischen Mittenkontakt und der Zunge nicht verschmort sein.

■ Widerstand zwischen Mitten- und Außenkontakt des Verteilerfingers messen: Bei Transistorzündung (Kennzeichnung »R 1«) 0,6–1,4 kΩ.

■ Zuletzt noch die Kontrolle, ob die Arretierung zum Aufstecken auf der Verteilerwelle abgeschert ist.

Verteiler ausbauen

■ Verteilerdeckel abnehmen.

■ Zylinder 1 auf Zündzeitpunkt stellen, siehe Seite 49.

■ Die Kerbe auf der Kurbelwellen-Riemenscheibe muß in kürzester Entfernung zum Zeiger am Ölpumpengehäuse stehen.

■ Zugleich muß der Verteilerfinger (oder bei abgezogenem Finger: die Nut der Verteilerwelle) auf die Markierung am Gehäuserand zeigen.

■ Dreipoligen Hallgeber-Stecker abziehen.

■ Befestigung des Verteilers abschrauben.

■ Danach die Kurbelwelle nicht mehr drehen.

■ Der Verteiler läßt sich in dieser Stellung wieder korrekt einsetzen, denn Verteilerwelle und Nockenwelle sind entsprechend geformt.

■ Nach Einsetzen des Verteilers die Zündung einstellen.

Das TSZ-Schaltgerät

Auf die Funktion des Schaltgerätes der Transistorzündung sind wir bereits auf Seite 211 eingegangen. Hier nochmals zur Erinnerung:

☐ Der Impuls vom Hallgeber wird umgeformt und verstärkt.

☐ Der Schließwinkel wird entsprechend den Motordrehzahlen variiert.

☐ Die Leistungsstufe im Schaltgerät schaltet den Primärstromkreis zur Zündspule an und aus.

Zur Schonung der Zündspule besitzt das Schaltgerät eine Sicherheitsschaltung. Da beim Einschalten der Zündung der Stromkreis immer geschlossen ist, könnte die Spule überhitzt werden, wenn die Zündung über längere Zeit eingeschaltet bleibt. Das verhindert die Sicherheitsschaltung:

An Klemme 15 der Spule liegen 12 Volt an, an Klemme 1 dagegen nur rund 6 Volt. Es werden also etwa 6 Volt in der Spule verbraucht, wodurch sich diese aufheizen kann. Doch bereits nach 1–2 Sekunden legt das Schaltgerät an Klemme 1 ebenfalls 12 Volt Spannung. In der Spule herrscht keine Spannungsdifferenz mehr, der »Verbraucher« ist abgeschaltet.

Elektrische Verschaltung

Für die Fehlersuche ist es wichtig, die Bedeutung der Kabel an Schaltgerät und Hallgeber zu kennen.

☐ Mit Einschalten der Zündung erhält das Schaltgerät Spannung von Zündschloßklemme 15 (schwarze Leitung).

Geöffneter Zündverteiler der Multec-Zentraleinspritzung. 1 – Läufer; 2 – Induktionsgeber; 3 – Zündmodul; 4 – Entstörkondensator.

- ☐ Masse ans Schaltgerät gelangt über die braune Leitung.
- ☐ Grün ist wie bei der Spulenzündung die Leitung der Klemme 1, über die der Unterbrechungsbefehl kommt.
- ☐ Über das schwarz/gelbe Kabel kommt die Versorgungsspannung vom Schaltgerät zum Hallgeber.
- ☐ Die braun/weiße Leitung stellt die Masseverbindung her.
- ☐ Über das blau/grüne Kabel gelangt der Unterbrechungsimpuls vom Hallgeber zum Schaltgerät.

TSZ-Schaltgerät prüfen

Vor der Schaltgerät-Prüfung muß sichergestellt sein, daß die Zündspule in Ordnung ist.

- ■ Kabel zur Saugrohrbeheizung (Motoren 13 NB, 16 SH) oder zur Startautomatik (Motoren 13 S, 16 S) abziehen.
- ■ **Spannungsversorgung:** Sicherungsklammer des Mehrfachsteckers am Schaltgerät zur Seite drücken, Stecker abziehen.
- ■ Voltmeter an den Kontakten 2 (braunes Kabel) und 4 (schwarzes Kabel) anschließen.
- ■ Zündung einschalten. Es müssen etwa 12 Volt anliegen.
- ■ Zeigt sich nichts, Unterbrechung anhand der Stromlaufpläne ab Seite 190 suchen.
- ■ Zündung ausschalten. Stecker am Schaltgerät wieder aufstecken.
- ■ **Sicherheitsschaltung:** Falls bei der Prüfung an Klemme 1 der Zündspule sofort 12 Volt anlagen (siehe Seite 215):
- ■ Stecker am Schaltgerät abziehen.
- ■ Durchgang der folgenden Leitungen überprüfen: Klemme 1 (grün), Klemme 15 (schwarz), Masse (braun).
- ■ War hier kein Fehler erkennbar, muß das Schaltgerät ersetzt werden.
- ■ Da die Zündspule durch die ausgefallene Sicherheitsschaltung gelitten haben wird, sollte sie ebenfalls erneuert werden.
- ■ **Impulsverarbeitung:** Voltmeter zwischen Klemme 1 der Zündspule und Masse anschließen.
- ■ Dreifachstecker am Zündverteiler abziehen, siehe Fingerzeig unten.
- ■ In den mittleren Steckkontakt einen Nagel, Splint o.ä. stecken.
- ■ Zündung einschalten, am Voltmeter werden nach 1–2 Sekunden 12 Volt angezeigt.
- ■ Mit dem verlängerten Mittelkontakt kurz Masse berühren und Voltmeter beobachten.
- ■ Für 1–3 Sekunden sinkt die Spannung auf rund 6 Volt ab und steigt dann wieder auf ca. 12 V an.
- ■ Bleibt die Spannung auf 12 Volt, ist das Schaltgerät defekt.
- ■ Sinkt die Spannung kurzfristig, aber fehlt es am Zündfunken, ist die Zündspule defekt oder das Hochspannungskabel zwischen Spule und Verteiler unterbrochen.

Hallgeber prüfen

Voraussetzung für diese Kontrolle ist eine einwandfreie Zündspule und ein intaktes Schaltgerät.

- ■ **Unterbrechungsimpuls:** Stecker am Schaltgerät freilegen.
- ■ Voltmeter oder Spannungsprüfer (keine herkömmliche Prüflampe) zwischen den Kontakt der blau/grünen Leitung am Schaltgerät und Masse schalten.
- ■ Zündung einschalten, Motor durchdrehen (siehe Seite 49).
- ■ Bei gedrehtem Motor liegen abwechselnd 0 Volt und mehr als 2 Volt Spannung an (normalerweise ca. 7 V).
- ■ Zündung ausschalten.

Der Aufbau des Zündverteilers für Multec ist dem herkömmlichen ähnlich. Der Unterschied besteht in der Endstufe des Zündverteilermoduls. Dort ist zusätzlich eine Zündkennlinie für den Motor-Start und -Notlauf einprogrammiert. Der Zündverteiler hat keine Fliehkraft- und Unterdruckverstellung. 1 – Verteilerläufer; 2 – Induktionsgeber; 3 – Zündmodul; 4 – Entstörkondensator.

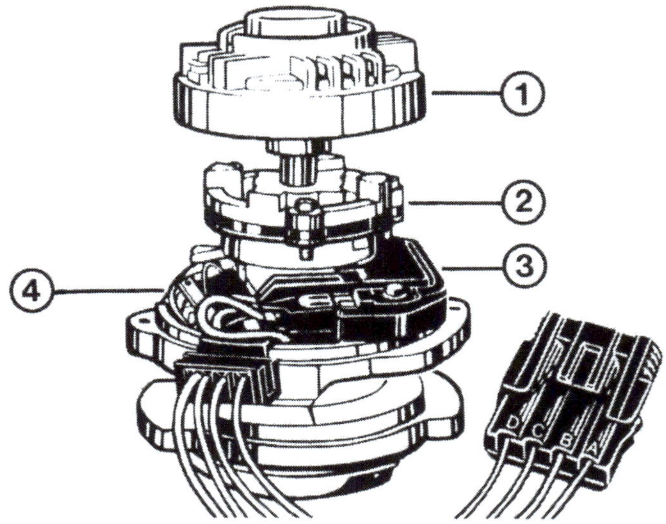

■ Kommt der Hallgeberimpuls an, aber fehlt es dennoch am Zündstrom, ist das Schaltgerät defekt.
■ **Versorgungsspannung:** Dreifachstekker am Zündverteiler abziehen, siehe Fingerzeig unten.
■ Voltmeter zwischen die Kontakte im Stecker der schwarz/gelben und der braun/weißen Leitung anschließen.
■ Zündung einschalten. Die Spannung muß mindestens 10 Volt betragen.
■ Sind Versorgungsspannung und Masseanschluß bzw. die Leitungen in Ordnung, muß der Hallgeber ersetzt werden.

Fingerzeig: *Der Mehrfachstecker am Zündverteiler sollte grundsätzlich nur bei aufgesetztem Verteilerdeckel abgezogen werden. Andernfalls kann sich der untere Steckanschluß aus seiner Halterung lösen. Das bewirkt, daß sich beim Wiederaufsetzen eine Kontaktzunge verschieben kann. Es fehlt am Kontakt, und der Zündfunke bleibt aus.*

Zündzeitpunkt und oberer Totpunkt

Die Leistung des Motors ist am besten, wenn das Kraftstoff/Luft-Gemisch im Moment der höchsten Verdichtung gezündet wird. Letztere herrscht beim Viertaktmotor in jenem Augenblick, da der Kolben bei Beendigung des 2. Takts – des Kompressionshubs – von der Aufwärtsbewegung in die Abwärtsbewegung des 3. – des Arbeitstakts – übergehen will. Der Kolben steht dann in seinem höchsterreichbaren Punkt für einen winzigen Sekundenbruchteil still, ehe er sich wieder nach unten bewegt. Diese Stellung nennt man den »Oberen Totpunkt« (kurz: OT), dessen Gegenstück der Untere Totpunkt (UT) ist.

Automatische Zündzeitpunktverstellung

Zum vollen Entflammen benötigt das Kraftstoff/Luft-Gemisch stets die gleichbleibende Zeit: rund $^1/_{3000}$ Sekunde. Das erfordert, daß der Zündzeitpunkt mit steigender Drehzahl immer früher gelegt werden muß. Nur so erfolgt die Verbrennung wieder genau zum richtigen Zeitpunkt, nämlich dann, wenn der Kolben gerade wieder beginnt abwärts zu laufen.
Das Verbrennen des Kraftstoff/Luft-Gemisches hängt aber auch von dessen Zusammensetzung ab. Bei nur gering durchgetretenem Gaspedal (bei »Teillast«) ist das Gemisch in den Brennräumen weniger zündfähig. Es verbrennt daher langsamer und muß aus diesem Grund früher gezündet werden.
Gibt man zu wenig Frühzündung, wird die Energie des Kraftstoffes nicht vollständig ausgenutzt, und der Motor kommt nicht auf volle Leistung. Wird der Zündzeitpunkt allerdings zu früh gelegt, schlägt das bereits entflammte Gemisch dem noch aufwärts strebenden Kolben entgegen, der Motor klingelt oder klopft.
Die Zündverstellung in Richtung »früh« übernehmen einerseits die Fliehkraftverstellung unten im Verteiler und andererseits die seitlich sitzende Unterdruckdose, wobei diese beiden Einrichtungen teilweise gemeinsam wirken. Bei der VEZ erfolgt die Zündverstellung dagegen durch ein elektronisches Steuergerät.

Fliehkraftverstellung

Die Fliehkraftverstellung wirkt »innerlich« auf die zweigeteilte Verteilerwelle. Die Trägerplatte des Fliehkraftverstellers sitzt im Verteilergehäuse unter der Unterbrecherplatte bzw. dem Blendenrotor fest auf der Verteiler-Antriebswelle.

Je schneller sich diese dreht, um so intensiver drücken die Fliehgewichte auf ihrer Trägerplatte gegen einen Mitnehmer. Dieser bewegt die eigentliche Verteilerwelle zusätzlich in ihrer Drehrichtung. Dadurch erreicht man mit ansteigender Drehzahl zunehmende Frühzündung, weil die Unterbrecherkontakte früher öffnen bzw. der Hallgeberimpuls früher ausgelöst wird. Bei abnehmender Drehzahl machen dies kleine Spiralfedern wieder rückgängig.
Die Fliehkraftverstellung bewirkt je nach Motor und Verteiler bis zu 30° Frühzündung.

Fliehkraftverstellung prüfen

Zumindest behelfsmäßig können Sie feststellen, ob die Fliehkraftverstellung arbeitet.

■ Stroboskoplampe anschließen, siehe nächste Seite.
■ Unterdruckschlauch am Verteiler abziehen.
■ Motor starten.
■ Zündlichtlampe auf die Zündzeitpunktmarkierung halten (siehe unter »Zündung prüfen«).
■ Die Kerbe auf der Keilriemenscheibe muß ruckfrei nach hinten auswandern und beim Zurückgehen auf Leerlaufdrehzahl sofort wieder zur Zündmarkierung zurückkommen.
■ Für eine genaue Überprüfung muß die Zündverstellung anhand der Verteiler-Verstellkurven in der Werkstatt gemessen werden.

Unterdruckverstellung

Die Unterdruckdose am Verteiler ist durch eine dünne Saugleitung mit dem Vergaser bzw. dem Drosselklappenstutzen verbunden. Oberhalb bzw. vor der Drosselklappe herrscht ein Unterdruck, der hauptsächlich von der Drosselklappenstellung abhängig ist. Bei geschlossener Drosselklappe ist der Unterdruck gleich Null. Er steigt mit zunehmender Öffnung und steigender Drehzahl unter Teillast auf einen Höchstwert, um bei voll geöffneter Drosselklappe wieder auf etwa ⅕ des Höchstwertes abzufallen.
Wenn nun bei nur teilweise durchgetretenem Gaspedal ein kräftiger Unterdruck herrscht, zieht dieser über die Saugleitung eine Membrane in der Unterdruckdose an. Von ihr reicht eine Zugstange in den Verteiler hinein und zieht dort die drehbare Grundplatte des Unterbrechers bzw. des Hallgebers an. Hierdurch wird die Platte entgegen der Drehrichtung der Verteilerwelle gezogen, und die Zündung erfolgt so entsprechend früher. Die Unterdruckverstellung mit höchstens 26° Frühverstellung wirkt zusätzlich zur Fliehkraftverstellung.

Unterdruckverstellung prüfen

Ob die Unterdruckstellung funktioniert, läßt sich selbst prüfen.

■ Zur Prüfung schwarzen Schlauch von der Unterdruckdose abziehen und mit der Fingerspitze verschließen.
■ Von Helfer Motor starten und auf mittlerer Drehzahl (ca. 3000/min) halten lassen.
■ Bei gleichmäßiger Drehzahl den Schlauch wieder aufstecken.
■ Da nun vom Saugrohr her Luft durch den Schlauch angesaugt wird, muß die Unterdruckverstellung in diesem Teillastbereich in Aktion treten, wodurch die Motordrehzahl ohne Gaspedalveränderung sofort merklich erhöht wird.
■ Falls der Motor nicht etwas schneller dreht, ist wahrscheinlich der Schlauch oder die Unterdruckdose undicht.

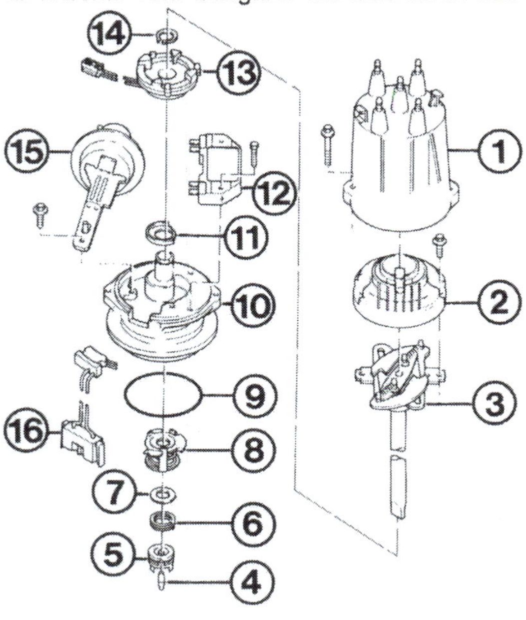

Einzelteile des Zündverteilers mit Induktionsgeber. 1 – Verteilerkappe; 2 – Verteilerläufer; 3 – Verteilerwelle; 4 – Stift, Kupplungsbefestigung; 5 – Kupplung; 6 – Feder; 7 – Scheibe; 8 – Andrückfeder; 9 – O-Ring; 10 – Gehäuse; 11 – Dichtung; 12 – Modul; 13 – Induktionsgeber; 14 – Sicherungsring; 15 – Unterdruckversteller; 16 – Anschlußstecker für Zündspule.

Zündzeitpunkt prüfen

Die volle Motorleistung und ein günstiger Benzinverbrauch hängen vom richtig eingestellten Zündzeitpunkt ab.

☐ Bei der **Transistorzündung** hat der variable Schließwinkel (siehe Seite 211) keinen Einfluß auf den Zündzeitpunkt. Eigentlich kann sich im Lauf der Zeit nichts verändern. Dennoch empfiehlt das Werk eine alljährliche Kontrolle anläßlich der ASU, da Verschleißerscheinungen im Verteilerantrieb möglich sind.

☐ Zur Einstellung dient der Zeiger am Ölpumpengehäuse. Eingestellt wird auf die Kerbe der Kurbelwellenriemenscheibe.

☐ Die Leerlaufdrehzahl muß der Vorschrift entsprechen (siehe Seite 264).

☐ Die Motoröltemperatur soll mindestens 30°C betragen.

☐ Der Unterdruckschlauch an der Unterdruckdose des Zündverteilers bleibt angeschlossen.

Fingerzeig: *Besitzt Ihre Zündlichtpistole ein Auslösekabel, das ins Zündkabel des 1. Zylinders gesteckt wird, müssen Sie auf einwandfreien Kontakt achten. Ein Wackelkontakt zwischen Zündkabel und Kerze kann dem TSZ-Schaltgerät Schaden zufügen.*

Zündung prüfen

■ Motor warmfahren und abschalten.

■ Stroboskoplampe anschließen und ihr Auslösekabel in das Zündkabel des 1. Zylinders (der in Fahrtrichtung rechts stehende) schalten.

■ Motor starten, im Leerlauf drehen lassen.

■ Stroboskoplampe auf die Markierungspunkte halten.

■ Bei jedem Aufblitzen der Lampe muß die Kerbe der Keilriemenscheibe mit der Warze am Deckel bzw. dem Zeiger am Gehäuse fluchten.

■ Wenn nicht, Zündzeitpunkt einstellen.

Zündung einstellen

■ Bei **1,3-Liter-Motoren** Klemmlasche am Verteilerfuß lösen.

■ Bei **1,6- und 1,8-Liter-Motoren** die Sechskantmuttern lockern.

■ Rechts herum (im Uhrzeigersinn) drehen bedeutet: Zündung früh, links herum: Zündung spät.

■ Verteiler behutsam drehen, bis die Zündeinstellmarken bei jedem Lampenblitz in einer Linie »stehen«. Vorsicht: Bei TSZ kein Zündkabel berühren!

■ Verteiler in dieser Stellung festschrauben.

■ Leerlaufdrehzahl nach der Einstellung kontrollieren, ggf. korrigieren, siehe Seite 99 bzw. 116.

Zündzeitpunkt grundeinstellen (nur Multec)

Die im vorstehenden Abschnitt erwähnte Einstellung ist beim Multec-Sytem auch nach Ersatz des Zahnriemens nötig.

In der Opel-Werkstatt wird dazu noch die Diagnosereiz- und Masseleitung mit dem Diagnosestecker kurzgeschlossen, wobei auch die Motorkontrolleuchte in einer bestimmten Folge blinkt. Bei richtiger Einstellung des Zündzeitpunktes darf die Kontrolleuchte nicht aufleuchten.

Oktanzahl-anpassung

Die mikroprozessorgesteuerte Kennfeldzündung bei den Motoren 16 SV, C 16 LZ und E 18 NV bzw. die Motronic bei den Motoren C 20 NE und 20 SEH ermöglicht in gewissem Umfang eine Anpassung an das Kraftstoffangebot. Die Anpassung erfolgt durch Verändern der Kodierung. Je nach Auslegung des Kodiersteckers wird in der Elektronik ein bestimmtes Zündkennfeld angewählt. Das neue Zündkennfeld erlaubt den Betrieb mit einer vorgegebenen Kraftstoffqualität (siehe nächsten Abschnitt).

☐ Nur in **Ausnahmefällen** soll die Einstellung vorübergehend auf **die ungünstigere Möglichkeit** verändert werden. In diesem Fall sollte die volle Motorleistung nicht ausgeschöpft werden.

☐ Eine Änderung der Zündzeitpunkteinstellung durch Verdrehen des Zündverteilers ist nicht mehr möglich.

Der Kodierstecker

Der im Motorraum an der Spritzwand links befindliche Kodierstecker (Bild rechts oben) zeigt im Fenster des Verschlußbügels die eingestellte Oktanzahl. Auf beiden Seiten ist der Stecker mit der jeweiligen Oktanzahl (ROZ) gekennzeichnet. Die werkseitige Kodierung steht jeweils auf dem höheren Wert der in der Tabelle auf Seite 65 gezeigten Möglichkeiten.

Die Stecker-Farbe gibt Aufschluß über zwei Möglichkeiten zur Kraftstoffwahl. Die in der folgenden Aufstellung in Klammern gesetzten Farben sind nur kurz zur Auslieferung gelangt:

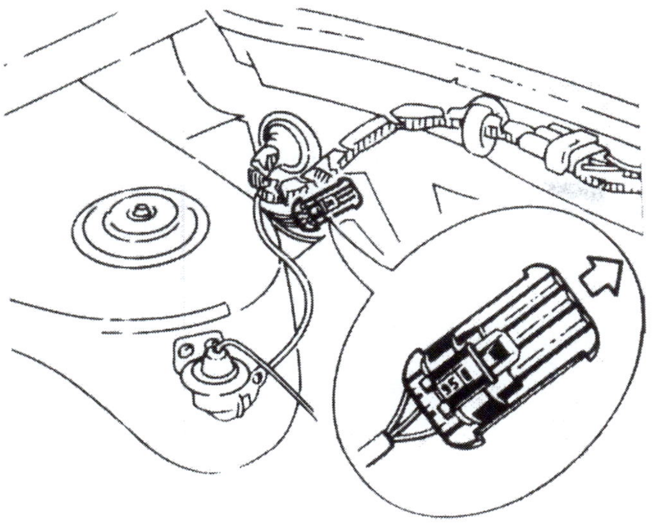

Anordnung des Kodiersteckers im Motorraum. Siehe dazu den Abschnitt »Oktanzahlanpassung« auf der linken Seite.

Stecker-Farbe	Kraftstoff	ROZ
braun (oder weiß)	Super verbleit Super unverbleit	98 95
schwarz (oder gelb)	Super unverbleit Normal unverbleit	95 91

Die Zündkabel

Die Verbindungskabel vom Verteiler zu den Zündkerzen bereiten normalerweise keine Probleme. Vor dem Ersatzteilkauf erst am Wagen kontrollieren, welche Ausführung eingebaut ist.

Zündkabel prüfen

■ Kontrollieren Sie, ob die Kabel fest in die Buchsen des Verteilerdeckels eingesteckt sind. Sie können sich durch Erwärmung der eingeschlossenen Luft etwas herausheben und so Motorstottern verursachen.
■ Die Messingklemmen dürfen nicht oxidiert sein und sie müssen guten Kontakt zu den Kerzensteckern haben.
■ Wenn der Zündfunke schon vor der Zündkerze zur Masse überspringt, hören Sie das an Knack- oder Knattergeräuschen im Motorraum.
■ Achten Sie darauf, daß die Schutzrohre auf den Zündkabeln der Zylinder 1, 2 und 3 einwandfrei sitzen und die Kabel nicht am Rohrende scheuern.
■ Nachts sehen Sie die Funken deutlich springen. Ursache kann eine Streusalzschicht auf den Kabeln sein, oder das Kabel ist irgendwo durchgescheuert.
■ Zündkabel mit Scheuer- oder Schmorstellen sollten Sie umgehend ersetzen.
■ Bei Zündstörungen die Entstörstecker an der Zündspule sowie am Verteiler auf richtigen Widerstandswert messen.
■ Das Ohmmeter soll 0,6–1,4 kΩ anzeigen.
■ Widerstand der Zündkerzenstecker messen
■ Nicht abgeschirmte der Spulenzündung 0,6–1,4 kΩ, abgeschirmte bei SZ, TSZ und VEZ 4–6 kΩ.

Zündkabel ersetzen

■ Kaufen Sie Kupferlitzen-Zündkabel als Meterware im Autozubehörgeschäft.
■ Auf die Kabelenden zum Verteiler hin müssen Messingklemmen in die Kupferlitze eingedreht werden.
■ Die Entstör- und Kerzenstecker müssen auf gleiche Weise eingedreht werden.

Die Zündfolge

Für ausgewogenen Motorlauf werden die Zylinder nicht etwa in der Folge 1–2–3–4 gezündet, sondern gewissermaßen durcheinander. Entsprechend der Zündfolge sind die Zündkabel im Verteilerdeckel eingesteckt. Wenn der Verteilerfinger bei abgenommenem Verteiler- und Staubschutzdeckel auf die Kerbe am Gehäuserand zeigt (Bild nächste Seite), steht Zylinder 1 (der in Fahrtrichtung rechts stehende) auf Zündzeitpunkt. Das ist ein Anhaltspunkt beim Aufstecken der Zündkabel. Die Zündfolge lautet: 1–3–4–2, der Verteilerfinger ist rechtsdrehend (im Uhrzeigersinn).

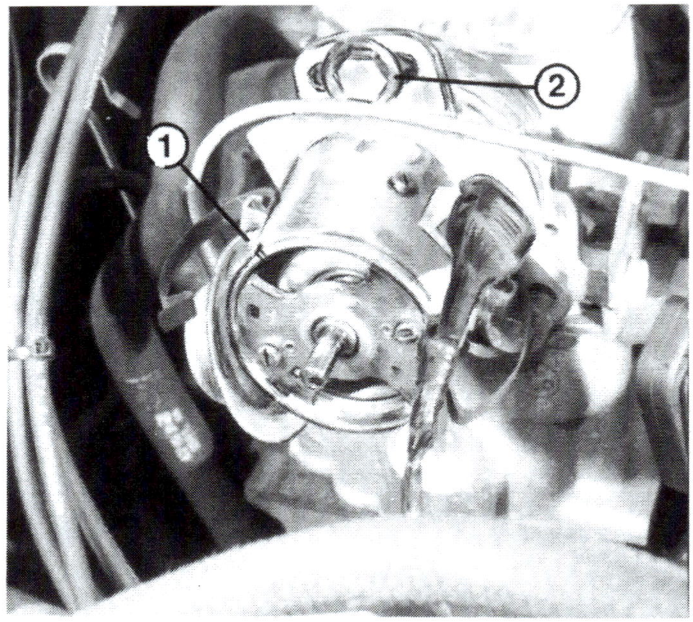

1 – Nut am Rand des Verteilergehäuses. Zeigt der Verteilerfinger auf diese Nut, steht der 1. Zylinder auf Zündzeitpunkt. 2 – Befestigungsschraube, die beim Einstellen der Zündung zu lockern ist.

Zündkerzen prüfen

Wartung Nr. 23

Im allgemeinen ist eine Lebensdauer bis 30 000 km für die Zündkerzen realistisch. Wenn der Elektrodenabstand regelmäßig kontrolliert und nachgestellt wird, können sie auch länger halten.

Zündkerzen aus- und einbauen

■ Zündkerzenstecker fassen und von den Stiften der Kerzen ziehen. Nicht an den Zündkabeln zerren.
■ Zündkerzen mit dem Kerzenschlüssel herausdrehen und in der Reihenfolge der Zylinder ablegen.
■ Sitzen die Kerzen sehr fest, keine Gewalt anwenden, sonst kann das Kerzengewinde beim Leichtmetallkopf ausreißen.
■ Motor heißfahren und jetzt die Kerzen herausdrehen. Vorsicht, daß sie sich die Hände nirgends verbrennen.
■ Beim Einbau keine kalten Kerzen in den warmen Motor fest eindrehen, sie sitzen später wie eingenietet fest.
■ Zündkerzen sollen bei allen Motoren mit 20 Nm festgezogen werden. Wenn kein Drehmomentschlüssel zur Hand ist:
■ Kerze eindrehen, bis der Dichtring anliegt – sie läßt sich dann von Hand oder mit dem Kerzenschlüssel ohne Kraftanstrengung nicht mehr weiterdrehen.
■ Eine neue Kerze jetzt mit dem Kerzenschlüssel eine knappe Viertelumdrehung (= 90°) weiter anziehen, das genügt.
■ Eine gebrauchte Kerze, deren Dichtring bereits plattgedrückt ist, darf nur etwa 15° angedreht werden.

Fingerzeige: *Zum Gangbarmachen der Zündkerzengewinde können Sie etwas Graphit von einem weichen Bleistift auf die Gewindegänge schaben oder ein dafür besonders geeignetes Kupferfett sparsam aufstreichen. Öl oder normales Fett läßt die Zündkerze im Gewinde des Zylinderkopfes festbacken.*
Ein defektes Kerzengewinde ist noch längst kein Beinbruch! Die Werkstatt setzt in diesem Fall eine spezielle Gewindebüchse (z. B. einen Heli-Coil-Einsatz) ein.

Das Zündkerzen-»Gesicht«

Die Zündkerzen sind gewissermaßen Augenzeugen der Verbrennung im Motorraum. Das Aussehen der Kerzenspitze (das »Kerzengesicht«) läßt erkennen, ob der Motor optimal arbeitet. Vorher sollte der Motor auf der Landstraße oder Autobahn gründlich warmgefahren worden sein. Die Kontrolle nach Kurzstreckenverkehr kann zu Fehlschlüssen führen. Sehen Sie sich die Isolatorspitze mit der Mittelelektrode und die Seitenelektrode(n) an:
□ **Isolatorspitze hellgrau bis bräunlich gefärbt:** Gute Einstellung von Vergaser bzw. Einspritzanlage, der Motor läuft wirtschaftlich.
□ **Starke Ablagerungen:** Ursache können Zusätze im Motoröl oder Kraftstoff sein oder erhöhter Ölverbrauch durch schadhafte Ventilschaftabdichtungen. Evtl. Öl- bzw. Kraftstoffmarke wechseln.
□ **Schwarze rußartige Ablagerungen:** Zündkerze erreicht durch ausschließlichen Kurzstrekkenverkehr ihre Selbstreinigungs-Temperatur nicht, falscher Wärmewert, CO-Gehalt zu hoch.
□ **Isolatorspitze weißlich gefärbt:** Zündzeitpunkt zu stark in Richtung »früh« eingestellt, automatische Zündzeitpunktverstellung defekt, CO-Gehalt zu niedrig.

□ **Schmelzerscheinungen an Mittel- und Seitenelektrode:** Glühzündungen nach Ablagerungen im Verbrennungsraum, überhitze Ventile, falschen Zündzeitpunkt, defekte Zündzeitpunktverstellung oder Hitzestau durch mangelhafte Kühlung.
□ **Bruch der Isolatorspitze,** im Anfangsstadium als Haarrisse erkennbar: Klopfende Verbrennung durch minderwertigen Kraftstoff, falsche Zündeinstellung, schadhafte Zündzeitpunktverstellung, ungenügende Motorkühlung oder Gemischabmagerung durch Nebenluft.
□ **Gelblich glänzende Schicht auf der Isolatorspitze:** Benzin- und Motorölzusätze haben Ablagerungen gebildet, die bei abrupter voller Belastung des Motors sich verflüssigt haben und elektrisch leitfähig wurden – als Folge Zündaussetzer. Motor nach langem Kurzstreckenbetrieb nicht sofort voll belasten.
□ **Ölschicht über Elektroden und Innenraum der Kerze:** Kolbenringe, Ventilführungen oder Ventilschaftabdichtungen schadhaft.
Zeigt das Zündkerzengesicht keine Besonderheiten, aber leidet der Motor unter Startunwilligkeit oder Ruckeln, kann es dennoch an den Kerzen liegen. Unsichtbare Risse im Keramikisolator können beim Kaltstart durch kondensierenden Kraftstoff gefüllt werden, wodurch der Zündfunke abgeleitet wird. Auch unter Druck können Kerzen versagen, obwohl der Funke in ausgebautem Zustand überspringt.

Der Elektrodenabstand

Das Kraftstoff/Luft-Gemisch bzw. das verbrannte Altgas wirkt korrosiv auf die metallischen Zündkerzenelektroden. Und die hohe elektrische Spannung beim Funkenüberschlag sprengt kleine Metallpartikel ab, wodurch der Funkenspalt mit zunehmender Laufzeit der Zündkerzen vergrößert wird.
Zum Messen des Elektrodenabstands wird eine Fühlerblattlehre oder Zündkerzenlehre verwendet. Er soll **0,7 bis 0,8 mm** betragen. Wenn der Abstand nicht stimmt, biegt oder klopft man vorsichtig die Masseelektrode entsprechend zurecht.

Der Wärmewert

Je nach Verdichtung und Leitungsausbeute entwickeln Benzinmotoren recht unterschiedliche Temperaturen in ihren Verbrennungsräumen. Darauf müssen die Zündkerzen abgestimmt sein. Diese Eigenschaft wird durch den sogenannten Wärmewert angegeben. Dessen Kennzahl (z. B. 6, 7 oder 8) besagt, wieviel Hitze die Zündkerze ertragen, d. h. ableiten kann, ohne selbst zu heiß zu werden. Leitet die Kerze zu viel Wärme ab, erreicht sie nicht ihre Selbstreinigungs-Temperatur. Die besagt, daß sich die heißen Zündkerzenelektroden selbst von Rußansatz freibrennen können.

Das Zündkerzengewinde

Das Einschraubgewinde muß 19 mm lang sein, das ist die größte handelsübliche Gewindelänge. Der Gewindedurchmesser beträgt 14 mm.
Die Brennräume im Motor sind so geformt, daß die Entzündung des Gemisches auch richtig

Zum fachgerechten Anziehen der Zündkerze diese von Hand so weit eindrehen, bis der Dichtring an der Zündkerzenbohrung im Zylinderkopf anliegt. Jetzt eine knappe Viertelumdrehung mit dem Kerzenschlüssel weiterdrehen, das entspricht einem Drehmoment von 20 Nm.

eingeleitet wird. Sitz und Einschraubtiefe der Zündkerzen spielen dabei eine wichtige Rolle. Deshalb dürfen die Kerzen auch nicht etwa mit zwei Dichtringen eingesetzt werden.

Die Elektrodenform

Nicht zuletzt spielt auch die Form der Zündkerzen-Elektroden eine wichtige Rolle. Unter den beiden hauptsächlich verwendeten Elektrodenformen wurde vom Werk die »normale Funkenlage« gewählt. Die Elektroden ragen dabei nicht sonderlich weit über das Kerzengewinde hinaus, wie das beispielsweise bei der »vorgezogenen Funkenlage« der Fall wäre.

Mehrbereichs-Zündkerzen

Durch Einschrauben einer anders geformten Kerze werden Sie keine Verbesserung im Betrieb erreichen (beispielsweise besseres Anspringen). Verbesserte Zündwilligkeit der Kerzen unter bestimmten Betriebsbedingungen erreichen Sie eher durch Spezialzündkerzen mit breiterem Wärmewert – sogenannten »Mehrbereichs-Zündkerzen«. Hierzu zählen die »Beru ultra« und die »Bosch thermo-elastic Super«. Eine noch höhere Qualitätsstufe stellt die »Beru RS dynaflex« mit Silber-Mittelelektrode dar. Allerdings werden Sie diese Kerzen bei den Kadett-Modellen kaum benötigen.

Motor	Zündkerzen-Typ ab Werk	Vergleichbare Zündkerzen-Typen
13 N, 13 S, 16 N, 16 SV, 16 SH, C 18 E, C 18 NE C 20 NE	AC R 42 XLS	Beru 14 R – 6 D Beru 14 R – 6 DU Bosch WR 6 D Bosch WR 6 DC
C 16 LZ	AC CR 42 CXLSX	Beru 14 R – DM Bosch WR 6 DC oder DP Bosch WR 6 DCX Champion N – 8 Y NGK BP 6 ES
E 18 NV, 20 SEH	AC CR 42 CXLS	

Lichtblicke

Mehr als früher dient die Beleuchtung auch bei unsichtigem Tageswetter der Sicherheit. Sich diese erhalten, ist kein Hexenwerk.

Beleuchtung kontrollieren

Teil der Wartung Nr. 9

- Nacheinander einschalten: Standlicht, Abblendlicht, evtl. eingebaute Nebelscheinwerfer, Fernlicht und Zusatzfernscheinwerfer.
- Blinker vorn rechts und links sowie Warnblinker, ebenso hinten. Siehe auch Seite 232.
- Rücklichter und Kennzeichenleuchten und, wenn eingebaut, Nebelschlußleuchte.
- Bremslicht, wozu allerdings ein Helfer notwendig ist. Siehe dazu noch Seite 215.
- Rückfahrscheinwerfer bei eingelegtem Rückwärtsgang.

Ersatzlampen für unterwegs

Im Ersatzlampenkasten sollten folgende Glühbirnen vorhanden sein:

☐ Halogen-Zweifadenlampe H 4, 60/55 Watt, DIN-Form YD (Hauptscheinwerfer).
☐ Halogen-Einfadenlampe H 3, 55 Watt, DIN-Form YC (Nebel- oder Fernscheinwerfer).
☐ Kugellampe, 21 Watt, DIN-Form RL (Blinker vorn und hinten, Rückfahrscheinwerfer, Nebelschlußleuchte).
☐ Zweifaden-Kugellampe, 21/5 Watt, DIN-Form SL (Brems- und Schlußlicht).
☐ Kugellampe, 5 Watt, DIN-Form G (Kennzeichenleuchte).
☐ Röhrenlampe, 4 Watt, DIN-Form HL (Standlicht).

Scheinwerferlampen auswechseln

Alle Glühlampen in den Scheinwerfern werden vom Motorraum her ausgebaut. Nach dem Auswechseln einer Scheinwerfer-Glühlampe (nicht der Standlichtbirne), sollte die Einstellung des betreffenden Scheinwerfers kontrolliert werden, siehe nächste Seite.

Scheinwerferlampe

- Scheinwerfer-Abdeckkappe abnehmen.
- Dreifach-Stecker mit Kabel vom Lampensockel mit hebelnden Bewegungen abziehen.
- Haltering etwas andrücken, nach links drehen, ausrasten und abnehmen.
- Scheinwerferlampe herausnehmen.
- Neue Glühlampe so einsetzen, daß sich die Fixiernase am Fassungsteller in die Aussparung im Reflektor einsetzt. Die Stecker-Kontaktzungen müssen ein nach unten offenes U bilden.

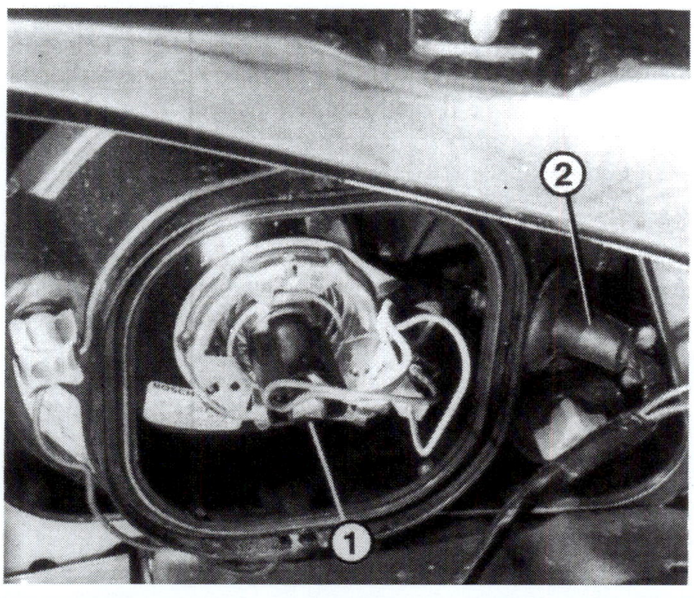

Hauptscheinwerfer rechts bei abgenommener Abdeckpatte. 1 – Dreifach-Stecker der Lampe für Abblend- und Fernlicht; 2 – Fassung der Blinkerlampe.

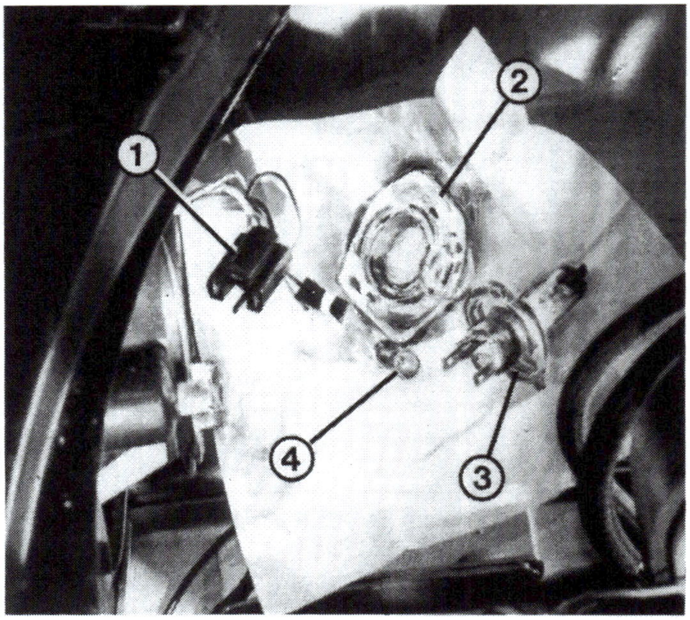

Lampenwechsel Hauptscheinwerfer:
1 – Dreifach-Stecker; 2 – Haltering; 3 – Halogen-Zweifadenlampe; 4 – Standlichtlampe.

Standlichtlampe

■ Scheinwerfer-Abdeckkappe abnehmen.
■ Stecker mit Kabel vom Lampensockel der Scheinwerferlampe abziehen.
■ Haltering etwas andrücken, nach links drehen, ausrasten und abziehen.
■ Standlichtlampe aus der Fassung des Halterings nehmen.
■ Neue Lampe etwas andrücken und nach rechts drehen, die beiden Haltenasen müssen richtig einrasten.

Fingerzeige: *Bevor Sie eine unwillige Glühbirne wegwerfen, sollten Sie sie noch einmal genau ansehen. Vielleicht ist sie in Ordnung, aber es fehlt an der Stromversorgung bzw. dem Massekontakt.*
Neue oder intakte Glühlampen nicht mit den Fingern am Glaskolben anfassen. Der Abdruck von Handschweiß bleibt unvermeidbar. Dieser verdampft auf der brennenden Birne und trübt den Reflektor. Deshalb beim Einsetzen ein sauberes Tuch verwenden.

Scheinwerfer ausbauen

■ Batterie abklemmen.
■ Kühlergrill ausbauen, siehe Seite 251.
■ Scheinwerfer-Abdeckkappe abnehmen.
■ Mehrfachstecker von Fern- und Abblendlichtlampe abziehen.
■ Kabel vom Masseanschluß und vom Anschluß der Standlichtlampe abziehen.
■ Gummitülle aus dem Scheinwerfergehäuse herausdrücken und Anschlußkabel nach außen ziehen.
■ Fassung der Blinkleuchte drehen und abnehmen.
■ Befestigungsschrauben für den Scheinwerfer oben herausdrehen.
■ Scheinwerfer abnehmen.
■ Beide Federklammern andrücken und Blinkleuchtengehäuse vom Scheinwerfer abnehmen.
■ Nach dem Einbau Scheinwerfer einstellen, siehe nächste Seite.

Beschlagener Scheinwerfer

Wenn Streuscheibe oder Reflektor von innen beschlagen, muß eine neue Dichtung eingebaut werden. Die folgende Arbeit wird auch nötig, wenn das Scheinwerferglas beschädigt ist.
■ Scheinwerfer ausbauen.
■ Haltefedern für die Streuscheibe lösen und das Glas abnehmen.
■ Streuscheibe und Reflektor sorgfältig reinigen und trocknen, für den Reflektor nur ein weiches Tuch verwenden.
■ Neue Dichtung, Ersatzteil-Nr. 121 7628, besorgen und die Streuscheibe möglichst mit neuen Haltefedern anbauen.

Scheinwerfereinstellung kontrollieren

Wartung Nr. 10

Von selbst wird sich ein Scheinwerfer kaum verstellen. Wenn aber ein Scheinwerfereinsatz ausgewechselt wurde, muß die Einstellung des Lichtstrahls kontrolliert werden. Am genauesten geht das mit dem Meßgerät in der Werkstatt oder an der Tankstelle. Behelfsmäßig gibt es verschiedene, unterschiedlich genaue Methoden:
□ Wagen möglichst im rechten Winkel in fünf Meter Abstand vor eine helle Wand stellen. Erneuerten Scheinwerfer in der Höhe dem unveränderten gleichstellen. Eine Seitenkorrektur ist so allerdings nicht möglich.
□ Nach einer genauen Einstellung mit dem Meßgerät die Abknickpunkte (in diesen Punkten

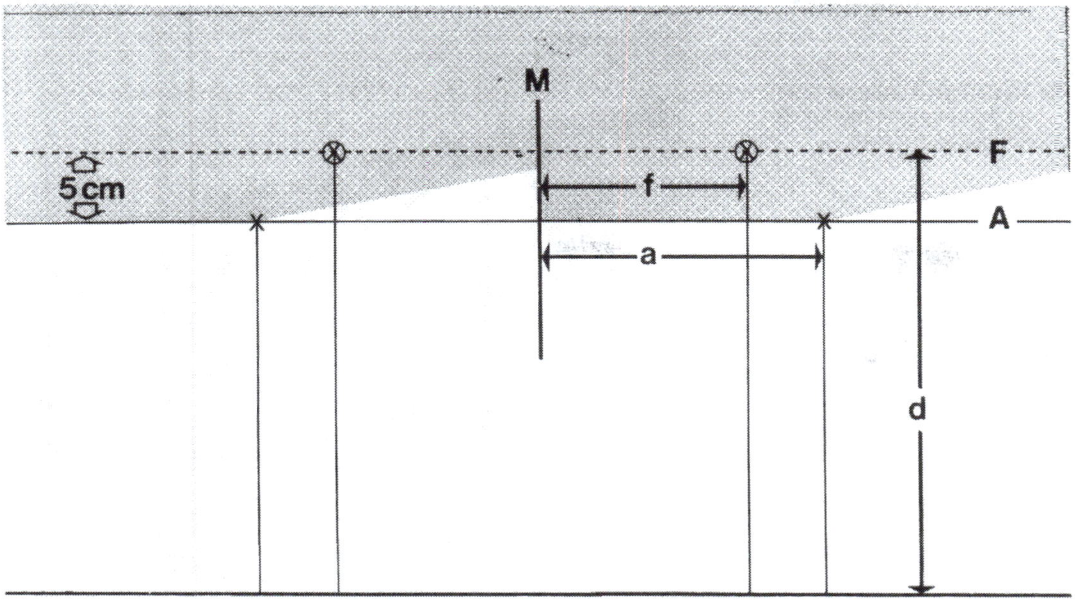

Maße für die Scheinwerfer-Einstellung: d – Höhe der Scheinwerfer-Mittelpunkte; F – Einstellhöhe für Zusatz-Fernscheinwerfer; A – Einstellhöhe für die Hauptscheinwerfer; M – Fahrzeugmitte; a – Abstand der Scheinwerfer von der Fahrzeugmitte; f – Abstand von Zusatz-Fernscheinwerfer von der Fahrzeugmitte.

steigt der Abblend-Lichtstrahl um 15° nach oben an) an der Garagenwand anzeichnen. Dazu den Opel am Garagentor abstellen. So läßt sich später bei gleicher Fahrzeugstellung auch die Lichtstrahl-Seitenrichtung überprüfen.

☐ Genaue Hilfslinien anzeichnen an einer Wand mit mindestens 10 m ebener Fläche davor. Die Linien sehen Sie in der Zeichnung oben. Hier ist einige Vorarbeit nötig, und nicht überall sind solche Malereien möglich.

Hilfslinien zur Scheinwerfereinstellung

■ Fahrzeug mit der Front parallel zur Einstellwand in exakt 5 m Abstand abstellen.

■ Höhe der Scheinwerfermittelpunkte beidseitig ausmessen und an der Wand markieren (Maß »d«).

■ 50 mm darunter eine Linie »A« an der Wand anzeichnen. Das ist die Neigung des Abblendlichts auf 5 m Entfernung.

■ Durch das Heckfenster nach vorn peilen und von einem Helfer genau in Fahrzeugmitte die senkrechte Linie »M« einzeichnen lassen.

■ Abstand Fahrzeugmitte bis Scheinwerfermittelpunkt abmessen, rechts und links von »M« markieren und dort je ein Einstellkreuz anzeichnen.

■ Auf diese Kreuze müssen die Abknickpunkte des Abblendlichts justiert werden.

Scheinwerfer einstellen

Zur richtigen Einstellung sind folgende Bedingungen erforderlich:

☐ Die Reifen müssen den richtigen Luftdruck haben.

☐ Das sonst unbeladene Fahrzeug ist in der Mitte der hinteren Sitzbank mit 75 kg (eine Person) zu belasten. Danach den Wagen einige Meter hin- und herrollen.

☐ Der Kraftstofftank muß gefüllt sein.

Die Einstellschrauben sind im Motorraum erreichbar, siehe Bild unten.

■ Abblendlicht einschalten.

■ Zuerst an der Höhen-Einstellschraube – die untere – so lange drehen, bis der Abblendlicht-Scheinwerferstrahl mit seiner waagrech-

Im Motorraum erreichbar, beiderseits der Abdeckkappe, befinden sich die Einstellschrauben für die Höhenverstellung (1) und Seitenverstellung (2) der Hauptscheinwerfer.

Die vordere Blinkleuchte (1) ist neben dem Hauptscheinwerfer (2) nach außen versetzt erreichbar.

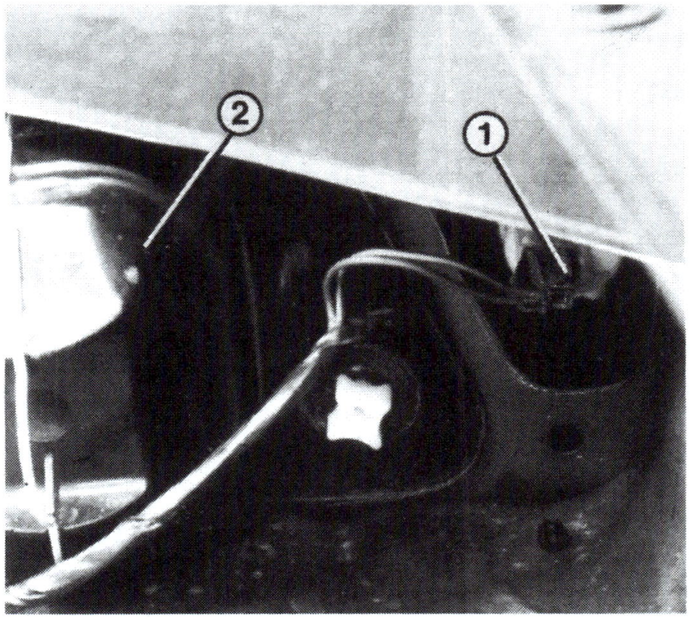

ten Trennlinie in Höhe der Einstellinie strahlt.

■ Seitenrichtung mit der oberen Einstellschraube so ausrichten, daß der Abknickpunkt im Abblend-Lichtbild genau auf das Einstellkreuz ausgerichtet ist.

■ Damit ist auch das Fernlicht richtig eingestellt.

Lampenwechsel

Blinkleuchten vorn

■ Motorhaube öffnen.

■ Lampenfassung der Blinkleuchte etwas nach links drehen und aus dem Reflektor ausrasten.

■ Glühlampe in die Fassung drücken und durch Linksdrehen entnehmen.

■ Neue Lampe in umgekehrter Folge einsetzen.

Heckleuchten

Der Lampenwechsel wird bei geöffnetem Kofferraum vorgenommen.

■ Haltestopfen aus der Rückwandverkleidung herausziehen, Verkleidung nach unten klappen.

■ Bei fünftüriger Limousine: Klettenverschluß der Verkleidung lösen, Verkleidung zur Seite klappen.

■ Federnde Rastnase der Lampenhalterung innen ausklinken und den Lampenträger außen abwinkeln und aus den Haltenasen herausnehmen.

■ Anordnung der Lampen: oben Blinklampe, darunter Brems- und Schlußlampe, innen Rückfahrlampe.

■ Glühlampe aus der Fassung herausnehmen und neue Lampe einsetzen.

■ Beim Einsetzen der Zweifadenlampe für die Brems-/Schlußleuchte beachten, daß deren seitliche Haltezapfen unterschiedlich hoch angesetzt sind. Dadurch kann die Lampe nur in einer bestimmten Stellung ohne Gewalt in die Fassung eingesetzt werden.

■ Lampenträger zuerst außen, dann innen einrasten.

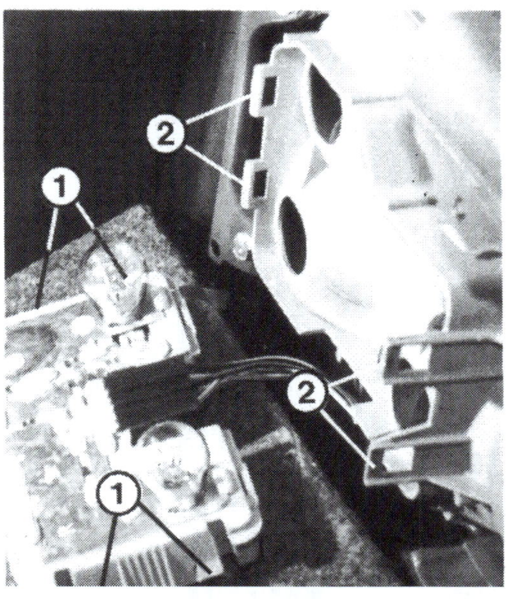

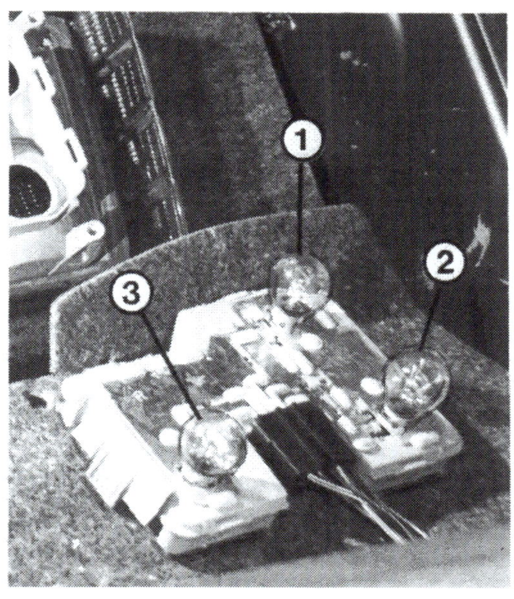

Lampenwechsel Heckleuchten: Linkes Bild: 1 – Halter am Lampenträger; 2 – Haltenasen der Heckleuchteneinheit. Rechtes Bild: 1 – Blinklampe; 2 – Schluß- und Bremslichtlampe; 3 – Rückfahrlampe.

Die Heckleuchte ist mit vier Schrauben am Innenblech des Kofferraums befestigt (Pfeile). Beim Einbau auf richtigen Sitz der Dichtung am Rand des Leuchtengehäuses achten.

Nebelschlußleuchte

Die zur Sonderausstattung gehörende Nebelschlußleuchte sitzt innen an der Seite der Heckleuchteneinheit.

- Verkleidung im Kofferraum öffnen.
- Lampenfassung nach links drehen und ausrasten.
- Glühlampe aus der Fassung herausnehmen.
- Neue Glühlampe einsetzen und Fassung durch Rechtsdrehen einrasten.

Heckleuchte ausbauen

- Rückwandverkleidung an der Heckleuchte umklappen.
- Lampenträger der Heckleuchten abnehmen.
- Lampenfassung der Nebelschlußleuchte herausnehmen.
- Vier Schrauben des Heckleuchtengehäuses herausdrehen.
- Heckleuchtengehäuse abnehmen.
- Beim Einbau die evtl. beschädigte Dichtung ersetzen.

Kennzeichenleuchte

- Am rechten Gehäuserand mit Schraubenzieher die Feder andrücken und das Lampengehäuse nach oben herausnehmen.
- Hervorragende Zunge drücken und Lampensockel aus dem Gehäuse herausklappen.
- Glühlampe leicht drücken, nach links drehen und abnehmen.
- Beim Einbau beachten, daß die Lichtscheibe des Gehäuses zum Kennzeichen gerichtet ist.

Innenleuchten

Die im Fahrzeuginnenraum, im Motorraum und im Kofferraum sitzenden Leuchten sind in Karosserieöffnungen eingeclipst. Der Austausch der Soffittenlampe (10 Watt, 41 mm lang, DIN-Form K) sollte bei abgeklemmter Batterie oder herausgenommener Sicherung erfolgen, um Kurzschluß zu vermeiden.

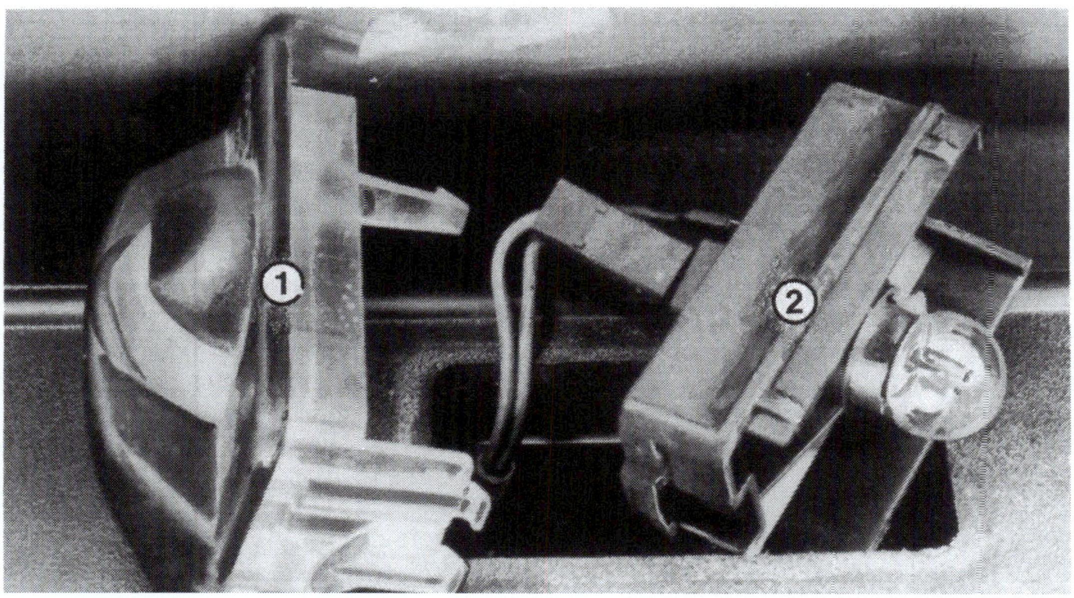

Lampenwechsel Kennzeichenleuchte: 1 – Gehäusedeckel mit Lichtscheibe; 2 – Gehäuse mit Lampe.

Zum Ausbau des Türkontaktschalters die Schraube herausdrehen (Pfeil). Den Schalter vorsichtig herausziehen und sofort den Kabelanschluß festhalten, damit das Kabel nicht in den Türpfosten zurückrutscht.

■ Lampengehäuse seitlich mit Schraubenzieher heraushebeln.
■ Soffittenlampe aus ihren Haltezungen aushängen.
■ Vor Einsetzen der neuen Lampe die Haltezungen etwas gegeneinander drücken.

Türkontaktschalter der Innenleuchte

Die Innenleuchte muß bei geöffneten Türen brennen, sie erhält dauernd Strom. Bei geschlossenen Türen brennt sie, wenn der Lichtschalter (siehe Seite 241) gezogen wird. Wenn ein Kontaktschalter im Türpfosten nicht mehr richtig arbeitet:

■ Kreuzschlitzschraube des Schalters herausdrehen, Türkontaktschalter herausnehmen.
■ Achten Sie darauf, daß das angeschlossene Kabel nicht in den Türpfosten hineinfällt.
■ Ist das Kabel im Türpfosten verschwunden, im Fußraum seitlich die Verkleidung abnehmen, um das Kabel zu »angeln«.
■ Falls das Kabel gar nicht angeschlossen war, lag hieran die Störung.
■ Ziehen Sie bei ausgebautem Schalter mit angeschlossenem Kabel den Kontaktstift kräftig heraus (übrige Türen müssen geschlossen sein).
■ Brennt jetzt die Leuchte, liegt der Fehler an Korrosion.
■ Sämtliche Kontaktflächen blank kratzen.
■ Ist der Kontaktstift verbogen oder klemmt er in seiner Führung, sollten Sie den Türkontaktschalter auswechseln.

Handschuhkastenleuchte

Diese Leuchte mit einer Soffittenlampe (5 Watt, 36 mm lang, DIN-Form L) sitzt an der Rückwand des Handschuhfachs. Sie brennt bei eingeschalteter Zündung und geöffnetem Deckel. Der Lampenwechsel geschieht wie bei der Innenraumleuchte.

Anzünder- und Ascherbeleuchtung

Die Leuchte ist mit einer Glassockellampe (1,2 Watt, DIN-Form W) versehen.

■ Ascher herausheben.
■ Lampenfassung herausziehen.
■ Glassockellampe auswechseln.
■ Fassung gut einschieben.

Wählhebelleuchte

Zur Anzeige der Fahrstufen am Wählhebel der Getriebeautomatik dient eine Glassockellampe (1,2 Watt, DIN-Form W).

■ Auf dem Mitteltunnel vier Schrauben der Wählhebelabdeckung herausdrehen.
■ Abdeckung mit Schaltanzeige und Jalousie abnehmen.
■ Lampenfassung aus ihrem Sitz ziehen.
■ Glassockellampe aus der Fassung herausziehen.

Zusatzscheinwerfer

Zur Sonderausstattung gehören Fernscheinwerfer und Nebelleuchten. Bei diesen kommt jeweils eine Halogenlampe H 3, 55 Watt, DIN-Form YC, zum Einsatz.

Fernscheinwerfer

■ Beide Schrauben unten am Gehäuse lösen.
■ Dabei den Scheinwerfer mit der Hand am Gehäuse festhalten.
■ Scheinwerfer unten aus dem Gehäuse herausschwenken.
■ Drahtbügel ausrasten und zur anderen Seite drehen.

- Glühlampe aus der Fassung herausnehmen und Kabelverbindung abziehen.
- Neue Glühlampe so einsetzen, daß die Aussparungen am Lampenteller mit den Fixiernasen des Reflektors übereinstimmen.

Fernscheinwerfer einstellen

Zur Einstellung sind die Vorbereitungen zu treffen, wie auf Seite 227 beschrieben. Die Zeichnung dort dient der Erläuterung.

- In Höhe des Maßes »d« wird die Linie »F« aufgezeichnet.
- Abstand Fahrzeugmitte – Scheinwerfermittelpunkt messen (Maß »f«) und an dieser Stelle auf der Linie »F« je ein Einstellkreuz anzeichnen.
- Lichtstrahl der Fernscheinwerfer auf das jeweilige Kreuz einstellen.

Nebelleuchten

Solche Scheinwerfer müssen den Nebel »unterwandern« können, sonst ist ihre Wirkung zu gering. Deshalb sind sie auch am Opel unterhalb des Stoßfängers befestigt.

- Befestigungsschraube am unteren Gehäuserand herausdrehen.
- Reflektor aus dem Gehäuse herausnehmen.
- Drahtbügel ausrasten und schwenken.
- Glühlampe aus der Fassung herausnehmen und Kabel abziehen.
- Beim Einsetzen der neuen Glühlampe müssen die Aussparungen am Lampenteller mit den Fixiernasen des Reflektors übereinstimmen.

Gute Verständigung

Würde überall die Verständigung so gut klappen wie unter Autofahrern, gäbe es bestimmt weniger Unheil in dieser Welt. Erhalten Sie sich und anderen die entsprechenden Verständigungsmittel!

Blink- und Warnblinkanlage prüfen

Teil der Wartung Nr. 9

Die Warnblinkanlage muß ständig funktionieren, deshalb wird ihr Schalter direkt von Batterie-Plus über eine Sicherung versorgt. Die Richtungsblinker erhalten dagegen nur bei eingeschalteter Zündung Strom von Klemme 15.

■ Drücken Sie bei ausgeschalteter Zündung auf den roten Knopf des Warnblinkschalters.

■ Alle vier Blinkerlampen und das rote Fenster im Schalter leuchten in gleichem Rhythmus auf.

■ Warnblinker ausschalten, Zündung einschalten.

■ Bei gedrücktem Blinkerhebel müssen eine Blinkerseite und die grüne Kontrolleuchte regelmäßig aufleuchten.

Blinkerstörungen

☐ Blitzt bei eingeschalteten Richtungsblinkern die grüne Kontrolleuchte nur kurz auf, ist die Glühlampe ausgefallen. Beim Warnblinken macht sich der Lampenausfall im Blinkerrhythmus nicht bemerkbar. Lampenwechsel siehe Seite 228.

☐ Brennen bei eingeschalteten Richtungs- oder Warnblinkern die Leuchten dauernd, ist das Blinkrelais defekt, siehe Bild Seite 179.

☐ Leuchtet nur die Kontrollampe, aber bleiben die orangefarbenen Leuchten am Wagen dunkel, liegt es ebenfalls am Blinkrelais.

☐ Leuchten die Blinker mal in langsamer Folge, mal schnell (z. B. beim Ein- oder Ausschalten leistungsstarker Verbraucher, wie heizbare Heckscheibe oder Scheibenwischer), zunächst die Leitungen, die sich in unmittelbarer Nähe des Relais befinden, hiervon wegdrücken. Hilft das nicht und sind alle Steckverbindungen einschließlich der Massekabel der Heckleuchten in Ordnung, muß das Relais erneuert werden.

☐ Funktioniert nur Warnblinken ohne Richtungsblinken oder umgekehrt, fehlt es an der Spannungsversorgung durch die betreffende Sicherung (siehe Tabelle Seite 180) oder am Schalter (Ausbau ab Seite 242).

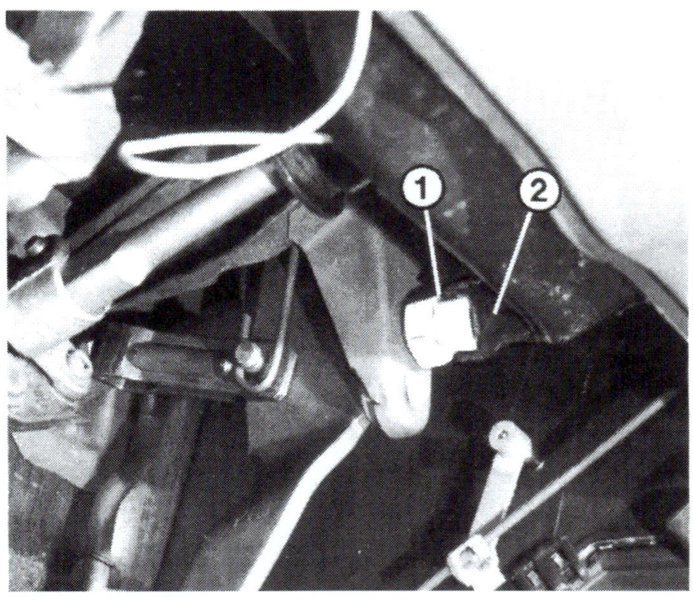

Nach Abknöpfen der Fußraumverkleidung (siehe Seite 257) gelangt man an den Bremslichtschalter (1) sowie an dessen Kabelstecker (2).

Die zur Grundausstattung gehörende Hupe (1) ist am Halter vor dem Kühler befestigt (2). Außer dem Kabelanschluß der Hupe (3) gibt es bei der Sonderausstattung noch eine Kabelverbindung zur Fanfare (4). Diese sitzt im linken Radkasten.

Defektes Blinkrelais kurzschließen

Mit einem ausgefallenen Blinkrelais ist die Weiterfahrt nicht ganz ungefährlich, denn im dichten Verkehr und vor allem bei Dunkelheit wird Ihre Abbiegeabsicht den anderen Autofahrern nicht ersichtlich.

■ Blinkrelais (in der Abbildung auf Seite 167) leicht ruckelnd aus der Zentralelektrik herausziehen.

■ Kurzschlußbrücke zwischen den Klemmen 49 und 49a (am Relais markiert) herstellen, dazu eine Büroklammer oder ein kurzes Drahtstück einstecken.

■ Blinkrelais wieder einsetzen.

■ Bei gedrücktem Blinkerhebel leuchtet jetzt eine Blinkerseite dauernd.

■ Durch Ein- und Ausschalten mit dem Blinkerhebel erhalten Sie einen Blinker-Rhythmus.

Bremsleuchten prüfen

Teil der Wartung Nr. 9

Die Kontrolle der Bremslichter sollten Sie zu Ihrer eigenen Sicherheit so oft wie möglich durchführen.

■ Die Garagenwand hinter dem Wagen muß rechts und links hell rot aufleuchten, wenn Sie auf das Bremspedal treten.

■ Oder in einer Kolonne prüfen Sie mit dem Rückspiegel, ob sich in den Scheinwerfer-Reflektoren oder in der Lackierung des Hintermannes beide Bremslichter spiegeln.

Der Bremslichtschalter

Der Bremslichtschalter sitzt in einer Platte über dem Bremspedal. Wird das Pedal niedergedrückt, wandert der Schalterstift heraus und schließt den Kontakt zu den Bremsleuchten.

Bremslichtschalter ausbauen

■ Im Fahrerfußraum die untere Instrumententafelverkleidung ausbauen.

■ Kabelstecker vom Bremslichtschalter abziehen.

■ Bremslichtschalter abschrauben.

■ Eine Einstellung des Schalters beim Einbau erfolgt nicht.

Beim Luxus-Lenkrad ist unter der elastischen Abdeckung der Hupe ein Messingblech (3) angeordnet. Die darunter befindliche Kunststoffplatte ist an drei Stellen im Lenkrad eingerastet. 1 – stromführendes Kabel; 2 – Massekabel.

Schleifring (1) und federnden Kontaktstift (2) der Hupe lassen sich überprüfen, wenn beide Verkleidungshälften der Lenksäule abgebaut sind. Siehe dazu Seite 236.

Bremslichtschalter überprüfen

Sind beide Bremslichter ausgefallen, kontrolliert man, ob es am Bremslichtschalter liegt:

- Kabelstecker abziehen.
- Kabelanschlüsse im Stecker mit einer Büroklammer oder einem Drahtstück überbrücken.
- Brennen jetzt die Bremslichter, ist der Bremslichtschalter defekt.

Störungsbeistand Bremslicht

Die Störung	– ihre Ursache	– ihre Abhilfe
A Eine Bremsleuchte brennt nicht	1 Glühbirne durchgebrannt	Austauschen
	2 Stromzuleitung unterbrochen	Kabel kontrollieren
	3 Unterbrechung in der Masseverbindung	Masseanschluß überprüfen
B Beide Bremslichter brennen nicht	1 Sicherung defekt	Ersetzen
	2 Bremslichtschalter defekt oder gelockert	Überprüfen, ggf. ersetzen
	3 Siehe A 1 und 3	
C Bremslicht brennt dauernd	1 Siehe B 2	
	2 Kabel zum Bremslichtschalter haben direkten Kontakt	Kabel kontrollieren

Hupe prüfen

Teil der Wartung Nr. 9

Bei eingeschalteter Zündung und beim Druck auf die Hupenplatte im Lenkrad muß das Horn bzw. die Fanfare ertönen.
Die Fanfare der Sonderausstattung wird über den gleichen Stromkreis versorgt wie das standardmäßige Signalhorn.

Wie der Signalschalter ausgebaut wird, steht auf Seite 242. Zum Ersatz des Schalters (2) den Mehrfachstecker (1) abziehen.

Signalhorn prüfen

- Kühlergrill ausbauen, siehe Seite 251.
- Kabelstecker abziehen.
- Hupe ausbauen.
- An jedem Steckanschluß ein Hilfskabel aufstecken und diese mit dem Plus- bzw. Minuspol der Batterie verbinden.
- Bleibt es ruhig, ist das Signalhorn defekt.
- Ein krächzendes oder völlig stummes Horn läßt sich bisweilen durch Drehen der Einstellschraube an der Hupenrückseite wieder stimmen oder zu neuem Leben erwecken.
- Schraube unter der Vergußmasse freilegen.
- Nach dem Einstellen der Schraube mit Karosseriedichtmasse wieder feuchtigkeitssicher verschließen.

Störungsbeistand Hupe

Die Störung	– ihre Ursache	– ihre Abhilfe
A Einzelhupe tönt nicht	1 Sicherung defekt	Ersetzen
	2 Stromzuleitung zur Hupe (schwarzes Kabel) unterbrochen	Kabelverlauf kontrollieren, Steckkontakte an der Hupe blank kratzen
	3 Hupe defekt	Prüfen, ggf. austauschen
	4 Leitung zwischen Hupenkontakt und Hupe unterbrochen	Kabelverlauf kontrollieren
B Einzelhupe tönt dauernd bei eingeschalteter Zündung	1 Kabel vom Hupkontakt zur Hupe hat Kurzschluß zur Masse	Braun/weißes Kabel abziehen. Hupt es nicht mehr, Kabelverlauf kontrollieren. Unterwegs: Kabel abgezogen lassen
	2 Hupe hat inneren Kurzschluß	Hupe ersetzen. Unterwegs: Stromzuführendes schwarz/weißes Kabel abziehen und isolieren

Die Lichthupe

Die Fernlicht-Glühfäden und die Fernlichtkontrolle leuchten immer auf, wenn Sie den Blinkerhebel zum Lenkrad hin ziehen.
Falls die Lichthupe nicht funktioniert, obwohl die Scheinwerfer bei eingeschalteter Beleuchtung brennen:

- Kontrollieren, ob das rote Klemme-30-Kabel zum Signalschalter unter Spannung steht.
- Wenn ja, dürfte der Umschalter im Signalschalter defekt sein. Schalterausbau siehe Seite 242.

Bundesgenossen

In diesem Kapitel gehen wir auf die Anzeigeinstrumente, Warnlichter und Schalter am Arbeitsplatz des Fahrers ein. Außerdem kommen jene Einrichtungen zur Sprache, mit denen das Autofahren sicherer und komfortabler wird.

Kontrollinstrumente und -leuchten prüfen

Setzen Sie sich hinter das Lenkrad und kontrollieren Sie nacheinander:

- Läuft die Zeituhr?
- Zündung einschalten. Es müssen aufleuchten Ladekontrolle, Öldruckwarnleuchte, Handbremskontrolleuchte bei angezogenem Hebel und Starterzugkontrolle (Motor 13 N und 16 N).
- Mit etwas Verzögerung wandert die Tankanzeigenadel über die Skala.
- Linken Hebelschalter betätigen – leuchtet die grüne Blinkerkontrolle bzw. die Fernlichtkontrolle?
- Brennen bei gedrücktem Schalter die Kontrolleuchten für Warnblinker, heizbare Heckscheibe und, (bei eingeschaltetem Licht) für Nebelschlußleuchte?
- Motor starten – arbeitet der Drehzahlmesser?
- Bei einer Probefahrt die Funktion von Tachometer und Kühlmittel-Temperaturanzeige überprüfen.

Kombiinstrument ausbauen

- Verkleidung über den Pedalen ausbauen (siehe Seite 257).
- Vier Schrauben der unteren Lenksäulenverkleidung herausdrehen, Verkleidung einschließlich Gummiring am Zündschloß abnehmen.
- Obere Lenksäulenverkleidung abnehmen.
- Obere Instrumentenabdeckung abschrauben (zwei Schrauben).
- Kombiinstrument von der Karosserie abschrauben (in der Mitte oben eine Schraube).
- Kombiinstrument an beiden unteren Seiten nach oben drücken, dabei die beiden Halterungen am unteren Rand mit Schraubenzieher andrücken.
- Haltefeder am Tachometerwellenanschluß niederdrücken und zugleich die Tachowelle abziehen.
- Kombiinstrument etwas herausziehen, Haltefedern des Mehrfachsteckers beidrükken, Stecker von Leiterplatte abziehen.
- Eventuell vorhandene zusätzliche Kontrolleuchtenanschlüsse abziehen.

Nach Ausbau des Kombiinstruments sehen Sie an der Öffnung des Armaturenbretts: 1 – Tachowelle; 2 – Mehrfachstecker; 3 – Einfachstekker bei Sonderausstattung.

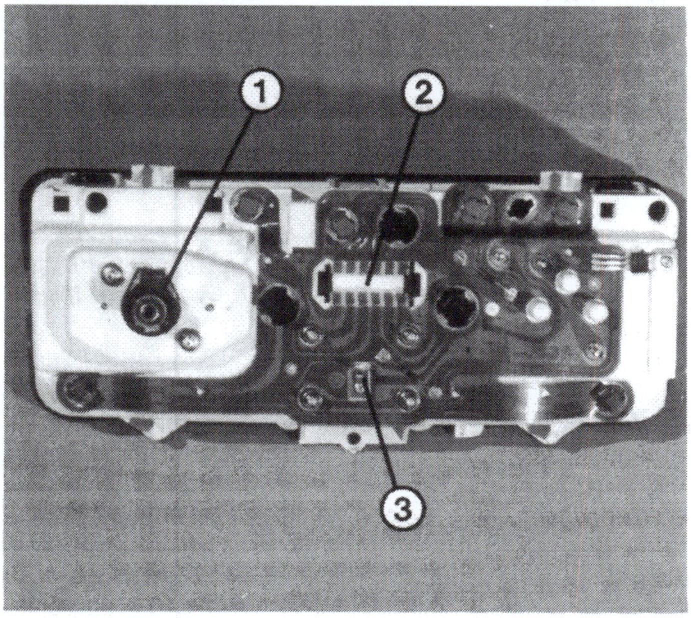

An der Rückseite des ausgebauten Kombiinstruments sind die Anschlüsse der auf der linken Seite abgebildeten Bauteile bezeichnet: 1 – Anschluß für Tachowelle; 2 – Kontaktfläche für Mehrfachstecker; 3 – Anschluß für Einfachstecker.

■ Kombiinstrument herausnehmen.
■ Beim Einbau darauf achten, daß der Mehrfachstecker und die Tachowelle richtig eingesteckt sind. Funktion vor dem endgültigen Zusammenbau prüfen!

Fingerzeig: *Sämtliche Instrumente und Kontrolleuchten im Kombiinstrument erhalten ihre Stromzufuhr nicht über Kabel, sondern durch eine sogenannte Leiterfolie, auf der die Leitungen aufgedruckt sind. Für die verschiedenen Modelle gibt es verschiedene Leiterfolien – beim Ersatzteilkauf beachten.*

Glühlampen auswechseln

Die Lampen für die Instrumentenbeleuchtung und die Kontrolleuchten sind mit ihren Kunststofffassungen an der Rückseite des Kombiinstruments eingesteckt. Ausgenommen die Ladekontrolleuchte, die aus einer Glassockellampe 3 Watt, DIN-Form W, besteht, braucht man zum Ersatz aller übrigen Kontrolleuchten Glassockellampen 1,2 Watt, DIN-Form W.
■ Kombiinstrument ausbauen.
■ Lampenfassung eine Viertelumdrehung drehen und von der Leiterplatte abziehen, siehe Bild unten.

Instrumente ausbauen

■ Kombiinstrument ausbauen.
■ Zum Ausbau von **Tachometer, Drehzahlmesser, Econometer, Fernthermometer** und **Kraftstoffanzeigegerät** bzw. Kombination der beiden letztgenannten Instrumente die Instrumentengehäuse-Abdeckung abschrauben und aushängen, danach das betreffende Instrument abschrauben.
■ **Fernthermometer und Kraftstoffanzeigegerät der Sonderausstattung** läßt sich ausbauen, nachdem die Leiterplatte vom Instrumentengehäuse abgenommen wurde (siehe übernächsten Absatz).
■ **Spannungsstabilisator** von der Rück-

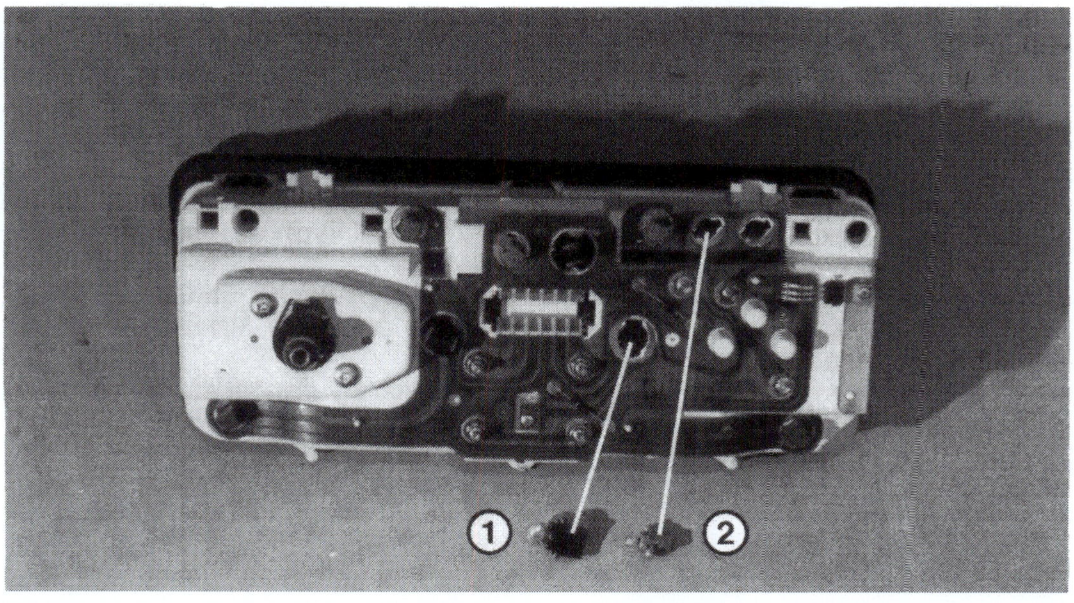

Zum Ausbau einer Leuchte die jeweilige Fassung drehen und von der Leiterplatte abnehmen. 1 – 3-Watt-Lampe; 2 – 1,2-Watt-Lampe.

seite des Instrumentengehäuses abschrauben und von den Steckkontakten abziehen.

■ Zum Ersatz der **Leiterplatte** alle Instrumente ausbauen, ebenso Instrumenten- und Kontrolleuchten herausnehmen, dann die Leiterplatte abnehmen.

Fingerzeig: *In der Normalausführung stammen die Instrumente von AC oder von VDO, in der Sonderausstattung nur von AC. VDO unterhält eigene Werkstätten, Anschriften erhalten Sie von der VDO Adolf Schindling AG, Postfach 6140, 6231 Schwalbach. Wegen der Instrumente von AC müssen Sie sich an den Opel-Service wenden.*

Spannungsstabilisator

An der Rückseite des Kombiinstruments ist ein kleines Kästchen mit drei Anschlüssen angeschraubt – der Spannungsstabilisator. Er muß die Tank- und die Temperaturanzeige mit absolut gleichmäßiger Spannung versorgen. Andernfalls lassen Spannungsschwankungen die Zeigernadeln pendeln.
Wenn beide Geräte »verrückt« spielen oder gar nichts anzeigen, liegt es sicher am Spannungsstabilisator.

Spannungsstabilisator prüfen

■ Kombiinstrument ausbauen.

■ Mehrfachstecker am Kombiinstrument wieder aufstecken.

■ Voltmeter zwischen dem Steckanschluß mit der Kennzeichnung »A+« und Masse-Anschluß anklemmen. Zündung einschalten.

■ Es müssen ziemlich exakt 10 V anliegen.

■ Liegt der Wert unter 9,5 oder über 10,5 V, ist der Spannungsstabilisator defekt.

Drehzahlmesser

Wie oft die Kurbelwelle im Motor in der Minute rotiert, zeigt der Drehzahlmesser (je nach Modell und Kundenwunsch) an. Er erhält von der Zündanlage die Zündimpulse übermittelt. Summiert und aufbereitet wird das auf das Zeigerwerk im Instrument übertragen.
Bei Störungen gilt es, die entsprechenden Leitungen zu überprüfen. Evtl. ist auch die Leiterfolie beschädigt.

Kraftstoffanzeige

Der Tankgeber im Kraftstofftank besteht aus einem Schwimmer und einem elektrischen Widerstand. Mit Einschalten der Zündung erhält das Anzeigegerät im Kombiinstrument Spannung. Den Stromkreis schließt der veränderliche Widerstand im Tankgeber, der die Verbindung zur Masse herstellt. Je nach Stromdurchfluß wird das Bimetall im Anzeigeinstrument mehr oder weniger stark beheizt, und die daran befestigte Zeigernadel schlägt entsprechend aus.
Steht der Schwimmer bei vollem Tank in seiner höchsten Stellung, ist der Widerstand am Tankgeber überbrückt, das Anzeige-Bimetall wird voll beheizt und läßt den Zeiger voll ausschlagen. Mit abnehmendem Tankinhalt sinkt der Schwimmer, der dadurch höhere Widerstand hemmt den Stromdurchfluß zum Bimetall, die Nadel zeigt weniger an.

Störungsmöglichkeiten

Als Ursache für fehlerhafte Anzeige kommen in Frage:

□ Zu hoher oder zu niedriger Stand: Spannungsstabilisator defekt oder Schwimmerarm verbogen.

□ Keine Anzeige: Spannungsstabilisator defekt bzw. Tankgeber oder Anzeigeinstrument defekt.

Störungssuche

■ Stellen Sie fest, daß sowohl Tank- wie Temperaturanzeige nichts oder falsch anzeigen, liegt es am Spannungsstabilisator.

■ Bei Falschanzeige durch verbogenen Schwimmerarm Tankgeber ausbauen (Seite 80).

■ Biegen des Schwimmerarms nach oben verringert die Anzeige. Biegen nach unten ergibt einen höheren Anzeigewert. Aber vorsichtig biegen!

■ **Tankgeber prüfen:** Freilegen, wie auf Seite 80 beschrieben, Kabelstecker abziehen.

■ Hilfskabel in den Steckanschluß des blau/schwarzen Kabels stecken und direkt an Masse halten.

■ Zündung ganz kurz einschalten – schlägt der Zeiger auf »Voll« aus, ist der Tankgeber defekt.

■ **Anzeigeinstrument prüfen:** Kombiinstrument ausbauen, Mehrfachstecker abziehen.

■ Steckkontakt des schwarzen Kabels im Mehrfachstecker mit dem Pluspol einer 12-Volt-Batterie verbinden, Kontakt des blau/schwarzen Kabels mit dem Minuspol. Rührt sich die Anzeigenadel nicht, ist das Anzeigegerät defekt.

■ Schlägt die Anzeige jedoch auf »Voll« aus, liegt der Fehler in der Kabelzuleitung.

Fernthermometer

Die Anzeige für die Kühlmitteltemperatur funktioniert ähnlich wie die Tankanzeige. Plusstrom erhält das Instrument bei eingeschalteter Zündung, die Masseverbindung stellt der Temperaturfühler am Ansaugkrümmer (Motor 13) bzw. am Thermostatgehäuse her. Dieser Fühler ist ein veränderlicher Widerstand, der mit zunehmender Erwärmung den Stromdurchfluß weiter freigibt, so daß das Bimetall im Instrument stärker beheizt wird und die Nadel weiter ausschlägt.

Störungsmöglichkeiten

□ Fehlerhafte Anzeige der Kühlmitteltempreatur bei gleichzeitig ungenauer Benzinstandsanzeige lassen auf einen schadhaften Spannungsstabilisator schließen.

□ Keine Anzeige kann ihre Ursache im Temperaturfühler oder Instrument haben.

Störungssuche

■ **Temperaturfühler prüfen:** Blaues Kabel am Temperaturfühler abziehen und fest mit Masse verbinden.

■ Zündung kurz einschalten – wandert die Anzeigenadel ins rote Feld, ist der Temperaturfühler defekt.

■ **Anzeigegerät prüfen:** Kombiinstrument ausbauen, Mehrfachstecker abziehen.

■ Kontakt der schwarzen Leitung im Mehrfachstecker mit Batterie-Plus verbinden, Kontakt der blauen Leitung an den Minuspol legen – schlägt die Anzeigenadel nicht aus, ist das Instrument defekt.

■ Bei vollem Ausschlag muß der Fehler im Leitungsverlauf gesucht werden.

Tachometer

Dieser Geschwindigkeitsmesser zeigt das Fahrtempo gewissermaßen auf elektrischem Weg an, nämlich durch Erzeugung von Wirbelströmen, die eine Aluminiumtrommel rund um die Zeigerachse gegen den Widerstand einer Spiralfeder verdrehen.

Der Tachometer kann nicht die genaue Entfernung oder Geschwindigkeit messen, sondern er »zählt« die Umdrehungen des Tachowellenantriebs am Getriebegehäuse und setzt sie in Kilometerangaben um. Nach wieviel Tachowellenumdrehungen ein Kilometer auf der Straße zurückgelegt wurde, hängt von der Reifengröße und der Achsübersetzung ab.

Eine zitternde Tachonadel weist gewöhnlich darauf hin, daß die Tachowelle einen Knick hat und bald brechen wird. Bei einem Fahrzeug mit hoher Laufleistung kann auch der Tachoantrieb im Getriebe verschlissen sein.

Tachowelle ausbauen

■ Kombiinstrument so weit ausbauen, daß sich der Tachowellenanschluß trennen läßt (siehe Seite 236).

■ Im Motorraum hinten links am Getriebe die Rändelmutter der Tachowelle losdrehen. Das geht entweder mit einer Kombizange oder einem Schraubenzieher, der in einen Schlitz oben in der Mutter gesteckt wird.

■ Tachowelle zum Motorraum hin herausziehen.

■ Die neue Welle darf beim Einbau nicht stark gebogen oder gar geknickt werden, sonst ist sie bald wieder defekt.

■ Deshalb zum »Einfädeln« der Welle evtl. das Kombiinstrument abnehmen. Durch die Gummitülle nicht mit Gewalt drücken.

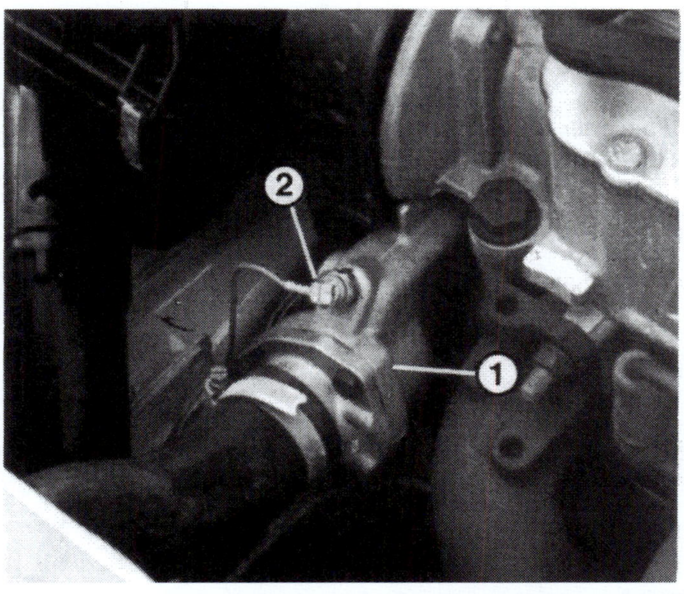

Bei den 1,6-Liter- und 1,8-Liter-Motoren ist der Temperaturfühler (2) für das Fernthermometer am Thermostatgehäuse (1) eingeschraubt.

Ladekontrolle Bei laufendem Motor darf die Ladekontrolle weder schwach noch hell leuchten. Bleibt sie beim Einschalten der Zündung dunkel, ist das ebenfalls ein Fehler. Näheres zur Störungssuche finden Sie im »Störungsbeistand Batterie und Lichtmaschine« auf Seite 206.

Öldruck-kontrolle Bei eingeschalteter Zündung erhält die Öldruckkontrolle Spannung. Solange kein Öldruck im Motor aufgebaut wird, ist ihr Stromkreis durch den Öldruckschalter am Motor zur Masse geschlossen – das rote Licht leuchtet. Nach dem Start mit zunehmenden Drehzahlen steigt der Öldruck, der Öldruckschalter öffnet seine Kontakte, und das Warnlicht verlöscht.

Fernlicht-kontrolle Nur bei eingeschaltetem Fernlicht oder beim Lichthupen erhält die Fernlichtkontrolle Spannung. Ob die Fernlichtfäden auch brennen, kann sie aber nicht anzeigen. Das müssen Sie selbst kontrollieren.

Blinkerkontrolle Die Blinkerkontrolle ist einerseits an Klemme 49a des Blinkrelais angeschlossen und erhält von dort die Blinkimpulse. Auf der anderen Seite hängt sie über den Mehrfachstecker an Klemme 15, die aber nur bei eingeschalteter Zündung Spannung liefert. Ist diese Klemme abgeschaltet, reagiert die Blinkerkontrolle nicht auf die Impulse der Warnblinkschaltung. Kommt dagegen bei eingeschalteter Zündung Spannung von Klemme 15, ist in der Pause zwischen den Blinkimpulsen der Stromkreis über den »toten« (= Minus-)Relaiskontakt geschlossen, und die Kontrollleuchte blinkt im Gegentakt auf.

Stopp-Start-System Diese Anlage dient vordringlich der Kraftstoffeinsparung. Sie wird über einen Drehschalter eingeschaltet und schaltet unter folgenden Bedingungen den Motorlauf automatisch ab:

- ☐ Motortemperatur über 50°C,
- ☐ Batteriespannung über 7,5 V,
- ☐ Geschwindigkeit unter 2 km/h,
- ☐ Kupplung nicht betätigt,
- ☐ Motordrehzahl unter 1200/min,
- ☐ vorangegangenes Überschreiten der Geschwindigkeit von ca. 8 km/h nach einem Anlaßvorgang.
- ☐ Beim Treten der Kupplung startet der Motor wieder.

Störungs-suche

- ■ Sicherung Nr. 6 kontrollieren.
- ■ Zu folgenden Arbeiten das Masseband der Batterie abklemmen und nur bei der Funktionskontrolle anklemmen.
- ■ **Schalter** (rechts vom Lichtschalter) ausbauen: Beide Haltefedern seitlich am Schalter mit abgewinkeltem, feinen Schraubenzieher beidrücken und Schalter zugleich herausziehen. Sitzen beide Kabelstecker fest?
- ■ Schalter auf Spannungsdurchlaß prüfen (siehe Seite 243).
- ■ Um an den **Kupplungspedalschalter** zu gelangen, Verkleidung abbauen (siehe Seite 257).
- ■ Beide Kabel abziehen, Zündung einschalten und die Kabelenden aneinanderhalten. Springt der Motor unter den oben genannten Umständen an? Wenn nicht, ist eventuell der Schalter kaputt.
- ■ Eine Prüfung der Steuerelektronik erfolgt auch bei Opel nicht.
- ■ **Steuergerät** an der Unterseite des Handschuhkastens abschrauben.
- ■ Leitungsanschlüsse der beiden Kabelstecker prüfen.
- ■ Kontrollieren, ob zwischen folgenden Klemmen der Mehrfachstecker und dem angeschlossenen Leitungsverlauf eine Unterbrechung besteht (die Klemmen sind am Steuergerät bezeichnet):
- ■ Klemme 5 bzw. 11 zur Masseschraube am Lenksäulenträger,
- ■ Klemme 7 zur Sicherung Nr. 6,
- ■ Klemme 10 zur Zündspule Klemme 1,
- ■ Klemme 3 zum Anlasser Klemme 50,
- ■ Klemme 8 zum Temperaturgeber.
- ■ Das zuständige **Relais** ist am Sicherungskasten unten links aufgesteckt. Zum Ausbau die Raste der Sicherungskastenoberseite nach unten drücken und zugleich den Sicherungskasten nach hinten aushängen.
- ■ Probeweise neues Relais einsetzen. Arbeitet die Anlage nicht, muß das Steuergerät ersetzt werden.

Die Schalter ☐ Die Funktion der einzelnen Stromverbraucher wird durch Betätigen verschiedener Dreh-, Kipp-, Druck- und Hebelschalter ausgelöst.

Die Schalterplatte ist an diesen Punkten angeschraubt: 1 – hinter der Verkleidungskappe; 2 – am Sitz des linken Kippschalters; 3 – am Sitz des rechten Kippschalters; 4 – unterhalb der linken Seite der Schalterplatte; 5 – unterhalb der rechten Seite der Schalterplatte.

□ Die Kontrolleuchten in einzelnen Schaltern besitzen Glassockellampen mit separaten Fassungen und können ausgewechselt werden.

Schalterplatte ausbauen

■ Griffe der Heizungs- und Belüftungshebel abziehen.
■ Rechteckige Verkleidungskappe links oben abheben.
■ Zwei darunter sitzende Schrauben herausdrehen.
■ Je eine Schraube in der Vertiefung der Schalter für heizbare Heckscheibe und heizbaren Sitz herausdrehen.
■ Links und rechts an der Unterseite der Schalterplattenverkleidung je eine Schraube herausdrehen, eventuell die Ablage entsprechend zur Seite drücken.
■ Schalterplatte abnehmen.

Schalter der Schalterplatte ausbauen

Von links nach rechts sitzen hier folgende Schalter: Drehschalter für Gebläse, Kippschalter für Heizscheibe, Druckschalter für Warnblinker und Kippschalter für beheizte Vordersitze. Soll einer der drei letztgenannten Schalter ausgebaut werden, zuerst
■ Schalterplatte ausbauen.
■ Rastenfeder des betreffenden Schalters beidrücken.
■ Schalter nach hinten aus der Schalterplatte herausziehen.
■ Mehrfachstecker und Fassung der Lampe vom Schalter abziehen.
■ Zum Ausbau des Drehschalters nur die Rastenfeder mit einem feinen Schraubenzieher andrücken und den Schalter nach vorne herausziehen.

Lichtschalter ausbauen

■ Mit feinem Schraubenzieher beide Rastenfedern am Schalter beidrücken.
■ Schalter herausziehen.
■ Mehrfachstecker vom Schalter abziehen.

Der Gebläseschalter wird wie der Lichtschalter ausgebaut: Schalterknopf etwas herausziehen und beide seitlichen Rastenfedern beidrücken, dabei den Schalter völlig herausziehen. Danach den Mehrfachstecker abziehen. Die Schalterplatte braucht deswegen nicht abgebaut zu werden. Die Kippschalter müssen bei abgehobener Schalterplatte ausgebaut werden.

Zum Ausbau der Lenksäulenverkleidung die Schrauben für die untere Verkleidungshälfte herausdrehen und den Gummiring am Zündschloß abnehmen. Danach läßt sich auch die obere Verkleidungshälfte abnehmen.

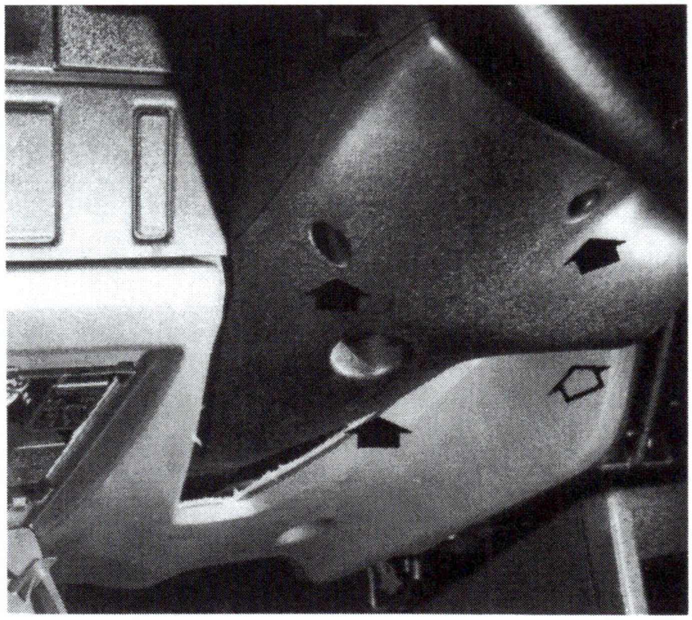

Scheibenwischer und -wascherschalter ausbauen

■ Schließzylinder für Lenk- und Zündschloß ausbauen (siehe weiter unten).
■ Obere Lenksäulenverkleidung abnehmen.
■ Rastzungen des Schalters andrücken und zugleich den Schalter aus der Halterung ziehen.
■ Mehrfachstecker abziehen.

Signalschalter ausbauen

Diese Arbeit ist gleich dem Ausbau des Schalters für Scheibenwischer und -wascher. Zuvor muß die Lenksäulenverkleidung ausgebaut werden.

Schließzylinder für Lenk- und Zündschloß ausbauen

■ Untere Lenksäulenverkleidung ausbauen: Vier Schrauben herausdrehen und Gummiring vom Zündschloß abnehmen.
■ Zündschlüssel in Stellung »I« drehen.
■ Arretierungsfeder an der Oberseite des Zylindergehäuses mit 3-mm-Stift niederdrücken.
■ Zylinder aus dem Lenkradschloß herausziehen.
■ Der Kontaktteil darf keinesfalls gleichzeitig ausgebaut werden.

Kontaktteil für Zündschloß ausbauen

■ Untere Lenksäulenverkleidung ausbauen (siehe vorstehenden Abschnitt).
■ Am Zylinderende zwei gegenüberliegende Madenschrauben lösen.
■ Kontaktteil vom Lenkradschloß abnehmen, dabei die Stellung des Schaltstückes beachten.
■ Mehrfachstecker abziehen.

Fahren mit defektem Zünd/Anlaßschalter

Sind die Kontakte im Zünd/Anlaß-Schalter so abgenutzt, daß sich beim Zündschlüsseldreh nichts mehr regt, können Sie dennoch den Motor starten. Voraussetzung ist, daß am roten Kabel des Zündschloß-Mehrfachsteckers Spannung anliegt.

■ Lenksäulenverkleidung unten abschrauben, Mehrfachstecker abziehen.
■ Mit einem Kabelstück oder einer Büroklammer die Steckbuchsen des dicken roten und des schwarzen Kabels miteinander verbinden. Damit ist die Zündung eingeschaltet, Lade- und Öldruckkontrolle müssen aufleuchten.
■ Wagen anschieben lassen oder
■ mit einem mindestens 4 mm^2 starken, isolierten Kabelstück eine Kurzschlußbrücke zwischen dem roten und der Steckerbuchse des rot/schwarzen Kabels der Klemme 50 herstellen. Damit wird der Anlasser gestartet.
■ Sobald der Motor angesprungen ist, diese Kabelbrücke wieder wegziehen.
■ Der Mehrfachstecker bleibt abgezogen. Damit während der Fahrt kein Kurzschluß entstehen kann, muß er isoliert werden.
■ Zum Abstellen des Motors die Verbindung zwischen dem roten und schwarzen Kabel abziehen.

Handbremskontrolleuchtenschalter ausbauen

■ Fahrersitz ausbauen (siehe Seite 256).
■ An der rechten Sitzschiene die Kunststoffauflage abnehmen.
■ Handbremshebel anziehen und abschrauben.
■ Schalter abschrauben.
■ Kabelstecker abziehen.

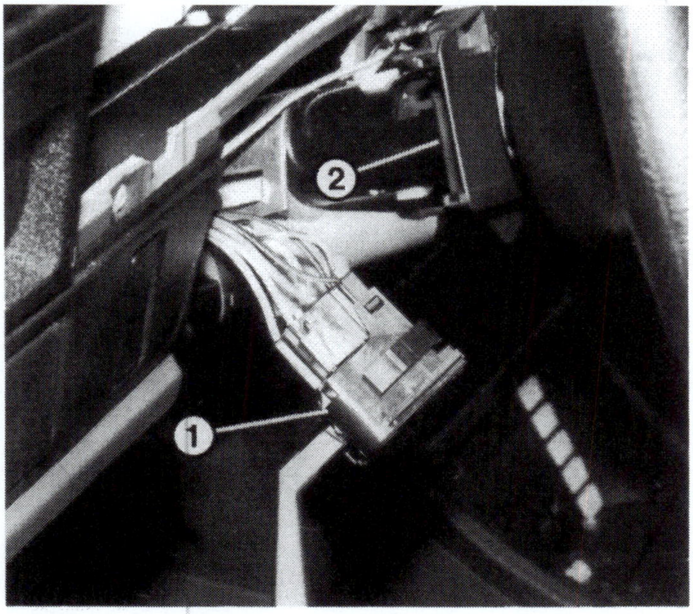

Der Signalschalter (1) kann bei abgebauter Lenksäulenverkleidung ohne Umstände nach links aus dem Schaltersitz (2) herausgezogen werden.

Schalterprüfung

■ Mit einer Prüflampe mit Nadelkontakt können Sie die Kabelisolierung durchstechen und feststellen, welche Kabel Spannung führen.

■ Suchen Sie den passenden Stromlaufplan ab Seite 182 heraus.

■ Zuerst wird geprüft, ob der Schalter überhaupt Spannung geliefert bekommt; hierzu muß vielfach die Zündung oder die Beleuchtung eingeschaltet werden.

■ Dann wird kontrolliert, ob der Schalter in entsprechender Stellung die Spannung weiterleitet. Am Beispiel Zünd/Anlaß-Schalter sieht das folgendermaßen aus:

■ Das rote Klemme-30-Kabel muß ständig Batteriestrom führen.

■ Das schwarze Klemme-15 A-Kabel steht ausschließlich in Schlüsselstellung »Zündung ein« unter Strom.

■ Das schwarze Kabel der Klemme 15 erhält Spannung in Stellung »Zündung ein« und »Anlassen«.

■ Die schwarz/rote Leitung von Klemme 50 für den Startbefehl an den Anlasser steht nur in Stellung »Anlassen« unter Spannung.

■ Entsprechend werden anhand des Stromlaufplans auch andere Schalter geprüft.

Die Schaltrelais

Zur Bordelektrik gehören eine Reihe Schaltrelais, die vorne und oben am Sicherungskasten eingesteckt sind.
Ein Schaltrelais wird für leistungsstarke Stromverbraucher verwendet. Leitet man den Strom auf langen Kabelwegen über den dazugehörigen Schalter, gibt es Spannungsverlust. Außerdem werden die Schalterkontakte durch den hohen Stromfluß stark beansprucht. Bei einer Relaisschaltung benutzt man den Schalter nur für den geringen Schaltstrom, womit nicht der Verbraucher direkt, sondern dessen Relais eingeschaltet wird.

Funktion

□ Beim Einschalten des betreffenden Verbrauchers wird im Relais durch den an Klemme 86 ankommenden »Schaltstrom« der Schaltstromkreis zu Klemme 85 geschlossen.

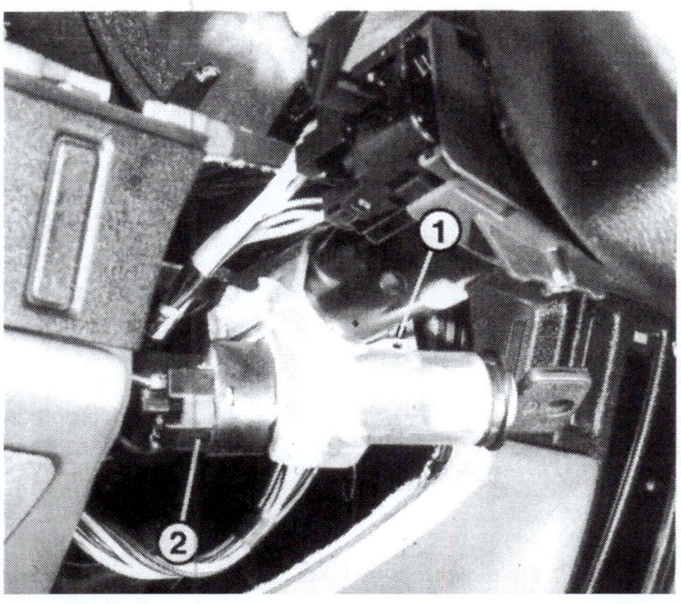

Der Schließzylinder für das Lenk- und Zündschloß wird bei Stellung »I« des Zündschlüssels ausgebaut, dabei in der Bohrung (1) die Arretierungsfeder niederdrücken. Der Mehrfachstecker (2) ist am Kontaktteil aufgesteckt.

Wischerarm ausbauen: Schutzkappe (1) abziehen und Sechskantmutter von der Wischerachse abschrauben. Den Wischerarm mit geeignetem Werkzeug von der Welle abdrücken (nicht versuchen abzudrehen). Die Mutter (3) auf dem Wischerlager muß zum Ausbau des Wischermotors abgeschraubt werden.

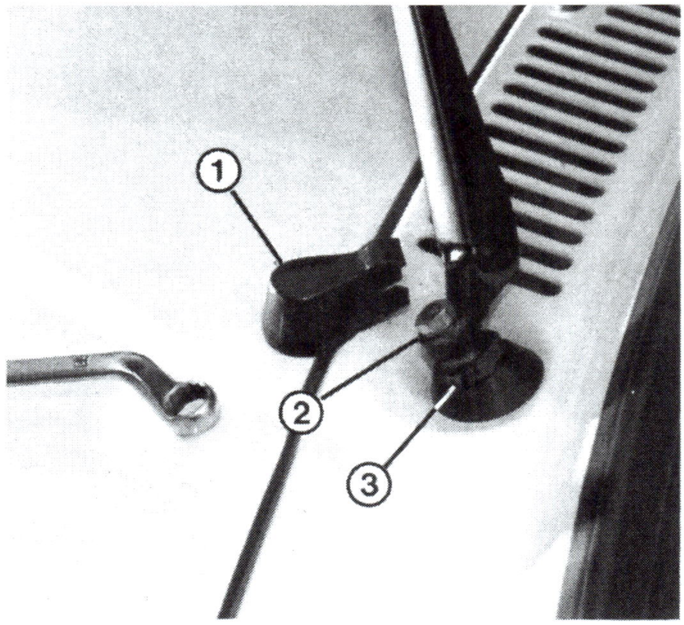

□ Dadurch zieht eine Magnetspule einen kräftigen Kontakt gegen Federdruck an und schließt so den Stromkreis für den »Arbeitsstrom«.
□ Der Arbeitsstrom wird zur Vermeidung von Spannungsabfall auf kurzem Weg direkt an Klemme 30 des Relais herangeführt und von dort weiter – bei geschlossenen Schalterkontakten – über Klemme 87 an den Stromverbraucher weitergeleitet.

Störungssuche Schaltrelais

■ Klemme 30 muß immer Spannung führen. Zur Kontrolle Relais ein Stück herausziehen und mit Prüflampennadel Klemme 30 antippen.
■ Relais abziehen, Klemme 86 mit Batterie-Plus und Klemme 85 mit Masse verbinden. Die Magnetspule muß den Relaiskontakt deutlich hörbar anziehen, sonst ist das Relais defekt.

Behelf bei defektem Schaltrelais

■ Relais vom Sicherungskasten abziehen. Fernscheinwerfer- und Warnsummerrelais sitzen an der Rückseite des Sicherungskastens, deshalb noch die untere Instrumententafelverkleidung abbauen.
■ Klemme 30 und 87 im Relaissteckfeld mit einer Büroklammer oder einem kurzen Drahtstück überbrücken. Dadurch erhält der betreffende Verbraucher Dauerstrom.
■ Zum Abschalten die Kurzschlußbrücke abziehen, da der betreffende Schalter in diesem Fall ja überbrückt ist.

Heizbare Heckscheibe

Die Überprüfung der heizbaren Heckscheibe findet praktisch jedesmal bei feuchter Witterung und im Winter statt. Das Feld mit den aufgedampften Leiterbahnen muß über die gesamte Fläche freie Sicht schaffen.

Störungssuche

■ Zuständige Sicherung Nr. 8 kontrollieren.
■ Festen Sitz der Kabelstecker an der heizbaren Heckscheibe kontrollieren.
■ Schalter ausbauen und prüfen, siehe Seite 243.
■ Funktion des Relais prüfen, siehe oben.
■ War bisher kein Fehler zu finden, Leitungsverlauf kontrollieren.
■ Sind Heizfäden beschädigt und dadurch unterbrochen, hilft Leitsilberlack. Dieser wird z. B. von Doduco, Postfach 480, 7530 Pforzheim hergestellt und ist im Autozubehörhandel erhältlich.

Scheibenwischer und -wascher prüfen

Ständige Kontrolle

■ Zündung einschalten.
■ Laufen die Scheibenwischer in allen Geschwindigkeiten und gehen sie beim Ausschalten in die Parkstellung zurück?
■ Funktioniert – je nach Ausstattung – die Wischintervallschaltung und die Wisch/Wasch-Automatik?
■ Spritzt Wasser aus den Wascherdüsen?
■ Arbeiten – je nach Ausstattung – Heckwischer und -wascher?

Scheibenwischer auswechseln

Die Gummis der Scheibenwischer halten etwa ein halbes Jahr. Danach können Sie sich entscheiden, ob Sie ein komplettes Wischerblatt oder – billiger – nur das Wischergummi erneuern wollen. In jedem Fall muß das Wischerblatt vom Wischerarm abgebaut werden:

Die Scheibenwischer sind richtig montiert, wenn zwischen Wischerblattmitte und Gummieinfassung der Scheibe ein Abstand von 40 mm besteht.

■ Kleinen Hebel an der Mittelachse des Wischerblattes nach unten drücken.
■ Gleichzeitig das Wischerblatt vom Wischerarm ziehen.
■ Beim Einbau Wischerblatt bis zum Einrasten der Haltenocke auf den Wischerarm drücken.

Wischergummi auswechseln

Ist das Metallgestänge des Wischerblatts noch in Ordnung, braucht nur das Wischergummi ausgewechselt werden:
■ Wischergummi nach Muster im Zubehörladen kaufen (Werkstätten haben sie kaum vorrätig).
■ Halteklammer um den Wischergummi an einem Ende des Wischerblatts aufbiegen.
■ Altes Gummi herausziehen und die beidseits eingelegten Metallstreifen am neuen Gummi einsetzen. Darauf achten, daß die Krümmung nach unten (zur Scheibe hin) zeigt.
■ Neues Wischergummi einschieben und Halteklammer wieder zusammenquetschen.

Fingerzeig: *Besonders Sparsame montieren lediglich auf der Fahrerseite einen neuen Scheibenwischer, der Beifahrer erhält den bisherigen linken Wischer. Beim nächsten Mal bauen Sie wieder links einen neuen Scheibenwischer an und rechts den früheren linken; der alte Beifahrerwischer kommt nun auf den Müll.*

Wischerarme ausbauen

■ Kunststoffkappe von der Wischerachse abhebeln.
■ Sechskantmutter von der Wischerachse abschrauben.
■ Wischerarm mit ruckelnden Bewegungen vom Konus der Welle abziehen. Opel hat dafür ein gabelförmiges Demontagewerkzeug.

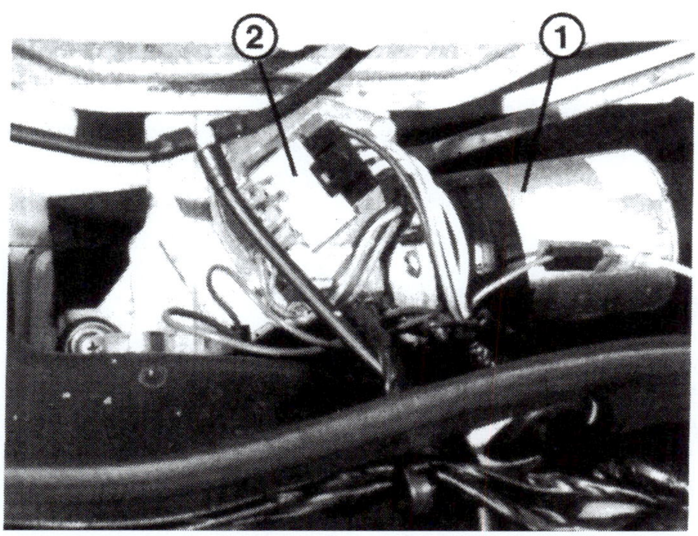

Der Scheibenwischermotor (1) sitzt hinter dem Wasserabweiser der Stirnwand und erhält über den Mehrfachstecker (2) Arbeitsstrom. Zum Ausbau siehe nächste Seite.

Scheibenwischermotor

Der Scheibenwischermotor erhält Strom über die Sicherung Nr. 5. Die Kabelklemmen am Wischermotor haben folgende Bedeutung:

- ☐ Klemme 53 erhält Spannung für die erste Wischergeschwindigkeit.
- ☐ Klemme 53 b erhält Spannung für die zweite Wischergeschwindigkeit.
- ☐ Klemme 53 e erhält Spannung für die Intervallschaltung.
- ☐ Klemme 53 a liefert Plus-Strom für die Endabstellung.

Sollten Sie die Scheibenwischer nicht gerade dann abschalten, wenn sie sich in ihrer Parkstellung befinden, erhält der Scheibenwischermotor über Klemme 53 a so lange Spannung, bis die Wischer in ihre Ruhestellung gelaufen sind.

Fingerzeige: *Bei eingeschalteter Zündung dürfen die Wischerblätter nicht außerhalb ihrer Parkstellung blockiert sein, etwa durch dicken Schnee oder weil sie angefroren sind. Klemme 53 a liefert dann nämlich ununterbrochen Spannung. Da der Wischermotor durch die festhängenden Scheibenwischerblätter nicht drehen kann, brennt er nach einer gewissen Zeit durch. In einem solchen Fall die Wischerblätter abheben, damit sie in ihre Endstellung laufen können.*

Scheibenwischermotor ausbauen

- ■ Wischerarme abbauen.
- ■ Von den Wischerlagern die Sechskantmuttern abschrauben.
- ■ Im Motorraum den Wasserabweiser an der Stirnwand abnehmen.
- ■ Mehrfachstecker vom Getriebedeckel des Wischermotors abziehen.
- ■ Massekabel abziehen.
- ■ Motor und Montageplatte abschrauben und aus der Gummitülle herausziehen.
- ■ Motor und Gestänge vom oberen Windlauf abnehmen.
- ■ Wischerkurbel vom Motor abschrauben.
- ■ Motor von der Montageplatte abschrauben.
- ■ Eingebaut muß in der Endstellung zwischen Wischerblättern und Gummifassung der Frontscheibe ein Abstand von 40 ± 5 mm bestehen.
- ■ Beim Anziehen der Kurbel-Befestigungsmutter die Kurbel mit einem Gabelschlüssel gegenhalten, sonst werden die Kunststoffräder des Getriebes beschädigt.

Heckscheibenwischermotor ausbauen

- ■ Knöpfe der Verkleidung in der Heckklappe mit gabelförmigem Werkzeug oder mit zwei breiten Schraubenziehern herausdrücken.
- ■ Kabelstecker trennen.
- ■ Massekabel abschrauben, Zahnscheibe abnehmen.
- ■ Mutter für den Wischerarm abschrauben.
- ■ Wischerarm von der Welle abdrücken.
- ■ Schutzkappe von der Welle abhebeln.
- ■ Sechskantmutter abschrauben.
- ■ Zwei Befestigungsschrauben für den Wischermotor herausdrehen und den Motor abnehmen.

Scheinwerferwischermotor ausbauen

Die Wischermotoren sind je nach Einbauseite mit L = links und R = rechts gekennzeichnet.

- ■ Kühlergrill ausbauen (siehe Seite 251).
- ■ Kabelsteckverbindung trennen.
- ■ Sechskantmutter von der Wischerwelle abschrauben.
- ■ Wischerarm von der Welle abdrücken.
- ■ Zwei Schrauben für den Wischermotor losdrehen.
- ■ Wischermotor abnehmen.
- ■ Beim Einbau den Wischerarm so in der Endstellung befestigen, daß er auf dem Halteblech aufliegt.

Scheibenwaschanlage prüfen

Ständige Kontrolle

Abgasrückstände, Öldunst und Silikon aus Lackpflegemitteln setzen sich hartnäckig aufs Glas. In der warmen Jahreszeit empfiehlt sich ein Reinigungszusatz zum Waschwasser; im Winter Gefrierschutz und Reinigungsmittel.

- ■ Erst Zusatzmittel und anschließend Wasser einfüllen, damit sich die Flüssigkeiten im Wascherbehälter gut vermischen.
- ■ Bei tiefem Frost können die Wascherdüsen doch einfrieren. Zur Vorbeugung empfiehlt sich hier die Zumischung von ⅓ Brennspiritus, der allerdings aufdringlich riecht.
- ■ Um Verstopfungen der Scheibenwaschwasserdüsen vorzubeugen, empfiehlt sich der Einbau eines handelsüblichen Benzinfilters in die Waschwasserleitung.

Fingerzeige: *Waschwasser sollten Sie nicht aus den häufig an Tankstellen bereitgestellten Wasserkannen einfüllen. Denn oft finden sich darin Öl- oder Fettrückstände, die sich anschlie-*

Am Behälter für das Scheibenwaschwasser (1) ist die Wascherpumpe (2) seitlich in einer Führung eingesteckt. Die Enden der Schlauchleitung zu den Wasserdüsen müssen fest auf ihrem Anschlußstutzen sitzen.

ßend auf Ihrer Windschutzscheibe niederschlagen und bei Regen einen störenden Schmierfilm auf das Wischerfeld zaubern.
Wenn das Sichtfeld auf der Windschutzscheibe trotz Reinigungszusatz im Waschwasser schlierig bleibt, hilft das altbekannte Messingputzmittel »Sidol« (nicht Sidol Spezial) weiter. Es wird mit einem Lappen aufgetragen und muß antrocknen, ehe der weiße Staub mit einem sauberen Lappen abgerieben wird. Damit werden Öl-, Lackpflegemittel- und sonstige Rückstände zuverlässig entfernt.

Spritzstrahl einstellen

Die Wasserstrahlen der einzelnen Waschanlagen sollen beim Betätigen der betreffenden Waschanlage und bei stehendem Wagen an bestimmten Stellen der Scheiben auftreffen.
☐ Die Windschutzscheibe soll etwas unterhalb der gedachten Mittellinie und (in Fahrtrichtung) etwas nach rechts versetzt von beiden Wasserstrahlen getroffen werden.
☐ Bei der Heckscheibe soll der Wasserstrahl 330 ± 50 mm unterhalb der Heckklappenoberkante und 85 ± 20 mm in Fahrtrichtung links aus der Mitte versetzt auftreffen.
☐ Die Streuscheiben der Scheinwerfer soll der Wasserstrahl in der Mitte erreichen.
So wird eingestellt:
■ Nadel in das Loch der Spritzdüse stecken.
■ Das Düsenloch selbst befindet sich in einer Kugel, die mit Hilfe der Nadel verdreht wird.
■ Spritzdüse drehen, bis der Spritzwasserstrahl auf die angegebene Stelle der betreffenden Scheibe auftrifft.

Die elektrischen Fensterheber

Die Motoren der elektrischen Fensterheber werden auf gleiche Weise ausgebaut wie die mechanischen Heber, siehe Seite 253. Eine Reparatur des Elektromotors ist nicht vorgesehen.

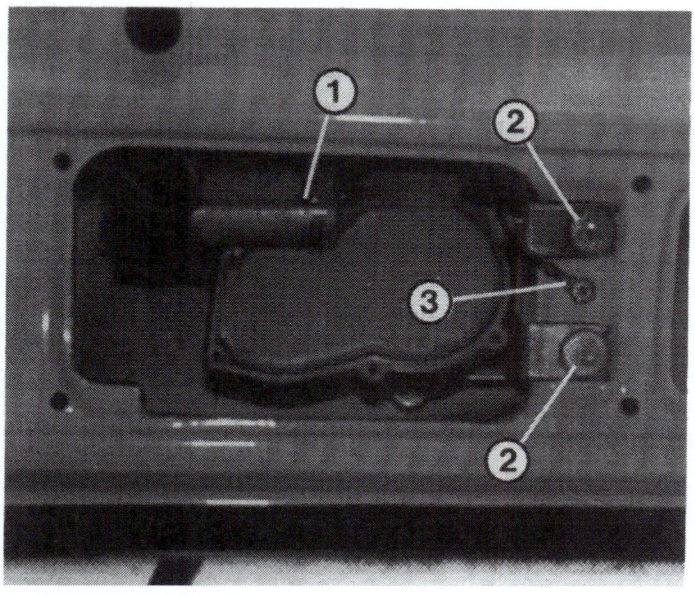

An den Scheibenwischermotor in der Heckklappe kommt man heran, nachdem die Verkleidung ausgeclipst wurde.
1 – Motor; 2 – Befestigungsschrauben; 3 – Masseanschluß.

Störungen

■ Wenn sich keine Fensterscheibe mehr rührt, den zugehörenden Schutzschalter F 19 (Schaltplan 5) überprüfen.

■ War hier kein Fehler zu entdecken, muß der Kabelverlauf überprüft werden.

■ Arbeitet nur ein Fensterheber nicht, bauen Sie den betreffenden Schalter aus und überprüfen ihn, wie auf Seite 243 beschrieben.

■ Ist der Schalter in Ordnung, betreffende Türverkleidung abnehmen (Seite 252).

■ Kabelstecker am Fensterhebermotor abziehen und mit Prüflampe kontrollieren, ob an den je nach Schalterstellung stromführenden Kabeln tatsächlich Spannung anliegt bzw. die Masseleitung in Ordnung ist.

■ War bis an diese Stelle kein Fehler zu entdecken, ist wohl der Fensterhebermotor defekt.

■ Schlechter Lauf einer Scheibe dürfte an einer verklemmten Fensterführung liegen.

Behelf unterwegs

Mit streikendem Fensterheber brauchen Sie trotzdem nicht mit offenem Fenster durch Wind und Wetter zu fahren:

■ Ist der Schalter defekt, bauen Sie noch einen zweiten aus.

■ Mit diesem intakten Schalter können Sie das Fenster schließen.

■ Bei unterbrochener Zuleitung zum Elektromotor ein Hilfskabel von der Batterie (kein Plusstrom vorhanden) oder irgendwo an Masse (keine Masse) zum Elektromotor legen und Scheibe nach oben laufen lassen.

■ Ist der Hebermotor blockiert, können Sie bei abgenommener Türverkleidung das Fenster vom Fensterheber abbauen, siehe Seite 253.

■ Scheibe jetzt nach oben schieben und in dieser Stellung mit Klebeband oder einem Holzkeil fixieren.

Heizung und Lüftung

Frischluft tritt vor der Windschutzscheibe ein und wird vom Fahrtwind oder zusätzlich vom Gebläse in den Innenraum gedrückt. Bei Betätigen des Heizungshebels öffnet die Mischluftklappe im Luftverteilergehäuse, und die am Heizkörper aufgewärmte Luft kann in den Innenraum gelangen. Zwei weitere Bedienungshebel sind mit Luftverteilerklappen verbunden, wodurch sich die Luftströme – ob warm oder kalt – nach oben und unten lenken lassen.

Heizung und Belüftung prüfen

■ Heizhebel bei warmgefahrenem Motor ganz nach oben schieben – strömt Warmluft aus?

■ Funktioniert die Luftverteilung nach oben und unten?

■ Heizhebel zurückschieben – nach kurzer Zeit darf nur noch kalte Luft aus den Öffnungen strömen, sonst schließt die Mischluftklappe nicht richtig.

■ Strömt aus allen Öffnungen Warm- oder Kaltluft?

■ Läuft das Gebläse in sämtlichen Stufen?

Heizkörper ersetzen

Der Heizkörper wird vom Kühlmittel durchflossen und sieht aus wie ein kleiner Kühler. Er sitzt im Luftverteilergehäuse hinter der Stirnwand, siehe Zeichnung unten.

■ Wenn nicht vorher das Kühlmittel abgelassen wird (siehe Seite 72): Im Motorraum beide Kühlmittelschläuche zum Heizkörper mit Quetschklemmen abklemmen.

■ Schlauchschellen am Heizkörper lösen.

■ Vor- und Rücklaufschlauch abziehen und mit Gummistopfen die Rohrstutzen verschließen.

■ Mittelkonsole ausbauen (siehe Seite 129).

■ Links und rechts die untere Instrumententafelverkleidung ausbauen.

■ Vier Halteklammern abdrücken und die untere Verkleidung für das Heizkörpergehäuse abnehmen.

■ Vier Schrauben und eine Mutter zur Befestigung des Heizkammerunterteils am Heizkammergehäuse lösen.

■ Links unten den Zugdraht für die Mischluftklappe vom Betätigungshebel lösen.

■ Gestänge für die Mischluftklappe rechts aushängen.

■ Am Heizkörper oben die Klappe senkrecht stellen und zwei Schrauben herausdrehen, ebenso unten eine Schraube lösen.

■ Heizkörper abnehmen.

■ Beim Einbau beachten: das kurze Gestänge gehört zur Luftverteilung oben, das mittlere Gestänge zur Luftverteilung unten, und das lange Gestänge wird an die Mischluftklappe angeschlossen.

■ Abschließend das Kühlsystem befüllen und beim 1,3-Liter-Motor entlüften (siehe Seite 72).

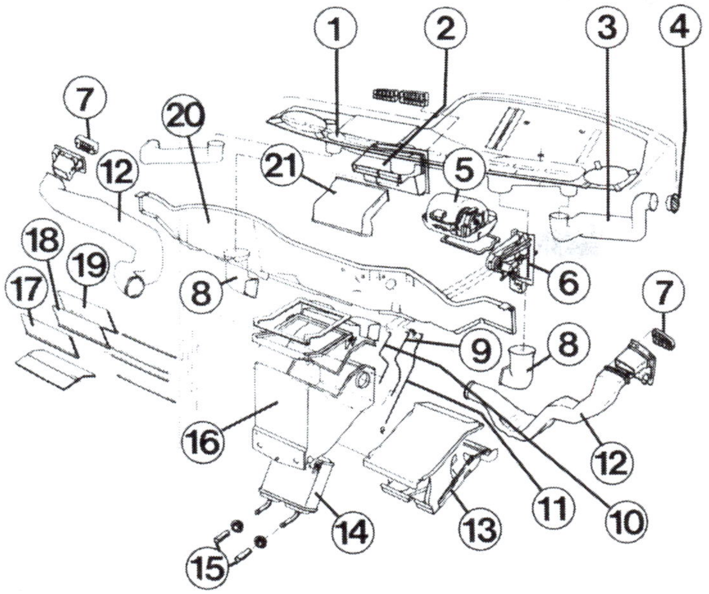

Hier ist die Heizungs- und Lüftungsanlage dargestellt: 1 – Instrumententafelpolsterung; 2 – Frischluftkanal; 3 – Kanal für Seitenscheiben-Entfrosterdüse; 4 – Seitenscheiben-Entfrosterdüse; 5 – Gebläsemotor; 6 – Bedienungsgerät; 7 – Seitliche Thermodüse; 8 – Verbindungsschlauch (Frontscheibe); 9 – Zugdraht, Verteilerklappe unten; 10 – Zugdraht, Mischluftklappe; 11 – Zugdraht, Verteilerklappe oben; 12 – Verbindungsschlauch Thermodüse; 13 – Heizkammerunterteil; 14 – Heizkörper; 15 – Kühlmittelschläuche; 16 – Luftverteilergehäuse; 17 – Luftverteilerklappe, oben; 18 – Mischluftklappe; 19 – Luftverteilerklappe, unten; 20 – Stirnwand; 21 – Verbindungsschlauch, Mitte.

Bedienungsgerät ausbauen

- Untere Instrumententafelverkleidung links ausbauen.
- Vier Halteklammern abdrücken und die untere Heizkörperverkleidung abnehmen.
- Griffe der Bedienungshebel abziehen.
- Zum Ausbau der Schalterplatte folgende Schrauben herausdrehen: Je nach Ausführung eine oder zwei Schrauben unter der Verkleidungskappe links oben, je eine Schraube in den Schalteröffnungen für heizbare Heckscheibe und beheizten Sitz, je eine Schraube links und rechts an der Unterseite der Schalterplatte, dabei die Ablage entsprechend zur Seite drücken.
- Schalterplatte herausziehen.
- Mehrfachstecker und Fassung für die Symbolbeleuchtung von den Schaltern abziehen.
- Halteklammer mit dem Zugdraht von den Bedienungshebeln abziehen.
- Zwei Schrauben für das Bedienungsgerät an der Instrumententafel herausdrehen.

Luftdüsen ausbauen

- Einsätze für die seitlichen Thermodüsen sowie für die mittlere Frischluftdüse ganz nach unten schwenken und herausziehen.
- Gehäuse der seitlichen Thermodüsen nach Lösen von zwei Schrauben abnehmen. Bei der rechten Düse vorher den Handschuhkasten ausbauen, bei der linken Licht- und Instrumentenschalter und die Schalterleiste ausbauen.
- Seitenscheiben-Entfrosterdüse mit Schraubenzieher vorsichtig aus der Instrumententafelpolsterung herausdrücken.

Gebläsemotor aus- und einbauen

- Bei geöffneter Motorhaube mit Schraubenzieher drei Klammern am Wasserabweiser abhebeln und diesen abnehmen.
- Mehrfachstecker der elektrischen Leitung aushängen und mit dem Anschlußkabel abziehen.
- Halteklammern des Gehäusedeckels für den Motor mit einem Schraubenzieher abdrücken und den Deckel abnehmen.
- Zwei Schrauben links und rechts der Kollektorwelle herausdrehen.
- Gebläsemotor aus dem Gehäuse nehmen.

Gebläseschalter ausbauen

- Schalter mit der Hand etwas anziehen.
- Dabei mit schmalem Schraubenzieher waagrecht rechts, dann links zwischen Schalterrosette und Schaltersitz die Rastfedern beidrücken.
- Schalter aus der Instrumententafel herausziehen.
- Mehrfachstecker vom Schalter abziehen.

Die Karosserie

Hausbesitz

Der Aufbau soll von leichtem Gewicht, aber für den Fall der Fälle auch stabil sein. Diese Anforderungen lassen sich durch verschiedene Stärken und ausgeklügelte Formgebungen der Bleche erfüllen.

Demontierbare Teile

Mit einiger Geschicklichkeit kann man die Stoßfänger und die vorderen Kotflügel alleine ausbauen. Wollen Sie aber die Motorhaube, hintere Klappe oder Türen demontieren, brauchen Sie unbedingt einen Helfer, der diese großen und schweren Teile hält, während Sie schrauben. Andernfalls ist schnell irgendwo der Lack zerkratzt.

Fingerzeig: *Den Wiedereinbau der bisherigen Motorhaube, Heckklappe oder Tür kann man sich erleichtern, wenn die Lage der Scharniere vor der Demontage angezeichnet wird. Das geschieht am besten mit einem wasserfesten Filzschreiber.*

Die Motorhaube

Haube ausbauen

■ Haube öffnen.
■ Elektrische Leitung zur eventuell vorhandenen Motorraumbeleuchtung abziehen.
■ Auf jeder Seite zwei Schrauben zur Verbindung der Haube mit dem Scharnierbügel herausdrehen.
■ Nach dem Einbau die Einstellungen von Haube und Schließzapfen prüfen.

Ersatzteil-Haube einbauen

Die Anbauteile der alten Haube werden für die neue Haube übernommen.
■ Zwei Gummipuffer vorn unten einschrauben.
■ Moosgummi seitlich am Scharnierbügel ankleben.
■ Haubenverschlußhaken am Haubenhalter festnieten.
■ Spiralfeder in den Halter einhängen.
■ Neuen Niet in die Halterbohrung einführen und das offene Nietende mit einer Zange plattdrücken.
■ Schließzapfen in die Gewindeplatte einschrauben.

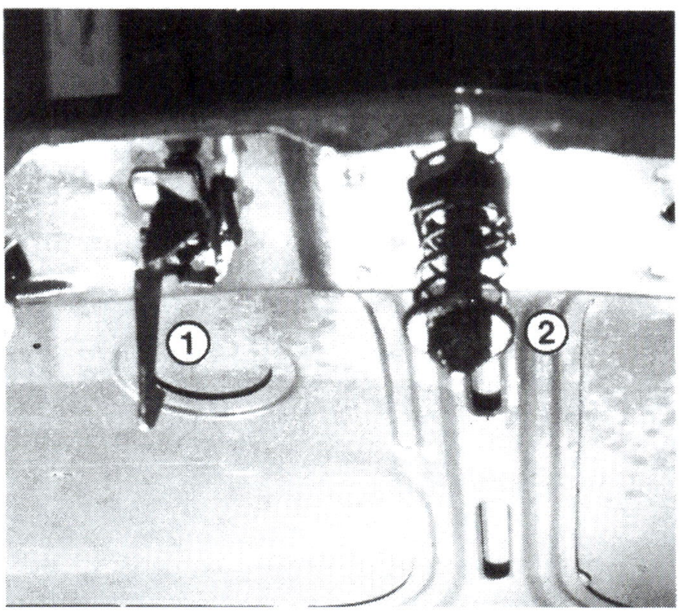

Motorhauben-Schließteile:
1 – Haubenverschluß (Haken);
2 – Schließzapfen.
Näheres zur Einstellung siehe Seite 235.

Schließzapfen und Haube einstellen

■ Schließzapfen mit Schraubenzieher so drehen, daß zwischen Haubenblech und hochgezogenem Rand der Scheibe ein Abstand von 38 bis 40 mm besteht.
■ Schließzapfen mit Schraubenzieher gegenhalten und die Sechskantscheibe kontern.
■ Die geschlossene Haube soll ausgemittelt zu den angrenzenden Karosserieteilen ausgerichtet sein. Es gelten folgende Abstandsmaße:
■ Vorderkante Mitte: 8–10 mm,
■ vorderer Abschluß seitlich: 12–14 mm,
■ linke und rechte Seite: 4–6 mm,
■ Hinterkante: 5–7 mm.
■ Diese Richtmaße lassen sich gewöhnlich erreichen, indem man die Schrauben am Scharnierbügel lockert und die Haube entsprechend ausrichtet.

Der Haubenzug

Bei nicht mehr funktionierendem Haubenöffnungszug haben sich die Befestigungen am einen oder anderen Ende gelockert. Den Zug am vorderen Entriegelungshebel oder am Entriegelungsgriff im Fahrerfußraum festschrauben.
Falls sich die Motorhaube nicht öffnen läßt:
■ Kühlergrill mit Schraubenzieher aus den unteren Halterungen vorsichtig heraushebeln, Grill abnehmen.
■ Mit dem Schraubenzieher die Feder am Haubenschloß ausrasten.

Kühlergrill ausbauen

■ Motorhaube öffnen.
■ An der oberen Innenkante des Kühlergrills vier Haltenasen mit einem Schraubenzieher ausclipsen.
■ Gitter aus den unteren drei Einsteckhülsen herausziehen.

Die Heckklappe

■ Elektrische Leitung für heizbare Heckscheibe abziehen.
■ Eventuell vorhandenen Schlauch für die Heckscheiben-Waschanlage abziehen.
■ Züge für die Gepäckraumabdeckung ausbauen.
■ Sicherungsring am oberen Kugelkopf der Gasfeder abziehen und die Gasfeder oben von der Befestigung abnehmen.
■ Sicherungsring von beiden Scharnierbolzen abziehen.
■ Jeden Scharnierbolzen zur Wagenmitte herausdrücken.
■ Rückwandklappe abnehmen.

Rückwandklappe ausbauen

Die geschlossene Rückwandklappe soll ausgemittelt sitzen. Zu den angrenzenden Karosserieteilen gelten folgende Abstandsmaße:
☐ Obere Kante: 8–10 mm,
☐ untere Kante: 12–16 mm,
☐ untere Ecken: 6,5–8,5 mm.

Beim Abdrücken der oberen vier Haltenasen des Kühlergrills keine Gewalt anwenden, sonst besteht die Gefahr, daß der aus Kunststoff bestehende Kühlergrill einreißt oder bricht.

Die Verkleidung der Heckklappe ist in zwei Reihen von Löchern im Innenblech eingeclipst (offene Pfeile). Zum elektrisch betätigten Heckklappenschloß (1) gehört das mit drei Schrauben befestigte Stellglied (2).

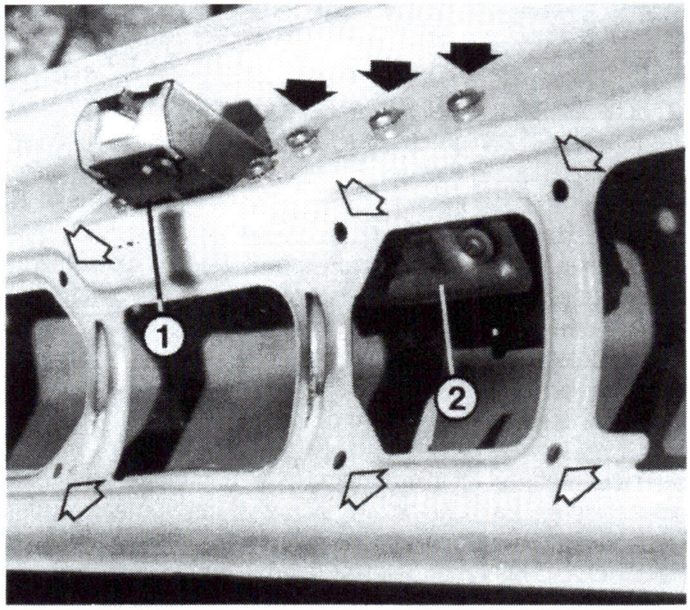

Rückwandklappe einstellen

■ Zur Einstellung die Scharnierschrauben lockern und die Klappe entsprechend ausrichten, danach die Schrauben wieder festziehen.
■ Bei klappernder oder schlecht schließender Klappe die Schrauben der Schließplatte etwas lockern.
■ Schließplatte entsprechend verschieben und festschrauben.

Kofferraumklappe ausbauen

■ Bei geöffneter Klappe die Schrauben an beiden Scharnieren losdrehen.
■ Klappe von den Scharnieren abnehmen.

Heckklappendichtung

Wenn Staub oder Feuchtigkeit eindringen, obgleich die hintere Klappe einwandfrei in ihrem Ausschnitt sitzt, kann die Gummidichtung spröde oder eingerissen sein.
■ Alte Gummiumrandung abziehen.
■ Neue Dichtung aufstecken und mit einem Plastikhammer aufschlagen. Die Gummiumrandung muß rundum gleichmäßig hoch sitzen.
■ Die Stoßstelle des Dichtgummis befindet sich in der Mitte unten.
■ Zur Abdichtung die Stoßstelle mit dem integrierten Schlauchstück überbrücken.

Die Türen

Innenverkleidung ausbauen

■ Verriegelungsknopf abschrauben.
■ Rosette für den Türöffnungsgriff mit Schraubenzieher abdrücken.
■ Kunststoffring der Fensterkurbel mit Schraubenzieher etwas abheben und mit zweitem Schraubenzieher auf der Welle die Sicherungsfeder von der Fensterkurbel abdrücken. Kurbel und Ring abnehmen.
■ Armlehne abschrauben, dazu die beiden sichtbaren Schrauben herausdrehen. Je nach Ausstattung an der Vordertür die Armlehne am Ende der oberen Abwinklung nach oben drehen und abnehmen oder das Unterteil der ansteigenden Griffhälfte abdrücken, dabei an der Unterseite die beiden Nasen andrücken.
■ Bei Vordertür zusätzlich vorn oben eine Schraube herausdrehen.

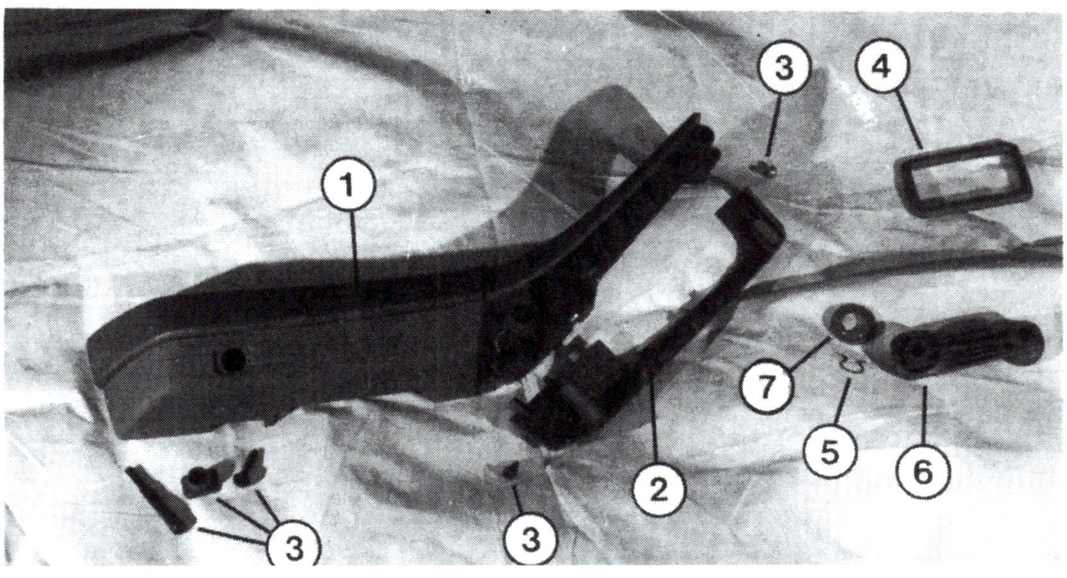

Die beim Ausbau der Türinnenverkleidung demontierten Teile: 1 – Armlehne; 2 – Unterteil des Lehnengriffes; 3 – Befestigungsschrauben für Armlehne; 4 – Rosette für Türöffner; 5 – Sicherungsfeder; 6 – Fensterkurbel; 7 – Kunststoffring.

■ Verkleidung am Rand mit einem gabelförmigen Holzkeil von der Tür abdrücken.
■ Wenn einzelne Clips aus der Verkleidung reißen und im Türblech sitzen bleiben, die Clips heraushebeln und in die Löcher der Verkleidung eindrehen.
■ Abdichtung von der Kurbelwelle abnehmen.
■ Beim Einbau die Schutzfolie sorgfältig auf den Türausschnitt kleben, er ist mit dauerplastischer Klebmasse an den Rändern bestrichen.

Fensterheber aus- und einbauen

■ Türinnenverkleidung ausbauen.
■ Schutzfolie vorsichtig abziehen.
■ Bei **Vordertür** das Fenster halb herunterkurbeln und mit Holzkeil im Türschacht arretieren.
■ Vier Nieten für den Heberhalter abbohren oder vier Schrauben für den Heberhalter abschrauben, zwei Schrauben für die Einstellschiene herausdrehen.
■ Heber aus der Fensterführungsschiene seitlich herausziehen und durch die Montageöffnung der Tür herausnehmen.
■ Vor dem Einbau die gleitenden Teile am Scherenheber dünn einfetten.
■ Schrauben für die Einstellschiene in den Langlöchern des Türinnenbleches zunächst nicht festdrehen, nur die Schrauben für den Heberhalter festziehen. Vorher eingesetzte Nieten müssen durch Schrauben ersetzt werden.
■ Fenster betätigen und bei nicht richtiger Höhenneigung die Einstellschiene entsprechend festschrauben.
■ Bei **Hintertür** den Heber abschrauben und mit der unteren Führungsrolle aus der Fensterschiene herausschieben.
■ Heber aus der Montageöffnung herausnehmen.

Türfenster aus- und einbauen

■ Türinnenverkleidung abbauen.
■ Schutzfolie abziehen.
■ Einstellschiene des Fensterhebers ausbauen.
■ Fenster hinten anfassen und nach oben drehend schräg aus dem Türschacht herausheben.
■ Beim Einbau die Neigung des Fensters an der Einstellschiene korrigieren.

Schließzylinder aus- und einbauen

■ Türinnenverkleidung ausbauen.
■ Schutzfolie im Bereich des Schlosses abziehen.
■ Betätigungsstange am Mitnehmerhebel aushängen.
■ Klammer vom Zylindergehäuse nach vorn abdrücken.
■ Schließzylinder durch die Türbohrung außen abnehmen.
■ Zum Ausbau des Zylinders aus dem Gehäuse Schlüssel einstecken, sonst fallen die Schließplättchen durcheinander.
■ Schraubenzieher zwischen Gehäuse und Mitnehmer klemmen.
■ Gußstück und Mitnehmer vom Gehäuse abdrücken.
■ Schließzylinder aus dem Gehäuse ziehen.
■ Sprengring abnehmen.
■ Soll der Schlüssel herausgezogen werden, vorher den Zylinder mit Klebeband umwickeln.
■ Beim Einbau müssen die Enden der Spiralfeder über Kreuz montiert sein.

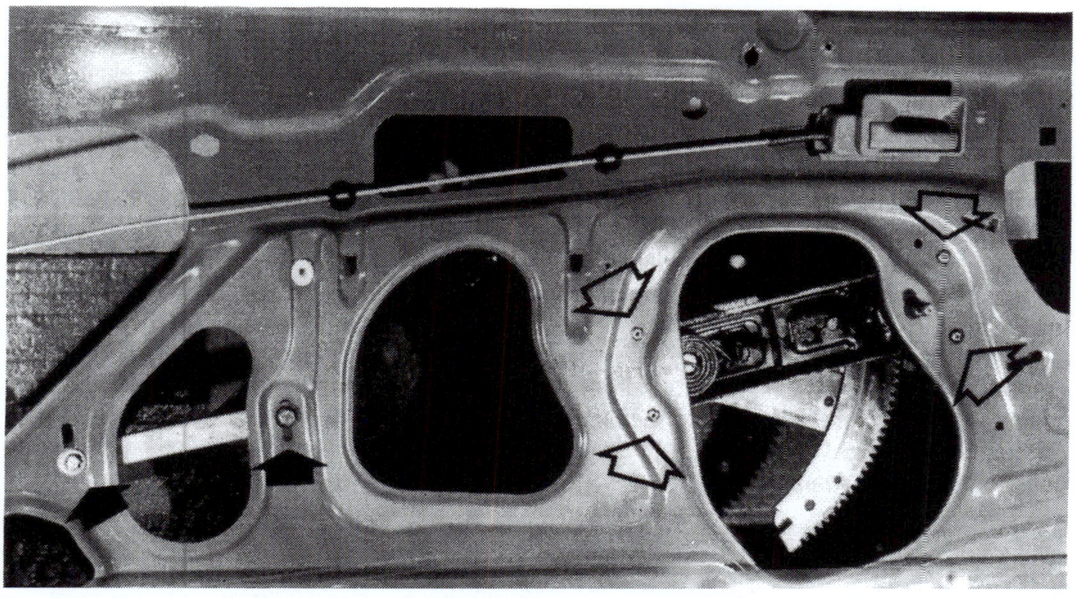

Linke Vordertür ohne Verkleidung. Im Bild links sind die beiden Schrauben der Einstellschiene für den Scherenheber markiert. Der Fensterheber ist entweder mit vier Nieten oder mit vier Schrauben befestigt. Nieten bei der Montage aufbohren und durch Schrauben mit Muttern ersetzen.

Zum Ausbau des Türschlosses die Schrauben (1 und 2) herausdrehen. Außerdem die untere Hälfte der Fensterführungsschiene ausbauen, dazu beim Zweitürer die Schraube (3) herausdrehen, beim Viertürer sitzt sie an der mit (4) bezeichneten Stelle. Am Türschloß das Betätigungsgestänge für Außengriff, für Innengriff und für Schließzylinder aushängen.

Türschloß ausbauen

■ Innenverkleidung ausbauen und Schutzfolie abziehen.
■ Fenster nach oben kurbeln.
■ Schrauben für die Fensterführungsschiene am Türschloß herausdrehen, beim Zweitürer am Türinnenblech, beim Viertürer am Türkastenrand.
■ Fensterdichtung aus der Schiene herausziehen.
■ Schiene durch die Montageöffnung entnehmen.
■ Betätigungsstange für den Türinnengriff aushängen.
■ Drei Schrauben für das Schloß herausdrehen und Schloß abnehmen.
■ Wenn erforderlich, nach dem Einbau die Einstellung des Schließzapfens korrigieren.

Tür aus- und einbauen

Eine beschädigte Tür muß ausgebaut werden. Oft müssen auch die Türscharniere gerichtet werden. Der Niet der Türbremse ist abzuschleifen und durch einen Halbrundniet zu ersetzen. Beim Tausch gegen eine Rohbautür müssen alle noch verwertbaren Anbauteile für die neue Tür übernommen werden.

■ Bei Fahrzeug mit elektrischen Fensterhebern oder Spiegelverstellung die Türinnenverkleidung abbauen und die Kabelverbindungen trennen.
■ Türbremse abbauen.
■ Schrauben der Türscharniere herausdrehen und die Tür abnehmen.
■ Beim Einbau die Scharnierschrauben zunächst nur so fest eindrehen, daß sich die Tür noch nach allen Seiten verschieben läßt.
■ Tür in den Türausschnitt drücken und so ausrichten, daß das Türblech flächenglatt mit dem benachbarten Karosserieblech abschließt und mit rundum gleichmäßigem Spalt im Türausschnitt sitzt.
■ Prüfen Sie vom Wageninnern aus, ob die Tür gleichmäßig an ihrer Gummidichtung anliegt.
■ Bei richtigem Sitz Scharnierschrauben anziehen.
■ Tür mehrmals öffnen und schließen. Rastet das Türschloß nicht richtig ein, ist die Einstellung des Schließzapfens zu berichtigen.

Die Scheiben

Die Windschutzscheibe besteht aus Verbundglas. Im Werk wurde sie mit einer elastischen Butyl-Dichtung zwischen Glas und Gummidichtung eingesetzt. Verbundglas zerfällt bei Beschädigung nicht in tausende von Krümeln, sondern an der Schadensstelle bilden sich mehr oder minder große Risse.
Der eigenhändige Einbau der Verbundglasscheibe ist problematisch. Zu kräftiges Klopfen beim Einsetzen bewirkt leicht eine Verspannung, wodurch sie reißen kann. Deshalb empfehlen wir, den Einbau einer Werkstatt zu überlassen.
Die nachfolgende Arbeitsbeschreibung gilt sinngemäß auch für die Rückscheibe beim Wagen mit Stufenheck.
Die Heckklappenscheibe beim Wagen mit Schrägheck sollte in jedem Fall von der Werkstatt ersetzt werden. Sie ist eingeklebt, und der Kleber wird mit besonderem Schneiddraht durchschnitten. Wegen Unfallgefahr sind Schutzbrille und Schutzhandschuhe aus Leder zu tragen. Es kommt leicht zu Lackbeschädigungen. Das Einkleben der Heckklappenscheibe erfordert besondere Maßnahmen, und auch die Abdichtung kann Schwierigkeiten bereiten.

Windschutzscheibe aus- und einbauen

Zum Aus- und Einbau einer Scheibe brauchen Sie unbedingt einen Helfer, damit es keinen Bruch gibt.

- Zierleisten aus der Scheibenfassung herausziehen.
- Bei einer Verbundglas-Scheibe die Dichtung mit einem scharfen Messer zerschneiden und die Scheibe gemeinsam mit dem Helfer abnehmen.
- Bei Einschichtglas mit einem Holz- oder Kunststoffspachtel die möglicherweise angeklebte Scheibendichtung rundum vorsichtig abheben.
- Im Wageninnern mit den Füßen gegen die Scheibe drücken. Dabei nicht ruckartig gegegen das Glas treten, sondern kraftvoll drücken. Beginnen Sie an einer der oberen Ecken.
- Sobald sich die Scheibe mit der Dichtung aus ihrem Rahmen ein klein wenig löst, an der Stelle daneben drücken. Außen muß der Helfer die gelöste Scheibe auffangen (sie löst sich oft blitzschnell) und abnehmen.
- Reste der Dichtmasse im Rahmen mit Holzkeil entfernen.
- Neue Gummifassung auf den Scheibenrand aufstecken.
- Kein Gleitmittel auf die Gummifassung aufbringen.
- Gardinenschnur in die Dichtlippe der Gummifassung auf der Scheibeninnenseite einlegen, wobei sich die Schnurenden unten in der Mitte kreuzen.
- Scheibenrahmen 8 mm dick mit Dichtmasse belegen.
- Dichtmasse auch in den Scheibenrahmen oben bis über die seitlichen Rundungen anbringen.
- Scheibe mit Gummifassung am Rahmen ansetzen und ausrichten.
- Schnurende zum Innenraum hin ziehen. Dadurch wird die Dichtlippe über die Kante des Rahmens gezogen.
- Gleichzeitig muß der Helfer von außen mit der flachen Hand leicht auf die Scheibe schlagen.

Stoßfänger aus- und einbauen

- **Vorn** in den vorderen Radkästen je zwei Schrauben am Vorderradrahmen und eine Schraube am Kotflügel losdrehen.
- Stoßfänger waagrecht nach vorn von der Karosserie abziehen.
- Beim Einbau müssen die Gleitstücke an den Stoßfängerinnenseiten auf ihre Halter geschoben werden.
- **Hinten** Kabel für die Kennzeichenleuchte abziehen, eventuell die Leuchte vom Stoßfänger abschrauben.
- Am Rückwandblech im Kofferraum auf jeder Seite eine Schraube am Blechhalter herausdrehen.
- Stoßfänger waagrecht nach hinten abziehen.
- Zum Einbau den Stoßfänger auf beiden Seiten in die Führungsplatten an der Karosserie einhängen und nach vorn schieben.

Die Kotflügel

Lediglich die vorderen Kotflügel lassen sich abschrauben. Die hinteren Seitenteile bilden dagegen eine verschweißte Einheit mit der restlichen Karosserie.

Kotflügel aus- und einbauen

Zum Schutz gegen Steinschlag und Korrosion besitzen die Ascona-Modelle in den vorderen Radkästen Verkleidungen aus Kunststoff.

Wenn das Ausstellfenster ersetzt werden muß, den Verschluß (Pfeil) abschrauben und das Fenster aus dem Scharnier aushängen.

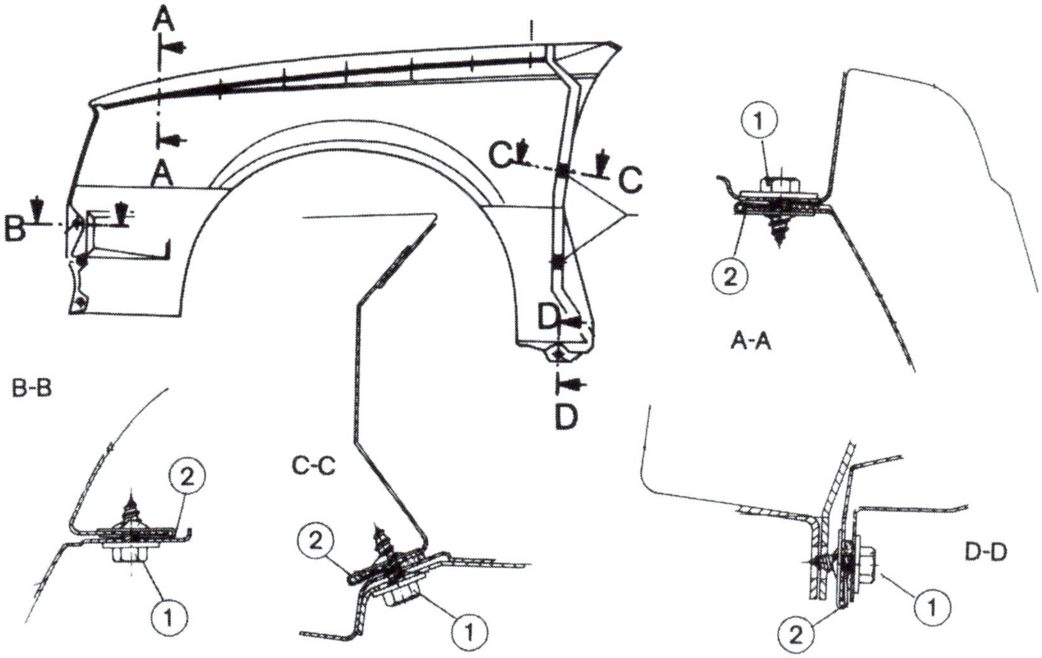

In der Zeichnung des Kotflügels oben links sind die Schnitte für die Schraubverbindungen (A–D) angegeben, die in den vier Teilzeichnungen dargestellt sind.
1 – Sechskantblechschraube;
2 – Preßlochklemmutter.

■ Vorderen Stoßfänger ausbauen.
■ Betreffendes Vorderrad abnehmen.
■ Im Radkasten mit einem Durchschlag den Stift aus sechs Spreiznieten heraustreiben und vorn innen eine Blechschraube herausdrehen.
■ Schutzverkleidung abnehmen.
■ An der Oberseite des Kotflügels bei geöffneter Motorhaube sieben Schrauben herausdrehen.
■ Im Radkasten vorn drei übereinandersitzende Schrauben und eine Schraube an der Blechstrebe unten ausschrauben.
■ Im Fußraum die seitliche Verkleidung ausbauen.
■ Durch die beiden Montageöffnungen der vorderen Karosseriesäule zwei Schrauben herausdrehen.
■ Außen an der Karosserie unterhalb der Türanschlagsäule eine Schraube herausdrehen.
■ Kotflügel abnehmen.
■ Alle Abdichtreste von den Auflageflächen der Karosserie entfernen.
■ Die Abdichtflächen vorn und hinten am Kotflügel mit Abdichtband außen abdichten.
■ Die Kotflügel-Außenkanten zu den angrenzenden Karosserieteilen ausrichten.
■ Kotflügel festschrauben.
■ Unterbodenschutz im steinschlaggefährdeten Bereich auftragen.
■ Schutzverkleidung mit Blechschrauben befestigen.

Die Sitze

Vordersitze ausbauen

■ Jeweils zwei Schrauben zur Befestigung der Schellen für den Sitzrahmen am Träger herausdrehen.
■ Sitz nach hinten aus den Sitzschienen herausnehmen.
■ Zwischen Rahmen und Schelle befindet sich eine Schutzhülle.
■ Beim Einbau beachten: Die breite Schelle gehört nach innen, die schmale Schelle nach außen.

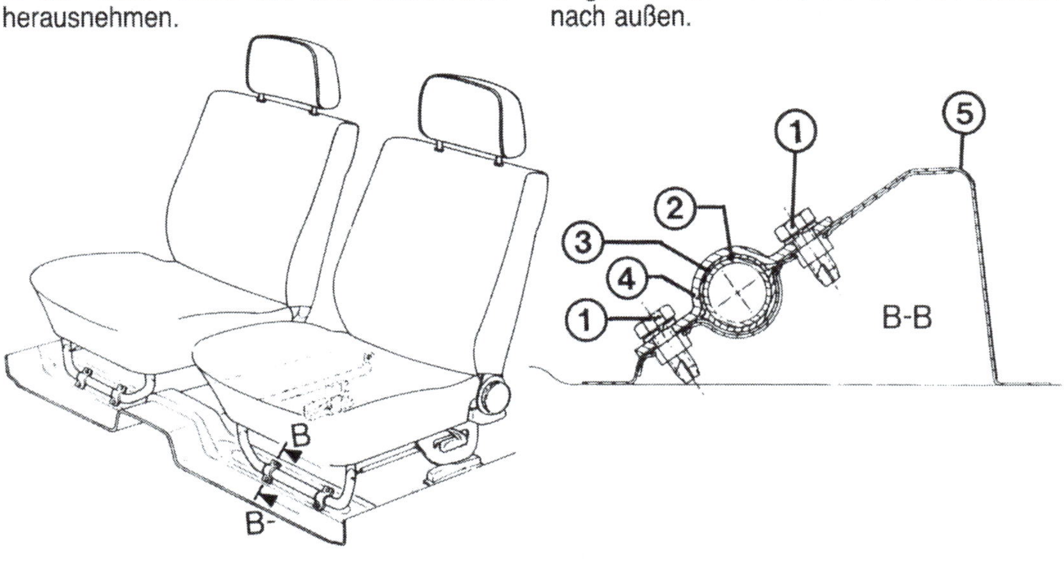

Die Teile der Vordersitzbefestigung: 1 – Schraube; 2 – Sitzrahmen; 3 – Schutzhülle;
4 – Schraubschelle;
5 – Wagenträger.

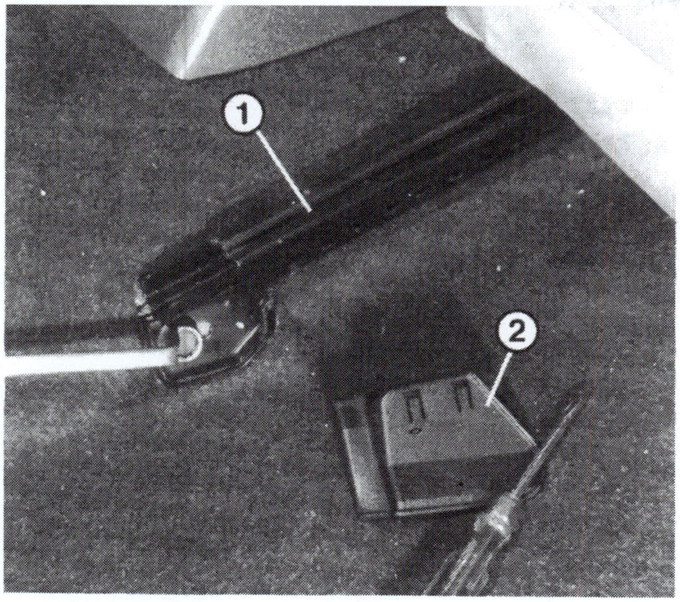

Die Sitzschiene (1) für den seit 1984 eingebauten Vordersitz läßt sich abschrauben, wenn die Verkleidung (2) vom Ende der Schiene abgedrückt wurde.

Hintersitze ausbauen

■ Den **einteiligen Sitz** an den Ziehschlaufen zum Wagenboden ziehen.
■ Polster vom Wagenboden abnehmen.
■ Polsterdraht des Rückenpolsters an den drei Blechhaltern aushängen.
■ Polster nach oben schieben und aus den seitlichen Halterungen aushängen.
■ Beim **geteilten Sitz** den linken oder rechten Sitzrücken nach vorn umklappen.
■ Teppichboden an der Rückseite durch Lösen der Clips teilweise abheben.
■ An beiden Seiten die Schrauben für die Lagerstellen herausdrehen.
■ Rücksitzteil herausnehmen.

Die Sicherheitsgurte

Zeigen die Gurte einen der nachfolgend genannten Mängel, sollten sie ausgewechselt werden, damit sie im Notfall wirklich schützen können:
☐ bei welligem Gurtband;
☐ bei ausgefransten Kanten;
☐ bei aufgeriebenem Gewebe;
☐ bei angerissenen Nähten oder
☐ wenn ein »lahmer« Automatikgurt öfter zwischen Tür und Karosserie eingeklemmt wurde, wodurch er mit der Zeit an Festigkeit verliert.

Fingerzeig: *Schmutzige Gurte werden ausschließlich mit Seife und Wasser gesäubert. Benzin oder chemische Reinigungsmittel greifen die Gewebestruktur an.*

Die Verkleidung im Fußraum

Der Raum über den Pedalen, unterhalb des Armaturenbretts, wird von einer einteiligen Verkleidung bedeckt. Zum Abnehmen
■ Knopf vom Rastenband aus Plastik abziehen und
■ fünf Halterungen aushängen.

Gebrauchtwagen-Beurteilung und erste Überprüfung

Scharfblick

Möchten Sie den Zustand Ihres eigenen oder eines Wagens, den Sie kaufen wollen, beurteilen, sollten Sie nach einer Checkliste vorgehen. Das konsequente Prüfen nach den untenstehenden Punkten zeigt deutlich, wie es um Ihren fahrbaren Untersatz bestellt ist oder erspart Ihnen eine herbe Enttäuschung beim Gebrauchtwagenkauf. Wir haben hier auch Schwachpunkte genannt, die Sie beim Kauf eines gebrauchten Ascona unbedingt beachten müssen.

Vorbereitungen

Sie brauchen mindestens Papier und Schreibzeug, um festgestellte Mängel zu notieren. Für die Kontrolle in dunklen Ecken und am Wagenboden empfiehlt sich eine Taschen- oder Handlampe. Zum Ausfindigmachen von Karosserie-Durchrostungen dient ein Schraubenzieher, notfalls auch der Autoschlüssel. Wenn keine Aufbockmöglichkeit besteht, nützt eine alte Decke zum Draufliegen bei der Überprüfung der Opel-Unterseite.

Fingerzeig: *Bitten Sie zum Gebrauchtwagenkauf einen Bekannten mit Auto-Sachkenntnis um seine Begleitung. Vier Augen sehen grundsätzlich mehr als zwei, und außerdem kann – falls es später zum Rechtsstreit kommen sollte – dessen Zeugen-Aussage sehr wertvoll sein.*

Prüfen im Stand

Karosseriezustand

Rostschäden sind Feind aller Autos. Allerdings hat Opel viel Vorsorge getroffen, der Korrosion zu begegnen, und allgemein hört man wenig Klagen. Aber Sie wissen nicht, wie der Vorbesitzer mit seinem Wagen umgegangen ist.
Steinschlagschäden an der Front sind häufig unumgänglich, aber auch nicht so bedrohlich wie Durchrostungen an tragenden Teilen. Stochern und klopfen Sie an der Karosserieunterkante (»Schweller«) und in den Radkästen, falls die Kunststoffeinsätze fehlen. Bei Schäden muß geschweißt werden, und das ist mit erheblichen Kosten verbunden.

Rund um den Wagen

Beleuchtungseinrichtungen: Scheinwerferreflektoren trübe oder angerostet, Lampengläser gesprungen oder beschlagen, Rücklichtgläser gesprungen, Feuchtigkeit im Rücklicht? Funktionieren sämtliche Lampen einschließlich der Bremsleuchten?
Türschlösser: Funktionieren sämtliche Schlösser am Ascona? Wird beim Schlüsseldreh verriegelt oder geöffnet oder sind die Schließzylinder festkorrodiert? Arbeiten die Innenverriegelungsknöpfe richtig?
Motor: Ölverlust, vor allem an der Unterseite? Ist die richtige Motorvariante eingebaut? Zu den Kennbuchstaben der Motoren finden Sie näheres im Bild auf Seite 248. Läßt sich der Keilriemen bei kräftigem Fingerdruck etwa 5 mm eindrücken? Riemen ausgefranst oder mit Bruchstellen? Wenn Sie gerade in den Motorraum schauen: Reicht der Säurestand der Batterie aus? Polklemmen richtig angezogen und sauber?
Fahrwerk: Jedes Vorderrad an der Oberseite quer zum Fahrzeug hin- und herrütteln. Ist Spiel fühlbar? Wenn ja, liegt es an den Radlagern oder den Gelenken der Vorderradaufhängung. Stoßdämpfer-Rustikalprüfung: Karosserie von Hand an jedem Kotflügel aufschaukeln. Nach ca. 2 Schwingungen müssen die Bewegungen abgeklungen sein. Kontrollieren Sie, ob die Bremsscheiben riefig und eingelaufen sind.
Bereifung: Profiltiefe ausreichend? Kontrollieren Sie an den Vorderreifen speziell die Außenkante und an den Hinterreifen die Innenkante; dort sind die Reifen jeweils am stärksten belastet. Richtige Reifengröße aufgezogen? Nur Gürtelreifen sind zulässig, siehe Seite 167. Reifen gleicher Bauart, aber von verschiedenen Herstellern auf einer Achse? Das gilt zwar nicht

als unzulässige Mischbereifung, wird aber vom TÜV nicht gern gesehen. Reifenflanken beschädigt, Ventilkappen vorhanden? Felgenhörner verbogen? Am eigenen Wagen zum Schluß noch den Luftdruck prüfen, Tabelle siehe Seite 169.

Unter dem Wagen

Motor: Auspuffleitung oder Schalldämpfer durchgerostet? Gummiaufhängungen des Auspuffs eingerissen?
Fahrwerk: Bremsleitungen angerostet? Besonders gefährdet sind die Leitungen im Spritzbereich der Räder. Bremsschläuche verdreht? Manschetten der Achsgelenke und der Spurstangen beschädigt? Zeigt sich beim Rütteln an den Spurstangen Spiel? Wie steht es um die Manschetten am Lenkgehäuse?

Im Wagen

Lenkung: Drehen Sie am Lenkrad in Geradeausstellung und kontrollieren Sie, ob sich das linke Vorderrad ohne Verzögerung bewegt. Beobachten Sie hierbei die Felge, da der Reifen einen Teil des Einschlags »schluckt«. Geräusche in der Lenkung?
Bremsen: Bremsflüssigkeitsbehälter ausreichend voll? Pedalweg: Spätestens bei halb durchgetretenem Bremspedal müssen Sie Druck spüren. Handbremse: Nach 2 Rasten muß erste Handbremswirkung einsetzen; nach 3 Rasten darf sich der Hebel nicht mehr weiter ziehen lassen.
Sicherheitsgurte dürfen nicht ausgefranst sein, Automatikgurte sollten einwandfrei aufrollen.

Die Probefahrt

Wartung Nr. 20

Motor

Startwilligkeit: Der kalte Opel-Motor muß spontan anspringen, bei warmer Maschine kann es dagegen einige Sekunden dauern – das ist normal.
Kontrollampen: Verlöschen Lade- und Öldruckkontollampe nach dem Start?
Leerlauf: Nach dem Anspringen darf der Motor nicht wieder absterben, die Leerlaufdrehzahl (bei kalter Maschine durch Handchoke oder Startautomatik erhöht) soll nicht schwanken.
Motorlauf: Dreht der Motor sauber und rund? Macht der Motor Geräusche, etwa Rasseln, schnelles Ticken, Klopfen? Auch den warmgefahrenen Motor darauf prüfen. Beschleunigt der Ascona ruckfrei und ohne »Löcher«?
Bei nicht einwandfreiem Motorlauf Kompressionsdruck messen, Zündanlage und deren Einstellung kontrollieren, Vergaser bzw. Einspritzanlage überprüfen.

Kupplung

Betätigung: Das Pedal muß sich leicht und ruckfrei niedertreten lassen, es darf kein Spiel vorhanden sein. Brumm- oder Pfeifgeräusche bei durchgetretenem Pedal deuten auf ein defektes Ausrücklager.
Funktion: Bei völlig niedergedrücktem Pedal muß sich der Rückwärtsgang ohne Kratzen einlegen lassen, sonst trennt die Kupplung nicht einwandfrei. Verschleißprüfung: Handbremse fest anziehen, 3. Gang einlegen, etwas Gas geben und Kupplungspedal langsam kommen lassen. Wird der Motor jetzt abgewürgt, ist die Kupplung in Ordnung. Diese Gewaltprüfung sollten Sie am eigenen Fahrzeug nur gelegentlich vornehmen.

Getriebe

Schaltung: Bei korrekt eingestelltem Schalthebel müssen sich die Gänge einwandfrei durchschalten lassen.

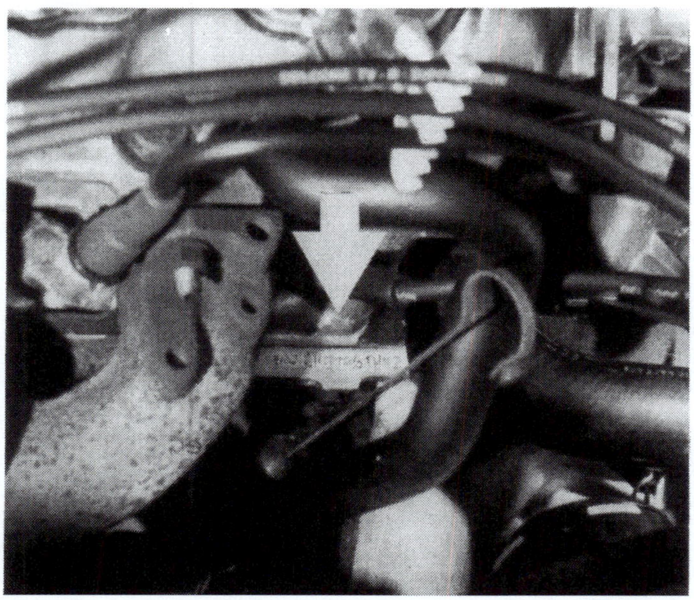

Nicht nur bei der Ersatzteilbeschaffung ist die Motornummer wichtig. Auch beim Kauf eines Gebrauchtwagens sollte man überprüfen, ob das richtige Triebwerk eingebaut ist. Die ersten beiden Zahlen (mit anschließenden Buchstaben) klären darüber auf.

Funktion: Bei einwandfreier Synchronisation lassen sich die Vorwärtsgänge während der Fahrt ohne Kratzgeräusche einlegen. Mahlende oder singende bis heulende Geräusche in einzelnen Gängen lassen abgenutzte Zahnräder erkennen. Treten die Geräusche in allen Gangstufen auf, liegt evtl. Ölmangel vor oder das Differential ist verschlissen. »Klack-Klack«-Geräusche beim Beschleunigen und im Schubbetrieb weisen auf defekte Gelenke der Antriebswellen. Wie das automatische Getriebe geprüft wird, steht auf Seite 132.

Lenkung

Lenkeigenschaften: Läuft das Fahrzeug auf ebener Fahrbahn auch bei losgelassenem Lenkrad sauber geradeaus? Wenn die Vorderreifen nicht unterschiedlich abgenutzt sind, liegt der Fehler an der Vorderachseinstellung. Hier besteht der Verdacht auf einen vorausgegangenen Unfallschaden oder zumindest eine harte Bordsteinberührung. Geht die Lenkung nach Kurven wieder selbsttätig in Geradeausstellung zurück? Zeigen bei Geradeausfahrtstellung der Vorderräder die Lenkradspeichen ausgemittelt zu beiden Seiten?
Vibrationen: Zittert das Lenkrad oder schlägt es deutlich aus? Evtl. ist eine Felge beschädigt. Ab etwa 80 km/h sind schlecht ausgewuchtete Reifen für die Lenkunruhe verantwotlich.

Bremsen

Bremsprobe: Zuerst eine Vollbremsung – jedoch lediglich aus **Schrittgeschwindigkeit!** Am Gummiabrieb auf der Straße sehen Sie bei gleich langen Spuren, daß die Bremsen gleichmäßig ziehen. Gleiche Prüfung mit der Handbremse. Für die Prüfung der Fußbremse bei höherer Geschwindigkeit brauchen Sie eine ebene Strecke. Nun aus etwa 50 km/h bei losgelassenem Lenkrad, aber mit greifbereiten Händen **zuerst sanft** und **dann scharf** bis zum Stillstand abbremsen. Zieht der Wagen etwa nach links, ist eine der rechten Radbremsen nicht in Ordnung. Das Auto zieht in Richtung des stärker gebremsten Rades. Bei den vorderen Scheibenbremsen kann die Ursache ein zu weit abgenutzter Belag sein.
Gängigkeit: Lassen Sie den Wagen ein schwaches Gefälle im Leerlauf hinunterrollen, um festzustellen, ob die Räder freigängig sind. Nach der Probefahrt machen Sie die Handprobe: Ist eine Felge auf der einen Wagenseite wärmer als auf der anderen Seite? Ursachen können sein ein verklemmter Bremssattel, schwergängige hintere Trommelbremsen oder zu stramm eingestellte bzw. schadhafte Radlager.

Elektrik

Die nachfolgenden Kontrollen sind vor allem für den Gebrauchtwagenkauf interessant.
Instrumente: Funktionieren Tacho, Kontrolleuchten und Zeituhr?
Scheibenwischer: Laufen die Wischer in allen Geschwindigkeiten, funktioniert die Endabschaltung und die Waschanlage?
Hupe: Sie sitzt im Spritzbereich und ist daher oft verstimmt oder defekt.
Schalter: Nochmals bewußt die Kontrolle, ob mit dem entsprechenden Schalter auch der betreffende Stromverbraucher in Funktion tritt. Funktioniert die Umschaltung von Abblend- auf Fernlicht und umgekehrt?

Heizung

Nach Bedienen des Heizungshebels muß nach einigen Minuten Fahrzeit Warmluft in den Fahrgastraum geblasen werden, sonst sind die Heizklappen verklemmt oder die Zugdrähte locker. Läßt sich die Heizung wieder abschalten? Läuft das Gebläse?

Störungsdienst

Wir gehen bei unserer Fehlersuche davon aus, daß der Motor keine mechanischen Leiden hat. Weiter nehmen wir an, daß das Triebwerk unvermittelt stehenblieb bzw. nicht mehr anspr'ngen will.

Reihenfolge der Fehlersuche

Dreht der Anlasser den Motor durch? Tut er's nicht oder nur unwillig, lesen Sie bitte auf der folgenden Seite weiter unter »Fehlerquelle Elektrik«. Wird der Motor dagegen flott durchgedreht, müssen zur weiteren Eingrenzung zwei der folgenden drei Fragen (je nach Motor) der Reihe nach beantwortet werden.

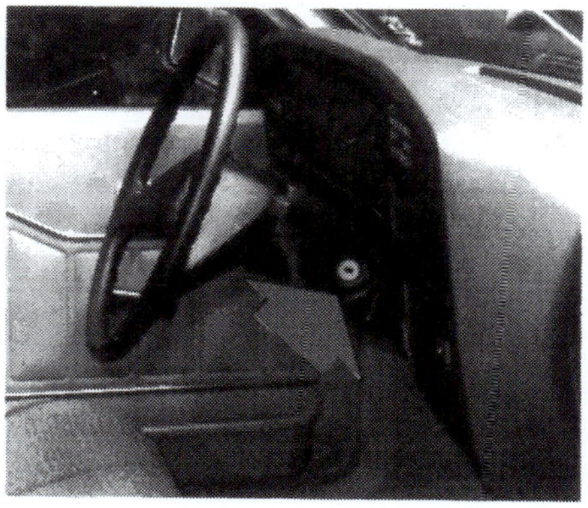

Funken an den Zündkerzen

Einen Kerzenstecker abziehen, Zündkerze herausschrauben, in den Kerzenstecker hineinstekken und auf blankem Motorblockmetall ablegen. Noch besser: Kerze elektrisch leitend mittels eines Starthilfekabels mit dem Motorblock verbinden. Von einem Helfer den Anlasser durchdrehen lassen. **Zündkabel und Kerze nicht berühren,** siehe Seite 199. Springen Funken über?
Wenn ja, nächste bzw. übernächste Frage abklären. Falls nicht, auf der nächsten Seite weiterlesen unter »Fehlerquelle Zündung«.

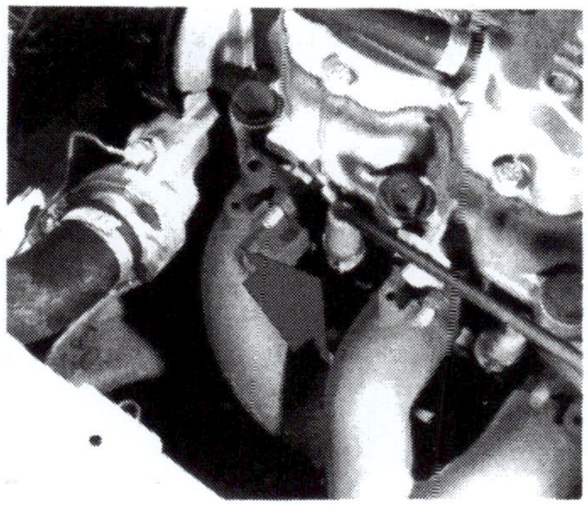

Wird der Vergaser mit Kraftstoff versorgt?

Benzinschlauch am Vergaser abnehmen, in einen Behälter (z. B. Kappe der Warndreieck-Hülle) halten und von Helfer den Anlasser betätigen lassen.
Spritzt Benzin in den Behälter, ist die Kraftstoffversorgung intakt. Der Vergaser könnte gestört sein (Seite 102). Kommt kein Benzin, lesen Sie bitte auf der folgenden Seite weiter unter »Fehlerquelle Kraftstoffversorgung«.

Am Druckregler die Rücklaufleitung zum Tank lösen, Lappen bereithalten und von einem Helfer den Anlasser kurz durchdrehen lassen. Spritzt Benzin heraus – Vorsicht, daß nichts in die Augen gerät –, ist die Kraftstoffversorgung intakt. Die Einspritzanlage kann die Ursache sein, siehe Störungsbeistand auf Seite 121. Kommt kein Benzin, lesen Sie bitte unten weiter unter »Fehlerquelle Kraftstoffversorgung«.

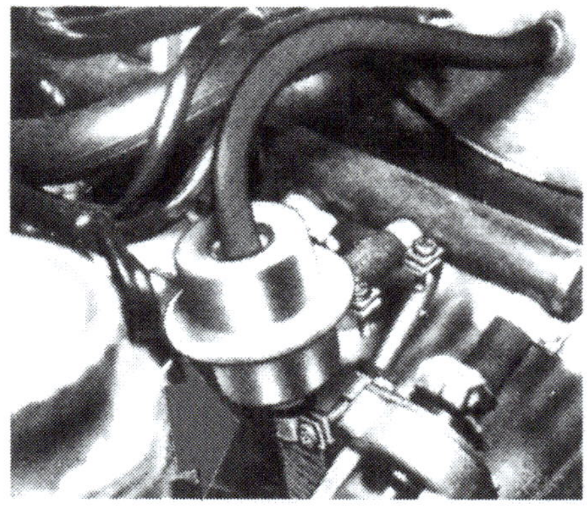

Zuerst die Sichtprüfung

☐ Ist ein Kabelstecker an Teilen der Zündanlage, am Vergaser bzw. an einem Teil der Einspritzanlage abgefallen?
☐ Kontrollieren Sie den festen Sitz der Zündkabel am Verteiler und an den Kerzensteckern (die Zündung darf nicht eingeschaltet sein!).
☐ Sämtliche Unterdruckschläuche im Motorraum auf ihren entsprechenden Stutzen aufgesteckt?
☐ Kondenswasser am und im Verteilerdeckel? Alle Teile der Zündanlage – auch die Zündspule – müssen sauber und trocken sein, sonst besteht die Gefahr von Kriechströmen und Spannungs-Überschlägen.
☐ Benzingeruch im Motorraum? Ist ein Kraftstoffschlauch undicht oder hat er sich gar gelockert?

Fehlerquelle Elektrik

☐ Die Kontrollampen im Armaturenbrett brennen nicht bei eingeschalteter Zündung: Batterie ist völlig entladen (Seite 199) oder die Batterieklemmen sind lose.
☐ Kontrollampen verlöschen beim Betätigen des Anlassers: Batterie stark entladen oder altersschwach (Seite 200) oder Anlasser hat Kurzschluß.
☐ Kontrollampen werden beim Schlüsseldreh geringfügig dunkler: Magnetschalter klemmt bzw. defekt oder Anlasser defekt (Störungsbeistand Seite 209).
☐ Kontrollampen brennen hell beim Schlüsseldreh: Klemme-50-Kontakt im Zündschloß defekt (Seite 242), Klemme-50-Leitung am Magnetschalter lose (Bild Seite 207 bzw. 208) oder Magnetschalter defekt.

Fehlerquelle Zündung

☐ Alle Steckeranschlüsse im Bereich Schaltgerät, Zündspule und Zündverteiler richtig aufgesteckt?
☐ Verteilerdeckel abnehmen. Sind Kriechstromspuren an seiner Innenseite sichtbar (Seite 215)? Federt die Kontaktkohle in der Deckelmitte einwandfrei? Grünspan an den Kontaktstiften?
☐ Als letztes hilft nur die Durchprüfung von Zündspule, Hallgeber und Steuergerät (ab Seite 217).

Fehlerquelle Kraftstoffversorgung

☐ Kein Benzin im Tank – das ist nicht so abwegig, wie Sie vielleicht denken. Wagen aufschaukeln und horchen, ob es im Tank plätschert.
☐ Benzinpumpe (Seite 82) bzw. elektrische Kraftstoffpumpe (Seite 83) arbeitet nicht.
☐ Benzinsiebe verstopft, siehe Seite 84 und 102.
☐ Bei intaktem Benzinnachschub gerät – z. B. bei ständigen Startproblemen – der Vergaser bzw. die Einspritzanlage in Verdacht. Den entsprechenden Störungsbeistand finden Sie ab Seite 104 bzw. 121.

Fingerzeig: *Eine komplette Aufstellung der Anleitungen zur Störungsbeseitigung finden Sie auf der Innenseite der hinteren Buchklappe.*

Technische Daten

Maßvoll

Beinahe alle Angaben über ein Auto lassen sich in irgendeiner Form in Zahlen wiedergeben – die »Technischen Daten«. Dazu gehören auch die Kurzbeschreibung von Motor, Fahrwerk und Elektrik.

Ab Modelljahr 1982 werden weltweit 17stellige Fahrgestell-Nummern verwendet. Eine solche Nummer beginnt mit dem Opel-Code WOL, gefolgt von viermal 0, dann erscheint eine zweistellige Zahl für den betreffenden Opel-Typ. Der nächste Buchstabe nennt das Baujahr (1982 = C, 1983 = D usw. bis 2000 = Y, danach 2001 = 1 usw.). Eine weitere Zahl gibt die Modellausführung an, und die sechs letzten Ziffern benennen die eigentliche Herstellungsnummer in dem jeweiligen Jahr.

Die Kennzeichnungen für die Ascona-Modelle lauten wie folgt:

Karosserieform	Modell-Code GM	Opel	Kurzbezeichnung
Limousine 2türig	F 11	81	LZ
Limousine 4türig, Heckklappe	F 68	84	LV-H
Limousine 4turig	F 69	86	LV
Limousine 2türig, Luxus	M 11	88	LZL
Limousine 4türig, Luxus, Heckklappe	M 68	89	LVL-H
Limousine 4türig, Luxus	M 69	87	LVL

Motor

		13 N	13 S	16 N	16 S	16 i	16 S	18 S	18 i (Kat)	18 i	20 i (Kat)	20 i
Bauart		Wassergekühlter Viertakt-Reihenmotor										
Zylinderzahl		4	4	4	4	4	4	4	4	4	4	4
Bohrung	mm	75	75	80	79	79	80	84,8	84,8	84,8	86	86
Hub	mm	73,4	73,4	79,5	81,5	81,5	79,5	79,5	79,5	79,5	86	86
Hubraum effektiv	cm^3	1297	1297	1598	1598	1598	1598	1796	1796	1796	1998	1998
nach Steuerformel	cm^3	1281	1281	1587	1587	1587	1587	1771	1771	1771	1984	1984
Verdichtung		8,2:1	9,2:1	8,2:1	10,1:1	8,6:1	9,2:1	9,2:1	8,9:1	9,5:1	8,2:1	10:1
Höchstleistung	kW/PS	44/60	55/75	55/75	60/82	55/75	66/90	62/84	73,5/100	85/115	85/115	95/130
bei	1/min	5800	5800	5600	5400	5200	5800	5400	5800	5800	5400	5600
Höchstes Drehmoment	Nm	94	101	123	130	121	126	143	140	151	170	180
bei	1/min	3400 – 3800	3800 – 4600	3000 – 3400	2600	3400	3800 – 4200	2600	3000	4800	3000	4600
Ventiltrieb		Obenliegende Nockenwelle, Antrieb durch Zahnriemen, hängende Ventile										
Ventilspiel		Hydraulischer Spielausgleich										
Steuerzeiten												
Einlaß öffnet vor OT		24°	24°	29°	18°	18°	29°	22°	34°	28°	23°	23°
Einlaß schließt nach UT		73°	78°	80°	56°	56°	80°	61°	83°	89°	71°	71°
Auslaß öffnet vor UT		66°	68°	68°	60°	60°	68°	67°	78°	72°	60°	60°
Auslaß schließt nach OT		30°	36°	42°	25°	25°	42°	33°	39°	45°	35°	35°
Schmiersystem		Druckumlaufschmierung mit Wechselfilter im Ölhauptstrom										
Ölpumpe		Sichelpumpe										
Öldruck bei Leerlauf	bar	1,5	1,5	1,5	1,5	1,5	1,5	1,5	1,5	1,5	1,5	1,5

Kraftstoffanlage

		13 N	13 S	16 N	16 S	16 i	16 S	18 S	18 i (Kat)	18 i	20 i (Kat)	20 i
Kraftstoffpumpe		Mechanisch	Mechanisch	Mechanisch	Mechanisch	Elektrisch	Mechanisch	Mechanisch	Elektrisch	Elektrisch	Elektrisch	Elektrisch
Förderdruck		0,18 . . . 0,24 bar bei 2000/min										
Gemischaufbereitung / Hersteller		Einfach-Vergaser Pierburg	Register Vergaser bis 8/84 GMF ab 8/84 Pierburg	Einfach-Vergaser Pierburg	Register-Vergaser Pierburg	Zentral-Einspritzung Rochester	Register-Vergaser GMF	Register-Vergaser Pierburg	Benzin-Einspritzung Bosch	Benzin-Einspritzung Bosch	Elektron. Einspritzung Bosch	Elektron. Einspritzung Bosch
Typ		35 PDSI	bis 8/84 Varajet II ab 8/84 2 E3	1 B1	2 E3	Multec	Varajet II	2 EE	LU-Jetronic	LE-Jetronic	Motronic	Motronic
Starterklappe		Manuell	Automatisch	Halb-automatisch	Automatisch	—	Automatisch	Automatisch	—	—	—	—
Leerlaufdrehzahl												
bei Schaltgetriebe	1/min	900 – 950	900 – 950	900 – 950	900 – 950	900 – 950	900 – 950	900 – 950	900 – 950	900 – 950	900 – 950	900 – 950
bei Automatik	1/min	—	800 – 850	800 – 850	800 – 850	800 – 850	800 – 850	800 – 850	800 – 850	800 – 850	800 – 850	800 – 850
bei 4-Gang bis 8/84	1/min	—	850 – 900	—	—	—	850 – 900	—	—	—	—	—
Schnelleerlaufdrehzahl												
bei Schaltgetriebe	1/min	—	2100 – 2500	4000 – 4400	2100 – 2500	—	2100 ± 50	—	—	—	—	—
bei Automatik	1/min	—	2400 – 2800	4000 – 4400	2400 – 2800	—	2300 ± 50	—	—	—	—	—
CO-Gehalt	Vol. %	1,0 – 1,5	1,0 – 1,5	1,0 – 1,5	1,0 – 1,5	max. 0,5	1,0 – 1,5	1,0 – 1,5	max. 0,5	max. 0,5	max. 0,5	max. 0,5

Kühlsystem

		13 N	13 S	16 N	16 S	16 i	16 S	18 S	18 i (Kat)	18 i	20 i (Kat)	20 i
Kühlung		Wasserumlaufkühlung mit Flügelradpumpe und Thermostat, Querstromkühler, temperaturgeschalteter Elektrolüfter										
Antrieb der Wasserpumpe		Zahnriemen										
Thermoschalter des Lüfters												
schaltet ein	°C	97	97	97	97	97	97	97	97	97	97	97
schaltet aus	°C	93	93	93	93	93	93	93	93	93	93	93

Kühlsystem (Fortsetzung)

Typ		13 N	13 S	16 N	16 S	16 i	16 S	18 S	18 i (Kat)	18 i	20 i (Kat)	20 i
Thermostat												
Öffnungsbeginn	°C	92	92	91	91	91	91	91	91	91	91	91
volle Öffnung	°C	107	107	103	103	103	103	103	103	103	103	103
Lüfter Durchmesser	mm	280	280	280	280	280	280	280	280	280	280	280

Kraftübertragung

Typ		13 N	13 S	16 N	16 S	16 i	16 S	18 S	18 i (Kat)	18 i	20 i (Kat)	20 i
Kupplung		Einscheiben-Trockenkupplung mit zentraler Tellerfeder „Belleville“										
Kupplungsscheibe	Zoll	7,5	7,5	8			8		8,5	8,5	8,5	8,5
Belagdicke	mm	3,5	3,5	3,5			3,5		3,5	3,5	3,5	3,5
Belag Außendurchmesser	mm	190	190	203			203		216	216	216	216
Belag Innendurchmesser	mm	134	134	131			131		144	144	144	144
Zulässiger Seitenschlag	mm	0,2	0,2	0,15			0,15		0,15	0,15	0,15	0,15
Schallgetriebe Typ		F 10/4	F 10/4	F 16/4			F 16/4		—	F 16/4	F 16/5	F 16/5
Abtriebsübersetzung		4,18 = 71/17	4,18 = 71/17	3,94 = 71/18			3,74 = 71/19		—	3,94 = 71/18		
Schaltgetriebe Typ		F 10/5	F 10/5	F 16/5			F 16/5		F 16/5	F 16/5		
Abtriebsübersetzung		bis 2/84: 4,18 = 71/17 ab 2/84: 4,29 = 73/17	bis 2/84: 4,18 = 71/17 ab 2/84: 4,29 = 73/17	bis 9/83: 4,19 = 67/16 ab 9/83: 3,94 = 71/18			bis 9/83: 3,74 = 71/19 ab 9/83: 3,94 = 71/18		3,94 = 71/18	3,94 = 17/18		
Übersetzungen Getriebetyp		F 10/4	F 10/5				F 16/4		F 16/5		F 16/5	
		ab 9/83:							ab 2/84:		GT:	
1. Gang		3,64 3,55	3,55				3,55		3,42 3,24		3,42 3,42	
2. Gang		2,21 1,96	1,96				2,16		1,95 2,16		1,95 2,16	
3. Gang		1,43 1,30	1,30				1,37		1,28 1,48		1,28 1,48	
4. Gang		0,97 0,89	0,89				0,97		0,89 1,12		0,89 1,12	
5. Gang		— —	0,71				—		0,71 0,89		0,71 0,89	
Rückwärtsgang		3,18 3,18	3,18				3,33		3,33 3,33		3,33 3,33	
Automatisches Getriebe Typ		125 THM										
Motor												
Getriebe-Code			EK	EB		TAC	EQ		EH	EI	RCC	
Gesamtübersetzung			3,74	3,74 ab 8/83: 3,33 ab 8/84: 3,43		3,43	3,43 ab 8/83: 3,33 ab 8/84: 3,43		3,43 ab 8/84: 3,94	3,43 ab 8/83: 3,33 ab 8/84: 3,43		
Übersetzungen Planetengetriebe												
1. Stufe			2,84	2,84		2,84	2,84		2,84	2,84	2,84	2,84
2. Stufe			1,60	1,60		1,60	1,60		160	1,60	1,60	1,60
3. Stufe			1,00	1,00		1,00	1,00		1,00	1,00	1,00	1,00
Rückwärtsgang			2,07	2,07		2,07	2,07		2,07	2,07	2,07	2,07
Übersetzung Achsantrieb			3,33	3,33 ab 8/85: 3,06		3,06	3,33 ab 8/85: 3,06		3,43	3,43	3,43	3,43

Bremsanlage

Bauart		Hydraulische Diagonal-Zweikreisbremse
Haupbremszylinder Hersteller		ATE GMF
Nenndurchmesser		13/16″ = 20,64 mm
Bremskraftverstärker		13 N:7″ Einzelmembrangerät ATE oder GMF ab 8/82: 8″ 13 S, 16 N, 16 S: 8″ Einzelmembrangerät ATE oder GMF 18 i: 9″ Einzelmembrangerät GMF
Bremskraftregler		
Umschaltüberdruck (Kennzahl)		13 N, 13 S: 45; 16 N, 16 S: 40; 18 i: 30
Fußbremse vorn		Einkolben-Scheibenbremse (Schwimmsattel)
Kolben-Durchmesser		48 mm; 18 i: 52 mm
Bremsscheiben-Durchmesser		236 mm
Dicke	neu	12,7 mm: 18 E: 20 mm, belüftet
Dicke	nach Feinstdrehen	11,7 mm; 18 E: 19 mm
Dicke	mindestens	10,7 mm; 18 E: 18 mm

Bremsanlage (Fortsetzung)

Bremsbelag		
Länge x Breite x Dicke		98 x 44 x 11 mm
Gesamtstärke mit Platte	neu	15,9 – 15,5 mm, Reststärke 11 mm
Fußbremse hinten		Simplex-Innenbacken-Trommelbremse, ab 8/83 mit automatischer Nachstellung
Bremszylinder		17,46 mm
Bremstrommel-Durchmesser		200 mm, nach Feinstdrehen: max. 201 mm
Brembelag		
Länge x Breite x Dicke		196 x 45 x 5 mm
Verschleiß		Bis max. 0,5 mm über Nietkopf

Elektrische Anlage

Bordspannung	12V
Batterie	36, 44, 55 bzw. 66 Ah
Generator	45 bzw. 65 A
Keilriemen	1,3-l-Motoren: 40°, 875 mm, 9,5 mm 1,6- bis 2,0-l-Motoren: 40°, 888 mm, 9,5 mm
Zündanlage	Elektronische Transistorzündung
Zündzeitpunkt	10° vor OT
Zündfolge	1 – 3 – 4 – 2
Zündkerzen	Siehe Seite 224
Zündkerzen-Elektrodenabstand	Siehe Seite 223
Glühlampen	Siehe Seite 225

Fahrwerk

Typ	13 N	13 S	16 N	16 S, 16 i	16 S	18 S	18 i	20 i
Vorderradaufhängung	Einzelradaufhängung mit unteren Querlenkern, McPherson-Federbeine							
Drehstab-Stabilisator	—	Serienmäßig						
Vorderachseinstellung	Siehe Seite 129							
Lenkung	Zahnstangenlenkung							
Übersetzung des Lenkgetriebes	22:1	22:1	22:1	22:1	22:1	22:1	22:1	22:1
mit Automatik	—	22:1	24,5:1	24,5:1	24,5:1	24,5:1	24,5:1	24,5:1
Hinterradaufhängung	Verbundlenkerachse mit Miniblockfedern und Teleskopstoßdämpfern							
Drehstab-Stabilisator	—	Bei Automatik	Bei Automatik	Serienmäßig				
Felgen	Siehe Seite 167							
Reifen	Siehe Seite 167							

Füllmengen

		13 N	13 S	16 N	16 S, 16 i	16 S	18 S	18 i	20 i
Kühlsystem									
bei Schaltgetriebe	l	6,3	6,3	7,9	7,9	7,9	7,5	7,6	6,9
bei Automatik	l	—	7,1	7,7	7,7	7,7	7,3	7,4	6,8
Motor mit Filterwechsel	l	3,0	3,0	3,25	3,25	3,25	4,0	3,25	4,0
Kraftstofftank	l	61	61	61	61	61	61	61	61
Vierganggetriebe mit Ausgleichgetriebe	l	1,7	1,7	2,0	2,0	2,0	2,0	2,0	2,0
Fünfganggetriebe mit Ausgleichgetriebe	l	1,8	1,8	2,1	2,1	2,1	2,1	2,1	2,1
Automatik mit Ausgleichgetriebe	l	—	7,0	7,0	7,0	7,0	7,0	7,0	7,0
Bremssystem	l	0,5	0,5	0,5	0,5	0,5	0,5	0,5	0,5
Scheibenwaschanlage	l	1,8	1,8	1,8	1,8	1,8	1,8	1,8	1,8
Scheiben- und Scheinwerferwaschanlage	l	4,0	4,0	4,0	4,0	4,0	4,0	4,0	4,0
Heckscheibenwaschanlage	l	1,5	1,5	1,5	1,5	1,5	1,5	1,5	1,5

Fahrzeugabmessungen

		2- und 4-türig	5-türig
Radstand	mm	2574	2574
Spurweite, vorn bei Typ 13 N, 13 S	mm	1400	1400
vorn bei Typ 16 N, 16 S, 16 i, 18 i, 20 i	mm	1406	1406
hinten	mm	1406	1406
Bodenfreiheit (Hinterachse)	mm	148	145
Länge über alles	mm	4366	4264
Breite über alles	mm	1668	1668
Höhe über alles (bei Leergewicht)	mm	1395	1385
Wendekreisdurchmesser	m	10,95	10,95

Fahrwerte und Kraftstoffverbrauch (Werksangaben)

Typ		13 N	13 S	13 S[4]	16 N	16 i	16 S	18 i (Kat)	18 i	20 i (Kat)	20 i
Höchstgeschwindigkeit											
bei Schaltgetriebe[1]	km/h	150	160	160	160	165	170	180	187	187	193
bei automatisch. Getriebe	km/h	—	155	155	155	160	165	177	180	182	188
Kraftstoffverbrauch nach DIN 70 030 auf 100 km											
4-Gang-Getriebe:											
bei Stadtzyklus	l	9,6[2]	8,9[3]	—	10,3	—	9,5	—	—	—	—
bei 90 km/h	l	6,1	5,8	—	6,6	—	6,0	—	—	—	—
bei 120 km/h	l	8,4	7,8	—	8,5	—	7,8	—	—	—	—
5-Gang-Getriebe, Limousine/GT:											
bei Stadtzyklus	l	9,8[2]	9,1[2]	7,9[3]	10,6	8,9	9,8/10,2	11,5	11,0/11,6	10,7	10,1
bei 90 km/h	l	5,7	5,4	5,3	6,3	5,6	5,7/6,2	6,3	5,8/6,4	6,4	6,2
bei 120 km/h	l	8,0	7,4	7,2	8,3	7,6	7,6/8,1	8,1	7,7/8,4	8,3	7,9
automatisches Getriebe:											
bei Stadtzyklus	l	—	9,6	—	10,7	8,7	9,9	11,3	10,8		
bei 90 km/h	l	—	6,7	—	7,3	6,4	6,6	7,4	6,9		
bei 120 km/h	l	—	8,9	—	9,5	8,5	8,9	9,4	9,1		
Ölverbrauch auf 100 km	l	0,05	0,05	0,075	0,075	0,075	0,075	0,075	0,075	0,075	0,075

[1]) erreichbar im 4. Gang, außer bei 5-Gang-Sport-Getriebe
[2]) 0,3 l mehr für 2-türige GL- und alle 4-türigen und 5-türigen Modelle
[3]) 0,2 l mehr für 2-türige GL- und alle 4-türigen und 5-türigen Modelle
[4]) mit Stopp-Start-System

Anhängelasten

Typ	Getriebe	Anhängelast ungebremst	gebremst	Stützlast
13 N	4-Gang-Schaltgetriebe	475 kg	800 kg	75 kg
	5-Gang-Schaltgetriebe	475 kg	900 kg	75 kg
13 S	4-Gang-Schaltgetriebe	475 kg	900 kg	75 kg
	5-Gang-Schaltgetriebe	475 kg	1000 kg	75 kg
	automatisches Getriebe	475 kg	650 kg	75 kg
16 N	4-Gang-Schaltgetriebe	500 kg	1000 kg	75 kg
	5-Gang-Schaltgetriebe	500 kg	1100 kg	75 kg
	automatisches Getriebe	500 kg	850 kg	75 kg
16 S, 16 i	Schaltgetriebe	500 kg	1100 kg	75 kg
	automatisches Getriebe	500 kg	1100 kg	75 kg
18 S, 18 i	Schaltgetriebe	500 kg	1300 kg	75 kg
	automatisches Getriebe	500 kg	1100 kg	75 kg
20 i	Schaltgetriebe/automat. Getriebe	500 kg	1300 kg	75 kg

Historchen

Im Rahmen der Modellpflege werden an den Fahrzeugen immer wieder Verbesserungen vorgenommen. Darüber informiert Sie dieses Kapitel.

1981

September: Produktionsbeginn des Ascona C als Nachfolger des seit 1975 gebauten Ascona B. Nach dem Kadett zweites Opel-Modell mit Frontantrieb. Die beiden Karosserien – Stufenheck-Limousine mit zwei oder vier Türen und 5türige Schrägheck-Version – wurden mit Hilfe eines Groß-Computers im GM-Werk Detroit berechnet. Gegenüber dem Vorgänger vergrößerter Innenraum, Fahrzeug jedoch um 30 kg leichter. Nach amerikanischem Code gehört der Ascona zur Modellgruppe »J-Body«.

Zunächst kommen vier quer eingebaute Vergasermotoren ins Programm: 13 N mit 44 kW und 13 S mit 55 kW, die bereits vom Kadett her bekannt sind, sowie die Neuentwicklungen 16 N mit 55 kW und 16 S mit 66 kW. Den beiden Hubraumgrößen sind zwei unterschiedlich abgestufte 4-Gang-Getriebe zugeordnet, eine 3-Gang-Automatik gibt es ab 13 S aufwärts. Das Differential ist mit dem Getriebe verblockt. Vorn Einzelradaufhängung mit McPherson-Federbeinen, hinten Verbundlenkerachse mit Miniblock-Federn.

Alle Modelle sind in Standard-, Luxus- und Berlina-Ausstattung verfügbar, der 16 S auch in gehobener SR-Ausführung.

Oktober: Einsatz der wartungsfreien »Freedom«-Batterie, auf die Opel drei Jahre Garantie gewährt.

November: Ascona 16 S gewinnt den Wettbewerb um das »Goldene Lenkrad« (Klasse II).

1982

Februar: Ascona in Jugoslawien zum »Auto des Jahres 1982« gewählt, in Japan zum »Weltauto des Jahres«.

März: Einführung des Diesel-Modells 16 D.

September: Neues Spitzenmodell Ascona CD mit umfangreicher Luxusausstattung. Dazu 1,8-Liter-Motor mit LE-Jetronic-Einspritzung und Schubabschaltung, dessen Leistung 85 kW beträgt, und speziell abgestimmtes 5-Gang-Getriebe. Erweiterte Ausstattung durch Servolenkung, elektrische Fensterheber, elektrisch betätigte Außenspiegel und Bordcomputer.

Alle Modelle mit getrennter Absicherung des Fern- und Abblendlichts. Asymmetrisch geteilte Rückbank bei den Schrägheck-Versionen CD und Berlina serienmäßig, bei den übrigen auf Wunsch. 5-Gang-Getriebe und Servolenkung als Sonderausstattung für die 1,6-Liter-Modelle.

Im abgelaufenen Jahr ist der Ascona der meistverkaufte Mittelklassewagen in der Bundesrepublik.

1983

Januar: Ausrüstung mit verbessertem Zündschloß und modifizierten Türschlössern.

Februar: Motoren mit verbesserten Ventilabdichtungen. Einsatz einer neuen Wasserpumpe.

März: Kühlsystem mit verbesserten Schlauchschellen.

April: Vorstellung des Keinath C3, ein auf Ascona-Basis entwickeltes Cabriolet.

August: Elektrische Türverriegelung außer Kofferraumdeckel und Heckklappe sowie elektrische Fensterheber und elektrisch betätigte, heizbare Außenspiegel als Sonderausstattung.

September: SR-Ausführung und Modell 18 E mit Gasdruck-Federbeinpatronen. Hinterrad-Trommelbremsen mit automatischer Nachstellung. 4-Gang-Getriebe erhält geänderte, kraftstoffsparende Übersetzung. Verwendung von Stahl- statt Kunststoffkugeln in den Gelenken der Wischergestänge.

Für Schweden und die Schweiz werden die Motoren 16 SH und 18 E mit einer Zündanlage mit elektronischer Zündkennlinien-Steuerung ausgerüstet.

1984

März: Einsatz neuer Zündverteilerkappen mit Belüftung.

Juni: Fließheck-Modelle mit verbesserter Verklebung der Rückscheibe.

September: Geänderte Modell-Bezeichnungen: Basis-Version heißt LS, Luxus-Ausführung jetzt GL, bisherige Berlina in GLS, SR in GT und der 18 E in 18 i umbenannt. Alle Modelle mit Kühlergrill des CD, Stoßfänger und Schutzleisten in braun oder hellgrau. Räder mit ganzflächigen Felgenabdeckungen und Heckklappe jetzt mit Griff, neue Sitze auf Gleitschienen, Mittelkonsole modifiziert, von innen verstellbare Außenspiegel. Höhenverstellbares Lenkrad als Extra, 13 S mit automatischer Stopp-Start-Anlage verfügbar.

Bis Oktober 1985 verlaufende Umrüstung bezüglich verbesserter Vordämpfung der Kupplungsscheibe.

Dezember: Einsatz geänderter Vordersitze entsprechend den Kadett-Modellen.

Im Laufe des Jahres werden andere Dichtungen für die Scheinwerfer verwendet, ihre Gehäuse besitzen eine wirksamere Belüftung.

1985

Januar: Auslieferungsbeginn des Ascona 18 i mit Abgasreinigung durch Lambda-Sonde und Katalysator ab Werk. Vom 18 E-Motor abgeleitetes Triebwerk mit 74 kW in der viertürigen Stufenheck-Limousine.

Februar: Nachrüstsätze mit ungeregeltem Katalysator für alle Ascona-Modelle verfügbar.

März: Türdichtungen mit verbesserter Passung.

Juli: Einsatz geänderter Kupplungsbeläge.

1986

September: Änderungen an der Karosserie: vordere Blinker mit weißen Deckgläser, dunkel getönte Heckleuchten, Kühlergrill in Wagenfarbe, GT mit Spoiler vorn und hinten.

Neues Modell 16 S mit 66-kW-Motor.

1987

Februar: Neues Modell 16 i mit Multec-Zentraleinspritzung und Katalysator, Leistung 55 kW.

Juni: Neue Modelle 20 i mit Bosch Motronic, mit Katalysator 85 kW und ohne 95 kW.

1988

August: Produktionsende des Ascona C. Die Modellreihe wird im Oktober von dem neuen Modell Vectra abgelöst.

Stichwortverzeichnis

Register

Druck:
Customized Business Services GmbH
im Auftrag der
KNV Zeitfracht GmbH
Ein Unternehmen der Zeitfracht - Gruppe
Ferdinand-Jühlke-Str. 7
99095 Erfurt